図解標準 最新
Encyclopedia Routing & Switching

ルーティング&スイッチング

Routing & Switching Handbook

ハンドブック 第2版

Gene 著

秀和システム

■注意
(1) 本書は著者が独自に調査した結果を出版したものです。
(2) 本書は内容について万全を期して作成いたしましたが、万一、不審な点や誤り、記載漏れなどお気づきの点がありましたら、出版元まで書面にてご連絡ください。
(3) 本書の内容に関して運用した結果の影響については、上記(2)項にかかわらず責任を負いかねます。あらかじめご了承ください。
(4) 本書の全部または一部について、出版元から文書による許諾を得ず複製することは禁じられています。
(5) 商標
OS、CPU、ソフト名は一般に各メーカーの商標、または登録商標です。

はじめに

　本書は2002年末に刊行された『図解標準ルーティング&スイッチング ハンドブック』の増補改訂版です。

　5年以上も経過すると、ネットワークの構成もずいぶんと変わってきています。現在のネットワークは、単にデータを転送するだけではなく、認証やQoS（Quality of Service）などより上位レイヤの機能を提供するようになりつつあります。
　ただ、上位レイヤの機能を提供するためにはしっかりとネットワーク層までの構成ができていることが前提です。つまり、LAN環境におけるデータリンク層でのスイッチングとネットワーク層でのルーティングを確実に行うことができてはじめて、上位レイヤの機能を提供できます。

　本書では、スイッチングとルーティングを中心に扱っています。スイッチングとルーティングをきちんと理解してネットワークインフラを構築することが、一番の基礎となります。
　そして、増補分としてスイッチングとルーティングを統合したMPLS（Multi-Protocol Label Switching）の章を追加しています。元々は高速なパケットの転送を目的として開発されたMPLSですが、その後は共通したネットワークインフラでさまざまなネットワークサービスを提供するための基盤技術として利用されるようになっています。MPLSについて、基礎とその具体的な応用例であるMPLS-VPNについての解説を追加しています。

　本書で、スイッチングおよびルーティングの基礎およびMPLSについて学んでいただき、実業務に活かしていただければ幸いです。

2008年2月
Gene

CONTENTS

はじめに ……………………………………………………………… 3

第1章　TCP/IP基礎

- **1-1**　TCP/IPとは ……………………………………………… 16
- **1-2**　IPアドレス ……………………………………………… 18
  - **1-2-1**　IPアドレス ……………………………………… 18
  - **1-2-2**　グローバルアドレスとプライベートアドレス …… 20
  - **1-2-3**　サブネットマスク ……………………………… 22
  - **1-2-4**　サブネッティング ……………………………… 23
- **1-3**　IPヘッダ ………………………………………………… 27
  - ■IPヘッダフォーマット ……………………………… 27
  - ■バージョン、ヘッダ長 ……………………………… 27
  - ■優先順位、データグラム長 ………………………… 27
  - ■識別番号、フラグ、フラグメントオフセット …… 28
  - ■TTL（Time To Live）………………………………… 29
  - ■プロトコル番号 ……………………………………… 30
  - ■ヘッダチェックサム ………………………………… 31
  - ■送信元IPアドレス、送信先IPアドレス …………… 31
  - ■オプション …………………………………………… 31
- **1-4**　ICMP（Internet Control Message Protocol）………… 32
  - **1-4-1**　ICMPメッセージフォーマット ………………… 32
  - **1-4-2**　エコー要求、エコー応答 ……………………… 33
  - **1-4-3**　到達不能メッセージ …………………………… 35
  - **1-4-4**　時間超過メッセージ …………………………… 37
- **1-5**　ARP（Address Resolution Protocol）………………… 39
  - **1-5-1**　ARPとは ………………………………………… 39
  - **1-5-2**　ARPの動作 ……………………………………… 39
- **1-6**　TCP（Transmission Control Protocol）、
  UDP（User Datagram Protocol）………………………… 42
  - ■TCP、UDP …………………………………………… 42
  - ■TCPヘッダフォーマット …………………………… 42
  - ■UDPヘッダフォーマット …………………………… 42
  - ■ポート番号 …………………………………………… 43

第2章 スイッチング

2-1 ブリッジング･･･46
- 2-1-1 コリジョンドメイン･･････････････････････････････････46
- 2-1-2 ブリッジの動作････････････････････････････････････48
- 2-1-3 ブロードキャストドメイン･･･････････････････････････52
- 2-1-4 コンピュータが移動してしまった場合･････････････････53
- 2-1-5 ブリッジのさまざまな機能･･････････････････････････54
    - ■エラーチェック･･･････････････････････････････････54
    - ■転送方式･･･････････････････････････････････････55
    - ■速度変換･･･････････････････････････････････････55
    - ■異なるLAN規格のネットワークの接続･････････････････55
    - ■接続台数･･･････････････････････････････････････55
    - ■セキュリティ･･･････････････････････････････････56
    - ■ループの回避･･････････････････････････････････56

2-2 スイッチング･･･57
- 2-2-1 スイッチの動作････････････････････････････････････57
- 2-2-2 ブロードキャストフレームの扱い･････････････････････60
- 2-2-3 マイクロセグメンテーション････････････････････････60

2-3 ブリッジとスイッチの違い･･･････････････････････････････62
- 2-3-1 処理の主体と処理速度･･････････････････････････････62
- 2-3-2 ポート密度、ポート結線････････････････････････････62
- 2-3-3 スパニングツリー･･････････････････････････････････64

2-4 スイッチ特有の機能･････････････････････････････････････65
- 2-4-1 フレームの転送方式････････････････････････････････65
- 2-4-2 全2重通信･･･････････････････････････････････････67
- 2-4-3 フロー制御･･･････････････････････････････････････68
- 2-4-4 オートネゴシエーション機能･･･････････････････････70

2-5 スイッチの処理性能･････････････････････････････････････74
- 2-5-1 処理性能のキーワード･･････････････････････････････74
- 2-5-2 ワイヤスピード･･･････････････････････････････････75
- 2-5-3 ノンブロッキング･････････････････････････････････76
- 2-5-4 スイッチング容量の必要となる値･･･････････････････77

第3章 VLAN（Virtual LAN）

3-1 VLANとは･･80
- 3-1-1 VLANとは･･80
- 3-1-2 VLANの必要性････････････････････････････････････83

3-2 VLANの仕組み･･84

3-2-1	VLANの仕組み	84

3-3　スイッチのポート … 87
- 3-3-1　アクセスリンク … 87
- 3-3-2　トランクリンク … 90
- 3-3-3　IEEE802-1Q … 94
- 3-3-4　ISL（Inter Switch Link） … 95

3-4　VLAN間ルーティング … 96
- 3-4-1　VLAN間ルーティングの必要性 … 96
- 3-4-2　ルータによるVLAN間ルーティング … 96
- 3-4-3　ルータによるVLAN間ルーティング〜データの流れ〜 … 99
- 3-4-4　レイヤ3スイッチ … 102
- 3-4-5　レイヤ3スイッチによるVLAN間ルーティング … 104
- 3-4-6　VLAN間ルーティングのパフォーマンス向上 … 106
- 3-4-7　ルータの必要性 … 108

3-5　VLANによるLAN設計 … 110
- 3-5-1　VLANによるネットワーク構成の柔軟性 … 110
- 3-5-2　VLANを利用することによるネットワーク構成の複雑化 … 112

第4章　スパニングツリープロトコル（Spanning Tree Protocol）

4-1　スパニングツリープロトコルとは … 116
- 4-1-1　ネットワークの冗長化 … 116
- 4-1-2　スイッチによる冗長化の問題点 … 118

4-2　スパニングツリープロトコルの動作 … 120
- 4-2-1　スパニングツリーの動作の概要 … 120
- 4-2-2　ルートブリッジの決定 … 120
- 4-2-3　ルートポート、代表ポートの決定 … 122
- 4-2-4　ブロックポートの決定 … 124
- 4-2-5　スパニングツリーの維持と障害検出 … 125

4-3　スパニングツリープロトコルのパラメータ … 126
- 4-3-1　BPDUの役割 … 126
- 4-3-2　BPDUのメッセージフォーマット … 126
- 4-3-3　スパニングツリープロトコルのポート状態 … 127
- 4-3-4　スパニングツリープロトコルのタイマ … 129
- 4-3-5　コンバージェンス速度の問題 … 131

4-4　スパニングツリープロトコルによる負荷分散 … 132
- 4-4-1　スパニングツリープロトコルによる負荷分散の問題点 … 132
- 4-4-2　PVST（Per VLAN Spanning Tree） … 134
- 4-4-3　PVSTとCSTの比較 … 137

| 4-4-4　リンクアグリゲーション 138
| 4-4-5　リンクアグリゲーションの利用例 140
4-5　スイッチを冗長化したネットワークの設計上のポイント 143
| 4-5-1　スイッチを冗長化したネットワークの設計上のポイント 143

第5章　ルーティング

5-1　ルーティングとは 146
| 5-1-1　ルータ 146
| 5-1-2　ルーティングテーブル 147
| 5-1-3　ルーティングの仕組み 150
| 5-1-4　ルーティングテーブルの検索（ロンゲストマッチ）........... 152
5-2　ルーティングの種類 154
| 5-2-1　ルーティングの種類 154
| 5-2-2　スタティックルーティング 154
| 5-2-3　ダイナミックルーティング 157
| 5-2-4　スタティックルーティングとダイナミックルーティングの比較 160
5-3　ルーティングプロトコル 162
| 5-3-1　ルーティングプロトコルの分類 162
| 5-3-2　内部ゲートウェイプロトコル(IGPs)と外部ゲートウェイプロトコル(EGPs)・162
| 5-3-3　ルーティングアルゴリズムによるIGPsの分類 164
| 5-3-4　ルーティングテーブルのコンバージェンス 165
| 5-3-5　クラスフルルーティングプロトコルとクラスレスルーティングプロトコル ・・168
| 5-3-6　クラスフルルーティングプロトコル 168
| 5-3-7　クラスレスルーティングプロトコル 171
5-4　効率のよいルーティング 173
| 5-4-1　効率のよいルーティングを行うための考慮事項 173
| 5-4-2　IPアドレスの効率的な割り当て（VLSM）.................... 173
| 5-4-3　IPアドレスの効率的な割り当て（階層型IPアドレッシング）....... 177
| 5-4-4　経路集約 178
| 5-4-5　デフォルトルート 180

第6章　RIP（Routing Information Protocol）

6-1　RIPの概要 184
| 6-1-1　RIPの歴史 184
| 6-1-2　RIPの特徴 184
6-2　RIPの動作 186
| 6-2-1　ルーティングテーブルの交換 186

CONTENTS

- 6-2-2 コンバージェンス時間 ... 189
- 6-2-3 ベルマンフォードアルゴリズム ... 190
- 6-2-4 RIPのタイマ ... 193
- **6-3 RIPの制限** ... 195
  - 6-3-1 単純なホップ数による経路選択の非効率性 ... 195
  - 6-3-2 クラスフルルーティングプロトコルの限界 ... 196
  - 6-3-3 ルーティングループの発生 ... 196
  - 6-3-4 ルーティングループの防止（無限カウント）... 200
  - 6-3-5 ルーティングループの防止（スプリットホライズン）... 200
  - 6-3-6 ルーティングループの防止（ポイズンリバース、ホールドダウン）... 204
- **6-4 RIPのパケットフォーマット** ... 205
  - 6-4-1 RIPの位置付け ... 205
  - 6-4-2 RIPのパケットフォーマット ... 205
- **6-5 RIPversion2（RIPv2）** ... 208
  - 6-5-1 RIPv2のパケットフォーマット ... 208
  - 6-5-2 RIPv2の拡張された点 ... 209

第7章 IGRP（Interior Gateway Routing Protocol）

- **7-1 IGRPの概要** ... 212
  - 7-1-1 IGRPの歴史 ... 212
  - 7-1-2 IGRPの特徴 ... 212
- **7-2 IGRPの動作** ... 215
  - 7-2-1 ルーティングテーブルの交換 ... 215
  - 7-2-2 コンバージェンス時間 ... 217
  - 7-2-3 IGRPのタイマ ... 218
  - 7-2-4 IGRPのメトリック ... 219
  - 7-2-5 不等コストロードバランス ... 223
- **7-3 IGRPのパケットフォーマット** ... 225
  - 7-3-1 IGRPの位置付け ... 225
  - 7-3-2 IGRPのパケットフォーマット ... 225
    - ■IGRPヘッダ ... 225
    - ■エントリの内容 ... 227

第8章 OSPF（Open Shortest Path First）

- **8-1 OSPFの概要** ... 230
  - 8-1-1 OSPFの歴史 ... 230
  - 8-1-2 OSPFの特徴 ... 230

8-2 OSPFの動作 ································· 233
- 8-2-1 ルータID ································· 233
- 8-2-2 ネイバーとアジャセンシー ························· 234
- 8-2-3 OSPFがサポートするネットワークタイプ ················ 235
- 8-2-4 DR(Designated Router)とBDR(Backup Designated Router) · 236
- 8-2-5 DRとBDRの選定 ···························· 238
- 8-2-6 Helloプロトコルによるルータ起動時のシーケンス ·········· 240
- 8-2-7 リンクステート情報の変更（コンバージェンス） ············ 245
- 8-2-8 OSPFのメトリック ··························· 246

8-3 OSPFのエリア ·································· 248
- 8-3-1 大規模なOSPFネットワークの問題点 ················· 248
- 8-3-2 エリアとは ································ 249
- 8-3-3 ルータの種類 ······························ 252
- 8-3-4 LSAの種類 ······························· 254
- 8-3-5 エリアの種類 ······························ 255
- 8-3-6 エリアとLSA ······························ 257
- 8-3-7 バーチャルリンク ··························· 259
- 8-3-8 OSPFの経路集約 ··························· 262

8-4 OSPFのパケットフォーマット ························ 264
- 8-4-1 OSPFの位置付け ··························· 264
- 8-4-2 OSPFパケットの種類 ························ 264
- 8-4-3 Helloパケット ····························· 267
- 8-4-4 DDパケット ······························ 269
- 8-4-5 LSRパケット ······························ 271
- 8-4-6 LSUパケット ······························ 273
- 8-4-7 LSAckパケット ····························· 274
- 8-4-8 LSAヘッダ ······························· 274
- 8-4-9 ルータリンク ······························ 276
- 8-4-10 ネットワークリンク ·························· 279
- 8-4-11 集約リンク、ASBR集約リンク ···················· 280
- 8-4-12 自律システム外部リンク ······················ 281
- 8-4-13 NSSAリンク ······························ 283
- 8-4-14 オプション ······························· 284

第9章 EIGRP（Enhanced IGRP）

9-1 EIGRPの概要 ································· 288
- 9-1-1 EIGRPの歴史 ······························ 288
- 9-1-2 EIGRPの特徴 ······························ 288

9-2　EIGRPの動作 ･･････････292
- 9-2-1　EIGRPのパケットタイプとRTP（Reliable Transport Protocol） ･･292
- 9-2-2　ネイバーの発見と維持 ･･････････294
- 9-2-3　EIGRPのメトリック ･･････････297
- 9-2-4　DUAL（Diffusing Update ALgorithm）の用語 ･･････････299
- 9-2-5　DUALの例 ･･････････302
- 9-2-6　SIA（Stuck In Active）状態 ･･････････309
- 9-2-7　EIGRPの経路集約 ･･････････312

9-3　EIGRPのパケットフォーマット ･･････････312
- 9-3-1　EIGRPの位置付け ･･････････312
- 9-3-2　EIGRPパケットヘッダ ･･････････312
- 9-3-3　EIGRP TLVタイプ ･･････････313
- 9-3-4　General TLV ･･････････314
- 9-3-5　IP-Specific TLV ･･････････315
  - ■IP内部ルートTLV ･･････････315
  - ■IP外部ルートTLV ･･････････317

第10章　BGP（Border Gateway Protocol）

10-1　BGPの概要 ･･････････322
- 10-1-1　BGPの歴史 ･･････････322
- 10-1-2　BGPの特徴 ･･････････322

10-2　インターネットの構造 ･･････････325
- 10-2-1　AS（Autonomous System）とは ･･････････325
- 10-2-2　BGPはどこで利用されているのか ･･････････327
- 10-2-3　ASの種類 ･･････････329

10-3　BGPの動作 ･･････････332
- 10-3-1　BGPピアの確立 ･･････････332
- 10-3-2　EBGPとIBGP ･･････････336
- 10-3-3　UPDATEメッセージ ･･････････339
- 10-3-4　BGP同期 ･･････････340
- 10-3-5　BGP動作の基本的な流れ ･･････････343

10-4　BGPパスアトリビュート ･･････････345
- 10-4-1　BGPパスアトリビュートの種類 ･･････････345
- 10-4-2　ORIGIN ･･････････347
- 10-4-3　AS_PATH ･･････････347
- 10-4-4　NEXT_HOP ･･････････350
- 10-4-5　MED（Multi Exit Descriminator） ･･････････353
- 10-4-6　LOCAL_PREFERENCE ･･････････354

10-4-7 COMMUNITY ... 356
10-5 BGPポリシーベースルーティング ... 357
10-5-1 BGPベストパス選択のプロセス ... 357
10-5-2 WEIGHTによる経路制御 ... 359
10-5-3 AS_PATHによる経路制御 ... 359
10-5-4 MEDによる負荷分散 ... 361
10-5-5 LOCAL_PREFERENCEによる経路制御 ... 362
10-6 BGPのスケーラビリティ ... 364
10-6-1 IBGPスケーラビリティの問題 ... 364
10-6-2 ルートリフレクタの用語 ... 365
10-6-3 ルートリフレクタの動作 ... 366

第11章 リディストリビューション
11-1 リディストリビューションとは ... 372
11-1-1 ルーティングテーブルに対する複数の情報源 ... 372
11-1-2 リディストリビューションの必要性 ... 374
11-1-3 リディストリビューションの仕組み ... 375
11-2 リディストリビューションの利用について ... 378
11-2-1 リディストリビューションを利用するケース ... 378
11-2-2 リディストリビューションを行う際の考慮事項 ... 381
11-2-3 ルーティングループの発生 ... 382
11-2-4 ルーティングループの防止 ... 387

第12章 MPLS (Multi-Protocol Label Switching)
12-1 MPLSの概要 ... 392
12-1-1 MPLSとは ... 392
12-1-2 MPLS登場の経緯 ... 393
12-2 MPLSの用途 ... 394
12-2-1 MPLSの用途 ... 394
12-2-2 ISP構成のシンプル化 ... 394
12-2-3 MPLS-VPN ... 395
12-2-4 MPLSトラフィックエンジニアリング ... 396
12-2-5 QoS ... 397
12-2-6 マルチキャストVPN ... 397
12-3 ラベルスイッチングの動作 ... 398
12-3-1 ラベルフォーマット ... 398
12-3-2 ラベルスイッチングの用語 ... 399
■LSR (Label Switching Router) ... 400

- ■エッジLSR ･･･････････････････････････････････････ 400
- ■コアLSR ･･ 400
- ■プッシュ、ホップ、スワップ ･････････････････････ 401
- ■ラベル配布プロトコル ･･･････････････････････････ 401
- ■FEC（Forwarding Equivalence Class）･･････････ 401
- ■LSP（Label Switched Path）･･････････････････････ 402
- ■PHP（Penultimate Hop Popping）････････････････ 403
- 12-3-3 LDP（Label Distribution Protocol）･･････････････ 405
- 12-3-4 MPLSによるISP構成のシンプル化 ･･･････････････ 410

12-4 MPLS-VPN ･･ 415
- 12-4-1 VPNとは ･･･････････････････････････････････････ 415
- 12-4-2 VPNの分類の観点 ･･････････････････････････････ 415
  - ■VPNを実装する枠組みによる分類 ････････････････ 415
  - ■VPNの用途による分類 ･･････････････････････････ 417
  - ■VPNで転送するデータの階層による分類 ･････････ 417
- 12-4-3 MPLS-VPNの概要 ･････････････････････････････ 418
- 12-4-4 MPLS-VPNを経由したパケットの流れ ･･･････････ 419

12-5 MPLS-VPNの仕組み ･･････････････････････････････ 422
- 12-5-1 2つのラベル ････････････････････････････････････ 422
- 12-5-2 VRF（Virtual Router Forwarding）･････････････ 423
- 12-5-3 VPNv4アドレス ･････････････････････････････････ 424
- 12-5-4 MP-BGP ･･････････････････････････････････････ 425
- 12-5-5 RT（Route Target）･･･････････････････････････ 426
- 12-5-6 PE-CE間のルーティング ･････････････････････････ 428

SUMMARY & COLUMN

- 第1章　TCP/IP基礎のまとめ ････････････････････････････ 44
- 第2章　スイッチングのまとめ ･･･････････････････････････ 78
- 第3章　VLANのまとめ ･････････････････････････････････ 114
- 第4章　スパニングツリープロトコルのまとめ ････････････ 144
- 第5章　ルーティングのまとめ ･･･････････････････････････ 182
- 第6章　RIPのまとめ ････････････････････････････････････ 210
- 第7章　IGRPのまとめ ･･････････････････････････････････ 228
- ジョークRFC ･･ 241
- 第8章　OSPFのまとめ ･････････････････････････････････ 285
- 第9章　EIGRPのまとめ ････････････････････････････････ 320

第10章　BGPのまとめ ································· **370**
第11章　リディストリビューションのまとめ ················· **390**
第12章　MPLSのまとめ ······························· **432**

INDEX　　　　　··· **433**

ルーティング&スイッチング

chapter 1

TCP/IP基礎

　TCP/IPは現在もっとも普及している「ネットワークアーキテクチャ」です。ネットワークアーキテクチャとは、プロトコルが複数組み合わさったものであり、TCP/IPにはTCP（Transmission Control Protocol）、IP（Internet Protocol）を中心としてさまざまなプロトコルが存在しています。

Chapter 1
TCP/IP基礎

1-1 TCP/IPとは

TCP/IPの階層構造をOSI参照モデルと比較して、各階層の役割とプロトコルの位置付けを確認します。

★OSI
　Open Systems Interconnectionの略。

TCP/IPはOSI★参照モデルと異なり、4階層の階層構造になっています。図1-1がTCP/IP階層構造とOSI参照モデルの対応を示したものです。TCP/IPネットワークアーキテクチャに含まれるプロトコルはインターネット層より上位のプロトコルです。

TCP/IPネットワーク▶
アーキテクチャ（図1-1）

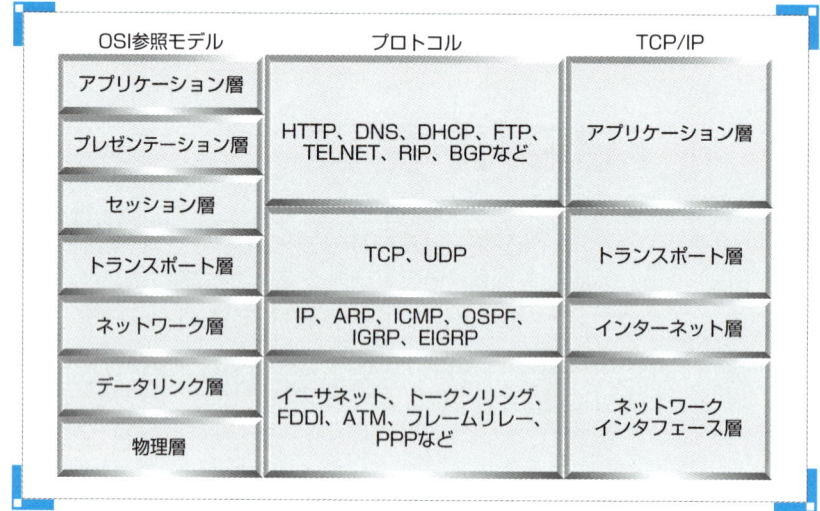

★LAN
　Local Area Networkの略。
★PPP
　Point to Point Protocolの略。
★WAN
　Wide Area Networkの略。

OSI参照モデルの物理層、データリンク層はTCP/IPではネットワークインタフェース層となっています。この層に含まれるプロトコルは、イーサネットやトークンリングといったLAN★規格、フレームリレー、ATM★、PPP★などのWAN★規格です。TCP/IPでは特にこのネットワークインタフェース層は規定していません。つまり、TCP/IPのプロトコルはネットワークインタフェース層から独立しているので、あらゆるネットワークでTCP/IPを利用した通信を行うことができます。

インターネット層はOSI参照モデルのネットワーク層に相当する層です。この層にはTCP/IPの中心的なプロトコルであるIPが含まれています。IPの他に**ARP**（Address Resolution Protocol）、**ICMP**（Internet Control Message Protocol）、**OSPF**（Open Shortest Path First）、**IGRP**（Interior Gateway Routing Protocol）、**EIGRP**（Enhanced IGRP）などのプロトコルが含まれています。IP、ARP、ICMPは本章で後述します。OSPF、IGRP、EIGRPはルータ同士が動的に経路情報を交換するダイナミックルーティングプロトコルです。OSPFの詳

細については、第8章で解説しています。IGRP、EIGRPはシスコシステムズ社（以下、シスコ社）独自のルーティングプロトコルです。IGRPは第7章、EIGRPは第9章で解説します。

　トランスポート層にはTCPと**UDP**（User Datagram Protocol）の2つのプロトコルがあります。OSI参照モデルでは、同じくトランスポート層に対応しています。これら2つのプロトコルについても本章で後述します。

　アプリケーション層は、OSI参照モデルのセッション層、プレゼンテーション層、アプリケーション層に対応しています。この層には本書で解説するルーティングプロトコルである**RIP**（Routing Information Protocol）、**BGP**（Border Gateway Protocol）をはじめとして、数多くのプロトコルが存在しています。RIPは第6章、BGPは第10章を参照してください。

1-2 IPアドレス

TCP/IPで通信を行うためには、通信相手を識別するためのアドレス、つまりIPアドレスが必要です。現在は、IPバージョン4が一般的に利用されています。IPバージョン4では、IPアドレスは32ビット★、すなわち4バイトの大きさをもっています。

★32ビット
8ビット＝1バイト。だから、4バイトになる。

1-2-1 IPアドレス

コンピュータが理解する**IPアドレス**は、「0」、「1」の2進数で表現される**32ビット**のビット列になりますが、わたしたちが理解しやすいように通常、8ビットずつ10進数に変換して、「.」（ドット）で区切って表現されています。この表記を**ドット付き10進表記**と呼んでいます。IPアドレスの例は次の通りです。

```
192.168.1.1
（ドット付き10進表記）
↓
11000000 10101000 00000001 00000001
（2進表記）
```

IPアドレスは、ネットワークを指し示す**ネットワークアドレス**と、そのネットワーク上の特定のホストを示す**ホストアドレス**から構成されています。ホストとは、実際にTCP/IPで通信を行うPCやルータのことを指しています。

ここで重要な規則があります。ネットワークアドレス、ホストアドレスは「0」「1」のビット列になっているわけですが、ネットワークアドレスとしてすべてビット「0」、もしくはすべてビット「1」はホストに設定することができません。同様にホストアドレスとして、すべてビット「0」またはすべてビット「1」はホストに設定することができません。これらは特別な用途のために予約されているからです。たとえば、以下で解説しているクラスAにおいてネットワークアドレス、ホストアドレスがすべてビット「0」の0.0.0.0というアドレスは、**デフォルトルート**という特殊な経路で予約されています。また、127.0.0.0～127.255.255.255はクラスAでネットワークアドレスのビットがすべて「1」となりますが、これは**ループバックアドレス**として予約されています。ループバックアドレスとは自分自身を示す特殊なアドレスです。そして、ホストアドレスがすべてビット「0」はネットワークそのものを表すために予約され、すべてビット「1」は**IPブロードキャストアドレス★**として予約されています（図1-2）。

★IPブロードキャストアドレス
単にブロードキャストアドレスとも呼ばれる。

ネットワークアドレス、
ブロードキャストアドレス
（図1-2）

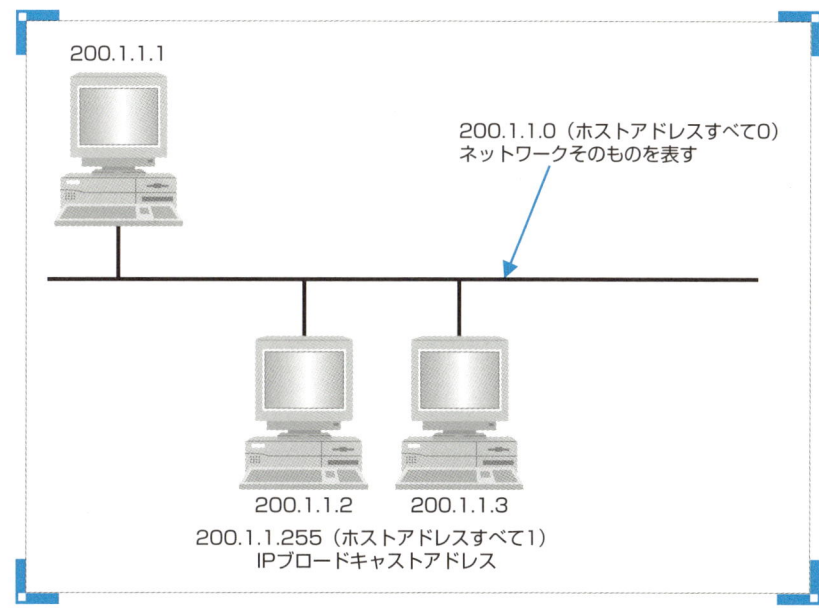

　IPアドレスの32ビットのうち、どこまでがネットワークアドレスでどこからがホストアドレスかということは、クラスによって決まっています。クラスは、クラスA～クラスEまでありますが、ホストに設定することができるアドレスはクラスA～クラスCです。クラスDは**マルチキャスト**用に、クラスEは実験用に予約されているためにホストに設定することができません。
　クラスは以下のように分類されています（図1-3）。

▼IPアドレスのクラス（図1-3）

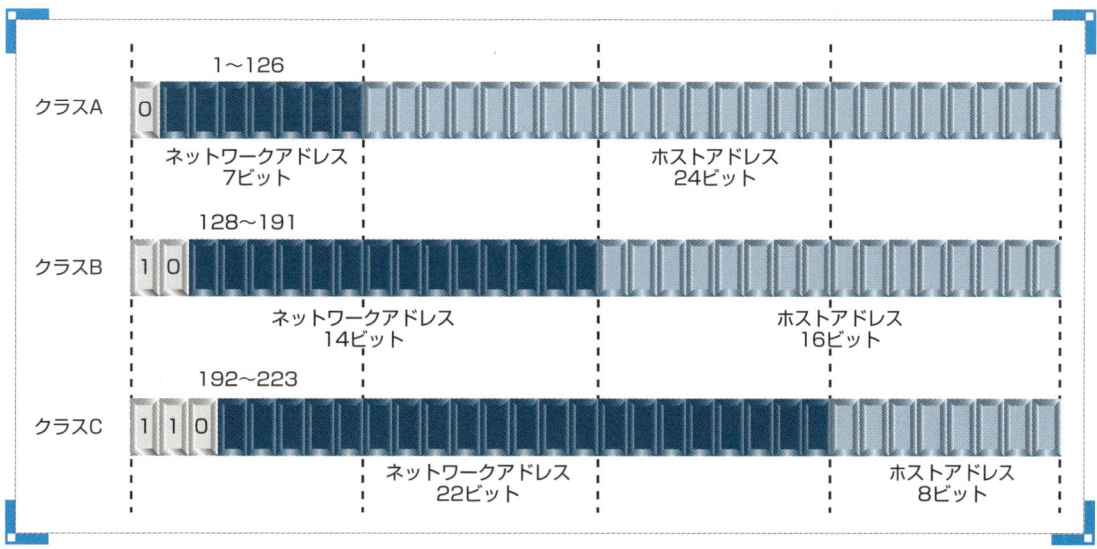

クラスAは最初の1ビットが「0」ではじまるアドレスです。そして、2ビット目から8ビット目までの7ビットがネットワークアドレス、残りの24ビットがホストアドレスです。最初の8ビットを10進数に変換すると、1～126となります。この範囲はネットワークアドレスがすべてビット「0」のときとすべてビット「1」のときを除いています。クラスAはネットワークアドレスが7ビットなので、2^7-2（すべてのビットが0、または1を除くので−2）＝126個のネットワークで、各ネットワークに$2^{24}-2≒1600$万台のホストを接続できます。

クラスBは最初の2ビットが「10」ではじまります。3ビット目から16ビット目までの14ビットがネットワークアドレス、残りの16ビットがホストアドレスです。最初の8ビットを10進数に変換すると、128～191です。クラスBは$2^{14}-2$で16384のネットワーク、$2^{16}-2$で65534台のホストとなります。

クラスCは最初の3ビットが「110」ではじまり、24ビット目までがネットワークアドレスです。残り8ビットがホストアドレスとなり、最初の8ビットを10進数に変換すると192～223です。クラスCのネットワークは$2^{22}-2≒200$万あり、$2^8-2＝254$台のホストを接続することができます。

クラスを分類するには、最初の8ビットを10進数に変換した数値の範囲からも判断できることがわかります。たとえば、「200.1.1.1」というIPアドレスならクラスC、「10.0.0.1」ならクラスAです。

1-2-2　グローバルアドレスとプライベートアドレス

IPアドレスは、さらに「グローバルアドレス」と「プライベートアドレス」に分類されます。

グローバルアドレスとは、インターネット上で一意となるIPアドレスです。インターネットにアクセスするためには、必ずグローバルアドレスが必要です。グローバルアドレスは勝手に利用することができません。日本であれば、JPNIC★に申請して割り当ててもらいます。

グローバルアドレスに対して、個別のネットワーク内部で自由に設定できるアドレスを**プライベートアドレス**といいます。プライベートアドレスはRFC★1918に詳しく書かれています。個別のネットワーク内部といっても勝手なアドレスをプライベートアドレスとして利用できるわけではありません。プライベートアドレスとして、次のアドレス範囲が予約されています。

★JPNIC
　Japan Network Information Centerの略。

★RFC
　Request for Commentsの略。

```
クラスA：10.0.0.0～10.255.255.255
クラスB：172.16.0.0～172.31.255.255
クラスC：192.168.0.0～192.168.255.255
```

　会社や家庭でLANを構築するときにはたいてい、このプライベートアドレスの範囲からアドレスが設定されています。ただし、プライベートアドレスが設定されているホストからインターネットに接続することができません。これは、先に示したプライベートアドレスの範囲はインターネット上に流れることがなく、インターネット上のルータはプライベートアドレスを送信先にもつパケットを捨ててしまうからです。しかし、実際は会社のLAN上のPCや家庭のLAN上のPCからインターネットにアクセスすることはできています。

　この理由は、次の図のようにインターネットに接続するために**NAT**（Network Address Translation）や**IPマスカレード**★を使ってプライベートアドレスとグローバルアドレスの相互変換を行っているからです。NATは1つのグローバルアドレスと1つのプライベートアドレスの対応付けを行うのに対して、IPマスカレードは1つのグローバルアドレスに複数のプライベートアドレスを対応付けることができます（図1-4）。

★マスカレード
仮装（仮面）舞踏会の意。

▶プライベートアドレスと
　グローバルアドレス
　　　（図1-4）

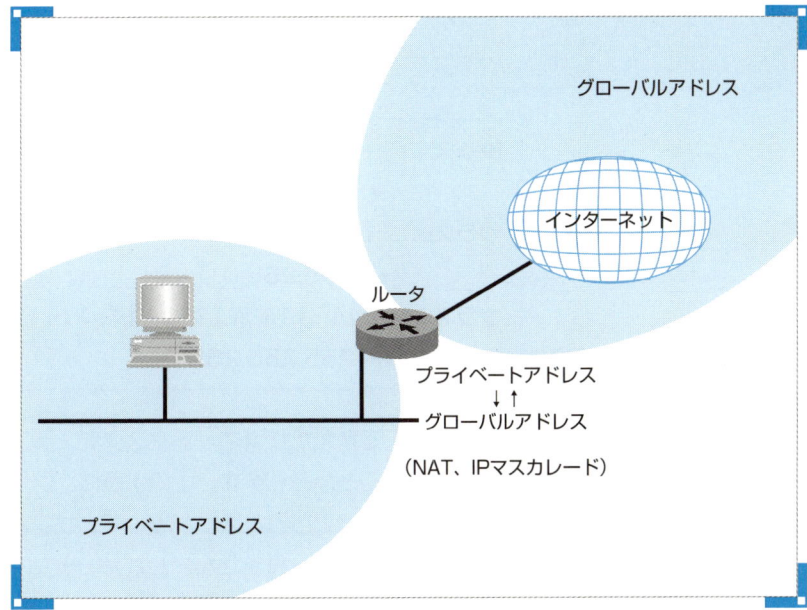

1-2-3 サブネットマスク

サブネットマスクとは、IPアドレスの32ビットのうちネットワークアドレスとホストアドレスの区切りを示すための32ビットのビット列です。ビット「1」の部分がネットワークアドレスを示し、ビット「0」がホストアドレスです。たとえば、先頭から8ビットがネットワークアドレスであれば、サブネットマスクは次の図の上段のようになります。また、サブネットマスクは連続したビット「1」と連続したビット「0」から構成されます。区切りを表すわけですから、図1-5の下段のようにビット「0」「1」が混ざり合うことはありません。

▼サブネットマスクの例（図1-5）

最初の8ビットがネットワークアドレスのときのサブネットマスク
1:ネットワークアドレス
0:ホストアドレス
11111111 00000000 00000000 00000000

正しくないサブネットマスク
11111111 00101001 00000000 00000000
サブネットマスクは連続したビット列にならなければいけない

クラスごとのサブネットマスクを考えると、次のようになります。

```
クラスA：11111111 00000000 00000000 00000000
      → 255.0.0.0
クラスB：11111111 11111111 00000000 00000000
      → 255.255.0.0
クラスC：11111111 11111111 11111111 00000000
      → 255.255.255.0
```

このクラスで考えたサブネットマスクを、**デフォルトマスク**や**ナチュラルマスク**と呼ぶことがあります。上のように、クラスによってネットワークアドレスがどこまでであるかはわかるので、サブネットマスクが必要ではないように思われるかもしれません。しかし、1つのネットワークアドレスを複数のサブネットに分ける「サブネッティング」を行うときにサブネットマスクが必要です。

また、サブネットマスクを書く場合、いちいち「255.255.0.0」などと書くのはちょっと面倒なので簡単に「/16」と書く方法があります。「/」のあとは先頭から何ビット「1」が立っているかを示しています。「/16」

は先頭から16ビット「1」がたっているサブネットマスク、すなわち「255.255.0.0」となります。今後、本書ではサブネットマスクの表記としてこちらを使っていくことにします。

1-2-4　サブネッティング

　クラス単位でネットワークアドレスを考えていくと、アドレスのムダが発生するケースがあります。たとえば、100台のコンピュータがあり、これを2つのネットワークに分割するときのアドレスについて考えます。

　クラスCであれば、254台のホストをサポートできるのでクラスCのアドレスが2つあればいいことがわかります。2つのネットワークに50台ずつ均等にコンピュータが配置されたとすると、各クラスCのネットワークで約200個、合計で約400個のIPアドレスが利用されないままになってしまいます。プライベートアドレスなら問題ないですが、枯渇が心配されているグローバルアドレスではこのような割り当ては現実的ではありません。そこで、1つのネットワークアドレスを複数のネットワークに分割する**サブネッティング**が必要になってきます。ネットワークを分割するためには、ホストアドレスから一部借りてネットワークアドレスとして利用することによって行います。

　サブネッティングの手順は次のようになります。

・Step1
　必要なネットワークの数、そのネットワークに接続する最大のコンピュータの数を見積もる。その際、将来のネットワークの拡張、コンピュータの増加を予測して見積もる必要がある。

・Step2
　Step1の条件に合うサブネットマスクを計算する。サブネット部にビットを使うと、2^nのネットワークに分けることができる。

・Step3
　Step2で求めたサブネットマスクからIPアドレスの範囲を考え、ルータなどのネットワーク機器、ネットワークに接続する各コンピュータに設定する。

　まず、いくつのネットワークに分ける必要があり、各ネットワークに何台のホストを接続しなければいけないのかを見積もります。将来的な拡張計画も考慮に入れる必要があります。

そして、その条件に見合うサブネットマスクを求めます。ホストアドレスからnビット借りるとすると、2^nのネットワークに分割することができます。以前は、サブネットとして借りてきたnビットがすべて「0」もしくはすべて「1」は通常使うことができなかったのですが、現在ではほぼ問題なく使うことができます。nビットすべて「0」のサブネットのことを特に**ゼロサブネット**と呼ぶことがあります。

最後に、求めたサブネットマスクと適切なIPアドレスをルータなどのネットワーク機器、ネットワークに接続する各コンピュータに設定します。必要ならば物理的な配線も変更します。

実際に例をあげてサブネッティングを考えましょう。

> あなたはネットワークで利用するIPアドレスの設計をまかされた。ネットワークアドレスとして次のクラスCアドレスが与えられている。
>
> 200.10.0.0/24
>
> 組織は営業部、人事部、経理部、総務部、技術部、研究開発部、情報システム部の7部署が存在する。そして、各部署ごとにネットワークを分けたいとの要望がある。また、各部署では最大30個のIPアドレスを利用することが予想される。この場合の最適なサブネットマスクを求めよ。

先ほどのサブネッティングの手順Step1は文章中に各組織ごとにネットワークを分けたいとあるので、7つのネットワークが必要だということがわかります。

Step2で必要なネットワークの数が7つですから、ホストアドレスから借りてくるビット数を以下の式から求めます。

$$2^n \geq 7$$

これよりn＝3が求まります。ホストアドレスから3ビット借りることによって、$2^3=8$個のネットワークに分けられることがわかります。ホストアドレスから3ビット借りた場合のサブネットマスクは、次のようになります（図1-6）。

新しいサブネットマスク▶
（図1-6）

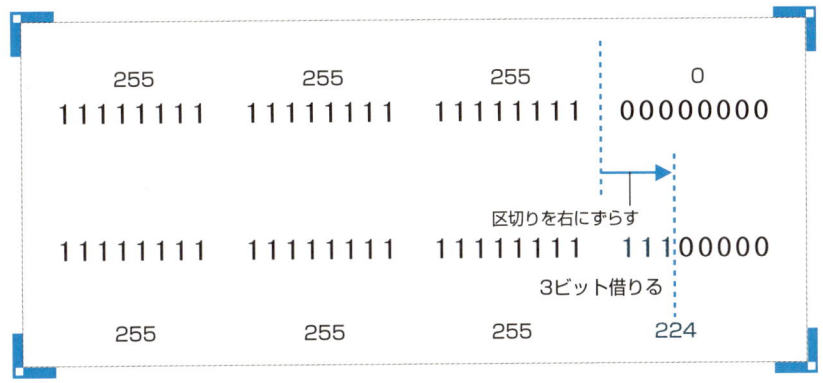

255.255.255.0（/24）というサブネットマスクが、255.255.255.224（/27）というサブネットマスクになりました。最初は24ビット目がネットワークアドレスとホストアドレスの区切りであったものが、ホストアドレスから3ビット借りてくることによってネットワークアドレスとホストアドレスの区切りが右に移動したことがわかります。つまり、サブネッティングすることは、「ネットワークアドレスとホストアドレスの区切りを右にずらす」というようにとらえることもできます。

Step3として、各ネットワークのIPアドレスの範囲を求める必要があります。そのためには、借りてきた3ビットで分けられる具体的なネットワークについて考えます。最後の4バイト目に注目すると、借りてきた上位3ビットの取りうる値と残りの5ビットの組合せを考えたネットワークアドレスは次のようになります。

ネットワークアドレスの▶
範囲

上位3ビット	下位5ビット	ネットワークアドレス
000	00000	200.10.0.0/27
001	00000	200.10.0.32/27
010	00000	200.10.0.64/27
011	00000	200.10.0.96/27
100	00000	200.10.0.128/27
101	00000	200.10.0.160/27
110	00000	200.10.0.192/27
111	00000	200.10.0.224/27

ネットワークアドレスがわかったところで、実際の各ネットワークに含まれるIPアドレスの範囲を考えてみましょう。

今度は下位5ビットに注目します。下位5ビットで取りうる値は、次の通りです。

```
00000
00001
00010
  ⋮
  ⋮
11110
11111
```

このうち「00000」はホストアドレスがすべてビット「0」なので、ネットワークアドレスそのものです。「11111」はホストアドレスがすべてビット「1」なので、ブロードキャストアドレスとなります。

これらを上記のすべてのネットワークで考えていくと、各ネットワークに対するIPアドレスの範囲とブロードキャストアドレスは次の表のようになります。

▶ IPアドレスの範囲とブロードキャストアドレス

ネットワークアドレス	アドレス範囲	ブロードキャストアドレス
200.10.0.0/27	200.10.0.1〜200.10.0.30	200.10.0.31
200.10.0.32/27	200.10.0.33〜200.10.0.62	200.10.0.63
200.10.0.64/27	200.10.0.65〜200.10.0.94	200.10.0.95
200.10.0.96/27	200.10.0.97〜200.10.0.126	200.10.0.127
200.10.0.128/27	200.10.0.129〜200.10.0.158	200.10.0.159
200.10.0.160/27	200.10.0.161〜200.10.0.190	200.10.0.191
200.10.0.192/27	200.10.0.193〜200.10.0.222	200.10.0.223
200.10.0.224/27	200.10.0.225〜200.10.0.254	200.10.0.255

各ネットワークのIPアドレスとブロードキャストアドレスを一般化してみると、次のようになることがわかります。

> IPアドレスの範囲＝ネットワークアドレス＋1 〜 次のネットワークアドレス−2
> ブロードキャストアドレス＝次のネットワークアドレス−1

Chapter 1　TCP/IP基礎

1-3　IPヘッダ

TCP/IPの中心となるプロトコルである「IP」について、ヘッダフォーマットを確認し、各フィールドについて解説します。

■ IPヘッダフォーマット

IPヘッダフォーマットは図1-7のように、全部で12のフィールドとオプションから成り立っています。オプションを含まないIPヘッダ長は20バイトで、オプションが追加された場合でも必ず4バイト単位になります。

▼IPヘッダフォーマット（図1-7）

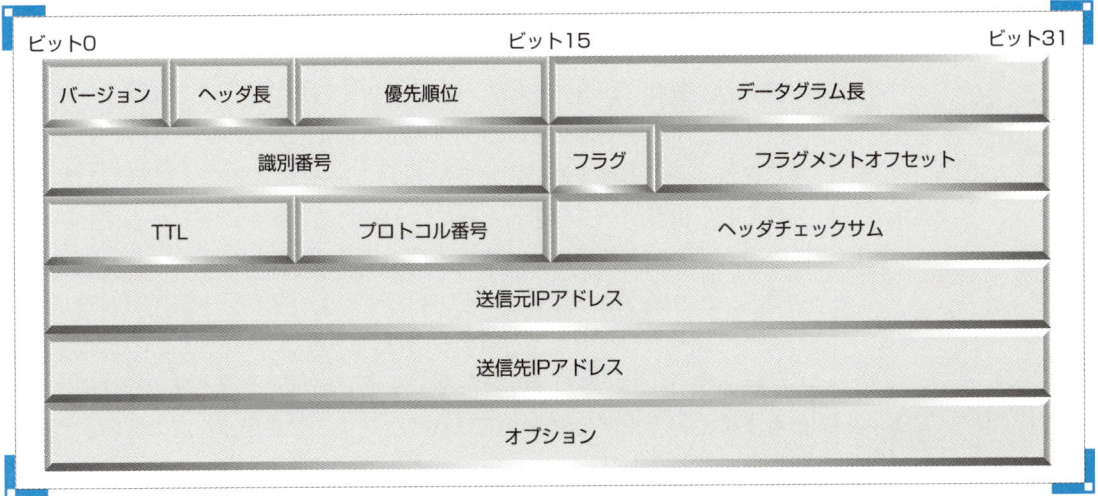

■ バージョン、ヘッダ長

バージョンには、そのものずばりのIPのバージョンが入ってきます。現在のIPのバージョンは「4」です。そして、もう一部では使われていますが、IPの次のバージョンは「6★」となります。バージョン4の次が5を飛ばして6になっています。バージョン5はすでに実験用に使われているので、「4」の次は「6」となっています。

次に**ヘッダ長**ですが、ここにはIPヘッダの長さが入ってきます。ただし実際の長さが入ってくるのではなく、4バイト単位の長さが入ります。つまり標準ではIPヘッダは20バイトですので、ヘッダ長は「5」です。

★6
IPv6と呼ばれる。

■ 優先順位、データグラム長

優先順位では、各データの優先順位を決めてあげることができます。PCがデータを送るというときの優先順位ではなく、ルータがIPパケットをルーティングするときの優先順位です。これは、いわゆる**QoS★**と呼ばれる方法です。QoSとは、データごとに優先順位を決めてより賢くデータの転送を

★QoS
Quality of Serviceの略。

chapter 1
TCP/IP基礎

行うためのものです。たとえば、音声のデータは遅れてしまったり、順番が変わってしまうと困ってしまいます。そのようなデータは優先的に転送します。一方、ファイル転送などはとくにデータが遅れてもそれほど影響はしません。そのようなデータはゆっくり送るという制御を行うために使います。

データグラム長では、ヘッダを含めたIPパケット全体の長さが入ってきます。生のデータの長さを知りたいときには、データグラム長－ヘッダ長でわかります。

識別番号、フラグ、フラグメントオフセット

次の3つの情報である「識別番号」「フラグ」「フラグメントオフセット」はデータの分割と組み立てに関わってくる情報です。

データの分割、組み立てはどういうときに行われるのでしょう？ たとえば、イーサネットでは、1つのフレームで1500バイトのデータを送ることができます。この最大値のことを**MTU**★と呼んでいます。このMTUサイズを超えてしまうデータを送るときには分割して、複数のフレームにしなくてはいけないということになります。

★MTU
Maximum Transmit Unitの略。

では、どういう風に分割されていくのでしょう？ データが2000バイトあるときを考えてみます。すると2つのフレームに分割してこの2000バイトを転送することになります。ただ、ここで注意することはイーサネットから考えるとIPヘッダもデータになることです。ですから、次の図のように分割されます（図1-8）。

▼パケットのフラグメント（図1-8）

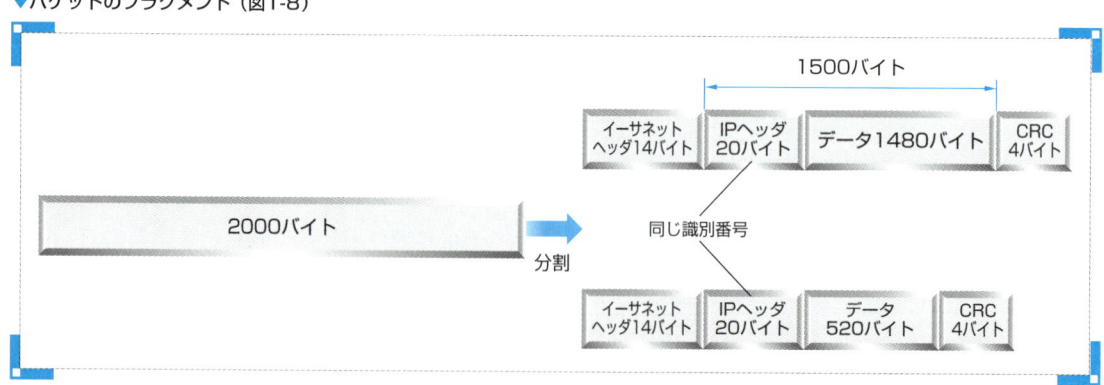

分割されたデータのIPヘッダ内の**識別番号**にはすべて同じ値が入ります。識別番号が同じということは、もともと1つのデータであるということを表しているわけです。そして、**フラグ**には"分割されたデータが最後のデータなのか？"というような情報が入ってきます。

あとで組み立てるときに必要なことを考えると、分割されたデータはもともとのデータのどの位置にあったものかということが必要です。その情報が

フラグメントオフセットです。データが分割されて送られても、受け取ったコンピュータの方でこの3つの情報から元のデータに復元することができる仕組みになっています。

TTL（Time To Live）

TTLとはTime To Liveの略で、パケットの生存時間を表しています。時間といっていますが、実際には、パケットが何台のルータを経由することができるかということを表しています。これはルータのルーティングテーブルに不整合があり、IPパケットがネットワーク内を延々とループしてしまうことを防ぐためのものです。

具体的には、次の図1-9のようなことを考えてみてください。

ルーティングテーブルの
ミスによるパケットループ
（図1-9）

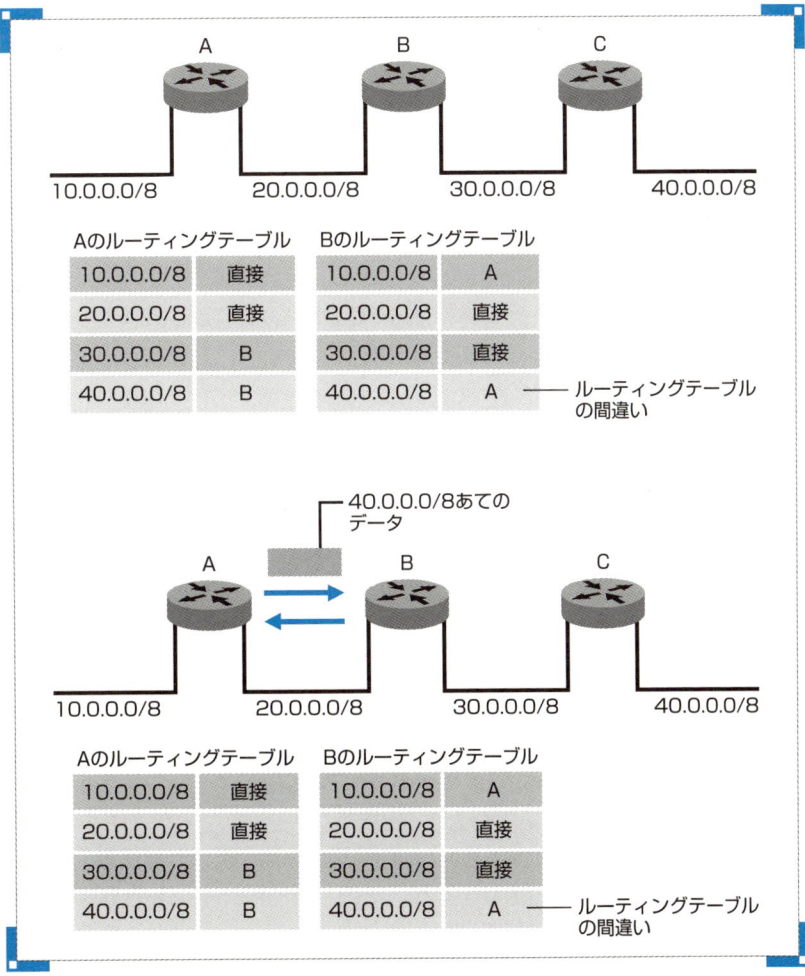

この図では、ルータA、B、Cの3台のルータがあり、ルータAには10.0.0.0/8と20.0.0.0/8のネットワーク、ルータBには20.0.0.0/8と30.0.0.0/8のネットワーク、ルータCには30.0.0.0/8と40.0.0.0/8のネットワークが接続されています。

この場合、10.0.0.0/8のネットワークから40.0.0.0/8のネットワークへの通信を行うためには手動でルートを設定するか、ルーティングプロトコルで自動的にルートを設定する必要があります。ここでルートの設定を間違えてしまったとしたらどうなるでしょう？　本来、ルータBのルーティングテーブルには40.0.0.0/8のネットワークへ行くためには、次にルータCに送るという情報が入ってこなければいけません。しかし、間違えて40.0.0.0/8に行くためには、次にルータAにという設定をしていたらというケースを考えます。

このとき、ルータAに40.0.0.0/8あてのパケットが届いたとします。するとルータAは40.0.0.0/8のネットワークに行くにはルータBに送ればいいと判断し、ルータBに送ります。受け取ったルータBはルーティングテーブルを見ると、40.0.0.0/8に行くためには、ルータAに送ればいいと判断し、ルータAに送ります。すると、ルータAはまたルータBに、ルータBからルータAに、ルータAからルータBに…、と延々と40.0.0.0/8あてのパケットはルータAとルータBの間を行ったり来たりしてしまいます。新たにルータAに他の40.0.0.0/8 あてのパケットが来ると行ったり来たりするパケットが増えていきます。これが**パケットのループ**です。

このループを防ぐためにTTLが使われます。TTLはルータを超えるたびに1ずつ減っていきます。そしてTTLの値が0になったパケットは破棄されます。もし、ルータのルーティングテーブルに間違いがあって、パケットがネットワーク上を行ったり来たりとループしている場合でも、しばらくするとTTLが0になってパケットが捨てられます。このように永遠に行ったり来たりを防ぐことができます。ただ、ルーティングテーブルの間違いという根本的な原因を解消しないと、結局通信ができない事態は同じですので、注意してください。

プロトコル番号

プロトコル番号とは、上位のプロトコルが何かを識別するための番号です。IPの上位層のトランスポート層にはTCPとUDPの2つのプロトコルがありますが、そのどちらにデータを渡せばいいのかということをプロトコル番号で識別します。また、インターネット層に含まれるICMPやOSPF、IGRP、EIGRPといったプロトコルもIPヘッダにカプセル化されます。主なプロトコル番号は次の表の通りです。

主なプロトコル番号▶

プロトコル	プロトコル番号
TCP	6
UDP	17
ICMP	1
OSPF	89
IGRP	9
EIGRP	88

ヘッダチェックサム

　ヘッダチェックサムは、IPヘッダにエラーがないかどうかをチェックするためのフィールドです。IPパケット全体ではなくIPヘッダのみになっていることにはもちろん理由があります。上位のUDPやTCPでIPパケットのデータ部分のエラーチェックが行われているからです。

送信元IPアドレス、送信先IPアドレス

　送信元IPアドレスと**送信先IPアドレス**が入ります。送信元IPアドレスは必ず**ユニキャストアドレス**になります。ブロードキャストアドレスやマルチキャストアドレスが送信元IPアドレスフィールドに入ることはありません。

オプション

　オプションフィールドによって、明示的にどの経路を通るのかを指定することができます。これを**ソースルーティング**と呼んでいます。ただし、セキュリティの観点からインターネット上のルータでは、ソースルーティングを指定しているパケットは捨てられてしまう可能性があります。また、オプションはIPの実験を行うためにさまざまな用途で利用されていましたが、現在ではあまり使うことはありません。

1-4 ICMP(Internet Control Message Protocol)

ICMP (Internet Control Message Protocol) はコネクションレス型プロトコルであるIPを補佐する役割を持っています。もし、IPパケットがネットワーク上で失われてしまった場合、ICMPによってそのエラーレポートを行うことができます。また、PINGコマンドを使って、通信相手との接続性を確認するためにもICMPが利用されています。

1-4-1 ICMPメッセージフォーマット

ICMPのメッセージフォーマットは、次の通りです。

ICMPフォーマット▶
(図1-10)

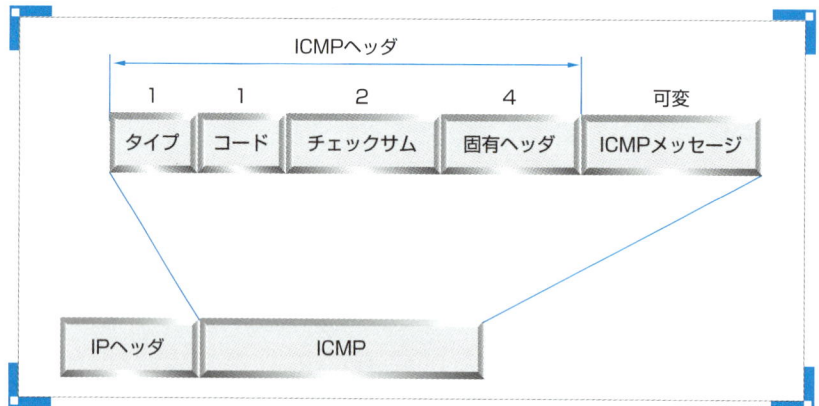

ICMPはIPパケットにカプセル化されています。ヘッダは8バイトです。8バイトのうち、4バイトの共通ヘッダと各メッセージ固有のヘッダ部分に分かれています。そのあとに固有のICMPメッセージが続いてくる形です。

共通ヘッダは1バイトのタイプ、1バイトのコード、2バイトのチェックサムから構成されています。エコー要求、エコー応答、到達不能メッセージなどさまざまなメッセージがありますが、タイプ、コードによってICMPのどんなメッセージなのかということを表しています。タイプは大分類、コードは小分類を表していると考えてください。タイプとコードの一覧は次の表の通りです。2バイトの**チェックサム**によって**エラーチェック**を行うことができます。

1-4 ICMP (Internet Control Message Protocol)

タイプとコードの一覧▶

タイプ	コード	機能
0/8	0	エコー応答/エコー要求
3	0-12	到達不能メッセージ
4	0	送信元抑制メッセージ
5	0-3	リダイレクトメッセージ
11	0-1	時間超過メッセージ
12	0	パラメータ異常
13/14	0	タイムスタンプ要求/応答
17/18	0	サブネットマスク要求/応答

　以降でこれらのタイプのうち、タイプ0エコー要求、タイプ8エコー応答、タイプ3到達不能メッセージ、タイプ11時間超過メッセージについて詳しく見ていきます。

1-4-2　エコー要求、エコー応答

★PING
　Packet INternet Groperの略。

　ICMPのタイプ0**エコー要求**、タイプ8**エコー応答**によって通信相手との接続性を確認するための**PING**を行うことができます。PINGはネットワークのトラブルシューティングを行うときには必須のコマンドで、非常によく利用されるものです。

　PINGの仕組みはとても簡単です。たとえば、ネットワーク上の192.168.1.2というコンピュータときちんと通信できるか確認したいとき、Windowsパソコンならコマンドプロンプトから、次のように入力して実行します。

```
> ping 192.168.1.2
```

　すると送信元から、ICMPタイプ8のエコー要求が192.168.1.2に対して送信されます。それを示したのが次ページの図1-11です。

chapter 1
TCP/IP基礎

PING（図1-11）▶

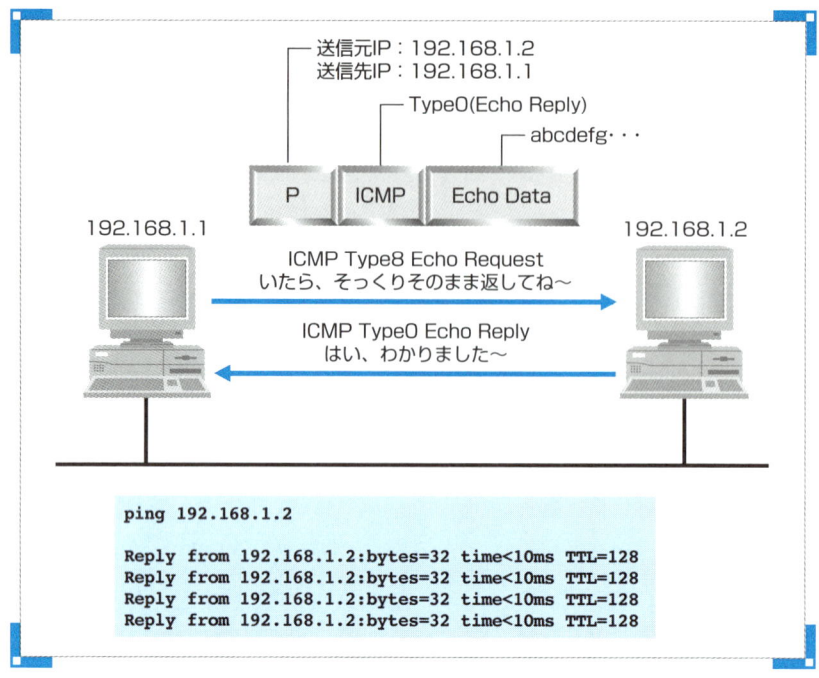

　エコー要求とは、簡単に言えば"いまから送るデータをそっくりそのままこっちに返してください"ということです。

　受け取った192.168.1.2のIPアドレスをもつコンピュータは、きちんと通信が可能な状態なら返事を返すことができます。返事として、"言われた通りにそっくりそのままデータを返します"という具合にICMPタイプ0エコー応答が送信元に返されていきます。

　すると、送信元のパソコンのDOSプロンプトには、次のように表示されてきます。

```
C:¥>ping 192.168.1.2

Pinging 192.168.1.2 with 32 bytes of data:

Reply from 192.168.1.2: bytes=32 time<10ms TTL=128
Reply from 192.168.1.2: bytes=32 time<10ms TTL=128
Reply from 192.168.1.2: bytes=32 time<10ms TTL=128
Reply from 192.168.1.2: bytes=32 time<10ms TTL=128

Ping statistics for 192.168.1.2:
Packets: Sent = 4, Received = 4, Lost = 0 (0% loss),
Approximate round trip times in milli-seconds:
```

> Minimum = 0ms, Maximum = 0ms, Average = 0ms

　送信元のパソコンでPINGが成功して返事を受け取ったことがわかります。PINGの成功です。
　もし、相手が応答してくれなかったら、次のようなエラーメッセージが出ます。

> Request timed out-

　結果の表示は多少異なりますが、WindowsパソコンでもUNIXサーバでもルータでもPINGでやっていることはすべて同じです。エコー要求とエコー応答を使って、ネットワーク上の特定のコンピュータと通信ができるかどうかということを確認するために使っているということを、しっかりと押さえてください。

1-4-3　到達不能メッセージ

　ICMPタイプ3の**到達不能メッセージ**は何らかの理由で送信先にIPパケットを送ることができないときに、送信元に対して"なぜ送ることができなかったのか？"ということをレポートします。この到達不能メッセージを解析することによって、ある程度トラブルの切り分けを行うこともできるようになります。
　タイプ3到達不能メッセージは、次の表の通り、エラーの種類によって0～12のコードを定義しています。

▶タイプ3 到達不能メッセージ

コード	種類	意味
0	Network Unreachable	ネットワークに到達できない。
1	Host Unreachable	特定のホストに到達できない。
2	Protocol Unreachable	プロトコルを見つけることができない。
3	Port Unreachable	ポートを使うことができない。
4	Fragmentation Blocked	フラグメントを行うことができない。
5	Source Route Failed	ソースルート通りルーティングできない。
6	Target Network Unknown	ネットワークを知らない。
7	Target Host Unknown	ホストを知らない。
8	Source Host Isolate	送信元がインターネットと交信できない。
9	Target Network Prohibited	送信先ネットワークが拒否している。
10	Target Host Prohibited	送信先ホストが拒否している。
11	Network TOS Problem	要求したTOS★で中継できない。
12	Host TOS Problem	要求したTOSで中継できない。

★TOS
　Type Of Serviceの略。IPプロトコルのヘッダフィールドの1つ。

chapter 1
TCP/IP基礎

　このようにたくさんあります。が、定義されているだけで実際には使われていないものもあります。また、ネットワーク機器のベンダによって、同じ状況でも違うコードを出していることがあります。あまり厳密に考えずに、あて先に送ることができなかったことを知らせるために使われていると理解してください。

　次の図1-12を例に取り、タイプ3到達不能メッセージが出る様子を見てみましょう。

ICMPタイプ3 到達不能メッセージ（図1-12）

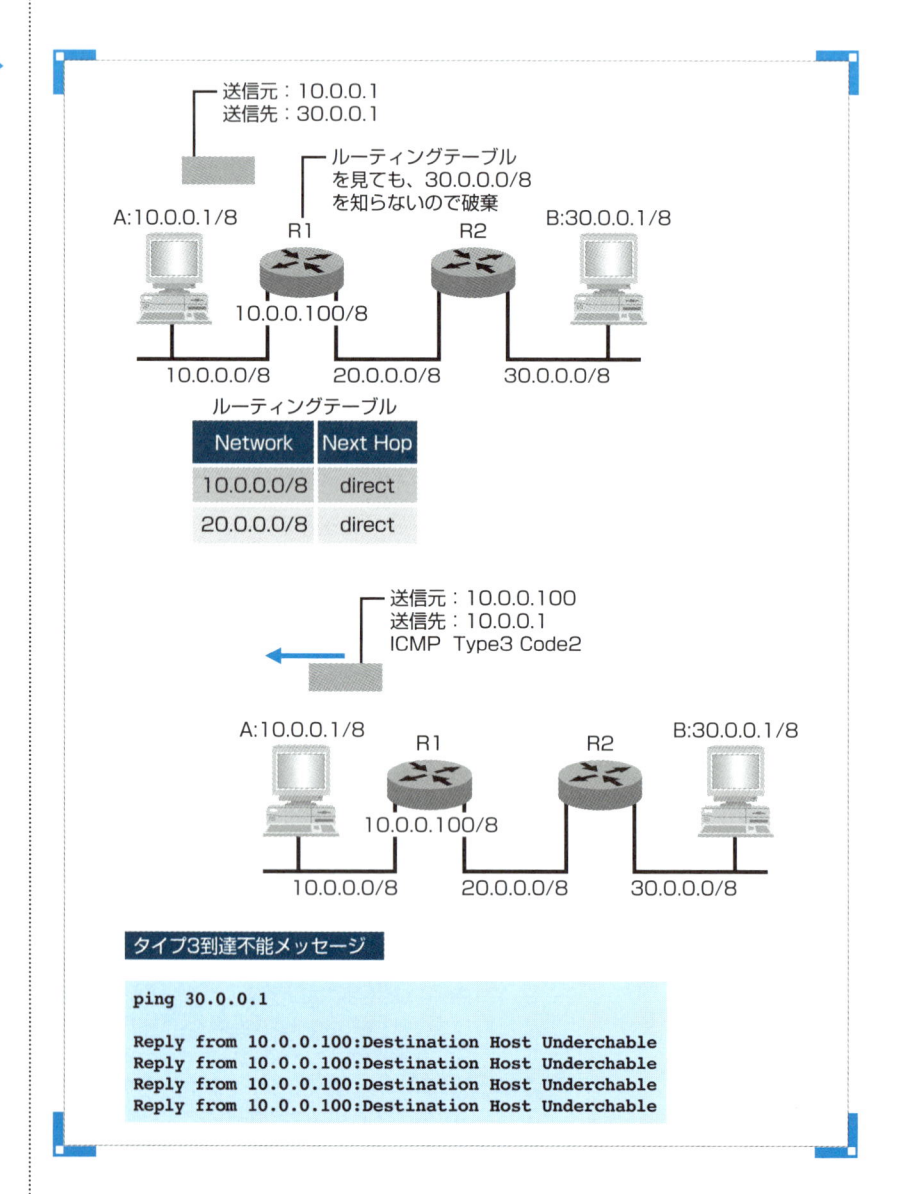

送信元：10.0.0.1
送信先：30.0.0.1

ルーティングテーブルを見ても、30.0.0.0/8を知らないので破棄

A:10.0.0.1/8　R1　R2　B:30.0.0.1/8

10.0.0.100/8

10.0.0.0/8　20.0.0.0/8　30.0.0.0/8

ルーティングテーブル

Network	Next Hop
10.0.0.0/8	direct
20.0.0.0/8	direct

送信元：10.0.0.100
送信先：10.0.0.1
ICMP Type3 Code2

A:10.0.0.1/8　R1　R2　B:30.0.0.1/8

10.0.0.100/8

10.0.0.0/8　20.0.0.0/8　30.0.0.0/8

タイプ3到達不能メッセージ

```
ping 30.0.0.1

Reply from 10.0.0.100:Destination Host Underchable
Reply from 10.0.0.100:Destination Host Underchable
Reply from 10.0.0.100:Destination Host Underchable
Reply from 10.0.0.100:Destination Host Underchable
```

コンピュータA（10.0.0.1/8）がルータR1、R2をはさんでコンピュータB（30.0.0.1/8）にPINGを打ったとします。

```
ping 30.0.0.1
```

でも、ルータR1とR2には、まだ何もルーティングの設定をしていません。その場合、ルータは直接接続されているネットワークだけしかわかりません。AからBにパケットを送るためには、ネットワークが違うのでルータR1に送られていきます。R1はAからのパケットを受け取ると、あて先のIPアドレスを見てルーティングテーブルから次にどこに送ればいいのかを決めていきます。ところが、R1は30.0.0.0/8のネットワークへの経路を知りません。すると、そのパケットは破棄されてしまいます。

R1はパケットを破棄してしまったことを、送信元であるコンピュータAにICMPタイプ3を送って通知します。すると、ICMPタイプ3を受け取ったコンピュータAは次のように表示します。

```
Reply from 10.0.0.100: Destination Host Unreachable
Reply from 10.0.0.100: Destination Host Unreachable
Reply from 10.0.0.100: Destination Host Unreachable
Reply from 10.0.0.100: Destination Host Unreachable
```

一瞬、「Reply from」となっているので、"成功したのか!?"と思うのですがそのあとが「Destination Host Unreachable」となっているので、ICMPタイプ3が送られてきたことがわかります。よく見ると、ReplyfromのあともルータのIPアドレスになっていて、PINGが失敗していることがわかります。そして、その原因は、おそらくルータのルーティングテーブルが正しくないことを推測することができます。

1-4-4 時間超過メッセージ

ICMPタイプ11**時間超過メッセージ**が発生するケースは、次の2通りあります。

●TTLが0になったとき（コード：0）

パケットのIPヘッダ内のTTLが0になり、ルータがパケットを破棄したときに送信されます。これにより、ネットワーク上でどういった経路を通過しているのかを調べるための**トレースルート**が可能になります。トレースルー

トでは、IPパケットのTTLを1から増やしていくことによって、最終的なあて先までの経路を調べることができます。

●**分割されたパケットを組み立てるタイマの時間切れ（コード：1）**

　パケットが分割されている場合、送信先のコンピュータで最初のパケットを受け取ると、パケットを組み立てる**タイマ**がスタートします。もし、分割されたパケットの一部が途中でなくなってしまった場合は、送信先でパケットを組み立てることができずにタイマが時間切れになります。このときに時間超過メッセージによって、送信元にレポートすることができます。

Chapter 1　TCP/IP基礎

1-5 ARP(Address Resolution Protocol)

ARP（Address Resolution Protocol）は、イーサネットなどのLAN上でTCP/IP通信を行う際に必要です。TCP/IPではIPアドレス、LANではMACアドレス（Media Access Control Address）を利用して通信を行いますが、この2つのアドレスはお互いに関連していません。関連していないIPアドレス、MACアドレスを対応付ける役割を持つプロトコルがARPです。

1-5-1 ARPとは

ARPの役割を具体的に知るために、まずイーサネットの**フレームフォーマット**について見ておきましょう。

▶イーサネットフレーム
　フォーマット
　（図1-13）

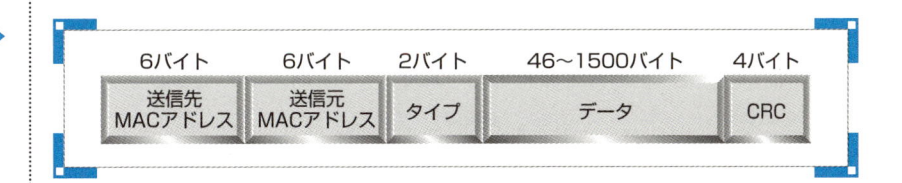

6バイト	6バイト	2バイト	46〜1500バイト	4バイト
送信先MACアドレス	送信元MACアドレス	タイプ	データ	CRC

イーサネットのフレームフォーマットでは、送信先、送信元**MACアドレス**を指定します。送信元MACアドレスは、自分のMACアドレスですから簡単にわかります。しかし、送信先MACアドレスはわかりません。送信先MACアドレスがわからないと、イーサネットフレームを作成することができないので結局通信できません。この送信先MACアドレスを求めるためにARPが必要になってくるわけです。

1-5-2 ARPの動作

ARPの動作は次ページのようになります。

chapter 1
TCP/IP基礎

ARPの動作（図1-14）▶

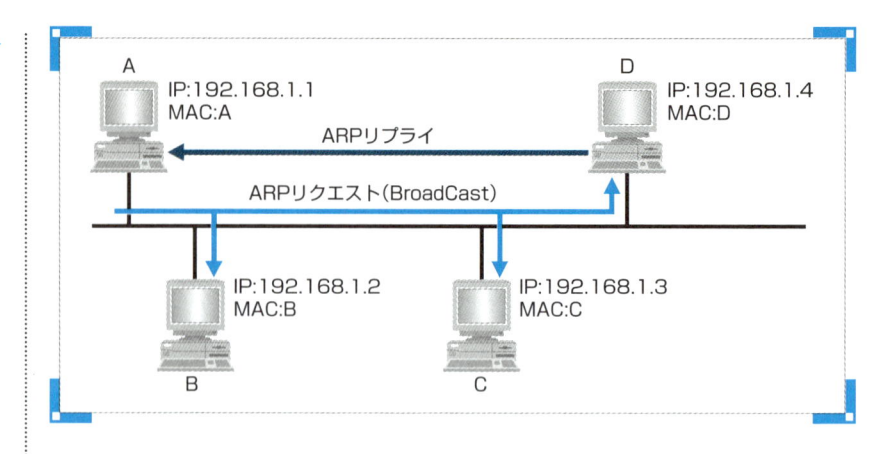

```
A                           D
IP:192.168.1.1              IP:192.168.1.4
MAC:A                       MAC:D
        ←――― ARPリプライ ―――
        ――― ARPリクエスト(BroadCast) ―――→

        IP:192.168.1.2      IP:192.168.1.3
        MAC:B               MAC:C
        B                   C
```

　コンピュータAからコンピュータDに対して通信したいという場合ですが、コンピュータDのMACアドレスがわからないのでイーサネットのフレームを作れません。わかっているのは、コンピュータDのIPアドレスだけです。このとき、コンピュータAはARPのリクエストをブロードキャストで送信します。**ARPリクエスト**は"このIPアドレスが設定されているコンピュータはMACアドレスを教えてください"といった内容です。

　ですから、この場合"IPアドレス 192.168.1.4 のコンピュータはMACアドレスを教えてください"というリクエストを送ります。これは、コンピュータB、Cも受信するのですが、問い合わせされているIPアドレスではないので、返事はしません。コンピュータDがこのリクエストに返事をして、"こちらのMACアドレスはDです"という**ARPリプライ**をコンピュータAに返信します。こうして通信相手のMACアドレスを知ることによって、イーサネットのフレームを作りデータの送信を行うことができるわけです。

　では、そのあとまたコンピュータDと通信をしたいときはどうなるのでしょう？

　毎回毎回、このようにARPリクエストを出すのは効率的ではありません。また、ブロードキャストはネットワーク上のすべてのコンピュータに負荷をかけるので、使いすぎるのはよくありません。そこで、いったんアドレス解決したMACアドレスは各コンピュータのメモリに保存しておきます。その保存した内容を**ARPキャッシュ**と呼んでいます。

　コンピュータAには、次のような情報（ARPキャッシュ）が保存されます。

コンピュータAの▶
　ARPキャッシュ

IPアドレス	MACアドレス
192.168.1.4	D

40

ARP(Addres Resolution Protocol)

次からはARPキャッシュを使ってイーサネットのフレームを作成することができます。さらにARPリクエストを受け取ったコンピュータDにもARPキャッシュが保存されます。ここにはAの情報が入ってきます。

コンピュータDのARPキャッシュは次の通りです。

▶コンピュータDのARPキャッシュ

IPアドレス	MACアドレス
192.168.1.1	A

このARPキャッシュの中身は、簡単に確認することができます。Windowsのコマンドプロンプトから"arp -a"と入力すると、このARPキャッシュを見ることができます。

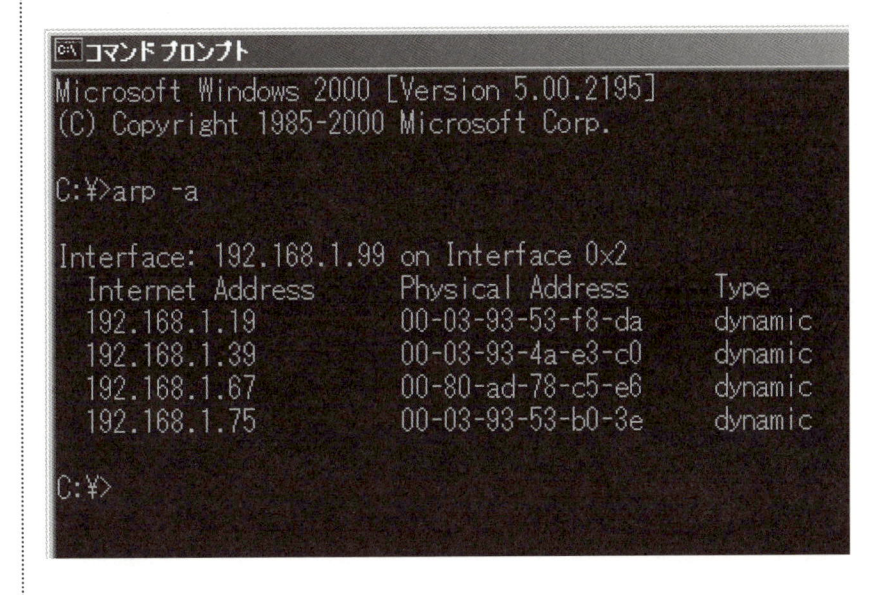

▶ARPキャッシュの表示例

```
コマンドプロンプト
Microsoft Windows 2000 [Version 5.00.2195]
(C) Copyright 1985-2000 Microsoft Corp.

C:\>arp -a

Interface: 192.168.1.99 on Interface 0x2
  Internet Address      Physical Address      Type
  192.168.1.19          00-03-93-53-f8-da     dynamic
  192.168.1.39          00-03-93-4a-e3-c0     dynamic
  192.168.1.67          00-80-ad-78-c5-e6     dynamic
  192.168.1.75          00-03-93-53-b0-3e     dynamic

C:\>
```

ただし、このIPアドレスとMACアドレスの対応は不変ではありません。IPアドレスは変更されるかもしれませんし、MACアドレスは違うNIC★を使うと変わってしまいます。ですから、このARPキャッシュの情報には制限時間があり一定時間使われない情報は削除されて、常に新しいIPアドレスとMACアドレスの対応を保持するようになっています。制限時間はOSによって異なってきます。

また、ARPキャッシュにIPアドレスとMACアドレスの対応を手動で登録することもできます。

★NIC
Network Interface Cardの略。パソコンなどをLANに接続するための拡張ボード。PCIスロットなどに装着して使用する。

Chapter 1 TCP/IP基礎

1-6 TCP(Transmission Control Protocol)、UDP(User Datagram Protocol)

TCP（Transmission Control Protocol）とUDP（User Datagram Protocol）はトランスポート層のプロトコルです。

■ TCP、UDP

TCPは**コネクション型プロトコル**で信頼性の高いデータ伝送を行い、UDPは**コネクションレス型プロトコル**で効率のよいデータ伝送を行うことができます。本書は、ルーティングとスイッチングの解説を主とするので、TCP、UDPの詳しい解説は他書に譲ります。ここでは、ヘッダフォーマットとポート番号についてだけ解説していきます。

■ TCPヘッダフォーマット

TCPヘッダフォーマットは次の図1-15の通りです。

▶ TCPヘッダフォーマット（図1-15）

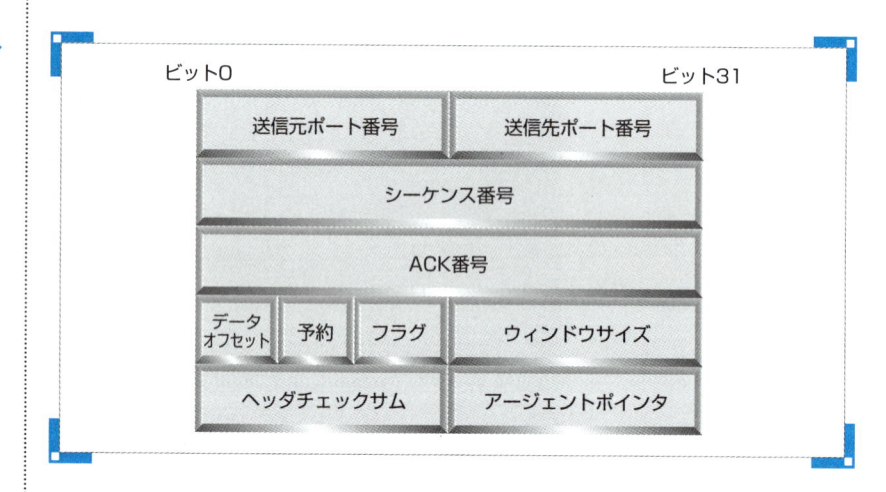

```
ビット0                                              ビット31
┌──────────────────────┬──────────────────────┐
│    送信元ポート番号     │    送信先ポート番号     │
├──────────────────────┴──────────────────────┤
│              シーケンス番号                     │
├─────────────────────────────────────────────┤
│                ACK番号                        │
├────┬────┬────┬──────────────────────────────┤
│データ│予約│フラグ│       ウィンドウサイズ         │
│オフセット│    │    │                              │
├────┴────┴────┼──────────────────────────────┤
│ ヘッダチェックサム │    アージェントポインタ       │
└───────────────┴──────────────────────────────┘
```

標準では、20バイトの大きさをもったヘッダです。オプションが追加されるケースもありますが、オプションが追加されても必ずヘッダは4バイト単位の大きさとなります。

■ UDPヘッダフォーマット

次の図1-16が**UDPヘッダフォーマット**です。TCPと比べると非常に単純なことがわかります。

UDPヘッダフォーマット▶
（図1-16）

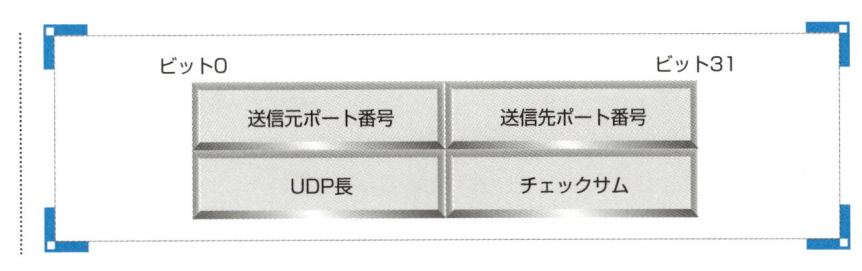

```
ビット0                              ビット31
┌──────────────────┬──────────────────┐
│   送信元ポート番号   │   送信先ポート番号   │
├──────────────────┼──────────────────┤
│      UDP長       │     チェックサム    │
└──────────────────┴──────────────────┘
```

ポート番号

　TCP、UDPヘッダに共通する情報として**ポート番号**があげられます。ポート番号によって特定のホスト上で動作しているアプリケーションを識別することができます。たとえば、ブラウザでホームページを見ながらメールの受信などを行うことはよくあります。IPアドレスで特定のホスト（コンピュータ）はわかりますが、アプリケーションの区別がつきません。そこで、ポート番号を利用してアプリケーションの通信の識別を行います。

　ポート番号は、**ウェルノウンポート番号**、**ランダムポート番号**に分類されます。ウェルノウンポート番号は、0〜1023の間でサーバアプリケーションのポート番号です。こちらはあらかじめ決められた値でAssigned Numbers RFC（RFC1700）で定義されています。主なウェルノウンポート番号は次の通りです

主なウェルノウンポート番号▶

HTTP	80
FTP	20、21
SMTP	25
POP3	110
TELNET	23

　そして、ランダムポート番号は1024以上のポート番号で、クライアントアプリケーションのポート番号です。サーバからの応答のアプリケーションを識別するために、ランダムポート番号を使用します。

　実際に、ブラウザからWebサーバに対して何かのアクセスをするときに、TCPヘッダのポート番号は次ページのようになります（図1-17）。

chapter 1
TCP/IP基礎

ポート番号（図1-17）

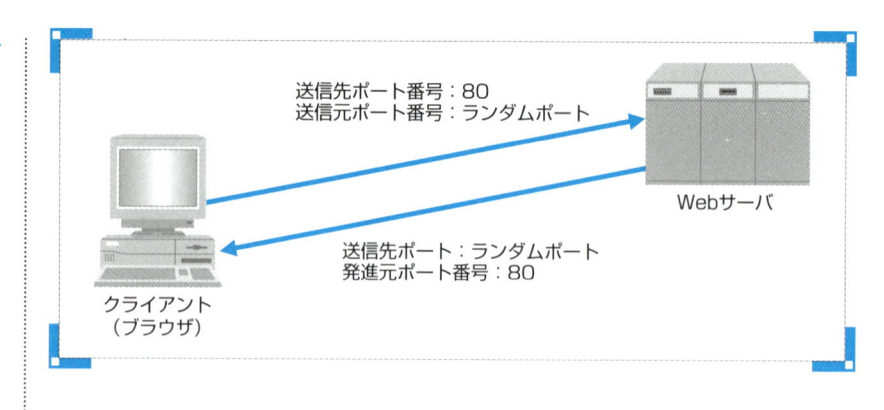

送信先ポート番号：80
送信元ポート番号：ランダムポート

Webサーバ

送信先ポート：ランダムポート
発進元ポート番号：80

クライアント
（ブラウザ）

SUMMARY

第1章　TCP/IP基礎のまとめ

　現在、TCP/IPが最も一般的に使われているネットワークアーキテクチャであり、その構成を知ることは、これからネットワーク技術について学習するにあたって、とても重要なことです。

　第1章では、TCP/IPとOSI参照モデルを比較することによって、各階層に存在するプロトコルの位置付けを確認しました。そして、IPアドレスの構造やサブネッティングについて解説しました。これらは、第5章以降のルーティングを理解する上での前提知識となるものです。また、TCP/IPで通信を行う際によく利用する、ICMP、ARPの仕組みについて触れています。ARPは第2章以降のスイッチングの理解に重要です。最後に、TCP/UDPのヘッダフォーマットについて簡単に解説しています。本章であげたように、ポート番号の意味だけはしっかりと理解してください。

ルーティング&スイッチング

chapter 2

スイッチング

現在のLANはスイッチによって構築されています。この章では、スイッチの基本的な機能を理解し、スイッチを利用したLANについて解説します。

Chapter2 スイッチング

2-1 ブリッジング

スイッチング（スイッチ）を理解するために、まずブリッジング（ブリッジ）について考えていきます。なぜ、ブリッジが出てくるのかと不思議に思うかもしれませんが、ブリッジとスイッチの本質的な機能はほぼ同じです。ですから、まずブリッジの機能について理解することがスイッチの機能を理解する近道になります。

2-1-1 コリジョンドメイン

ブリッジは、**OSI参照モデル**の第2層である**データリンク層**で動作するネットワーク機器です。データリンク層で動作するとは、データリンク層レベルのヘッダを解釈することができると考えてください。ブリッジはデータリンク層レベルのヘッダを解釈することにより、「コリジョンドメイン」を分割します。そして、コリジョンドメインを分割することは、ネットワークのパフォーマンスを向上させることにつながります。

コリジョンドメインとは、**CSMA/CD**（Carrier Sense Multiple Access with Collision Detection）においてコリジョン（衝突）が発生する範囲です。CSMA/CDはイーサネットで用いられる**媒体アクセス制御方式**であり、基本的に早い者勝ちで制御を行います。CSMA/CDの動作を次の図2-1で解説します。CSMA/CDの動作は、「CS」「MA」「CD」という具合に、2文字ずつ3つに分けて考えるとわかりやすくなります。

CSMA/CDの仕組み▶
（図2-1）

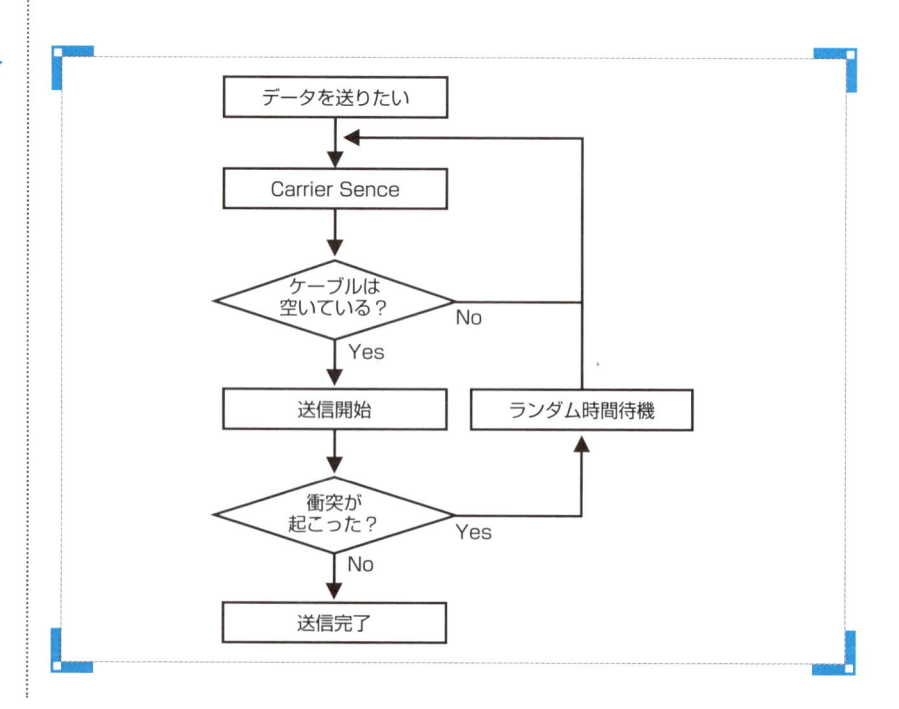

```
           データを送りたい
                │
                ▼
           Carrier Sence
                │
                ▼
           ケーブルは
           空いている？ ──No──┐
                │             │
               Yes            │
                ▼             ▼
           送信開始      ランダム時間待機
                │
                ▼
           衝突が
           起こった？ ──Yes──┘
                │
               No
                ▼
           送信完了
```

2-1 ブリッジング

　まず、何かデータを送信したいコンピュータは、**CS**（Carrier Sense）を行ってケーブル上に他のコンピュータのデータが流れているかどうか確認します。他のコンピュータのデータが流れていれば、そのデータが流れなくなるまで待機します。もし、他のコンピュータのデータが流れていなければ、自分がデータを送信することができます。ケーブルが空いていれば、データを流すことができるという非常にわかりやすく単純な仕組みです。これによって複数のコンピュータで1本の伝送路（ケーブル）を共有するという**MA**（Multiple Access）を実現しています。

　しかし、複数のコンピュータが1本の伝送路を共有するといっても、ある瞬間にデータを送信することができるのはただ1台だけです。たまたま複数のコンピュータが同時にデータを送信したいという場合、Carrier Senseを行ってケーブルが空いていると判断して、同時にデータを送信してしまうことが起こりえます。そうすると、データが途中で衝突してしまい、データが壊れて正常な通信を行うことができなくなります（図2-2）。この衝突を検出することを**CD**（Collision Detection）といいます。衝突を検出すると、衝突の原因となったコンピュータはお互いにランダムな時間だけ待機します。そのあと、再びCarrier Senseに戻り、データを送信することができるかどうかを判断していきます。

衝突の発生（図2-2）▶

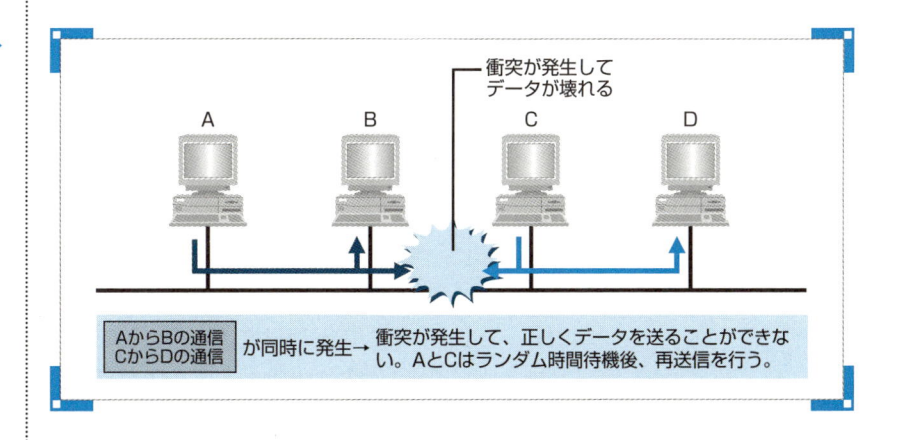

　以上のようなCSMA/CDの動作で衝突が発生しうる範囲のことを、コリジョンドメインと呼んでいます。すると、このコリジョンドメイン内のコンピュータの数が多くなればなるほど、衝突が発生する可能性が高くなります。衝突が発生してランダムな時間待機して、また再送するということになれば、ネットワークのパフォーマンスが下がってしまいます（図2-3）。そこで、ある程度LANの規模が大きくなってくると、コリジョンドメインを分割してLANのパフォーマンスを向上する必要が出てきます。このコリジョンドメインの分割をブリッジで行うわけです。

chapter 2
スイッチング

コリジョンドメインと▶
パフォーマンスの影響
（図2-3）

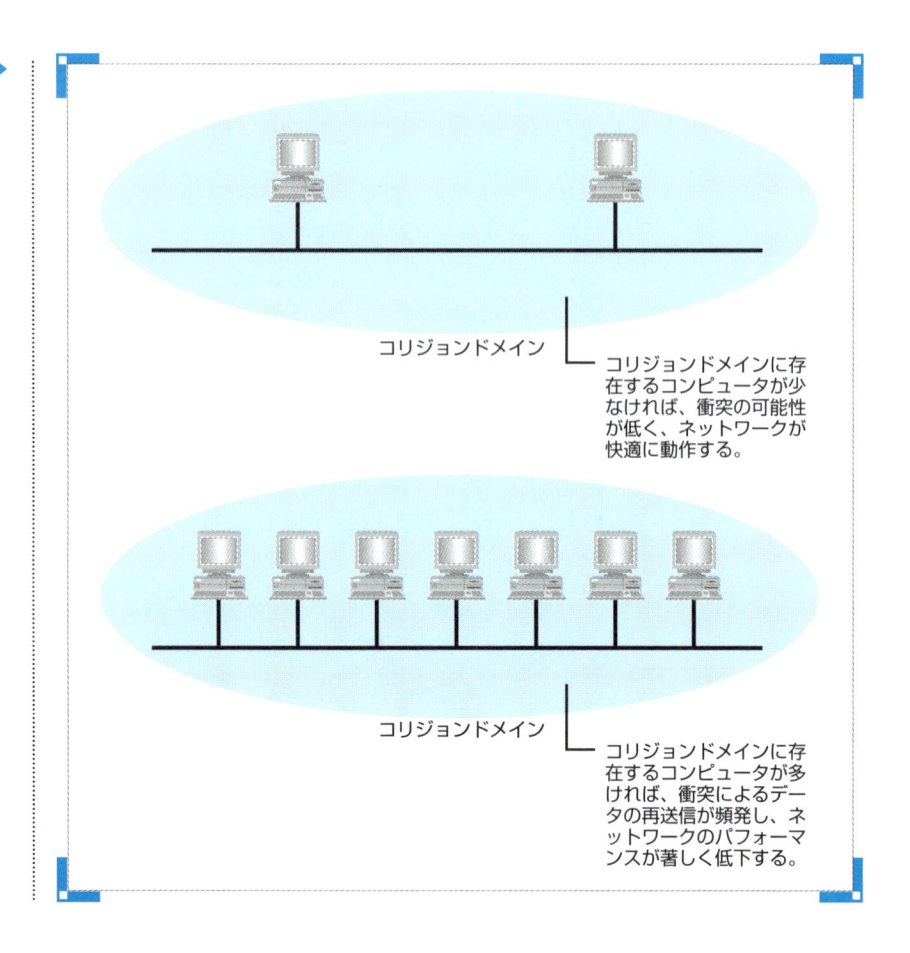

コリジョンドメイン — コリジョンドメインに存在するコンピュータが少なければ、衝突の可能性が低く、ネットワークが快適に動作する。

コリジョンドメイン — コリジョンドメインに存在するコンピュータが多ければ、衝突によるデータの再送信が頻発し、ネットワークのパフォーマンスが著しく低下する。

2-1-2 ブリッジの動作

　では、ブリッジはどのようにコリジョンドメインを分割するのでしょう？コリジョンドメインの分割は次のようにして行われます。

　まず、ブリッジはコンピュータの**MACアドレス**を学習し、**MACアドレステーブル**を作成していきます。MACアドレステーブルは、**フィルタリングデータベース**とも呼ばれることがあります。そして、MACアドレステーブルに従って、入ってきたフレームをどのポートに転送すればいいのかを判断します。必要なポートにだけフレームを転送するフィルタリングを行うことによって、コリジョンドメインを分割しています。実際に、ブリッジで接続されたネットワークを考えていくことにします。ブリッジの動作を理解するためには、**イーサネットフレームフォーマット**★をまず確認しておいてください。

★イーサネットフレームフォーマット
詳しくは39ページ参照。

　コンピュータA、BのネットワークとコンピュータC、Dのネットワーク

2-1 ブリッジング

をブリッジによって接続しています。また、A、B、C、Dは各コンピュータのMACアドレスを表しているものとします。MACアドレステーブルはブリッジの電源を入れた時点では、何も入っていません。

ここでコンピュータAからBに何かデータを送ったときを考えます。そうすると、あて先MACアドレスに"B"、送信元MACアドレスに"A"と指定されているフレームが送信されます。このフレームはコンピュータBにもブリッジにも届きます。ブリッジはまず、入ってきたフレームの送信元MACアドレスを見ます。ポート1に入ってきたフレームの送信元MACアドレスがAです。つまり、"ポート1の先にMACアドレスAがいる"ことがわかりますので、MACアドレステーブルに登録します。

次にブリッジは、入ってきたフレームの送信先MACアドレスを見ます。この場合、送信先MACアドレスはBですが、BというMACアドレスはまだMACアドレステーブルに登録されていません。MACアドレステーブルにエントリが見つからなければ、そのままフレームを入ってきたポート以外のすべてのポートに転送します。入ってきたポート以外のすべてのポートに転送することを**フラッディング**★と呼びます。洪水のようにフレームを転送することをイメージしてください（図2-4）。

★フラッティング
　名前の由来は「Flood（洪水）」という英単語。

▶ブリッジの動作①（図2-4）

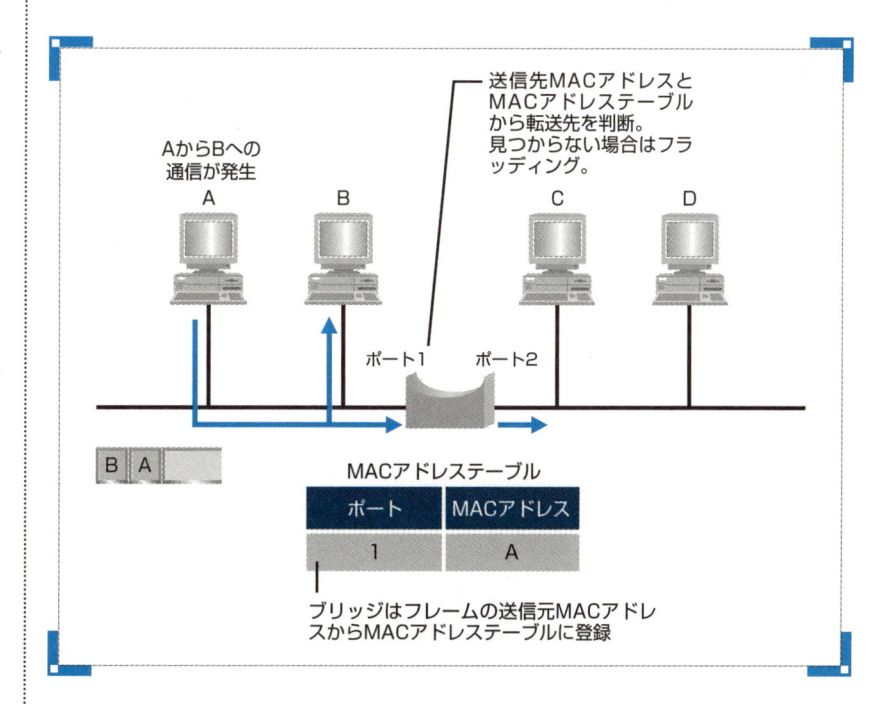

コンピュータAからコンピュータBへのデータに対して、コンピュータBが返事を返したとします。すると、送信先MACアドレスに"A"、送信元MACアドレスに"B"と指定して、フレームを送信します。このフレームを受け取

ったブリッジは、先ほどと同じようにまず、送信元MACアドレスを見て、ブリッジはポート1の先にMACアドレスBがいると解釈し、MACアドレステーブルに登録します。そして、次に送信元MACアドレスとMACアドレステーブルを照らしあわします。すると、今度はMACアドレステーブル上に送信先であるMACアドレスAのエントリが見つかり、ポート1の先にいることがわかります。つまり、このフレームはポート2に送信する必要がないためブリッジはフレームのフィルタリングを行います（図2-5）。

ブリッジの動作②（図2-5）▶

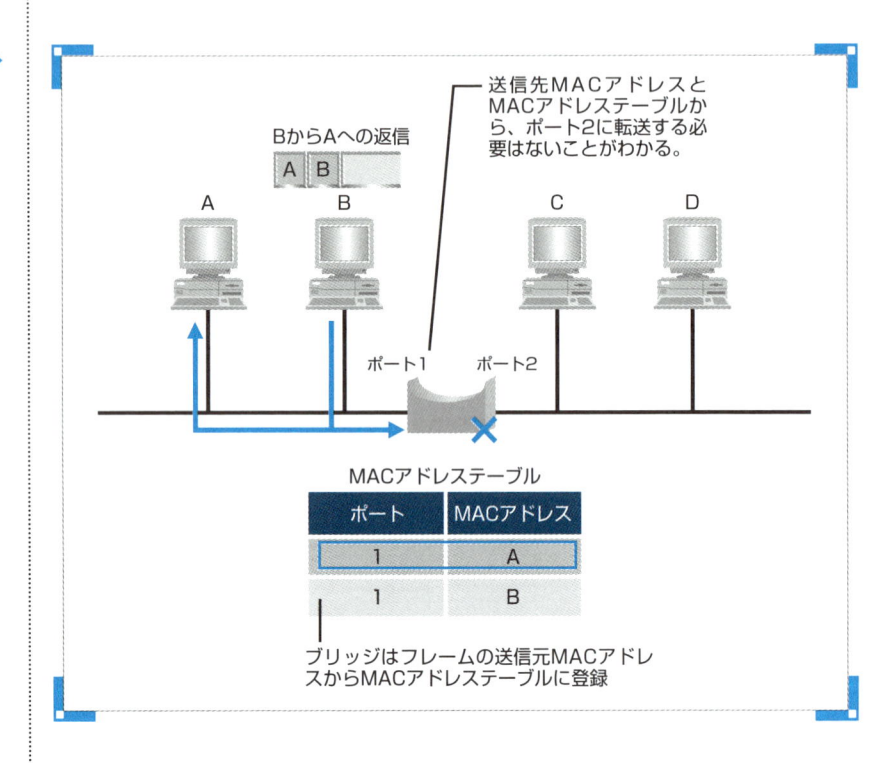

BからAへの返信
送信先MACアドレスとMACアドレステーブルから、ポート2に転送する必要はないことがわかる。

ポート1　ポート2

MACアドレステーブル

ポート	MACアドレス
1	A
1	B

ブリッジはフレームの送信元MACアドレスからMACアドレステーブルに登録

　最終的にはこの例のネットワーク上にあるブリッジのMACアドレステーブルは、次のようになります。

MACアドレステーブル▶

ポート	MACアドレス
1	A
1	B
2	C
2	D

　もし、コンピュータAからCのようなブリッジを越えて通信したい場合も同じように、ブリッジは送信先MACアドレスとMACアドレステーブルを見て、転送するべきかどうか判断することができます（図2-6）。

2-1 ブリッジング

ブリッジの動作③（図2-6）

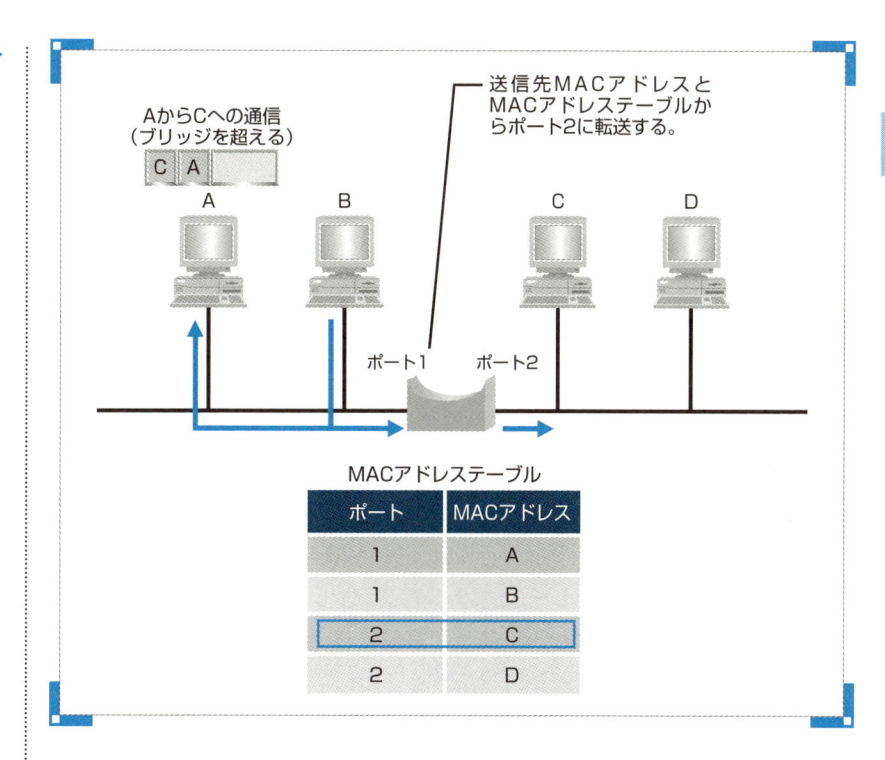

- AからCへの通信（ブリッジを超える）
- 送信先MACアドレスとMACアドレステーブルからポート2に転送する。

MACアドレステーブル

ポート	MACアドレス
1	A
1	B
2	C
2	D

　先ほどの図2-2で、コンピュータAからコンピュータBへの通信と、コンピュータCからコンピュータDへの通信が同時に起こると、衝突が発生してしまいました。ところが、ブリッジで接続されたネットワークでは、コンピュータAからコンピュータBへの通信と、コンピュータCからコンピュータDへの通信が同時に発生したとしても衝突は起こりません。つまり、ブリッジのポートごとにコリジョンドメインが分割されたことがわかります。ブリッジのポートが2つであれば2つのコリジョンドメインに、ポートが3つであれば3つのコリジョンドメインとなります（図2-7）。

▼**コリジョンドメインの分割（図2-7）**

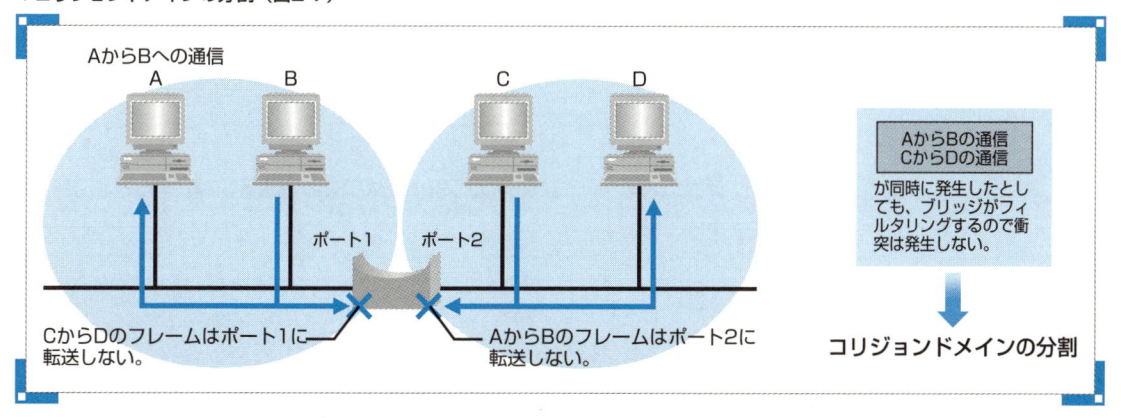

- AからBへの通信
- CからDのフレームはポート1に転送しない。
- AからBのフレームはポート2に転送しない。
- AからBの通信、CからDの通信が同時に発生したとしても、ブリッジがフィルタリングするので衝突は発生しない。

→ コリジョンドメインの分割

2-1-3 ブロードキャストドメイン

コリジョンドメインの他に「ブロードキャストドメイン」があります。**ブロードキャストドメイン**とは、**ブロードキャストフレーム**、すなわち送信先MACアドレスが「FF.FF.FF.FF.FF.FF」（48ビットすべて1）のブロードキャストMACアドレスであるフレームが届く範囲を指しています。また、ブロードキャストドメインは、「直接通信を行うことができる範囲」とも考えることができます。1章で解説したように、LANで通信を行うためには送信先MACアドレスが必要です。これをTCP/IPではARPリクエストを利用して求めています。このARPリクエストは送信先MACアドレスとして、ブロードキャストMACアドレスを指定しているので、「ブロードキャストドメイン＝直接通信ができる範囲」と考えることができるわけです。

ブリッジは、送信先MACアドレスがブロードキャストMACアドレスのフレームはすべてフラッディングしてしまいます（図2-8）。そのため、ブリッジによって接続されたネットワークはすべて1つのブロードキャストドメインを構成することになります。

▶ ブロードキャストフレームの転送（図2-8）

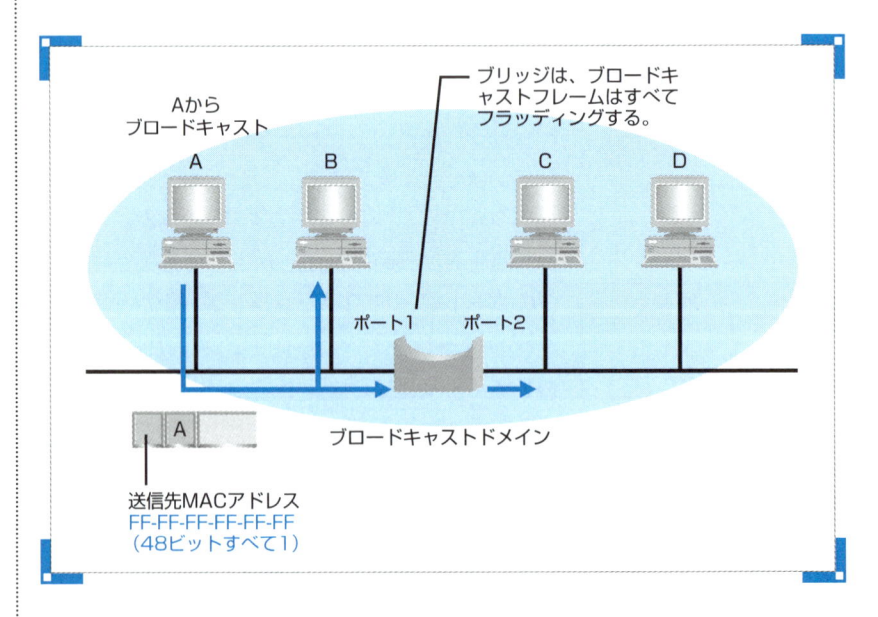

ブリッジがフラッディングするフレームの種類を厳密に考えると、次のようになります。

- ・ブロードキャストフレーム
- ・マルチキャストフレーム
- ・Unknownユニキャストフレーム

3番目の**Unknownユニキャストフレーム**とは、ブリッジのMACアドレステーブルに載せられていないMACアドレスが送信先に指定されているフレームを指しています。また、MACアドレステーブルは、フレームの送信先MACアドレスを元に登録するため、通常は、ブロードキャストMACアドレスやマルチキャストMACアドレスがMACアドレステーブルに存在するということはありません。このことから、上の3種類のフレームの共通事項は、MACアドレステーブルに存在しないことです。すなわち、ブリッジはMACアドレステーブルで見つけることができなかったMACアドレスを送信先にもつフレームはすべてフラッディングすることになります。

2-1-4 コンピュータが移動してしまった場合

以上のようなブリッジの動作を見てみると、"もし、コンピュータが移動してしまったら通信できないのでは？"と疑問に思うかもしれません。大丈夫です。もし、コンピュータが移動してしまってもきちんと通信を行うことができます。

そういうときのために、ブリッジのMACアドレステーブルの各情報には**制限時間**があります。たとえば、次の図で最初コンピュータBはブリッジのポート1のネットワークに接続されていました。MACアドレステーブルにもMACアドレスBはポート1と登録されています。そして、コンピュータBがポート2のネットワークに移動したとします（図2-9）。

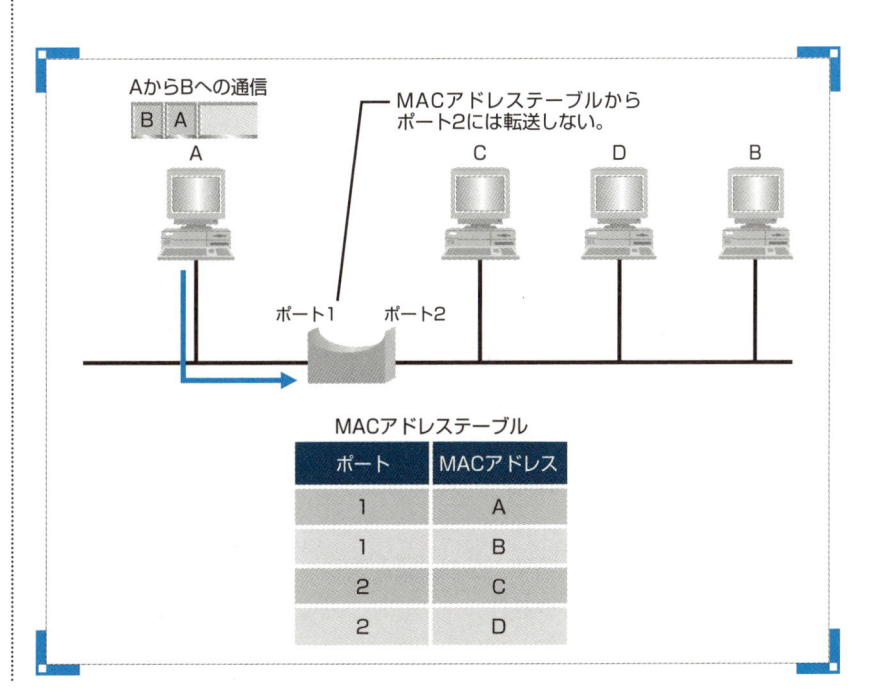

▶ コンピュータが移動してしまった場合①
（図2-9）

AからBへの通信

MACアドレステーブルからポート2には転送しない。

ポート1　ポート2

MACアドレステーブル

ポート	MACアドレス
1	A
1	B
2	C
2	D

chapter 2
スイッチング

　コンピュータAからBに通信するとき、ブリッジはMACアドレステーブルから"B"はポート1にあると判断して、フレームを転送しません。このときAとBは通信ができなくなってしまいます。しかし、送信元が"B"というフレームをポート1から制限時間内に受け取らなければ、"B"がポート1にあるというエントリを削除します。そうするとAからBへの通信は、ブリッジには転送先がわからないのでフラッディングしてBに届くことになります（図2-10）。あるいは、Bから何らかの通信が起こると、ブリッジは"B"はポート2にいるということを学習してMACアドレステーブルを書き換えることができます。なお、MACアドレステーブルの制限時間はすべての製品で共通に決まっているわけではなく、製品ごとに異なっています。

▶コンピュータが移動してしまった場合②
（図2-10）

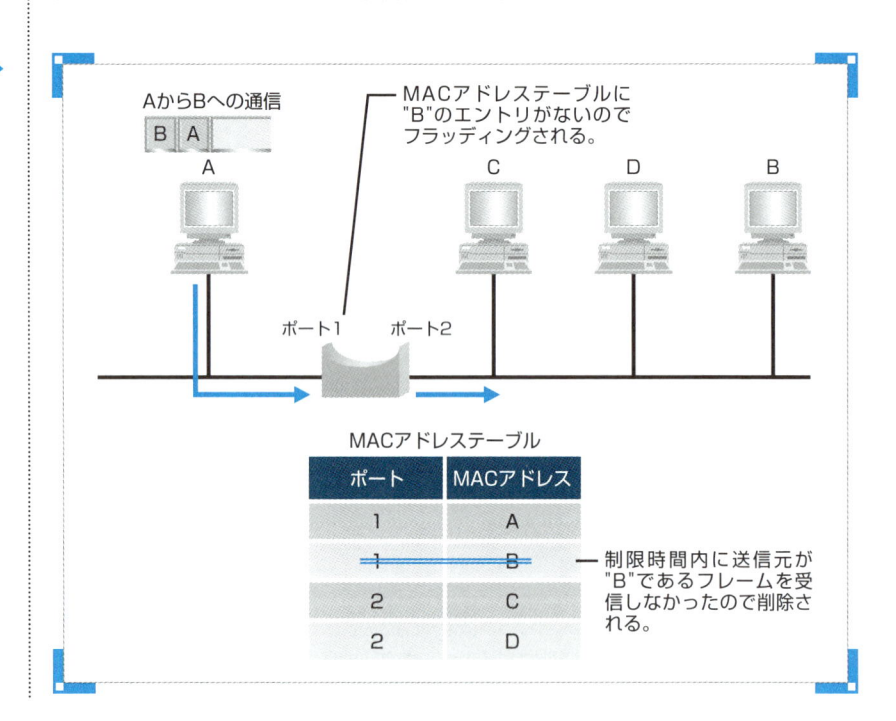

2-1-5　ブリッジのさまざまな機能

　その他のブリッジが行うさまざまな機能について紹介していきます。

■ エラーチェック

　イーサネットのフレームには、最後に「CRC」というフィールドがあります。これは正しくビットが構成されているかどうかを調べる**エラーチェック**を行うために使っています。**CRC**はCyclic Redundant Checkの略で、**パリティチェック**よりも信頼性の高いエラーチェックを行うことができ

ます。
　このCRCチェックを行うために、ブリッジはポートから入ってきたフレームをいったんメモリに保存しています。エラーチェックを行ってから、エラーがないフレームをMACアドレステーブルと照合していきます。もし、CRCでエラーが検出されるとそのフレームは破棄されます。

転送方式

　ブリッジの転送方式は、いったんフレームを全部読み込んでから転送処理を行っています。これを**ストア&フォワード型**といいます。
　いったんストアすることによって通信速度の変換や異なるLAN規格のネットワークを接続することができます。

速度変換

　イーサネットでは10Mbpsの10BASE-T、100Mbpsの100BASE-TXといった速度の異なる規格があります。10Mbpsと100Mbpsはビット列を電気信号に変換する変換方法が違うので、リピータではこれらを相互接続することができません。しかし、ブリッジでは受け取ったデータをストアして転送するポートの通信速度にあわせた電気信号に変換することができます。そのため、速度の異なるネットワークでも相互接続することが可能です。

異なるLAN規格のネットワークの接続

　ブリッジを使うと異なるLAN規格のネットワークを接続することができます。異なるLAN規格というのは、たとえば、イーサネットとトークンリングを接続する場合などです。こういったブリッジを**トランスレーションブリッジ**といいます。トランスレーションブリッジによって各ネットワークにあったヘッダに変換されます。イーサネット同士のように同じLAN規格同士を接続するブリッジは**トランスペアレントブリッジ**といいます。

接続台数

　ブリッジはポートごとにCSMA/CDにしたがって転送を行います。ハブやリピータはCSMA/CDも何も考えませんでした。そのため衝突が正しく検出できない恐れがあるので、接続できる台数が決まっています。
　しかし、ブリッジではCSMA/CDに従うので、接続する台数が多くなってもきちんと衝突の検出を行うことが可能です。ですから、ブリッジの接続台数に制限はありません。

セキュリティ

　ポートに登録されるMACアドレスをあらかじめ設定しておくことによってセキュリティを高めることができます。ただし、MACアドレスベースでセキュリティを考えるよりは、ルータでIPアドレスやポート番号によってセキュリティを高める方がより細かく制御できるので、あまりこういった使い方はしません。

ループの回避

　ネットワークの信頼性を高めるために複数のブリッジをループ状に接続して冗長性を確保することがあります。しかし、単純にループ構成にすると、問題が発生するのでループを回避するための**スパニングツリー**が必要です。スパニングツリーについては、第5章で詳しく解説します。

2-2 スイッチング

　スイッチは、最近のLANを構築する上で非常に普及しています。単純にスイッチという場合もあれば、レイヤ2スイッチ、スイッチングハブ、LANスイッチ、イーサネットスイッチなどの呼び方もあります。また、レイヤ3スイッチ、レイヤ4スイッチ、アプリケーションスイッチなどさらに高機能なスイッチがあります。これらについても後ほど解説しますが、今後とくに指定しなければ、「スイッチ」という言葉は、「レイヤ2スイッチ」を指すものとします。

　スイッチはスイッチング"ハブ"とも呼ばれるように、形状はハブととてもよく似ています。たくさんのイーサネットのポートがあり、**UTPケーブル**でコンピュータを**スター型**に接続します。しかし、普通のハブとスイッチでは機能がまったく異なります。
　このあとまず、ブリッジと比較して、スイッチの動作を解説します。そして、スイッチの特別な機能、その他ブリッジとスイッチの違いについて順番に解説します。

2-2-1　スイッチの動作

　スイッチはブリッジと同じく、**データリンク層**で動作するネットワーク機器です。つまり、データリンク層のヘッダ（**イーサネットヘッダ**）を解釈することができます。動作は、すでに解説したブリッジの動作と非常によく似ています。受け取ったイーサネットフレームの送信元MACアドレスからMACアドレステーブルを作成し、フレームの送信先MACアドレスとMACアドレステーブルをつきあわせて、転送すべきポートにだけフレームを転送します。それによって、ポートごとにコリジョンドメインを分割してネットワークのパフォーマンスを向上させることができます。では、具体的な動作について図を交えながら見ていきましょう。

　次の図2-11は、4ポートのスイッチに4台のコンピュータが接続されています。それぞれ、MACアドレスは図に示されている通りです。スイッチは電源が入ったばかり状態であるとすると、MACアドレステーブルには何も入っていません。

chapter 2
スイッチング

スイッチの動作①
（図2-11）

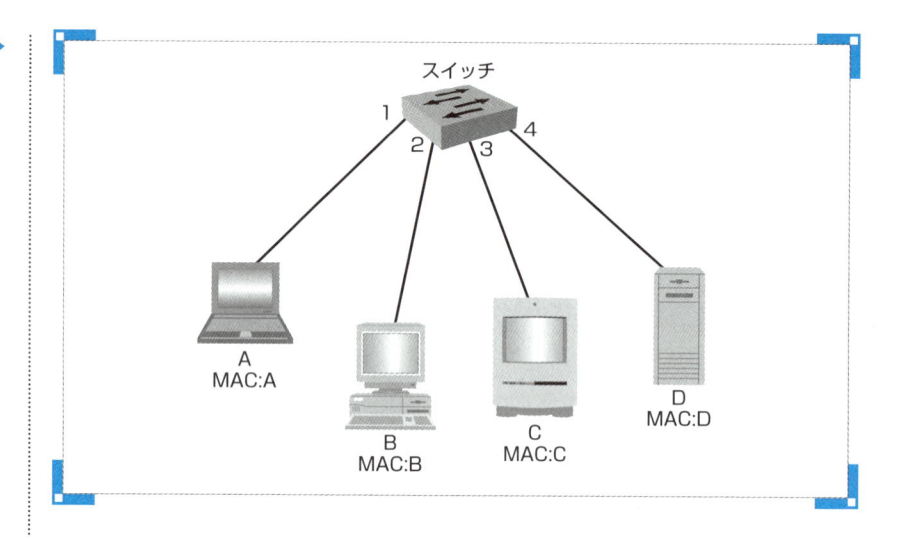

ここで、コンピュータAからコンピュータBにデータを送信する場合を考えてみます。

最初に、送信先MACアドレスが"B"、送信元MACアドレスが"A"というフレームがスイッチに届きます。スイッチはブリッジと同じように、まずフレームの送信先を見てMACアドレステーブルに登録します。ポート1に入ってくるフレームの送信元MACアドレスがAであるということは、Aはポート1に接続されているということです。次にスイッチは、送信先MACアドレスとMACアドレステーブルを照合しますが、この場合、一致するエントリが見つかりません。すなわち、**Unknownユニキャストフレーム**です。ブリッジと同様にUnknownユニキャストフレームはフラッディングされます。つまり、ポート2、3、4すべてのポートに転送されることになります（図2-12）。

スイッチの動作②
（図2-12）

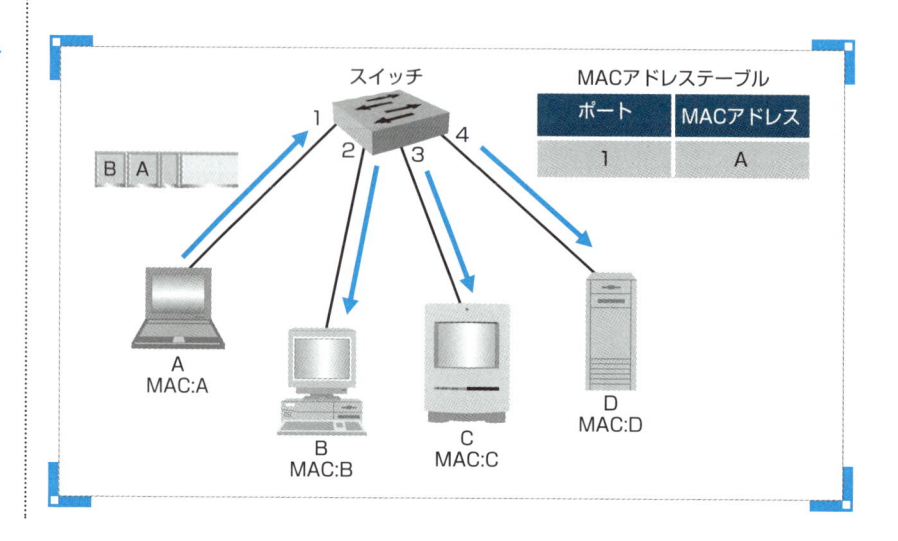

2-2　スイッチング

　次にBからAへの返事が返ってきたと想定します。フレームの送信先MACアドレスは"A"、送信元MACアドレスが"B"です。スイッチは先ほどと同様に、受信したフレームの送信元MACアドレスからMACアドレステーブルのエントリを作成します。そして、フレームの送信先MACアドレスとMACアドレステーブルから、コンピュータAはポート1に接続されていることがわかります。ですから、受信したフレームをポート1にだけ転送します（図2-13）。

▼スイッチの動作③（図2-13）

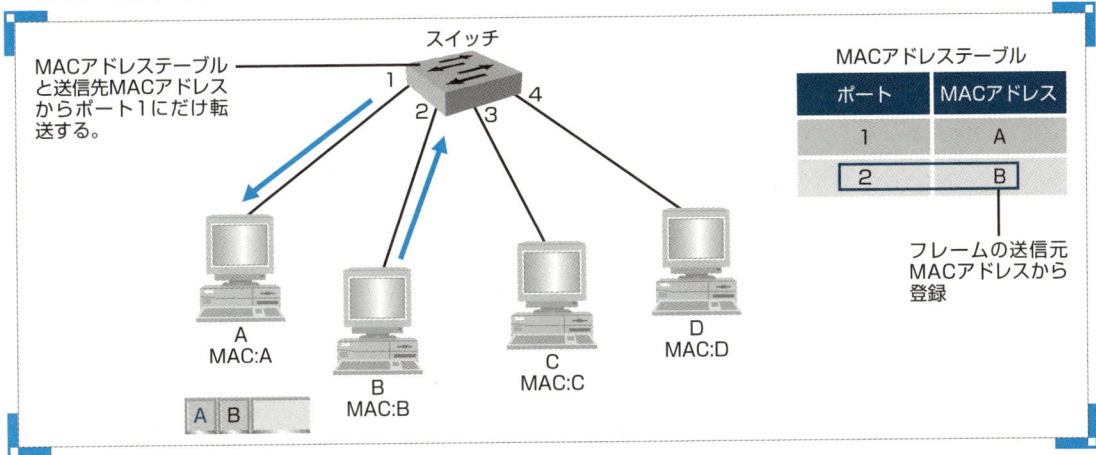

MACアドレステーブルと送信先MACアドレスからポート1にだけ転送する。

ポート	MACアドレス
1	A
2	B

フレームの送信元MACアドレスから登録

　以上のように、スイッチの動作はブリッジの動作と、非常によく似ていることがおわかりでしょう。データリンク層のヘッダを解釈し、必要なポートにのみフレームを転送することによってポートごとにコリジョンドメインを分割します。この例では、4ポートのスイッチなので4つのコリジョンドメインとなります（図2-14）。

スイッチとコリジョンドメイン▶（図2-14）

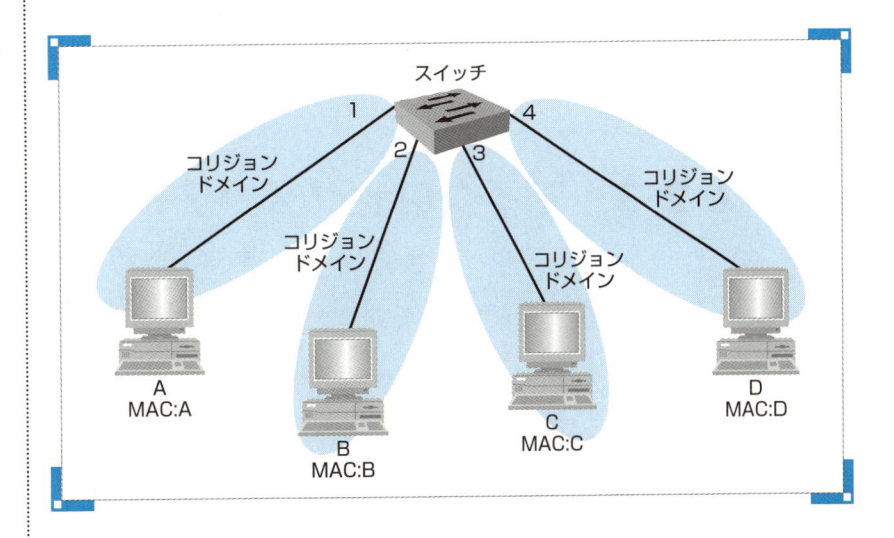

2-2-2 ブロードキャストフレームの扱い

　ブロードキャストフレームを、スイッチはどのように扱うのでしょう？ここでは、まず**VLAN**（Virtual LAN）の機能を別にしてお話していきます。スイッチは、ブリッジと同じようにブロードキャストフレームをフラッディングします。ブロードキャストフレームだけでなく、マルチキャストフレーム、Unknownユニキャストフレームもフラッディングします。つまり、スイッチのネットワークではブロードキャストドメインはただ1つとなります（図2-15）。

▶ スイッチとブロードキャストドメイン（図2-15）

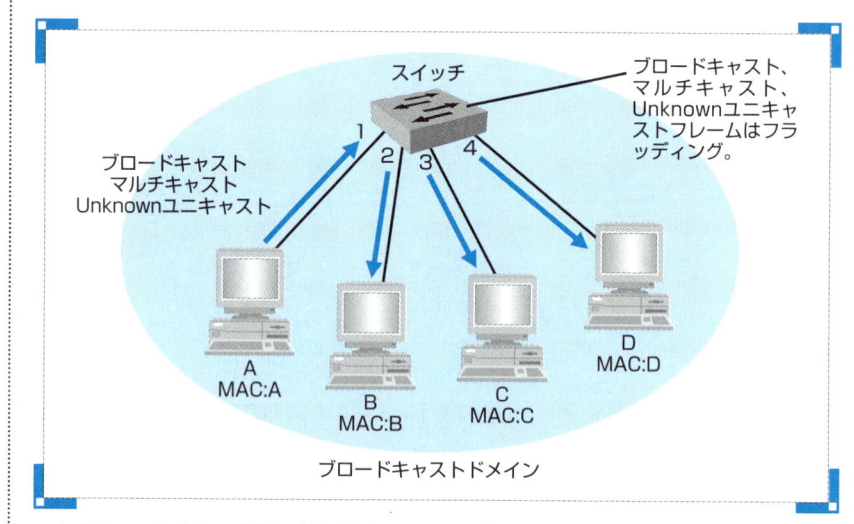

　ただし、第3章で詳しく解説するVLAN機能を利用すると、スイッチによってブロードキャストフレームのフラッディングを制御し、複数のブロードキャストドメインに分割することが可能です。VLANによって、より柔軟なネットワークデザインを実現することができます。

2-2-3 マイクロセグメンテーション

　スイッチが登場した1990年代初期、スイッチは1台数百万程度という非常に高価な製品でした。また、ポートの数もそれほど備わっていません。そのため、スイッチのポートを節約するために一般的に図2-16のようにスイッチのポートに通常のハブを接続し、そのハブにクライアントコンピュータを接続するという形態が一般的なものでした。すでに解説した通り、スイッチではポートあたりにコリジョンドメインが分かれるので、図の接続形態では、コリジョンドメイン内に複数のコンピュータが存在することになります。スイッチを導入することにより、衝突が発生する可能性は低くなるとは

2-2 スイッチング

いえ、ゼロではありません。

スイッチ登場初期の接続形態（図2-16）

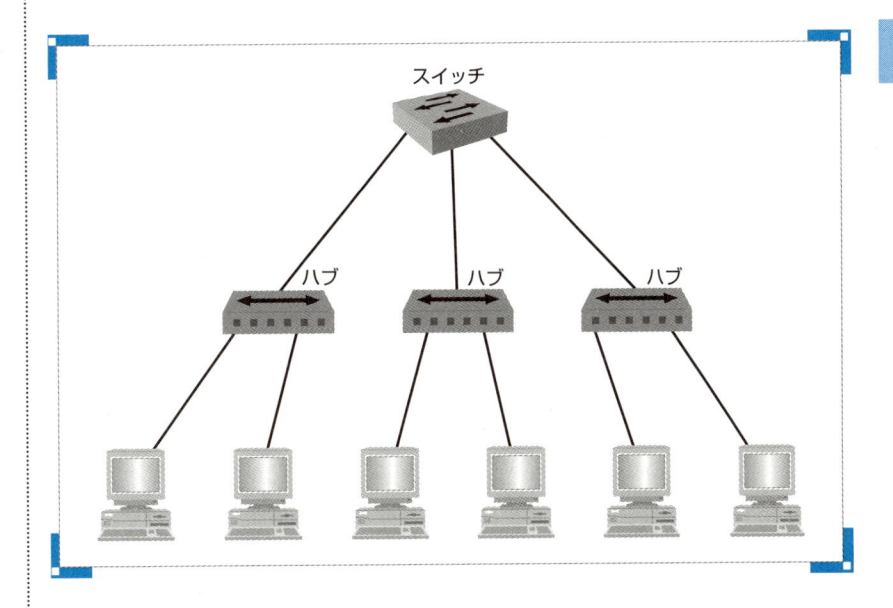

しかし、近年、スイッチの価格も非常に安くなりポート単価が下がってきているので、スイッチのポートに直接クライアントコンピュータを接続する形態が増えています。この接続形態を**マイクロセグメンテーション**と呼んでいます（図2-17）。

マイクロセグメンテーションでは、コリジョンドメインの中にコンピュータが1台しか存在していません。後ほど解説する**全2重通信**でマイクロセグメンテーションを行っている場合には、衝突が発生しなくなります。そのため、衝突による再送がなくなるので、ネットワークのパフォーマンスをさらに向上させることができます。

マイクロセグメンテーション（図2-17）

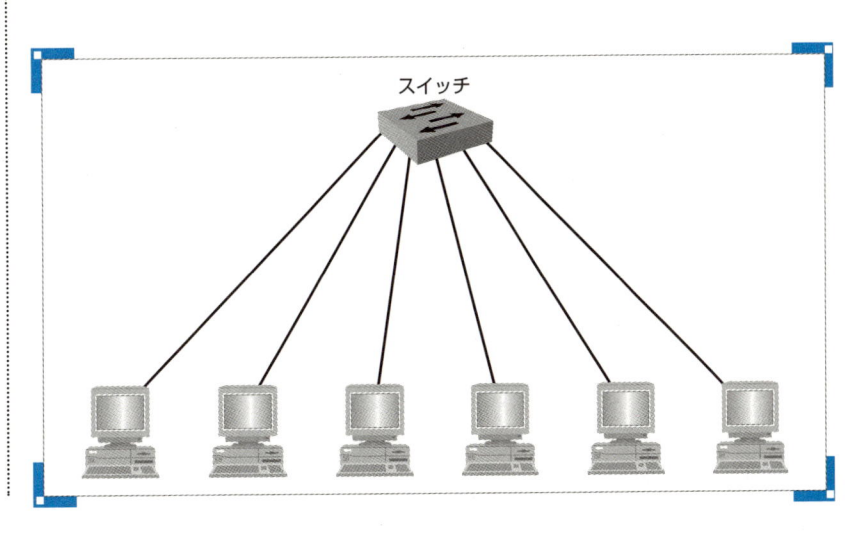

Chapter2 スイッチング

2-3 ブリッジとスイッチの違い

データリンク層で動作し、MACアドレスによるフィルタリングを行うことができるという点で、ブリッジとスイッチは同じ機能を提供していますが、もちろん異なる点もたくさんあります。ここからは、ブリッジとスイッチの違いについてまとめていきます。

2-3-1 処理の主体と処理速度

ブリッジとスイッチの相違点として最初にあげられることが、処理の主体の違いです。ブリッジは、MACアドレステーブルの作成やMACアドレスによるフレームのフィルタリングの判断、CRCチェックによるエラーチェック、ポート間でのフレームの転送などの各処理をソフトウェアベースで行っています。

一方、スイッチではこれらの各処理を**ASIC**（Application Specific Integrated Circuit）と呼ばれる専用のハードウェアチップで実現しています。ASICは日本語にすると、「特定用途向け集積回路」となります。MACアドレステーブルの作成を行うためのASIC、CRCチェックを行うためのASIC、ポート間でのフレーム転送を行うためのASICという具合に、ある特定の機能を実現するためのハードウェアチップを実装して各処理を行います。

一般にソフトウェアで処理を行うよりも、専用のハードウェアチップで処理を行う方が処理速度は高速です。ブリッジのソフトウェア処理では、処理の流れはシーケンシャル★に行われますが、各機能が独立したASICで実現されているスイッチでの処理は並列に進めることができるので、スイッチはブリッジに比べると非常に高速に動作することが可能です。

★シーケンシャル
sequential。連続的、順次の意。ランダムの反意語

2-3-2 ポート密度、ポート結線

ポート密度というのは、1つのブリッジもしくは、スイッチにいくつポートが備わっているかということです。ポート数が多ければそれだけポート密度が高いとうことになり、たくさんのコンピュータやネットワーク機器を接続することができます。

ブリッジのポート密度は、だいたい2～16ポートです。しかし、ほとんどの場合、2ポートの製品が多いです。それに対して、スイッチはもっとたくさんのポートを持っています。大規模なネットワーク用のスイッチでは何百ポートものポートを備えている製品があります。

2-3 ブリッジとスイッチの違い

　また、10BASE-TなどRJ-45のポートを備えていると、一見同じに見えるスイッチとブリッジのポートは内部の結線が異なります。
　ブリッジのポートは、コンピュータに取り付けるネットワークインタフェースカードと同様に、（1、2）の組でデータの送信を行い、（3、6）の組でデータの受信を行うようになっています。このようなポートを**MDI★ポート**と呼んでいます。一方、スイッチのポートは、（1、2）の組でデータの受信を行い、（3、6）でデータの送信を行います。これを**MDI-Xポート**と呼んでいます。ハブは、スイッチと同様にMDI-Xポートを持っています。スイッチがスイッチング"ハブ"と呼ばれる所以は、ハブと同じポート結線をしていることも関係しています（図2-18）。

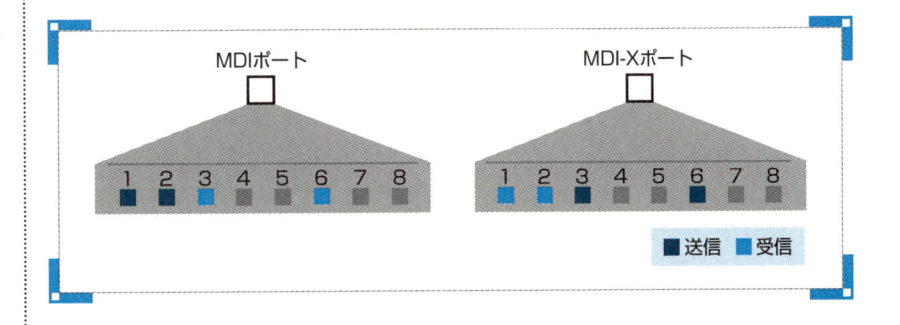

★MDI
　Media Dependent Interfaceの略。

▶ MDIポート、MDI-Xポート（図2-18）

　ポート結線の違いは、物理的な配線を行う際に気をつけなければいけません。MDI-Xポート同士、あるいはMDIポート同士のような同じ種類のポートを接続するためには、**クロスケーブル**が必要です。異なるポート種類、つまり、MDIポートとMDI-Xポートを接続するためには、**ストレートケーブル**を利用します。もし、ケーブルを間違ってしまうと、通信をまったく行うことができなくなります（図2-19）。スイッチ同士を接続する場合には、MDI-Xポートという同じポート種類の接続ですから、クロスケーブルを使うことになります。
　しかし、ネットワーク上にストレートケーブルと、クロスケーブルが混在すると2種類のケーブルの違いは外見からは判別しにくいので、どこでストレートケーブルを使っていて、どこでクロスケーブルを使っているのかということがわかりにくくなってしまいます。そのため、スイッチ同士の接続でストレートケーブルを利用できるように、MDIとMDI-Xポートを切り替えられるようになっているポートが備えたスイッチも多くあります。さらに、最近では接続されたケーブルと相手のポート種類から、自動的にMDIポートやMDI-Xポートに切り替える機能Auto MDI/MDI-Xを持っている製品も存在しています。

chapter 2
スイッチング

ポート結線とケーブルの
使い分け
(図2-19)

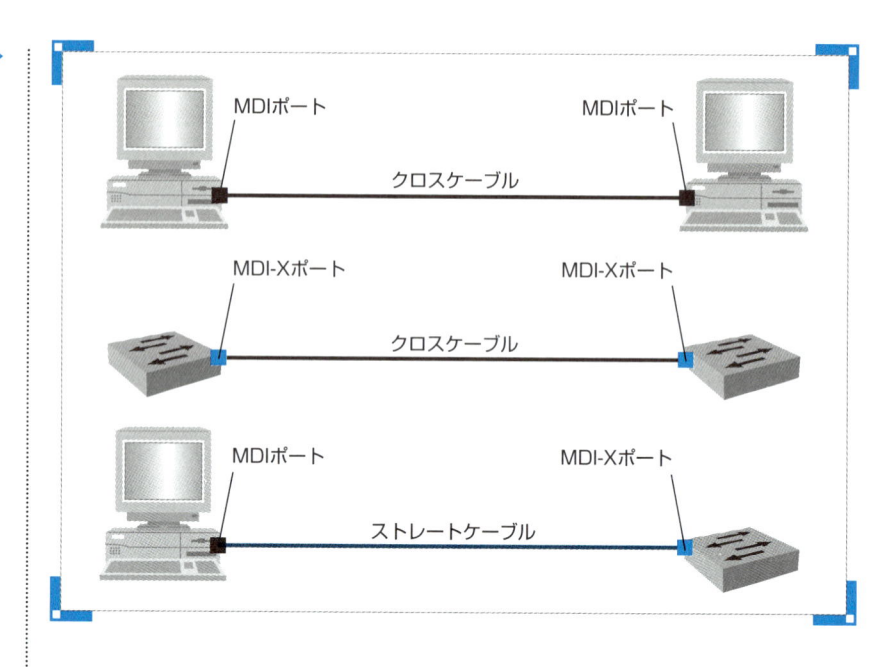

　Auto MDI/MDI-X機能により、ストレートケーブルとクロスケーブルの使い分けを意識する必要がなくなってきています。ですが、Auto MDI/MDI-X機能を持たない既存の機器を扱う際に、ストレートケーブルとクロスケーブルの使い分けは重要です。ITエンジニアの基礎知識として、ストレートケーブルとクロスケーブルの使い分けはきちんと把握してください。

2-3-3　スパニングツリー

　スイッチもブリッジと同じく、ネットワークをループ状に構成しネットワークの耐障害性を高めるために**スパニングツリー**を利用することができます。ブリッジでは、1台のブリッジにつき、スパニングツリーの**インスタンス**（実体）は1つしか持つことができません。しかし、スイッチは1台のスイッチにつき、スパニングツリーのインスタンスをVLANごとに持つことができます。このようなスパニングツリーの構成を**PVST**（Per VLAN Spanning Tree）と呼んでいます。

　VLANの詳細は第3章で、スパニングツリーおよびPVSTの詳細は第4章で解説します。

Chapter2　スイッチング

2-4　スイッチ特有の機能

ブリッジとスイッチは基本的な動作は同じですが、スイッチ特有の機能があります。代表的なものは第3章で解説するVLANがあります。ここではその他の機能を解説していきます。

2-4-1　フレームの転送方式

ブリッジのフレーム転送方式は、「ストア＆フォワード方式」のみだったのですが、スイッチはストア＆フォワード方式に加えて、「カット＆スルー方式」や「フラグメントフリー方式」といった複数のフレーム転送方式をサポートしています。

ブリッジの部分でも述べましたが、**ストア＆フォワード方式**はいったんフレームを全部読み込みます。フレームの最後にはCRCフィールドがあるので、CRCチェックを行いフレームのエラーチェックを行います。そのあと、MACアドレステーブルとフレームの送信先MACアドレスから転送するポートを判断して、実際にフレームを転送します。

カット＆スルー方式とは、ストア＆フォワードと違い、フレームの先頭6バイトのみを読み込みます。フレームの先頭6バイトは送信先MACアドレスです。送信先MACアドレスがわかれば、MACアドレステーブルから転送するポートを判断することができるので、この時点ですぐにフレームを転送します。もし、MACアドレステーブルにエントリがない状態であれば、フレームをすべて読み込んだあと、CRCチェックを行いエラーが発生していないフレームをフラッディングします。先頭の6バイトだけを読み込んでからすぐに転送するので、ストア＆フォワード方式に比べると、フレームを早く処理することができます。その反面、CRCチェックを行わないので、もしエラーが発生したフレームでもそのまま転送してしまうという欠点があります。

フラグメントフリー方式は、以上2つの転送方式の長所をあわせたような転送方式です。つまり、エラーチェックを行いながらある程度の処理速度を確保することができる転送方式です。

フラグメントフリー方式では、フレームの最初から64バイトを読み込んだ時点で、MACアドレステーブルから転送先のポートを判断して、転送処理を開始します。イーサネットのフレームは、衝突を正確に検出するために最低64バイトのフレーム長が規定されています。衝突が起こったフレームは通常は、64バイト未満のハギレになっています。そのため、先頭から64バイト読み込むことによって、そのフレームが衝突によって壊れたフレームでないということがわかります。名前の由来も「フラグメント（衝突）」から「フリー（自由）」ということです。

chapter 2 — スイッチング

イーサネットのエラーフレームとしては、以下のような種類があります。

> ・Jabberフレーム（1518バイトより大きいフレーム）
> ・Runtフレーム（64バイト未満のフレーム）
> ・CRC異常（CRCチェックでエラーとなったフレーム）

これらの中で最も多いエラーフレームが**Runtフレーム**です。Runtフレームとは、64バイト未満のフレーム、つまり衝突が発生したときのハギレです。以上より、フラグメントフリー方式では、一番多く発生するエラーであるRuntフレームのチェックを行いつつ、転送処理を早くすることが可能になります。

図2-20は3種類のフレーム転送方式が、どのタイミングでフレームの転送を開始するかをまとめたものです。また、以下の表に3種類のフレーム転送方式の特徴をまとめます。

3種類の転送方式（図2-20）

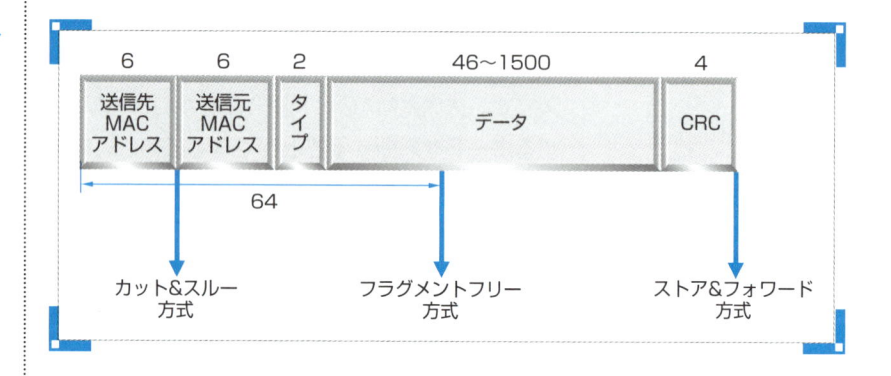

```
  6      6     2    46〜1500    4
┌──────┬──────┬────┬──────────┬─────┐
│送信先│送信元│タイ│  データ  │ CRC │
│ MAC  │ MAC  │ プ │          │     │
│アドレス│アドレス│    │          │     │
└──────┴──────┴────┴──────────┴─────┘
   │           64           │            │
   ↓                        ↓            ↓
カット&スルー         フラグメントフリー  ストア&フォワード
   方式                   方式               方式
```

3種類のフレーム転送方式の特徴

転送方式	メリット	デメリット
ストア&フォワード方式	CRCチェックによるエラーチェックを行うので、信頼性の高いフレーム転送を行うことができる。	フレーム転送速度が遅い。
カット&スルー方式	フレームの先頭6バイトを読み込んでから転送を開始するので、フレーム転送速度が高速。	エラーチェックを行わないので、エラーフレームもそのまま転送してしまう。
フラグメントフリー方式	フレームの先頭64バイトを読み込んでから転送を開始するので、Runtフレーム（衝突によるハギレ）を除去することができ、フレーム転送速度も高速。	Runtフレーム以外のチェックを行うことができず、転送速度はカット&スルー方式よりも遅くなる。

2-4-2 全2重通信

スイッチでは、「全2重通信」を行うことによってさらにネットワークのパフォーマンスを向上させることができます。**全2重通信**とは、データの送信・受信を同時に行うことができる通信モードです。一方、データの送信と受信を切り替えながら行う通信モードを**半2重通信**と呼んでいます。

全2重通信を行うには、データの送信用の回線とデータ受信用の回線が必要となります。UTPケーブルは、8本の心線を2本ずつ4組でまとめてNICのRJ-45ポートに接続します。RJ-45には8つの端子がありそれぞれの用途が決まっていて、コンピュータのNICのMDIポートとスイッチのMDI-Xをストレートケーブルで接続すると、下の図のように送信用と受信用の回線を分離することができます。

たとえば、100Mbpsのイーサネット規格である100BASE-TXで全2重通信を行うと、データ送信で最大100Mbps、データ受信で最大100Mbps、合計で最大200Mbpsの帯域幅を利用することができます。

▶ マイクロセグメンテーション時の全2重通信（図2-21）

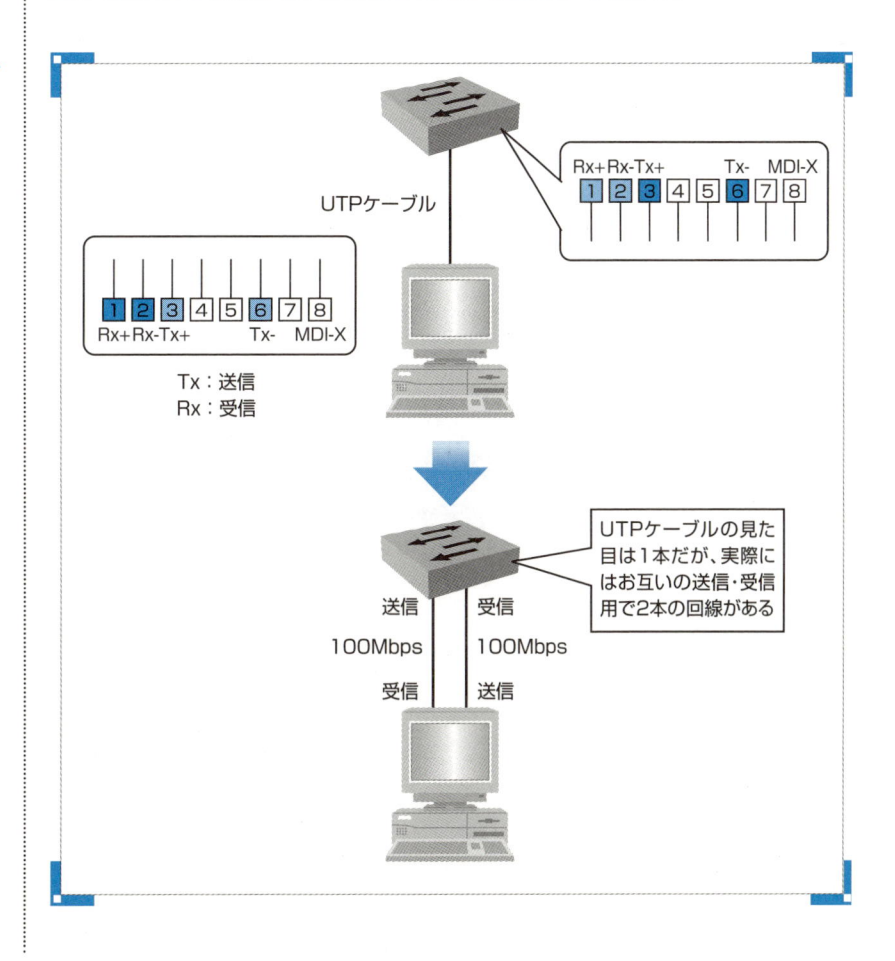

2-4-3 フロー制御

スイッチは、送信先MACアドレスを見てフレームを適切なポートにだけ転送する機能を持っていますが、もし、目的のポートが使用中だった場合どうなるでしょう？　その場合は、ポートごとにバッファがあり、バッファの中にフレームが入れられてポートが空くまで待つことになります。たとえば、図2-22のようにクライアントからサーバに対していっせいにフレームを送った場合、サーバが接続されているポートが使用中であれば、ポートのバッファ上にフレームが格納されていきます。ポートが空くのを待っている間に、また新しくフレームがやってくると、バッファにどんどんフレームがたまってくることになります。バッファはもちろん有限なのでバッファの容量を越えてしまうと、そのフレームは破棄されてしまいます。このような状況が発生すると、ほとんどの場合、送信元のコンピュータはフレームを再送することになります。しかし、再送したフレームによってまたバッファからあふれてしまい、また再送……というに悪循環に陥るとネットワークは混雑する一方です。ネットワークの混雑が起こらないようにするための機能が**フロー制御**です。

▶ フレームがバッファに入るケース
（図2-22）

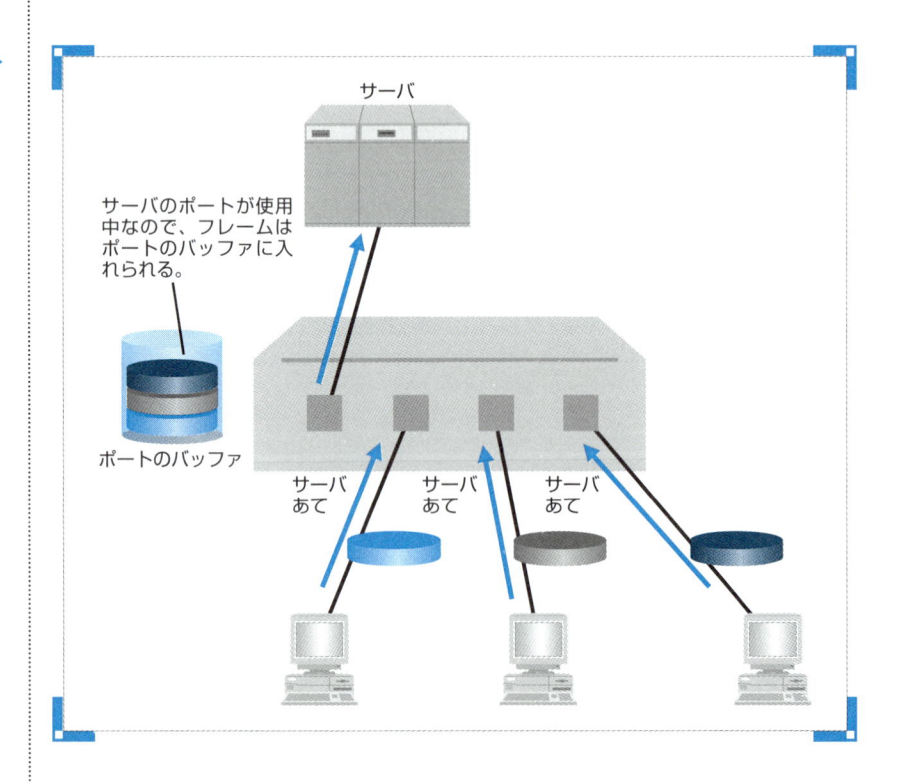

スイッチにおけるフロー制御はIEEE802.3xで規格化されていて、「バックプレッシャー」を利用する方法と「PAUSEフレーム」を利用する方法の

2種類があります。この2種類の使い分けは半2重通信であるか全2重通信であるかによります。半2重通信であればバックプレッシャー、全2重通信であればPAUSEフレームを利用してフロー制御を行っています。

バックプレッシャーとは、擬似的な衝突の信号です。スイッチのポートのバッファ容量を監視して、あふれそうになると送信元のポートにバックプレッシャーを流します。すると、バックプレッシャーを受け取ったコンピュータは衝突が起こったと判断してCSMA/CDに従い、ランダムな時間だけ送信を待機することになります（図2-23）。バックプレッシャーを用いたフロー制御の場合、スイッチでのみバックプレッシャーをサポートしていれば、スイッチに接続される半2重通信を行うコンピュータは特に何も対応する必要はありません。簡単にフロー制御を実装できることも特徴といえるでしょう。

▶ バックプレッシャーによるフロー制御（図2-23）

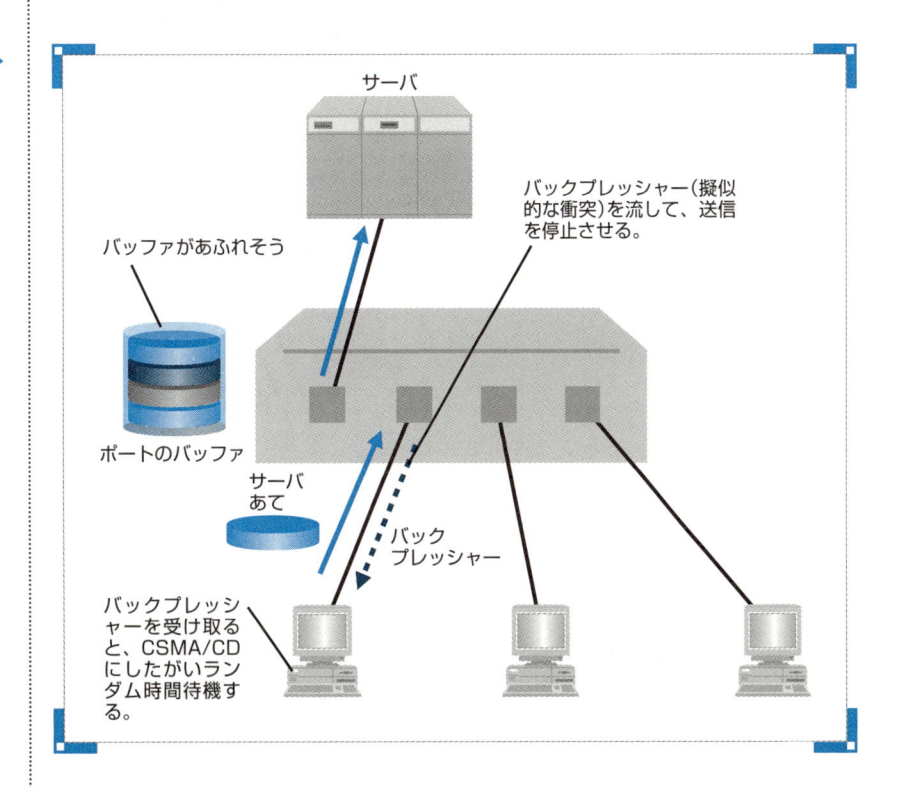

全2重通信を行っているコンピュータでは、バックプレッシャーを受け取っても衝突が発生したと判断しないので送信を中断しません。全2重通信のコンピュータに送信の中断を知らせるためのフレームが、**PAUSEフレーム**です。バックプレッシャーのときと同様にポートのバッファ容量を監視して、バッファがあふれそうになると送信元にPAUSEフレームを送りフロー制御を行っています（図2-24）。

バックプレッシャーによるフロー制御では、CSMA/CDに基づいたラン

ダムな時間だけ送信を停止させることしかできません。一方、PAUSEフレームを用いたフロー制御では、送信を停止すべき時間を伝えることができるのが特徴です。そのため、PAUSEフレームを利用すると、きめ細かく送信停止時間を調節することができ、柔軟にフロー制御を行うことが可能です。ただし、バックプレッシャーのときと異なり、スイッチだけでなく、スイッチに接続されたコンピュータのネットワークインタフェースカードで全2重通信時のフロー制御としてPAUSEフレームに対応していなければなりません。

▶ PAUSEフレームによるフロー制御（図2-24）

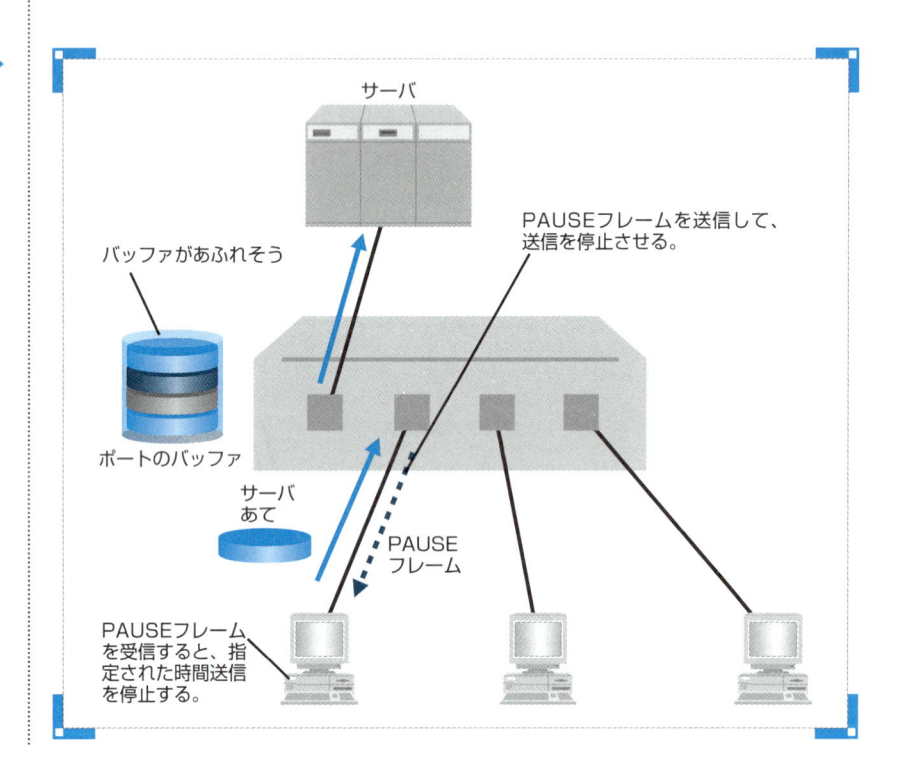

2-4-4 オートネゴシエーション機能

　前にも解説した通り、イーサネットには10Mbpsの10BASE-Tや100Mbpsの100BASE-TXのように速度の違う規格が存在しています。また、全2重通信・半2重通信といった通信モードの違いもあります。規格をすべて同じものにそろえることができればいいのですが、ネットワークの拡張計画によっては、規格をそろえることが困難なケースがよくあります。このようなイーサネット規格の混在環境時には、「オートネゴシエーション機能」がとても便利です。

　オートネゴシエーション機能とは、UTPケーブルを利用する10BASE-Tや100BASE-TXなどのイーサネット規格で機能し、スイッチに接続され

たコンピュータと通信速度、通信モードを自動的に最適化する機能です。

オートネゴシエーション機能に対応したスイッチとコンピュータを接続した場合、それぞれ**FLP**(Fast Link Pulse)**バースト**と呼ばれるパルス信号を送出します。このFLPバーストのやり取りによって、互いの通信速度とサポートする通信モードを検出し、下の表の優先順位に従って最適なものを選択します。図2-25の例では、スイッチとクライアントコンピュータがどちらもオートネゴシエーションに対応していて、100BASE-TXの全/半2重、10BASE-Tの全/半2重をサポートしているので、100BASE-TX全2重で通信を行うことになります。

オートネゴシエーション機能▶
(図2-25)

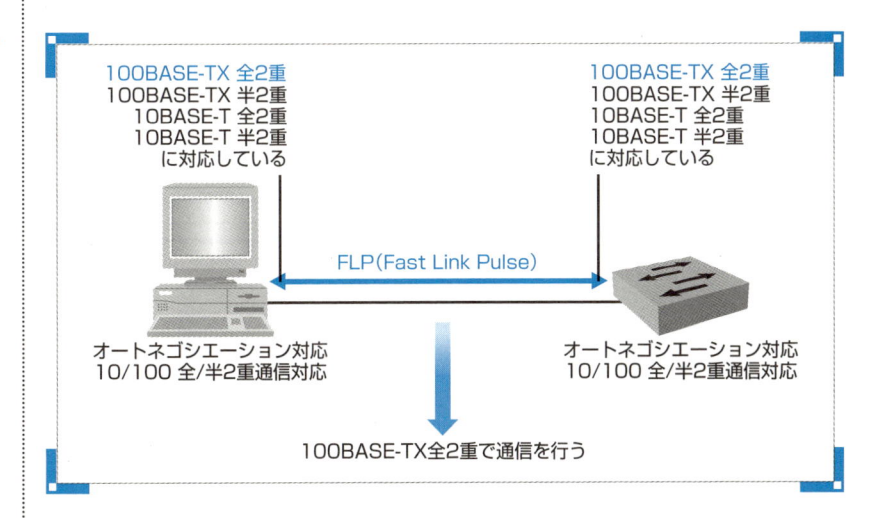

優先順位と通信速度・▶
モードの関係

優先順位	通信速度・モード
1	100BASE-T2 全2重
2	100BASE-TX 全2重
3	100BASE-T2 半2重
4	100BASE-T4 半2重
5	100BASETX 半2重
6	10BASE-T 全2重
7	10BASE-T 半2重

★ネットワークインタフェース
　カード
　NIC（Network Interface Card）ともいう。

　最近のスイッチおよびコンピュータに取り付けるネットワークインタフェースカード★はほとんどの場合、オートネゴシエーション機能をサポートしています。しかし、オートネゴシエーション機能を利用すると、FLPバーストを交換して通信速度、通信モードを決定するための時間が必要なので、実際に通信ができるようになるまでに若干のタイムラグが発生してしまいます。そのため、あえてオートネゴシエーション機能を無効にして、固定的に通信

速度と通信モードを決めるように設定する場合があります。ただし、片方でオートネゴシエーション機能を有効にしたまま、もう片方でオートネゴシエーション機能を無効にして固定の設定にした場合、通信が非常に不安定になってしまう可能性があるので注意が必要です。

　実際に通信ができなくなってしまうケースを考えてみます。図2-26では、スイッチでオートネゴシエーション機能を無効にし、固定的に100BASE-TX全2重通信に設定しています。クライアントコンピュータのオートネゴシエーション機能は有効のままです。

▶オートネゴシエーション機能がうまく働かない例（図2-26）

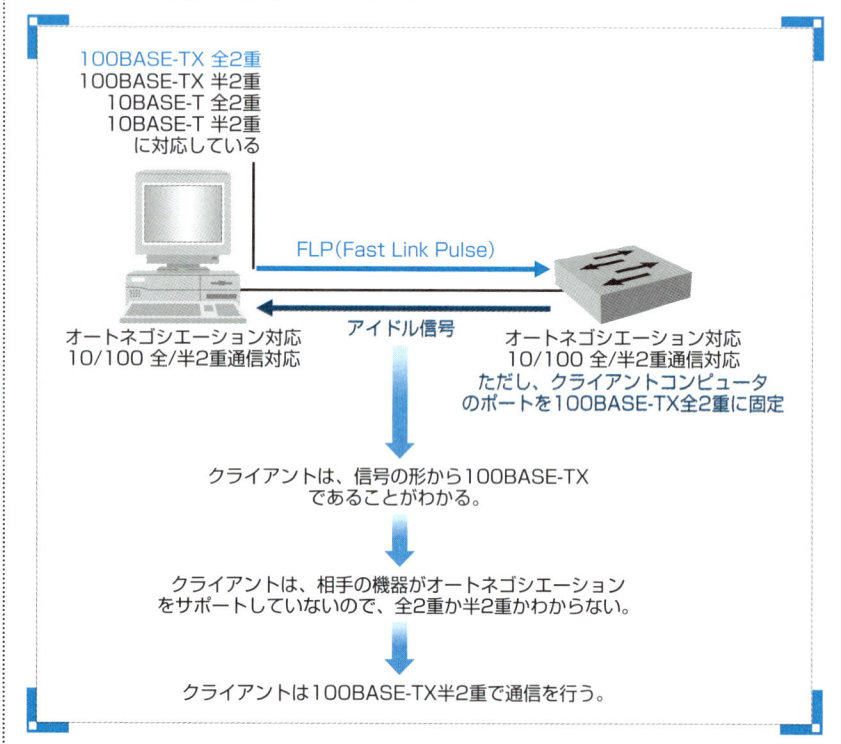

```
100BASE-TX 全2重
100BASE-TX 半2重
10BASE-T 全2重
10BASE-T 半2重
に対応している
```

FLP(Fast Link Pulse) →

アイドル信号 ←

オートネゴシエーション対応
10/100 全/半2重通信対応

オートネゴシエーション対応
10/100 全/半2重通信対応
ただし、クライアントコンピュータのポートを100BASE-TX全2重に固定

↓

クライアントは、信号の形から100BASE-TXであることがわかる。

↓

クライアントは、相手の機器がオートネゴシエーションをサポートしていないので、全2重か半2重かわからない。

↓

クライアントは100BASE-TX半2重で通信を行う。

　オートネゴシエーション機能を無効にして、固定的に通信速度と通信モードを設定したとき、10BASE-Tなら**NLP**（Normal Link Pulse）、100BASE-TXなら**アイドル信号**を送出します。この場合、スイッチは100BASE-TXのアイドル信号を送出します。クライアントは、アイドル信号から100BASE-TXであることがわかります。しかし、スイッチからFLPが送出されないので、クライアントは半2重通信なのか全2重通信なのかを判断することができません。この場合、クライアントでは半2重通信で通信を行うことになります。すると、スイッチは100BASE-TX全2重、クライアントは100BASE-TX半2重で、通信モードが異なってしまいます。通信モードが一致していないと、あるときは通信でき、あるときは通信ができないという非常に不安定なネットワークになります。これを防ぐために

は、オートネゴシエーション機能を無効にするときには、きちんと両方で通信速度と通信モードを正しく設定する必要があります。このトラブルは、よく起こりがちなので特に注意してください。

　以下の表は、10BASE-T/100BASE-TX、半/全2重対応の機器同士において、相手の機器はオートネゴシエーション機能を有効にしたままで、自分の設定を変えたときの結果をまとめたものです。

オートネゴシエーション▶
機能と設定との関係

設定	相手の通信速度	相手の通信モード	通信の可否
100BASE-TX 全2重	100BASE-TX	半2重	NG
100BASE-TX 半2重	100BASE-TX	半2重	OK
10BASE-T 全2重	10BASE-T	半2重	NG
10BASE-T 半2重	10BASE-T	半2重	OK

　この表からオートネゴシエーション機能が片方だけしか有効化されていないと、通信速度は正しく識別できるのですが、半2重/全2重の通信モードが正しく識別できないことがわかります。

Chapter2 スイッチング

2-5 スイッチの処理性能

一口にスイッチといっても、スイッチには、家庭でも利用できるような4ポート程度の製品から企業内のバックボーンで利用されるような数百ポートも備わっている製品があります。もちろん、それぞれの製品ではポート数だけでなく、処理性能が異なってきています。ここからは、スイッチの処理性能の考え方について解説します。

2-5-1 処理性能のキーワード

まず、スイッチの処理性能を考える上でのキーワードがあります。キーワードは次の通りです。

> ・スイッチング能力 pps (packet per second)
> ・スイッチング容量 bps (bit per second)
> ・ワイヤスピード★
> ・ノンブロッキング

★ワイヤスピード
詳しくは「2-5-2 ワイヤスピード」参照。

これらのキーワードのうち、まず「スイッチング能力」「スイッチング容量」の2つについて明らかにしていきます。

スイッチング能力は、**pps**という単位で表されます。単位を見ると、「1秒間あたりのパケット」です。本来、スイッチはデータリンク層のネットワーク機器なので、処理する対象は一般的には「フレーム」と表現されるべきですが、「パケット」と表現されています。パケットであるか、フレームであるかは本質的な問題ではないので、ここでは議論しません。大事なことは、スイッチング能力とは、スイッチが1秒間に処理することができるフレームの「数」を表していることです。

そして、**スイッチング容量**は**bps**の単位で表現されています。こちらは、「1秒間あたりのビット」です。スイッチ内部では、ポート間でフレームの転送を行う必要があります。ポート間でフレームを転送するための内部的な帯域幅をスイッチング容量と呼んでいます。つまり、スイッチング容量はスイッチが1秒間に処理する「データ量」を表していることがわかります。また、スイッチング容量は、**バックプレーン容量**や**内部バス速度**、**スイッチングファブリック**などと表現されることもあります。

スイッチング能力、スイッチング容量の数値が大きければ大きいほど、それだけ高性能な機器であるということになります。では、どれぐらいの数値があればいいのか？ ということを判断するために、次の項以降で、まず必要となるスイッチング能力の数値を判断するための「ワイヤスピード」「ノ

ンブロッキング」の意味、そして、スイッチング容量の必要となる数値を見ていくことにします。

2-5-2 ワイヤスピード

　スイッチのカタログを見ると、"ワイヤスピード・ノンブロッキングで転送"と銘打っているものをよく見かけます。

　ワイヤスピードとは、理論上の最大の転送速度を指しています。たとえば、100Mbpsのファストイーサネットであれば、ワイヤスピードは100Mbpsです。100Mbpsで絶え間なくデータを転送することがワイヤスピードでの転送です。

　では、ワイヤスピードで転送するときにスイッチにかかる負荷を考えてみましょう。しかし、イーサネットフレームは長さが一定ではなく可変長です。どのパケットサイズを基準に考えればいいのでしょう？　こういったケースでは、最も負荷がかかる場合を基準に考えることになります。フレームサイズが小さければフレームの数が増加するので、最小の64バイトのフレームを送信するときに最も負荷がかかることがわかります。したがって、100Mbpsのワイヤスピードで転送するとき1秒間あたりのフレームの数を計算してみましょう。ただし、ここで注意することは、イーサネットフレームの前に電気信号の同期を取るための**プリアンブル**と**SFD**（Start Frame Delimeter）があわせて8バイト付加されていることです。そして、1つのフレームのあとに、すぐに次のフレームがやってくるわけではないということです。フレーム間には、12バイトの**IFG**（Inter Frame Gap）が必要です。もともとイーサネットは1つの通信回線を他のコンピュータと共有するので、必ずフレーム間ではIFGだけ空けてからデータを送ることになっています。ワイヤスピードでの転送を別の観点で見ると、IFGのあとにすぐに次のフレーム（パケット）がやってくることと考えてもいいでしょう（図2-28）。

　1つのフレームを送信するためには8バイト（プリアンブル、SFD）＋64バイト（イーサネットフレーム）＋12バイト（IFG）で合計84バイト＝672ビットを転送するだけの時間が必要ということになります。このことから100Mbpsワイヤスピードでは1秒間あたりのフレーム数は、次の式から求めることができます。

> 100,000,000÷672≒148,810パケット/秒（pps）

　すなわち、100Mbpsのワイヤスピードは148,810ppsであり、スイ

ッチング能力がこの数値以上であればワイヤスピードでの転送が可能です。もし、100Mbpsではなくて、1,000Mbpsのギガビットイーサネットになればワイヤスピードは1,488,100ppsになります。

ワイヤスピードで転送▶
（図2-28）

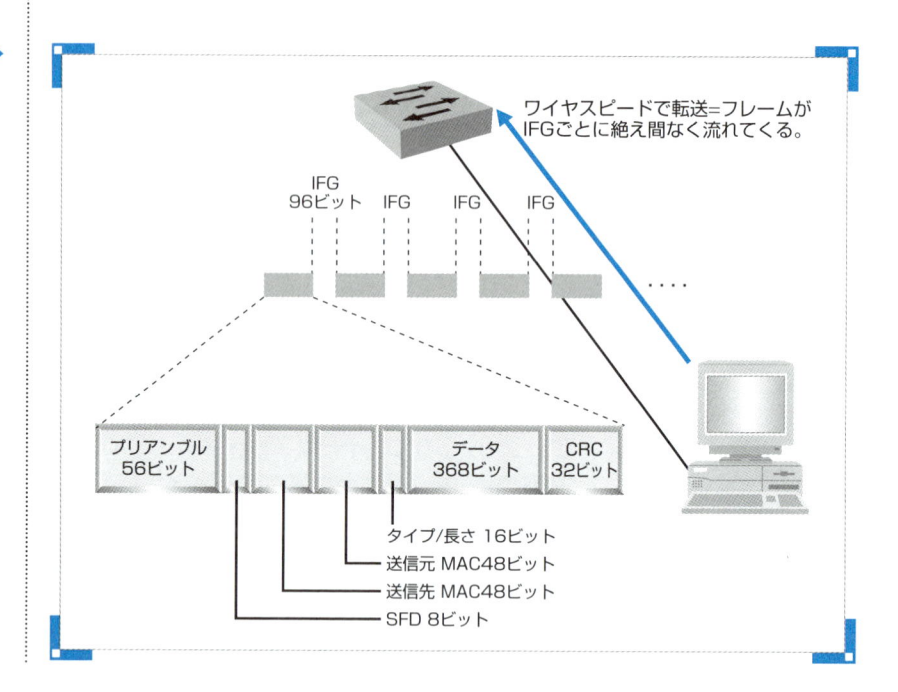

ワイヤスピードで転送=フレームがIFGごとに絶え間なく流れてくる。

IFG 96ビット
IFG
IFG
IFG

プリアンブル 56ビット
データ 368ビット
CRC 32ビット

タイプ/長さ 16ビット
送信元 MAC48ビット
送信先 MAC48ビット
SFD 8ビット

2-5-3　ノンブロッキング

　上記の148,810ppsという数値は100Mbpsのイーサネットポート1ポートあたりで考えています。スイッチに最も負荷がかかるのは、全ポートに対してワイヤスピードでフレームが送られたときです。すべてのポートに対して、ワイヤスピードでフレームが送られてきても、スイッチが遅延することなく、すべてのフレームを転送することができることを意味して**ノンブロッキング**と呼んでいます。あるスイッチのスイッチング能力で次の式が成立すればノンブロッキングです。この式を満たさない場合は、スイッチはすべてのフレームを処理しきれなくなり、この状況を**ブロッキング**と呼びます。

> ポート数×ワイヤスピード≦スイッチング能力

　たとえば、24ポートの100Mbpsのポートをもっているスイッチの場合、スイッチング能力が、

```
24×148,810≒3.6Mpps
```

以上であればノンブロッキングとなります。

　ノンブロッキングであれば、理論上の最大負荷を処理できることが保証されます。しかし、どんな状況においても必ずノンブロッキングが必要であるわけではありません。実際にワイヤスピードでパケットが転送され続けることは、かなりレアなケースです。ですから、ネットワークの規模が小さくそれほどスイッチに負荷がかからない環境であれば、ブロッキングのスイッチでも十分です。

2-5-4　スイッチング容量の必要となる値

　今度は、スイッチング容量がどれぐらいあればいいのかということを考えていきます。もう一度、スイッチング容量の意味を振り返ると、スイッチ内部でフレームを転送するために用いる帯域幅のことです。

　スイッチ内部に流れるデータが最大になるケースを考えるとすべてのポートが全2重通信を行うときです。この最大のデータ容量をサポートすることができるかどうかが、スイッチの処理性能を知る上で大事なポイントとなります。たとえば、24ポートの100BASE-TXのスイッチであれば最大のデータ容量は、次の通りです。

```
12×2×100=2.4Gbps
```

　これは24ポートあるので転送を行うポートの組が12組、その12組それぞれが100Mbpsの全2重通信を行う計算です。スイッチング容量が2.4Gbpsよりも大きければ、すべてのデータを同時に転送することが可能となります

　スイッチング能力と同様に、スイッチング容量もこのようにすべてのポートが同時に通信ができるだけの容量が必要というわけではありません。ネットワークの規模によっては、スイッチング容量が小さくてもスイッチはきちんと動作します。その見極めについては、日頃からネットワーク上を流れるトラフィックを正確に把握しておくことが望ましいです。

chapter 2
スイッチング

SUMMARY

第2章　スイッチングのまとめ

　第2章では、スイッチがどのような動作をするのかを中心に解説しています。まず、スイッチの動作の元となるブリッジの動作について解説をしました。ブリッジの動作とスイッチの動作を比較することにより、よりスイッチングを理解できるようになります。

　また、フロー制御や全2重通信、オートネゴシエーションといったスイッチに備わっている機能の解説も行いました。VLANやスパニングツリーについては、それぞれ第3章、第4章で解説します。

　そして、実際にスイッチを導入する上で、"どのスイッチを選べばよいのか？"というときの選択基準としてスイッチの処理性能の考え方（スイッチング能力、スイッチング容量）について触れています。

ルーティング&スイッチング

chapter 3

VLAN（Virtual LAN）

スイッチによって構築されたLANはVLANを利用することによって、さらに拡張性に富んだネットワークにすることができます。この章では、VLANの定義、機能、メリットについて解説します。

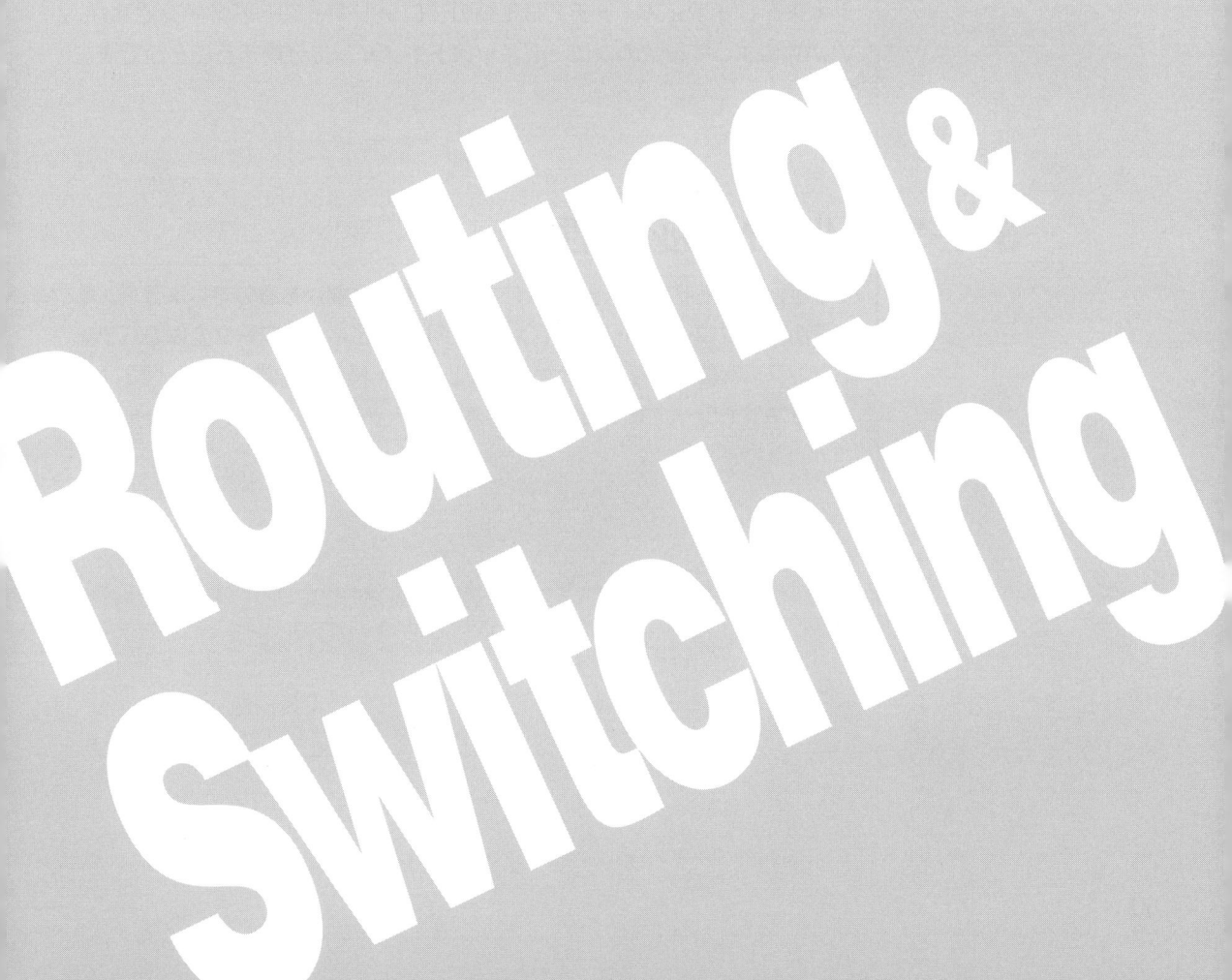

Chapter3　VLAN（Virtual LAN）

3-1　VLANとは

現在、企業内LANを構築する上で必須ともいえる技術がVLANです。まず、VLANとは何かということを明らかにしていきましょう。

3-1-1　VLANとは

VLAN（Virtual LAN）とは、日本語で「仮想LAN」と訳されます。一口にLANといっても家庭で構築するようなパソコンが数台規模の小さなLANから、企業の社内ネットワークに見られるような数百台ものパソコンを接続する大規模なLANまでさまざまなとらえ方があります。

VLANのLANとはルータによって区切られるネットワーク、つまり、「ブロードキャストドメイン★」を指しています。**ブロードキャストドメイン**とは、**ブロードキャストフレーム**（送信先MACアドレスがすべてビット1）が届く範囲で、直接通信を行うことができる範囲と考えることができます。なお、厳密にはブロードキャストフレームだけではなく、**マルチキャストフレーム**、**Unknownユニキャストフレーム**の3種類のフレームが届く範囲となります。

本来、レイヤ2スイッチでは1つのブロードキャストドメインですが、VLANによって複数のブロードキャストドメインに分割することができます。

★ブロードキャストドメイン
詳しくは「2-1-3　ブロードキャストドメイン」参照。

3-1-2　VLANの必要性

なぜ、ブロードキャストドメインを分割する必要があるのでしょう？　その理由は、ブロードキャストドメインが1つだとネットワーク全体のパフォーマンスに影響を及ぼすことがあるからです。具体的な例として、図3-1のようなネットワークを考えてみましょう。

3-1 VLANとは

スイッチで構成した
ネットワーク例
（図3-1）

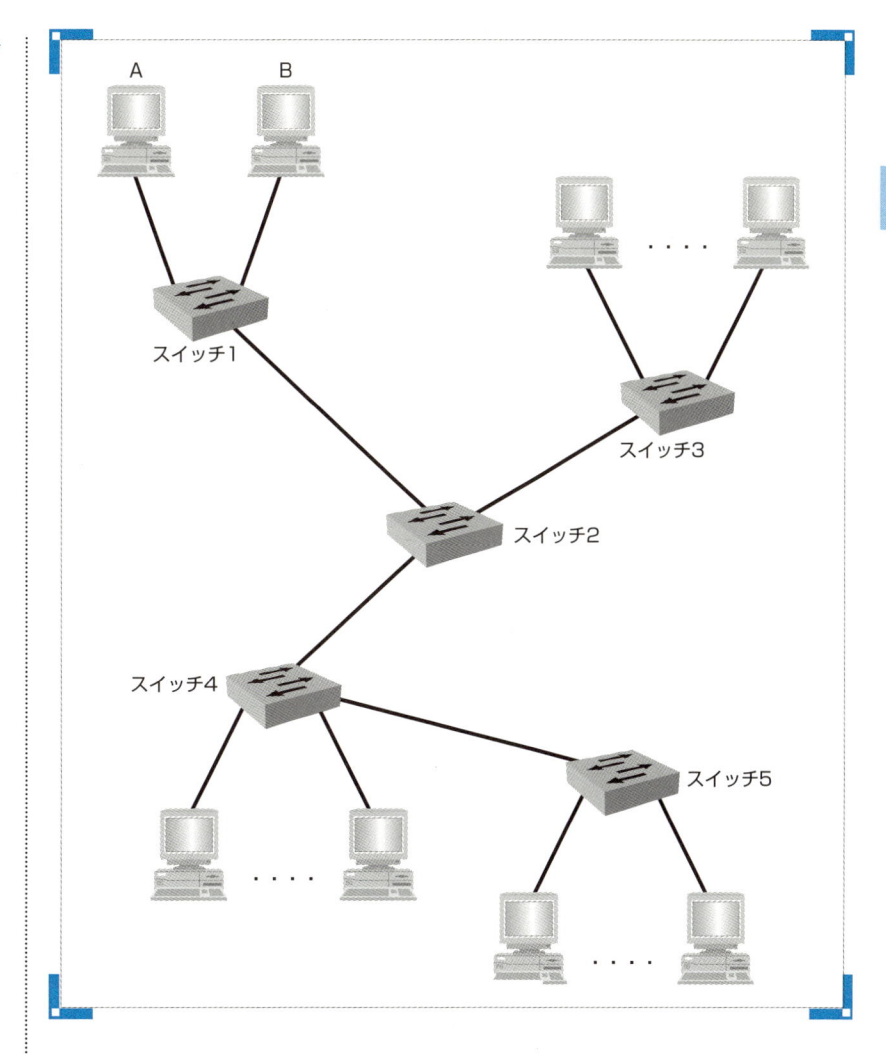

　図3-1は、5台のレイヤ2スイッチ（スイッチ1～スイッチ5）にたくさんのクライアントが接続されているネットワークを表しています。このとき、クライアントAからクライアントBに通信をしたいという状況を考えます。イーサネットではフレームの中に送信先MACアドレスを指定しなければいけないので、クライアントAは**ARPリクエスト**をブロードキャストして、クライアントBのMACアドレスを求めようとします。

　さて、スイッチ1にブロードキャスト（ARPリクエスト）が届くと、スイッチ1は入ってきたポート以外のすべてのポートに転送、すなわち**フラッディング**します。次に、スイッチ2もブロードキャストを受信するのでフラッディングします。スイッチ3もスイッチ4もスイッチ5もブロードキャストをフラッディングし、結局ネットワーク上のすべてのクライアントにARPリクエストが到達することになります（図3-2）。

chapter 3
VLAN (Virtual LAN)

▶ ブロードキャストの
フラッディング
(図3-2)

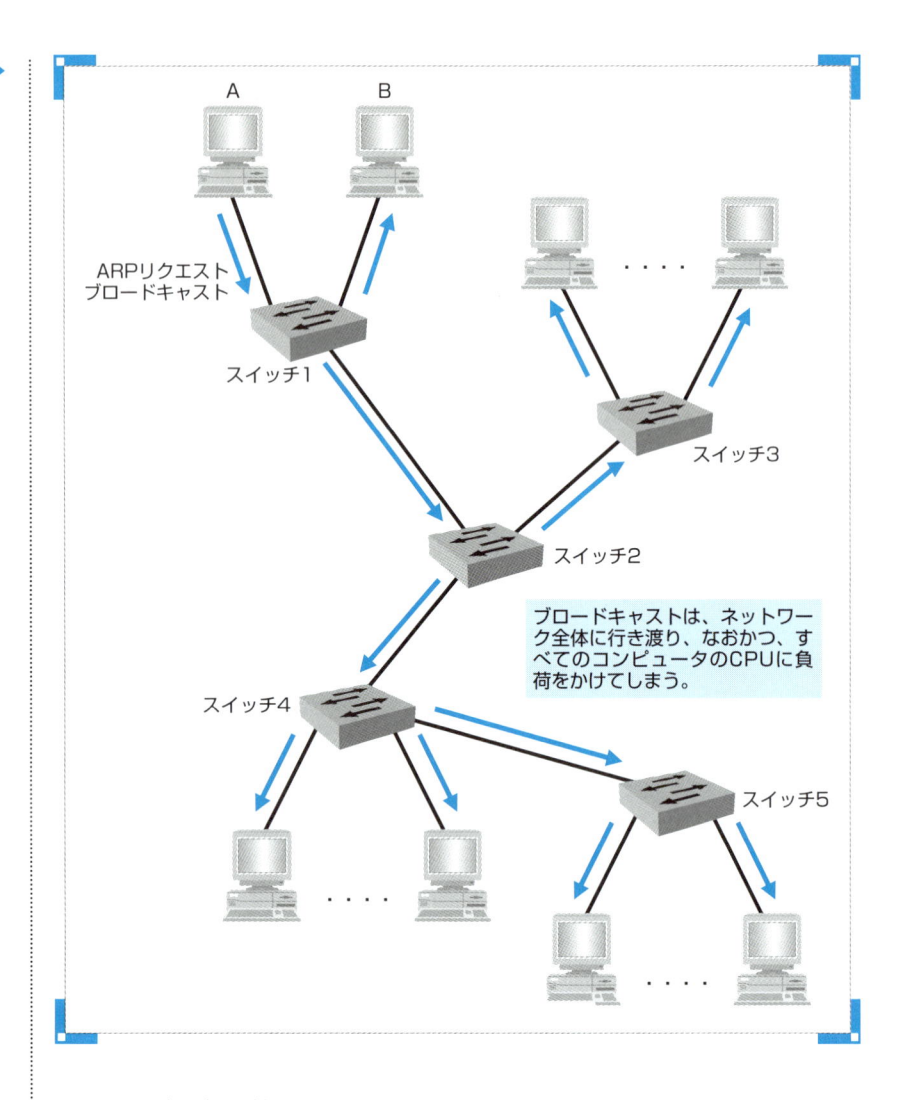

ブロードキャストは、ネットワーク全体に行き渡り、なおかつ、すべてのコンピュータのCPUに負荷をかけてしまう。

　ところが、少し考えてみると、もともとこのARPリクエストは、クライアントBのMACアドレスを知りたいために送信されたものです。つまり、クライアントBだけが受け取ってくれればいいのですが、ネットワーク上のすべてに行き渡ってしまい、すべてのコンピュータがこのブロードキャストを受信してしまいます。すると、ブロードキャストによってネットワーク全体の帯域幅を消費するだけでなく、ブロードキャストを受信したコンピュータのCPUサイクルも消費してしまう結果になります。これでは、ネットワークの帯域幅、各コンピュータのCPUサイクルに非常にムダが生じてしまうことになるわけです。

　では、ブロードキャストフレームはそんなに頻繁に出るのでしょうか？実際にとても頻繁に出ます。TCP/IPを利用している場合では、例にあげているARPリクエスト、そして**DHCP**★や**RIP**★などなど。ARPリクエスト

★DHCP
　Dynamic Host Configuration Protocolの略。
★RIP
　第6章参照。

は、他のホストと通信をしたいときに出ます。DHCPで自動的にIPを取得する設定をされているコンピュータが起動するたびに、DHCPのブロードキャストが発生します。RIPを利用していれば、30秒に一度ブロードキャストによってルータ同士が情報を交換します。TCP/IP以外では、**NETBEUI**や**IPX**、**AppleTalk**はブロードキャストを多用します。たとえば、Windowsで「ネットワークコンピュータ」をクリックするだけでブロードキャスト（マルチキャスト）が発生します。これだけ、頻繁にブロードキャストは発生しているのです。

　ブロードキャストドメインが1つならば、ブロードキャストが出るとネットワーク上すべてに行き渡ってしまいます。さらに、ネットワーク上の各コンピュータに負荷をかけてしまうので、非常にパフォーマンスに影響します。このことから、LANの設計を行う上のポイントとして、ブロードキャストドメインをいかに効率よく分割するかということがあげられます。

　ブロードキャストドメインを分割するためには、**ルータ**の利用があげられます。ルータを利用するとルータのLANインタフェースごとにブロードキャストドメインを分割することができます。しかし、通常、ルータはそれほどたくさんLANインタフェースを持っていません。ルータがもつ、LANインタフェースの数は1～4つ程度がほとんどです。これでは、分割できるブロードキャストドメインの数がルータのLANインタフェースの数に依存してしまうことになります。また、LANの設計において、自由にブロードキャストドメインを分割することができず、制約ができてしまいます。

　ルータに対して、レイヤ2スイッチはたくさんのLANインタフェースを持っています。そこで、スイッチでブロードキャストドメインを分割しよう、そのための技術がVLANです。VLANを利用することによって、ブロードキャストドメインを自由に構成し、ネットワーク設計の柔軟性が向上します。

　ブロードキャストを利用する通信の例を、以下の表に示します。

▶ブロードキャストを利用する通信の例

通信の例	解説
ARPリクエスト	IPアドレスとMACアドレスの対応付けを行う
RIP	ルーティングプロトコルの一種
DHCP	IPアドレスなどを自動的に設定するためのプロトコル
NetBEUI	Windowsで利用されるネットワークアーキテクチャ
IPX	Novell NetWareで利用されるネットワークアーキテクチャ
AppleTalk	Macintoshで利用されるネットワークアーキテクチャ

Chapter3　VLAN（Virtual LAN）

3-2　VLANの仕組み

なぜVLANが必要なのか、という概要を理解した上で、スイッチがどのようにVLANによってブロードキャストドメインを分割するのかを見ていくことにしましょう。

3-2-1　VLANの仕組み

VLANによって、どのようにブロードキャストドメインを分割しているのでしょう？　その仕組みについて見ていきます。

まず、VLANが何も設定されていないレイヤ2スイッチの場合、前にも述べていますがあるポートに入ってきたブロードキャストフレームは、フラッディングされ入ってきたポート以外のすべてのポートに転送されます。たとえば、Aからブロードキャストが送信されると、ポート2、3、4に転送されます（図3-3）。

▶フラッディングの動作
（図3-3）

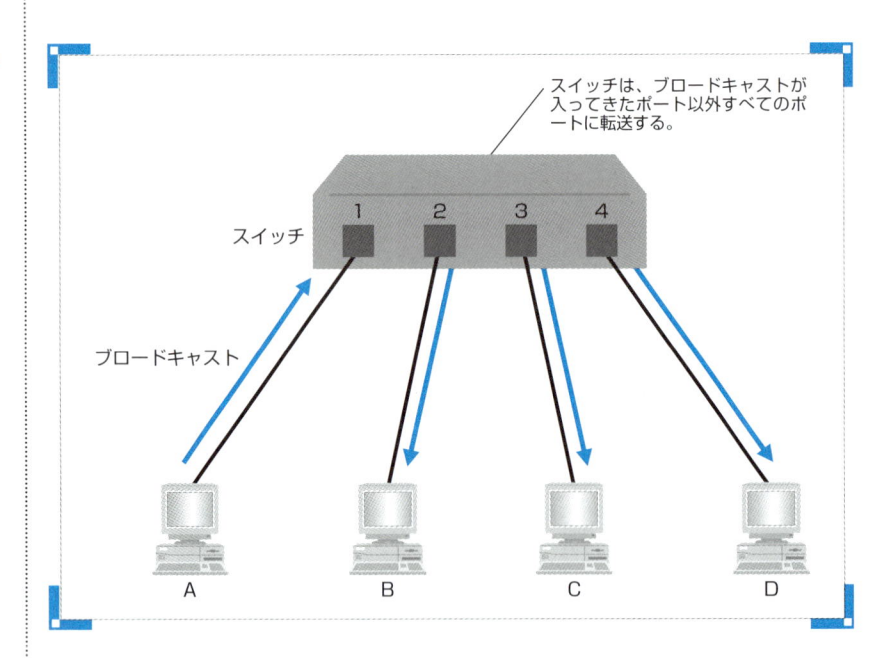

ここでスイッチに赤VLAN、青VLANを作成しポート1、2を青VLAN、ポート3、4を赤VLANとします。同じようにAからブロードキャストが送信されると、スイッチは同じVLANのポートのみフラッディングします。つまり同じ青VLANのポートであるポート2にだけブロードキャストを転送します。赤VLANのポートにはいっさい転送されません。同様に、Cからブロードキャストが送信されると、同じ赤VLANのポートにだけフラッディングします。青VLANのポートに転送されることはありません（図3-4）。

3-2 VLANの仕組み

VLANの仕組み ▶
(図3-4)

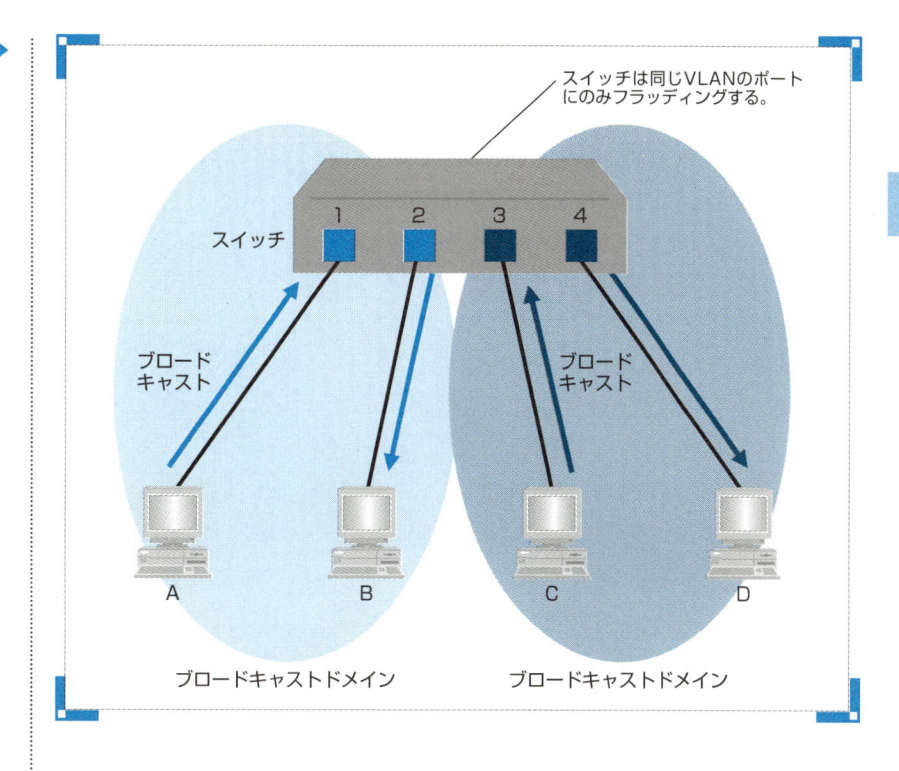

図中ラベル：
- スイッチは同じVLANのポートにのみフラッディングする。
- スイッチ
- ポート 1, 2, 3, 4
- ブロードキャスト
- A, B, C, D
- ブロードキャストドメイン / ブロードキャストドメイン

★色で識別
印刷の都合上、赤は濃い青で表現されている。

このように、VLANはブロードキャストをフラッディングする範囲を制限することによって、ブロードキャストドメインを分割します。なお、説明のためVLANを色で識別★していますが、実際にはVLANは**VLAN番号**によって識別します。

もっとVLANを直感的にとらえると、物理的に1つのスイッチを複数の論理的なスイッチに分けることになります。1つのスイッチに赤VLAN、青VLANを作るということは、論理的に赤スイッチ、青スイッチの2つのスイッチに分かれると考えることができます（図3-5）。赤VLAN、青VLAN以外に、もし新しくVLANを作成すると、また新たにスイッチができるようなイメージです。ただし、VLANによってできた論理的なスイッチはお互いに接続されていません。そのため、スイッチでVLANを作成した場合、そのままでは異なるVLAN間で通信を行うことができなくなってしまいます。同じスイッチに接続されているのに、VLANが異なると通信ができないという事実は、不思議に感じることでしょう。このことが、VLANを便利にしている特徴でもありますし、VLANをわかりにくくしている原因でもあります。詳しくは、後ほど★解説します。

★後ほど
詳しくは「3-5 VLANによるLAN設計」参照。

chapter 3
VLAN（Virtual LAN）

▶ VLANは論理的に複数の
スイッチに分割する
（図3-5）

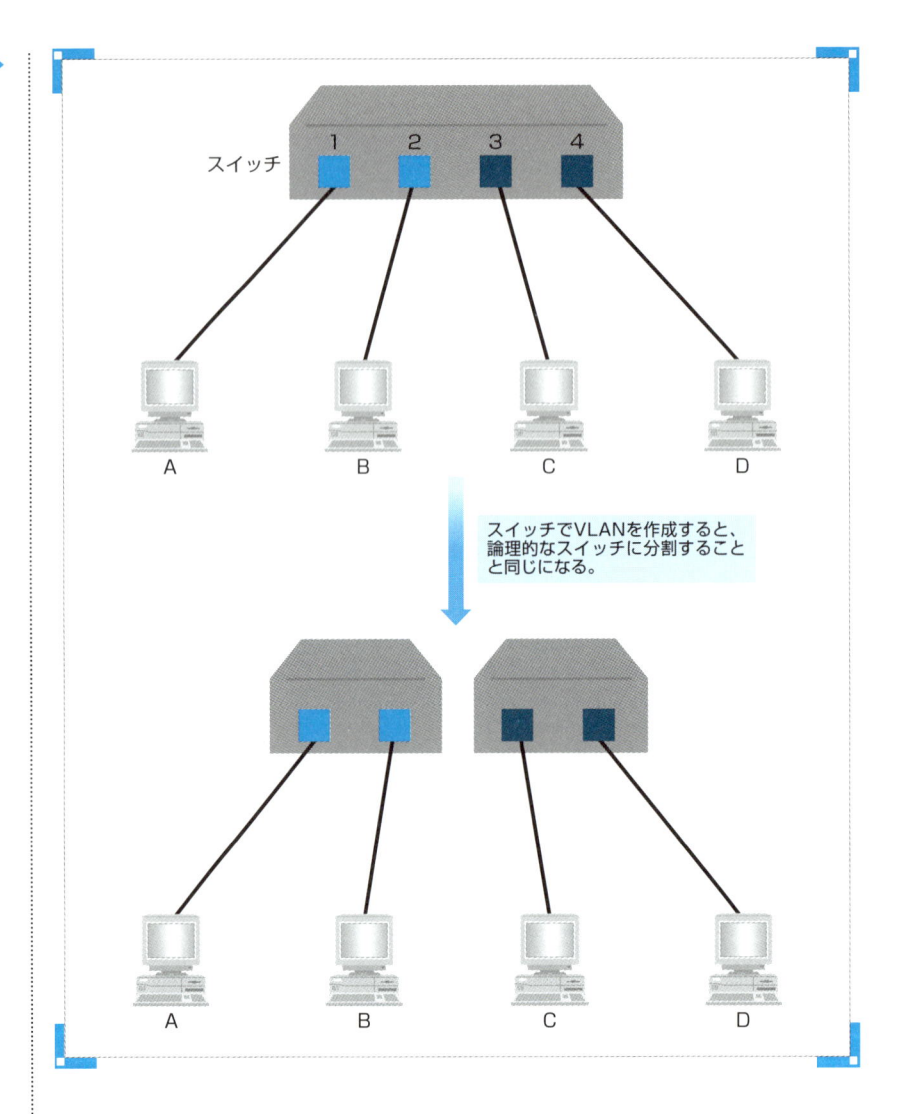

スイッチでVLANを作成すると、論理的なスイッチに分割することと同じになる。

　異なるVLAN間で通信をさせるためにはどうすればいいのでしょう？　もう一度思い出してください。VLANはブロードキャストドメインです。そして、2つのブロードキャストドメインの間には、ルータが存在し、ブロードキャストドメイン間のパケットはルータによってルーティングされます。つまり、VLAN間の通信はルータによってルーティングさせる必要があります。これを**VLAN間ルーティング**と呼んでいます。VLAN間ルーティングは、通常のルータを用いる方法と、**レイヤ3スイッチ**を用いる方法があります。詳細については、「3-4　VLAN間ルーティング」の節で解説します。

Chapter3　VLAN（Virtual LAN）

3-3　スイッチのポート

スイッチのポートは、次の2種類に分類されます。

・アクセスリンク
・トランクリンク

これから、それぞれのポートの種類について、どんな特徴があるのかということを解説していきます。

3-3-1　アクセスリンク

アクセスリンクとは、「ただ1つのVLANに所属し、そのVLANのフレームを転送する」ポートのことを指しています。アクセスリンクには、クライアントコンピュータが接続されることが多くなります。

VLANの設定の手順は、

・VLANの作成
・アクセスリンクの設定（ポートが所属するVLANの決定）

というプロセスになります。アクセスリンクの設定として、あらかじめ固定的に決めておく方法とスイッチに接続されるコンピュータによって動的に変更させる方法があります。前者を「スタティックVLAN」、後者を「ダイナミックVLAN」と呼びます。

スタティックVLANは**ポートベースVLAN**とも呼ばれ、その名の通り、各ポートが所属するVLANを明示的に指定する方法です（図3-6）。

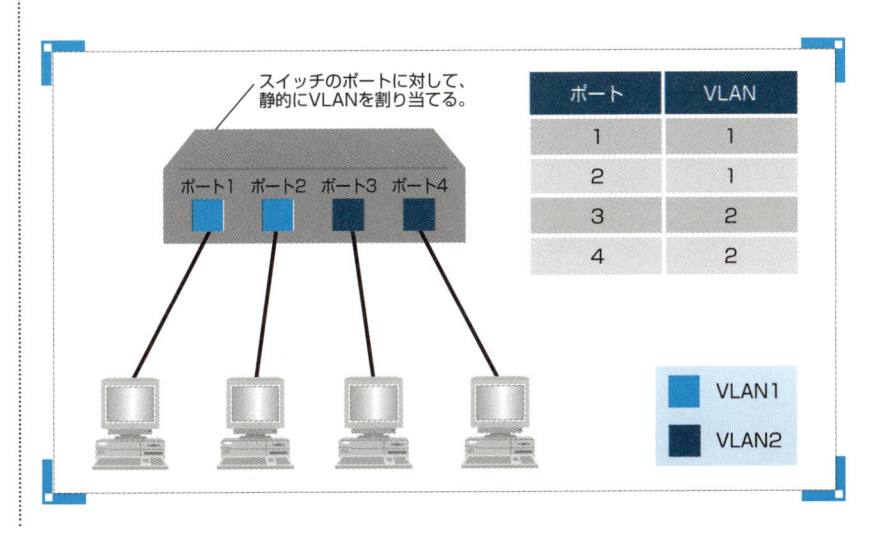

スタティックVLAN▶
（図3-6）

ポート	VLAN
1	1
2	1
3	2
4	2

スイッチのポートに対して、静的にVLANを割り当てる。

■ VLAN1
■ VLAN2

chapter 3
VLAN (Virtual LAN)

　スタティックVLANは、ポートを1つづつ設定する必要があるので、何百ものクライアントコンピュータが存在する場合には、設定が煩雑になってしまいます。また、クライアントコンピュータが接続されているポートを変更したときには、そのポートが所属するVLANも変更する必要があるので、頻繁にレイアウトの変更がある場合には、設定の変更作業は非常に大きな負荷になります。

　一方、**ダイナミックVLAN**はスイッチのポートに接続されるクライアントコンピュータによって、動的にポートが所属するVLANが変更されるので、上記のような変更に要する設定変更などの作業が不要になります。ダイナミックVLANは大きく、次の3種類に分類されます。

> ・MACベースVLAN
> ・サブネットベースVLAN
> ・ユーザベースVLAN

　これらの違いは、どの階層の情報によって所属するVLANを決定していくかによります。

　MACベースVLANは、スイッチに接続されるコンピュータのMACアドレスによってそのポートが所属するVLANを決定します。たとえば、"A"というMACアドレスは、VLAN"10"という設定をスイッチにしておきます。MACアドレス"A"のコンピュータがスイッチのポート1に接続されると、ポート1がVLAN10に所属するようになります。コンピュータを接続するポートをポート2に変更すると、ポート2がVLAN10に所属するようになります（図3-7）。

▼ダイナミックVLAN（MACベースLAN）（図3-7）

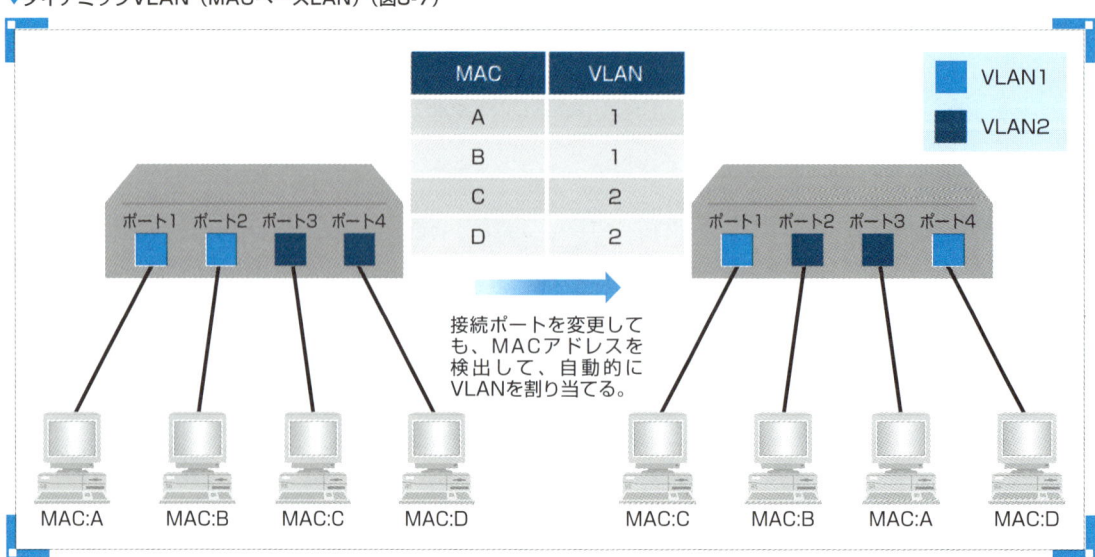

MACアドレスによって所属するVLANを決定しているので、レイヤ2のレベルでアクセスリンクの設定を行う方法であると考えることができます。しかし、MACベースVLANは、設定するためにはスイッチに接続されるコンピュータのMACアドレスをすべて調べて登録しなければいけません。また、コンピュータのネットワークインタフェースカードを交換すると、設定を変更する必要があります。

サブネットベースVLANは、スイッチに接続されるコンピュータのIPアドレスによって、ポートが所属するVLANを決定する方法です。MACベースVLANのようにネットワークインタフェースカードを交換するなど、コンピュータのMACアドレスが変わってしまったとしても、IPアドレスが同じであれば、そのコンピュータは同じVLANに参加することができます（図3-8）。このため、MACベースVLANよりもさらに柔軟にネットワークを構成することができます。IPアドレスは、レイヤ3の情報ですから、サブネットベースVLANはレイヤ3のレベルでアクセスリンクを決めていきます。

▼ダイナミックVLAN（サブネットベースVLAN）（図3-8）

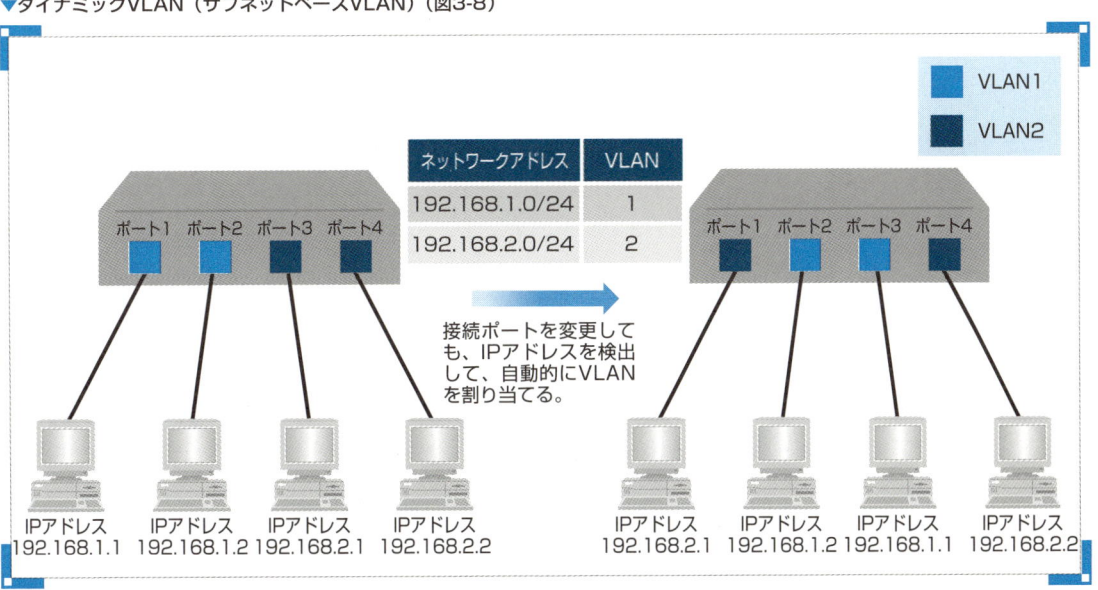

ネットワークアドレス	VLAN
192.168.1.0/24	1
192.168.2.0/24	2

接続ポートを変更しても、IPアドレスを検出して、自動的にVLANを割り当てる。

IPアドレス 192.168.1.1
IPアドレス 192.168.1.2
IPアドレス 192.168.2.1
IPアドレス 192.168.2.2
IPアドレス 192.168.2.1
IPアドレス 192.168.1.2
IPアドレス 192.168.1.1
IPアドレス 192.168.2.2

ユーザベースVLANは、スイッチに接続されるコンピュータを利用するユーザによって、スイッチのポートがどのVLANに所属するのかを決定します。利用するユーザの識別は、たとえば、Windowsドメインのユーザ名などによって行います。このようなユーザ名の情報は、レイヤ4以上の情報になります。VLANを決定する情報の階層が上がれば上がるほど、より柔軟なネットワークを構成することが可能です。

以上のように、アクセスリンクの設定にはいくつかの種類があります。し

chapter 3
VLAN（Virtual LAN）

かし、サブネットベースVLANやユーザベースVLANはベンダの独自技術によって実現されていることがあるので、スイッチを選択する際には、機能の確認を行う必要があります。

以下の表は、アクセスリンクにVLANを割り当てる方法をまとめたものです。

▶アクセスリンクにVLANを割り当てる方法

種類		解説
スタティックVLAN（ポートベースVLAN）		各ポートを静的にVLANに割り当てる。
ダイナミックVLAN	MACベースVLAN	各ポートに接続されるコンピュータのMACアドレスによってVLANを割り当てる。
	サブネットベースVLAN	各ポートに接続されるコンピュータのIPアドレスによってVLANを割り当てる。
	ユーザベースVLAN	各ポートに接続されるコンピュータのユーザによってVLANを割り当てる。

3-3-2　トランクリンク

レイアウトの都合上、オフィスの異なる階に同じ部署が入居しているときなど複数のレイヤ2スイッチをまたがってVLANを構成したいというケースも考えられます。たとえば、図3-9のようにフロアが違うAとC、BとDを同じVLANにしたいというケースです。

▶複数のスイッチをまたがったVLAN（図3-9）

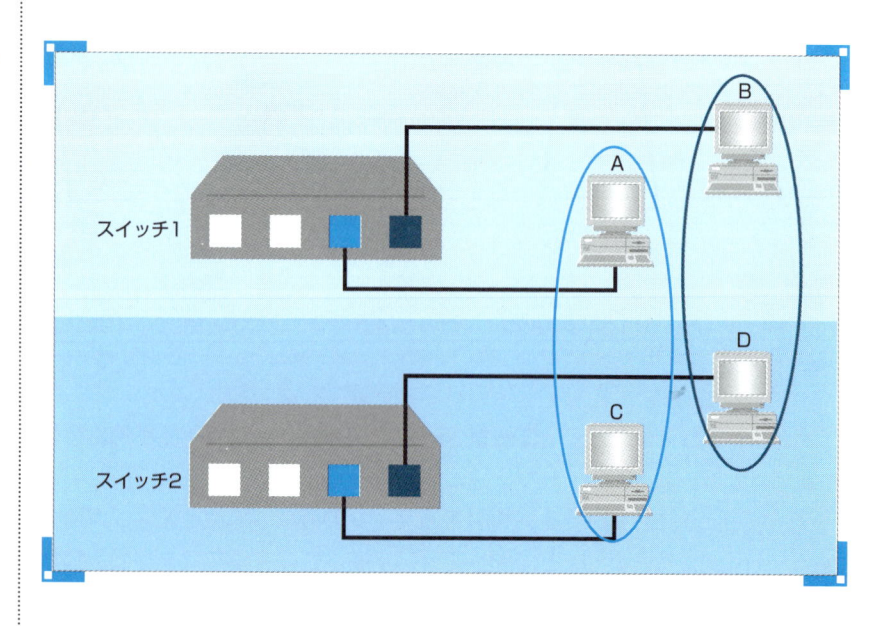

このとき問題になってくるのは、スイッチ1とスイッチ2をどのように接続すればいいのかということです。一番簡単に思いつくのは、スイッチ1と

スイッチのポート

★赤VLAN
印刷の都合上、紙面では濃い青で表現されている。

スイッチ2にそれぞれ1つずつ赤VLAN★用のポートと青VLAN用のポートを設定してそれぞれケーブルで結ぶ方法です（図3-10）。しかし、この方法は拡張性がなく、管理上の効率がよくありません。たとえば、新しくVLANを作った場合、そのVLANを通すために、また新しくケーブルを引かなくてはいけません。このようなフロア間を結ぶ建物の縦系のケーブルを新たに引くには、配線工事が必要となり、簡単には行うことができずにコストもかかります。また、VLANが増えれば増えるほど、スイッチ間を接続するための各VLAN用のポートが必要になるわけですから、スイッチのポートの利用効率も悪くなります。このような効率の悪い構成を、なんとかして、スイッチ間を1本のケーブルで接続したいというときに「トランクリンク」を利用します。

▶スイッチ間を各VLAN
（図3-10）

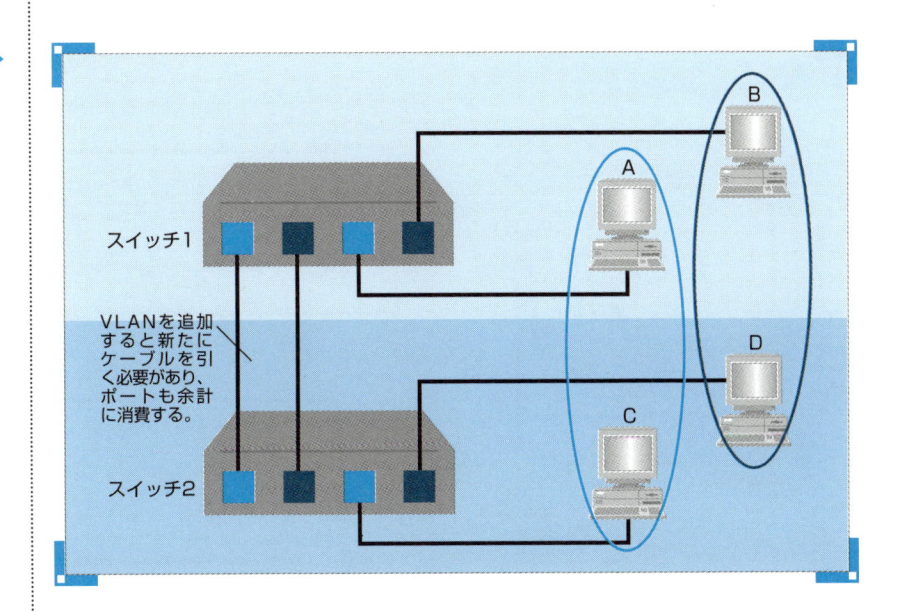

VLANを追加すると新たにケーブルを引く必要があり、ポートも余計に消費する。

トランクリンクとは、「複数のVLANのトラフィックを転送することができる」ポートです。トランクリンク上を流れるフレームは、どのVLANのトラフィックであるかを識別するための情報が付加されています。先ほどのネットワーク構成を、トランクリンクに変更したケースを考えてみましょう。スイッチ間を接続するポートをトランクリンクとして設定します。特殊なケーブルが必要だと思われるかもしれません。しかし、トランクリンク間を接続するケーブルは、特別なケーブルが必要ではなく、たとえば、100BASE-TXならカテゴリ5UTPケーブルを利用します。この場合、スイッチ同士の接続ですから、クロスケーブルを利用することになります。

さて、トランクリンクによって、スイッチをまたがったVLANを実現することができる様子を見ていきましょう。Aから何かフレームが送信されると、

chapter 3
VLAN（Virtual LAN）

スイッチ1からトランクリンクを通ってスイッチ2に送られるときに、青VLANのフレームであることを識別するためのVLAN識別情報が付加されます。スイッチ2はこのフレームを受け取ると、VLAN識別情報から青VLANのフレームであることがわかるので、付加された識別情報を取り除いて、青VLANのポートにだけ転送します。このポートへの転送は、第2章で解説したスイッチがフレームを転送する様子と同じです。つまり、MACアドレステーブルを参照して該当のポートにだけ転送します。もしも、ブロードキャストやマルチキャスト、Unknownユニキャストの場合には、同じVLANのポートにフラッディングされます。青VLANのコンピュータがフレームを送信するときも同様です（図3-11）。

▼スイッチ間でトランクリンクで接続する（図3-11）

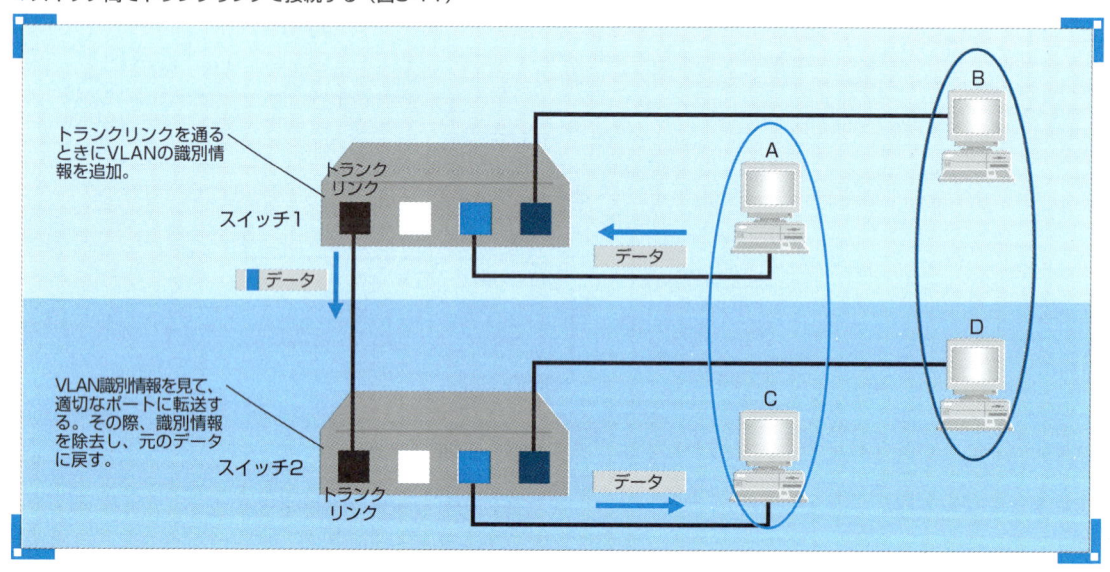

　先ほどスイッチでVLANを作成することは仮想的にVLANごとのスイッチを分割するということを説明しました。同じように考えると、トランクリンクはスイッチのポートをVLANごとに分割することになります。

▼スイッチ間でトランクリンクで接続する（図3-12）

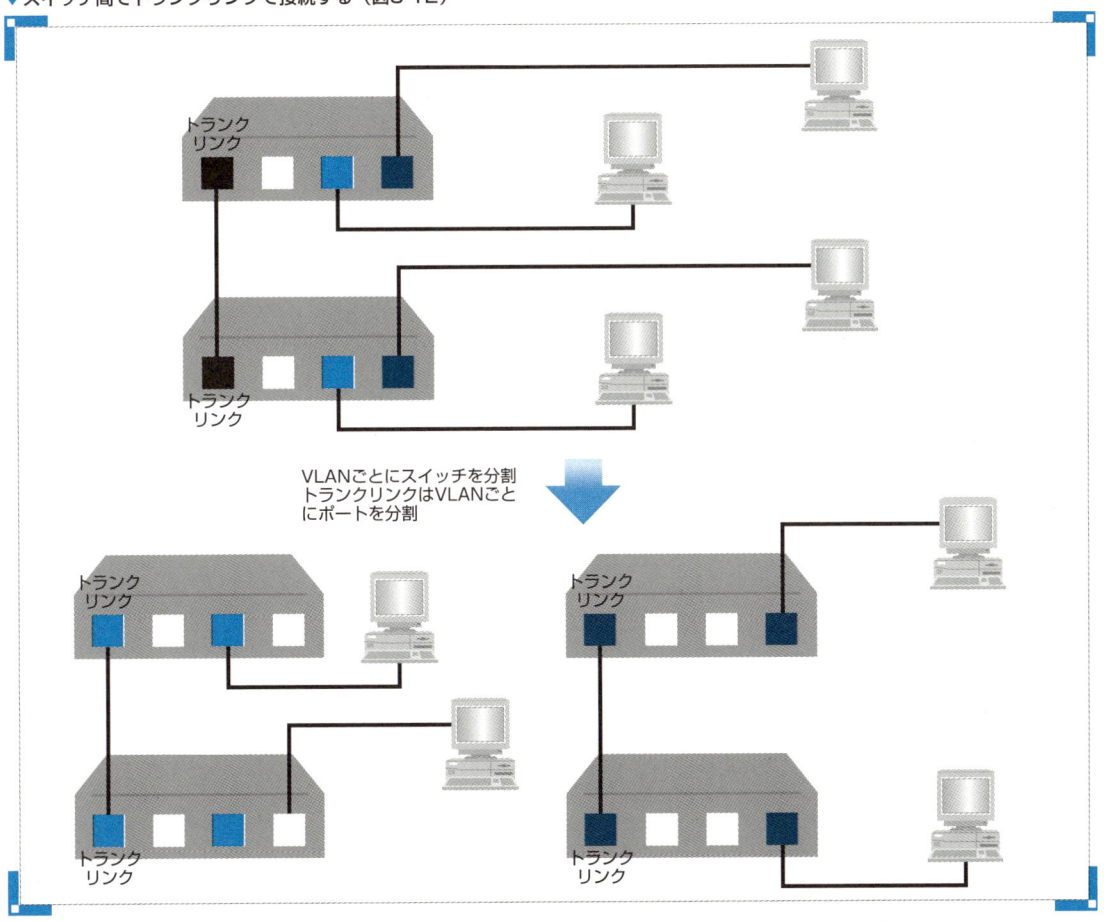

　　トランクリンクを通過するときのVLAN識別情報を付加するために、**IEEE802.1Q**という標準規格とシスコシステムズ社（以下、シスコ社）独自規格の**ISL**（Inter Switch Link）などがあります。スイッチでこれらの規格をサポートしていれば、複数のスイッチをまたがったVLANを効率よく構成することが可能です。なお、トランクリンクは複数のVLANのトラフィックを運ぶわけですから、当然トラフィックが集中します。そのため、トランクリンクの設定を行うためには、100Mbps以上の速度をサポートしている必要があります。また、トランクリンクは標準でスイッチに存在するすべてのVLANトラフィックを転送します。つまり、トランクリンクは、スイッチ上のすべてのVLANに所属しているとも考えることができます。すべてのVLANトラフィックを転送するとムダが多くなることがあるので、設定によってトランクリンク上で転送するVLANを制限することも可能です。

　　次の項から、IEEE802.1QとISLについて解説します。

chapter 3
VLAN (Virtual LAN)

3-3-3　IEEE802.1Q

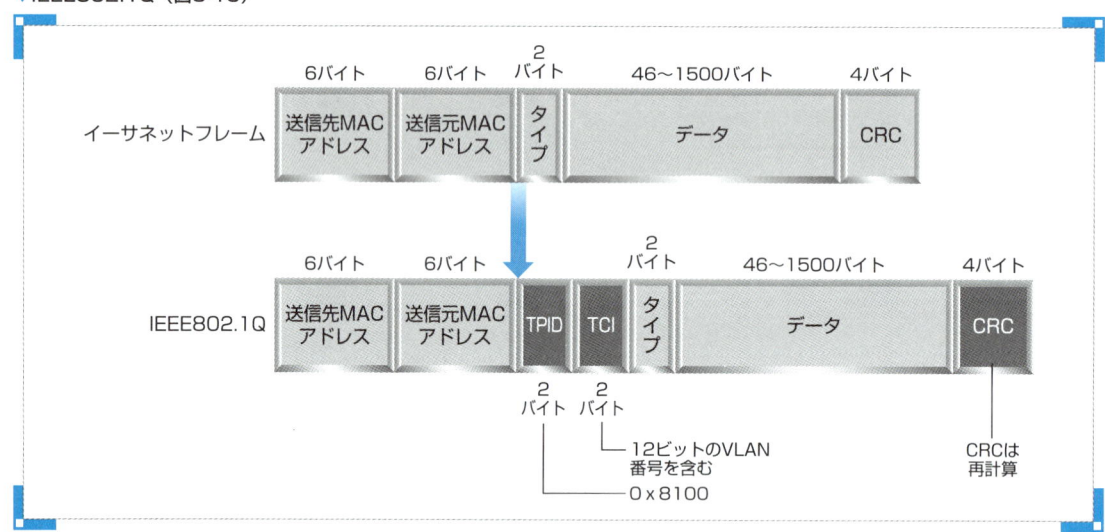

　　IEEE802.1Qは、通称「ドットワンキュー」あるいは「ドットイチキュー」と呼ばれています。トランクリンク上で、VLANを識別する識別情報を付加するためのプロトコルです。ここで、もう一度イーサネットのフレームフォーマットを思い出して★ください。IEEE802.1QによるVLAN識別情報は、フレームの「送信元MACアドレス」と「タイプ」の間に挿入されます。挿入される情報は、2バイトのTPIDと2バイトのTCIの合計4バイトです。フレームに4バイトの情報が挿入されるので、当然CRCの値が変わってしまいます。既存のCRCにとってかわって、挿入されたTPID、TCIを含めてCRC計算を行うことになります（図3-13）。また、トランクリンクから出て行くときには、TPID、TCIが取り除かれますが、このときにも新たにCRCを再計算しなければいけません。

★思い出して…
詳しくは39ページ参照。

▼IEEE802.1Q（図3-13）

[図: イーサネットフレームとIEEE802.1Qフレームの比較。イーサネットフレームは、送信先MACアドレス（6バイト）、送信元MACアドレス（6バイト）、タイプ（2バイト）、データ（46〜1500バイト）、CRC（4バイト）。IEEE802.1Qフレームは、送信先MACアドレス（6バイト）、送信元MACアドレス（6バイト）、TPID（2バイト、0x8100）、TCI（2バイト、12ビットのVLAN番号を含む）、タイプ（2バイト）、データ（46〜1500バイト）、CRC（4バイト、CRCは再計算）]

　　TPIDは、固定値で0x8100です。TPIDによって、フレームにIEEE802.1QのVLAN情報が付加されていることがわかります。実際にVLAN番号が入るのは、TCIのうち12ビットです。12ビットですから、合計4096個のVLANを識別することができます。IEEE802.1QによるVLAN情報の付加は、ちょうど手荷物に荷札をつけるイメージなので、**タギングVLAN**と呼ばれることもあります。

3-3-4 ISL (Inter Switch Link)

　ISLは、シスコ社独自のプロトコルでIEEE802-1Qと同様にトランクリンク上でVLAN識別情報を付加します。ISLでは、フレームの先頭に26バイトの「ISLヘッダ」が付加され、ISLヘッダを含めたフレーム全体で、新たに計算した4バイトのCRC付加されます。すなわち、合計30バイトの情報が付加されることになります。

　ISLでは、トランクリンクから出て行くときには、単純にISLヘッダと新CRCを取り除くだけです。もともとのフレームのCRCは保存されているので、CRCの再計算は必要ありません（図3-14）。

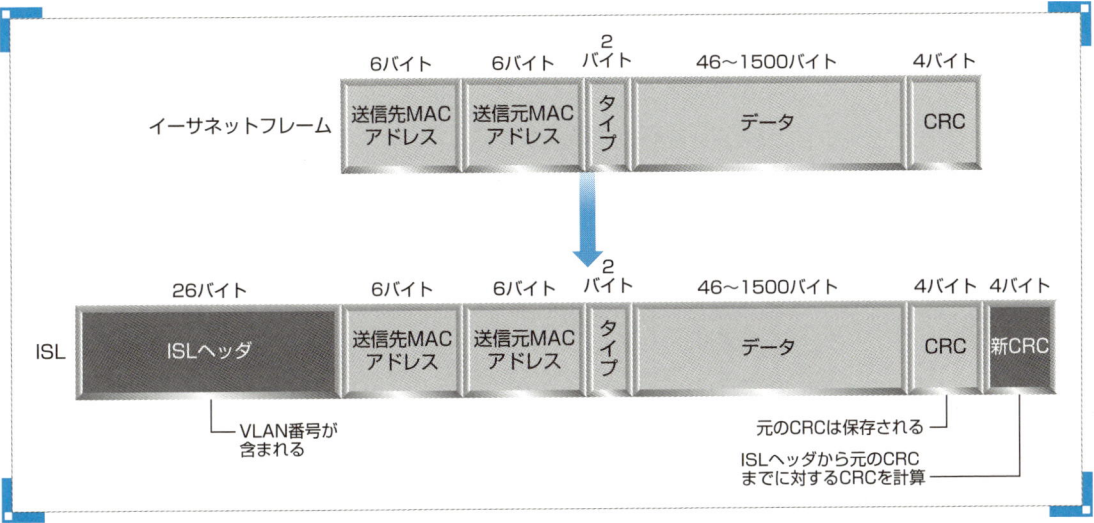

▼ISL（図3-14）

6バイト	6バイト	2バイト	46～1500バイト	4バイト
送信先MACアドレス	送信元MACアドレス	タイプ	データ	CRC

イーサネットフレーム

26バイト	6バイト	6バイト	2バイト	46～1500バイト	4バイト	4バイト
ISLヘッダ	送信先MACアドレス	送信元MACアドレス	タイプ	データ	CRC	新CRC

ISL

- VLAN番号が含まれる
- 元のCRCは保存される
- ISLヘッダから元のCRCまでに対するCRCを計算

　ISLはフレームをISLヘッダと新CRCで包み込むようなイメージから、**カプセル化VLAN**とも呼ばれることもあります。ただし、IEEE802.1Qの「タギングVLAN」とISLの「カプセル化VLAN」という呼び方は厳密なものではありません。さまざまな書籍によって、これらの表現が混在していることがあるので、注意してください。また、ISLはシスコ社独自なので、もちろんシスコ製機器同士での接続でしか使うことができません。

3-4 VLAN間ルーティング

たとえ同じスイッチに接続されていたとしても、異なるVLAN間では直接通信することができません。ここからは、異なるVLAN間で通信を行うための、VLAN間ルーティングについて解説していきます。

3-4-1 VLAN間ルーティングの必要性

まず、どうして**VLAN間ルーティング**が必要になってくるのでしょう？ LANでの通信では、フレームの中に送信先MACアドレスを指定しなければいけないということは、これまでにも何度か解説しました。この送信先MACアドレスを求めるために、TCP/IPではARPを使っています。ARPによってMACアドレスを解決する仕組みは、第1章でも解説した通り、ブロードキャストを用います。つまり、ブロードキャストが届かないと、MACアドレスを解決することができず、直接通信を行うことができなくなります。

VLANが異なるということは、ブロードキャストドメインが異なるということでした。ですから、VLANが異なると直接通信を行うことができません。通信を行うためには、上位の階層、すなわちネットワーク層の情報（IPアドレス）を使って、ルーティングをしなければいけなくなります。ルーティングについては、本書のメイントピックの1つです。第5章以降で詳細を解説します。

ルーティングは、主にルータによって提供されます。しかし、最近のLANでは、ルーティング機能を持ったスイッチであるレイヤ3スイッチを利用するというケースも非常に増えています。まず、「ルータによるVLAN間ルーティング」について、そのあとに「レイヤ3スイッチ」についてと順番に見ていきましょう。

3-4-2 ルータによるVLAN間ルーティング

ルータによってVLAN間ルーティングを行うときには、"どのようにルータとスイッチを接続すればいいのか？"ということが問題になってきます。これは、スイッチをまたがるVLANを構成するときと同様です。ルータとスイッチの接続には、以下の2種類が考えられます。

> ・ルータとスイッチを個々のVLANごとに別々のケーブルで接続する。
> ・ルータとスイッチをVLANの数によらずに1本のケーブルで接続する。

3-4 VLAN間ルーティング

　一番簡単に思いつくのが、最初の「ルータとスイッチを個々のVLANごとに別々のケーブルで接続する」方法です。スイッチにルータと接続するための各VLANのアクセスリンクを割り当て、別々のケーブルでルータの別々のインタフェースに接続することになります。図3-15のようにスイッチに2つのVLANがあれば、ルータと接続するためのポートが2つ確保します。ルータでは、インタフェースが2つ必要になり、2本のケーブルでスイッチとルータを接続します。

▶ ルータとスイッチを個々のVLANごとに別々のケーブルで接続する（図3-15）

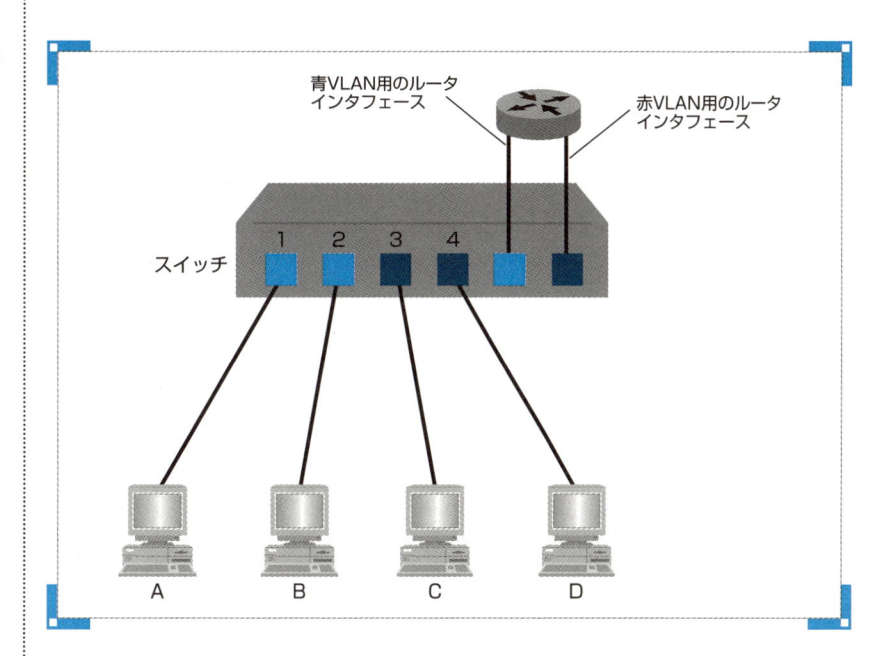

　この方法は、すぐに想像がつく通り拡張性に乏しくなります。新しくVLANが1つ増えるとルータのインタフェースも新たに必要となり、ルータと接続するためにスイッチに新たなアクセスリンクの設定が必要です。さらに、ルータとスイッチを接続するためにもう1本ケーブル引き回さなければいけません。ルータは、通常、それほどたくさんのLANインタフェースを持っていません。VLANが増えてくると、増加したVLANをサポートするためにたくさんのLANインタフェースを持った機種にアップグレードするためのコスト、新たな配線にかかわるコストなどの大幅なコストもかかってしまう可能性が出てくるため、この方法はあまり好ましくありません。

　では、2つ目の「ルータとスイッチをVLANの数によらずに1本のケーブルで接続する」方法です。1本のケーブルでスイッチとルータを結び、VLAN間ルーティングを行うためには、トランクを利用します。
　ルータと接続するポートをトランクリンクに設定します。ルータもトランクをサポートしている機種が必要です。もちろん、スイッチとルータで同じ

chapter 3
VLAN (Virtual LAN)

トランクの方法を使わないと通信できません。そして、ルータでは、ルーティングするVLANに対応する**サブインタフェース**を設定します。スイッチと接続されているルータのインタフェースは1つだけなのですが、これを論理的に分割したものがサブインタフェースです。VLANはスイッチを論理的な複数のスイッチに分割しました。VLANをルーティングするルータでも、それぞれのVLANに対応した論理的なインタフェースが必要です（図3-16）。

▶ ルータとスイッチを
VLANの数によらずに
1本のケーブルで接続する
（図3-16）

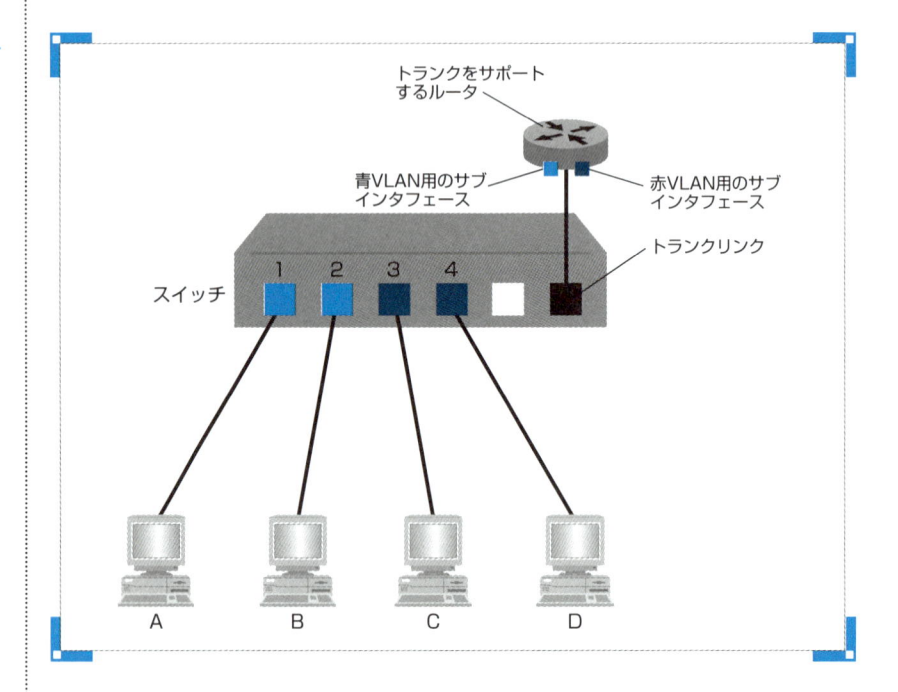

もし、スイッチでVLANを新しく作成したとしても、ケーブルは1本のままです。ルータでは、新しいVLAN用のサブインタフェースを設定するだけで大丈夫です。1つ目の方法に比べると、格段に拡張性に優れていることがわかります。ルータのインタフェースが足りないために機種をアップグレードしたり、新たなケーブル配線を行うなどのコストを心配する必要がありません。

次の表は、それぞれの接続方法についてまとめたものです。

▶ ルータとスイッチの
接続方法の特徴

	ルータとスイッチを個々のVLANごとに別々のケーブルで接続する。	ルータとスイッチをVLANの数によらずに1本のケーブルで接続する（トランク）。
VLANの増加に対して	ルータのインタフェース、新たなケーブル配線が必要になるなどのコストが増加する可能性がある。	ルータのインタフェースは1つだけでよい。ケーブルも新たに配線する必要はないため、コストが増加することほとんどない。
将来の拡張性	ルーティングできるVLANの数がルータのインタフェース数に依存するので、拡張性に乏しい。	ルーティングできるVLANの数はルータのインタフェース数に依存しないので、拡張性に優れる。

3-4-3 ルータによるVLAN間ルーティング～データの流れ～

ルータとスイッチをトランク接続した場合に、どのようにVLAN間ルーティングが行われるかを見ていきましょう。図3-17のように、各コンピュータとルータのサブインタフェースにIPアドレスの設定を行っています。青VLANは192.168.1.0/24というネットワーク、赤VLANは192.168.2.0/24というネットワークに対応付けています。各コンピュータにつけている名前である「A」～「D」はMACアドレスも表していると考えてください。また、ルータのインタフェースのMACアドレスを「R」とします。スイッチが各ポートに接続されているMACアドレスを学習すると、MACアドレステーブルは以下のようになります。

▶ VLAN間ルーティング、各ホストのIP設定（図3-17）

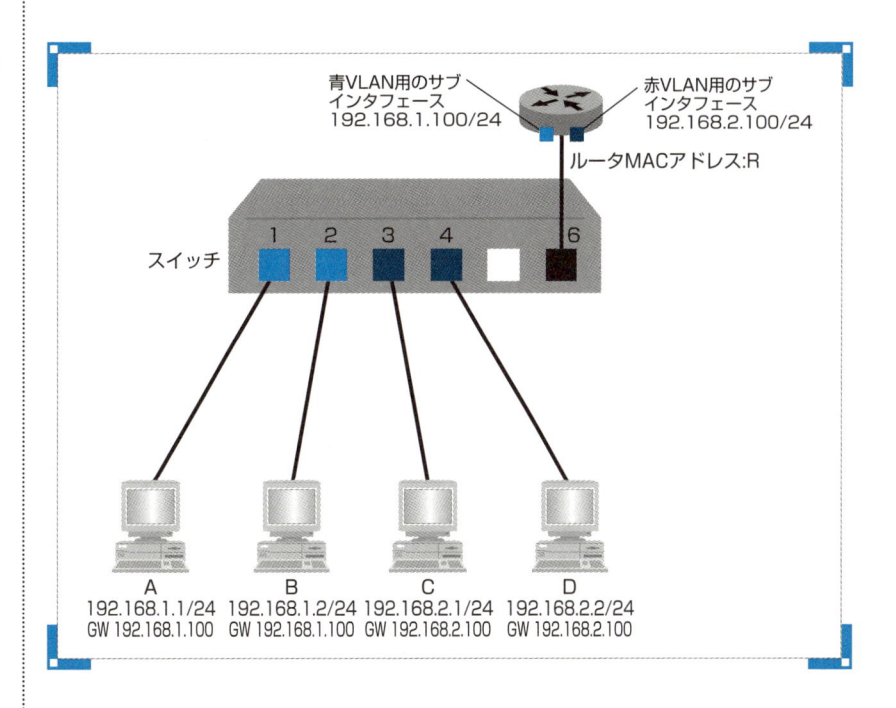

▶ 図3-17のスイッチのMACアドレステーブル

ポート	MACアドレス	VLAN
1	A	青
2	B	青
3	C	赤
4	D	赤
6	R	トランク

まず、コンピュータAからコンピュータBという同じVLANのコンピュータ同士の通信を考えます。すでに解説しましたが、もう一度確認してください。

chapter 3
VLAN（Virtual LAN）

　コンピュータAはARPリクエストを送信して、BのMACアドレスを求めてフレームをスイッチに送ります。スイッチは、フレームを受信したポートと同じVLANに所属しているMACアドレステーブルのエントリを検索します。すると、送信先MACアドレスBがポート2に接続されているのがわかるので、フレームをポート2に転送し、コンピュータBが受信します。このように同じVLAN同士の通信であれば、スイッチのみで処理が完結します。

▼同じVLAN同士のコンピュータの通信（図3-18）

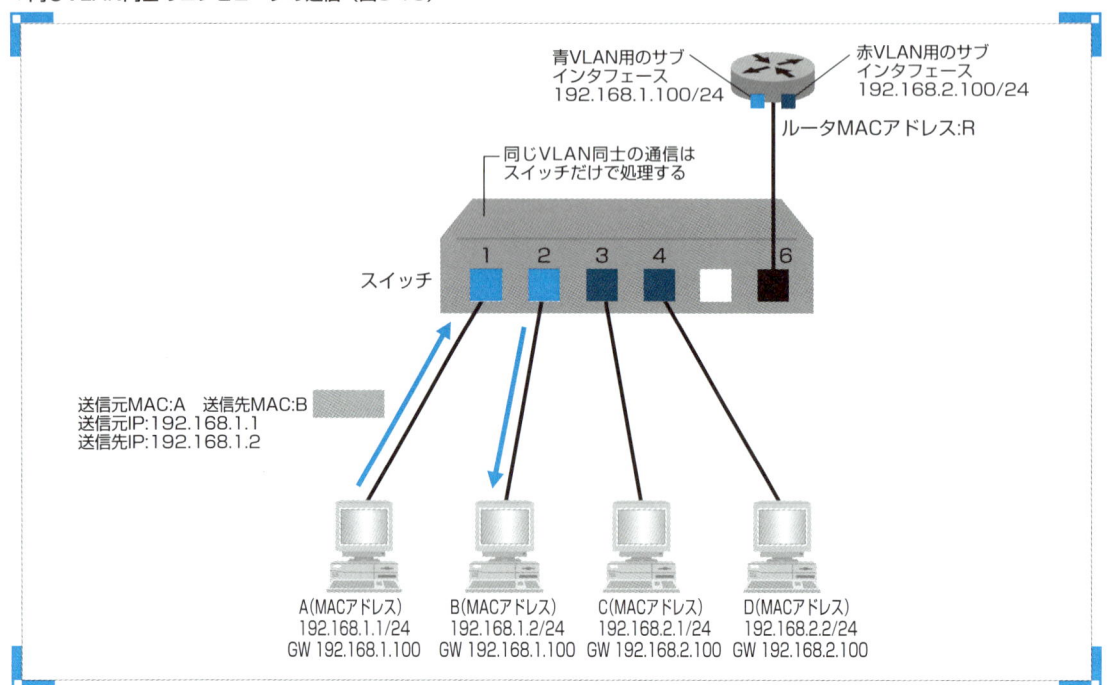

　次にいよいよ本題である、VLAN間の通信を見てみましょう（図3-19）。コンピュータAからコンピュータCへの通信を考えます。コンピュータAは送信先IPアドレス（192.168.2.1）からCが異なるネットワークにいることがわかるので、設定されているデフォルトゲートウェイ（ルータ）へフレームを送ります。ルータにフレームを送るためには、先にARPによってMACアドレスを解決します。ルータのMACアドレスがわかれば、図3-19の❶のフレームを送信します。❶のフレームの送信先MACアドレスは、ルータのMACアドレスですが、送信先IPアドレスは実際に通信を行いたいコンピュータCのIPアドレスを指定しています。

　スイッチが❶のフレームを受信すると、ポート1と同じVLANに所属しているポートのMACアドレスエントリを参照します。トランクはすべての

VLANに所属しているとみなされるので、このときにはトランクリンクであるポート6のエントリも参照されます。すると、スイッチはポート6からフレームを送出すればよいことがわかります。ポート6からフレームを送出するときには、このポートがトランクリンクであるためにVLAN識別情報が付加されます。この場合、もともと青VLANのフレームだったので、図3-19の❷のフレームのように青VLANの識別情報が付加されてトランクリンクを流れていきます。

　ルータは❷のフレームを受け取ると、VLAN識別情報を確認します。青VLANのフレームであることがわかるので、青VLAN用のサブインタフェースで受信することになります。そして、ルータが持つルーティングテーブルから、どこに中継すべきかとうことを判断します。ルーティングテーブルなどの詳細については、第5章以降で解説しています。目的のネットワークである192.168.2.0/24は赤VLANに対応付けられていて、ルータに直接接続されているので、赤VLAN用のサブインタフェースからフレームを送出していくことになります。このフレームの送信先MACアドレスは、目的のコンピュータCのMACアドレスが指定され、さらにトランクリンクに入っていくので、赤VLANの識別情報が付加されます。図3-19の❸のフレームです。

　スイッチが❸のフレームを受信すると、VLAN識別情報から赤VLANのフレームであることがわかります。MACアドレステーブルから赤VLANに所属するポートのMACアドレスエントリを参照して、目的のコンピュータCがポート3に接続されていることがわかります。ポート3は通常のアクセスリンクであるために、付加されている赤VLANの識別情報を取り除いて（フレーム❹）、ポート3からフレームを送出し、コンピュータCが無事に受け取ることができるようになります。

　このように、VLAN間の通信の場合には、同じスイッチに接続されていたとしても、

> 送信元→スイッチ→ルータ→スイッチ→送信先

というデータの流れになります。

chapter 3
VLAN (Virtual LAN)

▼VLAN間の通信（図3-19）

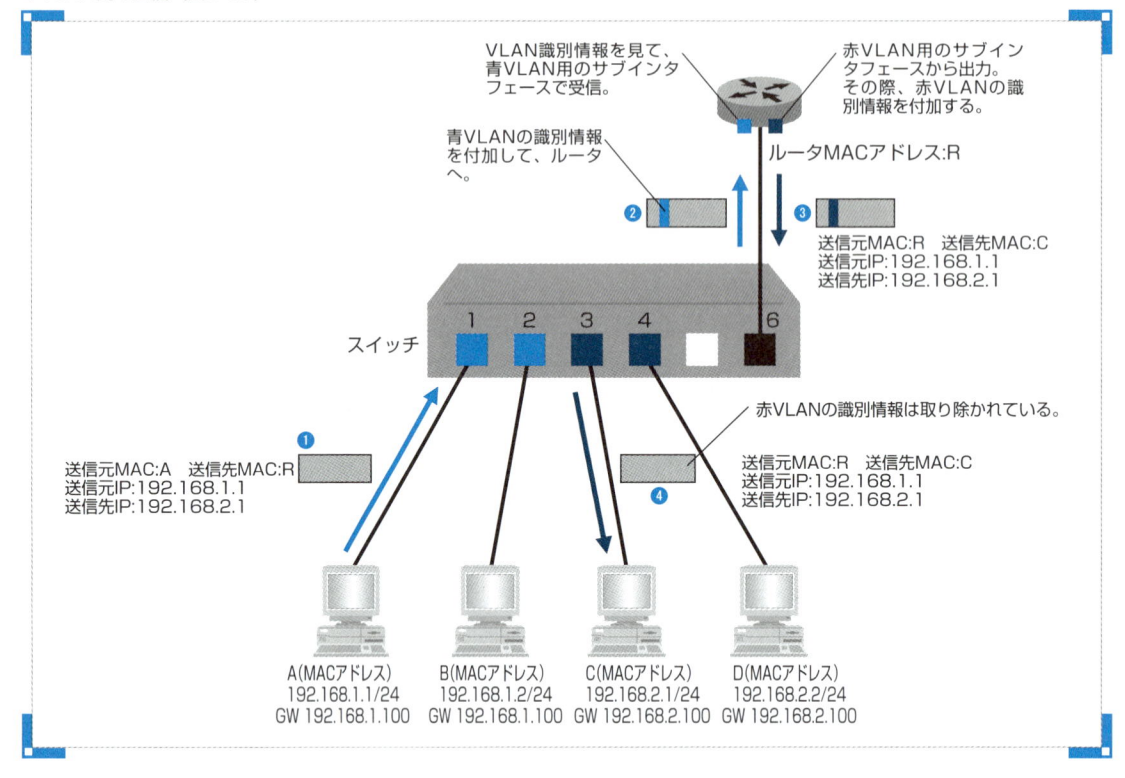

VLAN識別情報を見て、青VLAN用のサブインタフェースで受信。

赤VLAN用のサブインタフェースから出力。その際、赤VLANの識別情報を付加する。

青VLANの識別情報を付加して、ルータへ。

ルータMACアドレス:R

❷

❸ 送信元MAC:R　送信先MAC:C
送信元IP:192.168.1.1
送信先IP:192.168.2.1

スイッチ　1　2　3　4　　6

赤VLANの識別情報は取り除かれている。

❶ 送信元MAC:A　送信先MAC:R
送信元IP:192.168.1.1
送信先IP:192.168.2.1

❹ 送信元MAC:R　送信先MAC:C
送信元IP:192.168.1.1
送信先IP:192.168.2.1

A(MACアドレス)　　B(MACアドレス)　　C(MACアドレス)　　D(MACアドレス)
192.168.1.1/24　　192.168.1.2/24　　192.168.2.1/24　　192.168.2.2/24
GW 192.168.1.100　GW 192.168.1.100　GW 192.168.2.100　GW 192.168.2.100

3-4-4　レイヤ3スイッチ

　さて、ルータを利用して、VLAN間ルーティングを行えば異なるVLANに所属しているコンピュータ同士で通信することができるようになります。しかし、ルータを利用したVLAN間ルーティングは、VLAN間のトラフィックが増加するに従って、ルータがネットワークのボトルネックになってしまうという可能性があります。

　スイッチは**ASIC**★と呼ばれる専用のハードウェアチップでフレームのスイッチングを行うため、第2章で解説したように、機種によってはワイヤスピードでのスイッチングも十分サポートできます。しかし、ルータは基本的にソフトウェアベースで処理を行うために、ワイヤスピードでデータが送られてきても処理しきれなくなり、ルータがボトルネックになってしまいます。そして、ルータとスイッチを接続するトランクリンクにデータトラフィックが集中するために、この部分がボトルネックになってしまう可能性が出てきます。また、ハードウェアとして、ルータとスイッチという2種類のハードウェアが必要なことから、これらの設置場所に困ってしまうということ

★ASIC
Application Specific Integrated Circuitの略。

もあるかもしれません。

　このような問題点を解決するために、**レイヤ3スイッチ**が開発されました。レイヤ3スイッチとは、「ルーティング機能を持っているスイッチ」です。もともとルーティングはOSI参照モデルの第3層**ネットワーク層**で提供される機能です。そのルーティング機能を持っていることから、第3層、すなわち「レイヤ3」スイッチというわけです。

　レイヤ3スイッチの構成は、図3-20のようになっています。1つのハードウェア筐体の中に、スイッチ部分と内部ルータがあります。この内部ルータは、その他のスイッチの機能と同じく、ASICによってハードウェアレベルでルーティング処理を行っています。そのため、通常のルータよりも非常に高速に動作します。内部ルータとスイッチ部分はトランクによって接続されています。内部的な接続であるため、非常に大きな帯域幅となっています。

▶レイヤ3スイッチの構造
（図3-20）

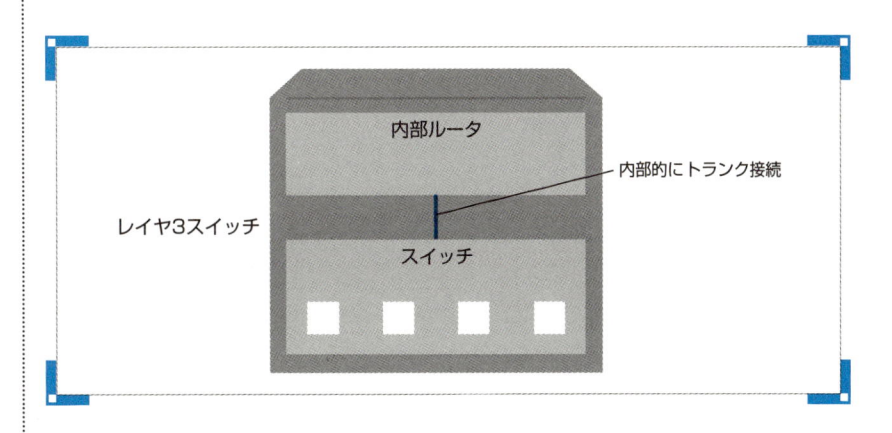

chapter 3
VLAN (Virtual LAN)

3-4-5　レイヤ3スイッチによるVLAN間ルーティング

レイヤ3スイッチでのデータの流れはどのようになっているのでしょう？基本的なデータの流れは、ルータとスイッチをトランクリンクで接続したVLAN間ルーティングとまったく同じです。

図3-21のように各コンピュータのIPアドレスやデフォルトゲートウェイの設定をしています。外部にルータを接続するときには、VLANに対応したサブインタフェースを作成したのですが、レイヤ3スイッチの内部ルータには、「VLANインタフェース」を作成します。**VLANインタフェース**とは、各VLANのデータを送受信するためのインタフェースです。先ほどと同じように、コンピュータAからコンピュータBへの通信を考えましょう。送信先MACアドレスがBのフレームをスイッチに送ります。同じVLANのMACアドレステーブルからコンピュータBがポート2に接続されていることを判断し、ポート2からフレームを送出します。

▶ レイヤ3スイッチにおけるデータの流れ
〜同一VLAN〜
（図3-21）

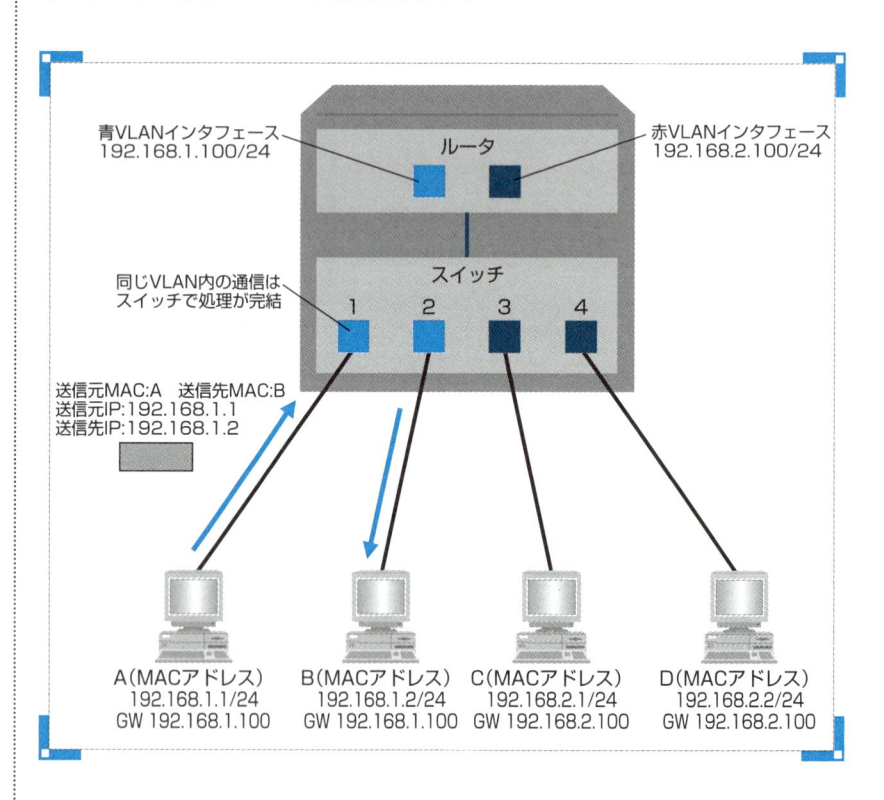

次にコンピュータAからコンピュータCというVLAN間の通信を考えます。送信先IPアドレスからコンピュータAは通信相手が異なるネットワークにいると判断し、デフォルトゲートウェイへデータ（フレーム❶）を送ります。スイッチはMACアドレステーブルから、内部トランクを経由して、内部ル

3-4 VLAN間ルーティング

ータへフレームを転送します。内部トランクを通るときには、青VLANの識別情報が付加されています（フレーム❷）。

内部ルータは、フレームに付加されているVLAN識別情報から青VLANのフレームであることがわかるので、青VLANインタフェースで受信してルーティング処理を行います。目的のネットワーク192.168.2.0/24は、直接接続されているネットワークで赤VLANに対応していますから、今度は赤VLANインタフェースから内部トランクを通して、スイッチに送出していきます。トランクを経由する際には、フレームに赤VLANの識別情報を付加して送出します（フレーム❸）。

このフレームを受信したスイッチは、赤VLANのMACアドレステーブルエントリからポート3に転送すればいいことがわかります。ポート3は、通常のアクセスリンクであるためにフレーム❹のようにVLAN識別情報を取り除いて、ポート3に流します。コンピュータCはスイッチから無事にフレームを受信することができるようになります（図3-22）。

データの流れとしては、外部のルータを使った場合と同じで、次のようになります。

> 送信元→スイッチ→内部ルータ→スイッチ→送信元

▼レイヤ3スイッチにおけるデータの流れ〜VLAN間〜（図3-22）

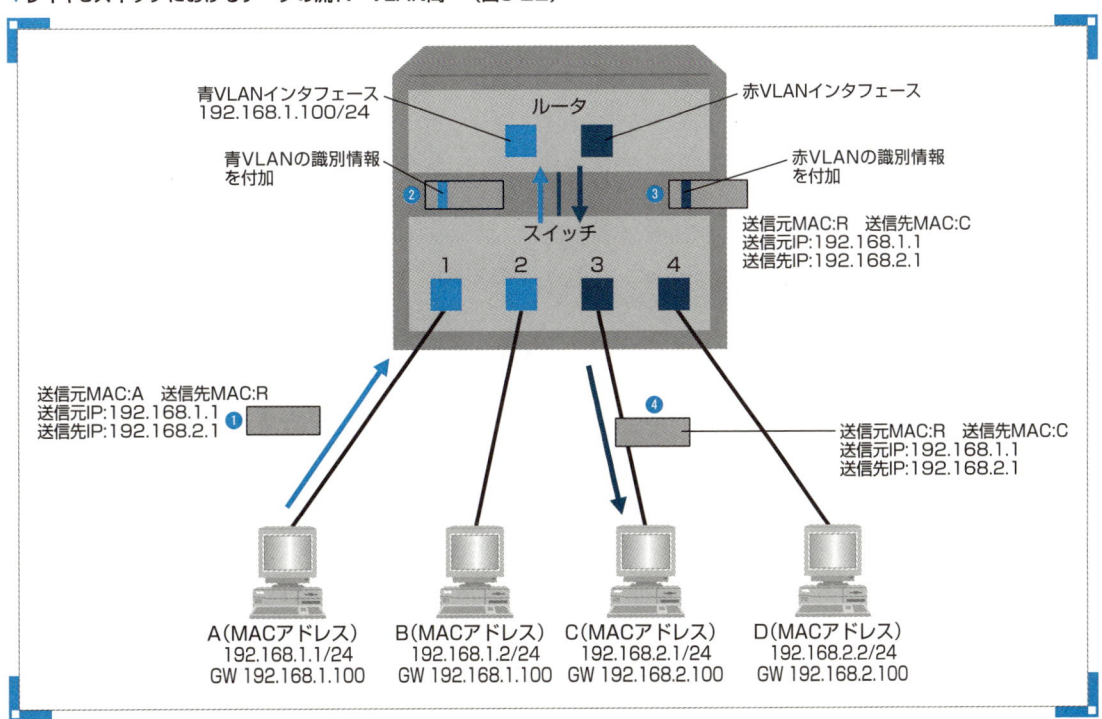

chapter 3
VLAN（Virtual LAN）

3-4-6　VLAN間ルーティングのパフォーマンス向上

　VLAN間ルーティングは、これまでに見てきた通り外部に接続したルータ、もしくはレイヤ3スイッチの内部ルータを経由することになります。しかし、すべてのデータがルータを経由する必要がないケースがあります。たとえば、FTP★で何Mバイトという大きなサイズのファイル転送を行うと、MTU★の制限からIPによってデータは複数に分割され、送信先で組み立てられます。この複数に分割されたデータは、「すべて同じ送信先」になっているはずです。同じ送信先とは、つまり、同じ送信先IPアドレス、同じ送信先ポート番号が指定されていることを指しています。もちろん、送信元IPアドレス、送信元ポート番号も同じはずです。これら一連のデータの流れを**フロー**と呼ぶことがあります。フローの1つ目のデータをルーティングすると、続く2つ目以降のデータも同じようにルーティングされるはずです（図3-23）。ここで、フローの2つ目以降のデータをわざわざルータによって処理をさせないようにすると、さらに高速にVLAN間ルーティングを行うことができるようになります。

★FTP
　File Transfer Protocolの略。

★MTU
　Maximum Transmission Unitの略。

▼データの一連の流れフロー（図3-23）

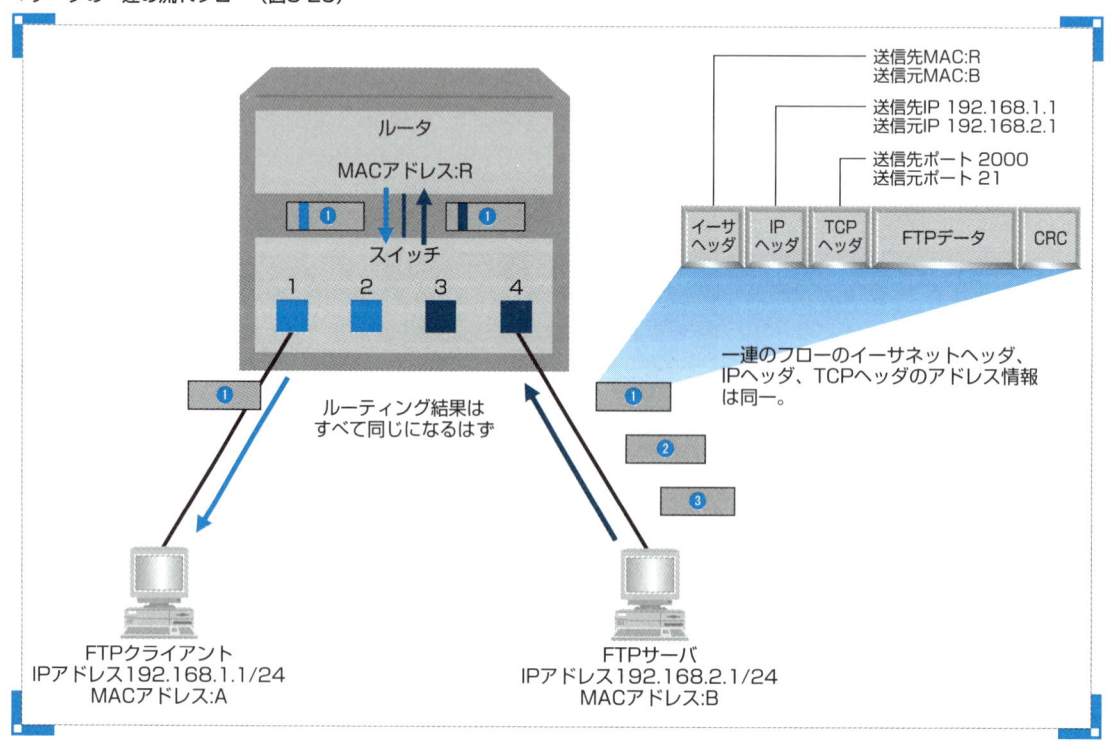

　高速にVLAN間ルーティングについて、レイヤ3スイッチを利用したケースを考えていきます。

3-4 VLAN間ルーティング

　まず、フローの1つ目のデータは、スイッチから内部ルータに送られてルーティングされ、再びスイッチから目的のポートに転送します。ここで1つめのデータをルーティングした結果を、スイッチにキャッシュしておきます。キャッシュしておく情報としては、「送信先IPアドレス」「送信元IPアドレス」「送信先ポート番号」「送信元ポート番号」「入力スイッチポート番号」「出力スイッチポート番号」「あて先MACアドレス」などです。

　フローの2つ目以降のデータがスイッチに届くと、先ほどキャッシュした情報を参照すると「出力ポート番号」の情報からどのポートに転送すればいいのかがわかります。そこで、わざわざ内部ルータに送らずに、スイッチのキャッシュ情報から、すぐにあて先のポートに転送することができるようになります。このとき、まるでルータを経由してルーティングされたようにあて先MACアドレスと送信元MACアドレス、IPヘッダのTTLやチェックサムの情報が書き換えられています（図3-24）。

　スイッチにルーティングした結果をキャッシュすることによって、ワイヤスピード★で送られてきたデータを取りこぼすことなく、ルーティングすることも可能になります。

★ワイヤスピード
　詳しくは「2-5-2　ワイヤスピード」参照。

▶高速VLAN間ルーティングの例（図3-24）

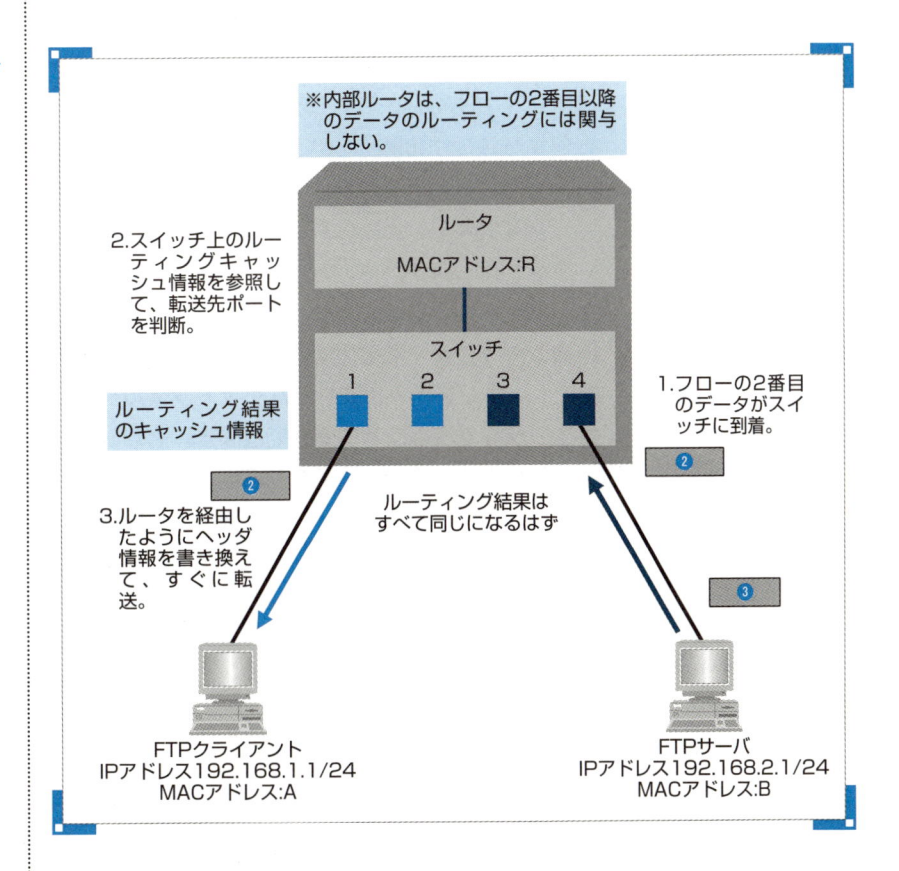

chapter 3
VLAN (Virtual LAN)

ただし、このようなVLAN間ルーティングを高速化させる手法は、ベンダ独自の技術によって実現されています。また、機能の名称もベンダごとに異なっています。たとえば、シスコ社の「Catalyst」スイッチでは、このような機能を**マルチレイヤスイッチング**と呼んでいます。また、外部ルータでも、機種によってはこのような高速VLAN間ルーティングをサポートしているものも存在します。

3-4-7 ルータの必要性

レイヤ3スイッチは、登場当初は非常に高価な機器でしたが、いまでは価格もずいぶんと下がってきています。では、レイヤ3スイッチによって、通常のルータよりも高速にルーティングできるのであれば、果たしてネットワークにおいて、**ルータ**を利用する必要があるのでしょうか？ 答えは、「YES」です。

ルータを利用する必要性として、次のようなことが挙げられます。

●WANに接続する

レイヤ3スイッチは、あくまでも「スイッチ」です。つまり、LANインタフェースだけを備えている機種がほとんどです。一部の非常に高価なスイッチでは、WANに接続するためのシリアルインタフェースやATMインタフェースを備えているものもありますが、通常、WANに接続するためにはルータを利用します。

●セキュリティを確保する

レイヤ3スイッチでも、**パケットフィルタリング**によってある程度のセキュリティを確保することができます。しかし、ルータが提供するセキュリティ機能を用いると、さらに強固なセキュリティを確保することができます。ルータが提供するセキュリティ機能としては、パケットフィルタリング機能はもちろん、IPSec★によるVPN★構築や、RADIUS★などの認証プロトコルを用いた認証機能などが挙げられます。

●TCP/IP以外のネットワークアーキテクチャをサポートする

TCP/IPが現在のネットワークアーキテクチャの主流となっているとはいえ、Novell NetwareのIPX/SPXや、MacintoshのAppleTalkなど、まだTCP/IP以外のネットワークアーキテクチャを利用している環境は多くあります。レイヤ3スイッチでは、一部の高価な機種を除いてTCP/IP以外のネットワークアーキテクチャに対応していません。そのため、TCP/IP以外

★IPSec
SECurity architecture for Internet Protocolの略。
★VPN
Virtual Private Networkの略。
★RADIUS
Remote Authentication Dial-In User Serviceの略。

3-4 VLAN間ルーティング

のネットワークアーキテクチャが残っているネットワーク環境ではルータが必要になります。

　レイヤ2スイッチを用いてVLANを定義し、レイヤ3スイッチを利用して、VLAN間のデータを高速にルーティングします。WAN接続やセキュリティを確保するためにはルータを利用します。また、TCP/IP以外のネットワークをサポートするためにもルータを利用します（図3-25）。このように、レイヤ2、3スイッチと既存のルータの特徴をしっかりと把握した上で、適切な位置にこれらを配置することによって、効率のよく、かつコストを抑えたネットワークを構成することができるようになります。

▼ルータとレイヤ2、3スイッチによるネットワーク構築例（図3-25）

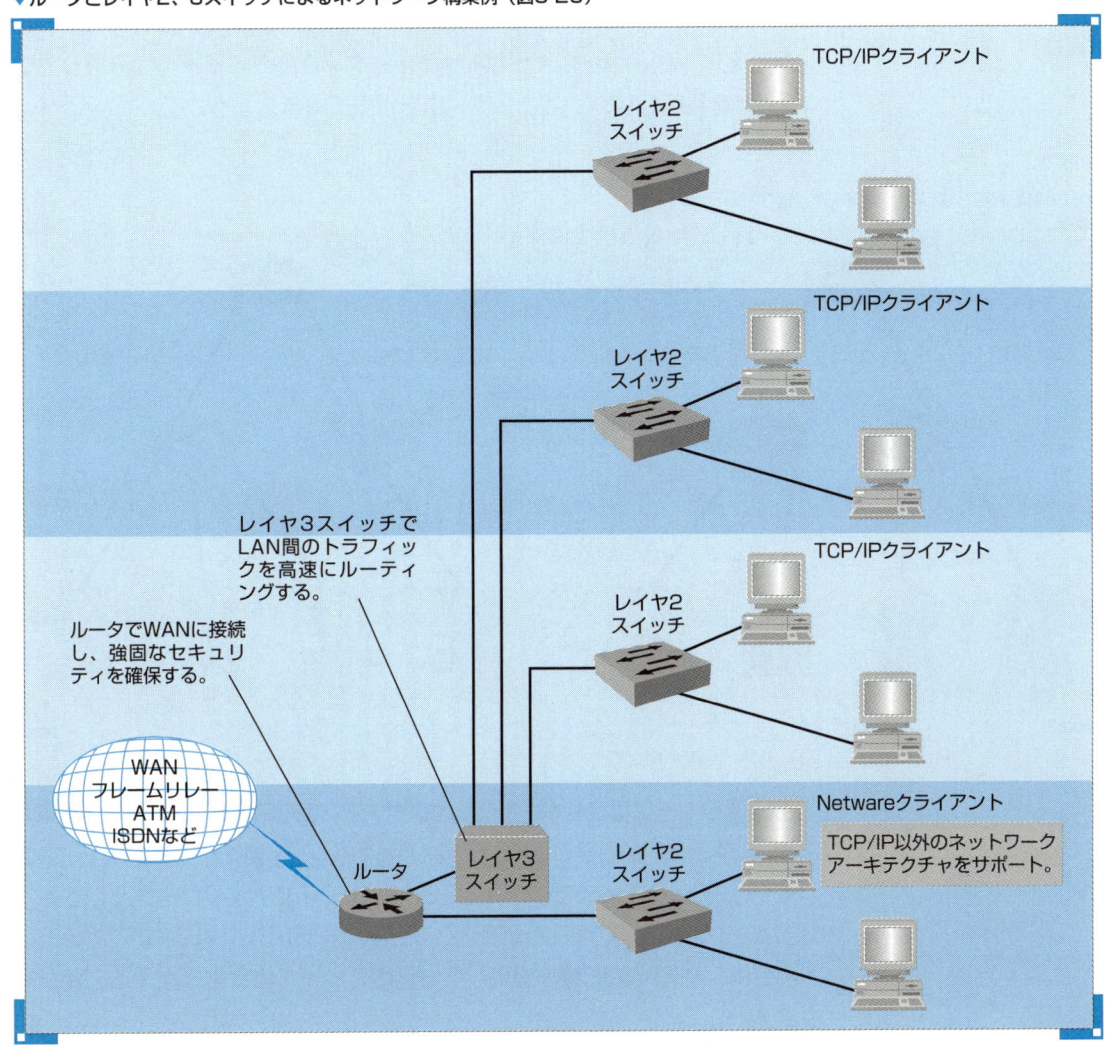

| Chapter3 | VLAN（Virtual LAN） |

3-5　VLANによるLAN設計

　これまでにも触れましたが、VLANを利用することによって柔軟なLAN設計を行うことができるようになります。その反面、VLANを利用するとネットワーク構成が複雑になり、わかりにくくなってしまうということもあります。それらについて、具体的に見ていきましょう。

3-5-1　VLANによるネットワーク構成の柔軟性

　VLANを利用することによって、ブロードキャストドメインを自由に分割することができます。そして、これまでに解説してきたルータ、レイヤ3スイッチによるVLAN間ルーティングを行えば、柔軟なネットワークを構成することができるようになります。

　たとえば、図3-26のような1台のルータ、2台のスイッチから成り立つ"VLANを利用しない"ネットワークを考えてみましょう。

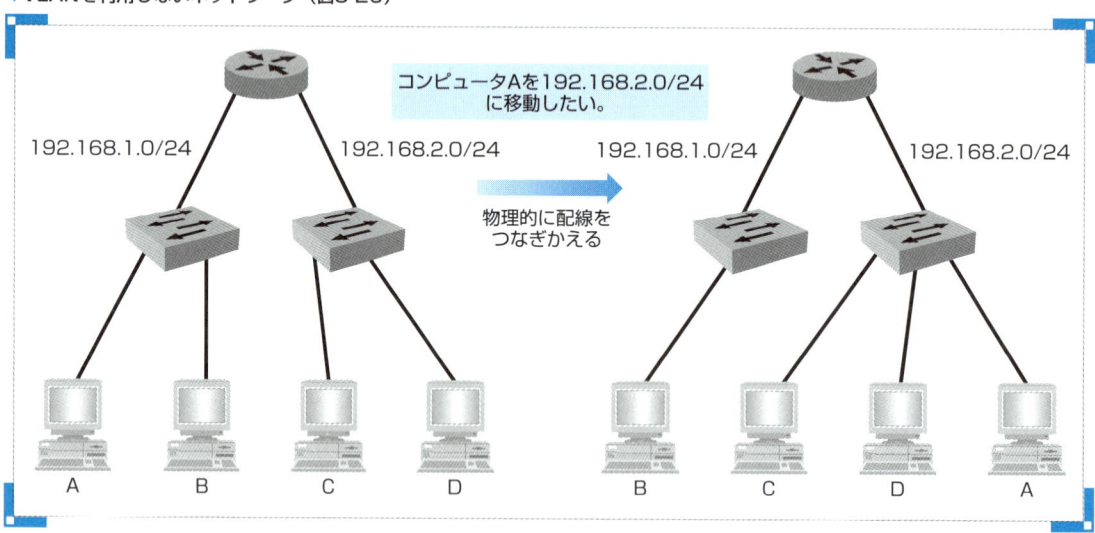

▼VLANを利用しないネットワーク（図3-26）

　この図のルータは、2ポートのLANインタフェースを備えていて、左側のネットワークは１９２.１６８.１.０/２４、右側のネットワークは192.168.2.0/24です。192.168.1.0/24のネットワーク上のあるコンピュータAが右側の192.168.2.0/24のネットワークに移動したいという場合は、物理的に配線を変更して右側のスイッチにつなぎかえる必要があります。

また、新しく192.168.3.0/24というネットワークを追加したいという場合、新たにルータのLANインタフェースともう1台のスイッチが必要になります。しかし、この場合ルータはLANインタフェースを2つしかもっていないので、新しくネットワークを追加することができません。追加するためには、3つ以上のLANインタフェースをもつルータにアップグレードしなければいけません。

　今度は同じように1台のルータ、2台のスイッチで"VLANを利用した"ネットワークを考えてみます。スイッチ－ルータ間、スイッチ－スイッチ間はトランクで接続しています。また、192.168.1.0/24を青VLAN、192.168.2.0/24に赤VLANを対応付けています。スイッチ1に接続されている192.168.1.0/24上のコンピュータAが192.168.2.0/24にネットワークに移動したい場合、物理的に配線を変更する必要がありません。スイッチ1で赤VLANを作成し、コンピュータAが接続されているポート1を赤VLANのアクセスリンクに設定します。そして、コンピュータAのIPアドレスやデフォルトゲートウェイなどの情報を変更すればいいだけです。IPアドレスなど各設定を、DHCPで取得するようにすれば、クライアントコンピュータ側では何も設定変更することなく、ネットワークを移動することができます。このようにVLANを利用すると、物理的な配線を一切変更せずに、論理的にネットワークを自由に構成することができます。レイアウト変更などが頻繁に発生するオフィスなどでは、物理的な配線をその都度変更することはとても大変なことなので、VLANを利用するメリットは非常に大きいと言えるでしょう（図3-27）。

　そして、新しく192.168.3.0/24というネットワークを追加したいというときは、スイッチで新しく192.168.3.0/24に対応付けたVLANを作成し、適切なポートをそのVLANのアクセスリンクとして割り当てます。外部ルータを利用しているならば、新しく作成したVLAN用のサブインタフェースの設定を行うだけです。ルータのLANインタフェースを消費することもありません。レイヤ3スイッチの内部ルータを利用しているならば、新しくVLANインタフェースを設定すればよいだけです。

　ネットワークの成長は、なかなか予測することが難しいものです。ネットワークを分割したり、新しくネットワークを追加するということは、非常によく起こりうるケースです。VLANを利用すると、そのようなケースでも簡単にサポートすることができます。

chapter 3
VLAN (Virtual LAN)

▼VLANを利用したネットワーク（図3-27）

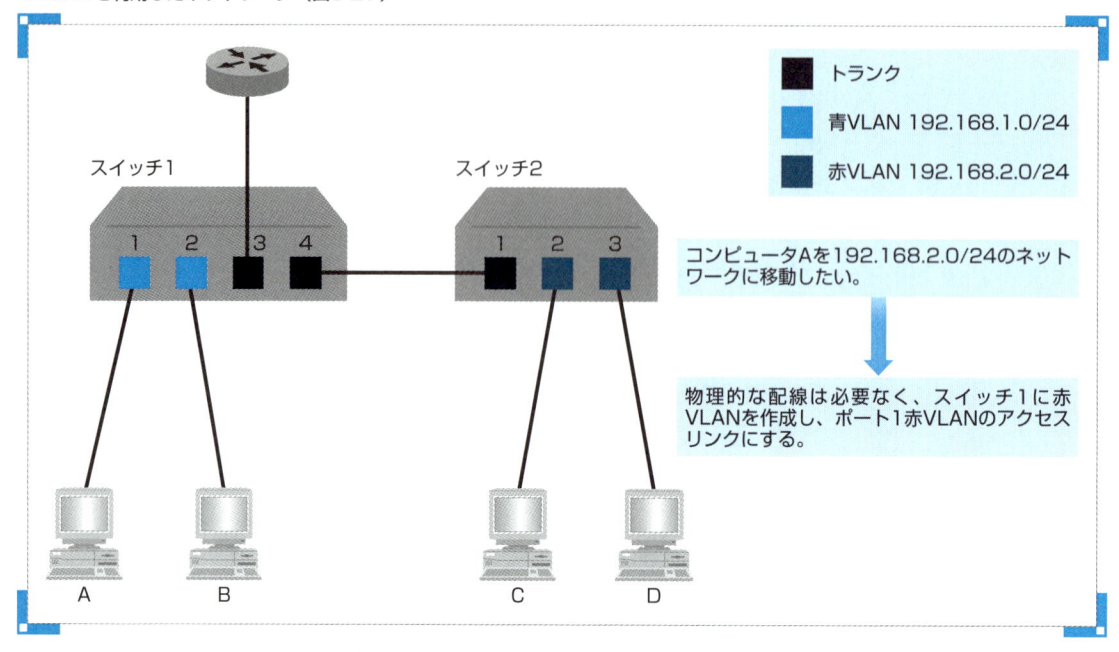

凡例：
- トランク
- 青VLAN 192.168.1.0/24
- 赤VLAN 192.168.2.0/24

コンピュータAを192.168.2.0/24のネットワークに移動したい。

↓

物理的な配線は必要なく、スイッチ1に赤VLANを作成し、ポート1赤VLANのアクセスリンクにする。

3-5-2　VLANを利用することによるネットワーク構成の複雑化

　VLANを利用すると、ネットワークを柔軟に構成できるという非常に大きなメリットがあるのですが、その反面、ネットワーク構成が複雑化してしまうというデメリットもあります。特にデータの流れが複雑になり、何らかのトラブルが発生した場合、そのトラブルの原因がどこにあるのかというトラブルシューティングを行うことが難しくなります。

　データの流れの複雑化を見るために、先ほどの図3-27と同じようなネットワークを考えてみます（図3-28）。

　コンピュータAからコンピュータCへ通信を行うことを考えると、データの流れは次のようになります。

> コンピュータA→スイッチ1→ルータ→スイッチ1→スイッチ2→コンピュータC

　まず、コンピュータAはスイッチ1へとデータを送ります（❶）。そして、スイッチ1からルータに送られ（❷）、ルータがルーティングします（❸）。ルーティングされたデータは、再びスイッチ1に送られます。スイッチ1には、目的のコンピュータCが接続されておらず、トランクリンクを経由してスイ

ッチ2へと転送されます。（❹）スイッチ2からポート2へとデータが転送され（❺）、目的のコンピュータCへと到達することができます（図3-27）。

この例では、スイッチは2台だけですが、大規模なネットワークで何台ものスイッチにまたがったVLANが構成されている場合は、さらにデータの流れが複雑になってしまいます。

▶ VLANを利用したネットワークでのデータの流れ（図3-28）

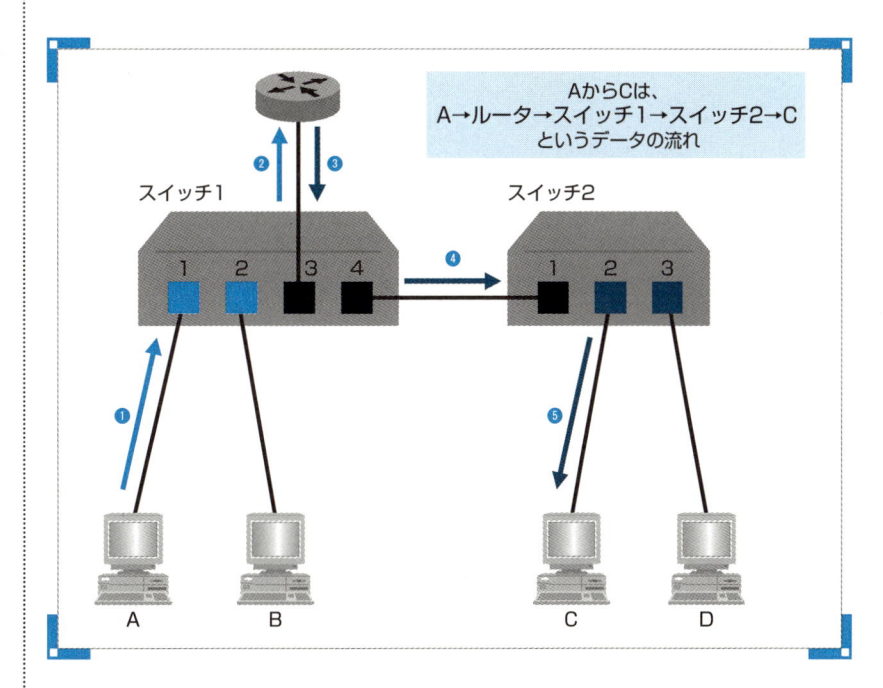

AからCは、
A→ルータ→スイッチ1→スイッチ2→C
というデータの流れ

このように複雑化するデータの流れに対応するためには、ネットワークの「物理的な構成」と「論理的な構成」の両方をしっかりと把握しておくことが大事です。**物理的な構成**とは、物理層、データリンク層レベルでのネットワークの姿で、ネットワークの物理的な配線形態やVLANの設定などを表しています。**論理的な構成**とは、ネットワーク層以上のネットワークの姿を表しています。論理的な構成を明らかにするには、ルータを中心としたIPネットワークを考えていきます。

先ほどの例で考えると、図3-28は配線形態やVLANの設定について描かれているので、「物理的な構成」とみなすことができます。この物理的な構成をルータを中心とした「論理的な構成」で考えると、次の図3-29のようになります。ルーティングやパケットフィルタリングをどこで設定するかということは、この論理的な構成を基にしていきます。

chapter 3
VLAN (Virtual LAN)

論理的なネットワーク構成▶
(図3-29)

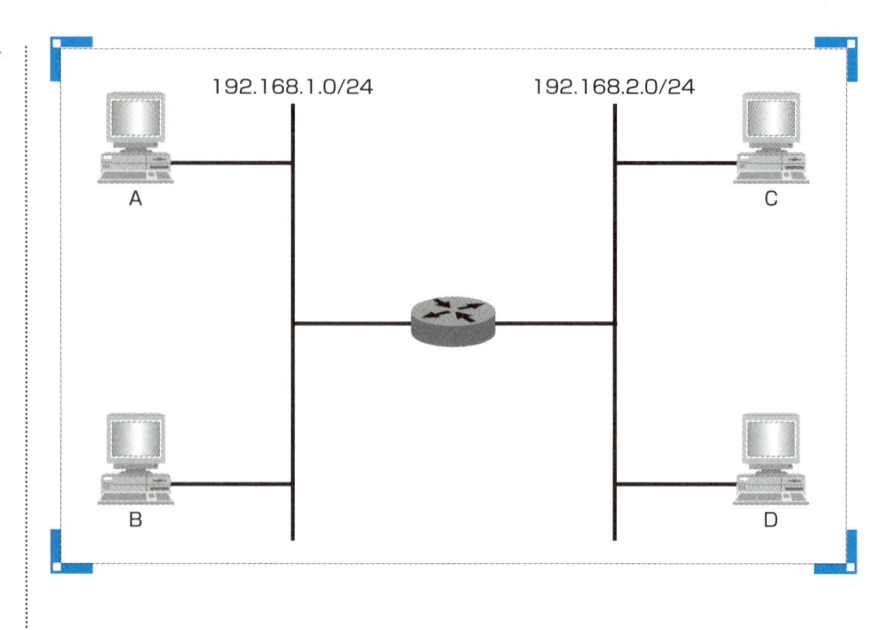

SUMMARY

第3章　VLANのまとめ

　スイッチによってLANを構築することの大きなメリットとして、VLANによってネットワーク構成を柔軟に変更することができるということがあげられます。

　第3章では、まずVLANの仕組みについて理解した上で、異なるVLAN間での通信を行うための仕組みについても解説しました。さらに、ネットワークのパフォーマンスを向上させるために利用されている、レイヤ3スイッチの動作についても触れています。

　VLANを利用すると大きなメリットがありますが、メリットだけではなくネットワーク構成が複雑になってしまうというデメリットもあるということに気をつけなくてはいけません。VLANのメリット、デメリットをきちんと理解して、はじめてVLANを利用した効果的なネットワークを構築することができます。

ルーティング&スイッチング

chapter 4

スパニングツリープロトコル (Spanning Tree Protocol)

　大規模なネットワークで、スイッチを冗長構成にした場合に必ず必要になるのが、スパニングツリープロトコルです。この章では、スパニングツリープロトコルの仕組みと、スイッチを冗長構成にしたネットワークのポイントについて解説します。

Chapter4 スパニングツリープロトコル（Spanning Tree Protocol）

4-1 スパニングツリープロトコルとは

★スパニングツリー
原義のSpanとは、スパン・全長・（橋を）かける、などの意。

まず、なぜスパニングツリー★が必要なのかということについて見ていきます。そして、スパニングツリーの動作の概要について解説します。

4-1-1 ネットワークの冗長化

　大規模なネットワーク、特に銀行や証券会社のオンラインシステムなどは"絶対にダウンしてはいけない"システムです。これらのシステムが万が一ダウンしてしまうと、その損害は計り知れません。また、金銭的な面だけではなく、企業の社会的な信用問題に発展する可能性もあるほど重要な問題となります。そのために、ネットワークを利用していつでもこれらのシステムにアクセスできなければいけません。従って、大規模なネットワークでは「いつでもネットワークを利用できること」が要求されます。このようなネットワークを**高可用性**（High Availability）**ネットワーク**と呼びます。

　高可用性ネットワークを実現するためには、一般的に、ネットワークの**冗長化**を行います。冗長化とは、ネットワーク機器やネットワーク回線を余分に確保し、それらをバックアップ系として待機することです。もし、現在稼動しているネットワーク機器や回線がダウンすると、待機しているバックアップ系と切り替えることにより、ネットワークをダウンさせずに、引き続き運用することができます。これにより、高可用性ネットワークを実現することができます。

4-1-2 スイッチによる冗長化の問題点

　ネットワークを冗長構成にすると可用性を高めることができますが、闇雲にルータやスイッチなどのネットワーク機器や回線を余分に確保したとしても、適切な設定を行わなければ意味がありません。特にスイッチを冗長化した場合には、最悪のケースとしてネットワークがダウンしてしまう可能性があります。

　その例として、図4-1のようなネットワーク構成を考えてみます。もともと、スイッチ1とスイッチ2を経由してクライアントコンピュータからサーバへアクセスしていましたが、スイッチ3をさらに追加して、冗長構成をとっています。クライアントコンピュータからサーバへアクセスするための通信経路は、「スイッチ1－スイッチ2」と「スイッチ1－スイッチ3－スイッチ2」の2通りあります。もし、スイッチ1－スイッチ2間の接続が切れてしまったとしても、スイッチ3を経由してサーバへアクセスできることを期待しています。しかし、何もしなければこの構成はうまく動作しません。

4-1 スパニングツリープロトコルとは

スイッチを冗長化した ▶
ネットワーク例
（図4-1）

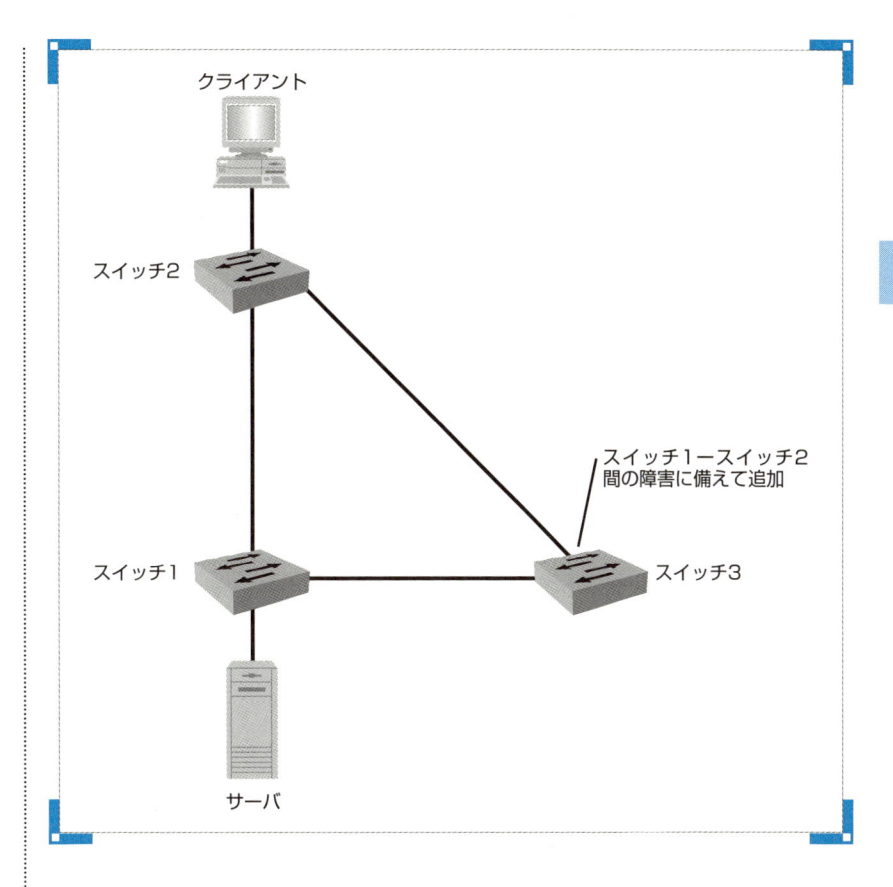

（図中ラベル）
クライアント
スイッチ2
スイッチ1ースイッチ2間の障害に備えて追加
スイッチ1
スイッチ3
サーバ

　クライアントコンピュータがサーバへアクセスするために、まずARPリクエストを送信したとします。これは、イーサネットフレームの送信先MACアドレスを指定するために、サーバのMACアドレスを知る必要があるからです。

　サーバのMACアドレスは通常、ARPリクエストによって求めることになります。ARPリクエストはブロードキャストで送信されます。ARPリクエストを受信したスイッチ1はブロードキャストですから、入ってきたポート以外にフラッディングします。スイッチ2もブロードキャストを受信することになるので、フラッディングします。スイッチ2がフラッディングしたブロードキャストをスイッチ3が受信すると、これもフラッディングされてスイッチ1に戻ってしまいます。スイッチ3には、もちろんスイッチ1からフラッディングされたブロードキャストも届くので、これもフラッディングします。結局、スイッチ1にブロードキャストが戻ってきますが、戻ってきたブロードキャストもフラッディングして…、という具合に、いつまでもブロードキャストがネットワーク上をぐるぐるとループしてしまいます。このような状況を**ブロードキャストストーム**と呼んでいます（図4-2）。

chapter 4

スパニングツリープロトコル(Spanning Tree Protocol)

ブロードキャストストーム ▶
（図4-2）

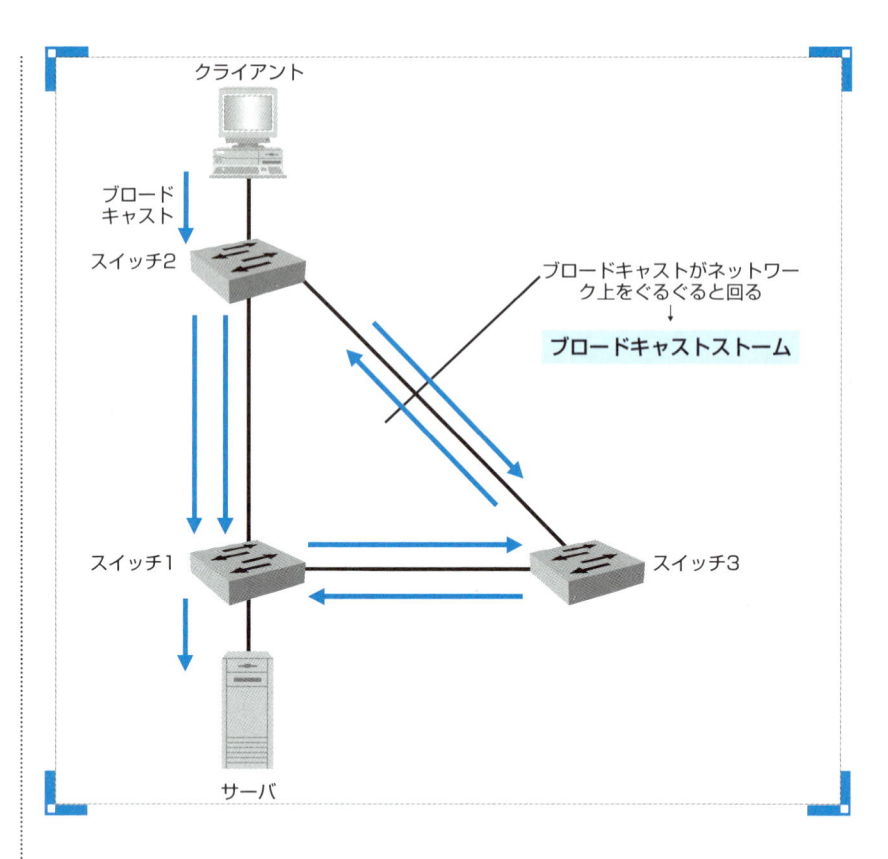

ブロードキャストストームが発生してしまうと、ネットワークの帯域幅を使い切ってしまい、その他の通信を行うことができなくなります。ブロードキャストストームを止めるためには、ケーブルを抜くか、スイッチの電源を切ってしまうしかありません。

スイッチ3を追加したのは、スイッチ1とスイッチ2の間で障害が起こったときでもネットワークを止めないようにするためでした。しかし、このままでは、あるコンピュータがブロードキャストを送信するたびにブロードキャストストームが起こり、ネットワークを止める以前にネットワークがダウンしてしまいます。スイッチや回線を追加してネットワークを冗長化した意味がまったくなく、わざわざお金をかけて使えないネットワークを作ってしまったことになります。

このような事態が起こるのを防ぎ、スイッチを冗長構成にしたネットワークを正しく動作させるためには、**スパニングツリープロトコル**が必要となります。スパニングツリープロトコルによって、あるポートをブロックしてブロードキャストがネットワーク上をループしないようにします。障害が発生すれば、ブロックしたポートを元に戻して、ネットワーク上の通信を止めないようにすることができます（図4-3）。

4-1 スパニングツリープロトコルとは

▼経路の切り替わり（図4-3）

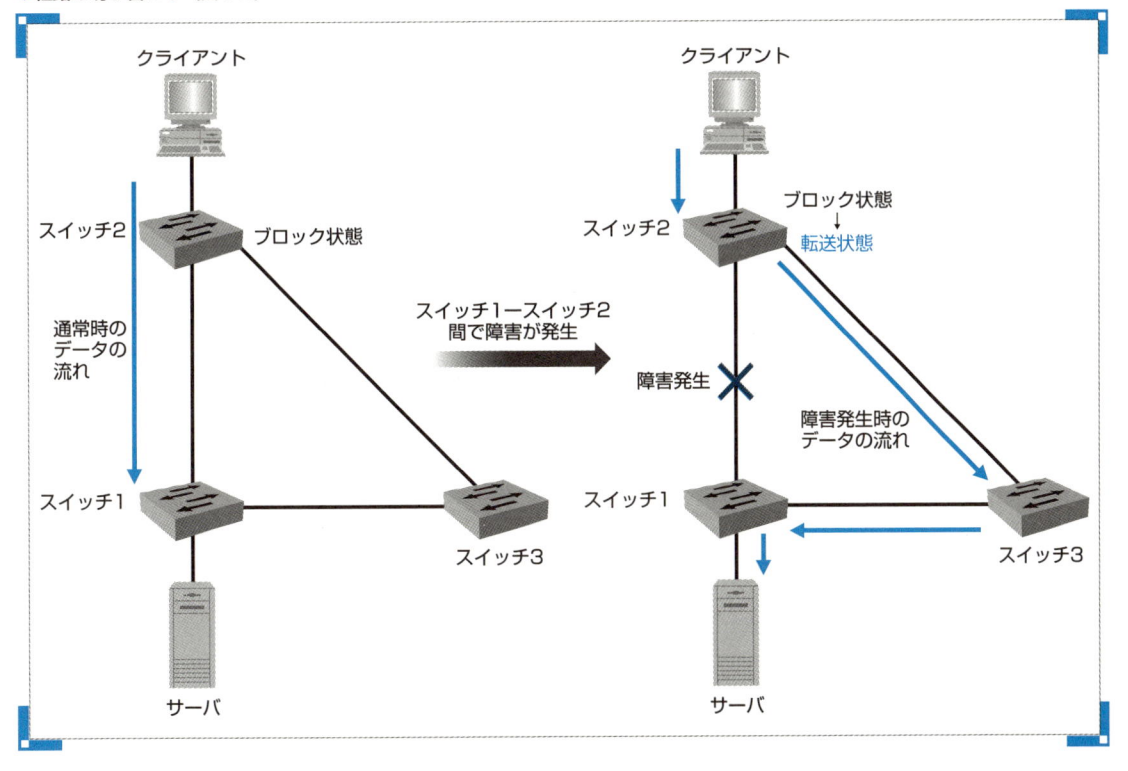

Chapter4 スパニングツリープロトコル(Spanning Tree Protocol)

4-2 スパニングツリープロトコルの動作

ここからは、スパングツリープロトコルによってどのようにブロックされるポートが決定され、障害が起こったときにどのように切り替えていくのか？　という具体的なスパニングツリープロトコルの動作について解説します。

4-2-1　スパニングツリーの動作の概要

まず、スパニングツリープロトコルは、**IEEE802.1D**として標準化されています。IEEE802.1Dに準拠したスイッチは、以下のような手順でスパニングツリーを構成していきます。

> ・ルートブリッジ（スイッチ）の決定
> ・ルートポート、代表ポートの決定
> ・ブロックポートの決定
> ・スパニングツリーの維持と障害検出

まず、**ルートブリッジ**を選定します。ルートブリッジとは、その名前の通りスパニングツリーの「根っこ」になるスイッチです。スパニングツリープロトコルによって、ループ状のネットワークを、ルートブリッジを中心としたツリー上のネットワーク（スパニングツリー）に再構成します。

ルートブリッジが決まれば、次に**ルートポート**、**代表ポート**を決定していくことになります。ルートポート、代表ポートになったポートは必ず転送状態です。

ルートポートでもなく、代表ポートでもないポートがブロックされ、ネットワーク上でループが発生しないようにします。ここまででスパニングツリーの完成です。

そのあとは、スイッチ同士で定期的に制御情報をやり取りしてネットワークが正しく動作しているかを確認しています。もし、障害を検出するとスパニングツリーを再計算し、ブロックされたポートを転送状態にすることによって、ネットワークを引き続き利用することができます。

次項から、各ステップについて詳しく見ていきましょう。

4-2-2　ルートブリッジの決定

次の図4-4のような3台のスイッチがループ状に接続されているネットワークを例に考えます。**ルートブリッジ**の決定は、各スイッチの**ブリッジID**に

よって行われます。ブリッジIDは、図4-5のように2バイトの**ブリッジプライオリティ**と6バイトの**MACアドレス**から成り立ちます。ブリッジプライオリティは、標準では32768という値です。スイッチはたくさんのLANインタフェースを持っているので、MACアドレスもたくさん持っています。それらの中からブリッジIDに使うMACアドレスはスイッチのベースとなるMACアドレスです。

各スイッチのブリッジID▶
（図4-4）

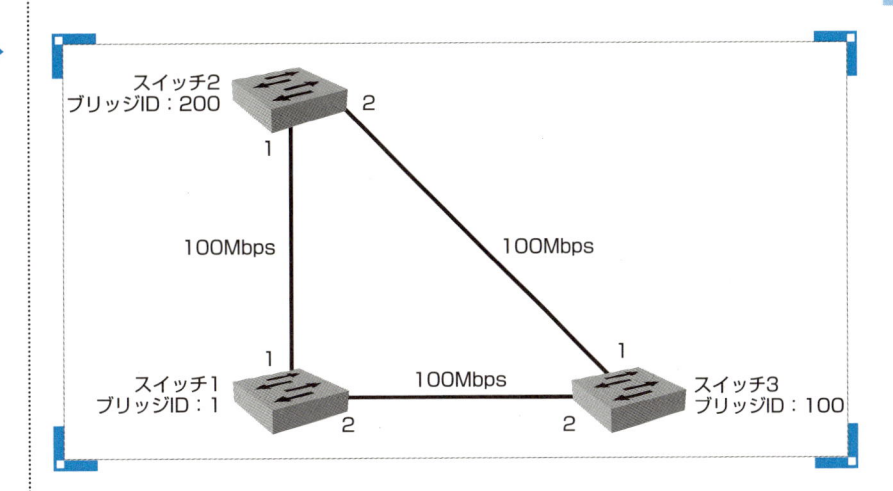

ブリッジID（図4-5）▶

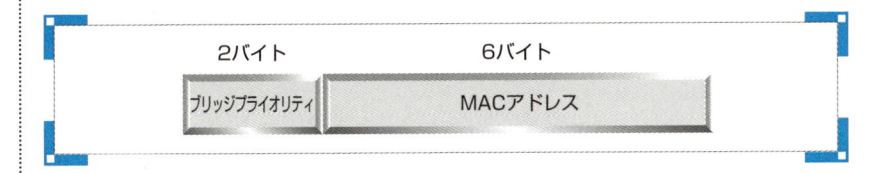

　スパニングツリーを有効にすると、スイッチ同士で**BPDU**（Bridge Protocol Data Unit）というデータをやり取りします。このBPDUの中に各スイッチのブリッジIDの情報が含まれており、最もブリッジIDが小さいスイッチがルートブリッジとなります。スイッチでブリッジプライオリティを変更しない限り、MACアドレスが最も小さいスイッチがルートブリッジになります。逆に言うと、ブリッジプライオリティを小さくしてやりさえすれば、そのスイッチをルートブリッジにすることができます。

　スイッチを起動すると、まず自分がルートブリッジであると仮定してBPDUを他のスイッチに送信します。BPDUを受信すると、BPDUに書かれているルートブリッジのブリッジIDと自分のブリッジIDを比較して、ルートブリッジになることができるかどうかを判断します。ブリッジIDが小さければ、自分がルートブリッジとしてBPDUを送信し、大きければルートブリッジの情報をそのまま転送します。このようなBPDUのやり取りでお互いのブリッジIDを交換しています。

chapter 4
スパニングツリープロトコル(Spanning Tree Protocol)

この例のネットワークでは、ブリッジIDが最も小さいスイッチはスイッチ1なのでスイッチ1がルートブリッジになります。

4-2-3 ルートポート、代表ポートの決定

ルートブリッジが決まると、**ルートポート**、**代表ポート**を決めていきます。ルートポート、代表ポートの意味は次の通りです。

● ルートポート

ルートブリッジ以外のスイッチにおいて、ルートブリッジに最も近いポート。

● 代表ポート

各リンクのうち、ルートブリッジに最も近いポート。

ルートポート、代表ポートはブロックされることがなく、必ず転送状態になります。ここでルートブリッジへの「近さ」は、**コスト**と呼ばれる値によって判断します。コストは各リンクに割り当てられ、スイッチのポートからルートブリッジへのコストの総計が小さいほどルートブリッジに「近い」と考えます。コストは、ネットワークの帯域幅の関数になっていて、帯域幅が大きいほどコストの値は小さくなります。従って、コストが小さい経路を優先して利用するということは、帯域幅が大きい経路を優先して利用するということになります。

IEEE802.1Dの規格の中で、コストは以下の計算式★から求められています。

★計算式
少数以下は切り上げて整数になる。

> コスト=1000÷リンクの帯域幅(Mbps)

しかし、最近ではギガビットイーサネットなどの高速なネットワークの登場によって、この計算式では、実際のネットワークを反映できなくなってしまいました。そこで、IEEEはスパニングツリーのコストを以下のように修正しています。

なお、コストは通常、自動的に計算されますが、ネットワーク管理者が手動でコストを設定することも可能です。

次にリンクの帯域幅とスパニングツリーコストを示します。

リンクの帯域幅と▶
スパニングツリーコスト

帯域幅	コスト
10Gbps	2
1Gbps	4
100Mbps	19
10Mbps	100

　ここで注意すべき点は、この修正されたコストを用いているスイッチと、以前の計算式に従ってコストを算出したスイッチが混在している環境では、意図した通りにルートポート、代表ポートが決まらないことがあることです。たとえば、100MbpsのリンクはIEEEの以前の計算式を採用しているスイッチではコストは10です。しかし、同じ100Mbpsのリンクでも、新しいスパニングツリーコストを採用しているスイッチでは、コストが19となります。そのため、同じ帯域幅のリンクでも、コストの小さい以前のIEEE計算式を採用しているスイッチのポートが優先されることになります。できれば、このような混在環境を避けるようにしてください。避けられない場合には、意図した通りにルートポート、代表ポートが決定されるようにコストを調整する必要があります。

　仮に、コストが同じポートがあれば、ブリッジIDが小さなスイッチのポートが優先されます。同一のスイッチでコストが同じポートの場合には、**ポートプライオリティと**呼ばれる値で決まります。ポートプライオリティはデフォルトですべてのポートで同じです。もし、ポートプライオリティも同じ場合は、ポート番号の若いポートが優先されます。

　では、先ほどの図から具体的にルートポート、代表ポートの決定の様子を見ていきましょう。まず、ルートブリッジ以外のスイッチ2とスイッチ3のルートポートを考えます。スイッチ2からルートブリッジであるスイッチ1に最も近いポートはコストの計算をするまでもなく、ポート1です。スイッチ3のルートポートはポート2になることがすぐにわかるでしょう。

　次に代表ポートを考えます。この例では、スイッチ1－スイッチ2間のリンク、スイッチ2－スイッチ3間のリンク、スイッチ1－スイッチ3間のリンクという3つのリンクがあります。このリンクごとに代表ポートを決めていきます。ルートブリッジのポートはルートブリッジに一番近いはずです。ですから、ルートブリッジであるスイッチ1のポート1はスイッチ1－スイッチ2間のリンクの代表ポートであり、ポート2はスイッチ1－スイッチ3間のリンクの代表ポートになります。残ったスイッチ2－スイッチ3間のリンクの代表ポートは、スイッチ3のポート1です。これは、スイッチ2とスイッチ3のどちらがルートブリッジであるスイッチ1に近いかを考えます。この場合、スイッチ間はすべて100Mbpsなのでスイッチ2、スイッチ3どちら

もスイッチ1へのコストは同じです。コストが同じ時にはブリッジIDを比較し、ブリッジIDの小さなスイッチ3のポート1が優先され、このポートが代表ポートとなります。

4-2-4　ブロックポートの決定

　ルートポートでもなく、代表ポートでもないポートが**ブロック状態**になります。今回のネットワークでは、スイッチ2のポート2がブロックされます。よく勘違いしがちなのですが、ブロックされたポートがまったく使えなくなってしまうわけではありません。ブロック状態のポートでデータを受信することができますし、ブロック状態のポートからデータを送信することもできます。

　ブロック状態のポートは、フレームの転送がブロックされます。つまり、他のポートから入ってきたフレームがブロック状態のポートに転送されることがなく、ブロック状態のポートに入ってきたフレームがその他のポートに転送されることがなくなります。ブロック状態のポートに接続されているコンピュータなどとは、通信できなくなるのですが、この違いはしっかりと認識しておいてください。

　以上から、図4-4のネットワークでスパニングツリーの計算を行うと、次のようにルートブリッジ、ルートポート、代表ポート、ブロックポートが決まります（図4-6）。

スパニングツリーの完成 ▶
（図4-6）

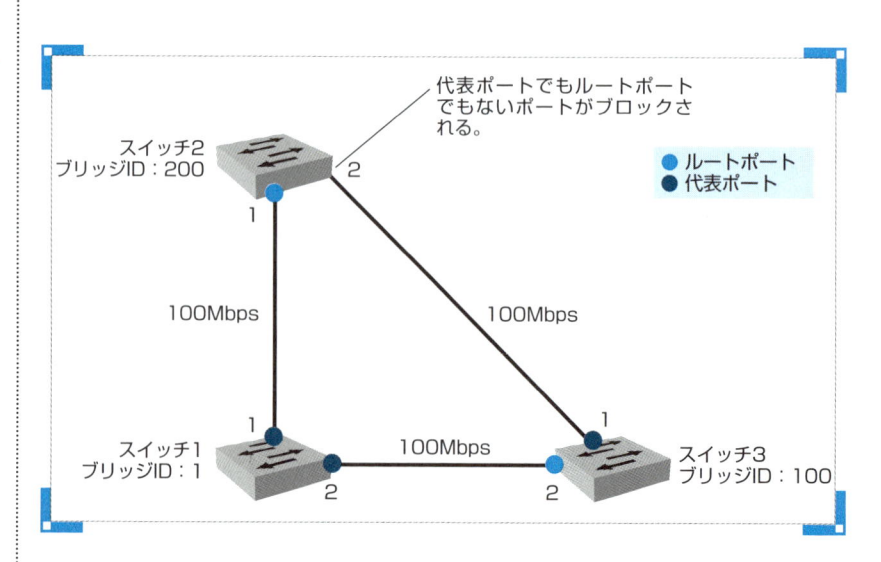

4-2-5　スパニングツリーの維持と障害検出

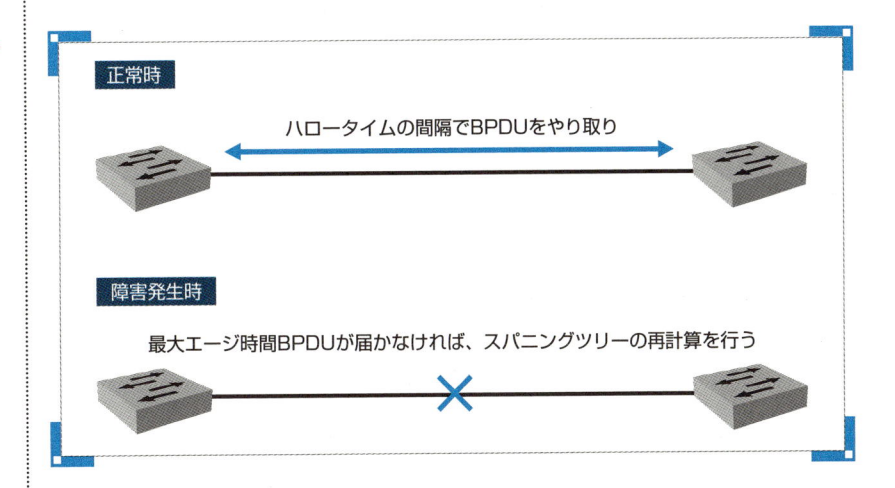

　スパニングツリーが完成したあと、スイッチはBPDUをやり取りすることによってスパニングツリーを維持します。標準では、各スイッチはBPDUを2秒に一度送信します。このBPDUを送信する間隔を**ハロータイマ**と呼びます。きちんとBPDUが届くと、ネットワークは正常に動作しているとみなして、スパニングツリーの構成を維持することができます。

　もし、障害が発生すると定期的なBPDUが届かなくなります。受信したBPDUは最大エージタイマの間、受信したポートに保持しています。BPDUはルートブリッジから定期的に送信されていますが、ネットワークに障害が発生すると定期的にBPDUを受信できなくなります。そのため、最大エージタイマの時間経過してもBPDUを受信できなければネットワークに障害が発生したとみなします（図4-7）。

▶スパニングツリーの維持と障害検出（図4-7）

正常時
ハロータイムの間隔でBPDUをやり取り

障害発生時
最大エージ時間BPDUが届かなければ、スパニングツリーの再計算を行う

Chapter4　スパニングツリープロトコル(Spanning Tree Protocol)

4-3　スパニングツリープロトコルのパラメータ

ここからは、スパニングツリープロトコルで重要な役割を果たすBPDUのメッセージフォーマットや、各種ポート状態やタイマなどのスパニングツリープロトコルのさまざまなパラメータについて解説します。

4-3-1　BPDUの役割

BPDU（Bridge Protocol Data Unit）は、スパニングツリープロトコルにおいてとても重要な役割を果たします。BPDUの役割として、次の項目が挙げられます。

> ・ルートブリッジの選定
> ・ループ位置の検出
> ・ネットワークへの変更通知
> ・スパニングツリーの状態の監視

これらの役割を果たすために、スパニングツリーを有効にしているスイッチは各ポートで2秒に一度BPDUを送信します。BPDUはデータリンクレベルのマルチキャスト（01.80.c2.00.00.00）で送信し、スパニングツリーを有効にしているスイッチだけが受信することになります。

4-3-2　BPDUのメッセージフォーマット

BPDUのメッセージフォーマットは以下の通りです。この中から重要な情報をピックアップして解説します。

▶ BPDUのメッセージフォーマット

バイト	フィールド	バイト	フィールド
2	プロトコルID	8	ブリッジID
1	バージョン	2	ポートID
1	メッセージタイプ	2	メッセージエージタイマ
1	フラグ	2	最大エージタイマ
8	ルートID	2	ハロータイマ
4	パスコスト	2	転送遅延タイマ

●ルートID

ルートブリッジのブリッジIDです。スイッチ起動時には、自分をルートブリッジと仮定して、このフィールドに自分のブリッジIDを入れて送信します。

●ブリッジID

スイッチ自身のブリッジIDです。

●パスコスト

ルートブリッジに到達するまでのコストの総計です。ルートポートや代表ポートの決定に利用されます。

●フラグ

ネットワークの変更を通知するためのフラグが存在します。

●ポートID

スイッチのポート番号です。代表ポートの決定に関与します。

●最大エージタイマ

受信したBPDUをポートに保持しておく時間です。障害の検出に利用することができます。標準では20秒です。

●ハロータイマ

スイッチ（ルートブリブリッジ）がBPDUを送信する間隔です。標準では2秒に一度BPDUを送信します。

●転送遅延タイマ

スパニングツリーのポート状態の遷移において、あるポート状態にとどまる時間です。標準では、転送遅延タイマは15秒です。ポート状態の遷移については後述します。

4-3-3 スパニングツリープロトコルのポート状態

転送状態、ブロック状態については、スパニングツリープロトコルの動作の解説で触れていますが、これら以外にもポートの状態があり、スパニングツリーのプロセスに従ってポート状態が遷移していきます。ポート状態の遷移を、次ページの図4-8に示します。

chapter 4

スパニングツリープロトコル(Spanning Tree Protocol)

スパニングツリーポート▶
状態遷移
(図4-8)

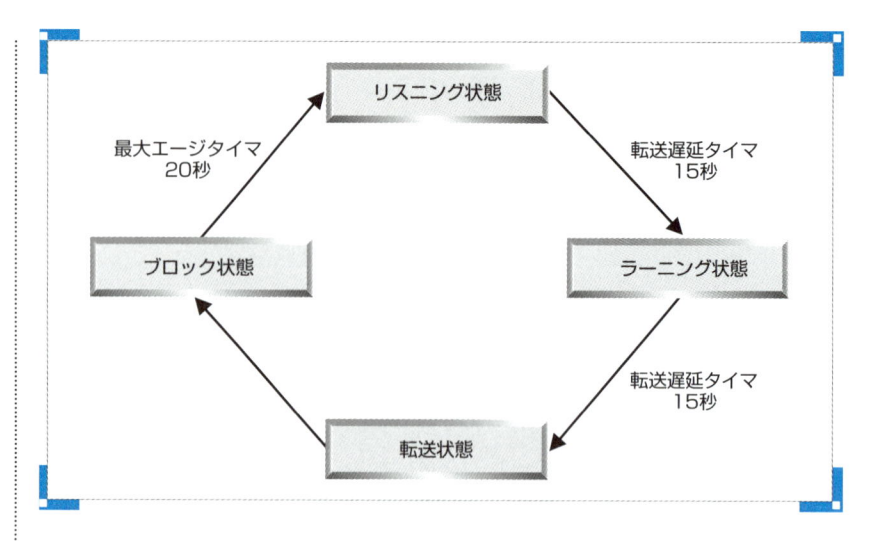

[図: リスニング状態 →(転送遅延タイマ 15秒)→ ラーニング状態 →(転送遅延タイマ 15秒)→ 転送状態 → ブロック状態 →(最大エージタイマ 20秒)→ リスニング状態]

まず、各ポート状態についてまとめると次のようになります。

●ブロック状態

すべてのポートは、まずブロック状態となります。これは、スパニングツリーの計算が終了するまでは、ネットワーク上にループが存在する可能性があるためです。ただし、「4-2-4　ブロックポートの決定」でも触れていますが、ブロック状態はデータの転送をブロックしているだけでポートがまったく使えないということではありません。ブロック状態に入ってきたデータは他のポートに転送されませんし、他のポートに入ってきたデータはブロック状態のポートに転送されません。

●リスニング状態

BPDUを「聞いて」、ルートブリッジの選出やルートポート、代表ポートの決定など、実際のスパニングツリーの計算を行っている状態です。リスニング状態においても、フレームの転送はブロックされています。また、リスニング状態では、受信したフレームの送信元MACアドレスをMACアドレステーブルに登録することはありません。転送遅延タイマの間、ポートはリスニング状態となります。

●ラーニング状態

リスニング状態とよく似ていますが、ラーニング状態では受信したフレームの送信元MACアドレスからMACアドレステーブルを構築していきます。しかし、フレームの転送はやはりブロックされています。転送遅延タイマを経過すると、ルートポートおよび代表ポートに決まったポートは転送状態へと移行します。ルートポートでも代表ポートでもないポートは、ブロック状

態に戻ります。

●転送状態

転送状態においてのみ、フレームの転送を行うことができます。

これらのポートを次のように遷移します。

> ・ブロック状態からリスニング状態（最大エージタイマ20秒）
> ・リスニング状態からニラーニング状態（転送遅延タイマ15秒）
> ・ラーニング状態から転送状態（転送遅延タイマ15秒）

　ブロック状態からリスニング状態、ラーニング状態を経て、転送状態もしくはブロック状態へ至り、スパニングツリーが完成することを「コンバージェンスする（収束する）」といいます。**コンバージェンス**という言葉は、スパニングツリープロトコルだけでなく、第5章以降で解説するルーティングプロトコルでもよく利用されます。「安定した状態に至ること」を指していると考えてください。また、コンバージェンスに要する時間を**コンバージェンス時間**といいます。そして、コンバージェンス時間が短いことを指して、「コンバージェンス速度が速い」と表現することがあります。
　スパニングツリープロトコルのコンバージェンス時間は、標準では以下の通りです。

> 最大エージタイマ（20秒）＋転送遅延タイマ（15秒）＋転送遅延タイマ（15秒）
> =50秒

4-3-4　スパニングツリープロトコルのタイマ

　これまでの解説で出てきましたが、ここでスパニングツリープロトコルのタイマについてまとめておきましょう。スパニングツリープロトコルのタイマには、次の3種類あります。

> ・最大エージタイマ（20秒）
> ・ハロータイマ（2秒）
> ・転送遅延タイマ（15秒）

　これらのタイマは、スパニングツリープロトコルのコンバージェンス時間に大きくかかわってきています。タイマの標準値は、**ダイアメータ**によって

chapter 4
スパニングツリープロトコル(Spanning Tree Protocol)

決められています。ダイアメータとは、ネットワークの直径を表しています。ここでいうネットワークの直径とは、経由する最大のネットワーク機器の数です。たとえば、図4-9のネットワークの例では、コンピュータAから見て最も遠くに存在するコンピュータBまでスイッチを5台経由します。ですから、図4-9のネットワークのダイアメータは「5」です。

▼ネットワークのダイアメータ（図4-9）

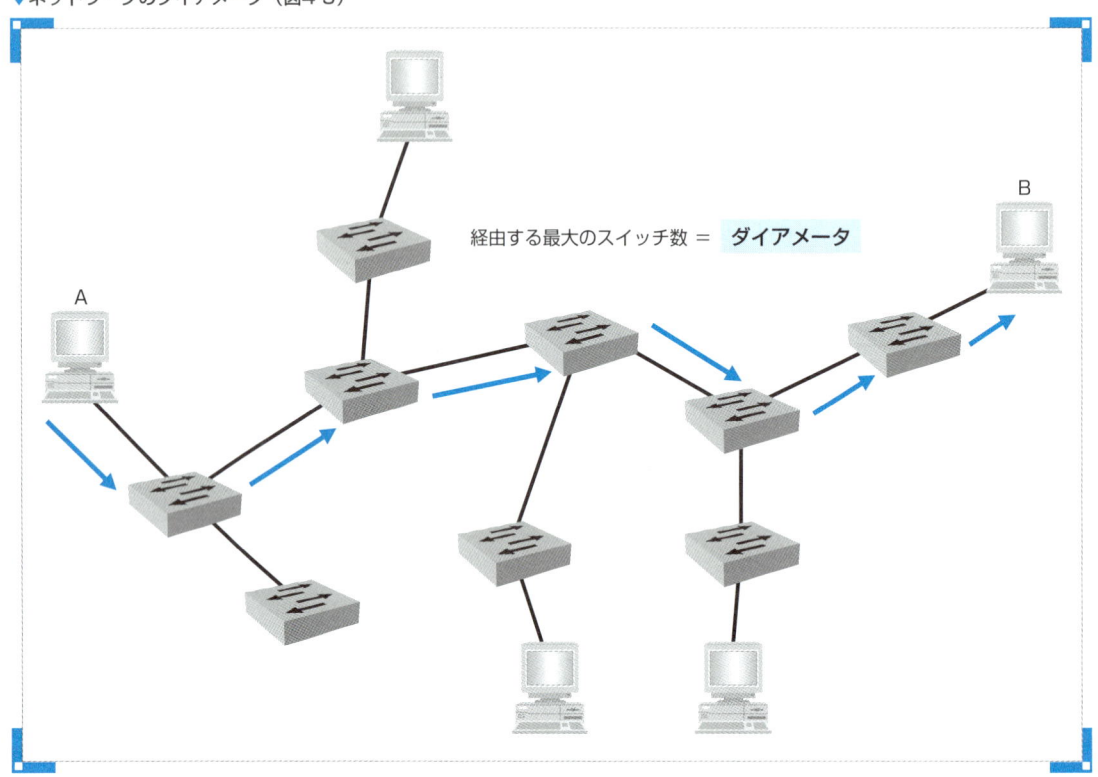

経由する最大のスイッチ数 ＝ **ダイアメータ**

　スパニングツリープロトコルは、スイッチで実行されるので、経由する最大のスイッチの数によって各種タイマの標準値が決められています。IEEE802.1Dでは、標準値をダイアメータが「7」のネットワークを基準にして決定しています。

　コンバージェンス時間を短くするためには、最大エージタイマや転送遅延タイマの値を小さくすればいいのですが、あまりにも短くしすぎてしまうとスパニングツリーの計算がうまく行われなくなり、ブロードキャストストームなどの問題が発生する可能性があります。そのため、コンバージェンス時間を調整する場合には、ダイアメータの変更を行うことが推奨されています。

　次の表は、スパニングツリープロトコルの各種タイマについてまとめたものです。

スパニングツリー
プロトコルのタイマ

タイマ名	機能	標準値（秒）
最大エージタイマ	受信したBPDUをポートに保持しておく時間。BPDUがこのタイマの時間、届かなければ障害が発生したと見なされる。	20
ハロータイマ	スイッチ（ルートブリッジ）がBPDUを送信する間隔。	2
転送遅延タイマ	スパニングツリーのポート状態の遷移において、あるポート状態にとどまる時間。	15

4-3-5 コンバージェンス速度の問題

　ネットワークのダイアメータが標準の値よりも小さい場合、ダイアメータの値を変更することによって、コンバージェンス時間を短くすることができます。しかし、ダイアメータを変更しても、瞬時に経路が切り替わるほどコンバージェンス速度は速くなりません。また、ダイアメータを小さくできない場合、コンバージェンス時間が問題になるケースがあります。

　たとえば、**VoIP**（Voice over IP）による音声データや動画などのリアルタイムデータを転送している場合、障害が発生してからコンバージェンスして、経路が切り替わるまでの間、データの転送ができないので、音声や画像が途切れてしまうことになります。また、IBM社のホストコンピュータで利用する**SNA**（System Network Architecture）などセッションのタイムアウト時間が短いプロトコルでは、スパニングツリープロトコルのコンバージェンスによってセッションがタイムアウトするため、また新たにセッションを再確立しなければいけません。

　このようなスパニングツリープロトコルのコンバージェンス問題を解決するために、高速な経路の切り替えができるように機能の拡張が行われています。高速なスパニングツリープロトコルでは、障害が発生した際に、通常のコンバージェンス時間を経ることなく、瞬時にブロックされている経路を転送状態にします。転送の中断が発生しないので、リアルタイムデータを途切れることなく転送し、SNAなどのプロトコルにおけるセッションのタイムアウトを防止します。

　ただし、高速なスパニングツリープロトコルのコンバージェンスは、IEEE802.1wで標準化されつつありますが、ベンダ独自の実装によって実現されていることが多くなっています。また、ベンダによって機能の名称も異なります。たとえば、シスコシステムズ社（以下、シスコ社）の「Catalyst」スイッチではこのような高速スパニングツリープロトコル機能を、**Portfast**、**Uplinkfast**、**Backbonefast**と呼んでいます。高速なコンバージェンスを行いたい場合には、スイッチの機種選定に注意してください。

Chapter4 スパニングツリープロトコル(Spanning Tree Protocol)

4-4 スパニングツリープロトコルによる負荷分散

スパニングツリープロトコルの本来の目的は、スイッチを冗長化することによって障害が発生してもネットワークを止めないという、可用性の向上にあります。しかし、各ベンダ独自の拡張によって負荷分散も可能です。ここでは、スパニングツリープロトコルによる負荷分散について解説します。

4-4-1 スパニングツリープロトコルによる負荷分散の問題点

スパニングツリープロトコルは、スイッチを冗長化した場合にネットワークの可用性を向上させることができますが、冗長化された経路はポートがブロック状態になっているために利用することができません。そのため、スパニングツリープロトコルでは負荷分散を行うことができません。

例として、図4-10を考えてみましょう。スイッチ1にAとBという2台のクライアントコンピュータが接続されています。Aは青VLANに所属し、Bは赤VLAN★に所属しています。そして、スイッチ2には青VLANに所属するサーバC、スイッチ3には赤VLANに所属するサーバDが接続されています。この3台のスイッチは100Mbpsのトランクリンクで接続されており、各スイッチのブリッジIDは次ページの表の通りです。

★赤VLAN
　印刷の都合上、紙面では濃い青で表現されている。

▶スパニングツリープロトコルによる負荷分散のネットワーク例（図4-10）

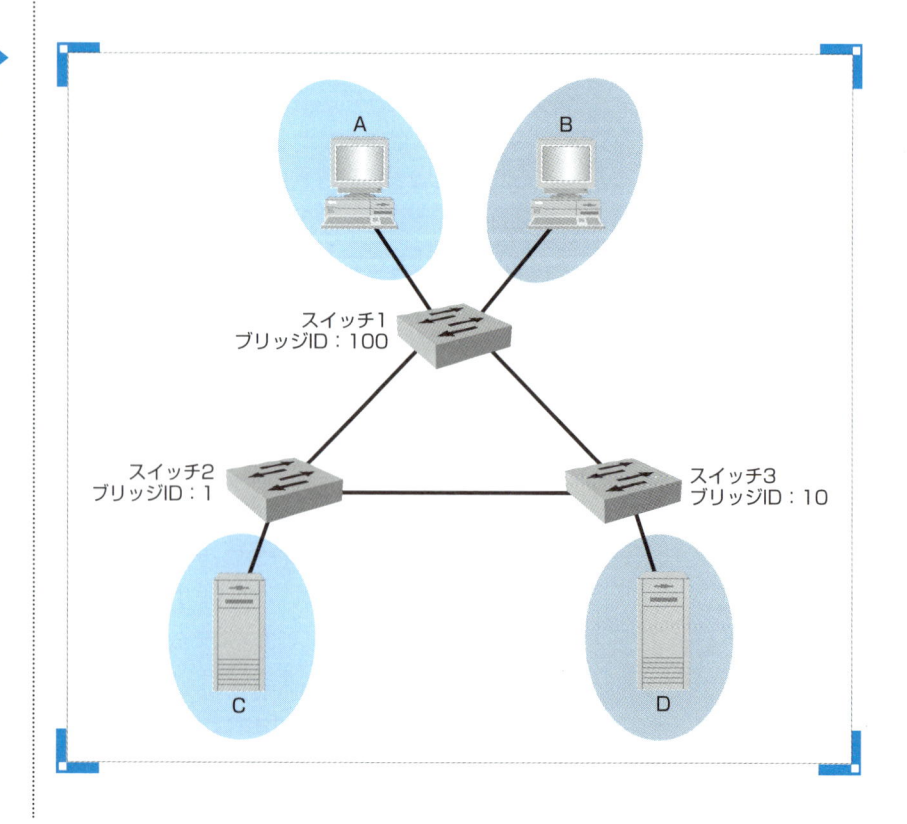

4-4 スパニングツリープロトコルによる負荷分散

▶スイッチのブリッジID

スイッチ名	ブリッジID
スイッチ1	100
スイッチ2	1
スイッチ3	10

　話を簡単にするためVLAN間ルーティングは考えません。つまり、クライアントコンピュータAは同じ青VLANに所属するサーバCと、クライアントコンピュータBはサーバDとだけ通信する場合のみを考えます。

　各スイッチのブリッジIDから、スパニングツリープロトコルによってスイッチ2がルートブリッジになり、スイッチ1のポート2がブロック状態になります。スイッチ1－スイッチ3間のリンクが障害発生時のバックアップ用の経路となり、通常時は利用できなくなります。そのため、データの流れが次のようになります（図4-11）。

▶CSTにおけるデータの流れ
　（図4-11）

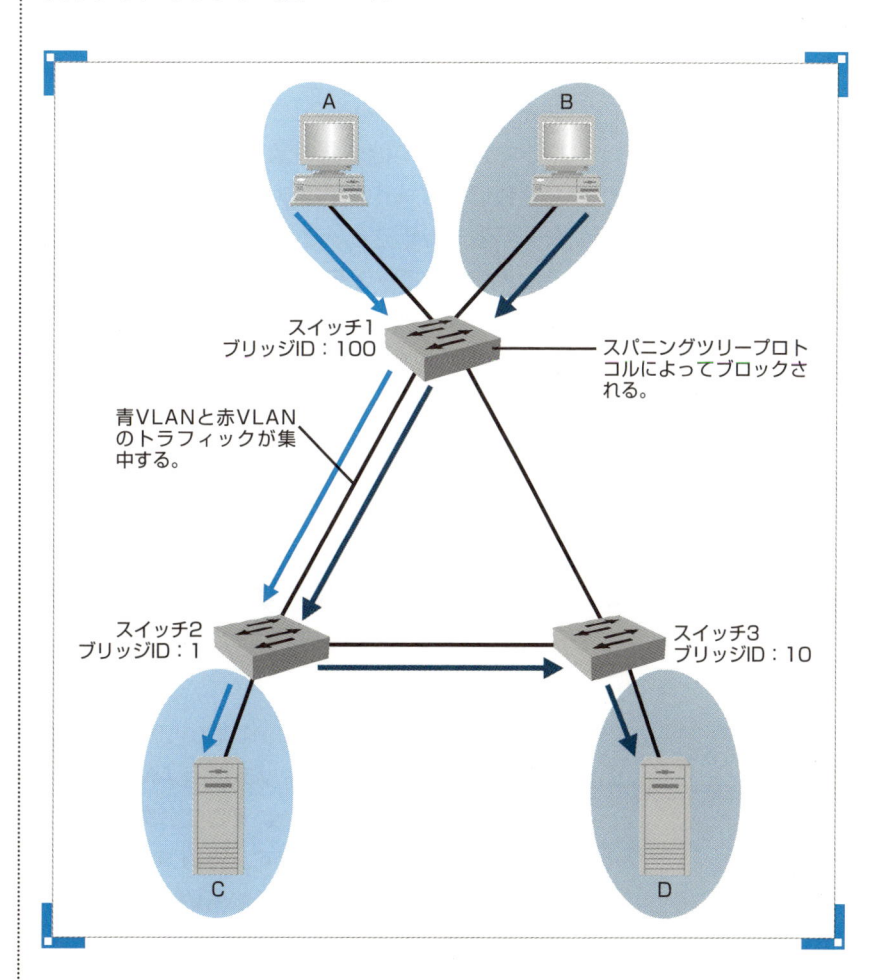

（図：スイッチ1（ブリッジID:100）を頂点に、スイッチ2（ブリッジID:1）とスイッチ3（ブリッジID:10）が下部に配置された三角形構成のネットワーク図。クライアントA、Bはスイッチ1に接続、サーバC、Dはそれぞれスイッチ2、3に接続。青VLANと赤VLANのトラフィックが集中する。スイッチ1－スイッチ3間はスパニングツリープロトコルによってブロックされる。）

chapter 4
スパニングツリープロトコル(Spanning Tree Protocol)

> ・コンピュータA－サーバC
>   コンピュータA→スイッチ1→スイッチ2→サーバC
>
> ・コンピュータB－サーバD
>   コンピュータB→スイッチ1→スイッチ2→スイッチ3→サーバD

　コンピュータBからサーバDに到達するには、直接スイッチ1からスイッチ3に向かう方が近いのですが、その経路は利用できずに遠回りすることになります。そして、スイッチ1とスイッチ2のリンクに、両方のVLANのデータが流れるので負荷が大きくなってしまいます。

　以上のような通常のスパニングツリー環境を**CST**（Common Spanning Tree）と呼びます。CSTでは、各スイッチはただ1つの共通のスパニングツリーに参加することになります。図4-11がまさしくCSTの環境であり、スイッチ1、スイッチ2、スイッチ3は共通のスパニングツリーを形成しています。CSTでは、赤VLANに対するスイッチ1のポート2のように、必ずしも最適なポートがブロック状態になるわけではありません。そのために、負荷分散を行うことができません。

　せっかくスイッチを冗長化して、近道の経路もできているわけですからそれを使わない手はありません。スパニングツリープロトコルで負荷分散を行うために、プロトコルの拡張が行われています。これを**PVST**（Per VLAN Spanning Tree）と呼びます。PVSTを利用すると、VLANごとに負荷分散を行うことができます。

4-4-2 PVST（Per VLAN Spanning Tree）

　PVSTとは、その名の通りVLANごとにスパニングツリーを形成する方法です。

　ここで、少しVLANについて思い出してください。VLANを作るということは、1つの物理的なスイッチをVLANごとに論理的なスイッチに分割すると考えることができました。そこで、先ほどの図4-10を論理的なスイッチに分割した形を考えてみます。青VLANと赤VLANという2つのVLANがあるので、それぞれのスイッチが青VLAN用と赤VLAN用の2つづつに分割されます（図4-12）。

4-4 スパニングツリープロトコルによる負荷分散

▼VLANごとに論理的なスイッチを考えたネットワーク例（図4-12）

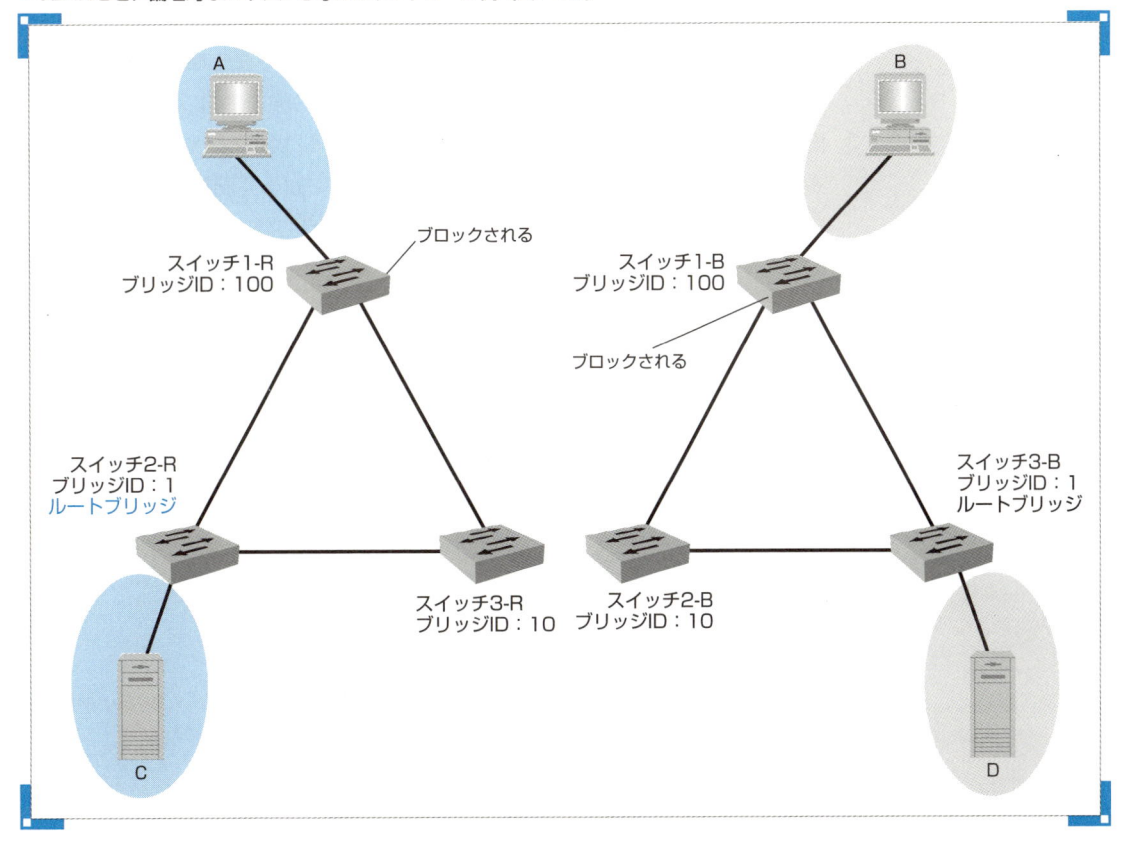

```
スイッチ1-R              ブロックされる        スイッチ1-B
ブリッジID：100                              ブリッジID：100
                                           ブロックされる

スイッチ2-R                                              スイッチ3-B
ブリッジID：1                                            ブリッジID：1
ルートブリッジ                                           ルートブリッジ

            スイッチ3-R    スイッチ2-B
            ブリッジID：10  ブリッジID：10
```

　PVSTでは、このVLANごとに分割した、論理的なスイッチ単位で個別にスパニングツリーを形成します。つまり、青VLAN、赤VLANでそれぞれ別々のルートブリッジが存在し、ブロックされるポートが決まってくるのです。

　青VLAN、赤VLAN用のそれぞれ3つのスイッチに対して、ブリッジIDを次の表のように設定します。

PVSTでのブリッジID▶

スイッチ名	ブリッジID
スイッチ1-R	100
スイッチ2-R（ルートブリッジ）	1
スイッチ3-R	10
スイッチ1-B	100
スイッチ2-B	10
スイッチ3-B（ルートブリッジ）	1

chapter 4
スパニングツリープロトコル(Spanning Tree Protocol)

　すると、青VLANのスイッチでは、スイッチ2-Rがルートブリッジになり、スイッチ1-Rとスイッチ3-Rのリンクがブロックされます。赤VLANのスイッチではスイッチ3-Bがルートブリッジ、スイッチ1-Bとスイッチ2-Bのリンクがブロックされることになります。この論理的なスイッチ6台を、再び元の物理的な3台のスイッチで考えると図4-13のようになります。スイッチ1－スイッチ2間のリンクは、青VLANに対して転送状態、赤VLANに対してブロック状態です。スイッチ1－スイッチ3間のリンクは、青VLANに対してブロック状態、赤VLANに対して転送状態になっています。このようにあるポートが、特定のVLANごとに転送状態であったり、ブロック状態であったりします。

▼PVSTにおけるデータの流れ（図4-13）

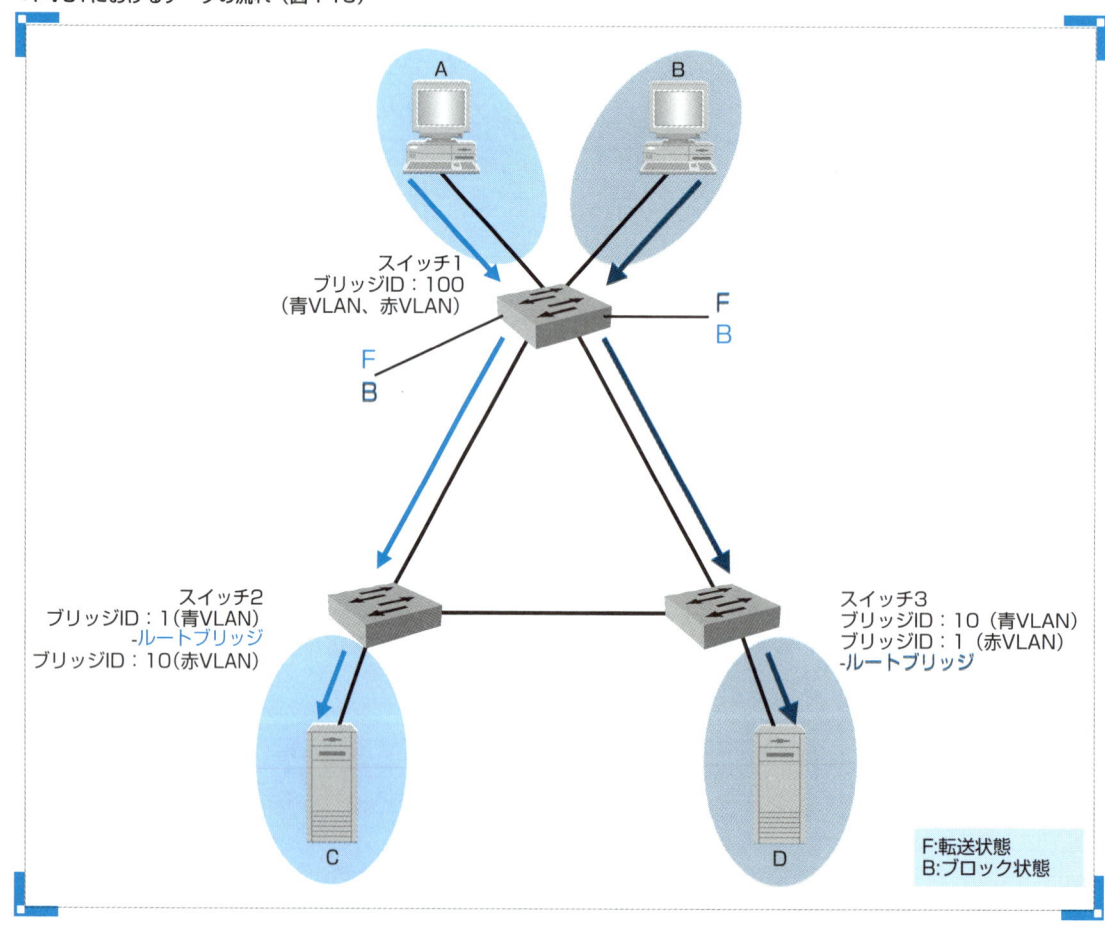

スイッチ1
ブリッジID：100
（青VLAN、赤VLAN）

スイッチ2
ブリッジID：1(青VLAN)
-ルートブリッジ
ブリッジID：10(赤VLAN)

スイッチ3
ブリッジID：10（青VLAN）
ブリッジID：1（赤VLAN）
-ルートブリッジ

F:転送状態
B:ブロック状態

　PVSTを利用した図4-13では、データの流れは次の通りです。

```
・コンピュータA－サーバC
  コンピュータA→スイッチ1→スイッチ2→サーバC

・コンピュータB－サーバD
  コンピュータB→スイッチ1→スイッチ3→サーバD
```

　以上のように、PVSTによってVLANごとのスパニングツリーを形成するように設定すれば、負荷分散を行うことができるようになります。ただし、このようなPVSTの機能にはいくつかの短所があります。PVSTを導入する場合には、以下の項目に注意してください。

● **相互運用性**

　PVSTはベンダ独自の実装によることがあります。また、ベンダによって同じ機能でも名称が異なることがあります。IEEE802.1sで標準化されつつありますが、PVSTによる負荷分散を行いたいという場合は、スイッチの機種の選定時に注意する必要があります。

● **トラフィックの流れの複雑化**

　また、数多くのVLANのトラフィックをVLAN間ルーティングして、さらにPVSTによって負荷分散すると、トラフィックの流れが複雑になってしまうので、その点も注意してください。どのVLANのトラフィックがどのような経路を通っていくのかをきちんと把握しておかないと、トラブルが発生したときのトラブル箇所の切り分けが難しくなります。

● **ネットワーク帯域の消費**

　PVSTではVLANごとにBPDUをネットワークに送出するために、CSTよりもネットワークの帯域幅を消費します。

● **スイッチの処理負荷の増加**

　複数のスパニングツリーの計算を行うために、スイッチの処理負荷が高まりCPU利用率が大きくなります。

4-4-3　PVSTとCSTの比較

　PVSTとCSTについて、長所と短所を次ページにまとめます。

chapter 4
スパニングツリープロトコル(Spanning Tree Protocol)

PVSTとCSTの特徴の▶
まとめ

	PVST	CST
長所	・VLANごとにトラフィックを負荷分散できる。 ・スパニングツリートポロジーのサイズが小さくなり、コンバージェンスが早くなる。 ・コンバージェンスが早くなることにより、障害時に経路の切り替わりが早くなり信頼性が向上する。	・BPDUが消費するネットワーク帯域が少ない。 ・単一のスパニングツリーを計算するためにスイッチの処理負荷が小さい。
短所	・VLANごとにBPDUを送出するために、ネットワーク帯域を消費する。 ・複数のスパニングツリーの計算によるスイッチの処理負荷が増加する。	・単一のルートブリッジのためすべてのデバイスにとって最適な経路とは限らない。 ・スパにニングツリートポロジーのサイズが大きくなるためにコンバージェンスに時間がかかる。

4-4-4　リンクアグリゲーション

図4-14のように、スイッチ間を2本以上のケーブルで平行に接続している状態を**パラレルリンク**と呼びます。パラレルリンクで接続することにより、ネットワークがループ構成になるので、スパニングツリープロトコルが働きます。

パラレルリンク（図4-14）▶

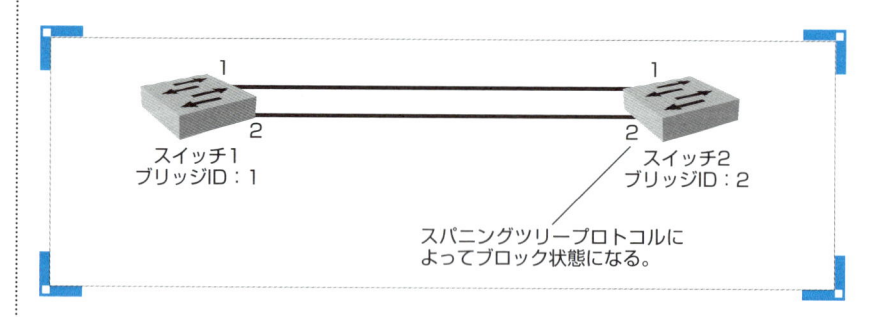

スイッチ1　　　　　　　　　　　スイッチ2
ブリッジID：1　　　　　　　　　ブリッジID：2

スパニングツリープロトコルによってブロック状態になる。

　スイッチ1のブリッジIDを1、スイッチ2のブリッジIDを2とすると、スイッチ1がルートブリッジになります。スイッチ2のパスコストを変更していなければ、スイッチ2からルートブリッジであるスイッチ1に到達するパスコストはポートによらずに同じです。パスコストが同じなので、ポート番号が若いポート1が優先され、ポート2がブロックされることになります。例では、2本のリンクだけですが3本、4本といくらリンクの数を増やしても、結局利用されるのは1本だけということになります。

　もちろん、この状態でも、1本目のリンクが切れると2本目のリンクを利

用するようになるので、障害が発生してもネットワークを止めないという可用性の向上を期待することができます。しかし、せっかく2本のリンクで接続しているのですから、この2本目のリンクも、有効に利用したいと思うのは当然でしょう。そのような場合に、**リンクアグリゲーション機能**を利用します。

　リンクアグリゲーション機能によって、物理的に複数あるリンクをまとめて、あたかも1本の帯域幅の大きいリンクであるかのように扱うことができます。
　たとえば、ファストイーサネット（100BASE-TX）2本でスイッチ間を接続して、リンクアグリゲーション機能を有効にすると、2本のリンクは200Mbpsの1本のリンクであるかのように扱われます。1本のリンクですから、ネットワークはループにはなりません。そのため、スパニングツリープロトコルによってポートがブロックされることもありません。また、全2重通信を行っていれば、送信で200Mbps、受信で200Mbps利用できるので、全体として最大400Mbpsの帯域幅を利用することができるようになります（図4-15）。

リンクアグリゲーション▶
（図4-15）

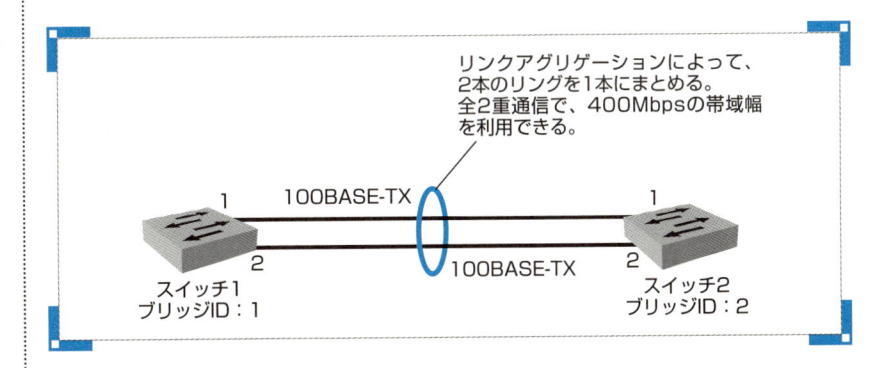

　なお、リンクアグリゲーション機能によって、いくつのリンクをまとめられるのかは、スイッチの機種によって異なります。そして、このリンクアグリゲーション機能は**IEEE802.1ad**で標準化されていますが、ベンダによっては独自の実装が行われています。たとえば、シスコ社の「Catalyst」スイッチでは、この機能を**イーサチャネル**と呼んでいます。ベンダの実装に依存することがあるので、スイッチの機種選定には注意が必要です。

4-4-5　リンクアグリゲーションの利用例

　リンクアグリゲーション機能を利用すると、少ないコストで利用できる帯域幅を簡単に増やせるというメリットがあります。例として、図4-16のようなネットワークを考えてみましょう。

ネットワークのボトルネック▶
（図4-16）

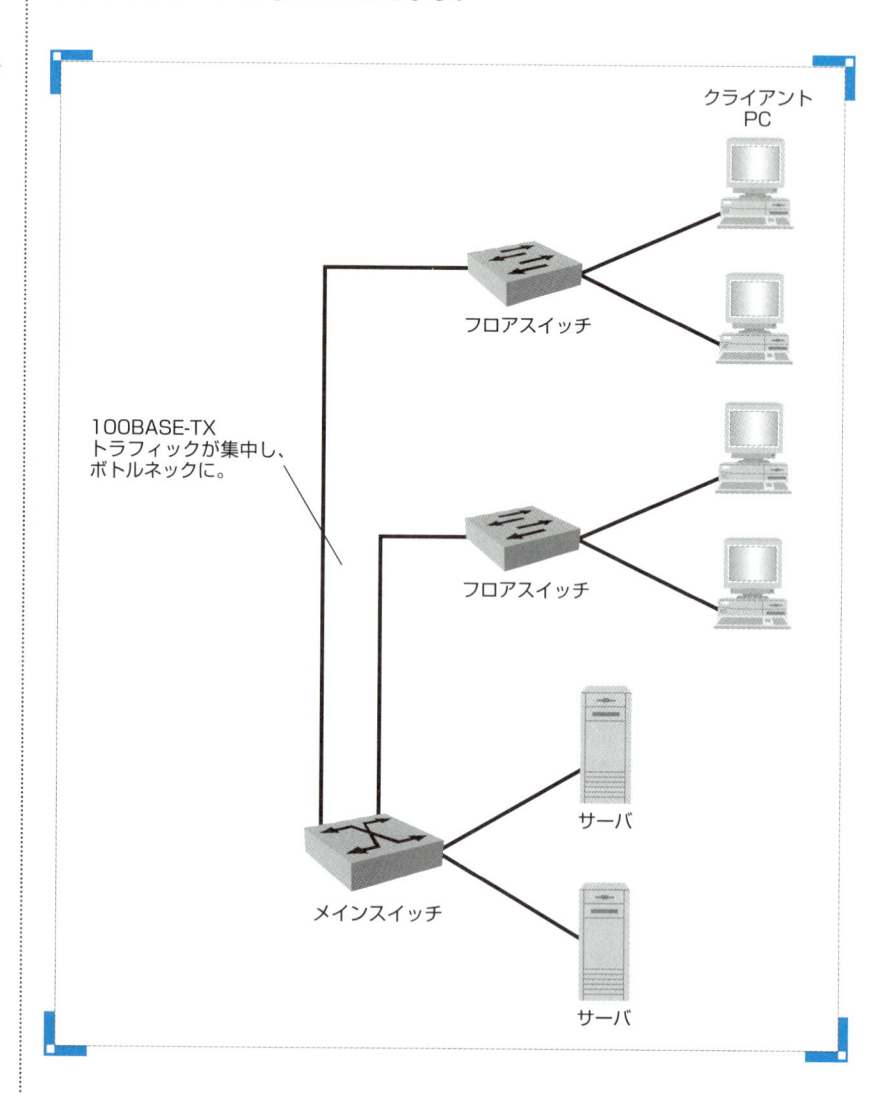

［図中のラベル］
- クライアントPC
- フロアスイッチ
- 100BASE-TX トラフィックが集中し、ボトルネックに。
- フロアスイッチ
- メインスイッチ
- サーバ
- サーバ

　このネットワークには、各フロアにたくさんのクライアントコンピュータを接続するスイッチがあります。フロアのスイッチは、1階にあるサーバファーム上のメインのスイッチにそれぞれ接続されています。フロアスイッチは100BASE-TXをサポートしているスイッチであるとします。
　このネットワークでは、以前は各フロアにサーバを分散配置していたのですが、サーバの管理を効率よく行えるように、サーバをサーバファームに集

中配置する形態を取るようになりました。それに従って、クライアントコンピュータからサーバファームへのアクセスが急増してきたため、ネットワークのパフォーマンスが低下してきました。パフォーマンス低下の原因は、フロアスイッチとメインスイッチを接続するリンクがボトルネックになっていることがわかりました。

　さて、このネットワークのパフォーマンス低下の問題を解決するためには、どのようにすればよいでしょう？　おそらく、次のような解決案が出てくるでしょう。

> 各フロアスイッチとメインスイッチの間の帯域幅を増やす。

　帯域幅を増やすには、たとえば100BASE-TXからギガビットイーサネットに移行することが考えられます。しかし、ギガビットイーサネットに移行するには、決して少なくないコストがかかってしまいます。まず、既存の100BASE-TXをサポートしているスイッチから、ギガビットイーサネットをサポートしているスイッチに変更しなければいけません。1000BASE-SX/LXなど、ギガビットイーサネットの規格によっては、新たに光ファイバを敷設する必要も出てきます。

　このような場合に、リンクアグリゲーション機能を利用すると、簡単に帯域幅を増やすことができます。4本のリンクをまとめると、送受信あわせて800Mbpsの帯域幅を利用することができます。ギガビットイーサネットをサポートするスイッチは、安くなってきたとはいえ、まだまだ高価な機器です。

　それに対して、リンクアグリゲーション機能を備えたスイッチは、手に入れやすくなっています。あらかじめスイッチを導入するときに、リンクアグリゲーション機能を備えたスイッチを選定し、ケーブルを余分に敷設しておけばほとんどコストをかけることなく、帯域幅を大幅に増やして、ネットワークのボトルネックを解消することができます（図4-17）。

　また、パフォーマンスの低下が起こってから、リンクアグリゲーション機能を用いて帯域幅を増加させるよりも、あらかじめ将来の拡張を見込んで、リンクアグリゲーション機能を用いて帯域を確保しておくことも有効な手段です。

chapter 4
スパニングツリープロトコル(Spanning Tree Protocol)

▶リンクアグリゲーションによるネットワークのボトルネックの解消（図4-17）

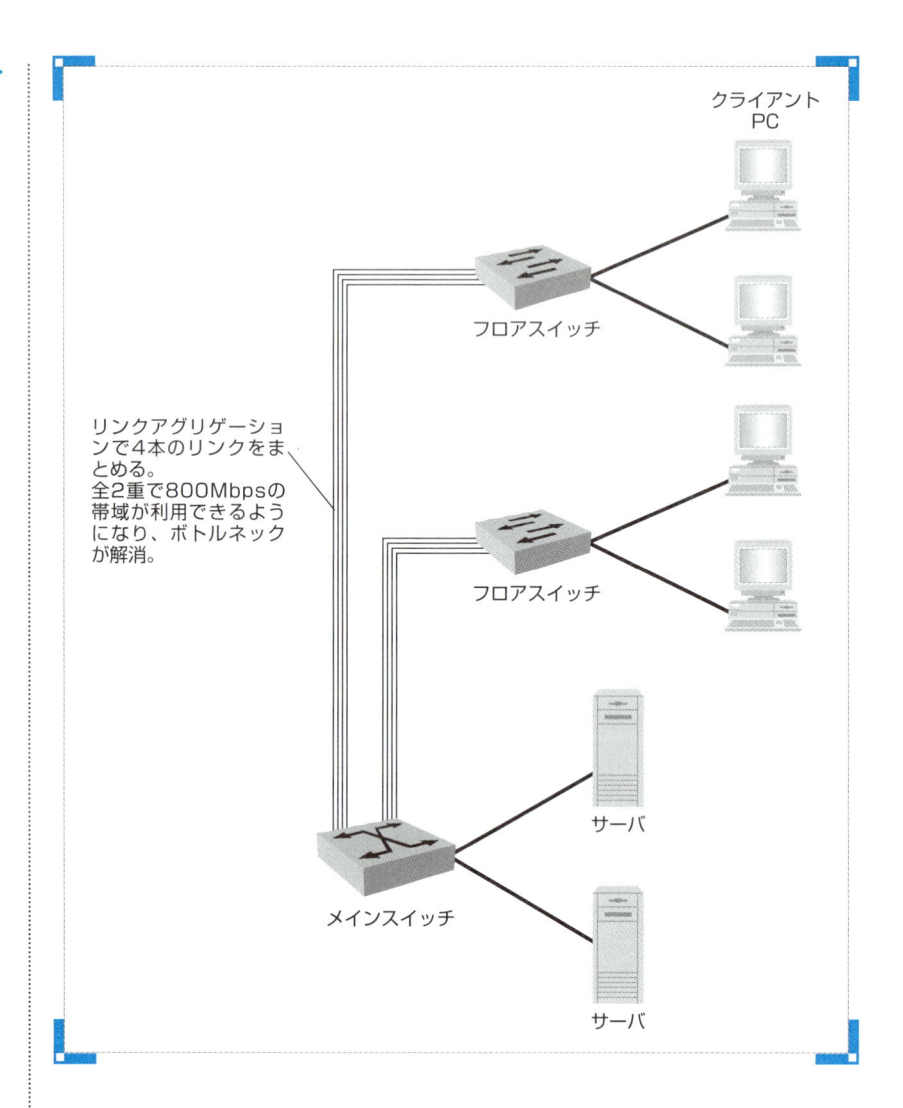

リンクアグリゲーションで4本のリンクをまとめる。
全2重で800Mbpsの帯域が利用できるようになり、ボトルネックが解消。

クライアントPC

フロアスイッチ

フロアスイッチ

メインスイッチ

サーバ

サーバ

4-5 スイッチを冗長化したネットワークの設計上のポイント

　ここまでで、スイッチを冗長化したネットワークにおいて、スパニングツリープロトコルによるさまざまな動作や特徴を紹介してきました。ここで、スイッチを冗長化したネットワークを設計するためのポイントについて解説していきます。

4-5-1 スイッチを冗長化したネットワークの設計上のポイント

　スイッチを冗長化して、可用性の高いネットワークを設計するときには次のようなことに注意してください。

●ルートブリッジの選択

　スパニングツリープロトコルで、最初に考えなくてはいけないことは、"ルートブリッジをどのスイッチにするか"ということです。ルートブリッジは、スパニングツリーの中心となるスイッチで、データトラフィックの負荷も大きくなります。そのため、できるだけ処理性能が高く、信頼性の高いスイッチをルートブリッジに選択するとよいでしょう。

●正常時および障害時におけるデータの流れの把握

　ルートブリッジを選択することによって、ある程度ブロックされるポートが特定できるようになります。しかし、スイッチでパスコストの計算方法が異なるときなど、意図したポートがブロックされなくなる可能性があります。そのため、きちんとブロックされるべきポートを指定するために、ルートブリッジ以外のスイッチにおいてブリッジIDや、ポートのパスコストを変更します。そして、正常時にどのような経路でデータが流れるのか、障害が発生したときにどのような経路に切り替わるかをきちんと把握してください。データの流れを把握することによって、トラブルへの対処も行いやすくなります。

●負荷分散の考慮

　ネットワーク上に複数のVLANが存在するときには、負荷分散を行うとより効率よくネットワークを利用することができるようになります。PVSTによって、VLANごとにスパニングツリーを形成し、データの負荷分散を行うことができるようになります。その場合には、VLANごとにルートブリッジを決定し、データの流れを把握しておく必要が出てきます。

●コンバージェンス時間の考慮

　スパニングツリープロトコルによって、経路が切り替わる際にあまりにも

chapter 4
スパニングツリープロトコル(Spanning Tree Protocol)

時間がかかってしまうとリアルタイムデータの転送などにおいて、問題が発生します。コンバージェンス時間によって問題が発生するデータが存在するかどうかを調べます。もし、そのようなデータが存在すれば、ネットワークのダイアメータを調整したり、拡張されたスパニングツリープロトコルによって高速にコンバージェンスするように考慮します。

● **スイッチの機種選定**

スパニングツリープロトコルは、PVSTや高速スパニングツリーなどさまざまな拡張が行われています。しかし、これらの拡張はベンダ独自の実装によることが多くあります。これから導入するスイッチが利用したい機能を備えているかどうか、また、ベンダが異なる場合には相互運用性が問題ないかどうかをきちんと確認しておく必要があります。

SUMMARY

第4章　スパニングツリープロトコルのまとめ

ネットワークの信頼性を高めるためには、機器や回線などを冗長化することが行われています。しかし、ただ単に機器や回線などを冗長化してうまくいくかというと、そういうわけでもありません。適切なプロトコルを動作させたり、設定を行わないとまったく意味がなくなってしまいます。

第4章では、スイッチを冗長化したときに、必ず考えなくてはいけないスパニングツリーについて解説しました。"スパニングツリーがなぜ必要なのか？""どのような動作を行うのか？"ということについて詳しく述べています。

また、スパニングツリーを利用した負荷分散の仕組みや、設計時のポイントについても触れています。

ルーティング&スイッチング

chapter 5

ルーティング

　ルータが行う重要な機能として、「ルーティング」があります。この章以降で、ルーティングについて紹介していきます。まず、第5章では、ルーティングについての概要を見ていきましょう。

Routing & Switching

| Chapter5 | ルーティング |

5-1 ルーティングとは

まず、ルーティングを行うルータとは何か、ルータが保持するルーティングテーブルとは何か、ということから見ていきます。

5-1-1 ルータ

★OSI参照モデル
詳しくは「1-1 TCP/IPとは」参照。

まず、ルーティングを行う**ルータ**について考えていきましょう。ネットワーク機器の機能は、**OSI参照モデル**★の階層で考えるのが一般的です。ルータは、OSI参照モデル第3層の**ネットワーク層**で動作するネットワーク機器です。ルータは、処理性能や用途によってさまざまな機種がありますが、ルータによって主に提供される機能は次の通りです。

●ブロードキャストドメインの分割

ルータは、データリンク層レベルのブロードキャストを通しません。そのため、ルータによってブロードキャストドメインを分割して、ブロードキャストがネットワークに与える影響を制御することができます。

●ルーティング

ブロードキャストドメインが分割されるので、異なるネットワーク上のコンピュータ同士はお互いに直接通信することができなくなります。異なるネットワーク上のコンピュータが通信を行うには、ルータによってパケットを中継してもらう必要があります。このルータの中継機能を**ルーティング**と呼んでいます。

ルーティングを行うには、ルータは自身が保持する**ルーティングテーブル**とデータに含まれるネットワーク層の情報を利用します。現在、TCP/IPが一般的なプロトコルです。TCP/IPネットワークアーキテクチャでは、ネットワーク層の情報は、IPヘッダが相当します。IPのデータ（パケット）をルーティングすることを指して、特に**IPルーティング**と呼びます。本書では、IPルーティングについて解説します。

●パケットフィルタリング機能

あるパケットに対してルータを通過させる／させないといった制御を行うことができます。これを**パケットフィルタリング**と呼んでいます。

パケットフィルタリングの条件は、IPアドレスやTCP/UDPポート番号によって設定することができます。ポート番号によるフィルタリングを行うと、WWWやメールなどのアプリケーションの種類ごとにきめこまかい制御を行うことができます。

●アドレス変換機能

　企業の社内LANでは、多くの場合プライベートアドレスを利用しています。社内LANからルータによってインターネットに接続する場合、通常プライベートアドレスとグローバルアドレスの変換が必要です。このプライベートアドレスとグローバルアドレスの変換には、**NAT**（Network Address Translation）や**IPマスカレード**を使います。

　NATは1つのグローバルアドレスで、同時に1台のコンピュータのみインターネットに接続することが可能です。それに対して、IPマスカレードは1つのグローバルアドレスで同時に複数のコンピュータがインターネットに接続することができます。

5-1-2　ルーティングテーブル

　ルータがルーティングを行うには、**ルーティングテーブル**が必要です。ルーティングテーブルには、以下のような情報が記載されています。

> ・あて先ネットワーク
> ・ネクストホップアドレス
> ・メトリック
> ・出力インタフェース
> ・経路の情報源
> ・経過時間
> ・アドミニストレイティブディスタンス

　あて先ネットワークは、ルータが把握しているネットワークです。ネットワークアドレスとサブネットマスクの情報が入ります。

　ネクストホップアドレスはあて先ネットワークに到達するために、次に中継すべきルータのIPアドレスが入ります。ある経路がルーティングテーブルに載る前提として、ネクストホップアドレスに到達可能でなくてはいけません。ですから、通常、ネクストホップアドレスは、直接接続されているネットワークのアドレスになります。

　メトリックはあて先ネットワークまでの距離を示します。主にルーティングプロトコルによるダイナミックルーティングで、あて先ネットワークに到達するための経路が複数ある場合、メトリックが小さい経路を採用します。もし、同じメトリックの経路がある場合には、シスコルータでは同じメトリックの経路上で負荷分散を行うことができます。メトリックをどのように計算するかはルーティングプロトコルによって異なります。ルーティングプロトコ

chapter 5
ルーティング

ルによって、あて先ネットワークまでの距離の計測方法が違っているのです。メトリックの計測方法は違っていても、最終的には1つの数値となり、値が小さい方が優先されます。代表的なルーティングプロトコルのメトリックは、次の表のようになります。

▶ ルーティングプロトコルのメトリック

ルーティングプロトコル	メトリック
RIPv1/v2	ホップ数
IGRP/EIGRP	帯域幅、遅延、信頼性、負荷、MTU
OSPF/IS-IS	コスト
BGP	(アトリビュート★)

★アトリビュート
　BGPでは、さまざまなアトリビュートによって経路を決定する。

　出力インタフェースは、あて先ネットワークに到達するための出力するルータのインタフェースの情報です。これはあて先への「方向」と考えることができます。ルータは出力インタフェースの種類によって、IPパケットを適切なデータリンクヘッダでカプセル化して、ネットワークへ送出します。たとえば、出力インタフェースがイーサネットであれば、イーサネットヘッダでIPパケットをカプセル化します。出力インタフェースがシリアルインタフェースで、PPPの設定がされていれば、IPパケットをPPPヘッダでカプセル化して送出します。

　経路の情報源とは、ルーティングテーブルのエントリが、直接接続されているネットワークなのか、スタティックに設定された経路なのか、あるいはどのルーティングプロトコルによって学習したのかという、その経路をどのように学習したかを示します。

　経過時間とは、ルータがその経路を学習してから経過した時間です。RIP（Routing Information Protocol）などルーティングプロトコルの中には、一定時間、他のルータから経路を受け取らなければ、障害が発生したとみなすものがあります。

　アドミニストレイティブディスタンスとは、シスコルータ独自のパラメータです。これは、経路の情報源の信頼性を表し、値が小さいほど信頼性が高くなります。1つのルータでスタティックなルートを設定しつつ、ルーティングプロトコルを動作させることもできますし、ルーティングプロトコルを複数動作させることもできます。すると、同じあて先ネットワークに対して、複数の情報源から経路を教えてもらう可能性もあるわけです。このようなときに、ルータはアドミニストレイティブディスタンスが最も小さい経路を採用します。アドミニストレイティブディスタンスのデフォルト値は、次の表のようになります。

アドミニストレイティブ
ディスタンスの値

経路の情報源	アドミニストレイティブディスタンス値
直接接続	0
スタティック	1
EIGRP集約ルート	5
外部BGP（EBGP）	20
EIGRP	90
IGRP	100
OSPF	110
RIP	120
EIGRP外部ルート	170
内部BGP（IBGP）	200
不明	255

　経路の情報源としては、大きく「直接接続」「スタティック設定」「ルーティングプロトコル」の3種類に分けることができます。**直接接続**は、ルータに直接つながっているネットワークですから一番確実な情報です。次に**スタティック設定**は管理者が設定しているはずですから、確実な情報ととらえています。**ルーティングプロトコル**には、あとで紹介しますが、いろいろな種類があります。それらさまざまなルーティングプロトコルのアルゴリズムやメトリックとして何を採用しているかによって、信頼性を考えています。
　なお、アドミニストレイティブディスタンスの値は、設定によって変更することも可能です。

　ルーティングテーブルに記述されている情報は、ベンダごとに若干、表記や項目が異なることがありますが、一般的な情報は以上となります。では、実際にシスコシステムズ社（以下、シスコ社）のルータのルーティングテーブルを見てみましょう。
　シスコ社のルータでは、ルーティングテーブルを表示するために、次のコマンドを入力します（図5-1）。

```
show ip route
```

chapter 5
ルーティング

▼シスコルータのルーティングテーブル（図5-1）

```
Cisco1 #show ip route
Codes C - connected, S - static, I - IGRP, R - RIP, M - mobile, B - BGP
      D - EIGRP, EX - EIGRP external, O - OSPF, IA - OSPF inter area
      N1 - OSPF NSSA external type 1, N2 - OSPF NSSA external type 2
      E1 - OSPF external type 1, E2 - OSPF external type 2, E - EGP
      i - IS-IS, L1 - IS-IS level-1, L2 - IS-IS level-2, ia - IS-IS inter area
      * - candidate default, U - per-user static route, o - ODR
      P - periodic downloaded static route
Gateway of last resort id not set
R   200.1.1.0/24 [120/1] via 172.16.1.20, 00:00:17, FastEthernet0/0
    172.16.0.0/24 is subnetted, 5 subnets
R   172.16.4.0 [120/1] via 172.16.1.20, 00:00:17, FastEthernet0/0
R   172.16.5.0 [120/1] via 172.16.3.20, 00:00:03, FastEthernet0/1
S   172.16.6.0 [1/0] via 172.16.1.30
```

```
                 ┌あて先ネットワークと   ┌ネクストホップアドレス   ┌出力インタフェース
                 │サブネットマスク
R   200.1.1.0/24 [120/1] via 172.16.1.20, 00:00:17, FastEthernet0/0
│                └[アドミストレイティブディスタンス/メトリック] └経過時間
└経路の情報源
  例）R:RIP、C:直接接続、S:スタティック
```

　図5-1の中で、ルーティングテーブルのエントリを1つ抜き出して解説しています。先ほど紹介したさまざまな情報が、ルーティングテーブル上に載せられていることがわかります。

5-1-3　ルーティングの仕組み

　ルータが受け取ったIPパケットの送信先IPアドレスと自身がもつルーティングテーブルを使って、どのようにルーティングを行うのかを見ていきます。

　図5-2では、3台のルータA、B、Cを使って3つのネットワークを接続しています。ルータAに192.168.1.0/24のネットワーク、ルータBに192.168.2.0/24のネットワーク、ルータCに192.168.3.0/24のネットワークが接続されています。各ルータ間は、専用線によって接続されています。また、図にはルータAのルーティングテーブルが書かれています。ルーティングテーブルの内容としてあて先ネットワークとネクストホップアドレスだけを取り出しています。ルータB、Cは書いていませんが、実際にはルータAと同じようにルーティングテーブルを持っています。

5-1

ルーティングとは

ルータによるネットワーク例 ▶
（図5-2）

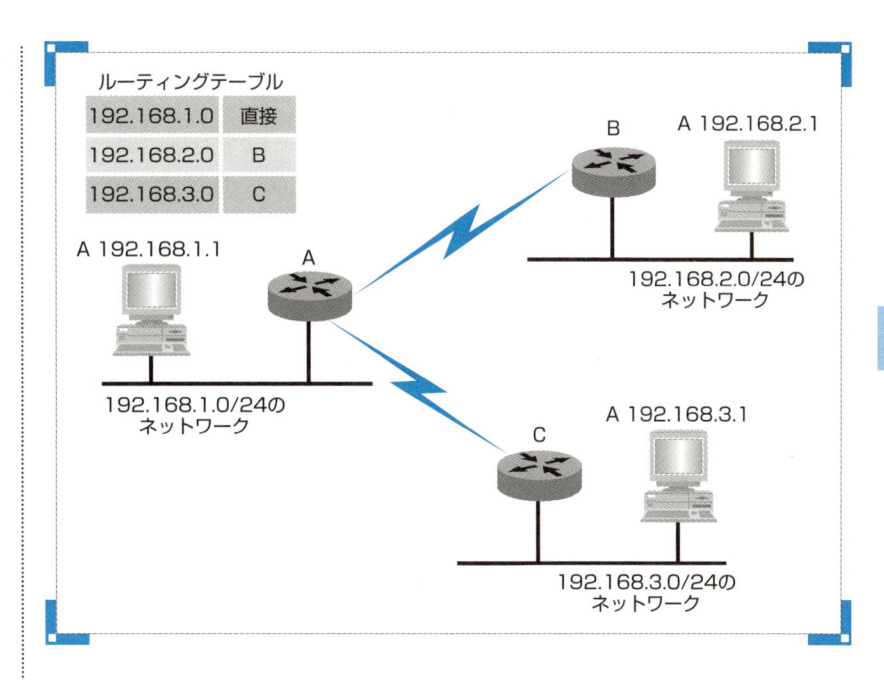

ルーティングテーブル	
192.168.1.0	直接
192.168.2.0	B
192.168.3.0	C

　ルータAのルーティングテーブルは、192.168.1.0/24のネットワークは自分に直接つながっています。そして、192.168.2.0/24のネットワークに行くためにはルータBに送ればいいということが登録されています。さらに、192.168.3.0/24のネットワークに行くためにはルータCに送ればいいと書かれているわけです。

　このネットワークにおいて、192.168.1.1というIPアドレスを持つコンピュータAから192.168.3.1というIPアドレスを持つコンピュータCにデータを送るときを考えます。コンピュータAとコンピュータCで所属するネットワークが異なります。異なるネットワーク上の相手とは直接通信を行うことができません。そのため、デフォルトゲートウェイ、つまり、ルータAにデータを送ります。ルータAには、図5-3のようなデータが送られます。イーサネットのヘッダについての詳細は省略しています。イーサネットのヘッダのあとにIPのヘッダが入ってきます。この中に送信元IPアドレス192.168.1.1、送信先IPアドレス192.168.3.1という情報が入ってきます。

ルータAに転送される ▶
データ
（図5-3）

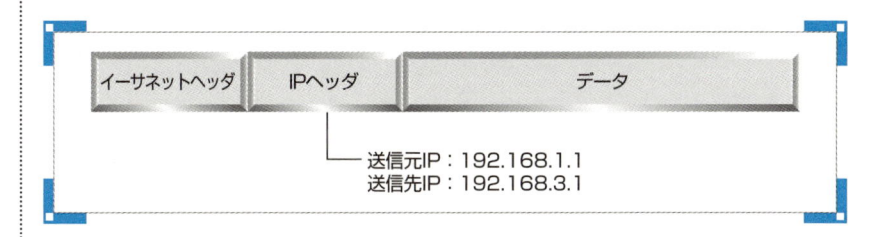

送信元IP：192.168.1.1
送信先IP：192.168.3.1

chapter 5
ルーティング

ルータAはこのIPヘッダを見て、あて先に行くにはどこに渡せばいいかを判断します。すると、ルーティングテーブルから、192.168.3.0/24のネットワークへは、ルータCに渡せばいいことがわかるので、このデータをルータCに送ります。そして、ルータCから、あて先のコンピュータCにデータが届けられていきます（図5-4）。

ルーティングされる様子（図5-4）

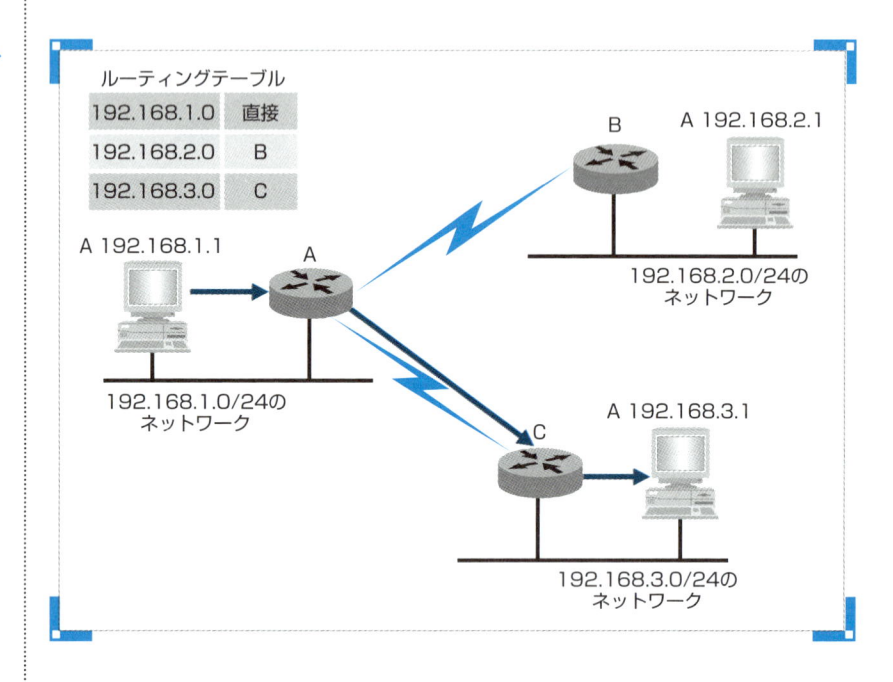

ルーティングテーブル	
192.168.1.0	直接
192.168.2.0	B
192.168.3.0	C

なお、ルータはルーティングテーブルにないあて先に対するパケットを中継することができません。ルーティングテーブルにないあて先のパケットがやってくると、ルータはそのパケットを捨て、送信元にICMP★を利用してエラーを通知します。

★ICMP
Internet Control Message Protocolの略。

ルーティングを行うためには、ネットワーク上のすべてのルータがきちんとルーティングテーブルを作成していなければいけないことに注意してください。ルーティングテーブルが完成していて、はじめて正常な通信ができます。また、障害発生時は、ルーティングテーブルが迂回ルートにすべて更新されてはじめて、迂回ルートでのルーティングが可能になります。

5-1-4 ルーティングテーブルの検索（ロンゲストマッチ）

あるパケットの送信先IPアドレスに対してルーティングテーブル上に一致する経路が複数存在する場合、もっとも一致しているビット数が多い経路が選択されます。これを**ロンゲストマッチ**と呼んでいます。

5-1 ルーティングとは

　図5-5では、送信先IPアドレス192.168.1.130に当てはまる経路は3つ存在しています。ルーティングテーブルを検索する際は、各経路のサブネットマスクまでのビットが送信先IPアドレスと一致するかをチェックします。図のルーティングテーブルの1つ目の192.168.0.0/16という経路情報と送信先IPアドレスを比較すると、16ビット目まで一致しています。同様に192.168.1.0/24では送信先IPアドレスと24ビット目まで一致しています。4つ目の経路情報の192.168.1.128/27と送信先IPアドレスは27ビット目まで一致しています。これら3つの経路情報は、パケットをルーティングするための経路情報として利用可能です。

　しかし、192.168.1.32/27の経路情報と送信先IPアドレスは24ビット目までしか一致していません。そのため、このパケットを転送するためには利用できません。

　複数の経路情報が利用可能な場合、最も一致するビット数が多い経路情報が優先されます。この例では、192.168.1.128/27の経路が選択されて、パケットはネクストホップである192.168.101.5へ転送されます。

　ロンゲストマッチをよく理解することによって、ルーティングテーブルの経路を集約し効率よくルーティングテーブルを管理することができます。

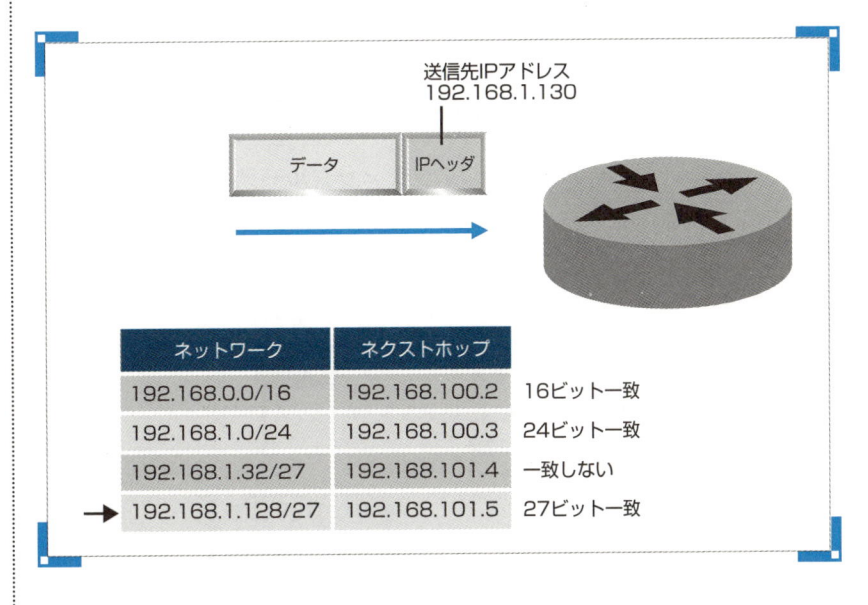

ロンゲストマッチ（図5-5）

ネットワーク	ネクストホップ	
192.168.0.0/16	192.168.100.2	16ビット一致
192.168.1.0/24	192.168.100.3	24ビット一致
192.168.1.32/27	192.168.101.4	一致しない
→ 192.168.1.128/27	192.168.101.5	27ビット一致

送信先IPアドレス 192.168.1.130

Chapter5　ルーティング

5-2　ルーティングの種類

ルーティングには、大きく分けて2種類あります。1つはスタティックルーティング、もう1つはダイナミックルーティングです。この2種類の特徴と違いについて解説します。

5-2-1　ルーティングの種類

ルーティングテーブルの作成およびメンテナンスする方法として、次の2種類あります。

> ・スタティック（静的）ルーティング
> ・ダイナミック（動的）ルーティング

スタティックルーティングとは、管理者が手動でルータに経路を1つづつ登録し、ルーティングテーブルを作成する方法です。**ダイナミックルーティング**とは、ルータで**ルーティングプロトコル**を動作させ、自動的に**ルーティングテーブル**を作成する方法です。

5-2-2　スタティックルーティング

まず、**スタティックルーティング**を行うときの様子について見ていきます。次の図5-6のネットワークを考えます。

▶スタティックルーティングの例（図5-6）

A	B
10.0.0.0/8	20.0.0.0/8　　30.0.0.0/8

10.0.0.0/8	直接	20.0.0.0/8	直接
20.0.0.0/8	直接	30.0.0.0/8	直接

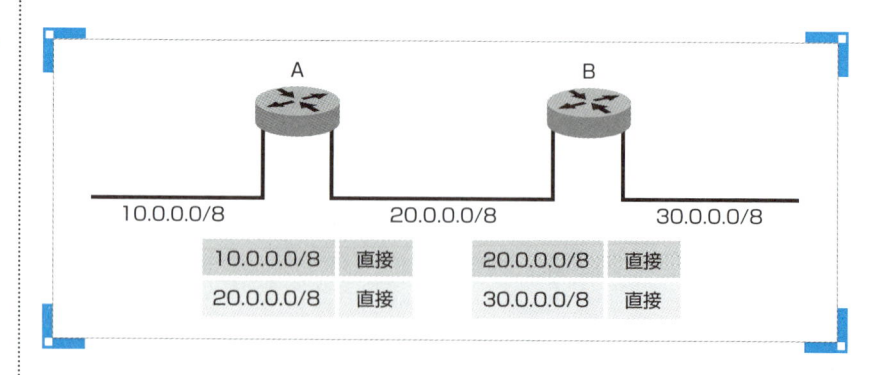

2台のルータA、Bで10.0.0.0/8と20.0.0.0/8と30.0.0.0/8の3つのネットワークを接続しています。ルータは、自分が直接つながっているネットワークの情報はルーティングテーブルにあらためて設定する必要はありません。ルータのインタフェースにIPアドレスを設定すると、そのネットワークはルーティングテーブルに追加されます。しかし、直接接続されたネッ

トワーク以外の情報はわかりません。すると、次のような問題が発生します。

たとえば、このときルータAに 30.0.0.0/8あてのパケットがやってきたとします。ルータAはあて先IPアドレスを取り出し、ルーティングテーブルを見て、次にどこに転送すればよいのか判断するのですが、あて先ネットワークの情報はルーティングテーブル上にはありません。この場合、ルータはパケットを捨ててしまいます。パケットを捨てるとICMPタイプ3到達不能メッセージによって、送信元に対してエラーレポートを返します（図5-7）。

▶ ルーティングテーブルにないあて先のパケットは破棄
（図5-7）

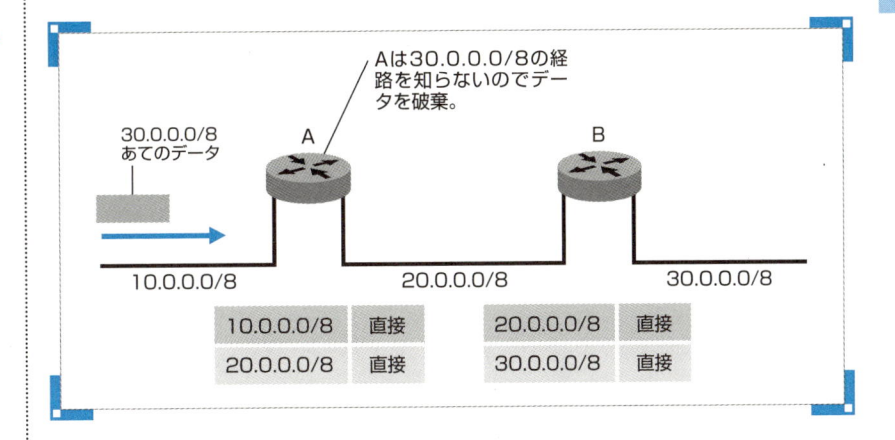

ルータAが30.0.0.0/8へパケットを中継するためには、ネットワーク管理者がそのあて先をルータAに登録してあげる必要があります。次ページの図5-8のルーティングテーブルの青い部分です。

30.0.0.0/8あてのパケットは、ルータBに渡すという情報をルーティングテーブルに追加します。そうすれば、ルータAは30.0.0.0/8のパケットはルータBに渡します。30.0.0.0/8のネットワークはルータBに直接接続されているので、ルーティングテーブル上にあるはずです。そのため、パケットを送り届けることができます。

▶ ルータAのルーティングテーブルにエントリを追加
（図5-8）

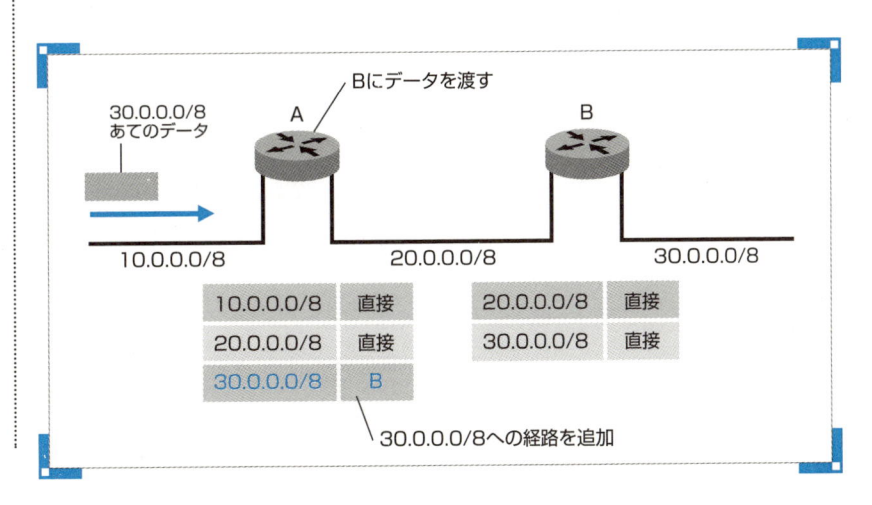

chapter 5
ルーティング

　ただし、10.0.0.0/8のネットワークと30.0.0.0/8のネットワークが双方向で通信を行うためには、これだけではまだ不十分です。さらに、ルータBにも10.0.0.0/8への経路を登録してあげる必要があります（図5-9）。パケットの行きの経路と帰りの経路を各ルータにきちんと登録してはじめて、双方向通信を行うことができます。

▶ スタティックルーティングの完成（図5-9）

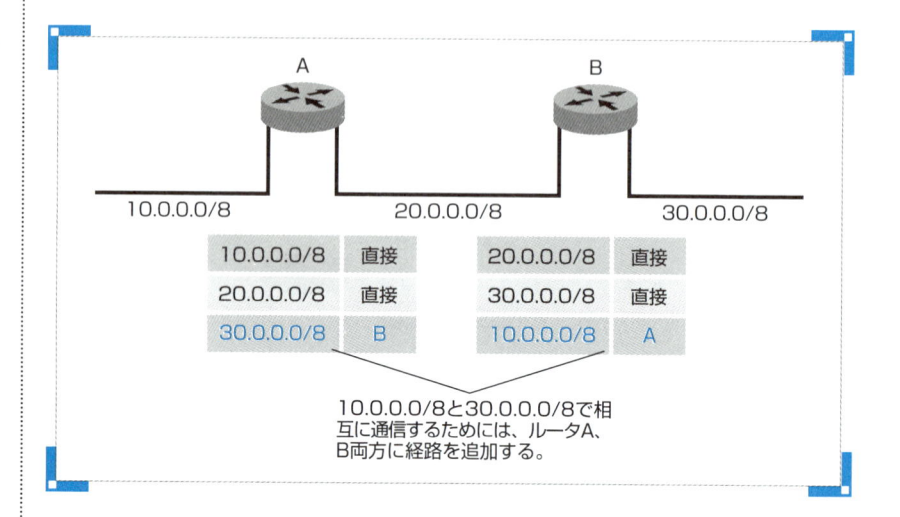

```
          A                    B
     ┌─────────┐         ┌─────────┐
10.0.0.0/8    20.0.0.0/8    30.0.0.0/8

    10.0.0.0/8  直接      20.0.0.0/8  直接
    20.0.0.0/8  直接      30.0.0.0/8  直接
    30.0.0.0/8   B        10.0.0.0/8   A
```

10.0.0.0/8と30.0.0.0/8で相互に通信するためには、ルータA、B両方に経路を追加する。

　つまり、スタティックルーティングでは、ネットワーク上のすべての経路について各ルータにその経路を設定してあげなくてはいけません。そのため、スタティックルーティングにはネットワークの変化に対して、柔軟に対応できないという短所があります。その例として、先ほどのネットワークに新たにルータCを追加して、40.0.0.0/8というネットワークを拡張した場合を考えます（図5-10）。

▶ ネットワークの拡張（図5-10）

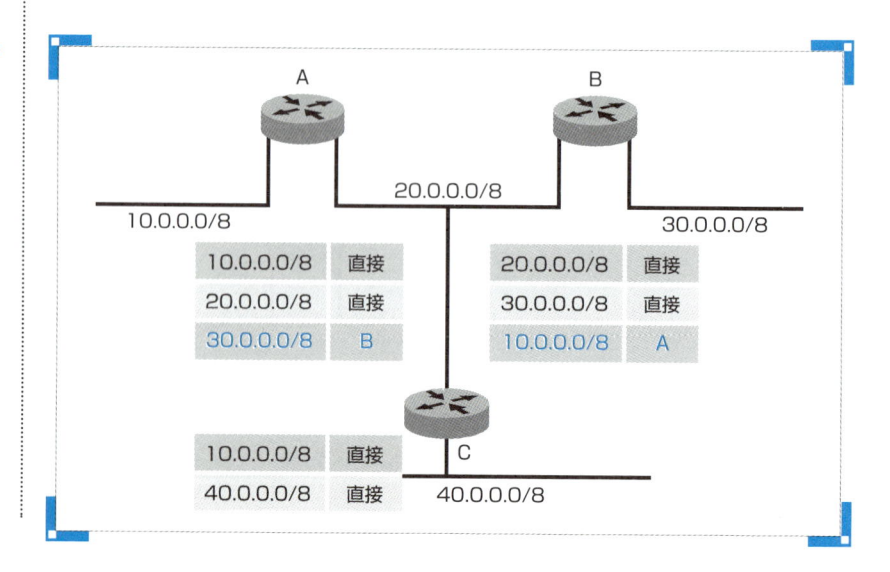

```
          A                    B
     ┌─────────┐         ┌─────────┐
              20.0.0.0/8
10.0.0.0/8                30.0.0.0/8

    10.0.0.0/8  直接      20.0.0.0/8  直接
    20.0.0.0/8  直接      30.0.0.0/8  直接
    30.0.0.0/8   B        10.0.0.0/8   A

                    C
              ┌─────────┐
    10.0.0.0/8  直接      40.0.0.0/8
    40.0.0.0/8  直接
```

このときルータA、Bは40.0.0.0/8のネットワークへの経路はわかりません。同じようにルータCは10.0.0.0/8への経路、30.0.0.0/8への経路はわかりません。ですから、この場合は10.0.0.0/8、30.0.0.0/8、40.0.0.0/8のネットワークは相互に通信を行うことができないことになります。各ネットワークが相互に通信を行うためには、図5-11のようにルータA、B、Cに対して新たに経路を登録します。

スタティックエントリの追加
（図5-11）

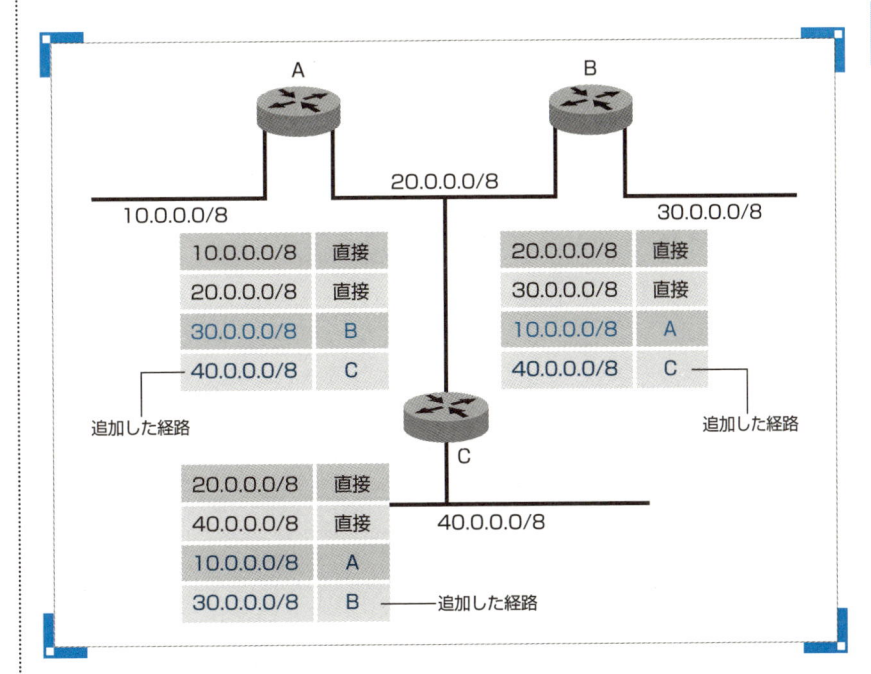

この例では、ルータはわずか3台だけですが、ルータが何十台、何百台とある大規模なネットワークにおいては、この経路の登録は、非常に大変な作業になることが簡単に想像できることでしょう。ルーティングテーブルの設定だけで、ネットワーク管理者の仕事が終わってしまうということにもなりかねません。

5-2-3 ダイナミックルーティング

スタティックルーティングではルーティングテーブルを管理者が手動で作成する必要がありました。それに対して、**ダイナミックルーティング**ではルータ同士で自分が知っている経路情報をやり取りして、自動的にルーティングテーブルを作成していきます。ルータ同士のやり取りに使うプロトコルを**ルーティングプロトコル**と呼びます。

chapter 5
ルーティング

　ダイナミックルーティングの様子を見るために、以前使ったスタティックルーティングと同じネットワーク構成を考えます（図5-12）。このときは10.0.0.0/8のネットワークと30.0.0.0/8のネットワークの間の通信はできません。なぜなら、ルータAは30.0.0.0/8の経路を知らないし、ルータBは10.0.0.0/8の経路を知らないからです。

▶ネットワーク例（図5-12）

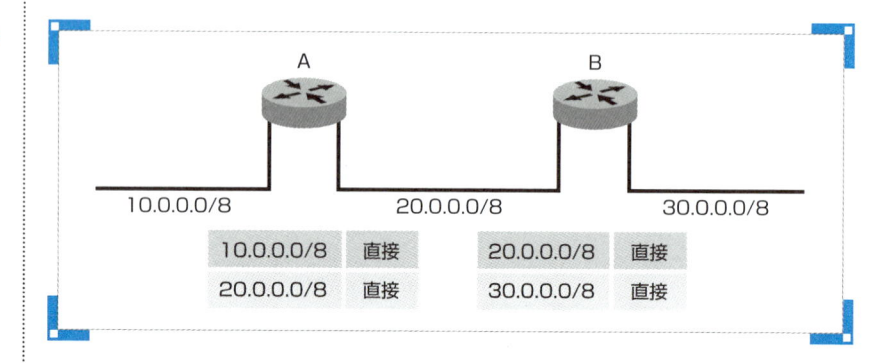

　ルータにダイナミックルーティングの設定して、ルーティングプロトコルを動作させると、ルータAとルータBはお互いに自分が持っている経路情報をやり取りします。やり取りする経路情報の内容は、ルーティングプロトコルによって異なります。以下の解説ではよく利用されているRIPを例に取ります。ルータAは"10.0.0.0/8のネットワークは知っているので、そのネットワークあてのパケットが来たら、こちらに送ってください"とルータBに教えます。ルータBはルータAに対して、"30.0.0.0/8 のネットワークは知っているので、そのネットワークあてのパケットはこちらに送ってください"と知らせます。教えてもらった経路情報を、ルーティングテーブルに追加した様子が図5-13です。これで、10.0.0.0/8、20.0.0.0/8、30.0.0.0/8のネットワークで相互に通信を行うことができるようになるわけです。

▶通知された経路情報をルーティングテーブルに追加（図5-13）

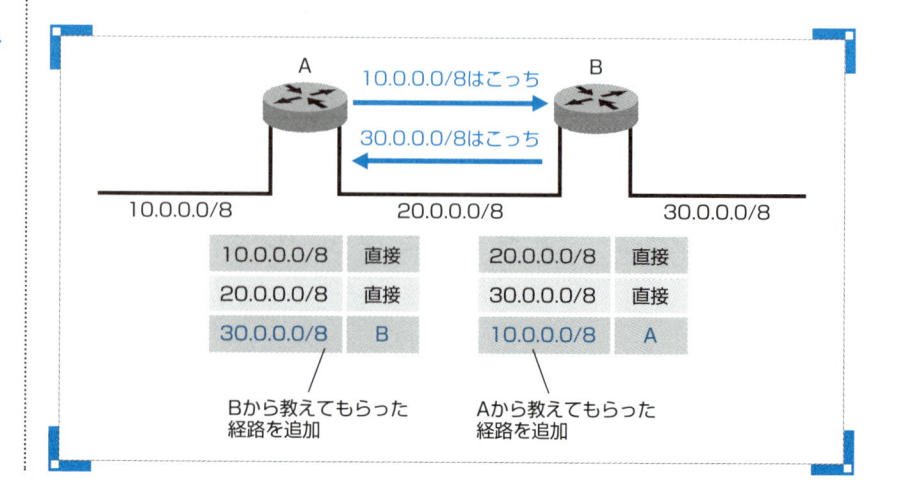

5-2 ルーティングの種類

ルータCが追加されて、ネットワーク40.0.0.0/8が追加された場合を考えましょう。

追加したルータCでも、ルータA、ルータBと同じルーティングプロトコルを動作させます。すると、ルータCはルータAとルータBに対して、"ネットワーク40.0.0.0/8はこっちです"と知らせるようになります。そして、ルータAが"ネットワーク10.0.0.0/8はこちらです"といっているのを聞きます。同じようにルータBが"ネットワーク30.0.0.0/8はこちらです"といっているのを聞きます。

ルータAとBは、ルータCから教えてもらった40.0.0.0/8の情報を追加し、ルータCはルータAから教えてもらった10.0.0.0/8とルータBから教えてもらった30.0.0.0/8の情報を追加します。追加されたルーティングテーブルは図5-14のようになります。

▶拡張されたネットワークの経路情報を追加（図5-14）

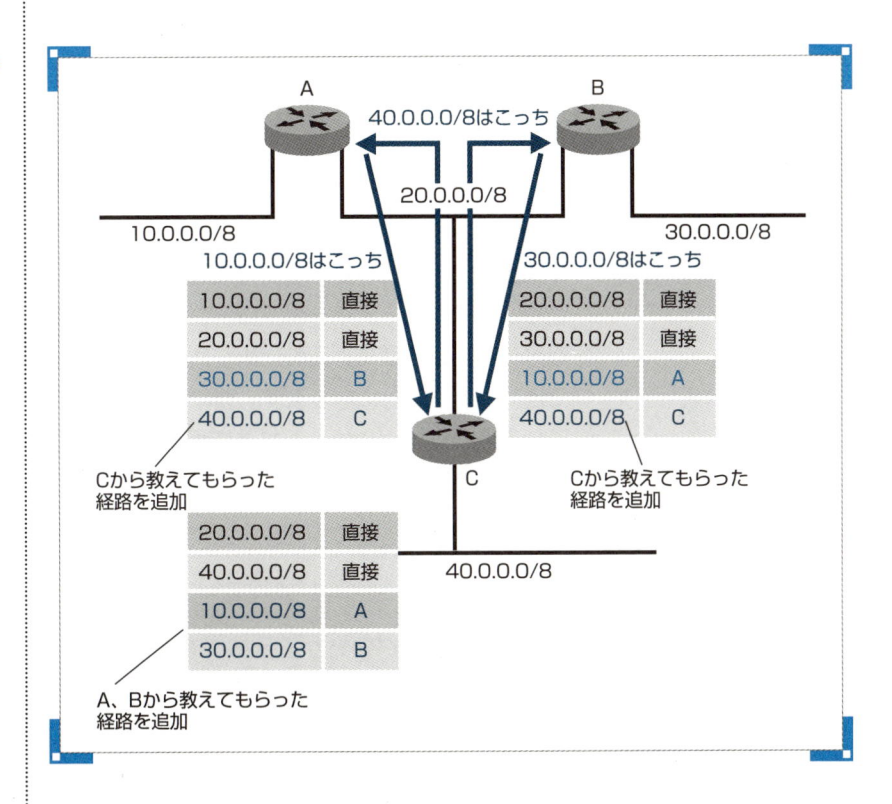

ルータA			ルータB	
10.0.0.0/8	直接		20.0.0.0/8	直接
20.0.0.0/8	直接		30.0.0.0/8	直接
30.0.0.0/8	B		10.0.0.0/8	A
40.0.0.0/8	C		40.0.0.0/8	C

Cから教えてもらった経路を追加

ルータC	
20.0.0.0/8	直接
40.0.0.0/8	直接
10.0.0.0/8	A
30.0.0.0/8	B

A、Bから教えてもらった経路を追加

以上のように、スタティックルーティングとは異なり、ダイナミックルーティングはネットワークの変化に対して柔軟に対応することができるようになります。スタティックルーティングのルーティングテーブル設定作業の負荷に比べると、ダイナミックルーティングはルーティングプロトコルの設定を行うだけです。

5-2-4 スタティックルーティングとダイナミックルーティングの比較

　ルーティングテーブルを設定するのに、スタティックルーティングかダイナミックルーティングのどちらがよいのでしょう？

　一見すると、ダイナミックルーティングの方が手作業で設定する必要もなく優れているように見えますが、スタティックルーティングの方が有効な場合もあります。

　セキュリティと管理の観点から、スタティックルーティング、ダイナミックルーティングのメリット・デメリットを見ていきます。

　まず、セキュリティ面についてです。絶対的なセキュリティが必要な場合は、スタティックルーティングを使います。スタティックルーティングでは、管理者が明示的にルーティングテーブルを変更しない限り、ルーティングテーブルが変わってしまうことはまずありません。また、ルーティングテーブルの変更も通常はパスワードによって保護されています。勝手にテーブルが書き換わってしまうという可能性が非常に少ないのです★。

　それに対して、ダイナミックルーティングでは、知らないうちにルーティングテーブルが書き換わってしまっていたということが考えられます。ルータ同士がやり取りしている情報を改ざん、偽造して嘘の経路情報を流せばいいわけです。ルーティングプロトコルは、通常の設定では、特に経路情報を暗号化していません。そのため、やろうと思えば経路情報の改ざん、偽造はできてしまうことになります。勝手にルーティングテーブルが書き換えられてしまうと正しくパケットが送り届けられなくなり、ネットワークが混乱してしまいます。ですから、セキュリティ面では、スタティックルーティングに軍配があがります。

　次に、管理についてはどうでしょう？　管理を楽にしたいなら、ダイナミックルーティングの方が圧倒的に有利です。スタティックルーティングでは、ネットワーク上の各ルータに対して、すべてのネットワークへの経路を設定しなければなりません。小規模な環境ならそれでもたいした手間ではないかもしれませんが、大規模なネットワークだとその手間はとても大変だということは想像がつくと思います。

　ネットワーク管理の負荷を減らしたいという場合には、ダイナミックルーティングを利用するとよいでしょう。

　大切なのは、それぞれの特徴をきちんと理解し、適切な場所に適切な設定をすることです。

★…少ないのです

　ただし、可能性が「0」ではない。ある程度ルータの設定知識をもっている人であれば、ノートパソコンと必要なケーブルさえあれば、ルータの設定を勝手に書き換えられる。セキュリティを考えるのなら、ネットワーク機器を置いている部屋に鍵を掛けるなど、物理的なセキュリティの考慮も必要。

スタティックルーティングとダイナミックルーティングのメリットを、以下の表にまとめました。

	スタティックルーティング	ダイナミックルーティング
セキュリティ	○	△
管理	△	○

Chapter5　ルーティング

5-3 ルーティングプロトコル

ダイナミックルーティングを行うためのルーティングプロトコルには、さまざまな種類があります。各ルーティングプロトコルの特徴を把握することで、ネットワークに最適なルーティングプロトコルを選択できるようになります。ここからはルーティングプロトコルの概要を述べ、各ルーティングプロトコルの詳細については第6章以降で解説します。

5-3-1 ルーティングプロトコルの分類

RIP（Routing Information Protocol）、**OSPF**（Open Shortest Path First）、**BGP**（Border Gateway Protocol）などのルーティングプロトコルは、次の3つの観点から分類することができます。

> ・ルーティングプロトコルの適用範囲
> ・ルーティングプロトコルのアルゴリズム
> ・クラスフルルーティングプロトコル、クラスレスルーティングプロトコル

3種類の分類の観点について順に解説します。

5-3-2 内部ゲートウェイプロトコル（IGPs）と外部ゲートウェイプロトコル（EGPs）

ルーティングプロトコルは、その適用範囲によって、**内部ゲートウェイプロトコル**（**IGPs**：Interior Gateway Protocols）と**外部ゲートウェイプロトコル**（**EGPs**：Exterior Gateway Protocols）に分類することができます。

「内部」「外部」とありますが、何の「内部」「外部」でしょう？

これは、**自律システム**（**AS**：Autonomous System）と呼ばれるものの外部か内部かということを指しています。

自律システムの概念は難しいものです。また、広義の意味と狭義の意味をもっていることも、自律システムの概念を難しくしていると思われます。自律システムとは、

> 狭義：同一のルーティングプロトコルを採用しているネットワークの集合
> 広義：ある管理組織が同一の管理ポリシーに従って運用されているネットワークの集合

ととらえられています。

5-3 ルーティングプロトコル

　狭義の意味は、たとえばOSPFならOSPFで運用しているネットワークの集合を指しています。IGPs、EGPsの分類で考えている自律システムは、広義の「同一の管理ポリシーに従って運用されているネットワークの集合」です。広義の自律システムの中では、複数のルーティングプロトコルが運用されているかもしれませんが、自律システム内に含まれるネットワークにある組織が責任をもって管理することになります。

　自律システムの例としては、**インターネットサービスプロバイダ（ISP：Internet Service Provider）** や、企業や学術機関などの大規模ネットワークがあります。これら自律システムは、**自律システム番号**を取得して、お互いを識別します。このような自律システムがお互いに相互接続して、世界規模に広がったネットワークが現在「インターネット」と呼ばれるものの姿です。インターネットが「ネットワークのネットワーク」と呼ばれる所以です。

　自律システムの外部、つまり自律システムと自律システムの間で利用するルーティングプロトコルがEGPsです。そして、自律システムの内部で利用するルーティングプロトコルがIGPsとなります。

　EGPsとして、以前は**EGP**（Exterior Gateway Protocol）が利用されていましたが、現在では一般的に、**BGP4**（Border Gateway Protocol version4）が利用されています。IGPsとしては、RIP、OSPFなどがあげられます（図5-15）。

▶ EGPsとIGPs（図5-15）

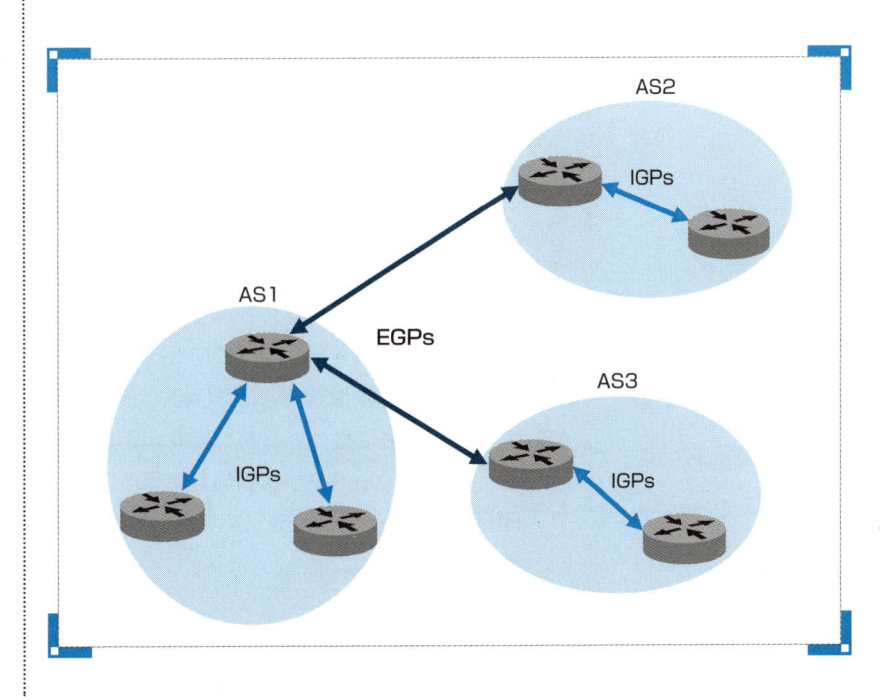

chapter 5
ルーティング

企業内ネットワークにおいて利用するルーティングプロトコルは、ほとんどの場合IGPsになります。ただし、最近では**IP-VPN**サービスではBGPを採用するケースも見られます。

以下の表に、IGPsとEGPsの特徴をまとめています。

IGPsとEGPsの特徴▶

	IGPs	EGPs
適用範囲	AS内部	AS間
プロトコル例	RIPv1/v2、IGRP、EIGRP、OSPF、IS-IS	EGP、BGP

5-3-3 ルーティングアルゴリズムによるIGPsの分類

IGPsはさらに、ルーティングプロトコルのアルゴリズムによって以下のように分類★されます。

★分類
パスベクタ型と呼ばれる分類もあるが、EGPsであるBGPのアルゴリズムなので、ここでは取り上げない。

> ・ディスタンスベクタ型－RIP、IGRP
> ・リンクステート型－OSPF、IS-IS
> ・ハイブリッド（拡張ディスタンスベクタ）型－EIGRP

これらは、ルータ同士が、「どのような情報」を「どのように」交換するのかという分類です。**ルーティングアルゴリズム**の違いによって、ルーティングテーブルのコンバージェンスが大きく変わってきます。

●ディスタンスベクタ型

ディスタンスベクタ型ルーティングプロトコルは、あて先ネットワークまでの「距離」と「方向」に従って経路を決定します。あて先ネットワークまでの「距離」と「方向」は、どちらもルーティングテーブル上に含まれています。すなわち、「距離」はメトリック、「方向」は出力インタフェースです。ですから、ディスタンスベクタ型はルータがもつルーティングテーブルの情報を交換するルーティングプロトコルであるといえます。このルーティングテーブルの交換はRIPでは30秒に1回、IGRPでは90秒に1回のように、定期的な間隔に従って行われます。定期的なルーティングテーブルの送信によって、他のルータが稼動しているということを認識することができます。**RIP**、**IGRP**がディスタンスベクタ型ルーティングプロトコルの例です。

●リンクステート型

リンクステート型ルーティングプロトコルでは、ルータは自分が持っているインタフェースの情報（**リンクステート**）を交換します。これを**LSA (Link State Advertisement)** と呼んでいます。LSAの中には、そのルータがどのようなインタフェースを持っていて、どのようなタイプのネットワークに接続されていて、IPアドレスがいくつ、帯域幅がいくつという情報が入っています。このLSAを集めて、リンクステートデータベースを作成します。リンクステートデータベースは、いわばネットワークの「地図」に相当するものです。この地図を基にして、あて先ネットワークまでの最適な経路を計算して、ルーティングテーブルを構成します。このルーティングテーブルの計算アルゴリズムを**最短パス優先**、もしくは**ダイクストラアルゴリズム**★と呼んでいます。**OSPF**がリンクステート型ルーティングプロトコルの代表的な例です。また、リンクステート型ルーティングプロトコルは、ルーティング情報の交換は何らかの変更があったときのみです。通常は、Helloメッセージを利用して、他のルータが正常に動作しているかどうか確認しています。

●ハイブリッド（拡張ディスタンスベクタ）型

ハイブリッド（拡張ディスタンスベクタ）型ルーティングプロトコルは、シスコ社独自の拡張であり、本質的にはディスタンスベクタと同じで、ルーティングテーブルを交換します。ディスタンスベクタの特徴に加えて、Helloプロトコルによる他のルータの状態確認や、近くのルータのルーティングテーブルを保持するなどリンクステート型の特徴を取り入れて、より効率の良いルーティングプロトコルアルゴリズムになっています。ハイブリッド型ルーティングプロトコルとして、**EIGRP**があります。

★ダイクストラアルゴリズム
エヅガー・ウィーブ・ダイクストラが考案したアルゴリズム。ダイクストラ法ともいう。ダイクストラは、オランダ生まれの数学者、コンピュータ学者。構造化プログラミングの提唱者として名高い。

5-3-4 ルーティングテーブルのコンバージェンス

ネットワーク上のすべてのルータが、すべての経路を認識している状態を**コンバージェンス**★（収束）状態といいます。ルーティングプロトコルのアルゴリズムによって、このコンバージェンス状態に至るまでに必要とする時間（**コンバージェンス時間**）が異なります。

初期状態で、ルータAとルータBによって172.16.1.0/24、172.16.2.0/24、172.16.3.0/24の3つのネットワークを接続しています。この例では、ディスタンスベクタ型ルーティングプロトコルを採用しています。ルータAはルータBとルーティングテーブルを交換することにより、この3つのネットワークを認識し、コンバージェンス状態となっています。こ

★コンバージェンス
スパニングツリープロトコルでは、コンバージェンスとはスパニングツリーが完成することを指していたが、ルーティングプロトコルのコンバージェンスとは、ルーティングテーブルが完成することを指す。

chapter 5
ルーティング

こで、新たにルータCを追加してから172.16.4.0/24のネットワークをルータA、ルータBが認識し、かつルータCがその他のネットワークを認識するまでに必要とする時間を、コンバージェンス時間といいます（図5-16）。

▶ ルーティングテーブルの収束①
（図5-16）

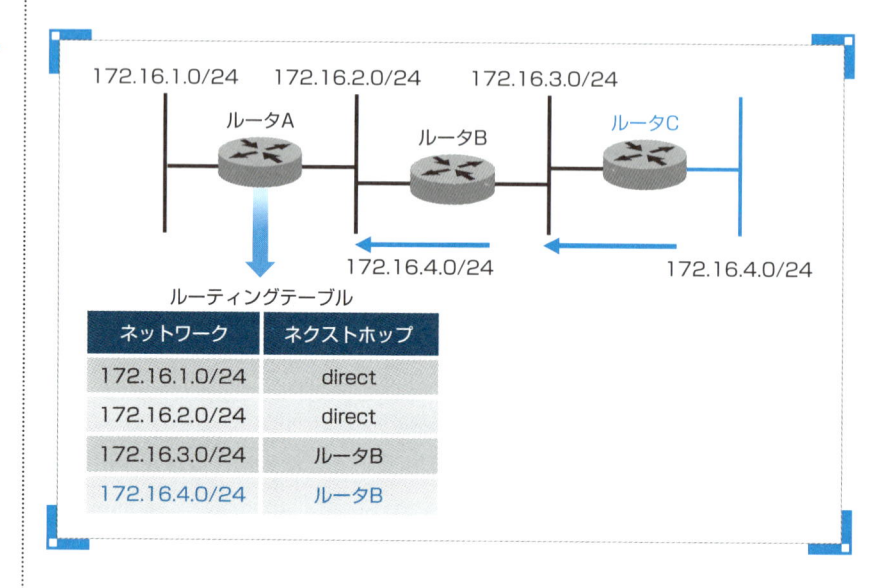

```
172.16.1.0/24    172.16.2.0/24    172.16.3.0/24
     ルータA          ルータB          ルータC
                    ←172.16.4.0/24  ←172.16.4.0/24
```

ルーティングテーブル

ネットワーク	ネクストホップ
172.16.1.0/24	direct
172.16.2.0/24	direct
172.16.3.0/24	ルータB
172.16.4.0/24	ルータB

　ルータCはルータBに対して、172.16.4.0/24の経路を送信します。ルータBはルータCから受け取った経路を自身のルーティングテーブルに追加し、ルータBの定期的な間隔にしたがって172.16.4.0/24をルータAに通知します。そのため、ルータAが新しく追加された172.16.4.0/24を認識するまでに最大で2回分の定期的なアップデート間隔の時間が必要です。

　大規模なネットワークになると、ディスタンスベクタ型ルーティングプロトコルはコンバージェンス時間がさらに長くなります。冗長構成をとっていて、障害時の迂回経路を確保していても経路の切り替えに時間がかかってしまいます。そのため、ディスタンスベクタ型ルーティングプロトコルは、ネットワークの拡張性があまり高くありません。

　次にリンクステート型ルーティングプロトコルの場合を考えます。ルータA、ルータB、ルータCは同じリンクステート型ルーティングプロトコルを利用している例です。ルータAは受け取ったLSAからリンクステートデータベースを更新し、ルーティングテーブルの再計算を行うことによって、新たに追加された172.16.4.0/24のネットワークを認識することができます（図5-17）。

ルーティングテーブルの
収束②
(図5-17)

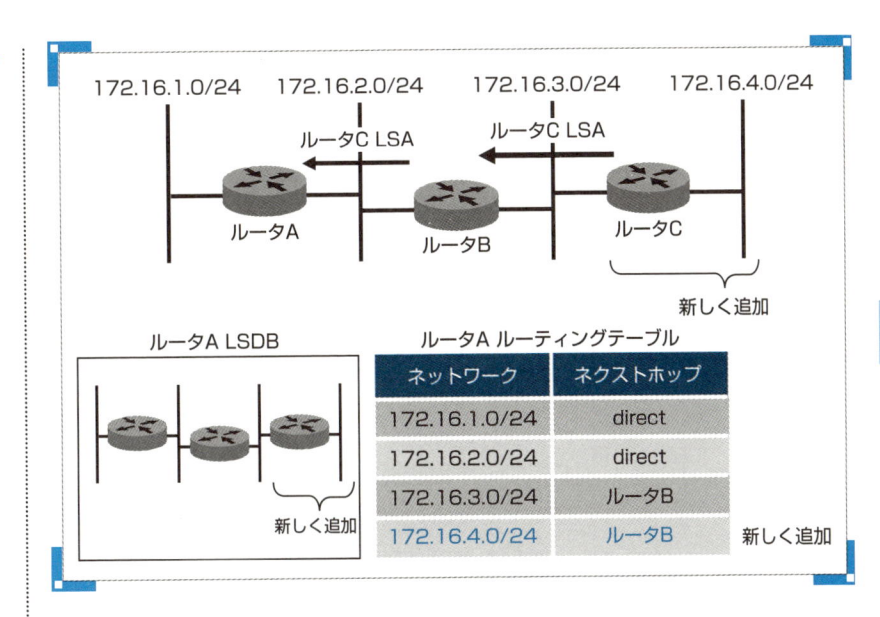

172.16.1.0/24　172.16.2.0/24　172.16.3.0/24　172.16.4.0/24

ルータC LSA　　ルータC LSA

ルータA　　ルータB　　ルータC

新しく追加

ルータA LSDB

新しく追加

ルータA ルーティングテーブル

ネットワーク	ネクストホップ
172.16.1.0/24	direct
172.16.2.0/24	direct
172.16.3.0/24	ルータB
172.16.4.0/24	ルータB

新しく追加

　ディスタンスベクタ型ルーティングプロトコルは、コンバージェンスするまでに何回分かの定期的なアップデート間隔の時間が必要でしたが、リンクステート型ではLSAからリンクステートデータベースを更新する時間とルーティングテーブルの再計算の時間だけでコンバージェンスすることができます。このことから大規模なネットワークで障害時の迂回経路が存在する場合、リンクステート型ルーティングプロトコルであれば非常に高速に経路を切り替えることができます。大規模なネットワークに対する拡張性を備えているということがいえます。

　また、シスコ社独自のハイブリッド型ルーティングプロトコルであるEIGRPは、あらかじめ利用可能な**フィージブルサクセサ**というバックアップ用のルートを保持しています。そのため、障害が発生しても素早く経路を切り替えることができ、リンクステート型ルーティングプロトコルよりもさらにコンバージェンス時間が短くなります。

　以下の表に、ディスタンスベクタ型ルーティングプロトコルとリンクステート型ルーティングプロトコル、ハイブリッド型ルーティングプロトコルの特徴についてまとめています。

ディスタンスベクタ型、
リンクステート型、
ハイブリッド型
ルーティングプロトコルの
特徴

	ディスタンスベクタ型	リンクステート型	ハイブリッド型
交換する情報	ルーティングテーブル	リンクステート	ルーティングテーブル
アップデート間隔	定期的	変更があったとき	変更があったとき
コンバージェンス時間	長い	短い	(リンクステート型より) 短い
拡張性	低い	高い	高い
プロトコル例	RIPv1/v2、IGRP	OSPF、IS-IS	EIGRP

5-3-5 クラスフルルーティングプロトコルとクラスレスルーティングプロトコル

ルータが交換するルーティング情報の中にサブネットマスクの情報が含まれるかどうかによって、ルーティングプロトコルは以下の2種類に分類されます。

> ・クラスフルルーティングプロトコル
> ・クラスレスルーティングプロトコル

クラスフルルーティングプロトコル、クラスレスルーティングプロトコルについて解説する前に、メジャー（主要）ネットワークという表現について触れておきましょう。

メジャーネットワークとは、クラスA、B、Cのアドレスクラスに従ったネットワークアドレスを指しています。つまり、クラスAは1バイト目まで、クラスBは2バイト目まで、クラスCは3バイト目までがネットワークアドレスということになります。また、**ナチュラルマスク**あるいは**デフォルトマスク**という表現もよく見られます。これは、クラスA、B、Cにおけるサブネットマスクのことです。つまり、ナチュラルマスクは次の表のようになります。

▶ナチュラルマスク
（デフォルトマスク）

クラス	サブネットマスク
クラスA	255.0.0.0
クラスB	255.255.0.0
クラスC	255.255.255.0

5-3-6 クラスフルルーティングプロトコル

クラスフルルーティングプロトコルの例は、RIPv1やシスコ社独自のIGRPなど伝統的なディスタンスベクタ型ルーティングプロトコルです。これらのルーティングプロトコルが交換するルーティング情報の中には、**サブネットマスク**の情報は含まれていません。そのため、ルーティングテーブルに載せるためには受信したルーティング情報からサブネットマスクを判断して、各あて先のネットワークアドレスを認識しなければいけません。

クラスフルルーティングプロトコルが受信したルーティング情報に適用するサブネットマスクを決める方法は次の2通りあります。

●**受信したインタフェースのサブネットマスクを適用する**

受信したルーティング情報のメジャーネットワークが受信したインタフェ

ースのメジャーネットワークと同じ場合、インタフェースに設定されたサブネットマスクを適用します。たとえば、図5-17では、ルータのインタフェースのIPアドレスは、172.16.100.1/24です。受信したルーティング情報が172.16.2.0で、ルータのインタフェースと同じメジャーネットワーク内であれば、このルーティング情報に対するサブネットマスクとして、/24を適用します。

▼クラスフルルーティングプロトコルでのサブネットマスクの適用①（図5-17）

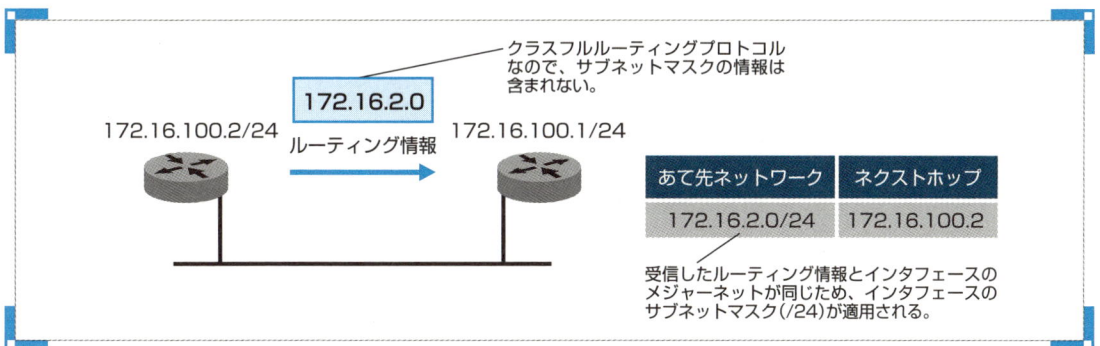

あて先ネットワーク	ネクストホップ
172.16.2.0/24	172.16.100.2

受信したルーティング情報とインタフェースのメジャーネットが同じため、インタフェースのサブネットマスク(/24)が適用される。

クラスフルルーティングプロトコルなので、サブネットマスクの情報は含まれない。

172.16.100.2/24 → 172.16.2.0 ルーティング情報 → 172.16.100.1/24

● **クラスによるナチュラルマスクを適用する**

受信したルーティング情報のメジャーネットワークと受信したインタフェースのメジャーネットワークが異なる場合、そのルーティング情報に対するサブネットマスクとして、クラスのナチュラルマスクを適用します。図5-18のようにルータのインタフェースが172.16.1.100/24で、100.0.0.0というルーティング情報を受信した場合、このルーティング情報に対するサブネットマスクには、クラスAのナチュラルマスクである255.0.0.0が適用されます。

▼クラスフルルーティングプロトコルでのサブネットマスクの適用②（図5-18）

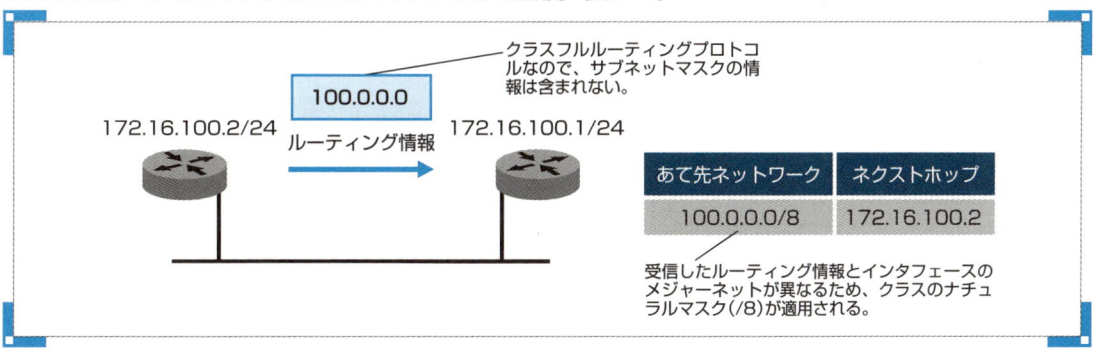

あて先ネットワーク	ネクストホップ
100.0.0.0/8	172.16.100.2

受信したルーティング情報とインタフェースのメジャーネットが異なるため、クラスのナチュラルマスク(/8)が適用される。

クラスフルルーティングプロトコルなので、サブネットマスクの情報は含まれない。

172.16.100.2/24 → 100.0.0.0 ルーティング情報 → 172.16.100.1/24

クラスフルルーティングプロトコルでは、経路の**自動集約**もサポートしています。クラスフルルーティングプロトコルの自動集約とは、メジャーネット

ワークが異なるネットワークへルーティング情報を転送するときに、クラスの境界で経路を集約してルーティング情報を転送することです。たとえば、現在ルーティングテーブル上に、172.16.1.0/24という経路があり、その経路を192.168.1.1/24というメジャーネットワークが異なるインタフェースから送信するときに、172.16.0.0のようにクラスの境界で集約して送信します（図5-19）。経路集約については、あとで詳しく解説します。

自動集約の例（図5-19）▶

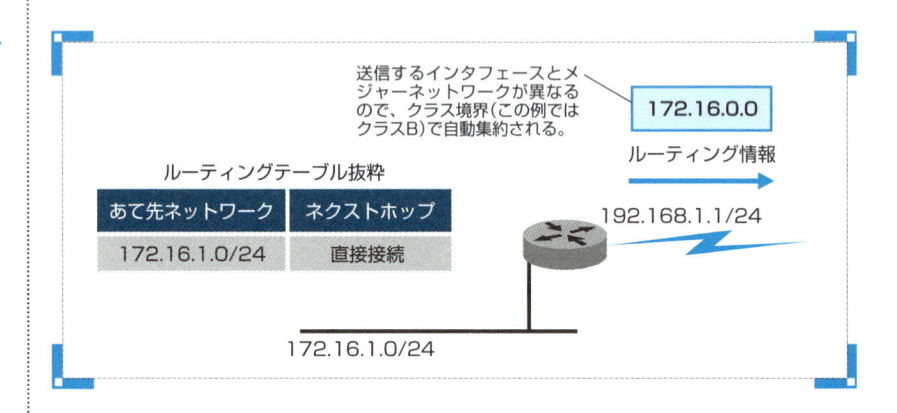

あて先ネットワーク	ネクストホップ
172.16.1.0/24	直接接続

送信するインタフェースとメジャーネットワークが異なるので、クラス境界（この例ではクラスB）で自動集約される。

172.16.0.0 ルーティング情報
192.168.1.1/24
172.16.1.0/24

クラスフルルーティングプロトコルの制約として、**不連続サブネット（分断サブネット）** をサポートすることができません。不連続サブネットとは、図5-20のように、異なるメジャーネットワークによって分断されているサブネットのことです。

▼不連続サブネット（図5-20）

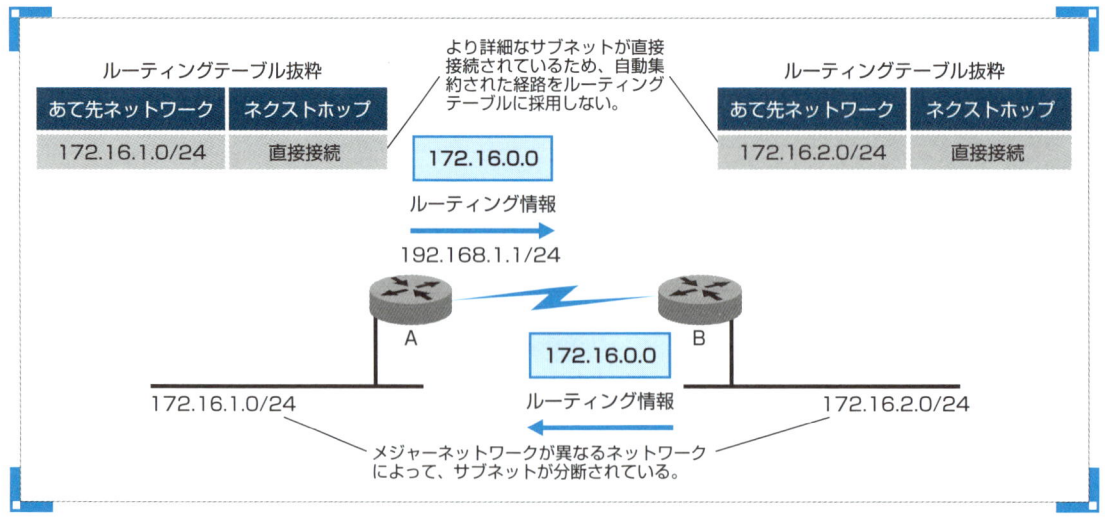

ルーティングテーブル抜粋

あて先ネットワーク	ネクストホップ
172.16.1.0/24	直接接続

より詳細なサブネットが直接接続されているため、自動集約された経路をルーティングテーブルに採用しない。

172.16.0.0
ルーティング情報
192.168.1.1/24

ルーティングテーブル抜粋

あて先ネットワーク	ネクストホップ
172.16.2.0/24	直接接続

A　　172.16.0.0　B
ルーティング情報
172.16.1.0/24　　　　172.16.2.0/24

メジャーネットワークが異なるネットワークによって、サブネットが分断されている。

　　自動集約によって、ルータAがサブネット172.16.1.0/24は172.16.0.0としてルーティング情報を転送します。ルータBも同様に自

動集約によって172.16.2.0/24を172.16.0.0としてルータAに転送します。ルータAは、たとえルータBから172.16.0.0というルーティング情報を受け取っても、自身のルーティングテーブルにより詳細なサブネットが直接接続されているので、その情報を採用しません。そのため、ルータAのルーティングテーブルには、172.16.2.0/24の経路が存在しません。また、同様にルータBのルーティングテーブルにも、172.16.1.0/24の経路が存在しません。そのため、172.16.1.0/24と172.16.2.0/24のサブネット間で相互に通信することができなくなってしまいます。

また、クラスフルルーティングプロトコルでは、**可変長サブネットマスク**（**VLSM**：Variable Length Subnet Mask）をサポートすることができません。同じメジャーネットワーク内のサブネットでは、図5-21のようにすべて一貫したサブネットマスクが必要です。この一貫したサブネットマスクの環境を、**固定長サブネットマスク**（**FLSM**：Fixed Length Subnet Mask）と呼びます。

5-3-7　クラスレスルーティングプロトコル

クラスレスルーティングプロトコルは、ルータ同士が交換するルーティング情報の中にサブネットマスクを含めているルーティングプロトコルです。クラスレスルーティングプロトコルの例としては、次のプロトコルが挙げられます。

- ・RIPv2（Routing Information Protocol version2）
- ・OSPF（Open Shortest Path First）
- ・IS-IS（Intermediate System to Intermediate System）
- ・EIGRP（Enhanced Interior Gateway Routing Protocol）
- ・BGP（Border Gateway Protocol）

クラスレスルーティングプロトコルでは、受信したルーティング情報に含まれているサブネットマスクの情報から「クラスの境界に縛られることなく」各あて先ネットワークに対するネットワークアドレスを認識して、ルーティングテーブルに載せることができます。クラスの境界に縛られないということが、クラス「レス」という意味になります。

サブネットマスクの情報をルーティング情報に含めているので、クラスフルルーティングプロトコルのように、不連続サブネットで正しくルーティングできなくなるという制限がありません。そして、**経路集約**もクラス境界での自動集約*だけでなく、任意のビット境界において手動で経路集約を行うことができます。ただし、経路集約を適切に行うためには、効率よくIPアド

★自動集約
　OSPFでは、自動集約を行わない。

chapter 5
ルーティング

レスを割り当てる必要があります。さらに、クラスレスルーティングプロトコルでは、メジャーネットワーク内の各サブネットで、異なるサブネットマスクを適用して、IPアドレスをホスト数に応じて柔軟に割り当てるVLSMもサポートすることができます（図5-21）。VLSMの詳細は後述します。

以下の表に、クラスフルルーティングプロトコルとクラスレスルーティングプロトコルの特徴についてまとめます。

▼クラスレスルーティングプロトコルのルーティング情報のやり取り（図5-21）

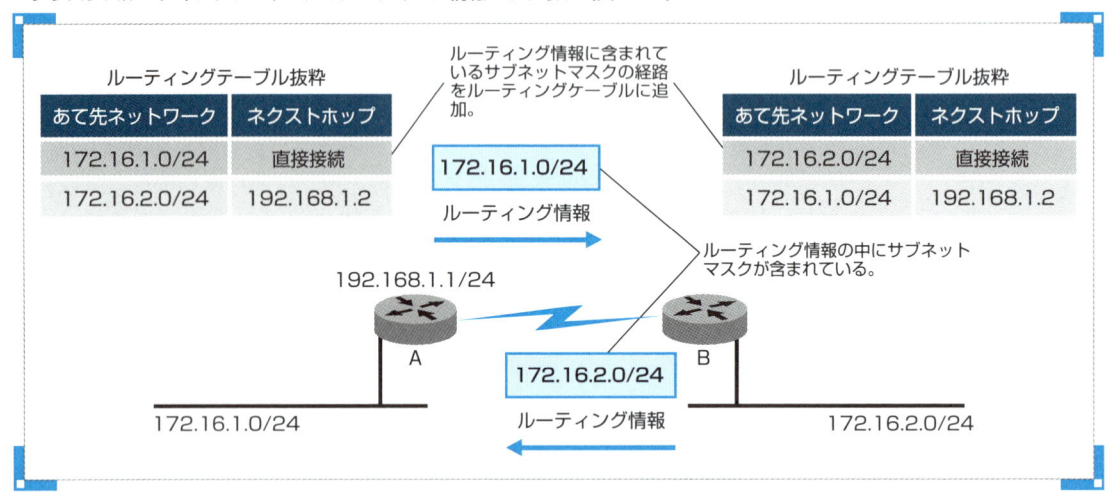

▶クラスフルルーティングプロトコルとクラスレスルーティングプロトコルの比較

	クラスフルルーティングプロトコル	クラスレスルーティングプロトコル
サブネットマスクの通知	行わない	行う
不連続サブネット	サポートできない	サポートできる
VLSM	サポートできない	サポートできる
経路集約	クラス境界（自動）	クラス境界（自動）、任意のビット境界（手動）
プロトコル例	RIPv1、IGRP	RIPv2、OSPF、EIGRP、BGP、IS-IS

5-4 効率のよいルーティング

効率のよいルーティングを行うために、さまざまな考慮事項があります。これらは特に大規模なネットワークで重要になってきます。ここからは効率のよいルーティングを行うための技術について解説します。

5-4-1 効率のよいルーティングを行うための考慮事項

ルータは、ルーティングテーブルに従って受信したパケットをルーティングします。もし、ルーティングテーブルが非常に巨大であれば、パケットの送信先IPアドレスとルーティングテーブルのエントリを比較する際に時間がかかります。また、ルーティングテーブルはルータのメモリ上に格納されているので、あまりにも巨大なルーティングテーブルはメモリを圧迫します。

そのため、効率のよいルーティングを行うためにはできるだけ「ルーティングテーブルのサイズを小さくする」ことを考えます。ルーティングテーブルのサイズを小さくするためには、次のような方法があります。

> ・IPアドレスの効率的な割り当て（可変長サブネットマスク（VLSM）、階層型IPアドレッシング）
> ・経路集約
> ・デフォルトルート

これらを用いて、ルーティングテーブルのサイズを小さくすることによってエントリの検索時間が短くなります。また、適切な経路集約やデフォルトルートの設定を行えば、ネットワークの変更が影響を及ぼす範囲を限定することができるので、ルーティングプロトコルによる経路の再計算の頻度を抑えてルータのCPU使用率を低くすることもできるようになります。

5-4-2 IPアドレスの効率的な割り当て（VLSM）

IPアドレスを効率的に割り当てるために、**可変長サブネットマスク**（**VLSM**：Variable Length Subnet Mask）と呼ばれる手法を用います。これは、同じメジャーネットワーク内でサブネットごとに異なったサブネットマスクを適用することです。VLSMに対する用語として、**固定長サブネットマスク**（**FLSM**：Fixed Length Subnet Mask）があります。FLSM環境では、サブネットごとに同一のサブネットマスクを適用しなければいけません。FLSMに比べて、VLSMが効率的にIPアドレスを利用できることを次のようなネットワーク例で見てみましょう。

chapter 5
ルーティング

●ネットワークの例

本社のLANには200台のコンピュータが接続されていて、2つの支社が本社と専用線で接続されています。支社のLANには50台のコンピュータが接続されています。このネットワークは、クラスBのプライベートアドレス172.16.0.0/16をサブネッティングして、IPアドレスの設定をします。

各ネットワークで必要とされるIPアドレスの数は、以下の表のようになります。

必要なIPアドレスの数 ▶

ネットワーク	必要なIPアドレスの数
本社LAN	200
支社1LAN	50
支社2LAN	50
本社－支社1専用線	2
本社－支社2専用線	2

上記のネットワーク例において、FLSMを用いてIPアドレスの割り当てを行ったものが図5-22です。

FLSMの例（図5-22）▶

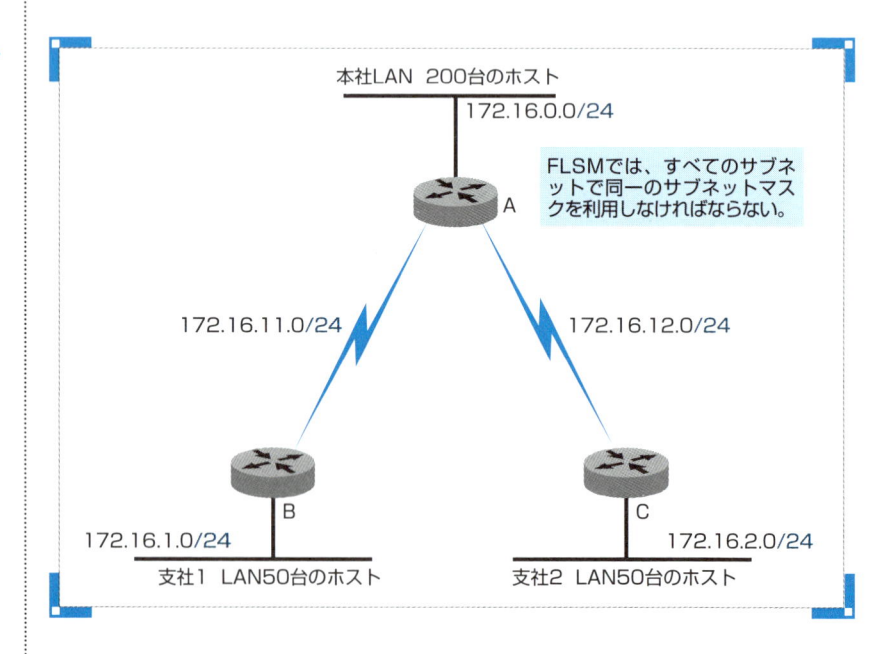

本社LAN 200台のホスト
172.16.0.0/24

FLSMでは、すべてのサブネットで同一のサブネットマスクを利用しなければならない。

A

172.16.11.0/24   172.16.12.0/24

B   C

172.16.1.0/24   172.16.2.0/24
支社1 LAN50台のホスト   支社2 LAN50台のホスト

本社LANの200個のIPアドレスをサポートするために、サブネットマスクを/24としています。これは、ホストアドレスに割り当てるビット数をnとすると、IPアドレスの数は、2^n-2個です。以下の式から、

5-4 効率のよいルーティング

$$2^n - 2 \geqq 200$$

n＝8となります。ホストアドレスが8ビットであるので、サブネットマスクは/24です。$2^8-2=254$個のアドレスが利用でき、本社LANのホストアドレスをサポートできます。

FLSMでは、すべてのネットワークのサブネットマスクを、この最大のホストアドレスをサポートする/24に統一しなければいけません。そうすると、支社1LANでは、IPアドレスは50個あればよいのですが、254個も割り当ててしまいます。このように、FLSMでは必要なIPアドレスの数に対して、過剰にIPアドレスの割り当てを行ってしまうことがわかるでしょう。

次の表に/24というサブネットマスクのFLSM環境において、利用されていないIPアドレスの数をまとめています。

FLSM環境（/24のサブネットマスク）で利用されないIPアドレスの数 ▶

ネットワーク	必要なIPアドレスの数	利用されていないIPアドレスの数
本社LAN	200	54
支社1LAN	50	204
支社2LAN	50	204
本社－支社1専用線	2	252
本社－支社2専用線	2	252
	合計	66

利用されないIPアドレスの数は、サブネットを追加するなどネットワークの拡張を行うと、さらに顕著になってきます。そのため、FLSM環境は、拡張性のあるネットワークとはいえなくなってしまいます。

以上のようなIPアドレスの無駄をなくし、効率よくIPアドレスを割り当てるためにVLSMを利用します。次ページの図5-23が、VLSMでIPアドレスの割り当てを行った例です。

chapter 5
ルーティング

VLSM（図5-23）▶

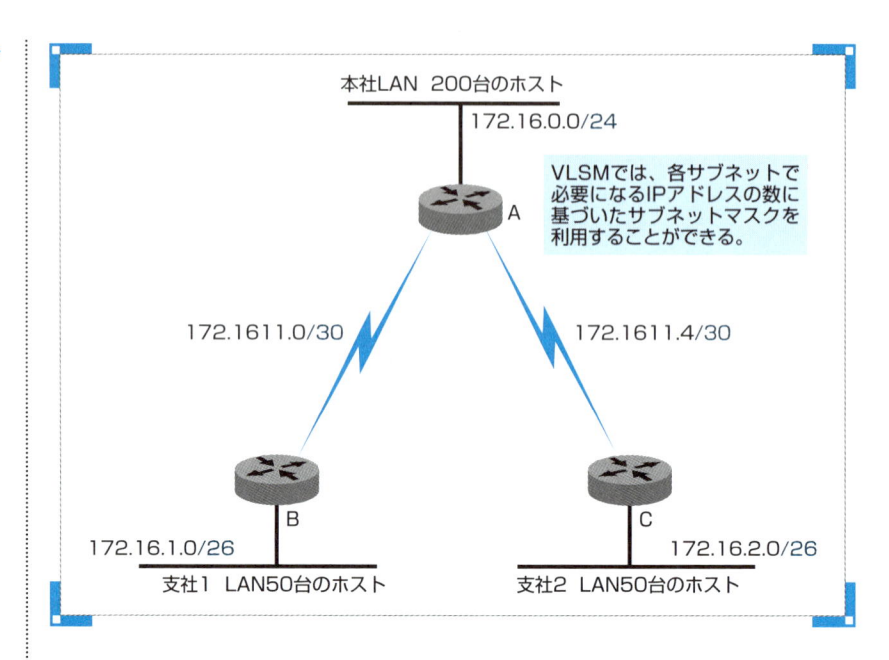

本社LAN　200台のホスト
172.16.0.0/24

VLSMでは、各サブネットで必要になるIPアドレスの数に基づいたサブネットマスクを利用することができる。

A

172.1611.0/30　　172.1611.4/30

B　　　　　　　　　　C
172.16.1.0/26　　　　172.16.2.0/26
支社1　LAN50台のホスト　　支社2　LAN50台のホスト

　本社LANでは、177ページで求めたように、サブネットマスクを/24とすると、200個のIPアドレスをサポートすることができます。支社1LAN、支社2LANの50個のIPアドレスをサポートできるサブネットマスクを求めるには、先ほどと同様に、まずホストアドレスをnビットとして、次の式からホストアドレスのビット数を求めます。

$$2^n - 2 \geq 50$$

n=6であるので、サブネットマスクが/26となることがわかります。
　本社と支社を接続する専用線のネットワークのサブネットマスクも同様に、ホストアドレスをnビットとすると、

$$2^n - 2 \geq 2$$

より、n=2となり、サブネットマスクが/30であればよいことになります。

　次の表は、サブネットごとにサブネットマスクを必要とするIPアドレスの数に従って変更したVLSMでの、IPアドレスの利用についてまとめたものです。

5-4 効率のよいルーティング

VLSM環境での
IPアドレスの利用

ネットワーク	必要なIPアドレスの数	サブネットマスク	サポートできるIPアドレス	利用されていないIPアドレスの数
本社LAN	200	/24	254	54
支社1LAN	50	/26	62	12
支社2LAN	50	/27	62	12
本社−支社1専用線	2	/30	2	0
本社−支社2専用線	2	/30	2	0
			合計	78

★FLSMの表
詳しくは175ページ参照。

　上記の表とFLSMの表★を見比べてみると、VLSMを利用するといかに無駄なくIPアドレスを利用できるかということが明らかになるでしょう。
　しかしながら、ダイナミックルーティングを行う場合、クラスフルルーティングプロトコルではVLSMをサポートしていません。VLSMを利用したい場合には、クラスレスルーティングプロトコルを選択しなければいけないという制限があります。

5-4-3　IPアドレスの効率的な割り当て（階層型IPアドレッシング）

　階層型IPアドレッシングとは、IPアドレスの設計において連続したアドレスのブロックを割り当てることです。階層型IPアドレッシングを行うことによって、ルーティングテーブルの経路集約を効果的に行うことができるようになり、ルータのルーティング処理の効率が向上します。

　次ページの図5-24が階層型IPアドレッシングの例です。支社1と支社2のアドレスの割り当てに注目してください。
　現在、支社1には2つのサブネットがあります。このサブネットのネットワークアドレスとして、192.168.0.0/24と192.168.1.0/24のように連続したアドレスの割り当てを行っています。支社1は、将来的にあと2つのサブネットが追加される可能性があるとしています。そして、支社2の2つのサブネットのネットワークアドレスとして、192.168.4.0/24と192.168.5.0/24を割り当てています。支社2の2つのサブネットに対して、開始のアドレスを192.168.4.0/24からの割り当てとしているのは、支社1で、将来的に2つサブネットが追加される可能性からです。現在のサブネットの数と将来拡張されるサブネットの数を考慮して、アドレスブロックを考えていくわけです。

階層型IPアドレッシングの例（図5-24）

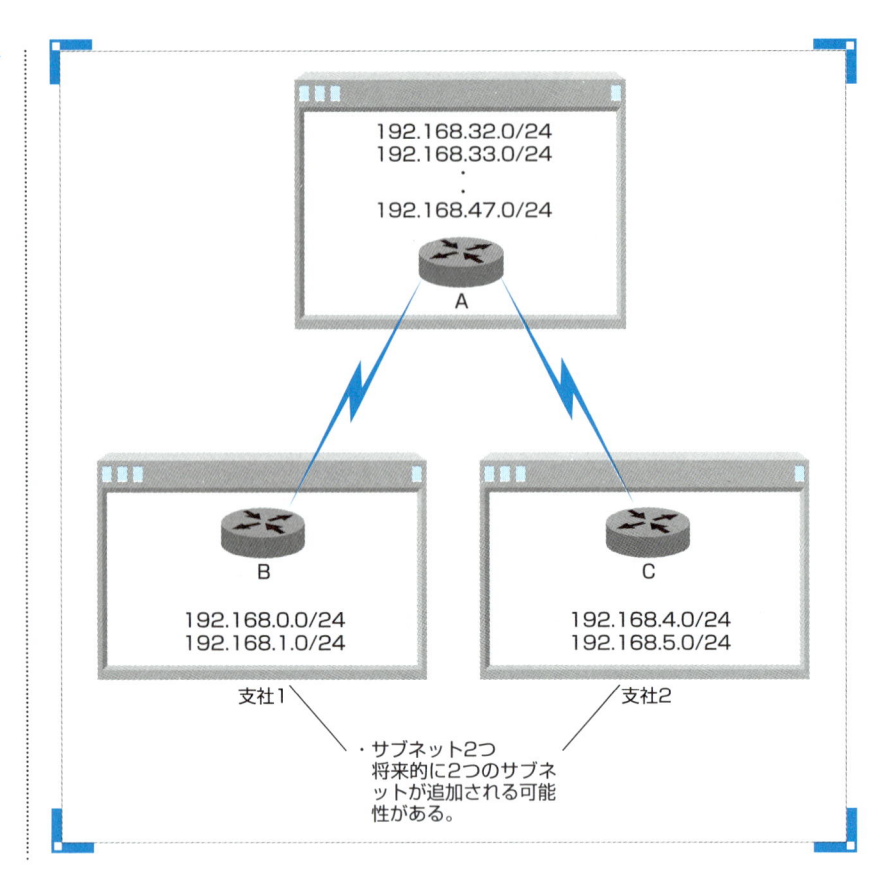

```
                192.168.32.0/24
                192.168.33.0/24
                       :
                192.168.47.0/24
                       A

        B                         C
  192.168.0.0/24            192.168.4.0/24
  192.168.1.0/24            192.168.5.0/24
      支社1                      支社2
```

・サブネット2つ
将来的に2つのサブネットが追加される可能性がある。

5-4-4　経路集約

　ルーティングテーブルの複数のエントリを1つのエントリにまとめることを、**経路集約**と呼んでいます。経路集約を効率よく行うためには、階層型IPアドレッシングによって連続したアドレスブロックの割り当てが必要です。アドレスブロックの連続したネットワークアドレスをビットに変換して、共通するビットの部分までサブネットマスクを移動させることによって、複数のネットワークアドレスを1つにまとめることができます。

　たとえば、図5-25のルータAのルーティングテーブルを考えてみましょう。経路集約を行わずに、支社1と支社2のサブネットのエントリを追加したルーティングテーブルは次のようになります。なお、このルーティングテーブルは支社のネットワークへのエントリのみを抜粋しています。

5-4 効率のよいルーティング

▶ ルータAのルーティングテーブル（支社へのエントリ）

ネットワークアドレス	ネクストホップ
192.168.0.0/24	ルータB
192.168.1.0/24	ルータB
192.168.4.0/24	ルータC
192.168.5.0/24	ルータC

　支社1の将来拡張されるサブネットも含めて、ネットワークアドレスをビットに変換してみます。すると、この4つのネットワークアドレスは、先頭から22ビット目までが共通であることがわかります。もともと/24のサブネットマスクを/22へと左へ移動することによって、この4つのネットワークアドレスは、

```
192.168.0.0/22
```

という1つのネットワークアドレスに集約できることがわかります。

▶ 1つのネットワークアドレスに集約できる

```
192.168.0.0 = 1100 0000.1010 1000.0000 00|00.0000 0000
192.168.1.0 = 1100 0000.1010 1000.0000 00|01.0000 0000
192.168.2.0 = 1100 0000.1010 1000.0000 00|10.0000 0000
192.168.3.0 = 1100 0000.1010 1000.0000 00|11.0000 0000
```
←―――― 共通のビット ――――→ 集約後のサブネットマスク/22

↓

192.168.0.0/22 に集約

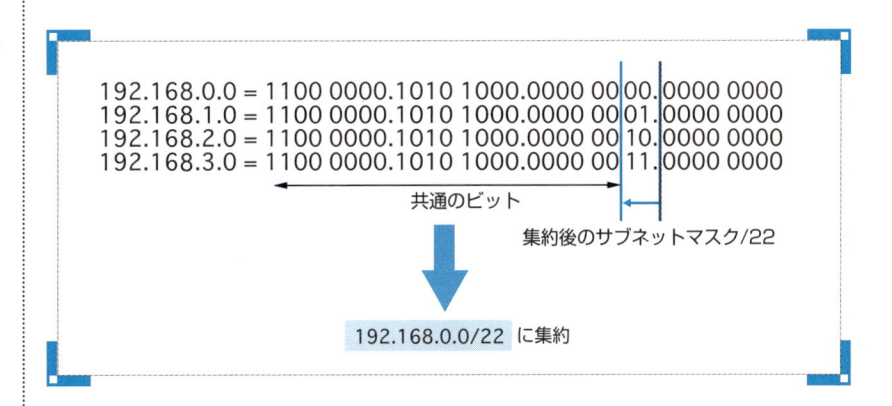

　同様に、支社2の4つのネットワークアドレスもビットに変換して、共通部分を考えると、192.168.4.0/22に集約できるようになります。このように経路集約を行うと、ルータAのルーティングテーブルは以下のようになります。

▶ ルータAのルーティングテーブル（支社へのエントリ）

ネットワークアドレス	ネクストホップ
192.168.0.0/22	ルータB
192.168.4.0/22	ルータC

※ルーティングテーブルの一部を抜粋

　支社のルータBやルータCでも、経路集約を行うことによってルーティングテーブルのエントリを削減することができます。支社から本社の16個のサブネット（192.168.32.0/24～192.168.47.0/24）に到達する

chapter 5
ルーティング

ためには、ルータBおよびルータCのルーティングテーブルにこれらのネットワークに対するエントリが必要です。しかし、スタティックルーティングならば、16個ものエントリを登録することはとても手間がかかる作業ですし、ダイナミックルーティングを行う場合でも、ルータがやり取りするルーティング情報が増加するなど効率がよくありません。

本社の16個のサブネットは、階層型IPアドレッシングによって連続したアドレスブロックから割り当てられているので、ビットに変換して共通のビット部分までサブネットマスクを左に移動させて、次のアドレスに集約することができます。

```
192.168.32.0/20
```

以上より、各支社の他の拠点へのルーティングテーブルのエントリは次のようになります。

ルータBのルーティング▶
テーブル
（他の拠点へのエントリ）

ネットワークアドレス	ネクストホップ
192.168.32.0/20	ルータA
192.168.4.0/20	ルータA

ルータCのルーティング▶
テーブル
（他の拠点へのエントリ）

ネットワークアドレス	ネクストホップ
192.168.32.0/19	ルータA
192.168.0.0/22	ルータA

5-4-5 デフォルトルート

経路集約をさらに推し進めたものとして、「デフォルトルート」があります。**デフォルトルート**とは、ルーティングテーブル上にないすべての経路を指し示す特殊経路のことで、**0.0.0.0/0**で表します。ルータはパケットのIPアドレスとルーティングテーブルを照合して、一致するエントリがないとパケットを転送することができずにパケットを破棄してしまいました。しかし、デフォルトルートの設定がされていると、ルーティングテーブル上に一致するエントリがない場合は、デフォルトルートの転送先（**ネクストホップアドレス**）にパケットを中継します。

デフォルトルートは**Last Resort**とも表現され、「残された最後の経路」といった意味合いです。

5-4 効率のよいルーティング

　経路集約によって、先ほどの図5-24における支社ルータBの他の拠点へのルーティングテーブルエントリは、2つにまで減らすことができました。ですが、この2つのエントリをよく見てみると、ネクストホップはどちらも同じルータAです。支社の中のネットワーク以外は、ルータAに転送すればいいので、この2つの経路をデフォルトルートに集約すると、ルータBの他の拠点に対するルーティングテーブルエントリは次のようになります。

▶ ルータBのルーティングテーブル
（他の拠点へのエントリ）

ネットワークアドレス	ネクストホップ
0.0.0.0/0	ルータA

　ルータCも同様に、他の拠点に対するルーティングテーブルエントリは次の通りです。

▶ ルータBのルーティングテーブル
（他の拠点へのエントリ）

ネットワークアドレス	ネクストホップ
0.0.0.0/0	ルータA

　ルータB、ルータCは自分が知らないネットワークあてのパケットは全部ルータAに任せてしまうわけです。ですから、もちろんルータAでは、きちんと各ネットワークあてのエントリがないとルーティングされなくなってしまいます。

　デフォルトルートは、インターネットに接続するルータで設定されることも多いです。インターネット上の経路は非常にたくさんあり、2002年現在では10万を超えているといわれます。10万を超える経路を普通のルータのルーティングテーブルに載せることはできませんし、すべての経路をルーティングテーブルに載せることのメリットはありません。そこで、社内のネットワークに対するエントリは、きちんとルーティングテーブルに登録します。その他のネットワーク、つまりインターネット上のネットワークのエントリとしてデフォルトルートを設定し、ネクストホップとしてインターネットサービスプロバイダのルータを指定します（図5-25）。

chapter 5
ルーティング

デフォルトルートの例▶
（図5-25）

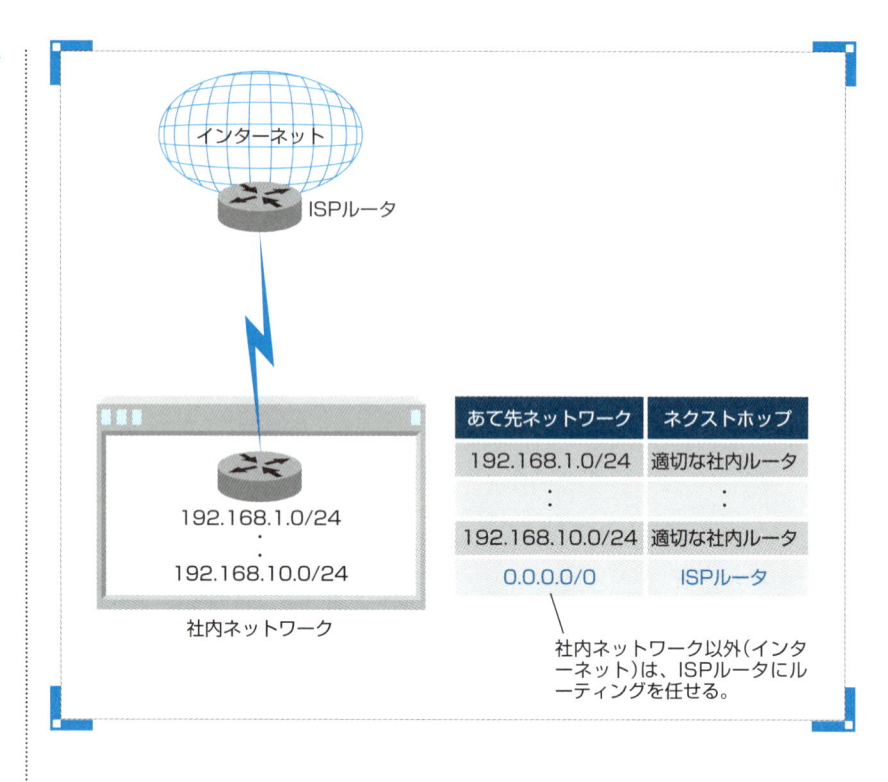

あて先ネットワーク	ネクストホップ
192.168.1.0/24	適切な社内ルータ
⋮	⋮
192.168.10.0/24	適切な社内ルータ
0.0.0.0/0	ISPルータ

社内ネットワーク以外（インターネット）は、ISPルータにルーティングを任せる。

SUMMARY

第5章　ルーティングのまとめ

　IPパケットは、ルータによってルーティングされ目的のコンピュータに届けられていきます。第5章では、ルーティングについて解説しました。

　ルータが保持している、ルーティングテーブルに載せられた情報を理解することはとても大事なことです。そして、そのルーティングテーブルを作成するには、スタティックルーティング、ダイナミックルーティングの方法があります。

　ダイナミックルーティングを行うには、ルーティングプロトコルを利用します。一口にルーティングプロトコルといってもたくさんの種類がありますが、第5章でルーティングプロトコルの分類も行いました。

ルーティング＆スイッチング

chapter 6

RIP
(Routing Information Protocol)

この章では、RIPがどのように動作するのか、RIPを利用する上での注意点は何か、などについて解説します。

Chapter6　RIP（Routing Information Protocol）

6-1　RIPの概要

RIPは、もっとも古くから利用されているルーティングプロトコルです。まずは、RIPの歴史や特徴など、おおまかな概要について把握していきましょう。

6-1-1　RIPの歴史

★ARPANET
Advanced Research Projects Agency Networkの略。1969年に、米国防総省の高等研究計画局（ARPA）が構築したコンピュータネットワーク。全米各地のUNIXをTCP/IPで相互接続した。これが、インターネットの原型になったといわれている。

RIP（Routing Information Protocol）の原理は、インターネットの前身である**ARPANET**★から使われており、非常に歴史のあるルーティングプロトコルです。古いからといって現在はほとんど使われていないのでしょうか？　いいえ、そんなことはありません。古いプロトコルであるにもかかわらず、現在でも小規模な環境ではよく利用されています。RIPは仕組みが単純であるために、実装するのも使うのも簡単にできることがその理由です。

RIPはもともとUNIXの「routed」というプログラムをもとに開発されています。routedをベースにして、1988年にRFC1058が記述され、RIPの仕様が確定するようになりました。これは現在**RIPversion1（RIPv1）**として知られています。その後、RIPv1の制限を緩和するために、**RIPversion2（RIPv2）**がRFC2453で規定されています。

RIPv1とRIPv2の本質的な動作は同じものです。そのため、実際の動作についてはRIPv1をベースにして、話をすすめていきます。RIPv2に関しては、この章の最後に、RIPv2とRIPv1の異なる点、つまりどのような点が拡張されたのかということと、RIPv2を利用するメリットについてまとめて解説します。

6-1-2　RIPの特徴

RIPの特徴をあげると次のようになります。

・IGPs（Interior Gateway Protocols）
・ディスタンスベクタ型ルーティングプロトコル
・30秒に1回定期的な情報交換
・ルーティング情報はブロードキャストを利用して送信
・メトリックとしてホップ数を採用
・クラスフルルーティングプロトコル（version1）
・ルーティングテーブルのコンバージェンス時間が長い
・ルーティングループが発生する可能性がある

> ・スプリットホライズン、ポイズンリバース、トリガードアップデート、ホールドダウンタイマーなどのループ防止メカニズム

　まず、RIPはAS内部で利用する**IGPs**の一種です。ルーティングプロトコルのアルゴリズムは、**ディスタンスベクタ型**です。すなわち、ルータが保持するルーティングテーブルを定期的に交換することによって、ダイナミックにルーティングテーブルの作成と維持を行うルーティングプロトコルです。このルーティングテーブルの交換について、RIPv1は、IPレベルのブロードキャストを用いて行っています。そのため、RIPルータ以外のルータやコンピュータもRIPのブロードキャストを受信してしまうため、無駄が生じることになります。

　経路を選択する基準であるメトリックとして、「ホップ数」を採用しています。**ホップ数**とは、あて先ネットワークに到達するまでに経由するルータの数です。RIPで扱うことができるホップ数には制限があり、最大値が16です。ただし、この最大値16は「到達不可能」を示す特殊な値であるため、実際には最大15台のルータしか経由することができません。そのため、RIPはルータが何十台もあるような大規模なネットワークをサポートできない可能性があります。

　RIPv1はクラスフルルーティングプロトコルであるため、**VLSM**（Variable Length Subnet Mask）をサポートすることができません。また、ディスタンスベクタ型ルーティングプロトコルの欠点として、ルーティングテーブルのコンバージェンスに非常に長い時間がかかってしまうことがあります。コンバージェンスに時間がかかることによって、ネットワーク上に意図しないルーティングループが発生してしまう可能性が出てきます。そのため、**スプリットホライズン**や**ポインズンリバース**などのループ防止メカニズムを備えています。

　以上、ざっとRIPの特徴について紹介しましたが、もっと具体的な内容をこれ以降で詳しく解説していきます。

Chapter6 RIP (Routing Information Protocol)

6-2 RIPの動作

ここからは、実際にRIPによってルーティング情報を交換して、ルーティングテーブルがどのようにできていくかを詳しく見ていきます。

6-2-1 ルーティングテーブルの交換

例として、図6-1のネットワークを考えます。第5章で解説した通り、ルータは自分に直接接続されているネットワークは、特にスタティックルーティングやダイナミックルーティングの設定を行わなくても知っています。ですから、この時点でルーティングテーブルには、直接接続のネットワークのエントリが存在します。

▼RIPのネットワーク例（図6-1）

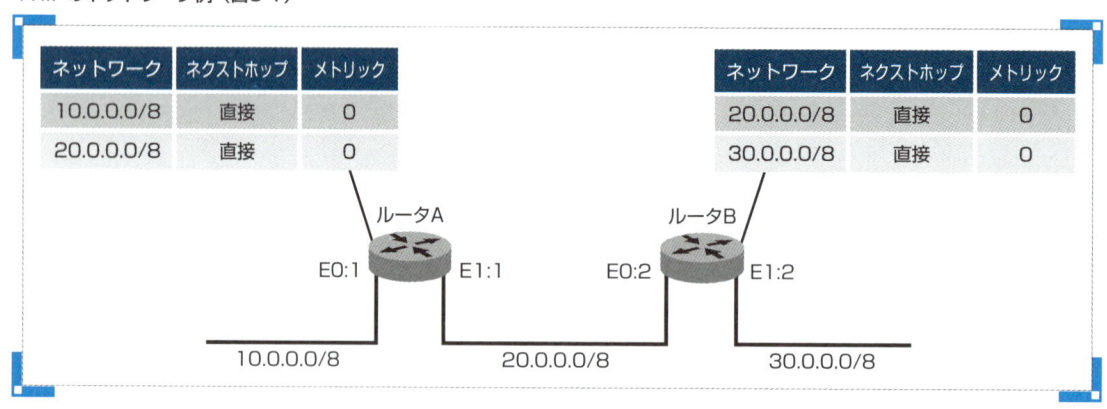

ネットワーク	ネクストホップ	メトリック
10.0.0.0/8	直接	0
20.0.0.0/8	直接	0

ネットワーク	ネクストホップ	メトリック
20.0.0.0/8	直接	0
30.0.0.0/8	直接	0

ルータA: E0:1 — E1:1
ルータB: E0:2 — E1:2
10.0.0.0/8　20.0.0.0/8　30.0.0.0/8

ここで、ルータAとルータBでRIPを起動し、すべてのインタフェースでRIPを有効にします。すると、ルータAは30秒に1回ルーティングテーブルのエントリを各インタフェースからブロードキャストを使って送信します。このとき、ホップ数を1増やします。後ほど、RIPのパケットのフォーマットについて解説しますが、1つのRIPパケットの中に25個までのネットワークのエントリを含めることができます。RIPパケットに含まれる各エントリを（ネットワークアドレス，ホップ数）で表現することにします。つまり、ルータAからは、（10.0.0.0,1）と（20.0.0.0,1）のエントリを含んだRIPパケットを送信することになります。ここでホップ数が1となっているのは、直接接続の場合のホップ数を0と見なしているためです。ルータBも同様に、各インタフェースから30秒ごとにルーティングテーブルのエントリをブロードキャストします。

ルータAからのRIPパケットを受け取ったルータBは、**ベルマンフォードアルゴリズム**と呼ばれるアルゴリズムに従って、RIPパケットの各エントリを自分のルーティングテーブルに追加するかどうかを判断します。ベルマン

6-2 RIPの動作

フォードアルゴリズムについては、後述しますが、ルータBは、ルータAからのRIPパケットに含まれる（10.0.0.0, 1）のエントリを自身のテーブルに追加します。このときのネクストホップアドレスは、RIPv1ではIPヘッダに含まれる送信元IPアドレスになり、RIPv2では各エントリのネクストホップアドレスが指定されているので、そのアドレスを使います。ルータAも同様に、ルータBから受け取ったRIPパケットの（30.0.0.0, 1）のエントリを自身のルーティングテーブルに追加します。

これで、ルータA、ルータBともにネットワーク上のすべての経路をルーティングテーブル上に認識することができました。この状態を**コンバージェンス**（収束）状態というわけです。コンバージェンスのあとも、ルータA、ルータBは30秒ごとにブロードキャストを行っています（図6-2）。

▼RIPのアップデート（図6-2）

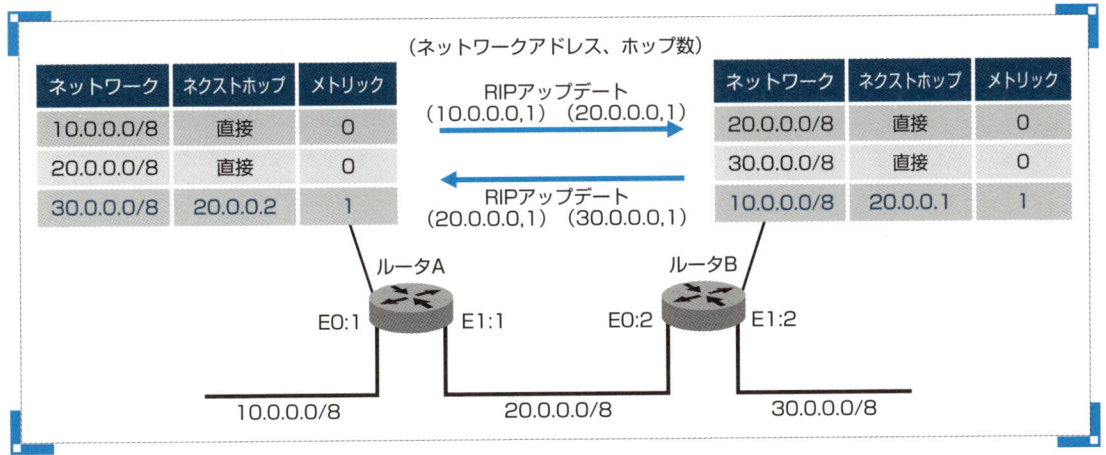

ネットワーク	ネクストホップ	メトリック
10.0.0.0/8	直接	0
20.0.0.0/8	直接	0
30.0.0.0/8	20.0.0.2	1

RIPアップデート
(10.0.0.0, 1) (20.0.0.0, 1) →

← RIPアップデート
(20.0.0.0, 1) (30.0.0.0, 1)

ネットワーク	ネクストホップ	メトリック
20.0.0.0/8	直接	0
30.0.0.0/8	直接	0
10.0.0.0/8	20.0.0.1	1

（ネットワークアドレス、ホップ数）

ルータA E0:1 — 10.0.0.0/8 E1:1 — 20.0.0.0/8 E0:2 — ルータB E1:2 — 30.0.0.0/8

また、ネットワークの障害の検知は、30秒ごとの定期的なブロードキャストによるアップデートによって行います。もし、あるエントリのアップデートを一定時間受信することができなければ、そのエントリのネットワークはダウンしたと見なして、ルーティングテーブルから削除されます。障害とみなす時間は、RIPタイマーによって決められています。RIPのタイマーについては、あとの項で詳述します。

ここで一点注意ですが、上記の説明では、**スプリットホライズン**★を一切考えていません。通常は、スプリットホライズンによって直接接続のエントリは、そのインタフェースを通じて送信されないようになっています。

そして、さらにルータCを追加した場合を考えましょう。ルータCでも、ルータA、ルータBと同様にRIPを起動してすべてのインタフェースでRIPを有効にします。すると★、ルータCは、（30.0.0.0, 1）と（40.0.0.0, 1）のエントリをブロードキャストします（図6-3）。

★スプリットホライズン
詳しくは200ページ参照。

★すると…
ここからの解説もスプリットホライズンを考慮していない。

chapter 6
RIP（Routing Information Protocol）

▼ネットワークの追加（図6-3）

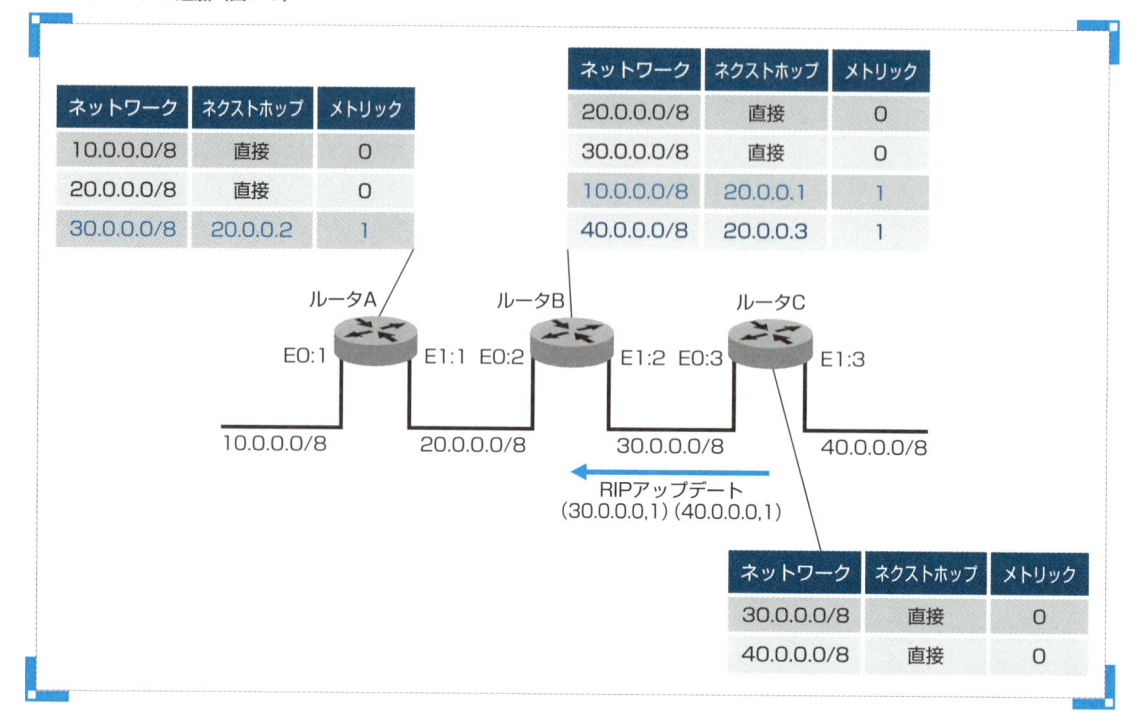

ネットワーク	ネクストホップ	メトリック
10.0.0.0/8	直接	0
20.0.0.0/8	直接	0
30.0.0.0/8	20.0.0.2	1

ネットワーク	ネクストホップ	メトリック
20.0.0.0/8	直接	0
30.0.0.0/8	直接	0
10.0.0.0/8	20.0.0.1	1
40.0.0.0/8	20.0.0.3	1

ルータA　　ルータB　　ルータC
E0:1　E1:1　E0:2　E1:2　E0:3　E1:3
10.0.0.0/8　20.0.0.0/8　30.0.0.0/8　40.0.0.0/8

RIPアップデート
(30.0.0.0,1) (40.0.0.0,1)

ネットワーク	ネクストホップ	メトリック
30.0.0.0/8	直接	0
40.0.0.0/8	直接	0

　ルータBは、ルータCから受け取ったエントリのうち、(40.0.0.0,1) を自分のルーティングテーブルに追加します。そして、ルータBの30秒に1回のタイミングで、ルータBの持つ2つのインタフェースから (10.0.0.0,2)、(20.0.0.0,1)、(30.0.0.0,1)、(40.0.0.0,2) のエントリをブロードキャストします。

　ルータBからのブロードキャストを受信したルータAは、(40.0.0.0,2) のエントリをルーティングテーブルに採用し、ルータCは (10.0.0.0,2)、(20.0.0.0,1) のエントリを採用します。これにより各ルータのルーティングテーブルにすべてのエントリが表われたので、コンバージェンス状態となりました（図6-4）。

　ルータAの送信については書いていませんが、ルータAも他のルータと同じく、ルータAのタイミングで30秒に1回ルーティングテーブルのエントリをブロードキャストしています。

▼ネットワークの追加（続き）（図6-4）

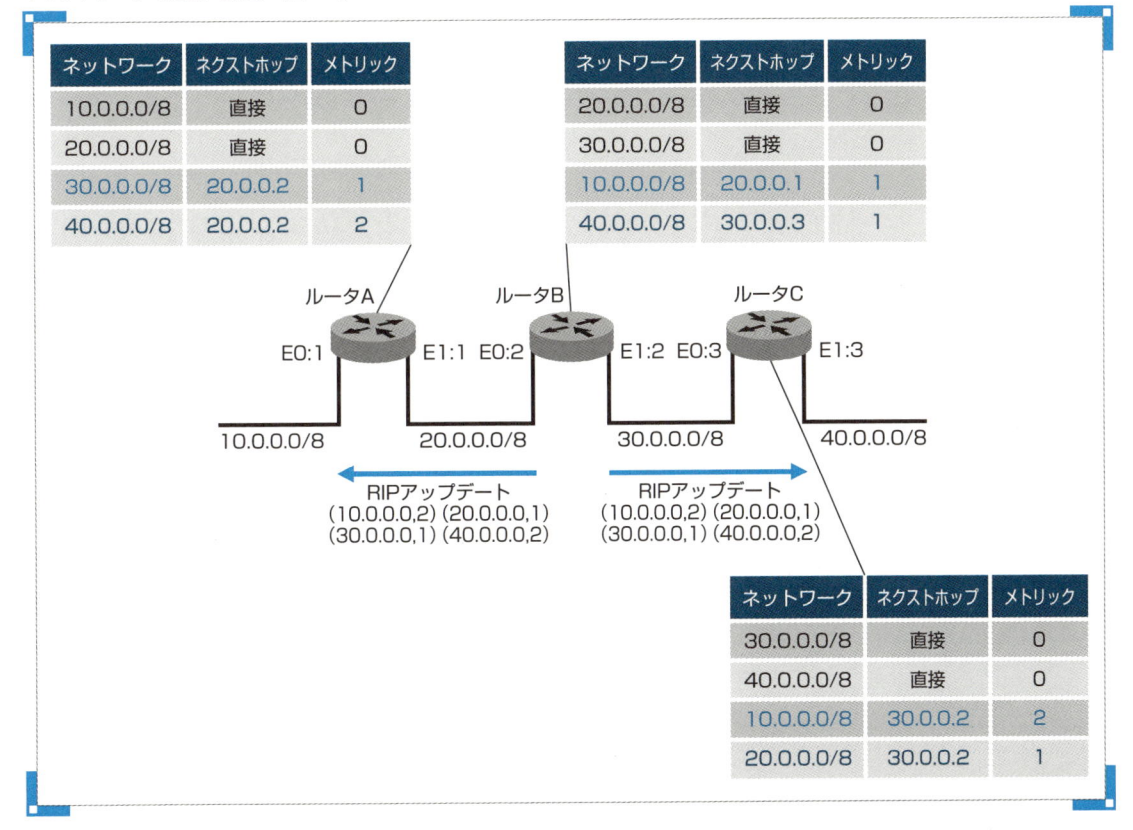

ネットワーク	ネクストホップ	メトリック
10.0.0.0/8	直接	0
20.0.0.0/8	直接	0
30.0.0.0/8	20.0.0.2	1
40.0.0.0/8	20.0.0.2	2

ネットワーク	ネクストホップ	メトリック
20.0.0.0/8	直接	0
30.0.0.0/8	直接	0
10.0.0.0/8	20.0.0.1	1
40.0.0.0/8	30.0.0.3	1

ルータA　ルータB　ルータC
E0:1　E1:1 E0:2　E1:2 E0:3　E1:3
10.0.0.0/8　20.0.0.0/8　30.0.0.0/8　40.0.0.0/8

RIPアップデート
(10.0.0.0,2) (20.0.0.0,1)
(30.0.0.0,1) (40.0.0.0,2)

RIPアップデート
(10.0.0.0,2) (20.0.0.0,1)
(30.0.0.0,1) (40.0.0.0,2)

ネットワーク	ネクストホップ	メトリック
30.0.0.0/8	直接	0
40.0.0.0/8	直接	0
10.0.0.0/8	30.0.0.2	2
20.0.0.0/8	30.0.0.2	1

6-2-2　コンバージェンス時間

　以上のように、RIPでは実際に情報交換を行うのは、隣接したルータ間でのみです。隣接していないルータのルーティング情報は、間接的に学習していることになります。ちょうど前の人から後ろの人への伝言ゲームのようなイメージです。そのため、RIPによるルーティングは「噂によるルーティング（Routing by Rumor）」とも呼ばれます。このことはまた、IGRPなど他のディスタンスベクタ型ルーティングプロトコルにも当てはまります。伝言ゲームでは、伝言する人が多ければ多いほど、伝わるのに時間がかかってしまいます。そして、途中で間違った情報に変わってしまうこともあります。それと同じようなことが、ディスタンスベクタ型ルーティングプロトコルにも起こります。

　まず、間接的なネットワークトポロジの学習から、RIPをはじめとするディスタンスベクタ型ルーティングプロトコルは、コンバージェンス時間が非常に長くなってしまいます。たとえば、図6-4のネットワークからルータA

chapter 6
RIP (Routing Information Protocol)

で新しくネットワーク50.0.0.0/8を追加したとします。この50.0.0.0/8のネットワークがルータCに伝わるには最大で、

> ルータAのアップデート間隔(30秒)＋ルータBのアップデート間隔(30秒)
> ＝60秒

かかることになります。もちろん、タイミングがよければもっと早く伝わりますが、何台もルータを経由する場合にはさらに長く時間がかかることになります。ネットワークの追加だけでなく、障害が発生した場合の経路の切り替わりも同様に長い時間かかってしまいます。たとえ、ネットワークを冗長構成にしていたとしても、ディスタンスベクタ型ルーティングプロトコルでは、コンバージェンス時間の遅さからすぐに経路を切り替えることができなくなってしまうという欠点があります。

また、コンバージェンス時間の遅さから、後ほど解説するように**ルーティングループ**という現象が発生してしまう可能性もあります。もちろん、この欠点に対して何も対策をしていないわけではなく、コンバージェンス時間を早くするためのさまざまな方法が考案されています。しかし、そのような方法にも限界があります。コンバージェンス時間の遅さ、このことがディスタンスベクタ型ルーティングプロトコルで大規模ネットワークをサポートできない1つの理由となっています。

ルーティングループの発生について、詳しくは「6-3 RIPの制限」で解説します。

6-2-3　ベルマンフォードアルゴリズム

RIPパケットを受け取ったルータは、RIPパケット内のネットワークのエントリがすでに自分のルーティングテーブルに存在しているか、それとも存在していないか。もし、存在しているなら、メトリックやネクストホップアドレスが何であるかといった情報に基づいて、ルーティングテーブルに載せるかどうかを判断しています。この判断のアルゴリズムのことを**ベルマンフォードアルゴリズム**と呼ぶことがあります。

ベルマンフォードアルゴリズムは、図6-5のようになります。

6-2 RIPの動作

▼ベルマンフォードアルゴリズム（図6-5）

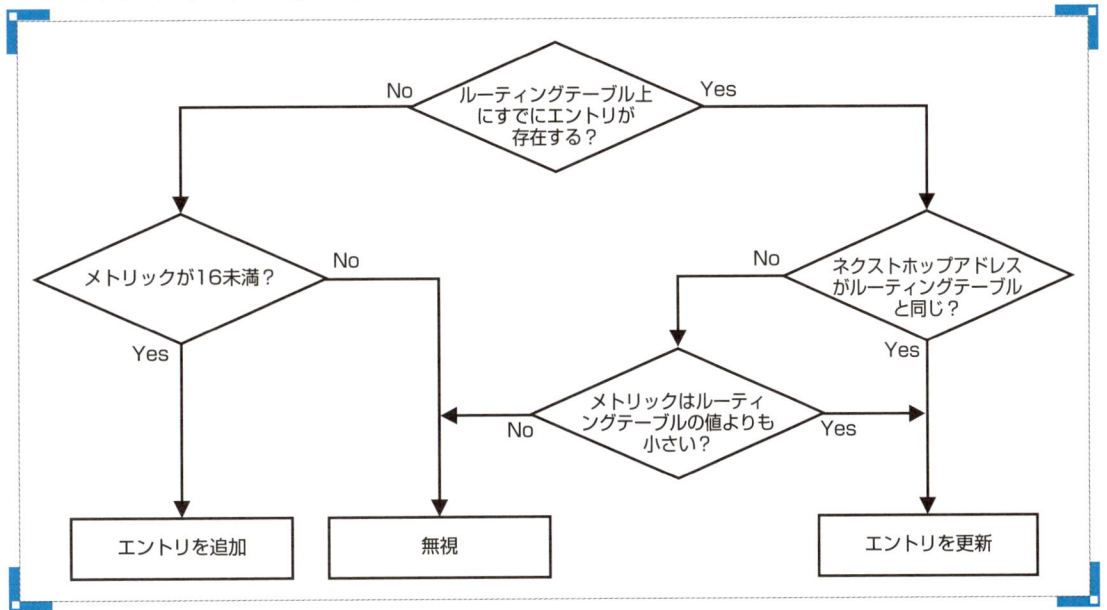

```
                    ルーティングテーブル上
          No ←──── にすでにエントリが ────→ Yes
          │        存在する？              │
          ↓                                 ↓
   メトリックが16未満？              ネクストホップアドレス
   Yes ↙    ↘ No          No ←── がルーティングテーブル ──→ Yes
       │      │            │      と同じ？                  │
       │      │            ↓                                 │
       │      │        メトリックはルーティ                  │
       │      │   No ← ングテーブルの値よりも → Yes          │
       │      │        小さい？                              │
       ↓      ↓            ↓                                 ↓
   エントリを追加    無視                              エントリを更新
```

　ベルマンフォードアルゴリズムによるルーティングテーブルの更新のパターンは次の3種類あります。

> ❶ルーティングテーブル上にエントリがない場合
> ❷ルーティングテーブル上にエントリが存在し、ネクストホップアドレスが異なる場合
> ❸ルーティングテーブル上にエントリが存在し、ネクストホップアドレスが同一の場合

　実際のルーティングテーブルを例にとって、ベルマンフォードアルゴリズムの動きを確認しましょう。現在、次のようなルーティングテーブルがあるとします。

ネットワーク	ネクストホップ	メトリック（ホップ数）
10.0.0.0/8	ルータA	2
20.0.0.0/8	ルータB	3

　まず1つ目のパターンです。ルータAから、RIPで（30.0.0.0,3）というアップデートを受け取ったとします。この場合、ルーティングテーブル上に30.0.0.0のエントリはありません。またアップデートに含まれるホップ数は16よりも小さいので、ルーティングテーブルに追加されることになります。

ネットワーク	ネクストホップ	メトリック（ホップ数）
10.0.0.0/8	ルータA	2
20.0.0.0/8	ルータB	3
30.0.0.0/8	ルータA	3

　次に2つ目のパターンです。ルータCから（20.0.0.0,4）というアップデートを受け取ったとします。20.0.0.0のエントリはすでにルーティングテーブルに存在します。次にネクストホップアドレスを比べます。ルーティングテーブル上のネクストホップアドレスと受信したアップデートのネクストホップアドレスが異なっています。そのときには、ホップ数の小さいものが優先されます。この場合は、もともとのルーティングテーブル上にあるエントリのホップ数の方が小さいのでルーティングテーブルはそのままです。
　もし、他のルータDから（20.0.0.0,2）というアップデートを受信すると、こちらのホップ数がルーティングテーブル上のものより小さいので、次のようにルーティングテーブルが書き換わります。

ネットワーク	ネクストホップ	メトリック（ホップ数）
10.0.0.0/8	ルータA	2
20.0.0.0/8	ルータD	2
30.0.0.0/8	ルータA	3

　そして、最後に3つ目のパターンを考えます。ルータAから（10.0.0.0,3）というアップデートを受け取ったときを考えます。すでに10.0.0.0はルーティングテーブル上にあるので、ネクストホップアドレスを比べると同じアドレスです。ルーティングテーブル上のエントリのネクストホップアドレスと、受信したアップデートのネクストホップアドレスが同一の場合はホップ数に関係なく、次のようなルーティングテーブルになります。

ネットワーク	ネクストホップ	メトリック（ホップ数）
10.0.0.0/8	ルータA	3
20.0.0.0/8	ルータD	2
30.0.0.0/8	ルータA	3

　"以前に教えてもらった、ネクストホップ（ルータ）からの情報は正しいものだろう"という仮定に基づいて、このような動作を行っています。しかし、この動作はルーティングループが発生する主な要因となってしまいます。

6-2-4　RIPのタイマ

　RIPの定期的なブロードキャストによるルーティングテーブルの送信や、障害の検出、ルーティングテーブルからのエントリの除去は、さまざまなタイマによって制御されています。シスコルータでの**RIPタイマ**は、以下の4種類あります。

> ・Updateタイマ
> ・Invalidタイマ
> ・Hold downタイマ
> ・Flushタイマ

　Updateタイマでは、ルータがルーティングテーブルをブロードキャストする間隔を決めています。標準では、Updateタイマーは30秒です。

　Invalidタイマがタイムアウトするまでにルーティングアップデートを受信することができなければ、そのエントリが無効になったと見なされます。ただし、Invalidタイマがタイムアウトしても、すぐにはルーティングテーブルから削除されずに**ホールドダウン状態**となります。Invalidタイマーの標準値は、180秒です。

　Hold downタイマは、ホールドダウン状態を保持しておく時間を表しています。ホールドダウン状態とは、"ネットワークがダウンしているかもしれない"ということを意味していて、ルーティングテーブル上では「possibly down」と表示されます。ホールドダウン状態になったとしても、ルーティングテーブル上にエントリは存在するので、そのネットワークあてにやってきたパケットはルーティングされます★。しかし、ホールドダウン状態の間、ルーティングループが発生する原因になる、間違った情報がやってくるかもしれないので、あるエントリに対してメトリックが悪いアップデートがやってきてもそれを採用しません。Hold downタイマの標準値は180秒です。

　Flushタイマとは、ルーティングテーブル上からエントリを削除するためのタイマです。このFlushタイマがタイムアウトするまでにアップデートを受け取ることができなければ、エントリはルーティングテーブルから削除されます。標準では、Flushタイマの値は240秒です。

　Invalidタイマ、Hold downタイマ、Flushタイマによってルーティングテーブルのエントリが削除されるまでのプロセスは、次ページの図のようになります（図6-6）。

★…されます
　ただし、きちんと通信できるかどうかはわからない。

chapter 6
RIP (Routing Information Protocol)

RIPタイマの動作▶
（図6-6）

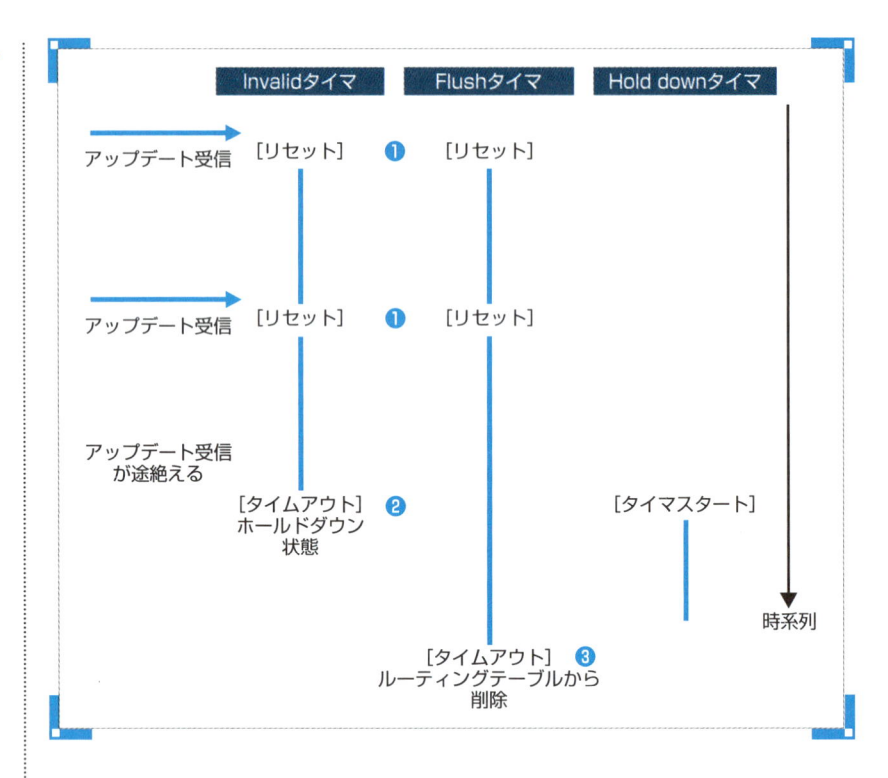

```
                Invalidタイマ    Flushタイマ    Hold downタイマ
アップデート受信 →  [リセット] ❶  [リセット]
アップデート受信 →  [リセット] ❶  [リセット]
アップデート受信
が途絶える
                  [タイムアウト] ❷              [タイマスタート]
                  ホールドダウン
                  状態
                                [タイムアウト] ❸
                                ルーティングテーブルから
                                削除                            時系列
```

　あるエントリがあり、そのエントリに対するルーティングアップデートを受信すると、InvalidタイマとFlushタイマがリセットされます。定期的にアップデートを受信するたびにこの動作が行われます（❶）。

　ルーティングアップデートが途絶えると、Invalidタイマがタイムアウトし、ルーティングテーブル上のエントリは、ホールドダウン状態になります。このとき、Hold downタイマがスタートします（❷）。

　さらに、その後もルーティングアップデートが途絶えると、Flushタイマがタイムアウトすると、そのエントリがルーティングテーブル上から削除されます（❸）。

　以下の表に、RIPタイマについてまとめています。

RIPタイマのまとめ▶

タイマー	説明	標準値
Updateタイマ	定期的なアップデートの間隔。	30秒
Invalidタイマ	このタイマがタイムアウトするまでに、アップデートを受信できなければ、そのエントリをホールドダウン状態にする。	180秒
Hold downタイマ	ホールドダウン状態を保持するタイマ。ホールドダウン状態の間は、メトリックが悪いアップデートは採用しない。	180秒
Flushタイマ	このタイマがタイムアウトすると、ルーティングテーブルからエントリを削除する。	240秒

Chapter6　RIP（Routing Information Protocol）

6-3　RIPの制限

RIPは非常に簡単に実装でき、使いやすいルーティングプロトコルですが、経路選択の効率の悪さや、ルーティングループの発生などさまざまな制限があります。この項では、RIPの制限について解説します。

6-3-1　単純なホップ数による経路選択の非効率性

これまでに解説したように、RIPはメトリックとして単純な**ホップ数**を採用しています。あて先ネットワークへ到達するための**帯域幅**や**遅延**などの項目を、**経路選択**のときに考慮することがありません。そのため、ネットワークの構成によってはRIPによる経路選択は非効率なものになってしまいます。

たとえば、図6-7のネットワークを考えます。

▶RIPよる非効率的な経路選択
（図6-7）

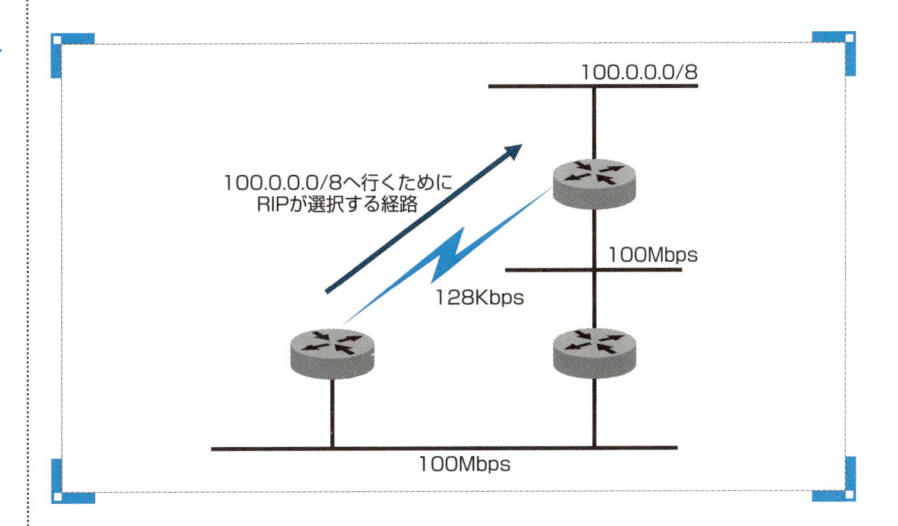

[図：100.0.0.0/8へ行くためにRIPが選択する経路、128Kbps、100Mbps、100Mbps]

このネットワークにおいて、RIPによるダイナミックルーティングを行っています。このとき、ルータAからルータCに接続されているネットワーク100.0.0.0/8への経路は、ルータCを経由する経路（上の経路）と、ルータBとルータCを経由する経路（下の経路）の2通りあります。ルータAとルータCの接続はシリアル回線で128kbpsであり、ルータAとルータB、ルータBとルータCは、100MbpsのLANで接続されている場合、下の経路の方が、帯域幅が大きく遅延も少なくなるはずです。

しかし、ルータAはRIPによってルータBから100.0.0.0/8へは1ホップで到達できるという情報を受け取り、ルータCから100.0.0.0/8へ2ホップで到達できるという情報を受け取るので、メトリックの小さい上の経路を採用して、ルーティングテーブル上に追加します。

すると、せっかく帯域幅が大きく遅延も少ない経路があるのに、わざわざ

非効率な経路を利用するようになってしまいます。つまり、RIPにとってホップ数から判断した最適な経路は、帯域幅や遅延を考慮したネットワークの利用効率からみると必ずしも最適な経路とはなりえません。

ルータでRIPのホップ数を手動で変更して、意図した通りの経路を通るように設定することもできますが、大規模なネットワークではとても大変な作業になります。より適切なルーティングを行いたいというときには、メトリックとしてより正確にネットワークを反映できるOSPF★やEIGRP★といったルーティングプロトコルを利用する必要があります。

★OSPF
　Open Shortest Path Fastの略。
★EIGRP
　Enhanced Interior Gateway Routing Protocolの略。

6-3-2　クラスフルルーティングプロトコルの限界

RIPは、**クラスフルルーティングプロトコル**であるため、次の制限があります。

> ・不連続サブネットをサポートできない。
> ・VLSMをサポートできない。

★第5章で解説
　詳しくは「5-3-6　クラスフルルーティングプロトコル」参照。

クラスフルルーティングプロトコルの制限については、第5章で解説★した通りです。異なるメジャーネットワークを間にはさんでサブネットがある場合には、クラス境界で自動集約されるために、正しくサブネットの情報を送ることができなくなります。

また、同じメジャーネットワーク内のサブネットに対するサブネットマスクを、必要となるIPアドレスによって変更するVLSMをサポートすることができません。そのため、あるサブネットに必要な最大のIPアドレスをサポートするサブネットマスクを利用しなければいけないため、アドレスの利用効率が悪くなってしまいます。

6-3-3　ルーティングループの発生

コンバージェンスするために時間がかかってしまうというディスタンスベクタ型ルーティングプロトコルの欠点から、ネットワークの変更を正しくルーティングテーブルに反映することができずに、**ルーティングループ**が発生する可能性があります。まずは、図6-8のような単純なネットワークを考えます。この図では、ルータA、ルータBともにお互いにルーティング情報を交換してコンバージェンス状態となっています。

6-3
RIPの制限

ルーティングループ
（障害発生前）
（図6-8）

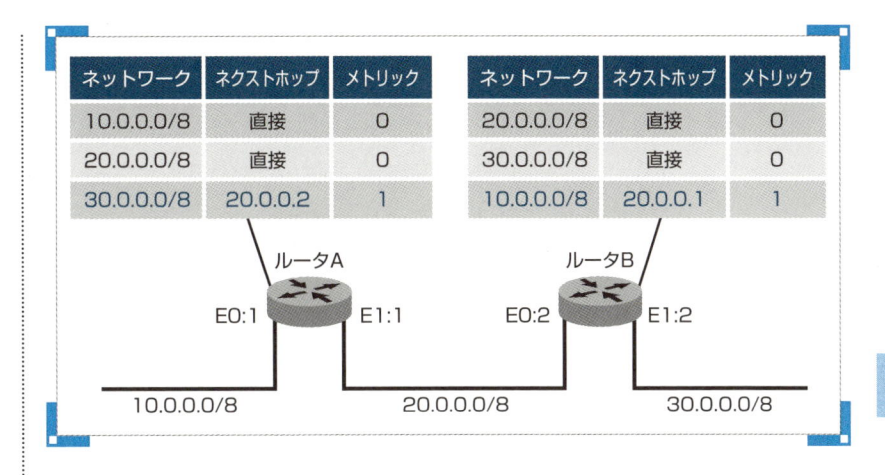

ネットワーク	ネクストホップ	メトリック
10.0.0.0/8	直接	0
20.0.0.0/8	直接	0
30.0.0.0/8	20.0.0.2	1

ネットワーク	ネクストホップ	メトリック
20.0.0.0/8	直接	0
30.0.0.0/8	直接	0
10.0.0.0/8	20.0.0.1	1

ルータA（E0:1, E1:1）─ ルータB（E0:2, E1:2）
10.0.0.0/8 ── 20.0.0.0/8 ── 30.0.0.0/8

　この状態から、ルータAに直接接続されている10.0.0.0/8のネットワークがダウンしたときを考えます。すると、ルータAのルーティングテーブルから10.0.0.0/8のエントリが削除されます。この間、ルータBは30秒ごとに定期的なアップデートをブロードキャストしています。アップデートには、（10.0.0.0,2）（20.0.0.0,1）（30.0.0.0,1）が含まれています。このアップデートを受け取ったルータAは、10.0.0.0のエントリがルーティングテーブル上からすでになくなってしまっているので、ベルマンフォードアルゴリズムに従って、ネクストホップをルータBとしてルーティングテーブルに追加します。しかし、よくよく考えてみると、ルータBの向こう側には10.0.0.0/8のネットワークは存在しませんので、10.0.0.0/8には到達することはできません。それにもかかわらずルータAは、間違った情報をルーティングテーブルに載せてしまうわけです（図6-9）。

▼**ルータAの10.0.0.0/8のネットワークが障害（図6-9）**

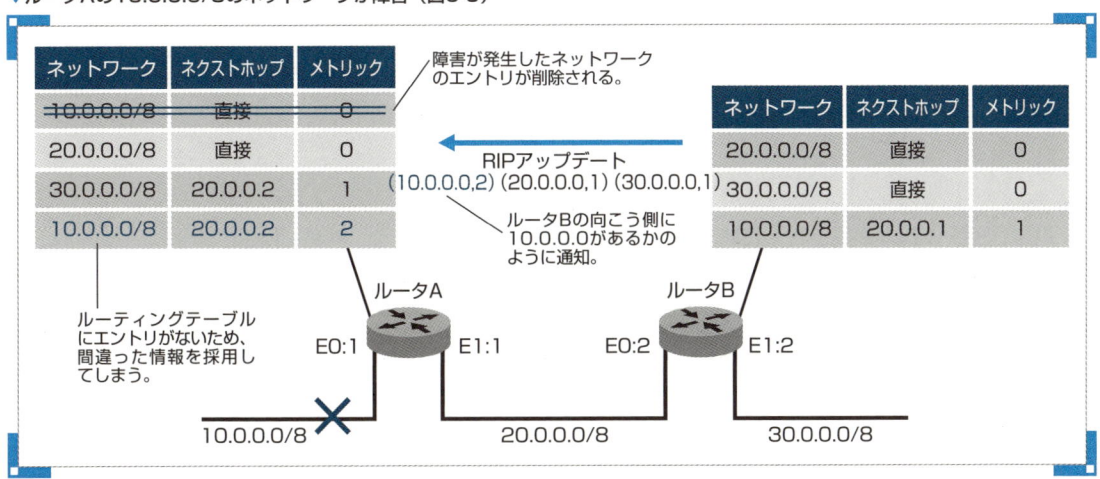

ネットワーク	ネクストホップ	メトリック
~~10.0.0.0/8~~	~~直接~~	~~0~~
20.0.0.0/8	直接	0
30.0.0.0/8	20.0.0.2	1
10.0.0.0/8	20.0.0.2	2

障害が発生したネットワークのエントリが削除される。

RIPアップデート
（10.0.0.0,2）（20.0.0.0,1）（30.0.0.0,1）

ルータBの向こう側に10.0.0.0があるかのように通知。

ネットワーク	ネクストホップ	メトリック
20.0.0.0/8	直接	0
30.0.0.0/8	直接	0
10.0.0.0/8	20.0.0.1	1

ルーティングテーブルにエントリがないため、間違った情報を採用してしまう。

ルータA（E0:1, E1:1）─ ルータB（E0:2, E1:2）
10.0.0.0/8 ✕ ── 20.0.0.0/8 ── 30.0.0.0/8

chapter 6
RIP (Routing Information Protocol)

　もし、このときルータBにあて先IPアドレスが10.0.0.1というパケットがやってくると、ルータAにルーティングし、ルータAは自身のルーティングルーティングテーブルに従って、ルータBにルーティングします。この戻ってきたパケットをまたルータBはルータAにルーティングし、ルータAはルータBにルーティングする…という具合に、パケットはルータAとルータBの間を行ったりきたりしてしまうことになります。これは、パケットのTTL★が0になって、廃棄されるまで続くことになります。次々と、10.0.0.0/8あてのパケットがやってくると、さらにループするパケットの数が増え、ルータAとルータBの間の帯域幅を圧迫してしまうことにもなります（図6-10）。

★TTL
　Time To Liveの略。

▼パケットのループ（図6-10）

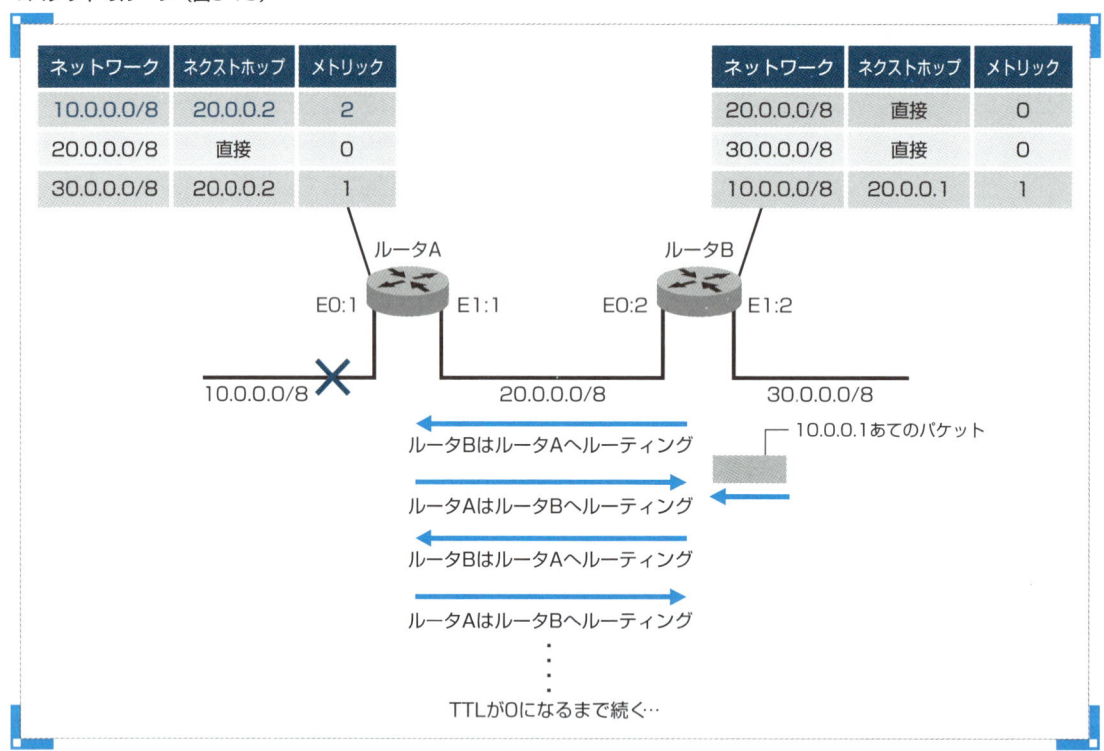

ネットワーク	ネクストホップ	メトリック
10.0.0.0/8	20.0.0.2	2
20.0.0.0/8	直接	0
30.0.0.0/8	20.0.0.2	1

ネットワーク	ネクストホップ	メトリック
20.0.0.0/8	直接	0
30.0.0.0/8	直接	0
10.0.0.0/8	20.0.0.1	1

ルータA　　　ルータB
E0:1　　E1:1　　E0:2　　E1:2
10.0.0.0/8 ✕　　20.0.0.0/8　　30.0.0.0/8

10.0.0.1あてのパケット

ルータBはルータAへルーティング
ルータAはルータBへルーティング
ルータBはルータAへルーティング
ルータAはルータBへルーティング
　　　　　⋮
TTLが0になるまで続く…

　さらに、ルータAは30秒経つとルーティングテーブルのエントリをブロードキャストします。その内容は、（10.0.0.0,3）（20.0.0.0,1）（30.0.0.0,2）です。実際には、10.0.0.0/8のネットワークはすでに存在しないのに、あたかも自分を経由して到達できるかのような情報を流すわけです。このアップデートを受け取ったルータBは、ルーティングテーブルに追加すべきかどうか判断します。10.0.0.0のエントリは、もともとルータAから教えてもらったものです。ベルマンフォードアルゴリズムの3番目

6-3 RIPの制限

のパターンで、ルーティングテーブル上のネクストホップアドレスとルーティングアップデートのネクストホップアドレスが同じ場合には、メトリックにかかわらずに受信したルーティングアップデートをルーティングテーブルに採用します（図6-11）。

▼ルーティングループの発生①（図6-11）

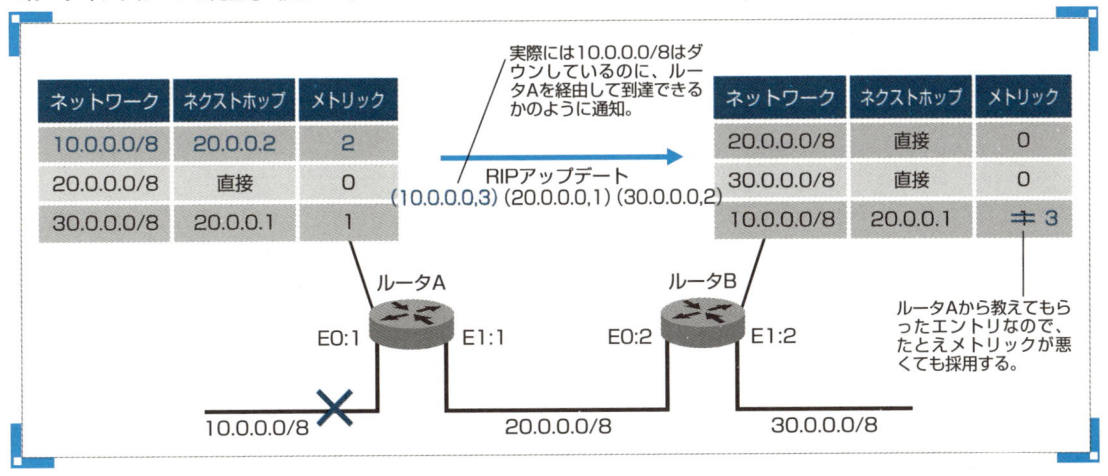

ネットワーク	ネクストホップ	メトリック
10.0.0.0/8	20.0.0.2	2
20.0.0.0/8	直接	0
30.0.0.0/8	20.0.0.1	1

実際には10.0.0.0/8はダウンしているのに、ルータAを経由して到達できるかのように通知。

RIPアップデート
(10.0.0.0,3) (20.0.0.0,1) (30.0.0.0,2)

ネットワーク	ネクストホップ	メトリック
20.0.0.0/8	直接	0
30.0.0.0/8	直接	0
10.0.0.0/8	20.0.0.1	≠3

ルータAから教えてもらったエントリなので、たとえメトリックが悪くても採用する。

ルータA　E0:1　E1:1　　ルータB　E0:2　E1:2
10.0.0.0/8　　20.0.0.0/8　　30.0.0.0/8

　そして、ルータBは定期的な間隔でルーティングテーブルをブロードキャストします。今度の内容は、（10.0.0.0,4）（20.0.0.0,1）（30.0.0.0,1）です。実際には存在しない10.0.0.0/8のネットワークへ、ルータBを経由して行けると通知してしまっているわけです。ルータAは、10.0.0.0/8のエントリはルータBから教えてもらったものですから、たとえメトリックが悪くても先ほどと同じようにルーティングテーブルに採用するわけです（図6-12）。そして、またルータAがルータBへ…。

▼ルーティングループの発生②（図6-12）

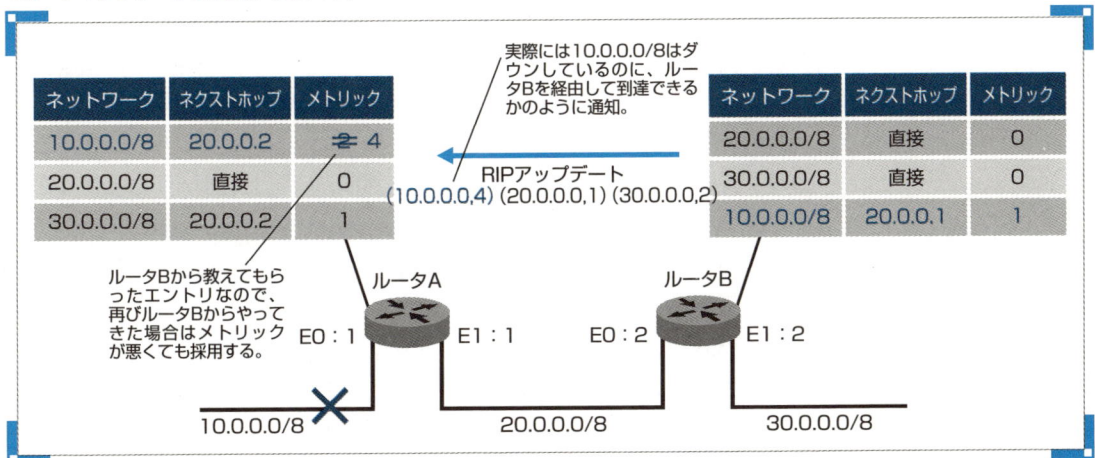

ネットワーク	ネクストホップ	メトリック
10.0.0.0/8	20.0.0.2	≠4
20.0.0.0/8	直接	0
30.0.0.0/8	20.0.0.2	1

ルータBから教えてもらったエントリなので、再びルータBからやってきた場合はメトリックが悪くても採用する。

実際には10.0.0.0/8はダウンしているのに、ルータBを経由して到達できるかのように通知。

RIPアップデート
(10.0.0.0,4) (20.0.0.0,1) (30.0.0.0,2)

ネットワーク	ネクストホップ	メトリック
20.0.0.0/8	直接	0
30.0.0.0/8	直接	0
10.0.0.0/8	20.0.0.1	1

ルータA　E0:1　E1:1　　ルータB　E0:2　E1:2
10.0.0.0/8　　20.0.0.0/8　　30.0.0.0/8

このような現象が**ルーティングループ**と呼ばれるものです。ルーティングループが発生すると、ルータ同士が間違った情報を交換してしまい、正しくルーティングテーブルを作ることができません。ルーティングテーブルが間違っているということは、結局通信ができなくなってしまいます。

6-3-4　ルーティングループの防止（無限カウント）

これまでに見てきたようなルーティングループを防ぐ手段として、もっとも単純な方法が**無限カウント**です。無限カウントでは、ただひたすら「待つ」ことによってループの防止を行います。ルーティングループは、お互いにあるネットワークのエントリに対して、メトリックを増やしながら教えあうことによって発生しています。そのメトリック増加の上限を決めることによって、ルーティングループを止めることができます。

RIPでは、ホップ数16が到達不可能、つまり無限のメトリックと見なされます。メトリックを増やしながら間違った経路を教えあって、メトリックが16（無限大）になると、そのエントリはホールドダウン状態となり、やがてルーティングテーブルからエントリが削除されます。

ただし、無限カウントではルーティングループが止まるまで、非常に長い時間がかかってしまいます。

6-3-5　ルーティングループの防止（スプリットホライズン）

ルーティングループが発生する原因を考えてみると、図6-9でルータBがルータAから教えてもらった10.0.0.0/8のネットワークに対するエントリを、ルータAに教え返していることがそもそもの原因であることがわかります。もし、ルータBが10.0.0.0/8のエントリをルータAに教え返さなければ、ルータBのルーティングテーブルにある10.0.0.0/8のエントリは、やがてFlushタイマーがタイムアウトし、ルーティングテーブルから削除されるはずです。多少時間はかかるものの、無限カウントでループが止まるのを待つよりもはるかに短い時間でルーティングループを止めることができます。教えてもらったエントリを、再び教え返さないようにすることを**スプリットホライズン**と呼んでいます。「教え返さない」ということをもっと厳密にいうと、「あるエントリを学習したインタフェースから送信するアップデートの中にはそのエントリを含めない」ということです。

スプリットホライズンを有効にすると、図6-13のようにルータBはルータAから教えてもらった10.0.0.0/8のエントリをルータAには教え返さな

6-3 RIPの制限

くなります。つまり、インタフェースE0から送信されるRIPアップデートの中には、（10.0.0.0,2）というエントリが含まれません。しかし、インタフェースE1から送信されるRIPアップデートの中には（10.0.0.0,2）というエントリは含まれています。また、スプリットホライズンによって直接接続されたネットワークのエントリは、そのインタフェースから送信するRIPアップデートに含まれなくなります。

結局のところ、ルータBからインタフェースE0から送信されるRIPアップデートは（30.0.0.0,1）、インタフェースE1から送信されるRIPアップデートは（10.0.0.0,2）（20.0.0.0,1）という内容になります。そして、ルータBのルーティングテーブルにある10.0.0.0/8のエントリは、アップデートを受信しなくなるためFlushタイマーがタイムアウトし、ルーティングテーブルから削除され、ネットワークはコンバージェンス状態になります。

▶ スプリットホライズン
有効時のRIPアップデート
（図6-13）

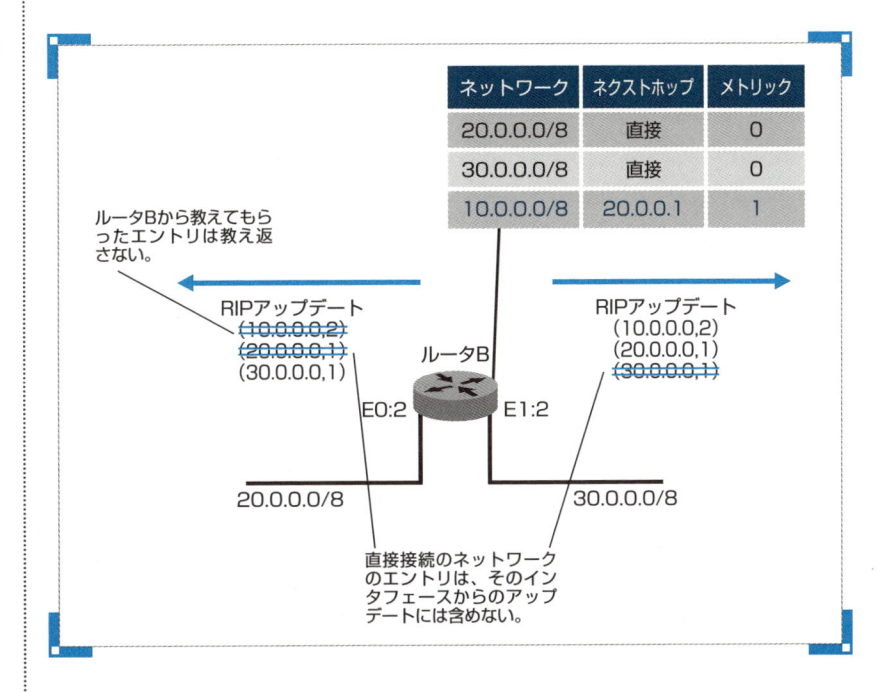

ネットワーク	ネクストホップ	メトリック
20.0.0.0/8	直接	0
30.0.0.0/8	直接	0
10.0.0.0/8	20.0.0.1	1

ルータBから教えてもらったエントリは教え返さない。

RIPアップデート
~~(10.0.0.0,2)~~
~~(20.0.0.0,1)~~
(30.0.0.0,1)

RIPアップデート
(10.0.0.0,2)
(20.0.0.0,1)
~~(30.0.0.0,1)~~

ルータB　E0:2　E1:2

20.0.0.0/8　　30.0.0.0/8

直接接続のネットワークのエントリは、そのインタフェースからのアップデートには含めない。

通常、スプリットホライズンはすべてのインタフェースで有効になっています。しかし、フレームリレーやATMなどのマルチアクセスネットワークでは、スプリットホライズンによって正しく通信ができなくなってしまうことがあります。

たとえば、次ページの図6-14のネットワークを考えましょう。

chapter 6
RIP (Routing Information Protocol)

スプリットホライズンの問題
(図6-14)

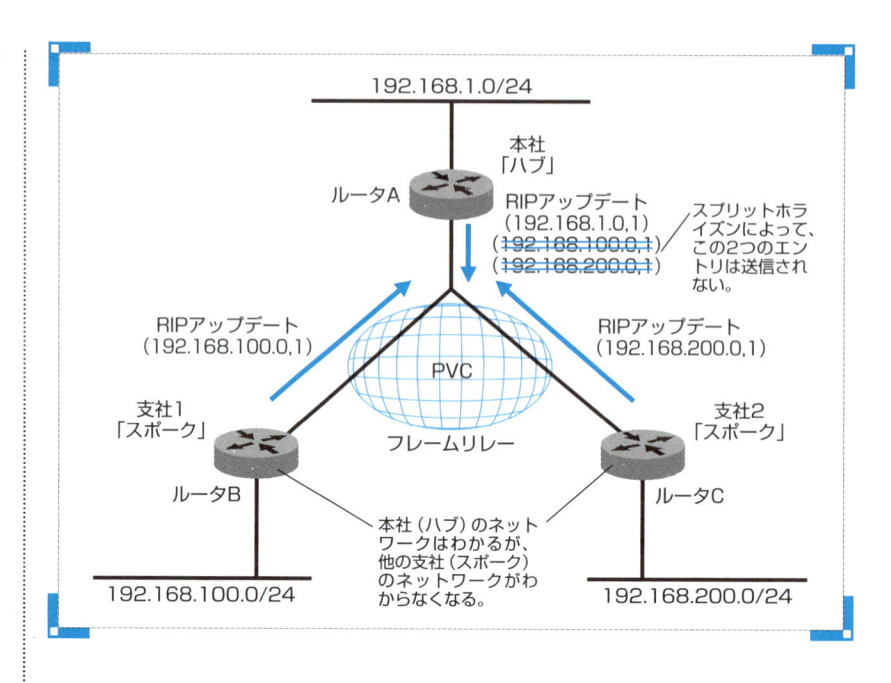

- 192.168.1.0/24
- 本社「ハブ」 ルータA
- RIPアップデート (192.168.1.0,1) (~~192.168.100.0,1~~) (~~192.168.200.0,1~~)
- スプリットホライズンによって、この2つのエントリは送信されない。
- RIPアップデート (192.168.100.0,1)
- RIPアップデート (192.168.200.0,1)
- PVC フレームリレー
- 支社1「スポーク」 ルータB
- 支社2「スポーク」 ルータC
- 本社(ハブ)のネットワークはわかるが、他の支社(スポーク)のネットワークがわからなくなる。
- 192.168.100.0/24
- 192.168.200.0/24

　本社と2つの支社がフレームリレーで接続されています。フレームリレーのPVCは本社-支社1間と本社-支社2間のみ契約していて、支社1と支社2は直接通信を行うことができません。もし、支社1と支社2で通信を行うのであれば、いったん本社を経由して行うことになります。このようなトポロジーを**ハブ&スポーク**と呼びます。「ハブ」が本社、「スポーク」が支社です。

　このネットワークにおいてルータA、ルータB、ルータCでRIPを使ってルーティングしています。スポークである支社のルータB、ルータCは自分の配下にあるLANのネットワークエントリをRIPで送信します。それを受信して、ハブルータのルータAのルーティングテーブルは次のようになります。

ルータAのルーティングテーブル

ネットワーク	ネクストホップ	メトリック(ホップ数)
192.168.1.0/24	直接	0
192.168.100.0/24	ルータB	1
192.168.200.0/24	ルータC	1

　さて、ルータAのRIPアップデートには、どのようなエントリが含まれるのでしょう。スプリットホライズンが有効になっていると、エントリを学習したインタフェースからのアップデートには、そのエントリが含まれなくなります。192.168.100.0と192.168.200.0というエントリは、共にフレームリレーに接続されているシリアルインタフェースから学習しています。ですから、スプリットホライズンによって、このシリアルインタフェー

スから送信するRIPアップデートには、192.168.100.0と192.168.200.0のエントリが含まれなくなってしまうわけです。ルータAがRIPアップデートとして通知するエントリは、(192.168.1.0,1)のみです。

結局、ルータB、ルータCのルーティングテーブルは以下のようになります。本社のLANのネットワークである192.168.1.0/24のネットワークには到達できるようになりますが、お互いのLANのネットワークにはルーティングテーブルのエントリがないので到達できなくなってしまいます。

ルータBの
ルーティングテーブル

ネットワーク	ネクストホップ	メトリック（ホップ数）
192.168.1.0/24	ルータA	1
192.168.100.0/24	直接	0

ルータCの
ルーティングテーブル

ネットワーク	ネクストホップ	メトリック（ホップ数）
192.168.1.0/24	ルータA	1
192.168.200.0/24	直接	0

ハブ&スポークトポロジーにおける、このようなスプリットホライズン問題を解決するためには、次のような方法が考えられます。

・ハブルータでスプリットホライズンを無効にする。
・ハブルータでPVCごとに論理インタフェースを作成する。

この問題を解決するためには、スプリットホライズンを無効にすることが、最も簡単な方法だと思います。しかしながら、スプリットホライズンを無効にすることによって、潜在的にルーティングループが発生する可能性があるということを認識しておかなければいけません。

また、スプリットホライズンは、物理インタフェースでも論理インタフェースでも同様に適用されます。そのため、物理インタフェースを複数の論理インタフェースに分割して、ハブとスポーク間のそれぞれの**PVC**（Permanent Virtual Circuit）を別々のIPサブネットと対応付けることによって、スプリットホライズンの影響をなくすことができます。ただし、フレームリレーネットワークにおけるIPアドレッシングの変更が必要になります。

6-3-6 ルーティングループの防止（ポイズンリバース、ホールドダウン）

さて、ルーティングループが発生する原因をもう一度考えてみると、図6-9においてルータAの10.0.0.0/8というネットワークがダウンしたことをルータBが知らないために起こっていることもわかります。ネットワークの障害、つまり変化に対してコンバージェンスが遅いからです。また、ネクストホップアドレスが同じだからといって、間違った情報を信じていることもルーティングループが起こる原因です。これら、ルーティングループの原因に対する対策が、**ポイズンリバース**と**ホールドダウン**です。

ルータAは直接接続された10.0.0.0/8のネットワークがダウンすると、"ネットワークがダウンしました"ということを知らせるために、メトリックが無限大のエントリをRIPアップデートに含めます。つまり、（10.0.0.0,16）という内容のエントリを送るわけです。メトリックが無限大という「ポイズン（毒）」を送信しています。

すでにルーティングテーブル上にあるエントリに対して、メトリックが無限大のアップデートを受け取ると、"ネットワークがダウンしているかもしれない"と判断して、そのエントリをホールドダウン状態に置きます。ホールドダウン状態では、間違ったアップデートがやってくる可能性があるので、ルーティングテーブルとアップデートのネクストホップアドレスが同じでも、受信したエントリをルーティングテーブルにそのまま採用しなくなります。

ポイズンリバースによって、早く他のルータにネットワークがダウンしたことを知らせることができるのですが、定期的なアップデートのタイミングで行うとやはり時間がかかってしまいます。そこで、ネットワークに何らかの変化が起こったときに、定期的なアップデート間隔を待たずに、即座にアップデートを送信する**トリガードアップデート**によって、コンバージェンスを早くしてネットワークの安定を図ることができます。

Chapter6　RIP（Routing Information Protocol）

6-4　RIPのパケットフォーマット

　ここからは、実際にRIPパケットの中身について詳しく解説していきます。

6-4-1　RIPの位置付け

　RIPは、図6-15にあるようにTCP/IPネットワークアーキテクチャにおける**アプリケーション層**に位置するプロトコルです。下位のトランスポート層にはUDPを利用し、ウェルノウンポート番号として520を使っています。520というポート番号は、送信元ポート番号としても送信先ポート番号としても使われます。OSPFやEIGRPなど、直接IPパケットでルーティング情報を配送する他の代表的なIGPsのルーティングプロトコルとは異なっています。

　UDPなので、RIPパケットの配送の信頼性はあまり高くありません。ですが、30秒に1回の定期的なブロードキャストを行っていることと、たとえ1回ぐらいRIPパケットが届かなくてもルーティングテーブルからエントリが削除されないことから、UDPによるパケット配送の信頼性の低さは特に気にする必要はないでしょう。

▶RIPのの位置付け
（図6-15）

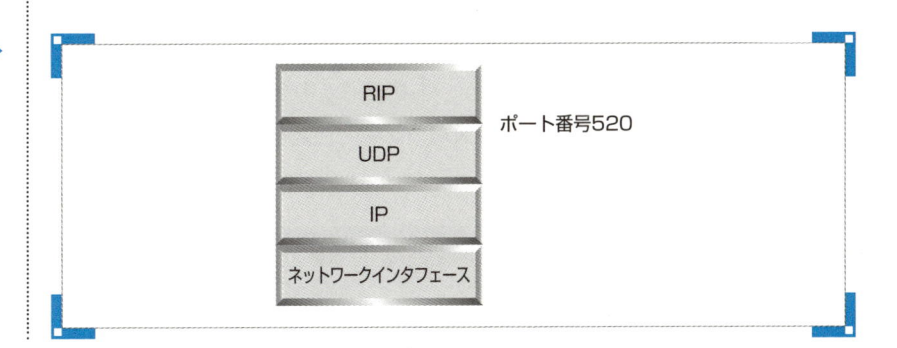

```
┌─────────────────────────────┐
│        ┌──────────┐          │
│        │   RIP    │          │
│        ├──────────┤ ポート番号520│
│        │   UDP    │          │
│        ├──────────┤          │
│        │    IP    │          │
│        ├──────────┤          │
│        │ネットワークインタフェース│          │
│        └──────────┘          │
└─────────────────────────────┘
```

6-4-2　RIPのパケットフォーマット

　次ページの図6-16に、RIPのパケットフォーマットを示します。そのあと、各フィールドについて解説していきます。

chapter 6
RIP（Routing Information Protocol）

▼RIPパケットフォーマット（図6-16）

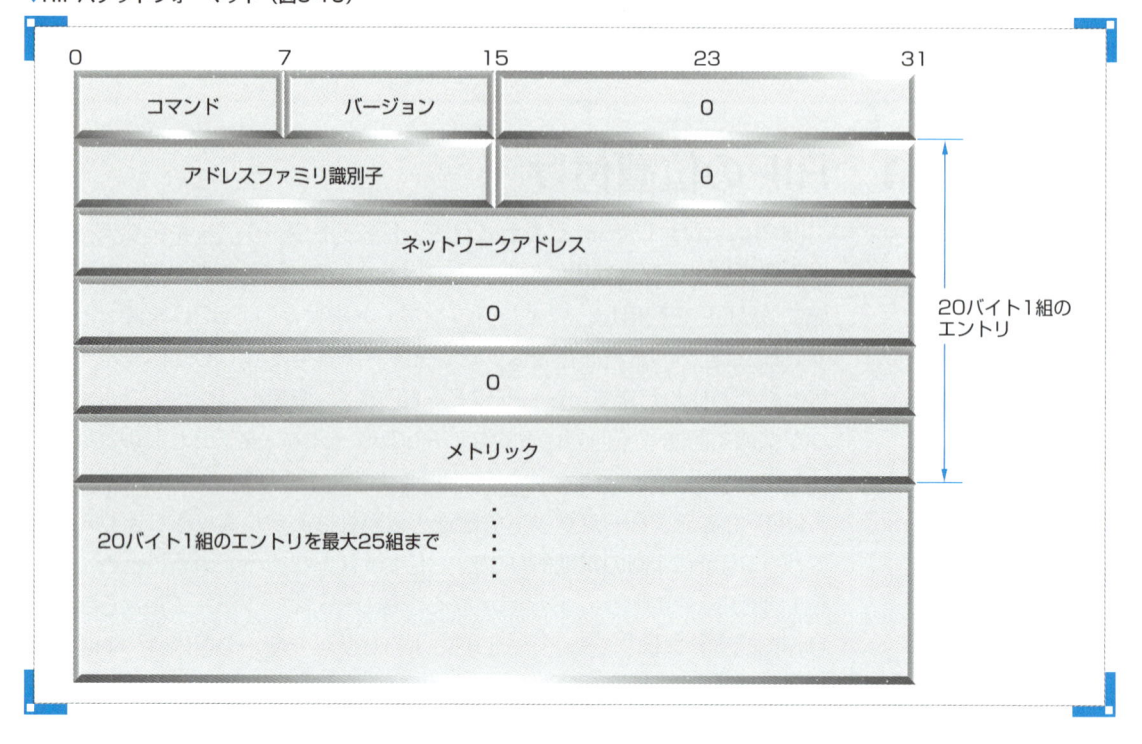

```
 0            7          15            23            31
┌─────────────┬───────────┬─────────────────────────────┐
│  コマンド    │ バージョン │            0                │
├─────────────┴───────────┼─────────────────────────────┤
│   アドレスファミリ識別子  │            0                │
├─────────────────────────┴─────────────────────────────┤
│                 ネットワークアドレス                    │
├───────────────────────────────────────────────────────┤
│                       0                                │
├───────────────────────────────────────────────────────┤
│                       0                                │
├───────────────────────────────────────────────────────┤
│                     メトリック                         │
├───────────────────────────────────────────────────────┤
│   20バイト1組のエントリを最大25組まで                    │
└───────────────────────────────────────────────────────┘
```

20バイト1組のエントリ

●コマンド

　RIPパケットの動作の種類を表します。RIPパケットの動作には、**リクエスト**と**レスポンス**の2種類存在します。その2種類を識別するためのフィールドがコマンドフィールドです。

RIPパケットの動作▶

RIPパケットの動作	フィールドの値	説明
リクエスト	1	RIPアップデートを送信するように要求する。
レスポンス	2	RIPアップデートを送信する。

・リクエスト

　リクエストパケットは、たとえば、RIPルータが起動したときに送信されます。RIPルータが起動したときには、まだ他のルータから情報をもらっていません。しばらく待つと、他のRIPルータが定期的なアップデートを送信してくれるはずですが、最大30秒かかってしまいます。そこで、RIPルータが起動したらすぐにルーティング情報をもらえるようにするために、リクエストパケットを送信します。

・レスポンス

　リクエストパケットの応答として、自分のルーティングテーブルをレスポンスパケットでブロードキャストします。リクエストパケットの応答だけでなく、30秒に1回の定期的なアップデートもレスポンスパケットとして送信しています。ですから、通常のRIPの動作としてはレスポンスパケットが大部分を占めることになります。

●バージョン

　名前の通り、使用しているRIPのバージョン番号が入ります。現在、RIPのバージョンは1と2の2種類あります。RIPv2については、このあと解説します。

●アドレスファミリ識別子

　このアドレスファミリ識別子フィールドからメトリックフィールドまでの20バイトが1つのエントリとなっています。

　アドレスファミリ識別子は、エントリがどのプロトコルに由来しているかを示します。現在は、RIPはIP環境で利用されていますが、もともとは他のプロトコルでも利用することを考えて設計されています。IPルーティングでは、アドレスファミリ識別子の値は「2」です。他の値が入ってくることは、現在ではまず考えられないので、このフィールドは固定値と思っても差し支えないかもしれません。

・ネットワークアドレス

　あて先ネットワークアドレスが入るフィールドです。RIPv1はクラスフルルーティングプロトコルであるために、サブネットマスクの情報が入っていないことに注目してください。このフィールドのあとに続いて8バイトもの0で埋められた領域がありますが、RIPv1では使いません。RIPv2では、この0で埋められた領域で、サブネットマスクの情報やネクストホップアドレスの情報を通知することができます。

・メトリック

　エントリのメトリックが格納されます。RIPでは最大値が16です。

　以上、RIPパケットの各フィールドの内容ですが、図にもある通り1つのRIPパケットで最大25個のエントリを送信することができます。もし、ルーティングテーブルが大きくて25個以上のエントリを送信する必要がある場合は、複数のRIPパケットに分けて送信することになります。ですから、あまりにも巨大なルーティングテーブルではRIPパケットの影響が大きくなる恐れがあります。

Chapter6　RIP（Routing Information Protocol）

6-5　RIPversion2（RIPv2）

　RIPは、シンプルで使いやすいルーティングプロトコルです。しかしながら、クラスフルルーティングプロトコルであるために、VLSMをサポートできないということや、不連続サブネットで正しくルーティングすることができないこと、あるいは、ブロードキャストでアップデートを送信するためにネットワークに負荷をかけてしまうことなど、さまざまな制限があります。こうした制限を緩和するために、RFC2453でRIPversion2（RIPv2）が記述されています。
　ここからは、RIPv2について解説していきます。

6-5-1　RIPv2のパケットフォーマット

★クラスレスルーティングプロトコル
　詳しくは「5-3-7　クラスレスルーティングプロトコル」参照。

　RIPv2のパケットフォーマットは、図6-17の通りです。ほとんどRIPv1と同じですが、RIPv1では0で埋められていた部分が、サブネットマスク情報とネクストホップアドレス情報が入るフィールドになっていることがわかります。サブネットマスクの情報を運ぶことができることから、クラスフルルーティングプロトコルであるRIPv1とは異なり、RIPv2は**クラスレスルーティングプロトコル**★です。

▼RIPv2のパケットフォーマット（図6-17）

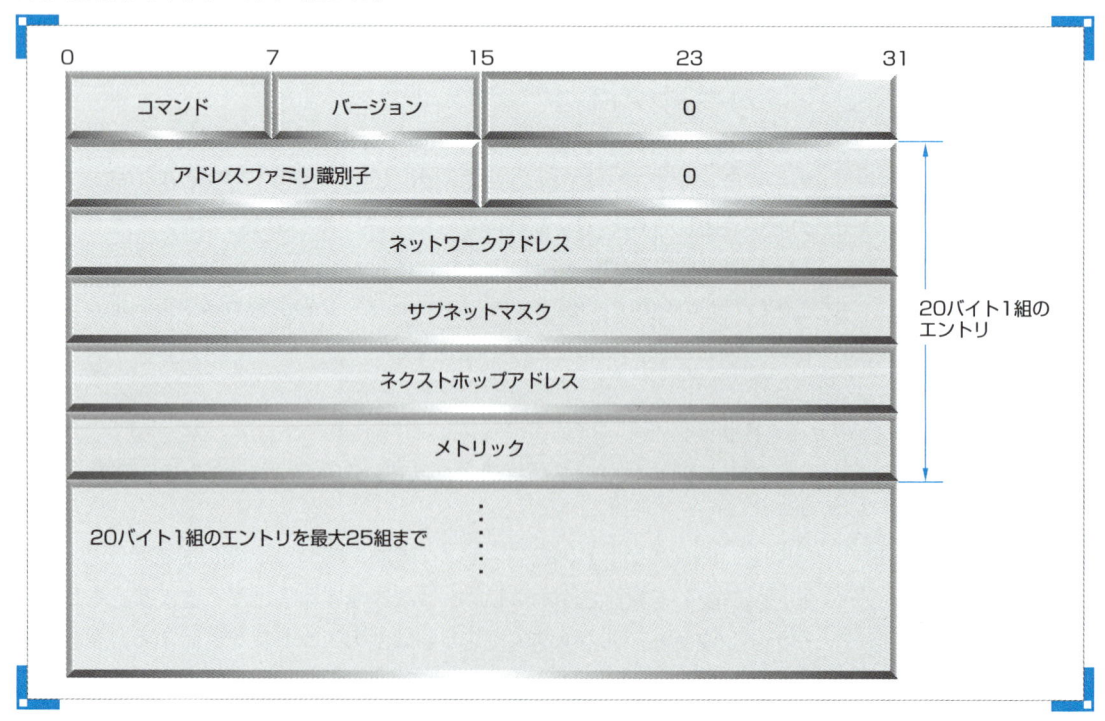

0	7	15	23	31
コマンド	バージョン	0		
アドレスファミリ識別子		0		
ネットワークアドレス				
サブネットマスク				
ネクストホップアドレス				
メトリック				

20バイト1組のエントリ

20バイト1組のエントリを最大25組まで

6-5-2 RIPv2の拡張された点

RIPv2において、RIPv1から拡張された点は次のようになります。

●**クラスレスルーティングプロトコル**
　RIPパケットの中にサブネットマスクの情報を入れることができるので、RIPv2はクラスレスルーティングプロトコルです。

●**VLSMのサポート**
　クラスレスルーティングプロトコルであるために、VLSMをサポートすることができます。VLSMによって、必要なホストアドレスに応じたサブネットマスクを柔軟に適用して、IPアドレスの利用効率を高めることができます。

●**不連続サブネットのサポート**
　メジャーネットが異なるネットワークで分断された不連続サブネットにおいても、正しくルーティング情報を交換することができます。

●**マルチキャストの利用**
　アップデートを送信する際に、ブロードキャストではなくマルチキャストを利用します。マルチキャストを利用することによって、RIPv2ルータしかパケットを処理しません。そのため、ネットワーク上のホストに余計な負荷をかけることがなくなります。RIPv2で利用するマルチキャストアドレスは、224.0.0.9です。

●**認証機能のサポート**
　ルーティング情報を交換するルータで、認証を行うことができます。認証によって、RIPアップデータの偽造や改ざんによるネットワークの混乱を防ぐことができます。

●**任意の境界での手動集約のサポート**
　シスコルータでの実装ですが、クラス境界での自動集約だけでなく、各インタフェースで任意のビット境界での経路集約を行うことができます。適切なIPアドレッシングを行っていれば、この機能によってルーティングテーブルのサイズを小さくし、安定したルーティングを行うことができます。

　上記のようにさまざまな拡張が行われていますが、RIPv2もRIPv1と同

様に、ディスタンスベクタ型ルーティングプロトコルであることは変わりありません。そのため、コンバージェンスが遅いことやルーティングループ発生の可能性など、問題点は残されています。

SUMMARY

第6章　RIPのまとめ

　RIPはディスタンスベクタ型ルーティングプロトコルで、仕組みが単純なことから小規模なネットワークでよく利用されています。第6章では、RIPの特徴とその動作について解説しました。RIPは単純でわかりやすいルーティングプロトコルなのですが、コンバージェンスに時間がかかることや、ルーティングループが発生する可能性もあるので注意が必要です。ルーティングループを回避する仕組みについても、第6章で解説しています。

　また、RIPの拡張であるRIPv2の特徴についても解説しました。

chapter 7

IGRP (Interior Gateway Routing Protocol)

　IGRPはシスコシステムズ社（以下、シスコ社）独自の、ディスタンスベクタ型ルーティングプロトコルです。RIPのホップ数の制限や、効率的ではない経路選択を改善するために開発されています。この章では、IGRPの概要とその動作、特徴を解説します。

7-1 IGRPの概要

まず、IGRPの概要として、その歴史と特徴について解説します。

7-1-1 IGRPの歴史

シスコ社は1980年代半ばにRIPのさまざまな制限に対応するために、**IGRP**を開発しました。IGRPによって、RIPではサポートできなかった大規模なネットワークや効率的な経路選択を行うことができます。

ただし、シスコ社独自のルーティングプロトコルであるために、IGRPを利用するにはすべてのルータをシスコルータにしなくてはいけません。

IGRPによって、いくつかのRIPの制限は緩和されることになりますが、ディスタンスベクタ型ルーティングプロトコルであるために、本質的な限界が存在しています。そこで、より大規模ネットワーク対応で拡張性の高いルーティングプロトコルとして、IGRPをさらに発展させた**EIGRP**（Enhanced IGRP）が開発されることになりました。EIGRPについては、第9章で解説します。

7-1-2 IGRPの特徴

IGRPの特徴は次の通りです。

- IGPs（Interior Gateway Protocols）
- ディスタンスベクタ型ルーティングプロトコル
- 90秒に1回の定期的な情報交換
- ルーティング情報はブロードキャストを利用して送信
- メトリックは、「帯域幅」「遅延」「信頼性」「負荷」「MTU」を考慮した複合メトリック
- ホップ数は最大255まで（標準では100）
- 不等コストロードバランスのサポート
- クラスフルルーティングプロトコル
- ルーティングテーブルのコンバージェンス時間が長い
- ルーティングループが発生する可能性がある
- スプリットホライズン、ポイズンリバース、トリガードアップデート、ホールドダウンタイマーなどのループ防止メカニズム

以上のようなIGRPの特徴を眺めてみると、RIPと非常によく似ているこ

とがわかります。以下の表には、IGRPの特徴のうちRIPと同じ点と異なる点を分類しています。

IGRPの特徴のまとめ▶

RIPと同じ点	RIPと異なる点
・IGPs ・ディスタンスベクタ型ルーティングプロトコル ・ルーティング情報はブロードキャストを利用して送信 ・クラスフルルーティングプロトコル ・ルーティングテーブルのコンバージェンス時間が長い ・ルーティングループが発生する可能性がある ・スプリットホライズン、ポイズンリバース、トリガードアップデート、ホールドダウンタイマーなどのループ防止メカニズム	・90秒に1回の定期的な情報交換 ・メトリックは、「帯域幅」「遅延」「信頼性」「負荷」「MTU」を考慮した複合メトリック ・ホップ数は最大255まで（標準では100） ・不等コストロードバランス

　RIPと同じくIGRPは、AS内部で利用する**IGPs**の1つであり、ルーティングアルゴリズムは**ディスタンスベクタ型**です。すなわち、定期的にルータのルーティングテーブルをブロードキャストすることによって、ネットワークを学習していきます。ブロードキャストであるために、ネットワーク上の他のホストに余計な負荷をかけてしまうという点もRIPと同じです。

　また、交換するルーティング情報の中にはサブネットマスクの情報が含まれない、**クラスフルルーティングプロトコル**です。そのため、**VLSM**（Variable Length Subnet Mask）や**不連続サブネット**をサポートすることができません。

　さらに、**ディスタンスベクタアルゴリズム**なので、ルーティングテーブルの**コンバージェンス**に非常に長い時間かかってしまいます。コンバージェンスが長いことからルーティングループが発生する可能性があり、それを防止するためのさまざまな方法があることもRIPと同様です。

　RIPと異なる点は、定期的なアップデートの間隔が90秒に1回になっています。そのため、RIPよりもネットワークの帯域消費が少なくなります。その反面、アップデートの間隔がRIPよりも長いため、必然的にコンバージェンス時間もRIPより長くなります。

　また、RIPでは、**ホップ数**の制限が16（16は無限大なので実質的には15）であったのが、標準では100ホップ、最大で255ホップまで拡張することができます。RIPでは、何十台ものルータが存在する大規模ネットワークでは、ルーティングできない可能性があるのですが、IGRPはその心配はありません。ただし、IGRPが大規模ネットワークで使われるかどうかと

いうことは、また別問題です。

そして、シスコルータの実装では、RIPでもメトリックが同じ経路が複数ある場合には、複数の経路をルーティングテーブルに載せてロードバランスを行うことができました。IGRPは、その点を拡張して異なるメトリックの経路においてもロードバランスするように設定できます。これを**不等コストロードバランス**と呼んでいます。

以上が主なIGRPの特徴です。このあと、IGRPの動作などさらに具体的な内容について解説します。

Chapter7　IGRP (Interior Gateway Routing Protocol)

7-2　IGRPの動作

IGRPの動作は、同じディスタンスベクタ型ルーティングプロトコルであるRIPとよく似ています。第6章の復習もかねて、IGRPの動作を確認しましょう。

7-2-1　ルーティングテーブルの交換

RIPの動作で考えたときと同じ図7-1のようなとても単純なネットワークを考えて、IGRPの動作を見ていきましょう。最初、ルータA、ルータBのルーティングテーブルは直接接続のエントリだけが存在しています。ですから、この段階では10.0.0.0/8のネットワークと30.0.0.0/8のネットワークは通信することができません。

▼IGRPのネットワーク例（図7-1）

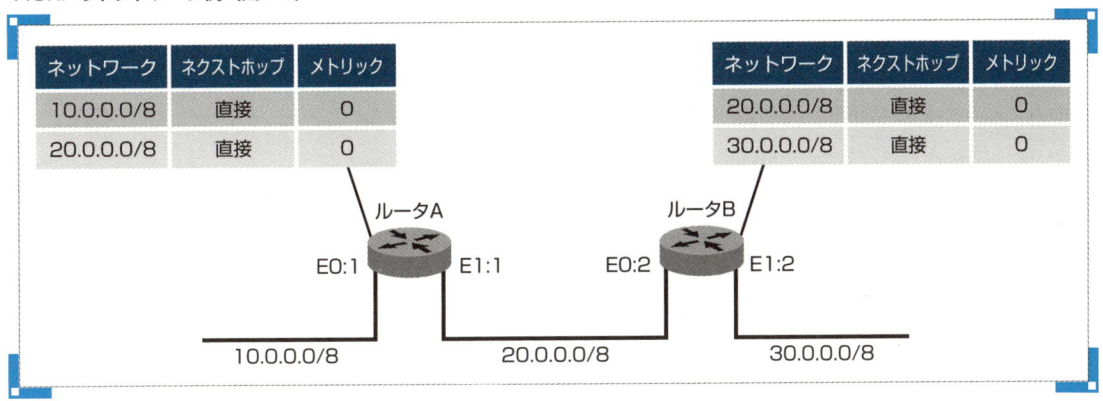

ネットワーク	ネクストホップ	メトリック
10.0.0.0/8	直接	0
20.0.0.0/8	直接	0

ネットワーク	ネクストホップ	メトリック
20.0.0.0/8	直接	0
30.0.0.0/8	直接	0

ルータA　E0:1　E1:1　　ルータB　E0:2　E1:2

10.0.0.0/8　　　20.0.0.0/8　　　30.0.0.0/8

さて、ルータAとルータBでIGRPを起動し、すべてのインタフェースでIGRPを有効にします。すると、ルータAとルータBは自身の持つルーティングテーブルをブロードキャストで送信します。

送信する内容は、基本的にはルーティングテーブル全体なのですが、通常はスプリットホライズンのために、直接接続されているネットワークのエントリはそのインタフェースを通じて送信されません。IGRPで送信するルーティングテーブルエントリを簡単に、（ネットワーク，メトリック）で表現します。メトリックは複雑になるので、数値ではなくアルファベットで表すと、ルータAはE0インタフェースから（20.0.0.0,M1）のエントリ、E1インタフェースから（10.0.0.0,M1）のエントリをブロードキャストします。同様に、ルータBが送信するエントリは、E0インタフェースから（30.0.0.0,M1）、E1インタフェースから（20.0.0.0,M1）です。

ルータA、ルータBがそれぞれ教えあった情報をルーティングテーブルに載せて、次ページの図7-2のようにすべてのネットワークをルーティングテ

chapter 7
IGRP (Interior Gateway Routing Protocol)

ーブル上で認識することができるようになります。これでこの例のネットワークはコンバージェンス状態になりました。コンバージェンスしたあともルータA、ルータBは90秒に1回、ルーティングテーブルのブロードキャストを行っています。このとき、スプリットホライズンによって教えてもらった経路は教え返すことがありません。ですから、ルータAはE0インタフェースから（20.0.0.0,M1）（30.0.0.0,M2）のエントリ、E1インタフェースから（10.0.0.0,M1）のエントリをブロードキャストします。ルータBは、E0インタフェースから（30.0.0.0,M1）のエントリ、E1インタフェースから（20.0.0.0,M1）（10.0.0.0,M2）のエントリをブロードキャストします（図7-3）。

▼IGRPのアップデート（図7-2）

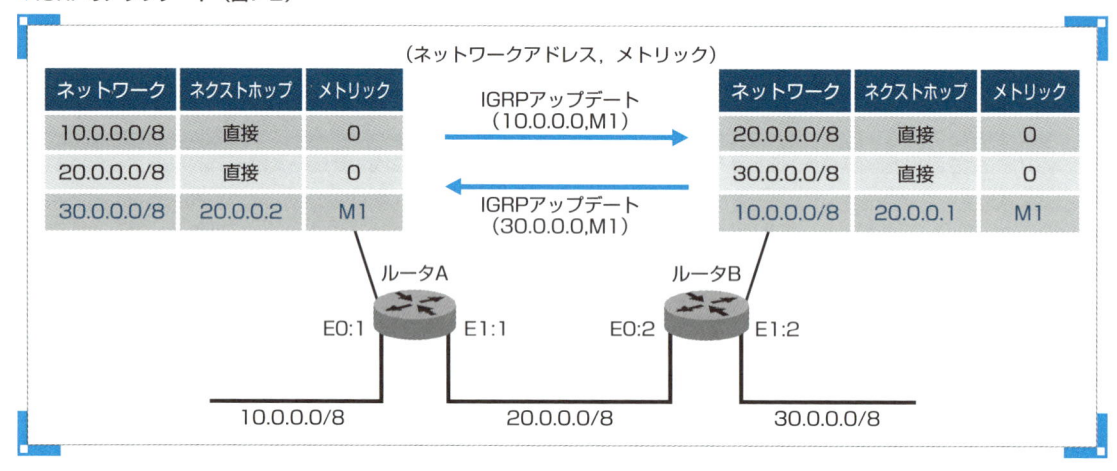

▶コンバージェンス後のIGRPのアップデート（図7-3）

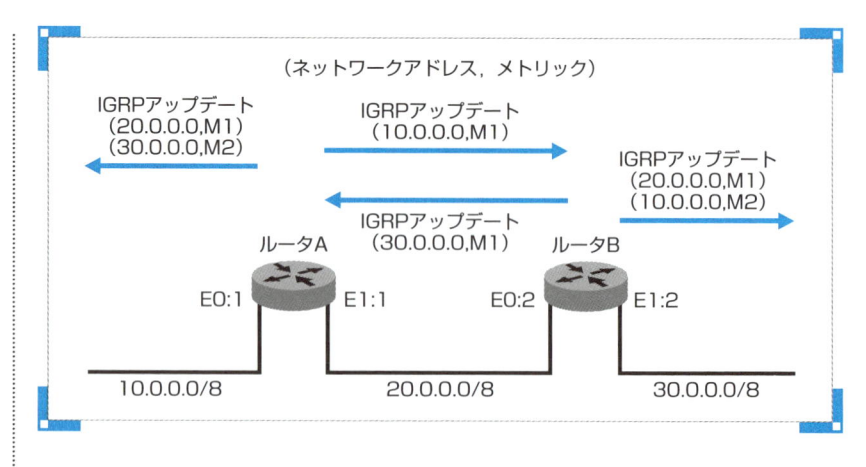

ネットワークの障害の検出もRIPと同様に、この定期的なルーティングテーブルのブロードキャストによって行っています。ある一定時間、他のルータからブロードキャストされるエントリが届かなければ、ネットワークがダウンしたと見なしてルーティングテーブルから削除します。この時間につい

ては、IGRPタイマーによって制御します。RIPタイマーと同じ使い方ですが、標準の値が異なります。IGRPタイマーについては後述します。

7-2-2 コンバージェンス時間

　IGRPはRIPと同じく、ディスタンスベクタ型ルーティングプロトコルであり、隣のルータとしか直接情報交換できないので、コンバージェンスに非常に長く時間がかかってしまうという欠点があります。

　図7-4のように5台のルータが直列に接続されている場合、ルータAの10.0.0.0/8のネットワークがルータEに届くには、最大で

> 90（定期的なアップデート間隔）×4（経由するルータ）＝360秒

の時間がかかってしまいます。トリガードアップデートなどによって、もっと早く伝わるように実装されていますが、長い時間であることに変わりありません。特にIGRPはRIPのホップ数の制限を拡張して最大255ホップとしているので、理論的には255台のルータを直列に接続したネットワークでもルーティングすることができます。しかし、端から端までルーティング情報が届くのにかかる時間を想像してみてください。気の遠くなるほどの時間がかかってしまいます。

▼コンバージェンス時間の概算（図7-4）

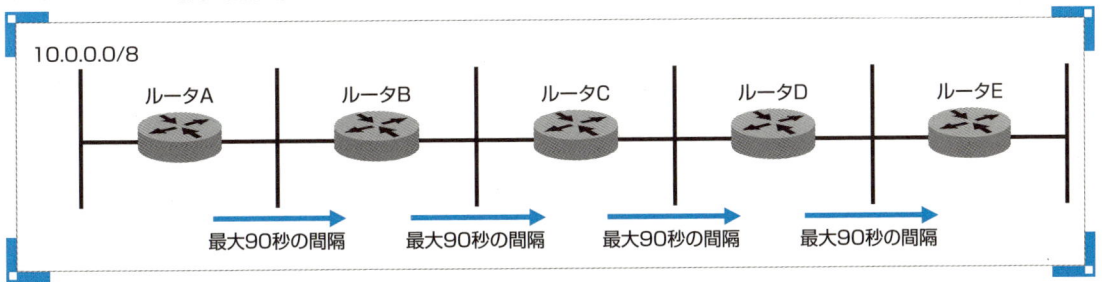

　また、ネットワークで障害が発生した場合にはRIPで解説したときと同じようにホールドダウン状態を経由します。ホールドダウンによってループを防止することができるのですが、コンバージェンス時間という観点からは悪い影響を及ぼします。

　このことからわかるように、大規模なネットワークに対応するということは、ホップ数を拡張すればよいというような単純なものではありません。IGRPの特徴として、RIPよりも大規模なネットワークに対応できるということがあげられますが、ルータが何十台もあるようなネットワークでは、サ

chapter 7
IGRP (Interior Gateway Routing Protocol)

ポートすることは難しいです。大規模なネットワークに対応して安定してルーティングを行うためには、リンクステート型ルーティングプロトコルやハイブリッド型ルーティングプロトコルのように、素早いコンバージェンスを行うことができるルーティングプロトコルが不可欠です。

7-2-3 IGRPのタイマ

IGRPで利用するタイマは、RIPと同じように次の4種類があります。

- Updateタイマ
- Invalidタイマ
- Hold downタイマ
- Flushタイマ

各タイマの意味と使い方は、RIPと同様です。ただし、IGRPではタイマの標準値がRIPと異なります。以下の表に、IGRPタイマの意味と標準値をまとめています。

▶ IGRPタイマのまとめ

タイマー	説明	標準値
Updateタイマ	定期的なアップデートの間隔。	90秒
Invalidタイマ	このタイマがタイムアウトするまでに、アップデートを受信できなければ、そのエントリをホールドダウン状態にする。	270秒
Hold downタイマ	ホールドダウン状態を保持するタイマ。ホールドダウン状態の間は、メトリックが悪いアップデートは採用しない。	280秒
Flushタイマ	このタイマがタイムアウトすると、ルーティングテーブルからエントリを削除する。	630秒

これらのタイマの値は設定変更することができます。コンバージェンス時間を早めたいのであれば、UpdateタイマやHold downタイマの値を小さくすることで早くすることができます。しかし、タイマの変更は影響を及ぼす範囲を慎重に考慮して変更する必要があります。不用意にタイマの値を変更すると、ルーティングテーブルに現れては、またしばらくすると消えてしまうなどの現象が起こります。

7-2-4 IGRPのメトリック

IGRPの大きな特徴として、メトリックとしてネットワークのさまざまなパラメータを考慮した、複合メトリックを採用していることが挙げられます。

IGRPはメトリックとして、次の5つの要素★を考慮しています。

★5つの要素
()内は、メトリック計算に利用する値を表しているものとする。

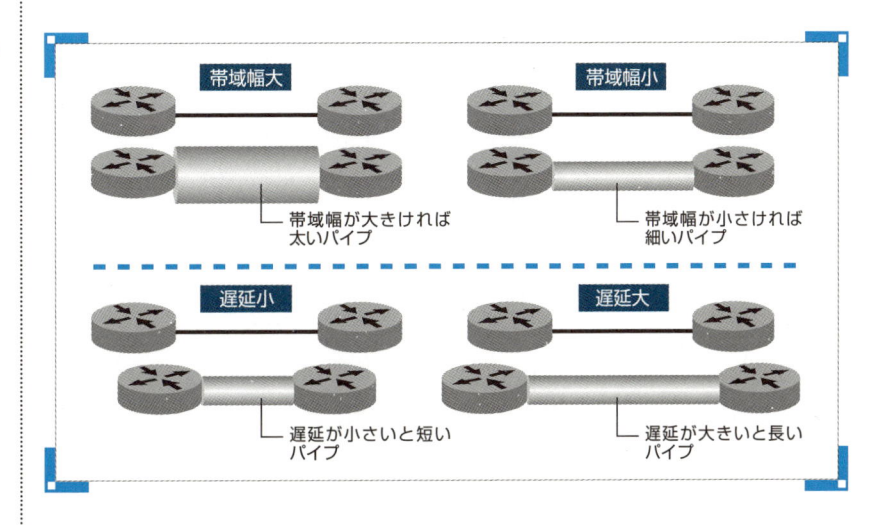

・帯域幅（BW）　・遅延（DLY）
・信頼性（RELIABILITY）　・負荷（LOAD）　・MTUサイズ

これら5つの要素があるのですが、標準では**帯域幅**と**遅延**を利用します。その他の要素は、設定によって利用することが可能になります。帯域幅と遅延は、次のように考えるとイメージがつかみやすいでしょう。

あるネットワークとネットワークの間の経路を、1つのパイプと考えます。ネットワークを流れるトラフィックは、パイプの中を流れる水だと考えるわけです。すると、帯域幅とはパイプの幅、遅延はパイプの長さになります。パイプの幅が広ければ、一定時間に流せる水の量が増えます。そして、パイプの長さが短ければ早く届きます。同じように、帯域幅が大きいということは、一定時間に流すことができるデータが増えます。遅延が少ないということは、データが早く届くということです（図7-5）。

帯域幅と遅延の考え方のイメージ（図7-5）

途中に帯域幅が小さい経路があれば、その部分のパイプが細くなると考えられます。一箇所でも細い部分があれば、全体に影響することになります。ですから、帯域幅は途中の経路での最も低い値をメトリックとして考えます。パイプの長さは経路に沿って伸びていくので、遅延はあて先まで累積した値をメトリックとして考えます（図7-6）。

chapter 7
IGRP (Interior Gateway Routing Protocol)

メトリックの計算方法 ▶
(図7-6)

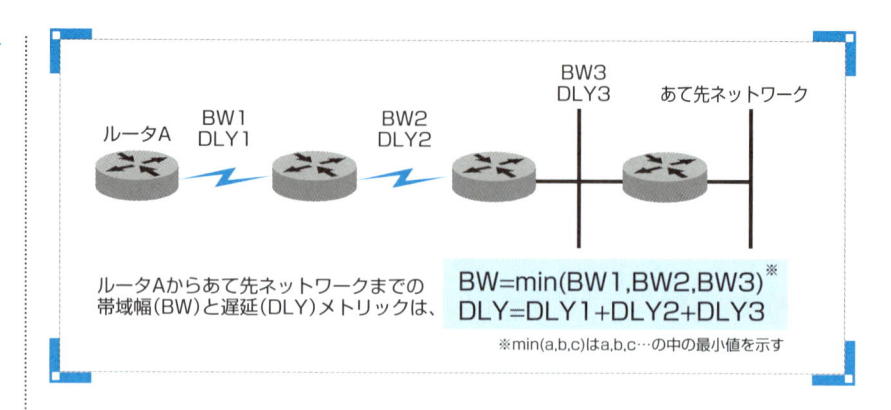

ルータAからあて先ネットワークまでの帯域幅(BW)と遅延(DLY)メトリックは、

$$BW = \min(BW1, BW2, BW3)^{※}$$
$$DLY = DLY1 + DLY2 + DLY3$$

※min(a,b,c)はa,b,c…の中の最小値を示す

　帯域幅や遅延は、ルータのインタフェースによって決まってきますが、設定によって変更することももちろん可能です。下の表は、各ルータのインタフェースによる帯域幅と遅延に対するIGRPメトリックの対応です。BWは帯域幅をkbpsに変換し、10000000をその値で割ると求まります。DLYは10μs単位で考えるので、μsで表した遅延を10で割ります。計算式は、次の通りです。

$$\cdot BW = \frac{10000000}{帯域幅(kbps)}$$

$$\cdot DLY = \frac{遅延(\mu s)}{10}$$

インタフェースの帯域幅、▶
遅延とIGRPメトリック

インタフェース	帯域幅(kbps)	BW	遅延（μs）	DLY
100M ATM	100000	100	100	10
Fast Ethernet	100000	100	100	10
FDDI	100000	100	100	10
16M Token Ring	16000	625	630	63
Ethernet	10000	1000	1000	100
T1	1544	6476	20000	2000
DS0	64	156250	20000	2000

　信頼性は、8ビットで表され動的に変化していきます。1が最も信頼性が低く、255が100%の信頼性を表しています。たとえば、50%の信頼性ではRELIABILITYは、255×50％＝128という値になります。

　負荷も8ビットで表されます。1がもっとも負荷が少なく、255が100%の負荷がかかっている状態です。50%の負荷がかかっているとき、LOADは、255×50％＝128という値です。

IGRPの動作

　MTUサイズは実際のメトリック計算に使われませんが、あて先に対する経路上の最小MTUサイズを記録しています。

　メトリックの計算は、以上のような値とK1からK5の**K値**と呼ばれる係数から計算します。計算式は次の通りです★。

★**デフォルト値**
デフォルト値は、K1=K3=1、K2=K4=K5=0。

・K5=0のとき
　メトリック=[K1＊BW/(256－LOAD)+K3＊DLY]

・K5≠0のとき
　メトリック=[K1＊BW+K2＊BW/(256－LOAD)+K3＊DLY]＊
　　　　　　　　　　　　　　　　[K5/RELIABILITY+K4)]
　　　　　　　　　※デフォルト値K1=K3=1,K2=K4=K5=0

　K値は、K1～K5の5つあるのですが、標準ではK1=K3=1、K2=K4=K5=0です。このK値の標準値を前述の計算式に当てはめると、

IGRPメトリック=BW（帯域幅）+DLY（遅延）

となることがわかります。他の要素も反映させるためには、K値の値を変更すれば可能です。ただし、K値を変更するときには、十分な検討が必要です。関係するルータで一貫したK値の設定を行わないと、IGRPによる経路選択に不整合が発生して、非効率な経路選択を行ってしまったり、ルーティングループが発生する可能性があります。標準値でほとんどのネットワークに当てはまるように値が調整されているので、特に必要がない限り、K値の変更は推奨されていません。

　さて、IGRPが採用している複合メトリックによって、RIPで見られるような単純なホップ数による経路選択の非効率性を解決することができます。
　「6-3-1　単純なホップ数による経路選択の非効率性」で見たネットワーク例において、IGRPを利用した場合を考えてみましょう。ルータAからルータCに直接接続されているネットワーク100.0.0.0/8へは、ルータCを経由する経路（上の経路）と、ルータB、ルータCを経由する経路（下の経路）の2通りあります。ルータAはルータCとルータBからIGRPによって、100.0.0.0/8のエントリを受け取ります。このどちらを採用するかということをメトリックによって決定していくわけです。
　ルータCとルータAの間のシリアル接続は64kbpsとすると、BWとDLYは次ページの通りです。

chapter 7
IGRP (Interior Gateway Routing Protocol)

```
BW=156250
DLY=2000
```

K値を標準と考えれば、ルータCがルータAに送信するメトリックは、

```
メトリック=BW+DLY=156250+2000=158250
```

となります。

次にルータBがルータAに送信するメトリックを考えます。ルータAとルータB、ルータBとルータCは共に100MbpsのLANで接続されています。帯域幅は、経路上の最低の値、遅延は経路上の累積した値を考えるので、

```
BW=100
DLY=10+10=20
```

です。従って、IGRPメトリックは、次の通りです。

```
メトリック=BW+-DLY=100+20=120
```

ルータAはこの2つのIGRPメトリックを比較して、100.0.0.0/8への経路として下の経路を採用します（図7-7）。

IGRP経路選択（図7-7）▶

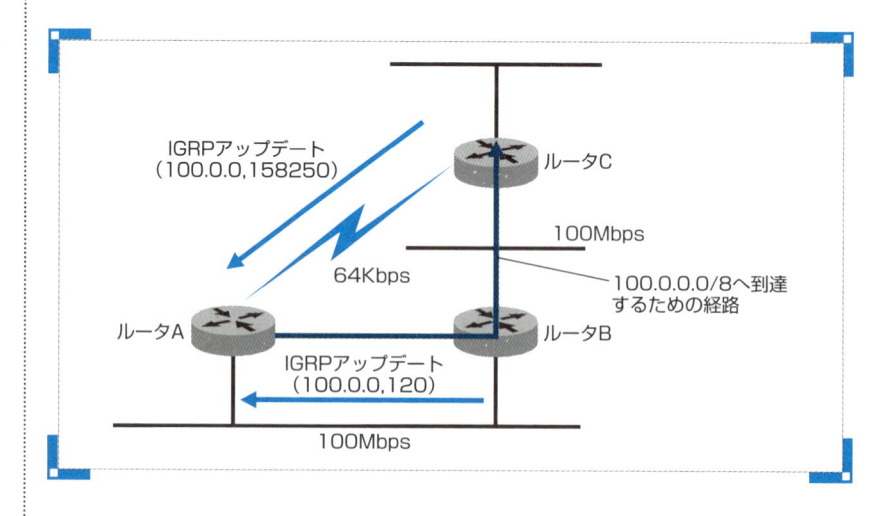

7-2-5 不等コストロードバランス

シスコルータの実装では、あるあて先ネットワークに対して同じメトリックをもつ複数のルーティングアップデートを受信すると、それらのエントリをルーティングテーブルに載せて、ロードバランスを行うことができます。IGRPを利用すると、同じメトリックだけでなく、異なるメトリックを持つ経路上においても、ロードバランスを行うことができるようになります。これを**不等コストロードバランス**と呼んでいます。

不等コストロードバランスを有効にするためには、**variance**という係数が重要な意味を持っています。あるあて先ネットワークに対する複数のルーティングアップデートを受信したとき、アップデートに含まれるメトリックのうち、最小のメトリックを基準にして

> 最小メトリック×variance

までのメトリックをもつアップデートを採用して、ルーティングテーブルに載せるようになります。標準では、varianceの値は1なので、不等コストロードバランスではなく、**等コストロードバランス**を行うことになります。

図7-8で、不等コストロードバランスの具体的な例を考えてみます。

▼不等コストロードバランス (図7-8)

「ルータAのルーティングテーブル」
variance=1

ネットワーク	ネクストホップ	メトリック
100.0.0.0/8	ルータB	100

variance=2

ネットワーク	ネクストホップ	メトリック
100.0.0.0/8	ルータB	100
	ルータC	200

variance=3

ネットワーク	ネクストホップ	メトリック
100.0.0.0/8	ルータB	100
	ルータC	200
	ルータD	300

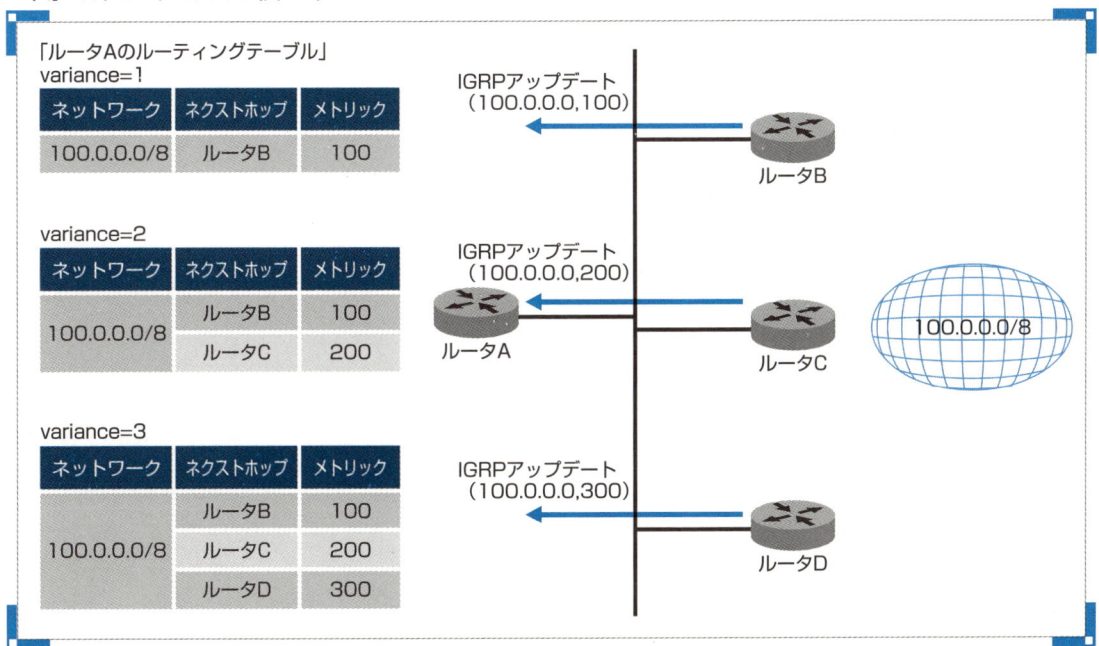

ルータAは、ルータB、ルータC、ルータDからそれぞれネットワーク100.0.0.0/8あてのルーティングアップデートを受け取っています。各ルータがルータAに通知するメトリックは、簡単にルータBは100、ルータCは200、ルータDは300とします。

標準のvariance値が1のときは、最も小さいメトリックであるルータBからのルーティングアップデートを採用して、1つの経路をルーティングテーブルに載せます。varianceを2に変更すると、

```
100×2=200
```

までのメトリックを持つルーティングアップデートを採用します。つまり、ルータBからのものとルータCからのものを採用し、ルーティングテーブルに2つの経路を載せてロードバランスを行います。varianceの値を3にすると、メトリックが300までのルーティングアップデート、すなわち、ルータBからのもの、ルータCからのもの、ルータDからのもの3つともルーティングテーブルに載せ、この3つの経路でロードバランスできるようになります。

この複数の不等コストの経路において、シスコルータはそのメトリックに応じて負荷を分散させることもできます。つまり、上記の例でvarianceが3のとき、ルータBの経路を50(3/(3+2+1))%、ルータCの経路を33(2/(3+2+1))%、ルータDの経路を17(1/(3+2+1))%というようにメトリック比に応じて分散させます。

Chapter 7 IGRP (Interior Gateway Routing Protocol)

7-3 IGRPのパケットフォーマット

ここからは、IGRPのパケットフォーマットについて詳しく見ていきましょう。

7-3-1 IGRPの位置付け

IGRPは、図7-9にあるようにIPヘッダのあとに直接IGRPのデータが入ります。IPヘッダにあるプロトコル番号9で、IGRPであることを識別することができます。

IGRPの位置付け▶
（図7-9）

IPはコネクションレス型プロトコルなので、ルーティング情報の交換に対する信頼性が気になるところですが、90秒に1回の定期的なブロードキャストを行っていることと、たとえ1回ぐらいIGRPのアップデートを受信できなくても、すぐにはルーティングテーブルから削除されないので、RIP同様に信頼性の心配はそれほど必要ないでしょう。

7-3-2 IGRPのパケットフォーマット

次ページの図7-10が、IGRPのパケットフォーマットです。以下、各フィールドについて解説します。

■ IGRPヘッダ

●バージョン

IGRPのバージョンフィールドには常に1がセットされます。

●操作コード

操作コードフィールドは次の2つの値を取ります。

> 1：リクエストパケット
> 2：アップデートパケット

chapter 7
IGRP (Interior Gateway Routing Protocol)

リクエストパケットは、IGRPのヘッダ部分のみで各エントリは含まれません。リクエストパケットによって隣接したルータにIGRPアップデートを送信するように要求します。

●エディション

エディションフィールドは、ルーティング情報に変更があるごとに増加します。エディションフィールドによって、古い情報を間違ってルーティングテーブルに採用してしまうことを防ぎます。

●AS番号

設定されたAS番号が入ります。ただし、BGPで利用するAS番号とは意味が異なります。IGRPでのAS番号は、IGRPのプロセスを識別するための番号であると考えてください。IGRPでルーティング情報を交換するためには、AS番号が一致していなければいけません。

▼IGRPパケットフォーマット（図7-10）

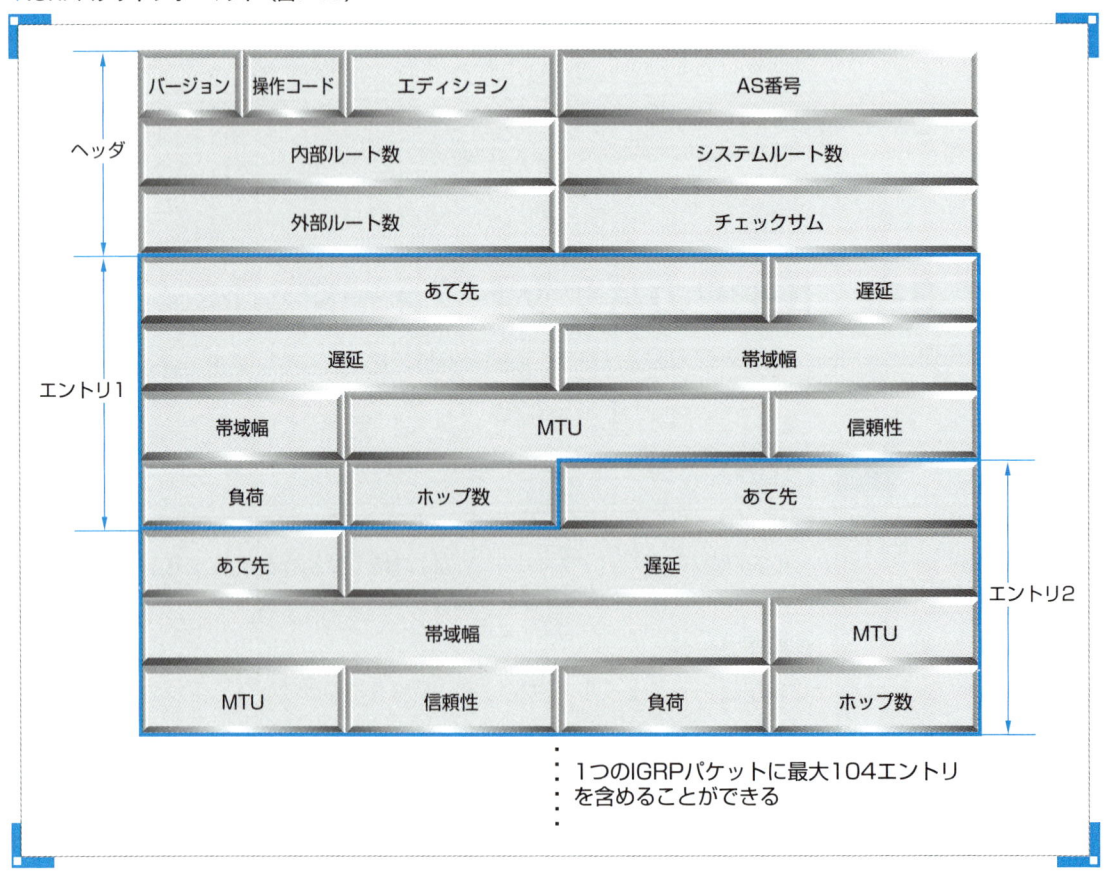

ヘッダ				
バージョン	操作コード	エディション	AS番号	
内部ルート数		システムルート数		
外部ルート数		チェックサム		

エントリ1:
- あて先 / 遅延
- 遅延 / 帯域幅
- 帯域幅 / MTU / 信頼性
- 負荷 / ホップ数 / あて先

エントリ2:
- あて先 / 遅延
- 帯域幅 / MTU
- MTU / 信頼性 / 負荷 / ホップ数

1つのIGRPパケットに最大104エントリを含めることができる

●内部ルート数

直接接続されているネットワークのサブネットの数を示します。もしも、直接接続されたネットワークがサブネット化されていなければ、このフィールドは0となります。内部ルートのエントリは、ヘッダに続くIGRPのエントリの最初に記述されます。

●システムルート数

直接接続されていないネットワークの数を示しています。IGRPは自動集約によってクラス境界で集約されるので、このフィールドは集約されたルートの数を示しているとも考えることができます。システムルートのエントリは、内部ルートエントリに続いて記述されます。

●外部ルート数

デフォルトネットワークとして認識されるネットワークの数を示します。もし、このエントリが存在するときには、アップデートの中の最後に入ります。

●チェックサム

IGRPヘッダとすべてのエントリのエラーチェックを行うためのフィールドです。

以上、ここまでがIGRPヘッダとなり、ここからは各エントリの内容になります。

エントリの内容

●あて先

あて先ネットワークのネットワークアドレスが記述されます。3バイトしか大きさがないので不思議に思うかもしれません。IGRPにとってのネットワークアドレスの認識からすると、3バイトで十分なのです。IGRPでは、もし、内部ルートエントリであれば自分のインタフェースから少なくとも最初の1バイト分はわかります。そのため、内部ルートエントリでは、残りの3バイト分の情報が含まれています。システムルートや外部ルートでは、集約されているので少なくとも最後の1バイトは0になっているはずです。そこで、これらのエントリに対して、最初から3バイト分の情報があれば十分ということになります。

●遅延

あて先までの遅延の総和が記述されています。

●帯域幅
あて先までの経路の中でもっとも小さい帯域幅が記述されています。

●MTU
あて先までの経路の中でもっとも小さいMTUサイズが記述されています。

●信頼性
1～255で表される信頼性が記述されています。

●負荷
1～255で表される負荷が記述されています。

●ホップ数
あて先までのホップ数を示しています。

「あて先」から「ホップ数」までが1つのエントリとなり、IGRPパケットの中に最大104エントリ含めることができます。

SUMMARY

第7章　IGRPのまとめ

　第7章では、シスコ社独自のルーティングプロトコルであるIGRPについて解説しました。IGRPはディスタンスベクタ型ルーティングプロトコルで、RIPに比べるとメトリックとして複合メトリックを採用しているため、より柔軟な経路選択を行うことができます。また、不等コストロードバランスのサポートなどのメリットがあります。
　しかし、ディスタンスベクタ型なので、RIPと同様にコンバージェンス時間が長いなどのデメリットもあるということには、気をつける必要があります。

ルーティング&スイッチング

chapter 8

OSPF (Open Shortest Path First)

　OSPF（Open Shortest Path First）はIETF標準のリンクステート型ルーティングプロトコルです。OSPFはRIP（Routing Information Protocol）などのディスタンスベクタ型ルーティングプロトコルのさまざまな制限をなくし、より大規模なネットワークで効率のよいルーティングを行うために開発されています。

　この章では、OSPFの概要と特徴、そしてその動作、OSPFネットワークを設計する上で重要なエリアの概念、各OSPFパケットの詳細なフォーマットについて解説します。

Chapter8　OSPF

8-1　OSPFの概要

まず、OSPFの概要として、その歴史と特徴について解説します。

8-1-1　OSPFの歴史

OSPFは1980年代のなかばから、RIPに取って代わるルーティングプロトコルとして開発が進められました。RIPでは、次のようないくつかの制限がありました。

- ・ホップ数の制限
- ・コンバージェンス時間が長い
- ・定期的なブロードキャストでネットワークに負荷を与える
- ・ルーティングループ発生の可能性

OSPFでは、こういったRIPのさまざまな制限をなくし、より大規模なネットワークにおいて効率よくルーティングすることを目的としています。

1987年にIETF★によって、OSPFの標準化が開始され1989年にRFC1131としてOSPFv1が公開されています。OSPFv1をさらに発展させて、1991年にOSPFv2が標準化されています。OSPFv2は以降もさまざまな機能が盛り込まれ、1998年にRFC2328が公開されています。これ以降も**MPLS**(Multi Protocol Label Switching)との相互作用や**IPv6**への対応など、さまざまな拡張が行われていく予定です。

v1、v2の2つのバージョンがありますが、一般にOSPFといえば、**OSPFv2**を指していると考えてください。

★IETF
　Internet Engineering Task Forceの略。

8-1-2　OSPFの特徴

OSPFの特徴は次のようになります。

- ・IGPs (Interior Gateway Protocols)
- ・リンクステート型ルーティングプロトコル
- ・効率よいルーティングのための「エリア」の概念
- ・クラスレスルーティングプロトコル
- ・ルーティングテーブルのコンバージェンス時間が短い
- ・ループが発生する可能性が極めて小さい
- ・メトリックとして「コスト」を採用

> ・コンバージェンス時は、Helloプロトコルによる定期的なキープアライブ
> ・ネットワークの変更があったときだけルーティング情報を送信
> ・マルチキャストによる通信
> ・認証機能のサポート
> ・CPU、メモリの使用率が高い
> ・きちんとしたアドレス設計が必要

　OSPFは、RIPやIGRPと同じく**AS内部**のルーティングを対象とした**IGPs**の一種です。ただし、RIPやIGRPよりも大規模なネットワークを主な対象としています。

　ルーティングアルゴリズムは、**リンクステート型**です。リンクステート型では、ルーティングテーブルではなく、各ルータのインタフェースの情報（リンクステート情報）を交換します。リンクステート情報は**LSA**（Link State Advertisement）とも呼ばれ、ルータが持つインタフェースの種類、そのインタフェースのIPアドレス、インタフェースのコスト、接続されているネットワークのタイプなどが含まれます。LSAから、ネットワーク全体の地図を表すリンクステートデータベースを作成し、**SPF**（Shortest Path First）アルゴリズムから各ルータを起点とした最短パスツリーを計算してルーティングテーブルを作成します。

　リンクステートデータベースは、すべてのルータで共通です。ですから、非常に大規模なネットワークでは、交換されるリンクステート情報の数が非常に多くなり、それにともなってリンクステートデータベースサイズが巨大になります。その結果、ルータのCPUサイクルやメモリを消費することになるので、好ましくありません。このようなことを解消するために、OSPFでは**エリア**という概念を取り入れて、大規模ネットワークでより効率よくルーティングできるように考えられています。

　また、LSAの中にはサブネットマスクも含まれているので**クラスレスルーティングプロトコル**です。そのため、RIPやIGRPといったクラスフルルーティングプロトコルではサポートできなかった**VLSM**（Variable Length Subnet Mask）や**不連続サブネット**をサポートすることが可能です。

　すべてのルータが共通のネットワークの地図、つまりリンクステートデータベースを持っていることによって、何か変更が起こったときでもすぐに各ルータが変更を認識することができます。従って、ディスタンスベクタ型ルーティングプロトコルよりも、はるかに高速に**コンバージェンス**させることが可能です。

　コンバージェンスが高速であるために、RIPなどで見られたような間違っ

た情報によってルーティングループが発生する可能性はほとんどありません。各OSPFルータは、ネットワーク全体の地図をもっているということも、ループが発生する可能性が極めて小さくなることにつながります。

　OSPFの経路選択の基準としてメトリックは、**コスト**を採用しています。コストはネットワーク管理者が設定することができるのですが、シスコルータの実装ではインタフェースの帯域幅から自動的に計算されます。多くの他のベンダもシスコルータの帯域幅を反映したコスト計算を採用しています。帯域幅が大きいほどコストの値が小さくなるので、OSPFが選択する経路は標準では、帯域幅が最も大きい経路となります。
　OSPFルータ同士の情報交換は、変更があったときのみ送信します。それ以外は、定期的に**Helloプロトコル**と呼ばれるプロトコルによって、他のルータが正常に動作しているかどうかを確認する**キープアライブ**を行っています。そのため、ネットワークが安定している場合には、OSPFは非常に「静かな」ルーティングプロトコルであるといえます。
　また、OSPFルータ同士のやり取りはブロードキャストではなく、マルチキャストで行われるので、ネットワーク上の他のコンピュータやOSPFを有効にしていないルータなどに余計な負荷をかけることもありません。
　セキュリティを向上させるために、OSPFでは認証機能のサポートも行っています。認証はクリアテキストの方式と、MD5によるハッシュ値での認証の2通りあります。

　以上のように、OSPFを利用することによるさまざまなメリットがあります。しかし、デメリットももちろんあります。OSPFでのSPF計算は非常にルータのCPUに負荷をかけます。また、大規模なネットワークではリンクステートデータベースが多くのメモリを消費することになります。従って、RIPよりもより高性能なルータが必要です。
　また、安定したネットワークにするためには、あらかじめきちんと階層型のネットワーク構成をとり、エリア設計を検討することがとても重要です。階層型ネットワーク構成をとることによって、適切な経路集約を行うことができるようになります。その結果、ルータがやり取りするLSAが少なくなり、ルーティングテーブルサイズも小さくなります。もし、ネットワーク構成があまり考えられていないと、SPF計算が頻発したり、リンクステートデータベースが巨大になってしまったりします。このような設計と構築の難しさもOSPFのデメリットと考えられるかもしれません。エリアについては、「8-3　OSPFのエリア」にて詳しく解説します。

8-2 OSPFの動作

ここからは、Helloプロトコルによるネイバーの発見や、LSAによるリンクステート情報の交換、ルーティングテーブルの計算などOSPFの動作について解説します。

8-2-1 ルータID

ルータIDとは、32ビットの値でIPアドレスと同じように、8ビットごとに10進数であらわし、「.」で区切る表記方法をします。ルータIDは、OSPFルータを識別するための名前と考えてください。OSPFルータは、ルータIDによって、他のOSPFルータを認識して、ネイバーやアジャセンシー関係を確立し、LSAの交換を行うことができるようになります。

ルータIDとして、OSPFルータのアクティブなインタフェースのうち、最も大きいIPアドレスが使われるようになります（図8-1）。

ルータID（図8-1）

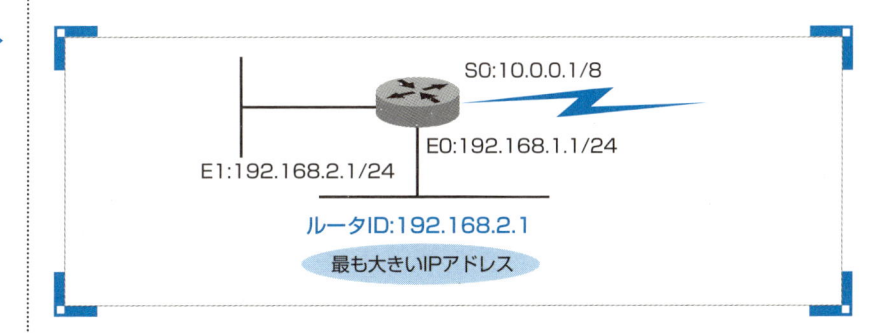

- S0:10.0.0.1/8
- E0:192.168.1.1/24
- E1:192.168.2.1/24
- ルータID:192.168.2.1
- 最も大きいIPアドレス

しかし、物理的なインタフェースからルータIDを取得すると、もし、そのインタフェースがダウンしてしまったら、ルータIDが変わって★しまいます。ルータIDが変わるということは、名前が変わってしまうことです。ですから、もう一度最初から、ネイバーやアジャセンシーを確立して、LSAの交換といったプロセスを行わなければいけなくなります。これでは、ルータのCPUに余計な負荷をかけてしまい、安定したネットワークを実現することができません。そこで、シスコルータでは「ループバックインタフェース」を利用することを推奨しています。

ループバックインタフェースとは、ルータの中で1つでもアクティブなインタフェースがある限り絶対に落ちない論理的なインタフェースです。もし、OSPFルータでループバックインタフェースが存在すれば、ループバックインタフェースのIPアドレスがルータIDになります。ループバックインタフェースが複数存在すれば、その中の最も大きいIPアドレスがルータIDです（図8-2）。

★変わって…
実際にはすぐには変わらない。

chapter 8
OSPF

　また、シスコルータでは明示的に設定によってルータIDを指定することも可能です。その場合、インタフェースのIPアドレスを使う必要がなく、わかりやすい値を設定できます。

▶ルータIDの決定（ループバックインタフェースがあるとき）
（図8-2）

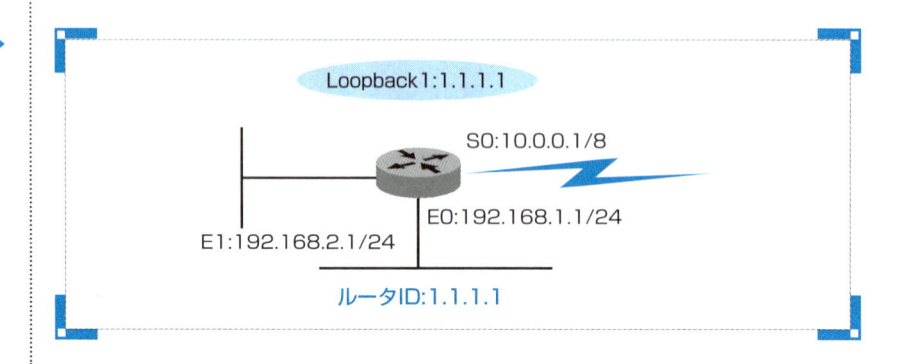

```
            Loopback1:1.1.1.1
                            S0:10.0.0.1/8
E1:192.168.2.1/24    E0:192.168.1.1/24
              ルータID:1.1.1.1
```

8-2-2　ネイバーとアジャセンシー

　OSPFネットワークでは、ルータは**ネイバー**や**アジャセンシー**といった関係を確立します。ネイバーとは、同じネットワークに接続されているOSPFルータ同士の関係です。お互いのルータIDを認識した時点で、ネイバー関係となります。アジャセンシーとは、実際にLSAを交換するルータの組を示しています。ネイバーとアジャセンシーは、混同しやすいので注意が必要です。

　次の項で解説する、OSPFがサポートするネットワークタイプによって異なるのですが、LANなどのマルチアクセスネットワークでは、すべてのネイバーが必ずしもアジャセンシーを確立するわけではありません。マルチアクセスネットワークで、すべてのネイバーがアジャセンシーを確立してLSAを交換すると、トラフィックが増大し、ネットワークに負荷をかけてしまうからです。そのために、マルチアクセスネットワークでは、アジャセンシーを確立する**DR/BDR**が選ばれることになります。DR/BDRについては、後述します。

　ネイバーは**近接関係**、アジャセンシーは**隣接関係**と日本語に訳されることが多いのですが、この日本語訳はまぎらわしく、混同してしまいがちなので本書では英単語をそのままカタカナ表記にしたものを利用します。

8-2-3　OSPFがサポートするネットワークタイプ

OSPFでは、ネットワークを以下の3種類に分類してとらえています。

> ・ブロードキャストマルチアクセスネットワーク
> ・ポイントツーポイントネットワーク
> ・NBMA（Non Broadcast Multi Access）ネットワーク

ブロードキャストマルチアクセスネットワークは、イーサネットやトークンリング、FDDI（Fiber-Distributed Data Interface）などのLANと考えてください。複数のルータを接続することができ、ブロードキャストもしくはマルチキャストで1つのパケットを複数のルータに送り届けることができます。ブロードキャストマルチアクセスネットワーク上では、**DR**（Designated Router）と**BDR**（Backup DR）の選出が行われます。ネイバーはすべてOSPFルータ間で確立されますが、アジャセンシーはDR/BDRとの間だけです。あるOSPFルータから他のOSPFルータへは、**224.0.0.5**（**AllSPFRouters**）アドレスを使い、DR/BDR以外のルータからDR/BDRへは、**224.0.0.6**（**AllDRouters**）のマルチキャストアドレスを使って通信を行います（図8-3）。

マルチアクセス
ネットワーク
（図8-3）

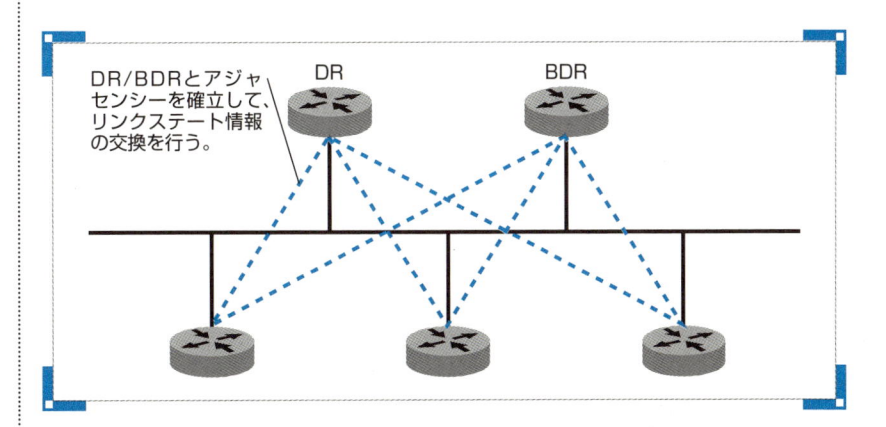

ポイントツーポイントネットワークは、その名前の通りルータ同士が1対1で接続されているネットワークです。1組のポイントツーポイントネットワーク上のルータは、ネイバーと共にアジャセンシーも結びます。LSAを交換する相手は対向のルータであることが必ず決まってくるので、DR/BDRの選出は不要です。ですから、224.0.0.6（AllDRouter）のマルチキャストアドレスは使いません。ポイントツーポイントネットワーク上のルータは、224.0.0.5（AllSPFRouter）のマルチキャストアドレスで通信を行います（図8-4）。

chapter 8 | OSPF

ポイントツーポイント▶
ネットワーク
（図8-4）

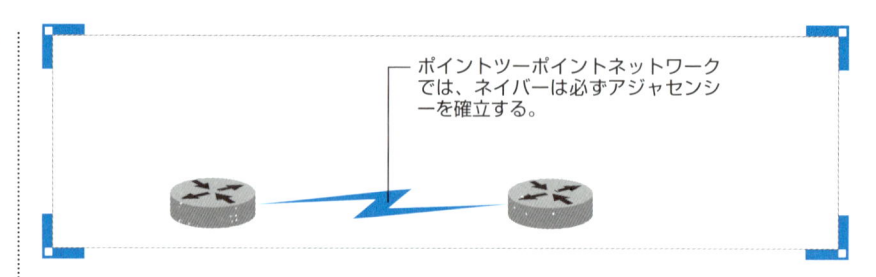

ポイントツーポイントネットワークでは、ネイバーは必ずアジャセンシーを確立する。

　NBMA（Non Broadcast Multi Access）ネットワークの例は、フレームリレーやATMのネットワークです。これらネットワークは、ブロードキャストマルチアクセスネットワークと同じように、マルチアクセスをサポートし、1つのネットワークに複数のルータを接続することは可能です。しかし、ブロードキャスト機能をサポートしていません。あるパケットをNBMA上のルータに送る場合には、ブロードキャストではなくユニキャストで各ルータへパケットを複製して送信します。NBMAネットワークでは、DR/BDRの選出を行いますが、すべての通信はユニキャストで行われます。ですから、ネイバーやアジャセンシーを確立するためには、OSPFルータ同士がお互いのアドレスを認識しなければいけないので、そのための設定が追加で必要になります（図8-5）。

NBMAネットワーク▶
（図8-5）

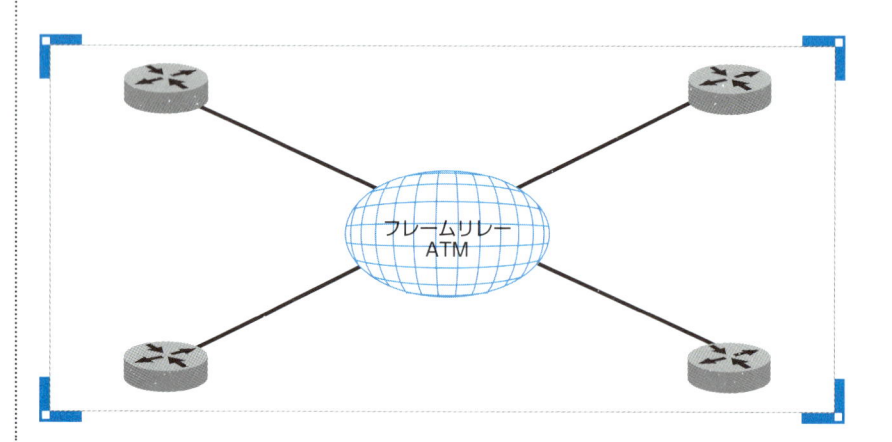

フレームリレー
ATM

8-2-4　DR(Designated Router)とBDR(Backup Designated Router)

　OSPFネットワークのうち、ブロードキャストマルチアクセスネットワークやNBMAネットワークのマルチアクセスネットワークでは、**DR**（Designated Router）と**BDR**（Backup Designated Router）の選定が行われます。そして、DR/BDR以外のその他のルータは、DR/BDRとの間でアジャセンシーを確立して、LSAの交換を行います。

8-2 OSPFの動作

DR/BDRはなぜ必要なのでしょうか？

もし、DR/BDRの選定を行わずに、すべてのOSPFルータ間でアジャセンシーを確立してLSAを交換するとしましょう。ルータが3台のときは、LSAを交換するルータの組は3組です。ルータが4台になれば6組、5台になれば10組、6台になれば15組…という具合にどんどんLSAを交換するルータの組が増えてきます。一般にN台のルータが存在すれば、このN台のルータから2つのルータを選ぶ組み合せは、次の通りです。

$$N(N-1)/2$$

つまり、ルータの数に対して、$O(n^2)$のオーダーとなります。その結果、ルータが交換するLSAの数も膨大なものになってきてしまうわけです。そうなると、LSAだけでネットワークがあふれてしまうかもしれません。

そこで、DR/BDRが必要になってきます。DR/BDRは自身が接続されているマルチアクセスネットワークを代表するルータと考えることができます。他のOSPFルータは、DR/BDRとの間でアジャセンシーを確立して、LSAを送信します。DR/BDRは、送られてきたLSAをまとめて他のOSPFルータにマルチキャストします。DR/BDRを介することによって、送信されるLSAの数を少なくすることができます（図8-6）。

ポイントツーポイントネットワークでは、ルータは1対1の関係でLSAを交換するルータは必ずポイントツーポイントネットワークの対向ルータです。ですから、DR/BDRは必要ないわけです。

▼DRとBDRの役割（図8-6）

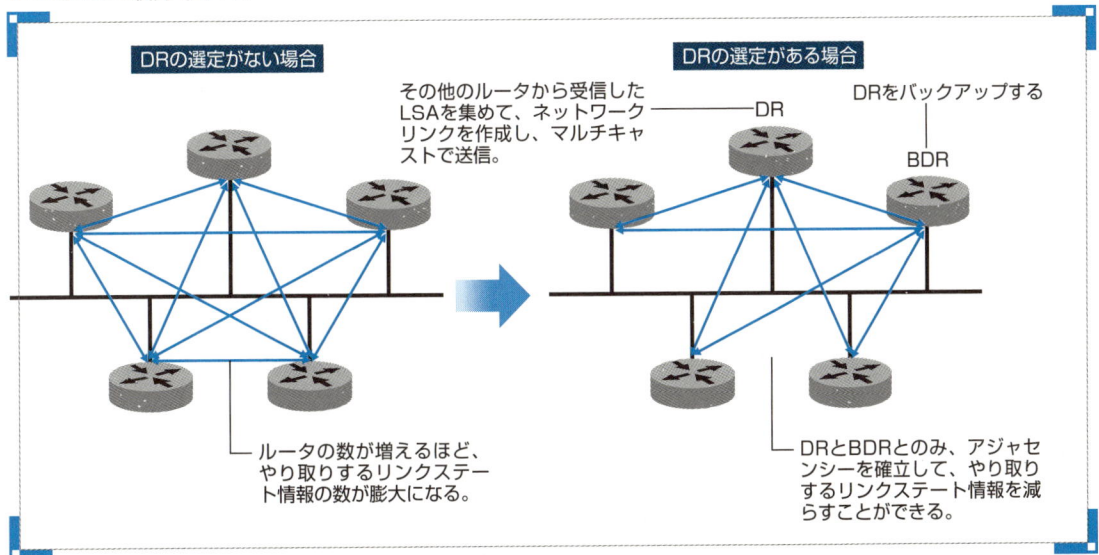

chapter 8
OSPF

　ここで、勘違いしやすいことですがDR/BDRはルータのマルチアクセスインタフェースごとに決まります。各ルータ単位ではありません。あるインタフェースでDRであるルータが他のインタフェースでもDRになるとは限りません。たとえば、図8-7では、ルータAはE0インタフェースの10.0.0.0/8のネットワークではDRとなっていますが、E1インタフェースの20.0.0.0/8のネットワークではDRでもBDRでもありません。20.0.0.0/8のネットワークでは、ルータBがDRです。

　OSPFネットワークを設計する上での注意点として、DR/BDRはルータに負荷がかかるので、複数のインタフェースでDR/BDRとならないようにする方が望ましいです。

▶ DR/BDRはインタフェースごとに決まる（図8-7）

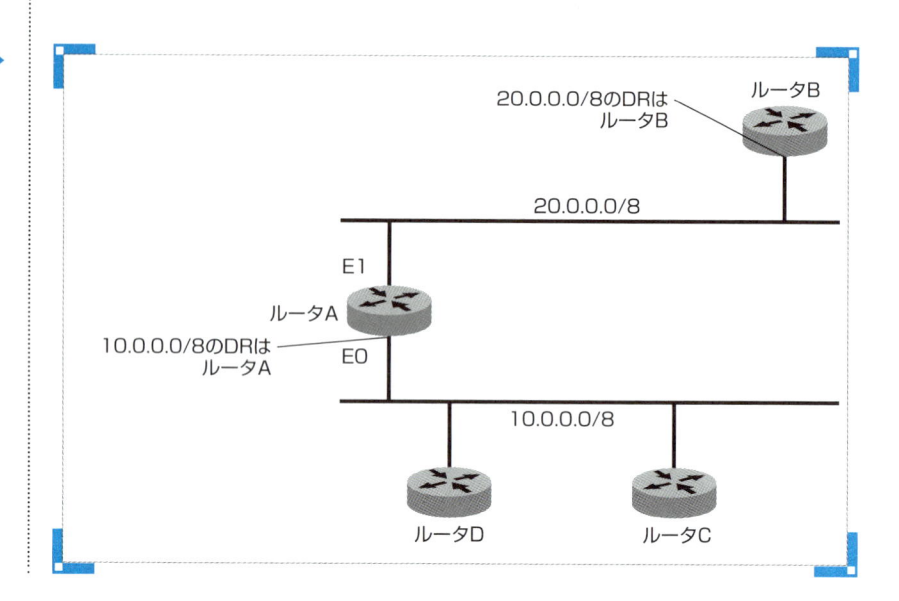

8-2-5　DRとBDRの選定

DR/BDRの選定は、次の2つの要素を元に行われます。

・ルータID
・OSPFプライオリティ

　ルータIDが最も大きいルータがDRになり、次にルータIDが大きいルータがBDRになります。ルータIDは、ベンダによっては明示的に指定することができるので、ルータIDを適切に設定すれば、望ましいルータをDR/BDRにすることができます。しかし、場合によってはDR/BDRにしたいルータのルータIDを大きな値にできないことも考えられます。そのような場合、

8-2 OSPFの動作

OSPFプライオリティに従ってDR/BDRを決定します。OSPFプライオリティは8ビットで0〜255の値をとります。プライオリティの値が高いほど、DR/BDRとなる優先度が高くなります。また、プライオリティ「0」はDR/BDRにならないということを意味しています。DR/BDRの選定は、ルータIDによる選定よりも**OSPFプライオリティ**による選定が優先されます。

ただし、ルータIDもしくはOSPFプライオリティが高いルータが必ずDR/BDRになるかというと、そうならないこともあります。DR/BDRが頻繁に変更されるのは、ネットワークの安定性を考えると望ましいことではありません。DR/BDRの変更にともなって、わずかな時間とはいえ、パケットをルーティングできない時間が発生してしまいます。ですから、なるべくDR/BDRの変更が起こらないように考えられています。たとえば、図8-8で、ルータAがプライオリティ5でDR、ルータBがプライオリティ2でBDRとなっています。ここに、もしプライオリティ10のルータEを追加したとしても、DR/BDRは変わりません。

▼プライオリティとDR/BDR（図8-8）

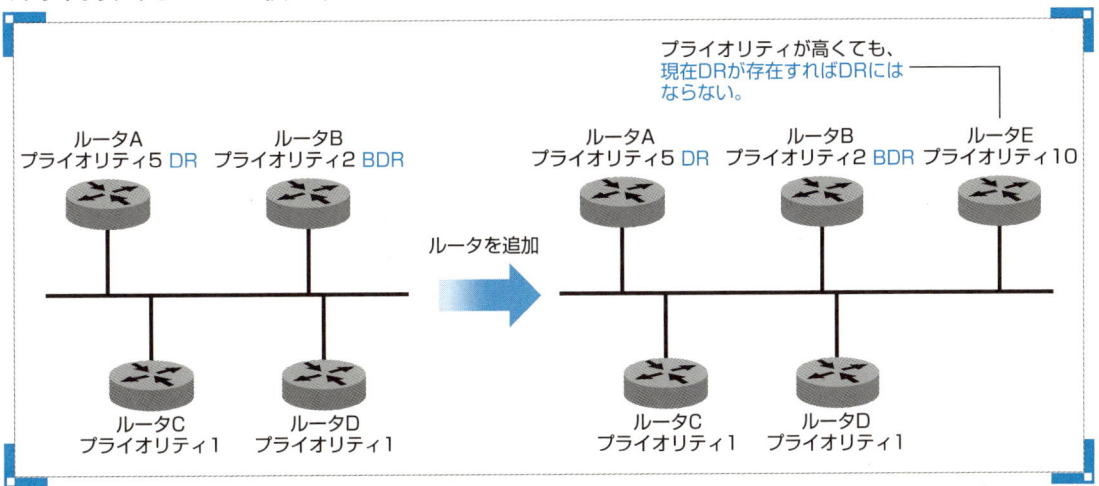

ルータAに障害が発生してダウンすれば、次にDRになるルータはどれでしょう？　このときは、BDRであるルータBがDRの役割を引き継ぎます。たとえルータEのプライオリティがルータBより高くても、ルータEはDRになることはありません。ルータEはこのときに、BDRとなることができます。もし、いまのDRであるルータBがダウンすると、ようやくルータEはDRになることができます（図8-9）。

chapter 8
OSPF

DR/BDRの変更（図8-9）

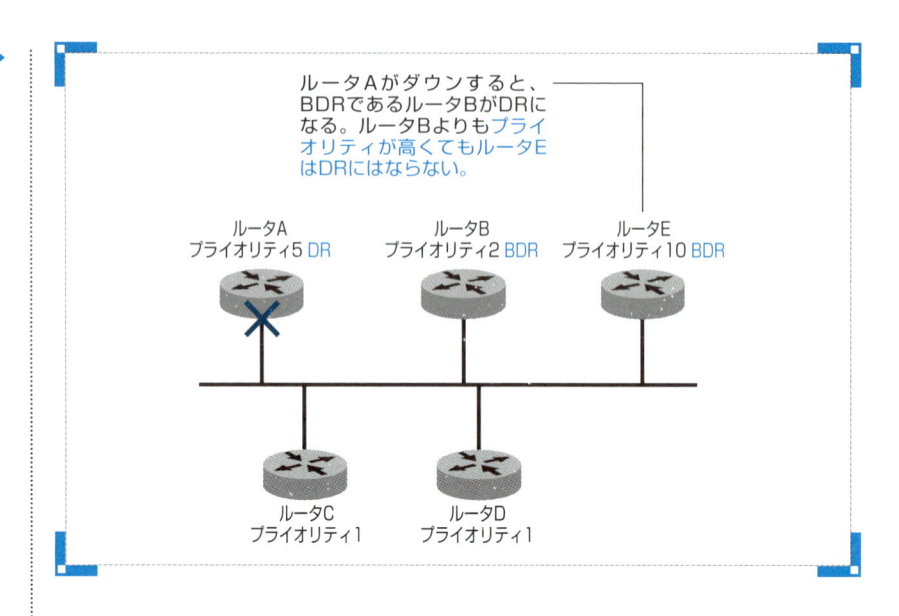

ルータAがダウンすると、BDRであるルータBがDRになる。ルータBよりもプライオリティが高くてもルータEはDRにはならない。

ルータA　プライオリティ5　DR
ルータB　プライオリティ2　BDR
ルータE　プライオリティ10　BDR
ルータC　プライオリティ1
ルータD　プライオリティ1

　以上のように、なるべくDR/BDRの変更が起こらないような動作になっています。そのため、マルチアクセスネットワーク上に複数のOSPFルータが存在するとき、ルータの起動する順番を考えておく必要があります。なぜなら、もしDRにしたいルータよりも先に他のルータを起動してしまうと、そのルータがDRになってしまいます。あとから起動してきたDRにしたいルータは、たとえプライオリティが高くてもDRになることができなくなります。OSPFで運用しているネットワークで、確実に意図したルータをDRにするためには、プライオリティの設定に加えて、ルータの起動順序をマニュアル化している例が多く見られます。

8-2-6　Helloプロトコルによるルータ起動時のシーケンス

　RIPやIGRPのディスタンスベクタ型ルーティングプロトコルは、定期的にルーティングテーブルのアップデートを受信することによって、他のルータの存在を知り、また他のルータが正常に動作しているかどうかを確認しています。
　OSPFは、他のOSPFルータの発見、正常に動作していることの確認を**Helloプロトコル**によって行います。OSPFのパケットフォーマットについては、「8-4　OSPFのパケットフォーマット」からあらためて詳しく解説しますが、まずHelloパケットにどのような情報が含まれているかを見ていきます。
　Helloパケットには、次の情報が含まれています。

- ルータID
- HelloとDeadの間隔※
- ネイバー
- エリアID※
- OSPFプライオリティ
- DRのIPアドレス
- BDRのIPアドレス
- 認証パスワード※
- スタブエリアフラグ※

※は、一致しないとネイバーになることができない。

COLUMN

ジョークRFC

　RFC（Request For Comment）は、IPやTCPなどTCP/IPで利用されるプロトコルについての仕様が記述された文書です。本書で解説しているRIPやOSPF、BGPもRFCに記述されています。ですから、いろいろと難しいことが書かれていて、何となくお固いイメージがあります。

　しかし、中にはジョークRFCと呼ばれるRFCも存在しています。これらは4月1日のエイプリルフールに発行されています。内容の一例をあげると、RFC 2795 「The Inifinite Monkey Protocol Suite（IMPS）」では、無限の猿にタイプライタでシェイクスピアの作品を書かせるためのシステムを実現するプロトコルが定義されています。

　他にもさまざまなジョークRFCがありますが、日本語でこういったジョークRFCが次のサイトにまとめられています。

http://www.imasy.or.jp/~yotti/rfc-joke.html

　まじめなRFCを読むのに疲れてしまったときなど、気分転換にジョークRFCでリフレッシュするのもいいのではないでしょうか？

chapter 8
OSPF

では具体的に、ルータが起動してからのプロセスを見ていきましょう。ルータが起動すると、「DOWN」「INIT」「2WAY」「EXSTART」「EXCHANGE」「LOADING」「FULL」という状態★を経て、ネイバーのOSPFルータを発見しリンクステートデータベースの同期を行います。

★状態
　他に「ATTEMPT」状態がある。これは、NBMAネットワークにおいてネイバーを探している状態を表している。

❶Helloパケットをまったく受信していない状態を、**DOWN状態**といいます。DOWN状態では、まだ、他のOSPFルータの存在はわかりません。

❷ルータBでルータAからのHelloパケットを受信すると**INIT**になります。Helloパケットの中には、ネイバーをリストするフィールドがあり、ルータID、DR/BDRがすでに存在すればそのルータID、エリア番号などが入っています。ルータBは、ネイバーテーブルにルータAの情報を格納します。

　それから、ルータBはネイバーフィールドの中に自分のルータIDを追加して、Helloパケットを送信します。

❸ルータAがルータBからのHelloパケットを受信すると、同様にルータAのネイバーテーブルにルータBの情報が追加されます。ネイバーテーブルにお互いの情報が追加された状態が、**2WAY状態**です。つまり、ルータがお互いに存在を認識した状態が「2WAY」です。

▶OSPFルータの起動シーケンス（❶〜❸）
（図8-10）

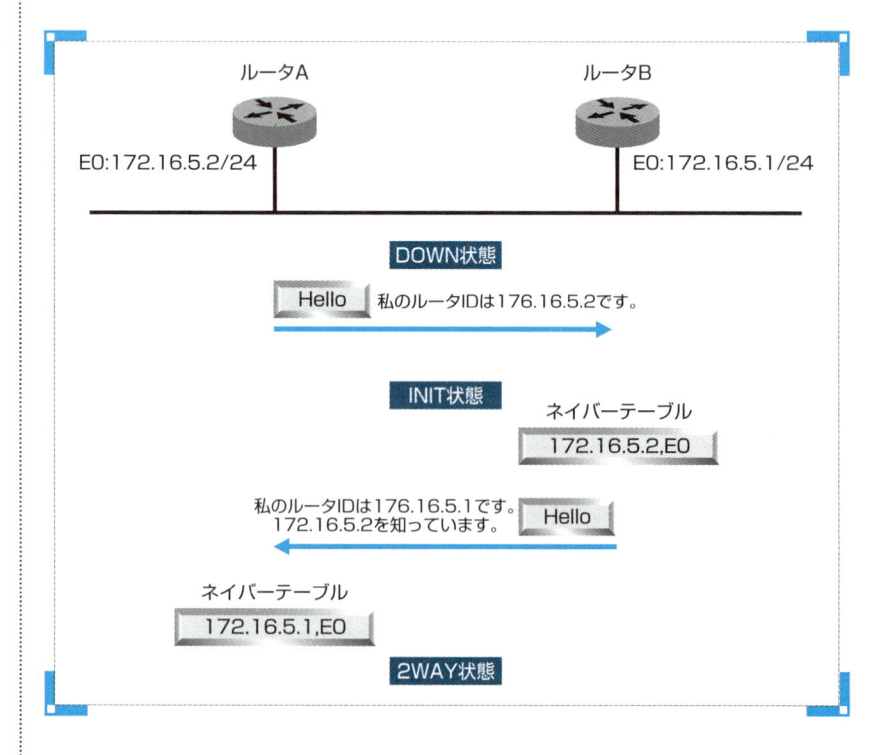

```
ルータA                           ルータB
E0:172.16.5.2/24              E0:172.16.5.1/24

                    DOWN状態
         Hello   私のルータIDは176.16.5.2です。
         ──────────────────────▶

                    INIT状態
                              ネイバーテーブル
                              172.16.5.2,E0

   私のルータIDは176.16.5.1です。   Hello
   172.16.5.2を知っています。
         ◀──────────────────────

   ネイバーテーブル
   172.16.5.1,E0
                    2WAY状態
```

8-2 OSPFの動作

❹このあと、マルチアクセスネットワークであればルータIDによるDR/BDRを選出して、DR/BDRとのアジャセンシーを確立します。ポイントツーポイントネットワークであれば、ネイバーとアジャセンシーを確立して、リンクステート情報を交換できるようにします。例では、マルチアクセスネットワーク（イーサネット）なので、DR/BDRの選定を行い、ルータIDが上位のルータAがDRとなります。

❺続いて、ルータ自身が持っているリンクステートデータベースの交換をはじめるために、**マスタールータ**と**スレーブルータ**を決定します。ルータIDが高い方がマスタールータとなります。マスターとスレーブはあくまでもデータベースの交換を行うときの関係で、DR/BDRとは意味が異なります。マスターとスレーブの決定に加えて、これから交換する**DD**（Database Description）パケットのシーケンス番号を決定します。この状態を**EXSTART状態**と呼びます。

❻ルータは、**EXCHANGE状態**に移行し、マスタールータとなるルータAがまずDDパケットを送信します。DDパケットを受信すると、きちんと受信したことを示す**LSAck**パケットを返します。

OSPFルータの起動シーケンス（❹～❻）
（図8-11）

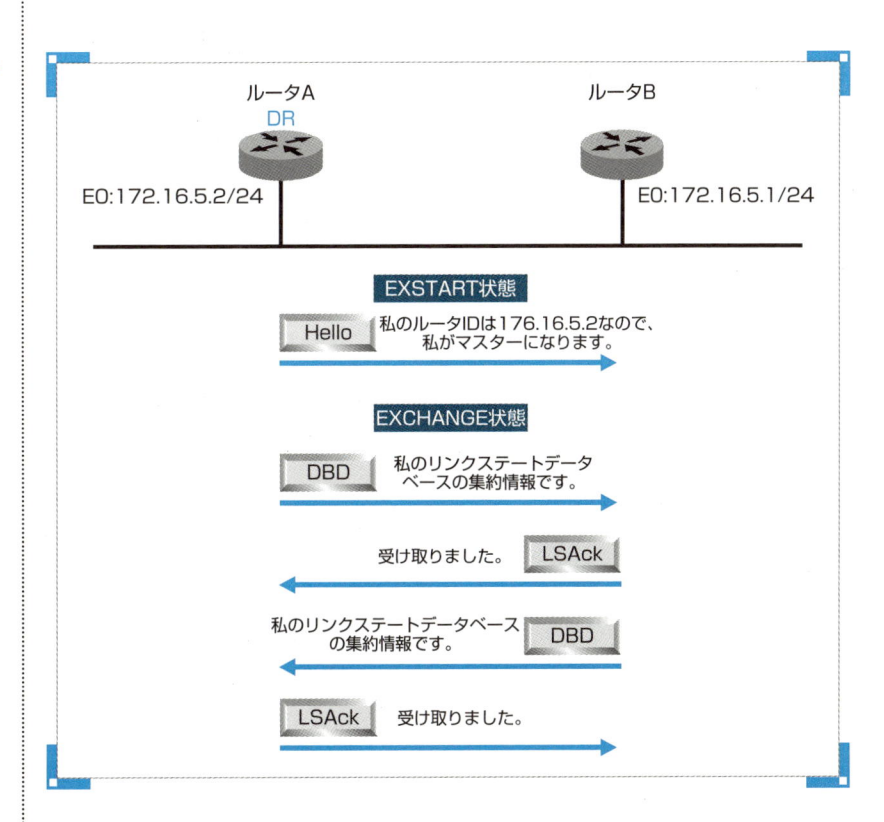

```
      ルータA                    ルータB
       DR
E0:172.16.5.2/24          E0:172.16.5.1/24
```

EXSTART状態
Hello → 私のルータIDは176.16.5.2なので、私がマスターになります。

EXCHANGE状態
DBD → 私のリンクステートデータベースの集約情報です。
← 受け取りました。 LSAck
私のリンクステートデータベースの集約情報です。 ← DBD
LSAck → 受け取りました。

❼DDパケットを受信してリンクステートデータベースに足りない情報があれば、**LSR**（Link State Request）をネイバーに送信して、足りない情報を要求します。LSRで要求された情報は、**LSU**（Link State Update）パケットで知らせます。LSUの中に該当のリンクステート情報である**LSA**（Link State Advertisement）が含まれています。LSUを受け取ると、受信確認の**LSAck**を返しています。このように、リンクステートデータベースの同期を取っている状態が**LOADING状態**です。

❽そして必要な情報をすべて手に入れ、リンクステートデータベースの完全な同期を取ることができれば、**FULL状態**になります。

▶ OSPFルータの起動シーケンス（❼～❽）（図8-12）

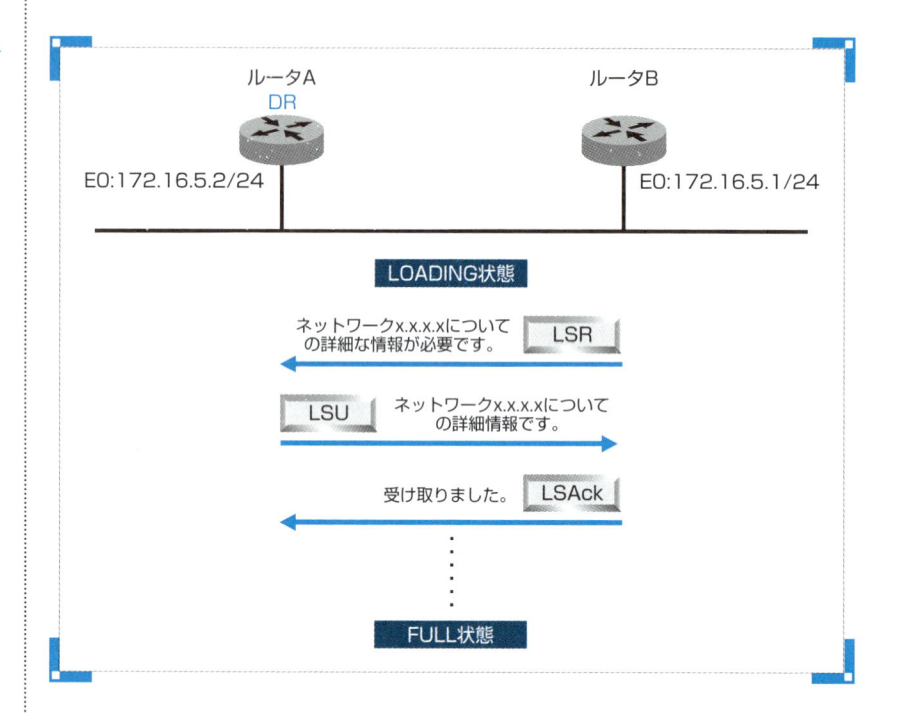

ルータA（DR） E0:172.16.5.2/24　　ルータB　E0:172.16.5.1/24

LOADING状態

ネットワークx.x.x.xについての詳細な情報が必要です。 ← LSR

LSU → ネットワークx.x.x.xについての詳細情報です。

受け取りました。 LSAck ←

FULL状態

　FULL状態になり、リンクステートデータベースの同期を取ることができたら、ルータBはリンクステートデータベースにSPFアルゴリズムを適用し、自身のルーティングテーブルを構築します。

　その後も定期的にHelloパケットをやり取りし、他のルータが正常に動作しているかどうかを判断しています。この定期的な間隔を**Hello間隔**と呼びます。もし、ルータに障害が発生すると、そのルータからHelloが届かなくなってしまいます。Helloが届かなくなってからダウンしたと見なすまでの時間を、**Dead間隔**と呼んでいます。Hello間隔やDead間隔のデフォルト値は、ネットワークタイプによって異なります。次の表に、ネットワークタイプごとのHello間隔、Dead間隔をまとめます。

8-2 OSPFの動作

ネットワークタイプごとの ▶
Hello、Dead間隔

ネットワークタイプ	Hello間隔（秒）	Dead間隔（秒）
ブロードキャストマルチアクセス	10	40
ポイントツーポイント	10	40
NBMA	30	120

8-2-7　リンクステート情報の変更（コンバージェンス）

　リンクステート型ルーティングプロトコルは、すべてのルータで共通のリンクステートデータベースを保持する必要があります。そのため、ネットワークに変更があった場合、すなわちリンクステート情報に変更があった場合は、速やかにその変更を他のルータに通知して、リンクステートデータベースの同期を保たなければいけません。

　図8-13のネットワークにおいて、ルータAがもつイーサネットセグメントがダウンしたときを考えます。次のプロセスで各ルータにネットワークの変更が伝わり、コンバージェンスします。

リンクステート情報の変更 ▶
（図8-13）

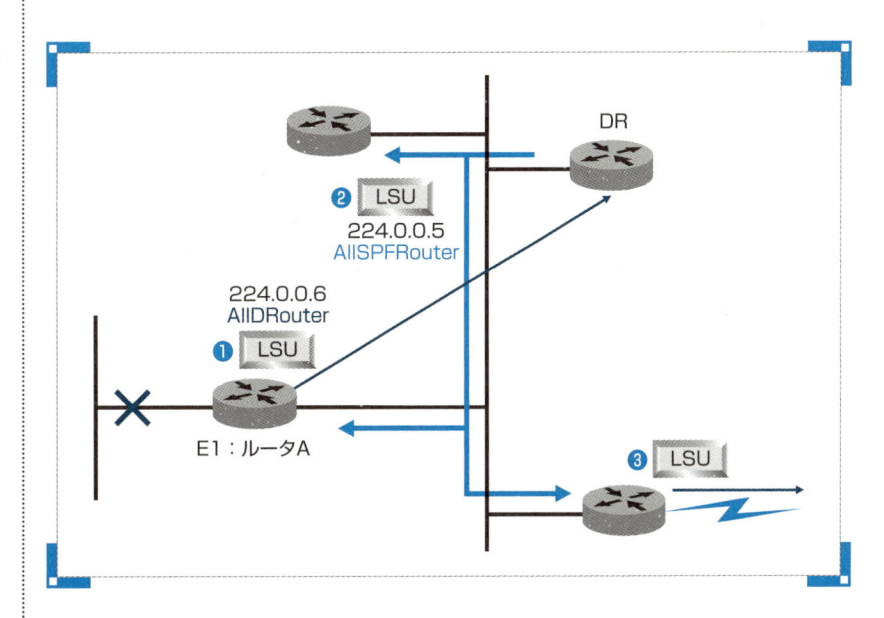

　ルータAがE1インタフェースにおいてネットワークがダウンしたことを認識すると、その変更のLSAを含んだLSUパケットを全DR向けの224.0.0.6（AllDRouter）に送信します。
　このLSUパケットを受信したDRは確認応答として、LSAckを返しそのネットワーク上の全OSPFルータ向けの224.0.0.5（AllSPFRouter）にLSUパケットをフラッディングします。LSUパケットを受信した各ルータは、LSAck★でDRに確認応答します。

★LSAck
図8-13では、LSAckは省略している。

chapter 8
OSPF

　　ここでのフラッディングは、スイッチの章で解説したフラッディングと多少意味が異なります。OSPFの場合、フラッディングとは他のOSPFルータに伝えることを指していると考えてください。

　他のネットワークに接続されているルータは、マルチアクセスネットワークであればDRあてに、ポイントツーポイントネットワークであれば、ネイバーにLSUパケットを送信します。このように順に変更をネットワーク全体に伝えていきます。

　LSUパケットを受信したルータは、自身のリンクステートデータベースを更新して、再びSPFアルゴリズムを適用し、新しいルーティングテーブルを構築します。

　以上のように、OSPFではネットワークの変更を検出すると、すぐにその変更をOSPFネットワーク全体に伝えてリンクステートデータベースの同期を保ちます。OSPFでのコンバージェンスは、

> LSUをフラッディングする時間＋リンクステートデータベースの更新時間＋ルーティングテーブルの計算時間

で完了します。ネットワークが適切に設計されていれば、通常この時間はおよそ6秒から数十秒です。RIPやIGRPのディスタンスベクタ型ルーティングプロトコルでは、数分程度かかってしまったことを考えれば、OSPFははるかに高速にコンバージェンスすることがわかります。

8-2-8　OSPFのメトリック

　OSPFの経路選択の基準であるメトリックは、**コスト**と呼ばれる値を利用します。あて先ネットワークまでの経路上のコストを累積していき、最もコストが小さい経路がルーティングテーブルに採用されます。

　コストの決定は、多くは帯域幅からの自動計算によって行われます。コストを計算する式は、次の通りです。

> 100(Mbps)÷インタフェースの帯域幅(Mbps)

　たとえば、10Mbpsのイーサネットであればコストは10、1.544Mbpsの専用線であればコストは64となります。コストの値は、帯域幅が大きいほど小さくなるので、OSPFによる経路選択はデフォルトでは帯域幅が大きい経路を優先することになります。

8-2 OSPFの動作

ただし、小数点以下を考慮しないため、この計算式では100Mbps以上の帯域幅に対してはすべて1というコストになります。100Mbps以上のリンクが存在する場合には、正しくネットワークの帯域幅を反映できない可能性があります。そのため、管理者が手動でコスト値を設定することもできます。また、シスコルータでは計算式の分子の値を変更してコストの計算を行うこともできるようになっています。

以下の表は、シスコルータにおける代表的なインタフェースごとのコスト値をまとめたものです。

▶ シスコルータにおけるインタフェースコスト

インタフェースタイプ	コスト（100Mbps/帯域幅）
ファストイーサネット	1
イーサネット	10
16Mbpsトークンリング	6
4Mbpsトークンリング	25
HSSI（45Mbps）	2
T1（1.544Mbps）	64
DS0（64kbps）	1562

もし、同じコストの経路が複数存在する場合には、その経路を利用して等コストロードバランスを行うことができます。RIPでは、等コストロードバランスを行うことができなかった*のですが、OSPFでは等コストロードバランスを行うことによって、ネットワークをより効率よく利用できるようになります。

★…できなかった
シスコルータの実装では可能。

247

8-3 OSPFのエリア

OSPFは大規模なネットワークに対応するために開発されたとはいえ、なにも考えずに導入しただけでは、そのメリットを十分に活かすことはできません。OSPFで大規模なネットワークをサポートするために必要な概念が「エリア」です。

8-3-1 大規模なOSPFネットワークの問題点

OSPFは、1つの自律システムの内部で利用されるIGPsの一種であることはすでに述べています。自律システム内のOSPFネットワークがどんどん大規模になって、たとえば、ルータが数百台にもなったときを考えてみましょう。このような非常に大規模なネットワークでは、以下のような問題点が考えられます（図8-14）。

- ネットワーク上を流れるLSAの増大
- リンクステートデータベースが大きい
- ルーティングテーブルが大きい
- ネットワーク内の変更による影響が増大
- ルータのメモリ、CPU負荷が増大

▼大規模なOSPFネットワークの問題点（図8-14）

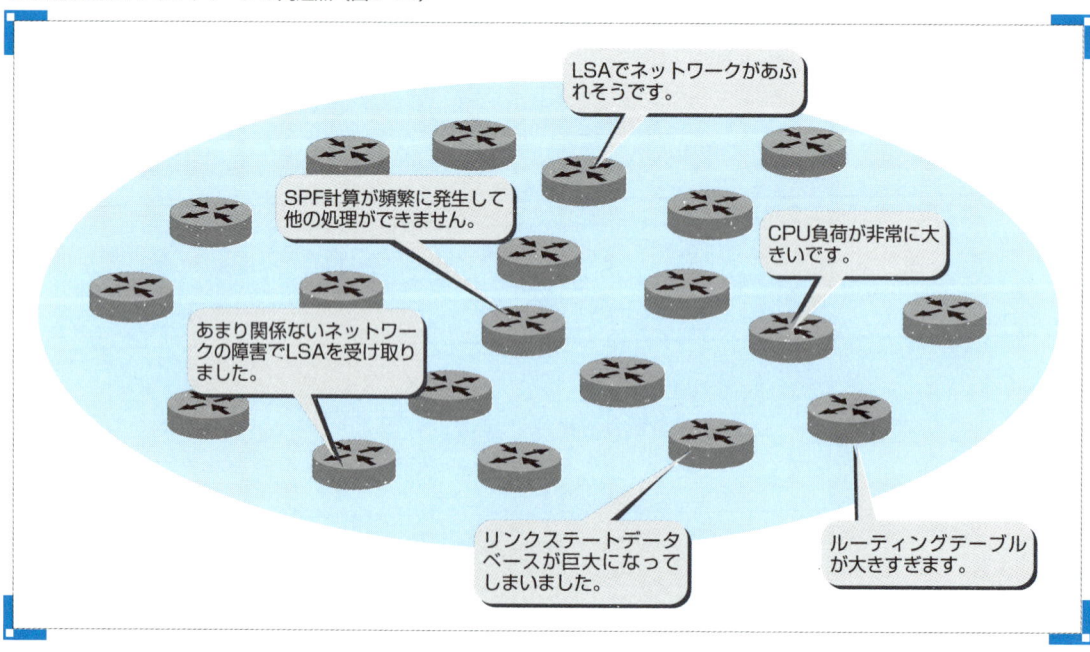

OSPFでは、各ルータはリンクステート情報（LSA）を交換しているわけですが、もちろんルータの数とルータが持つネットワークの数が増えれば増えるほど、LSAの数が増えていきます。すると、LSAの交換でかなりのネットワーク帯域を圧迫してしまうことになります。

LSAが増えるということは、ネットワークの帯域を圧迫するだけでなく、各ルータが保持しているリンクステートデータベースのサイズも大きくなってしまいます。さらに、リンクステートデータベースからルーティングテーブルを計算するわけですから、必然的にルーティングテーブルのサイズが大きくなります。それだけでなく、SPFアルゴリズムによって、ルーティングテーブルの計算に要する時間も増えてしまいます。

また、ネットワーク内に変更があった場合、その変更を検出したルータは他のOSPFルータにフラッディングして、ネットワーク全体でリンクステートデータベースの同期を保たなければいけません。そのため、ある一部分の変更がネットワーク全体に影響を及ぼすことになります。もし、一部のネットワークがアップ、ダウンを繰り返すような状況が発生すれば、そのたびにLSAがたくさん発生し、リンクステートデータベースからルーティングテーブルの計算が頻発してしまう事態になってしまいます。SPF計算はかなりルータのCPUに負荷をかけてしまうので、SPF計算だけで手一杯になってしまって他の処理ができなくなってしまうかもしれません。

こういった大規模なOSPFネットワークに起こりうるさまざまな問題点を解決するためには、「エリア」と呼ばれる概念が非常に重要です。OSPFネットワークを適切なエリアに分割することによって、大規模なネットワークに対応します。

8-3-2　エリアとは

OSPFネットワークを**エリア**に分割すると、エリア内のルータ同士だけがLSAを交換して同一のリンクステートデータベースを保持し、エリア内のネットワークについては詳細な情報をもちます。つまり、エリアとは「同一のリンクステートデータベースをもつルータの集合」ととらえることができます。

他のエリア内のネットワークに到達するためには、エリアとエリアを接続する**エリア境界ルータ**（**ABR**：Area Border Router）と呼ばれるルータを経由します（図8-15）。

chapter 8 | OSPF

OSPFのエリア（図8-15）▶

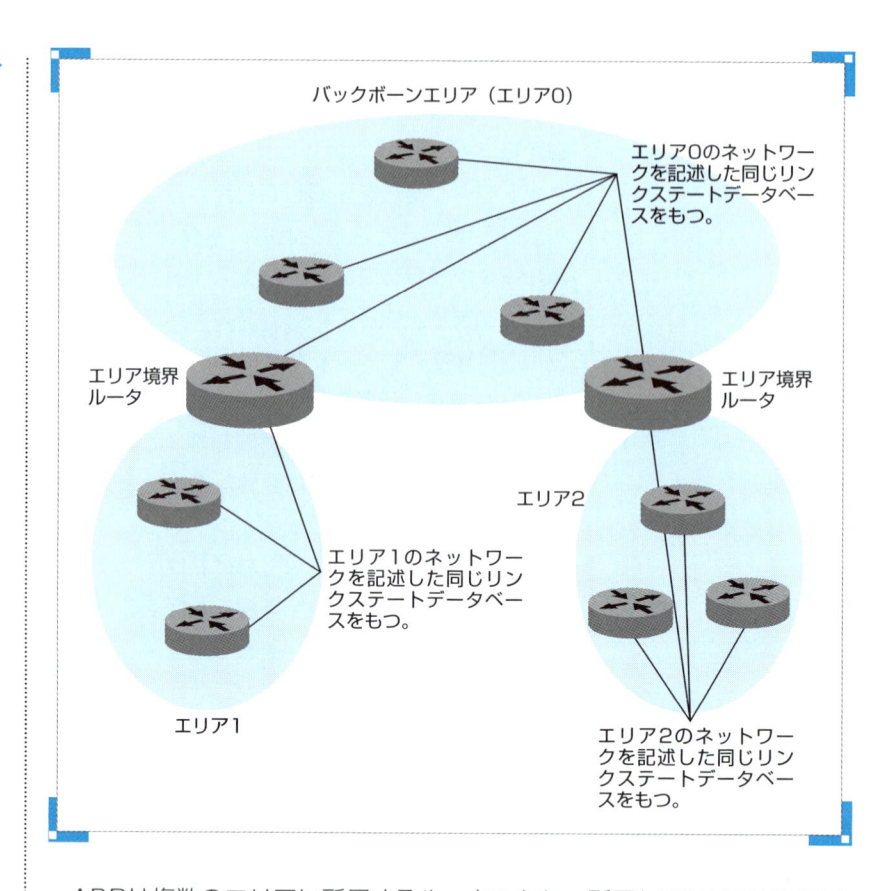

バックボーンエリア（エリア0）
エリア0のネットワークを記述した同じリンクステートデータベースをもつ。

エリア境界ルータ

エリア境界ルータ

エリア2

エリア1のネットワークを記述した同じリンクステートデータベースをもつ。

エリア1

エリア2のネットワークを記述した同じリンクステートデータベースをもつ。

　ABRは複数のエリアに所属するルータであり、所属しているエリアごとのリンクステートデータベースをもっています。他のエリアにあるネットワークの情報については、詳細な情報をエリア内に通知するのではなく、集約ルートもしくはデフォルトルートを通知します。そのため、エリア内のルータのリンクステートデータベースやルーティングテーブルのサイズを小さくすることができます。

　また、他のエリアの詳細な情報が流れないということは、他のエリアにあるネットワークの変更によって、リンクステートデータベースの同期を取り、SPFアルゴリズムでルーティングテーブルの計算を行う必要がありません。そのため、ルータに余計な負荷をかけることもなくなります。

　このように見てみると、OSPFネットワークにおいてはエリアの設計がとても重要になることがわかるでしょう。なお、エリアの識別は16ビットのエリア番号によって行います。

　OSPFネットワークを複数のエリアに分割する際には、決まりがあります。それは、各エリアは必ず**バックボーンエリア**に隣接していなくてはいけないということです（図8-16）。OSPFのエリアには、さまざまな種類があり、バックボーンエリアもそのうちの1つです。バックボーンエリアにつ

8-3 OSPFのエリア

いて詳しくは後述しますが、バックボーンエリアはエリア番号0ですべてのエリアを接続する中心となるエリアです。エリア間のトラフィックはすべてバックボーンエリアを経由することになります。

すべてのエリアがバックボーンエリアに隣接することから、必然的にOSPFのエリアは階層型の構成をとることになります。IPアドレッシングを階層型の構成にし、それをうまくOSPFのエリア構成に当てはめていくことが、OSPFネットワークを設計する上でのポイントと言えます。

ただし、物理的にバックボーンエリアに接続できないエリアが出てくるかもしれません。そのときには、**バーチャルリンク**というリンクを介してバックボーンエリアに仮想的に隣接させることができます。バーチャルリンクについては、「8-3-7　バーチャルリンク」で詳しく解説します。

エリアの制限（図8-16）

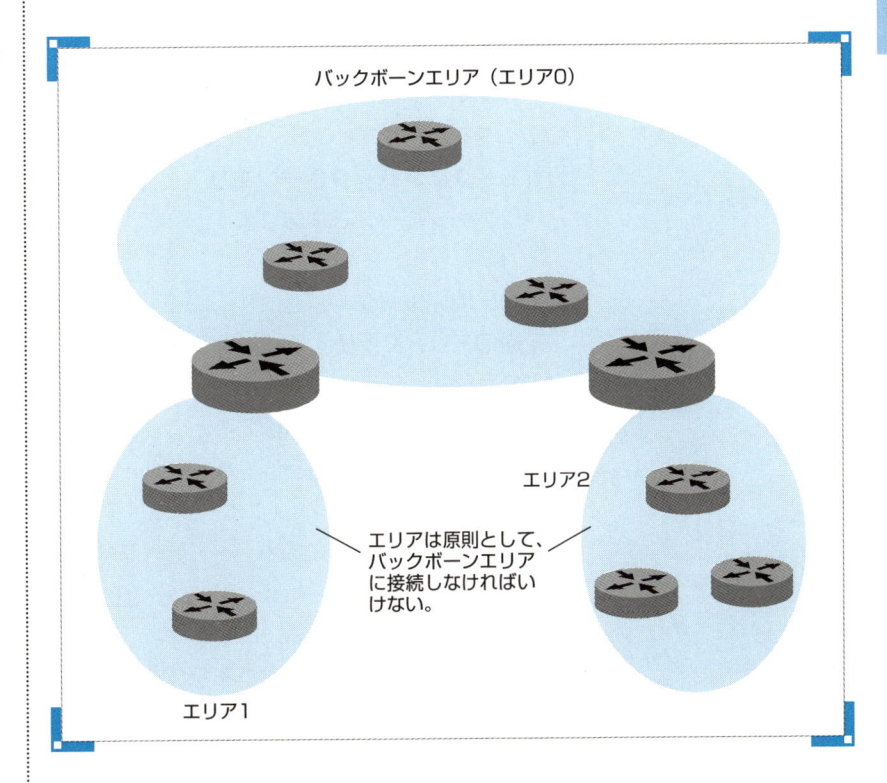

バックボーンエリア（エリア0）

エリア1

エリア2

エリアは原則として、バックボーンエリアに接続しなければいけない。

8-3-3 ルータの種類

OSPFネットワークをエリアに分割することによって、各エリアに含まれるOSPFルータやエリアとエリアを接続するルータは、次のように分類されます（図8-17）。

●内部ルータ

すべてのインタフェースが同じエリアに所属しているルータを、**内部ルータ**と呼びます。すべてのインタフェースがバックボーンエリアに所属するルータは、次に紹介するバックボーンルータでもあり、内部ルータでもあります。

●バックボーンルータ

バックボーンエリアに所属しているインタフェースを、少なくとも1つもつルータをバックボーンルータと呼びます。このすぐあとに紹介するエリア境界ルータは、**バックボーンエリア**とその他のエリアを接続することから、バックボーンルータでもあります。

●エリア境界ルータ

複数のエリアに所属するインタフェースをもつルータを**エリア境界ルータ**（**ABR**：Area Border Router）と呼びます。エリアごとにリンクステートデータベースをもち、エリアごとにリンクステート情報をやり取りしています。各エリアは、原則としてバックボーンエリアに隣接していなければいけないので、ABRは、バックボーンエリアのリンクステートデータベースとその他のエリアのリンクステートデータベースを個別に保持していることになります。このため、ABRはより多くのメモリとCPU処理能力が求められます。

また、エリア境界ルータは、エリアの出口でもあり入り口でもあります。あるエリアから他のエリアへ行くためには必ずABRを経由し、他のエリアからエリア内に入るにも必ずABRを経由します。さらにABRは、別のエリアの情報を集約してエリア内に流し込む役割も持っています。

●自律システム境界ルータ

自律システム境界ルータ（**ASBR**：Autonomous System Boundary Router）とは、インタフェースのうち少なくとも1つが、非OSPFネットワーク（別の自律システム）に所属するルータです。

非OSPFネットワークとは、RIPやIGRP、あるいはスタティックルーティングなどOSPFではないルーティングプロトコルを運用しているネットワ

ークを指しています。このようなASBRでは、ルーティングプロトコル間で適切なリディストリビューション（再配送）の設定を行うことによって、非OSPFネットワークのルートをOSPFネットワークに注入したり、逆にOSPFネットワークのルートを非OSPFネットワークへ注入することができます。

　ルータは、以上の複数のタイプになることもできます。たとえば、非OSPFネットワークだけでなく、バックボーンエリアとエリア1を相互接続しているルータは、ASBRでもありABRでもあります。
　ABRやASBRはトラフィックが集中し、ルータに負荷がかかりやすくなります。ですから、ルータのパフォーマンスを考慮して、3つ以上のエリアを接続するABRやABRとASBRを兼用させるような配置は避けた方が無難です。

OSPFルータの種類
（図8-17）

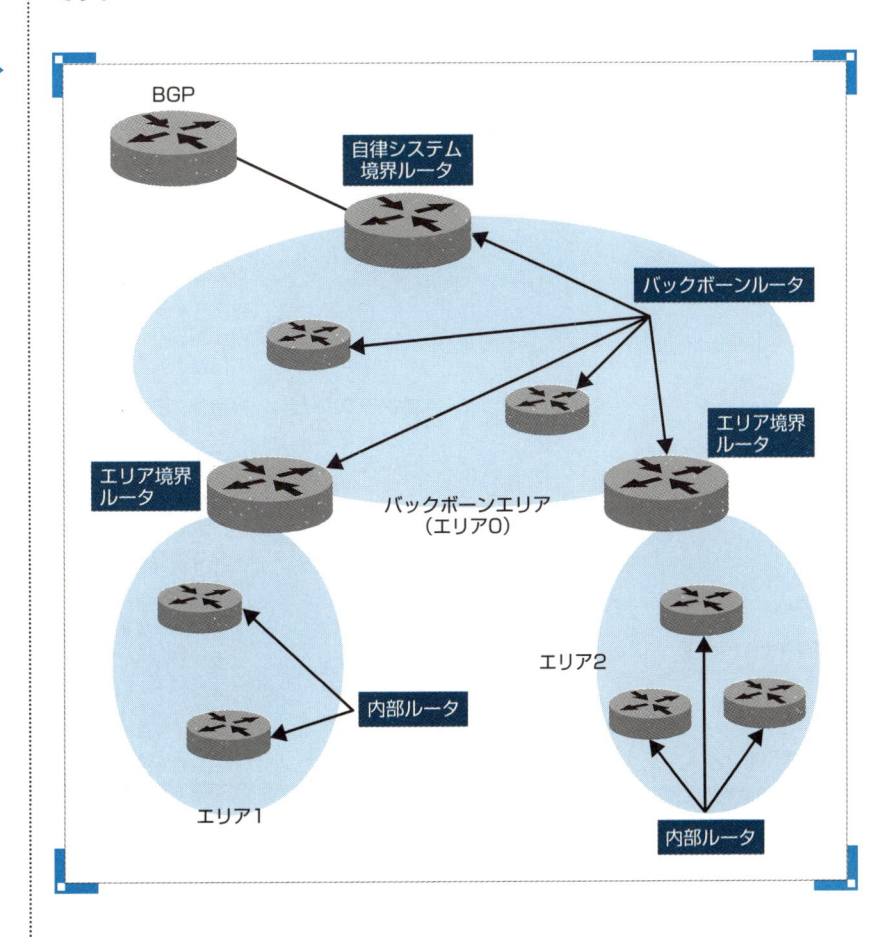

8-3-4 LSAの種類

LSUパケットの中に含まれる**LSA**には、いくつかの種類がありそれぞれ表現しているリンクステートが異なります。LSAの種類を、次の表にまとめました。

LSAの種類▶

LSAタイプ	名前	説明
1	ルータリンクエントリ	すべてのOSPFルータが生成するリンクステート情報。リンクのタイプやIPアドレス、関連付けられるコストなどの情報が記述されている。ルータリンクエントリは、生成するルータが所属するエリア内のみにフラッディングされていく。
2	ネットワークリンクエントリ	マルチアクセスネットワークにおけるDRが生成するリンクステート情報。あるマルチアクセスネットワークに接続されているルータがリストされている。ネットワークリンクエントリは、該当するマルチアクセスネットワークが所属するエリア内だけにフラッディングされる。
3、4	集約リンクエントリ	エリア境界ルータ（ABR）が生成する。タイプ3では、ローカルなエリア（ABRがバックボーンエリアに接続しているエリア）のネットワークの集約された情報が記述されている。タイプ3のエントリは、バックボーンエリアを介して、他のABRが自身のローカルエリアにフラッディングする。タイプ4は、自律システム境界ルータへの接続性を通知するためのもの。集約リンクエントリは、トータリースタブエリアには流れない。
5	自律システム外部リンクエントリ	自律システム境界ルータ（ASBR）によって生成される。ASBRによって、非OSPFドメインのネットワークをOSPFドメインに再配送したときの非OSPFドメインに存在するネットワークについて記述されている。自律システム外部リンクエントリは、スタブエリア、トータリースタブエリア、NSSAには流れない。
6	グループメンバーシップリンクエントリ	マルチキャストOSPF★（MOSPF）ルータによってフラッディングされる。グループメンバーシップリンクエントリによって、マルチキャストグループに対するメンバーシップを通知する。
7	NSSAエントリ	NSSA内にいるASBRによって生成される。非OSPFドメインのネットワークをこのLSAでOSPFドメインに流すことができる。しかし、NSSAエントリは、NSSA内にしか流れない。他のエリアに流れるときには、ABRがタイプ5自律システム外部リンクエントリに変換して、バックボーンエリアにフラッディングする。

★マルチキャストOSPF
本書では、マルチキャストOSPF、およびタイプ6グループメンバーシップリンクエントリについては取り扱わない。

以上のように、LSAにはさまざまなタイプがあります。これらさまざまなタイプのLSAはエリアの種類と密接に関係しています。エリアの種類とLSAタイプの関連について、「8-3-6　エリアとLSA」の中で解説します。また、LSAの詳細なフォーマットについては、「8-4-7　LSAヘッダ」以降を参照してください。

8-3-5　エリアの種類

OSPFのエリアは、その性質によっていくつかに分類されます。OSPFのエリアの種類は次の通りです。

- バックボーンエリア
- 標準エリア
- スタブエリア
- トータリースタブエリア
- NSSA (Not So Stubby Area)

●バックボーンエリア

バックボーンエリアは、複数のエリアを相互接続するエリアです。単一のエリアで構成しているとき以外は、エリアは必ずこのバックボーンエリアに隣接していなければいけません。バックボーンエリアは、エリア番号0で定義されています。エリア間のトラフィックは、必ずバックボーンエリアを通過することになります。

バックボーンエリアでは、タイプ1～タイプ5のすべてのLSAが流れます。

●標準エリア

標準のOSPFエリアです。**標準エリア**では、タイプ1～タイプ5のすべてのLSAが流れます。

●スタブエリア

エリア内を流れるLSAを削減するために考えられているエリアです。**スタブエリア**内では、タイプ5自律システム外部リンクエントリのLSAは流されません。スタブエリア内から自律システム外部のネットワークへ到達するために、スタブエリアのABRがエリア内にデフォルトルートを流し込みます。これによって、スタブエリア内の各ルータのリンクステートデータベース、ルーティングテーブルのサイズを小さくすることができます。その結果、ルータのメモリ、CPUプロセス使用量を減らすことができます。

★バーチャルリンク
詳しくは「8-3-7　バーチャルリンク」参照。

スタブエリアでは、タイプ1～タイプ3のLSAが流れます。タイプ5のLSAが流れないということは、スタブエリアの制限として内部にASBRを置くことはできません。また、バーチャルリンク★のトランジットエリアにすることもできません。

エリアをスタブエリアにするためには、エリア内のすべてのルータに対して、所属するエリアがスタブエリアであるという設定を行います。スタブエリアの設定を行うと、Helloパケットの中にあるオプションフィールドのフラグで、自律システム外部リンクを受け取ることができないということが示されます。Helloパケットの詳細なフォーマットについては、「8-4　OSPFのパケットフォーマット」を参照してください。

● トータリースタブエリア

トータリースタブエリアは、シスコ社独自の実装です。スタブエリアよりもさらにエリア内を流れるLSAを削減するために考えられています。他のエリアへのトラフィックは必ずABRを経由するはずです。そのため、他のエリアのネットワークを表現した集約リンクエントリは、ABRへと向かうデフォルトルートに置き換えることができるはずです。スタブエリア内では、タイプ1、タイプ2のLSAが流され、他のOSPFエリア内ネットワークや自律システム外部ネットワークへ到達するために、ABRがトータリースタブエリア内のデフォルトルートを通知します。従って、エリアをトータリースタブエリアにすることによって、さらにルータのメモリ、CPUプロセスの使用量を削減することができるようになります。

スタブエリアと同様に、トータリースタブエリア内部にASBRを置くことはできません。バーチャルリンクのトランジットエリアにすることも同様にできません。

トータリースタブエリアの設定はスタブエリアの設定に加えて、ABRにおいて該当のエリアがトータリースタブエリアであるという設定を行います。

● NSSA（Not So Stuby Area）

NSSAはスタブエリアの特殊なものです。スタブエリア、トータリースタブエリア内にはともにASBRを置くことができなかったのですが、NSSAではASBRを置くことができるようになっています。ASBRでOSPFドメインに流し込まれたネットワークは、LSAタイプ7としてNSSA内にフラッディングされます。しかしながら、スタブエリア、トータリースタブエリアと同様に、バーチャルリンクにおけるトランジットエリアになることはできません。

NSSAの設定は、NSSA内のすべてのルータに対して該当のエリアがNSSAであるということを設定します。

8-3-6　エリアとLSA

　OSPFのエリアとOSPFルータが交換するLSAにはさまざまな種類があります。これだけたくさんあると、混同しがちになってしまいますが、エリアの種類とLSAの種類を関連付けるとわかりやすくなります。LSAタイプの解説で触れている部分もあるのですが、もう一度整理してまとめてみましょう。

●標準エリア（バックボーンエリア）

　標準エリア（バックボーンエリアを含む）では、LSAタイプ1～5すべてがフラッディングされて流れます（図8-18）。

標準エリアのLSA▶
（図8-18）

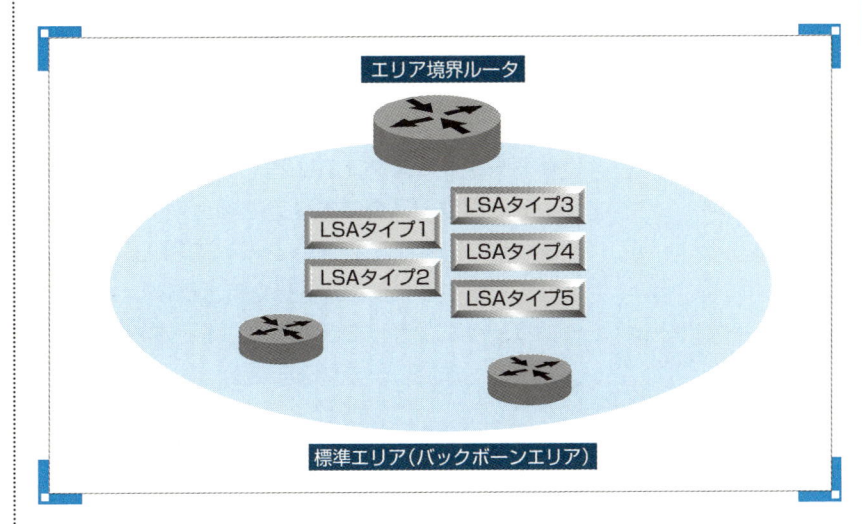

●スタブエリア

　スタブエリアには、外部リンクエントリ（LSAタイプ5）は流れません。LSAタイプ5が流れないのであれば、ASBRの到達を通知するLSAタイプ4も必要なくなります。ですから、LSAタイプ4もスタブエリア内には流れなくなります。非OSPFドメインの外部ネットワークに到達するために、スタブエリアのABRはデフォルトルートをスタブエリアに流し込みます（図8-19）。

スタブエリアのLSA
(図8-19)

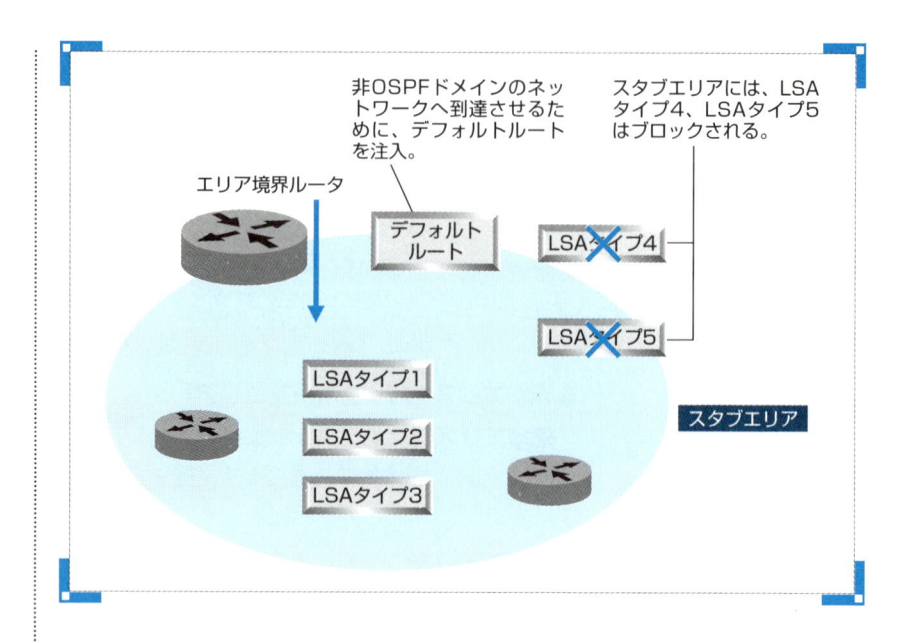

●トータリースタブエリア

トータリースタブエリアでは、スタブエリアよりもさらに流れるLSAを制限しています。トータリースタブエリアには、外部リンクエントリだけでなく、集約リンクエントリも流されなくなります。集約リンクエントリ、外部リンクエントリの代わりに、トータリースタブエリアのABRはデフォルトルートを流します（図8-20）。

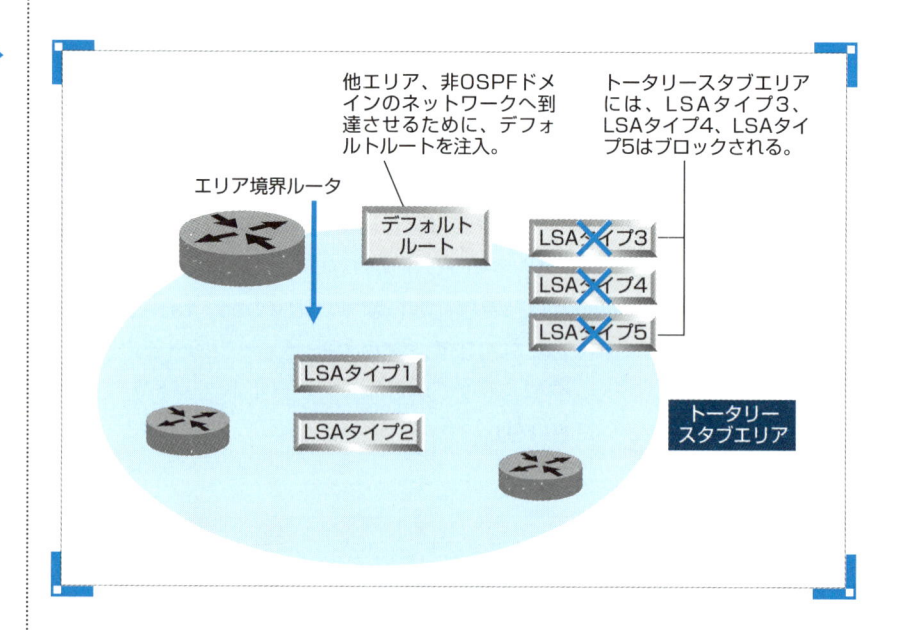

トータリースタブエリアのLSA
(図8-20)

●NSSA

NSSAでは、NSSA内だけを流れる特殊なLSAタイプ7があります。これは、NSSA内のASBRが生成するLSAタイプです。このLSAタイプ7がNSSAのABRに到達すると、ABRはLSAタイプ5に変換して他のエリアにフラッディングすることになります（図8-21）。

▼NSSAのLSA（図8-21）

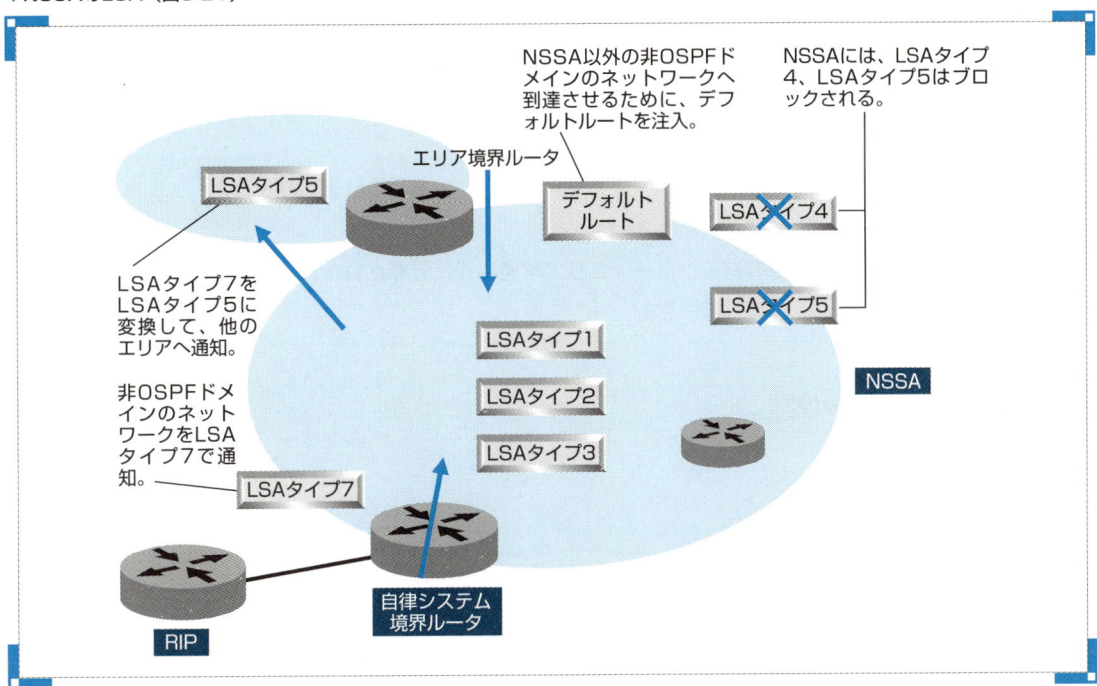

以下の表は、エリアごとのLSAタイプをまとめたものです。

エリアごとのLSAタイプ▶

エリアタイプ	LSAタイプ1&2	LSAタイプ3	LSAタイプ4	LSAタイプ5	LSAタイプ7
バックボーンエリア	○	○	○	○	×
標準エリア	○	○	○	○	×
スタブエリア	○	○	×	×	×
トータリースタブエリア	○	×	×	×	×
NSSA	○	○	×	×	○

8-3-7 バーチャルリンク

OSPFで複数のエリアを構成する場合、バックボーンエリアに隣接させなくてはいけないという原則があることは、これまでも述べた通りです。しか

しながら、どうしてもバックボーンエリアに隣接させることができないという状況も考えられます。たとえば、地理的な問題で、ルータをバックボーンに接続することができないことがあるかもしれません。また、バックボーンエリア内のリンク障害で、バックボーンエリアが分断されてしまいエリア間の通信ができなくなってしまう状況が発生するかもしれません。このような場合、「バーチャルリンク」を利用します。

バーチャルリンクは、非バックボーンエリアを経由するバックボーンエリアへの仮想的なリンクです。バーチャルリンクは、主に次の2つの目的で利用されます。

> ❶非バックボーンエリアを通じて、あるエリアをバックボーンエリアに接続する（図8-22）
> ❷非バックボーンエリアを通じて、分断されたバックボーンエリアを接続する（図8-23）

▼バーチャルリンクの例①（図8-22）

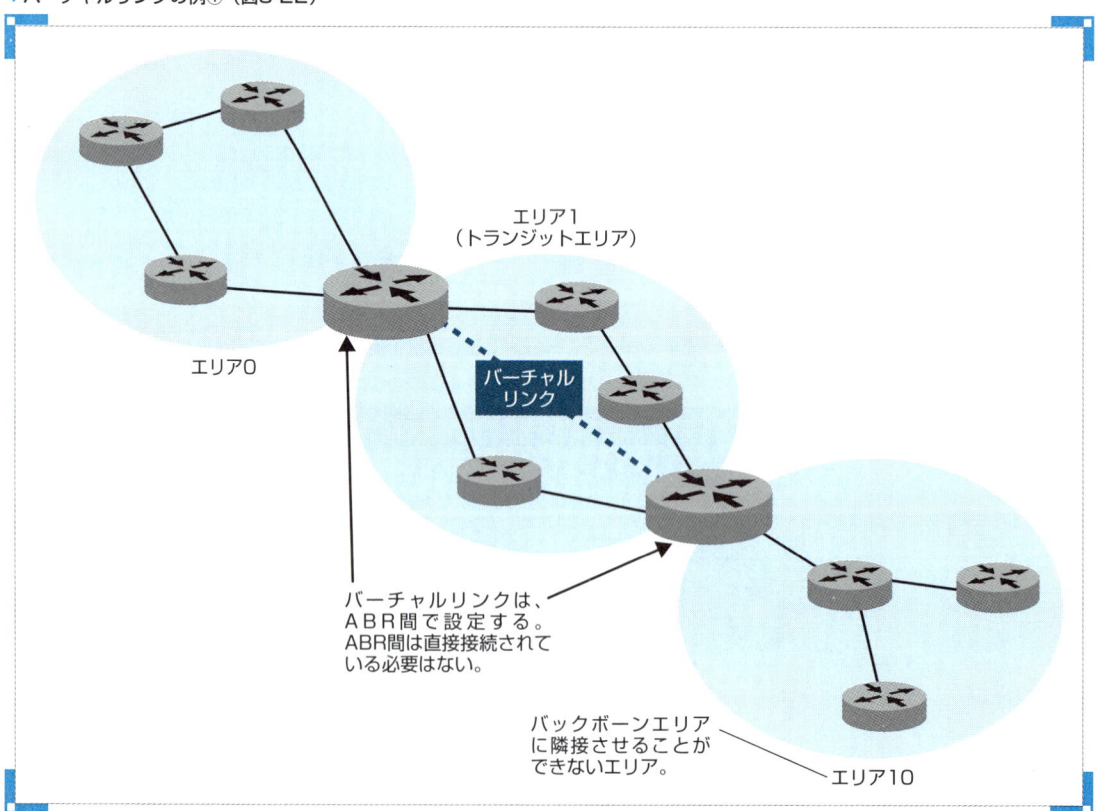

▼バーチャルリンクの例②（図8-23）

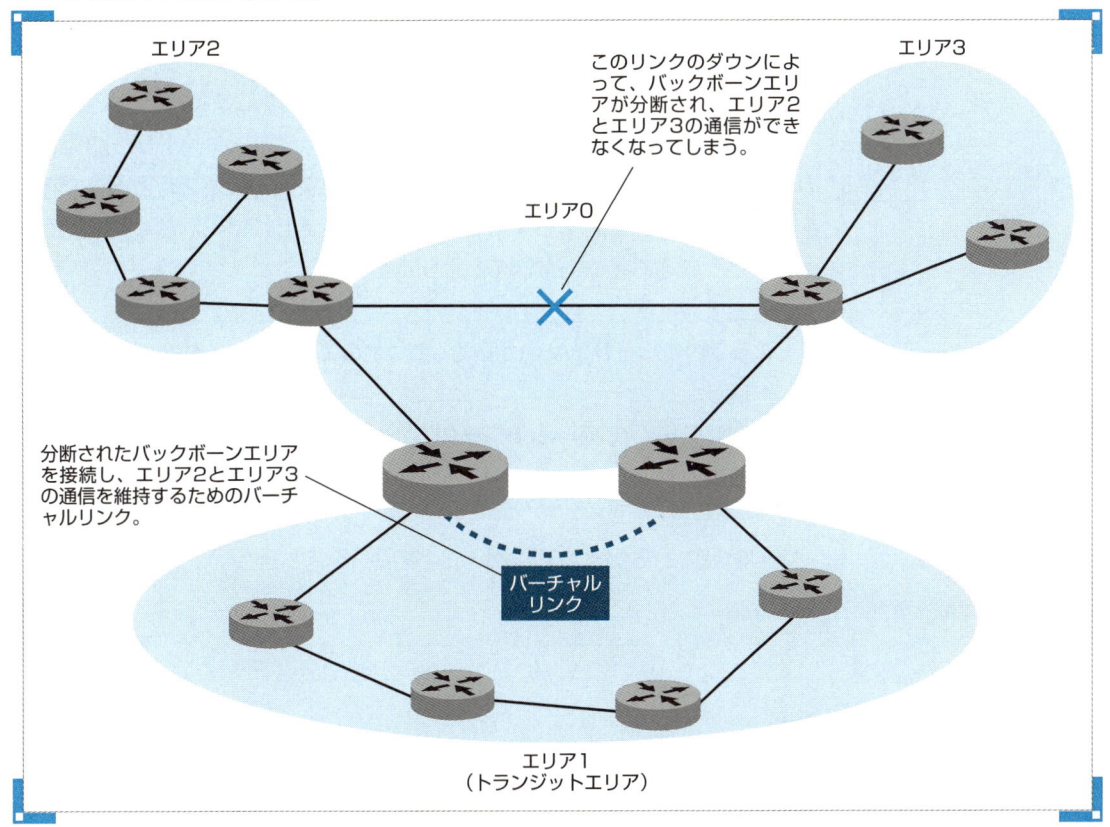

エリア2

このリンクのダウンによって、バックボーンエリアが分断され、エリア2とエリア3の通信ができなくなってしまう。

エリア3

エリア0

分断されたバックボーンエリアを接続し、エリア2とエリア3の通信を維持するためのバーチャルリンク。

バーチャルリンク

エリア1
（トランジットエリア）

　バーチャルリンクの設定は、ABR間で行いますが、設定するABR間は直接の物理的なリンクは必要ありません。バーチャルリンクは仮想的なリンクなので、設定するABR間でのIP接続性があれば設定することができます。SPFの計算のため、OSPFではバーチャルリンクをポイントツーポイントと見なしています。

　また、バーチャルリンクが横断するエリアのことを**トランジットエリア（通過エリア）** と呼びます。スタブエリア、トータリースタブエリア、NSSAはトランジットエリアにすることはできません。

　ただし、バーチャルリンクを使用するとネットワークが複雑になりトラブルが発生したときなどは、トラブルシューティングが困難になります。そのため、OSPFネットワークを設計する観点からは、なるべくバーチャルリンクを使用する必要がないような設計の方がよいでしょう。

8-3-8　OSPFの経路集約

OSPFで、もちろん**経路集約**をサポートしていますし、経路集約を行うことによってより安定した拡張性の高いネットワークにすることができます。

OSPFでは、RIPやIGRPで見られたようなメジャーネットワーク境界での自動集約は行いません。明示的に手動で経路集約の設定を行う必要があります。ただし、どこででも集約を行うことができるわけではなく、集約を行うことができるポイントは次の2通りです。

- エリア内のルートをABRが集約して、他のエリア（バックボーンエリア）へ通知
- 非OSPFドメインのネットワークをASBRで集約して、OSPFドメイン内へ通知

集約の具体的な例として、図8-24を見てみましょう。

▼OSPFの集約（図8-24）

エリア1に、192.168.1.0/24から192.168.15.0/24までのネットワークがあります。このネットワークアドレスの共通ビットを考えていくと、上位の20ビットが共通なので192.168.0.0/20のネットワークアド

レスに集約することができます。そこで、ABRであるルータBによって、この集約経路をバックボーンエリアを通じて他のOSPFエリアへと通知することができます。

　また、RIPを利用している非OSPFドメインのネットワークとして200.100.1.0/24から200.100.7.0/24のネットワークがあります。この7個のネットワークアドレスは上位21ビットが共通です。従って、200.100.1.0/21のネットワークアドレスに集約可能です。このRIPネットワークのアドレスをASBRであるルータAで集約して、OSPFドメインに流し込むことが可能です。

　集約を行うことによって、ルータのルーティングテーブルのサイズを小さくすることができます。また、集約された個別のネットワークの状態が変更したとしても、その影響を最小限にとどめることができます。結果として、ルータのSPFアルゴリズム計算の頻度が少なくなりルータのCPUやメモリの負荷を減らすことができるようになります。

　ただし、これまでに何度か解説したように効率よく経路集約を行うためにはあらかじめよく考えられたアドレス設計が必要です。

Chapter8 OSPF

8-4 OSPFのパケットフォーマット

ここからは、OSPFのパケットフォーマットについて見ていきます。RIPやIGRPと異なり、OSPFにはさまざまなタイプのパケットがあるので、混同しないようにしっかりと各パケットの特徴と役割を見ていくことにしましょう。

8-4-1 OSPFの位置付け

OSPFは、図8-25のようにIPパケットの中で直接運ばれていきます。IPヘッダ内のプロトコル番号89番でOSPFを表しています。

IGRPで見たときと同じようにコネクションレス型プロトコルであるIPで運ぶことについての懸念があります。しかし、OSPFでは通常時は、Helloパケットによる10秒に1回、OSPFルータ同士で相互に通信ができることを確認し、Dead間隔によってネイバールータがダウンしたことを認識するので、コネクションレス型プロトコルであるIPを利用していても特に大きな問題はないでしょう。リンクステート情報を表現したLSAを含んだLSUパケットに対しては、きちんとLSAckによる応答確認を行っていることからも、IPによるパケット転送の信頼性がそれほど問題になるケースはまずないでしょう。

OSPFの位置付け▶
（図8-25）

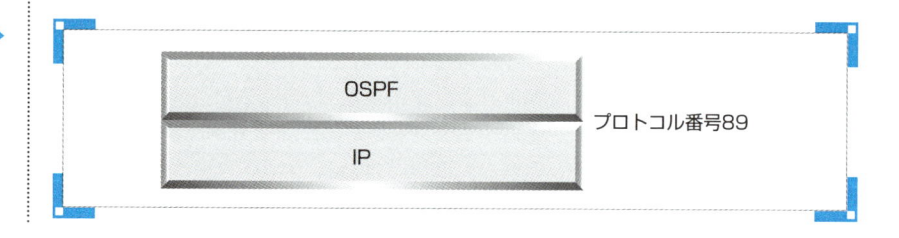

```
┌─────────────────────────┐
│         OSPF            │
├─────────────────────────┤  プロトコル番号89
│          IP             │
└─────────────────────────┘
```

8-4-2 OSPFパケットの種類

OSPFパケットには、次のような種類があります。

OSPFパケットの種類▶

タイプ	パケットの種類
1	Hello
2	DD (Database Description)
3	LSR (Link State Request)
4	LSU (Link State Update)
5	LSAck (Link State Acknowledgement)

これら各パケットの機能について、まずは概要から解説します。Helloパケットは、ネイバーの発見、アジャセンシーの確立と維持に利用されています。DDパケットは、リンクステートデータベースの同期を取る際に使います。LSRパケットは、不足しているLSAを要求するパケットです。LSUパケットによって、LSRで要求されたLSAを送信します。ここまでで何度もLSAという言葉が出ていますが、実際にOSPFネットワークを流れるときには、LSUパケットの中にいくつかのLSAを含めて流しているのです。LSUパケットを受け取ると、LSAckパケットによって受信したという応答確認を行っています。

これらOSPFパケットは、すべて図8-26にあるようなOSPFヘッダをもっています。OSPFヘッダの中にあるタイプによって、パケットの種別を識別することができます。ここで、注意したいのは、このタイプは「8-3 OSPFのエリア」の節で見てきたLSAタイプとは異なるということです。あくまでもOSPFパケットのタイプです。LSAタイプとOSPFパケットのタイプを混同しないように気をつけてください。

OSPFヘッダ（図8-26）▶

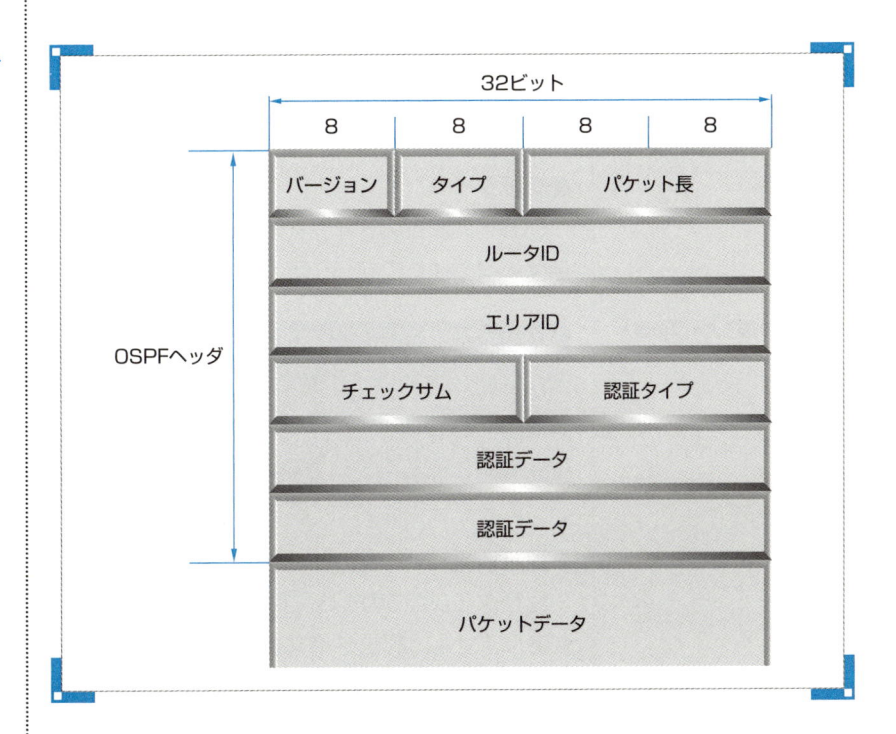

32ビット			
8	8	8	8
バージョン	タイプ	パケット長	
ルータID			
エリアID			
チェックサム		認証タイプ	
認証データ			
認証データ			
パケットデータ			

図8-26のOSPFパケットヘッダについて、各フィールドを解説します。

●バージョン

OSPFのバージョンです。現在のOSPFバージョンは2です。

chapter 8 OSPF

●タイプ

表に示したOSPFパケットのタイプを示します。

●パケット長

ヘッダも含めた、OSPFパケットの長さをバイト単位で表した値が入ります。

●ルータID

OSPFルータのルータIDが格納されます。

●エリアID

パケットが生成されたエリアのエリア番号です。バーチャルリンク上にOSPFパケットが送られる場合には、エリアIDは0、つまりバックボーンエリアのエリア番号です。これは、バーチャルリンクはバックボーンエリアの一部として考えているためです。

●チェックサム

エラーチェックのためのチェックサム計算に用います。

●認証タイプ

OSPFの認証のタイプを示します。この認証タイプフィールドの取りうる値は、次の通りです。

OSPFの認証タイプの値▶

認証タイプの値	認証の種類
0	認証なし
1	クリアテキスト認証
2	MD5による認証

●認証情報

認証タイプが0のときには、認証を行わないためこのフィールドには意味がありません。認証タイプが1のときには、認証パスワードが記述されます。認証タイプが2のときは、図8-27に示す情報が入ります。

認証データの詳細 ▶
（図8-27）

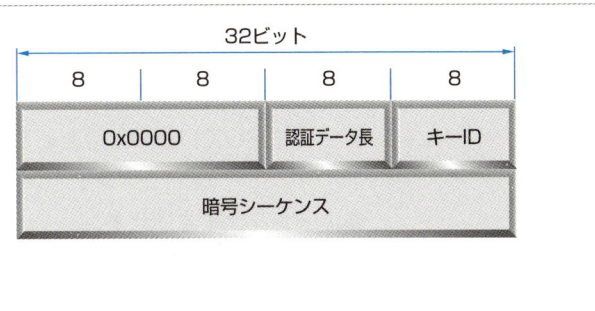

```
        32ビット
   8    8    8    8
  0x0000  認証データ長  キーID
      暗号シーケンス
```

- **キーID**
  メッセージダイジェストを作成するためのキーの番号。
- **認証データ長**
  パケットのあとに付けられるメッセージダイジェストの長さを表す。
- **暗号シーケンス**
  暗号化されたシーケンス番号。

　各OSPFパケットは、この共通のOSPFヘッダのあとにパケットタイプごとの個別のデータが付加されています。このあと、個別のOSPFパケットタイプごとのフォーマットを見ていくことにします。

8-4-3　Helloパケット

　Helloパケットは、OSPFにおいてネイバーの発見、アジャセンシーの確立と維持を行うという非常に重要な役割を持っています。Helloパケットのフォーマットは、次々ページの図8-28の通りです。

●ネットワークマスク

　Helloパケットが送信されたインタフェースのサブネットマスクです。もし受信したHelloパケットのネットワークマスクとインタフェースのサブネットマスクが一致しなければ、そのパケットは無視されます。Helloパケットは、同じネットワークでのみ交換されるためです。

●Hello間隔

　Helloパケットが送信される間隔です。前にも述べている通り、OSPFネットワークタイプ（ブロードキャストマルチアクセス、ポイントツーポイント、NBMA）によってデフォルト値が異なっています。Hello間隔の値が一致しないとネイバーになることができません。

chapter 8 | OSPF

●オプション

オプションフィールドは、OSPFルータのさまざまな機能を表しています。このオプションフィールドは、Helloパケット、DDパケット、LSAにすべて共通しているので、あとでまとめて解説します。

●ルータプライオリティ

DR/BDRの選定に利用されるOSPFルータプライオリティです。この値が大きいルータほどDR/BDRの選定のときに優先されます。もし、プライオリティが0であれば、DR/BDRになることができなくなります。

●Dead間隔

ルータがダウンしたと見なす間隔です。最後にHelloパケットを受信してから、Dead間隔の間に次のHelloパケットを受信することができなければ、ネイバーのルータがダウンしたとみなされます。もし、Dead間隔の値がお互いに一致していなければ、ネイバーになることができません。

●DRのIPアドレス

マルチアクセスネットワーク上のDRのインタフェースIPアドレスです。ルータIDではありません。DRが選定されていなかったり、ポイントツーポイントネットワークであるなどDR/BDRの選定が行われない場合は、このフィールドは0.0.0.0という値がセットされます。

●BDRのIPアドレス

マルチアクセスネットワーク上のBDRのインタフェースIPアドレスです。ルータIDではありません。DRが選定されていなかったり、ポイントツーポイントネットワークであるなどDR/BDRの選定が行われない場合は、このフィールドは0.0.0.0という値がセットされます。

●ネイバー

ルータが認識しているすべてのネイバーのルータIDがリストされています。ルータがHelloパケットをやり取りして、このネイバーフィールドにお互いがリストされた状態が2WAY状態となります。

8-4 OSPFのパケットフォーマット

Helloパケットの
フォーマット
(図8-28)

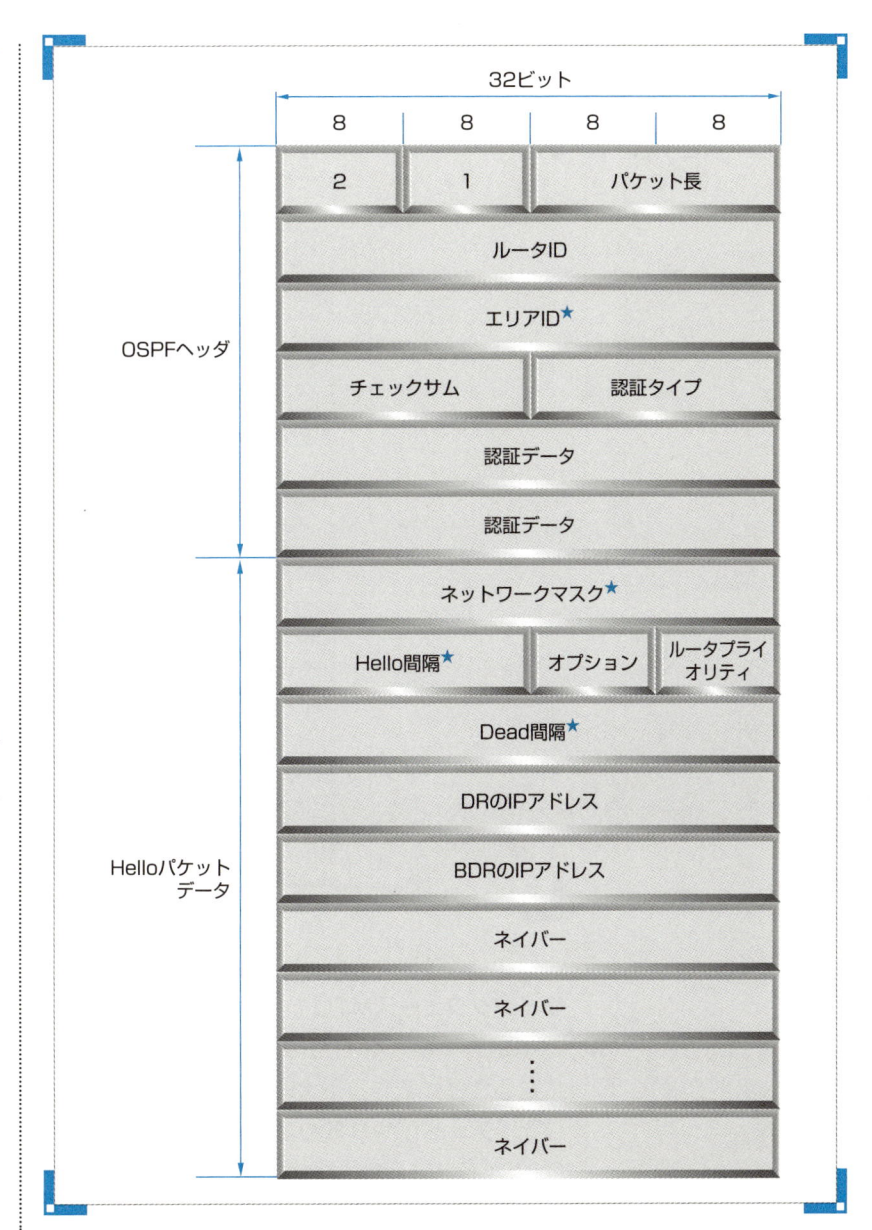

```
          32ビット
    8     8     8     8
  ┌─────┬─────┬───────────┐
  │  2  │  1  │ パケット長 │
  ├─────┴─────┴───────────┤
  │       ルータID         │
  ├───────────────────────┤
  │       エリアID★       │
  ├───────────┬───────────┤
  │ チェックサム│ 認証タイプ │
  ├───────────┴───────────┤
  │       認証データ       │
  ├───────────────────────┤
  │       認証データ       │
  ├───────────────────────┤
  │   ネットワークマスク★  │
  ├─────────┬──────┬──────┤
  │Hello間隔★│オプション│ルータプライオリティ│
  ├─────────┴──────┴──────┤
  │       Dead間隔★       │
  ├───────────────────────┤
  │     DRのIPアドレス     │
  ├───────────────────────┤
  │     BDRのIPアドレス    │
  ├───────────────────────┤
  │        ネイバー        │
  ├───────────────────────┤
  │        ネイバー        │
  ├───────────────────────┤
  │          ⋮            │
  ├───────────────────────┤
  │        ネイバー        │
  └───────────────────────┘
```

OSPFヘッダ / Helloパケットデータ

★エリアID、ネットワークマスク、Hello間隔、Dead間隔
　一致しないとネイバーになることができない。

8-4-4 DDパケット

DDパケットは、アジャセンシーを確立する過程でOSPFルータがリンクステートデータベースの同期を取るために利用されています。DDパケットの中に記述されているLSAヘッダを比較してリンクステートデータベースの同期が取れているのかどうかを確認します。もし、同期が取れていなければ、不足しているLSAをLSRパケットで要求することになります。

chapter 8
OSPF

DDパケットのフォーマットは、図8-29の通りです。

▶DDパケットの
フォーマット
（図8-29）

```
                    ← 32ビット →
           ┌────┬────┬────┬────┐
           │ 8  │ 8  │ 8  │ 8  │
           ├────┼────┼────┴────┤
           │ 2  │ 2  │ パケット長 │
           ├────┴────┴─────────┤
           │      ルータID       │
OSPFヘッダ  ├───────────────────┤
           │      エリアID★     │
           ├─────────┬─────────┤
           │チェックサム│ 認証タイプ │
           ├─────────┴─────────┤
           │      認証データ      │
           ├───────────────────┤
           │      認証データ      │
           ├─────────┬─────┬───┤
           │インタフェースMTU│オプション│00000 I M M/S│
DDパケット  ├───────────────────┤
データ      │    DDシーケンス番号   │
           ├───────────────────┤
           │      LSAヘッダ      │
           └───────────────────┘
```

★エリアID
　一致しないとネイバーになることができない。

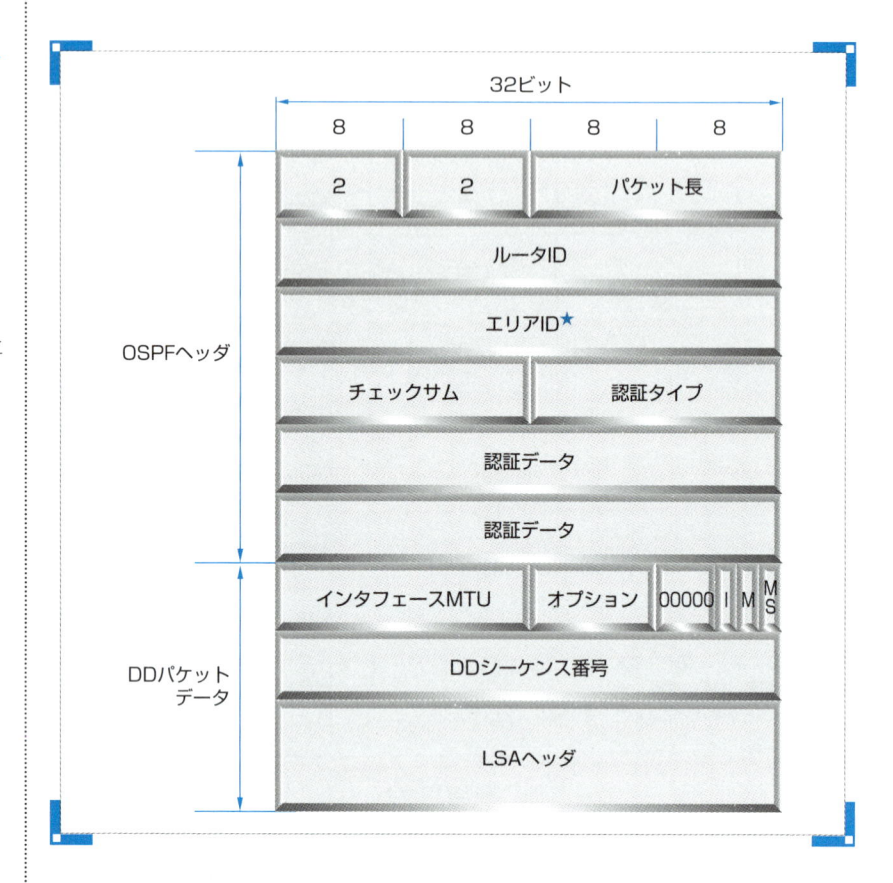

●インタフェースMTU

インタフェースMTUは、DDパケットの送信ルータがフラグメントせずに送ることができる最大のIPパケットサイズです。バーチャルリンク上でDDパケットがやり取りされる場合、インタフェースMTUフィールドは0x0000という値になります。

●オプション

オプションフィールドは、OSPFルータのさまざまな機能を表しています。このオプションフィールドは、Helloパケット、DDパケット、LSAにすべて共通しているので、あとでまとめて解説します。

オプションのあと5ビットは、0x00000で予約されています。

●Iビット

Iビットは、一連のDDパケットのうち、先頭のDDパケットの場合、1にセットされます。2番目以降のDDパケットは0がセットされます。

●Mビット

　Mビットは、DDパケットがまだ続いていることを示すためのビットです。まだあとにDDパケットが続くのであれば、Mビットは1にセットされます。最後のDDパケットに対して、Mビットは0にセットされます。

●MSビット

　MSビットは、DDパケット交換時のマスターとスレーブを表すためのビットです。ルータIDの高いルータがマスターとなり、リンクステートデータベースの同期を取ります。マスタールータはMSビットが1にセットされ、スレーブルータはMSビットが0にセットされます。

●DDシーケンス番号

　リンクステートデータベースの同期を取るときのシーケンス番号です。シーケンス番号は、マスタールータによって一意の値が決められ同期のプロセスの中で増加していきます。

●LSAヘッダ

　DDパケットを発信するルータの一部、もしくはすべてのLSAのヘッダが含まれています。LSAヘッダの詳細については、「8-4-8　LSAヘッダ」を参照してください。

8-4-5　LSRパケット

　リンクステートデータベース同期時にDDパケットがやり取りされて、自分のリンクステートデータベース上にないLSAやより新しいLSAがわかります。自分のリンクステートデータベース上にないLSAや新しいLSAを**LSRパケット**によって、要求することができます。

　LSRパケットのフォーマットを、次ページの図8-30に示します。

chapter 8 | OSPF

LSRパケットの
フォーマット
（図8-30）

```
              32ビット
    8      8       8       8
┌─────┬─────┬───────────────┐
│  2  │  3  │   パケット長    │
├─────┴─────┴───────────────┤
│          ルータID           │
├───────────────────────────┤
│         エリアID★          │
├─────────────┬─────────────┤
│  チェックサム │   認証タイプ  │
├─────────────┴─────────────┤
│         認証データ          │
├───────────────────────────┤
│         認証データ          │
├───────────────────────────┤
│      リンクステートタイプ     │
├───────────────────────────┤
│       リンクステートID       │
├───────────────────────────┤
│     アドバタイジングルータ    │
│            ︙              │
│      リンクステートタイプ     │
├───────────────────────────┤
│       リンクステートID       │
├───────────────────────────┤
│     アドバタイジングルータ    │
└───────────────────────────┘
```

OSPFヘッダ / LSRパケットデータ

★エリアID
一致しないとネイバーになることができない。

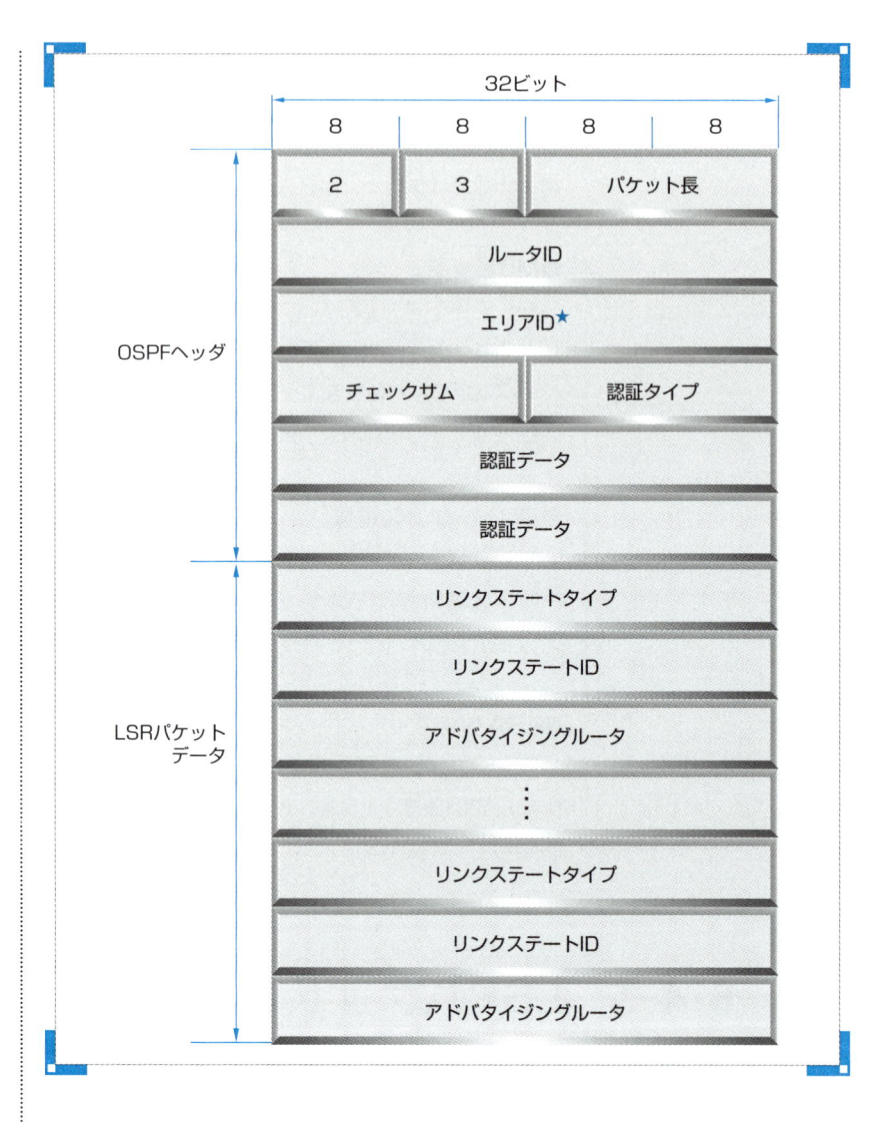

● リンクステートタイプ

ルータリンクやネットワークリンクなど、LSAのタイプを示すコードが記述されます。

● リンクステートID

リンクステートIDはリンクステートタイプによってその意味が変わってきます。詳しくは、LSAのパケットフォーマットの部分で解説します。

● アドバタイジングルータ

LSAを生成したルータのルータIDが記述されます。

8-4-6　LSUパケット

★図8-31
LSAの詳細については、図8-33以降を参照のこと。

LSUパケットのフォーマットは、図8-31★の通りです。

LSUパケットは、LSRで要求されたLSAを通知したり、ネットワークに何か変更が発生したときにその変更を通知するために使われています。LSUパケットは、1つ以上のLSAから構成されています。

LSUパケットのフォーマット（図8-31）▶

★エリアID
一致しないとネイバーになることはできない。

32ビット			
8	8	8	8
2	4	パケット長	
ルータID			
エリアID★			
チェックサム		認証タイプ	
認証データ			
認証データ			
LSA数			
LSA★			

（上部：OSPFヘッダ／下部：LSUパケットデータ）

★LSA
詳しくは「8-4-8　LSAヘッダ」参照。

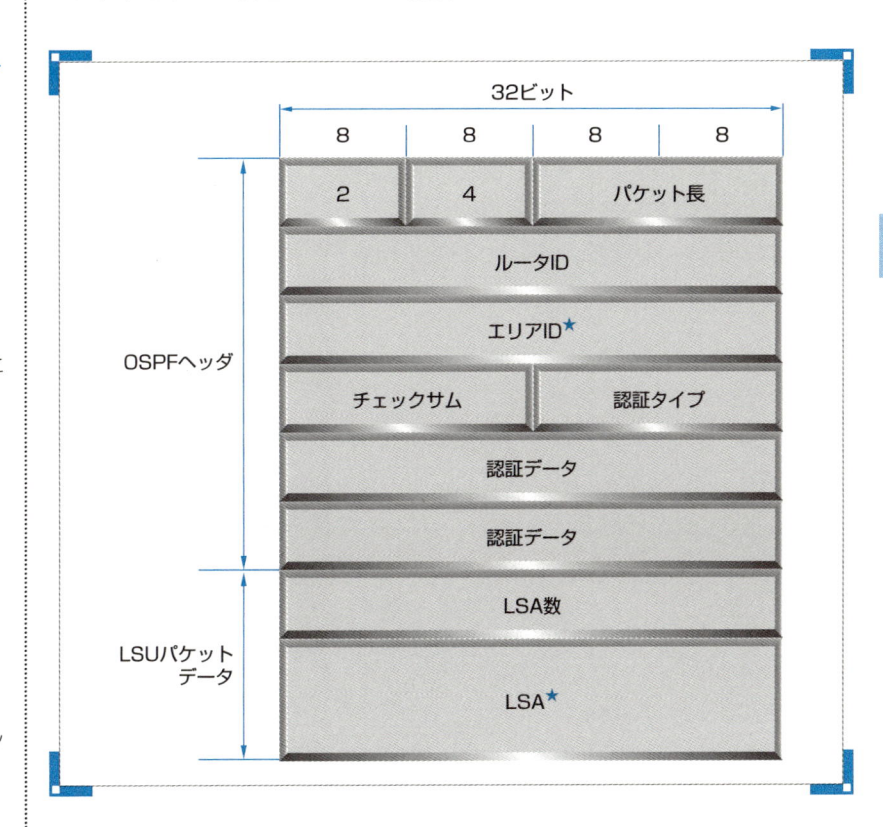

●LSA数

LSUパケットに含まれているLSAの数が記述されます。1つのLSUパケットで運ぶことができるLSAの数は、最大パケットサイズによって決まります。

●LSA

完全なLSAがそのあとに記述されます。LSAについては、このあと詳しく解説します。

8-4-7 LSAckパケット

LSAckパケットは、LSAのやり取りを信頼性あるものにするために利用されています。つまり、LSUパケットによって通知されたLSAを正常に受信したことを相手に伝える目的で、LSAckパケットが出されています。

LSAckパケットのフォーマットは、図8-32の通りです。1つのLSAckパケットで複数のLSAの確認応答を行うため、LSAヘッダのみ記述されています。

▶ LSAckパケットのフォーマット（図8-32）

★エリアID
一致しないとネイバーになることはできない。

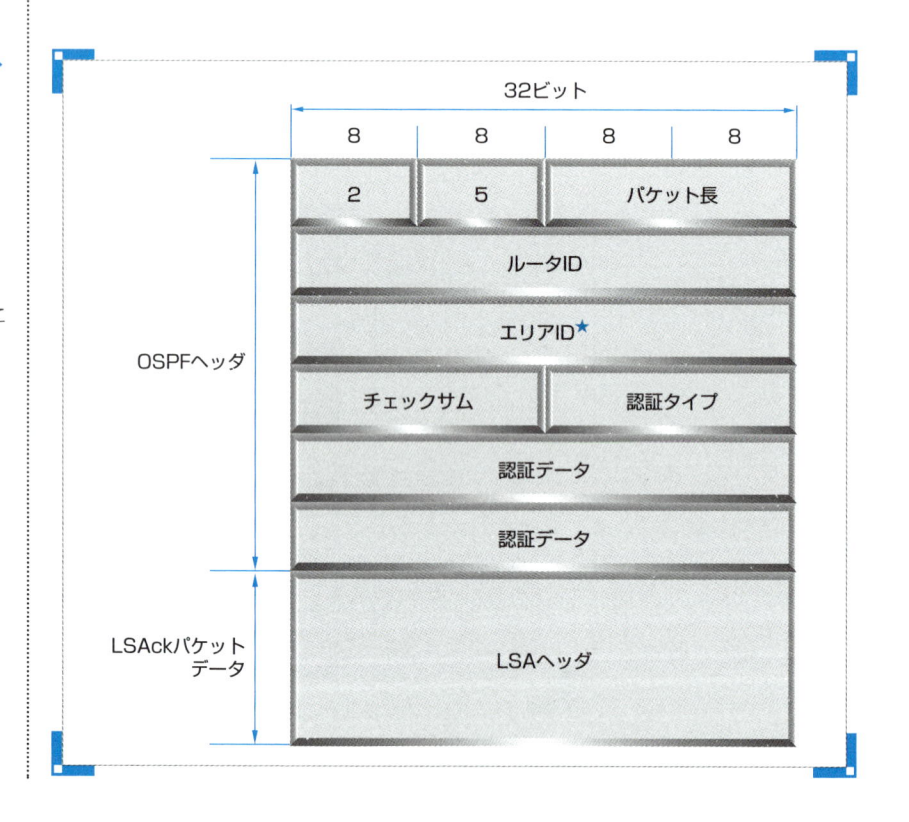

```
            32ビット
    8     8     8     8
┌─────┬─────┬───────────┐
│  2  │  5  │  パケット長  │
├─────┴─────┴───────────┤
│        ルータID         │
├───────────────────────┤
│        エリアID★        │
├───────────┬───────────┤
│ チェックサム │  認証タイプ  │
├───────────┴───────────┤
│        認証データ        │
├───────────────────────┤
│        認証データ        │
├───────────────────────┤
│        LSAヘッダ         │
└───────────────────────┘
```
OSPFヘッダ / LSAckパケットデータ

8-4-8 LSAヘッダ

ここからは、**LSUパケット**に含まれる各**LSA**の詳細について見ていくことにします。LSAの種類は以前にも述べていますが、次の表のようになります。

8-4 OSPFのパケットフォーマット

▶LSAの種類

LSAタイプ	LSA名
1	ルータリンク
2	ネットワークリンク
3、4	集約リンク、ASBR集約リンク
5	自律システム外部リンク
6	グループメンバシップ
7	NSSA

これらLSAは共通の**LSAヘッダ**をもっています。このLSAヘッダは、DDパケットやLSAckパケットに記述されているものです。

LSAヘッダのフォーマットは、図8-33の通りです。

▶LSAヘッダの
フォーマット
（図8-33）

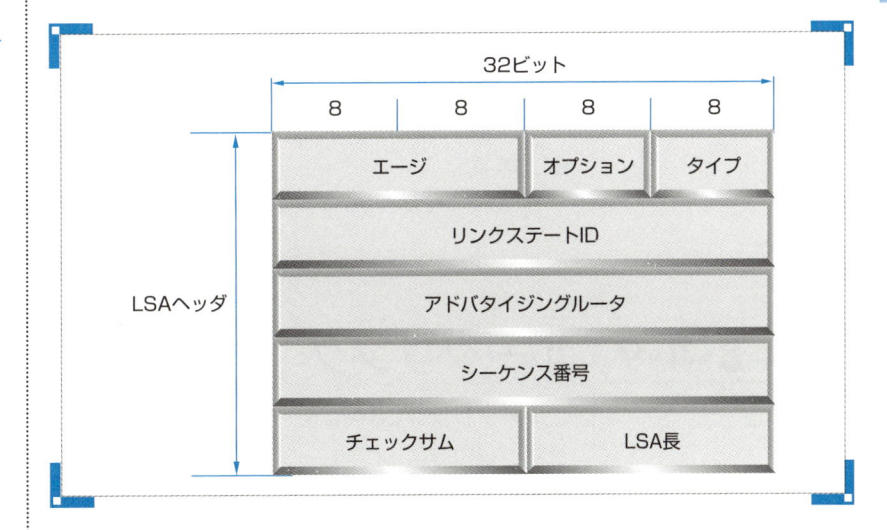

```
                32ビット
       8      8      8      8
    ┌──────┬──────┬──────┬──────┐
    │ エージ      │オプション│ タイプ │
    ├──────────────────────────┤
    │     リンクステートID          │
    ├──────────────────────────┤
LSAヘッダ│  アドバタイジングルータ      │
    ├──────────────────────────┤
    │     シーケンス番号            │
    ├──────────────┬───────────┤
    │  チェックサム  │   LSA長    │
    └──────────────┴───────────┘
```

●エージ

エージフィールドには、LSAが生成されてからの経過時間が秒単位で記述されています。リンクステートデータベース上にあるときも、エージフィールドの値は順次増加していくことになります。

●オプション

HelloパケットやDDパケットとLSAに含まれるフィールドで、OSPFルータのさまざまな機能を示しています。

●タイプ

LSAの種類を示すコード化されたタイプ値が入ります。

●リンクステートID
リンクステートIDフィールドは、LSAタイプごとによって使い方が異なります。各LSAタイプの解説の中で詳細を見ていきます。

●アドバタイジングルータ
LSAを生成したルータのルータIDです。

●シーケンス番号
LSAの情報の新しさを示すものです。シーケンス番号が大きいLSAほど新しいものであると判断されます。

●チェックサム
エージフィールドを除く、LSA全体に対するチェックサムです。エージフィールドは時間と共に増加していくのでチェックサムに含めることができません。

●LSA長
LSAヘッダを含めたLSA全体の長さがバイト単位で記述されます。

8-4-9 ルータリンク

ルータリンクLSAはすべてのOSPFルータで生成されるものです。ルータリンクLSAには、ルータのOSPFが有効になっているインタフェースとインタフェースに関連するOSPFコストが書かれています。ルータリンクLSAは、生成されたエリア内にフラッディングされることになります。ルータリンクLSAのフォーマットは、次々ページの図8-34の通りです。

●Vビット
生成したバーチャルリンクの終端のルータであれば1がセットされます。

●Eビット
生成したルータがASBRのとき1にセットされます。

●Bビット
生成したルータがABRのとき1にセットされます。

8-4
OSPFのパケットフォーマット

●リンク数
生成したルータが持っているリンク（インタフェース）の数が記述されます。

このあと続く「リンクID」～「TOSメトリック」までが1セットになっています。ルータがもっているインタフェースごとにこのセットが繰り返されます。

「リンクタイプ」によって、「リンクID」「リンクデータ」の意味が異なるので、まずは、「リンクタイプ」について見ていきましょう。また、TOSに関連するフィールドについては、もうすでにほとんどサポートされていないので、詳細は省略★します。

★詳細は省略
「TOS数」「TOS」「TOSメトリック」についての詳細は省略する。

●リンクタイプ
リンクタイプはそのリンクがどのような接続をしているのかを表現しています。リンクタイプの種類は、次の表の通りです。

●リンクID
リンクIDは、そのリンクが接続している相手を記述するものです。リンクタイプごとにリンクIDの意味が異なります。リンクIDについてまとめたのが次の表です。

▶ リンクタイプによるリンクIDの値

リンクタイプ	接続	リンクIDの値
1	ポイントツーポイント	ネイバールータのルータID
2	トランジットネットワーク	DRのIPアドレス
3	スタブネットワーク	ネットワークアドレス
4	バーチャルリンク	ネイバールータのルータID

●リンクデータ
リンクデータもリンクタイプによって、次の表に示すように意味が異なります。

▶ リンクタイプによるリンクデータの値

★生成するルータのインタフェースIPアドレス
アンナンバードポイントツーポイントの場合は、MIB Ⅱ ifIndex。

リンクタイプ	接続	リンクデータの値
1	ポイントツーポイント	生成するルータのインタフェースIPアドレス★
2	トランジットネットワーク	生成するルータのインタフェースIPアドレス
3	スタブネットワーク	ネットワークアドレス
4	バーチャルリンク	生成するルータのMIB Ⅱ ifIndex

chapter 8 | OSPF

●メトリック

インタフェースのコストが記述されています。

ルータリンクLSAの
フォーマット
（図8-34）

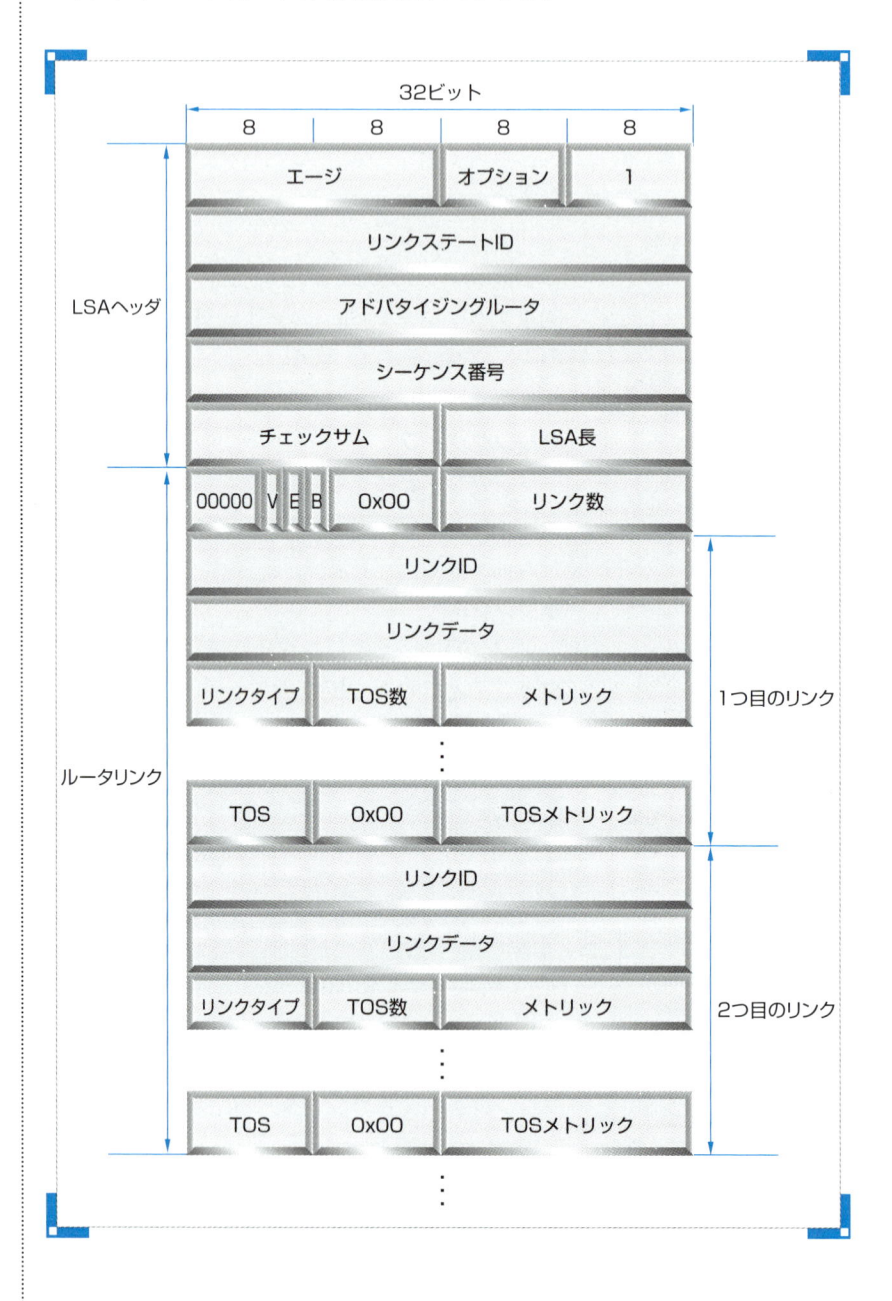

32ビット
8 / 8 / 8 / 8

LSAヘッダ:
- エージ / オプション / 1
- リンクステートID
- アドバタイジングルータ
- シーケンス番号
- チェックサム / LSA長

ルータリンク:
- 00000 V E B / 0x00 / リンク数
- リンクID
- リンクデータ
- リンクタイプ / TOS数 / メトリック ← 1つ目のリンク
- ⋮
- TOS / 0x00 / TOSメトリック
- リンクID
- リンクデータ
- リンクタイプ / TOS数 / メトリック ← 2つ目のリンク
- ⋮
- TOS / 0x00 / TOSメトリック
- ⋮

8-4-10 ネットワークリンク

ネットワークリンクLSAはマルチアクセスネットワーク上のDRによって生成されるLSAです。ネットワークリンクLSAの中には、マルチアクセスネットワークに接続されているすべてのルータ（DRを含む）がリストされています。ルータリンクLSAと同様にネットワークリンクLSAは生成されたエリア内にフラッディングされます。

ネットワークリンクLSAのフォーマットは、図8-35の通りです。

▶ ルータリンクLSAのフォーマット（図8-35）

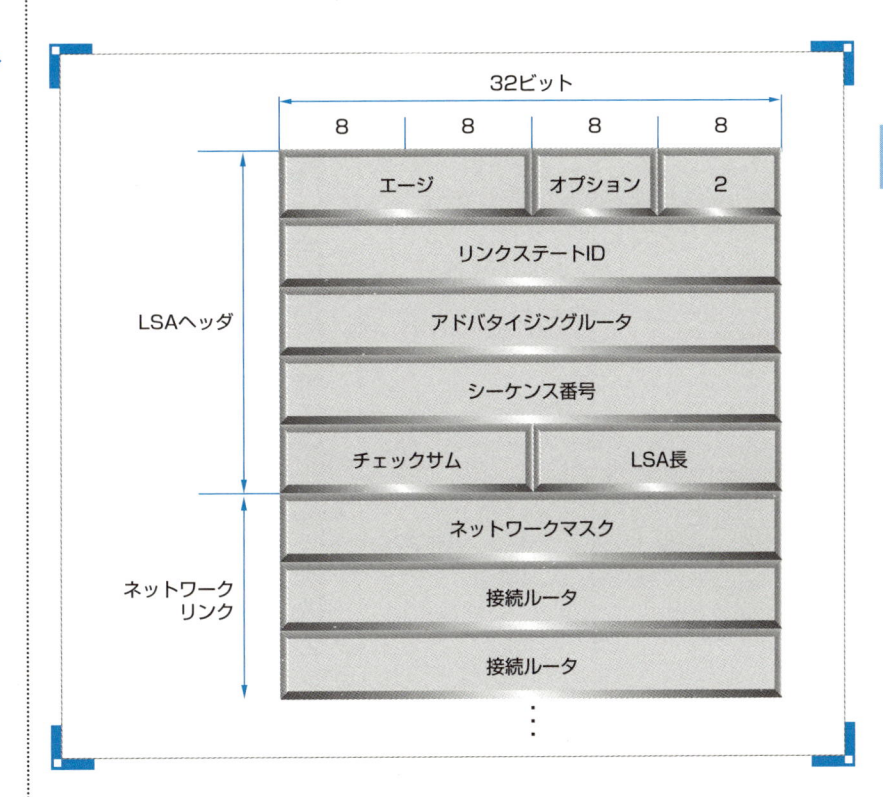

```
                    32ビット
            8      8      8      8
    ┌─────────────┬─────────────┬──────┐
    │   エージ    │  オプション  │   2  │
    ├─────────────┴─────────────┴──────┤
    │         リンクステートID          │
LSAヘッダ   アドバタイジングルータ
    │         シーケンス番号            │
    │   チェックサム   │    LSA長       │
    ├──────────────────────────────────┤
    │         ネットワークマスク        │
ネットワーク     接続ルータ
   リンク        接続ルータ
                   …
```

● **リンクステートID**

ネットワークリンクLSAのリンクステートIDは、そのネットワークにおけるDRのインタフェースIPアドレスを示しています。

● **ネットワークマスク**

ネットワーク上で利用されているサブネットマスクが記述されています。

● **接続ルータ**

このフィールドには、DRとアジャセンシーを確立したすべてのルータのルータIDとDR自身のルータIDがリストされています。

8-4-11 集約リンク、ASBR集約リンク

タイプ3集約リンクLSAと**タイプ4ASBR集約リンクLSA**は、図8-36のように同一のフォーマットをもっています。異なるのは、タイプとリンクステートIDだけです。ABRがこれら2つのLSAを生成します。集約リンクは、エリア外部のネットワークを通知します。ASBR集約リンクは、エリア外部のASBRの存在を通知しています。

▶ ネットワークリンクLSAのフォーマット（図8-36）

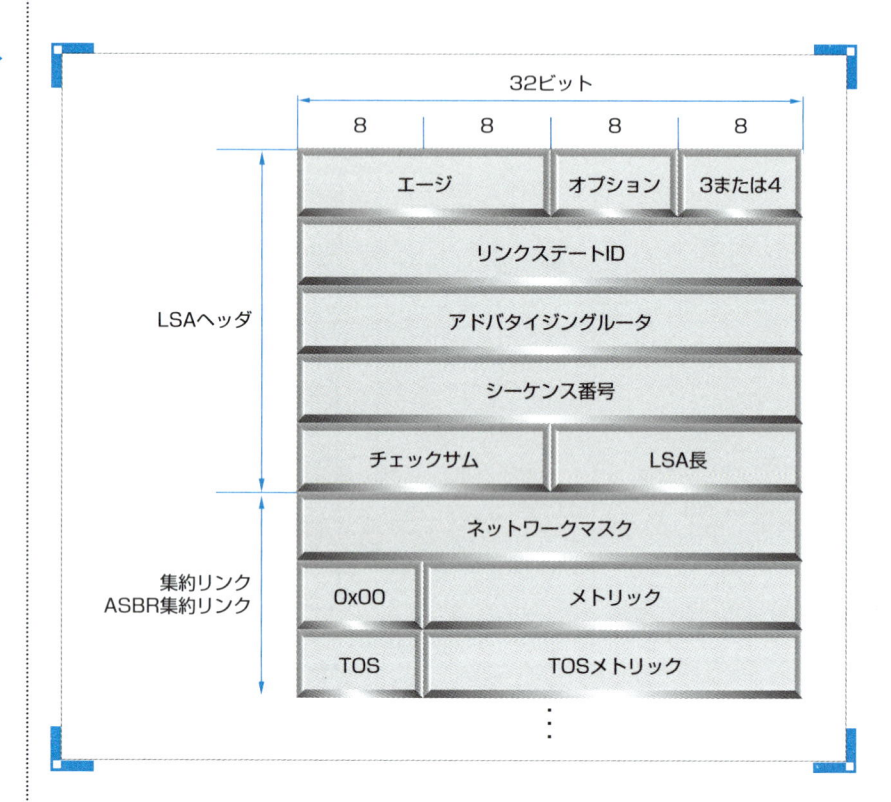

```
                    32ビット
         ┌────┬────┬────┬────┐
         │ 8  │ 8  │ 8  │ 8  │
         ├────┴────┼────┼────┤
         │ エージ   │オプション│3または4│
         ├─────────┴────┴────┤
         │   リンクステートID      │
         ├────────────────────┤
LSAヘッダ │  アドバタイジングルータ   │
         ├────────────────────┤
         │    シーケンス番号        │
         ├─────────┬──────────┤
         │ チェックサム │  LSA長   │
         ├─────────┴──────────┤
         │   ネットワークマスク      │
         ├────┬───────────────┤
集約リンク│0x00│    メトリック      │
ASBR集約 ├────┼───────────────┤
リンク    │TOS │   TOSメトリック    │
         └────┴───────────────┘
                  ⋮
```

●リンクステートID

タイプ3のとき、通知されることになるネットワークのネットワークアドレスが記述されます。タイプ4のときには、通知されることになるASBRのルータIDが記述されます。

●ネットワークマスク

タイプ3では、通知するネットワークのサブネットマスクです。タイプ4では意味がありませんので、このフィールドは0にセットされます。

タイプ3で、エリア内にデフォルトルートを通知するときには、リンクステートID、ネットワークマスクともに0.0.0.0という値になります。

● メトリック

通知するあて先に対するOSPFコストが記述されます。ABRにおいて、このメトリックを決定することができます。

8-4-12　自律システム外部リンク

自律システム外部リンクLSAはASBRによって生成されます。これらのLSAは、OSPF自律システム外にあるネットワークを通知するために利用されています。自律システム外部リンクは、スタブエリア（トータリースタブエリア、NSSAを含む）以外にフラッディングされます。

自律システム外部リンクのフォーマットは、図8-37の通りです。

▶自律システムが外部リンクLSAのフォーマット（図8-37）

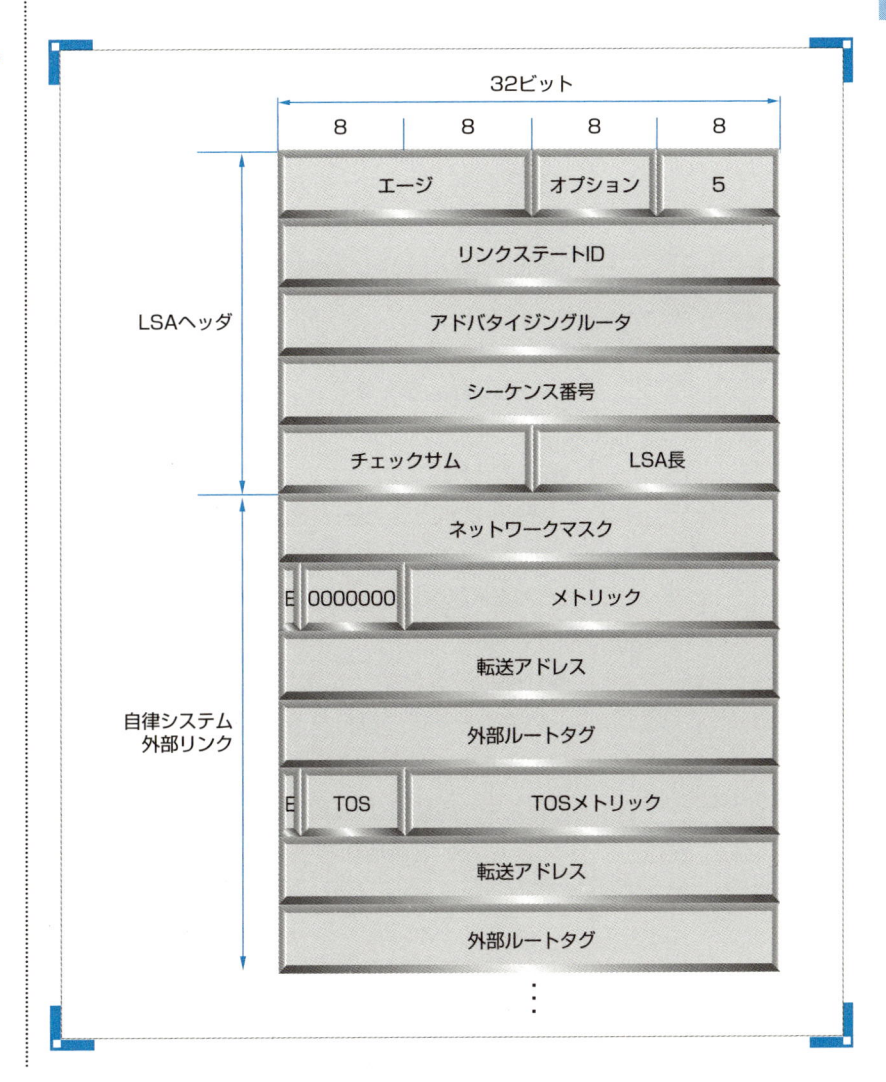

```
                    32ビット
         ┌────┬────┬────┬────┐
         │ 8  │ 8  │ 8  │ 8  │
         ├────┴────┼────┼────┤
LSAヘッダ │  エージ  │オプション│ 5  │
         ├─────────┴────┴────┤
         │     リンクステートID      │
         ├──────────────────┤
         │   アドバタイジングルータ   │
         ├──────────────────┤
         │      シーケンス番号       │
         ├─────────┬──────────┤
         │ チェックサム │   LSA長   │
         ├─────────┴──────────┤
         │    ネットワークマスク     │
         ├──┬──────┬──────────┤
         │E │0000000│  メトリック  │
         ├──┴──────┴──────────┤
         │      転送アドレス        │
         ├──────────────────┤
         │     外部ルートタグ       │
自律システム├──┬─────┬──────────┤
外部リンク │E │ TOS │ TOSメトリック │
         ├──┴─────┴──────────┤
         │      転送アドレス        │
         ├──────────────────┤
         │     外部ルートタグ       │
         │          ⋮            │
         └──────────────────┘
```

●リンクステートID
自律システム外部リンクの場合、リンクステートIDは外部ネットワークのネットワークアドレスです。

●ネットワークマスク
通知する外部ネットワークのサブネットマスクが記述されます。

自律システム外部リンクでデフォルトルートを通知するときには、リンクステートID、ネットワークマスクは共に0.0.0.0の値です。

●Eビット
外部メトリックビットと呼ばれています。これは、通知する外部ルートのメトリック計算にかかわります。Eビットが1のときにはメトリックタイプはE2となり、Eビットが0のときにはメトリックタイプはE1です。

メトリックタイプの違いは、外部ルートがOSPFドメインを通過していくときにOSPFのコストが加算されていくかどうかの違いです。メトリックタイプ2では、外部ルートのコストはASBRが決めたもので変わりません。メトリックタイプ1では、外部ルートのコストは、ASBRが通知したコストにOSPFドメインのコストが加算されていきます。

●メトリック
ASBRがセットするメトリック値です。

●転送アドレス
通知したネットワークあてのパケットを、どこに転送すればよいかを示しています。もし、このフィールドが0.0.0.0のときは、自律システム外部リンクLSAを生成したASBRにパケットは転送されていきます。

●外部ルートタグ
外部ルートにつけられる任意のタグです。OSPFプロトコル自体は、このフィールドを使うことはありません。ルーティングプロトコル間のリディストリビューション★によって発生する可能性がある、ルーティングループを防ぐ目的などに使われます。

★リディストリビューション
リディストリビューションについては、第11章を参照のこと。

8-4-13 NSSAリンク

NSSA内のASBRによって生成されるLSAです。転送アドレスフィールドをのぞき、**NSSAリンク**と自律システム外部リンクのフォーマットは同一です（図8-38）。NSSAリンクは、NSSAリンクが生成されたNSSAエリア内にのみフラッディングされます。

NSSAリンクのフォーマット（図8-38）

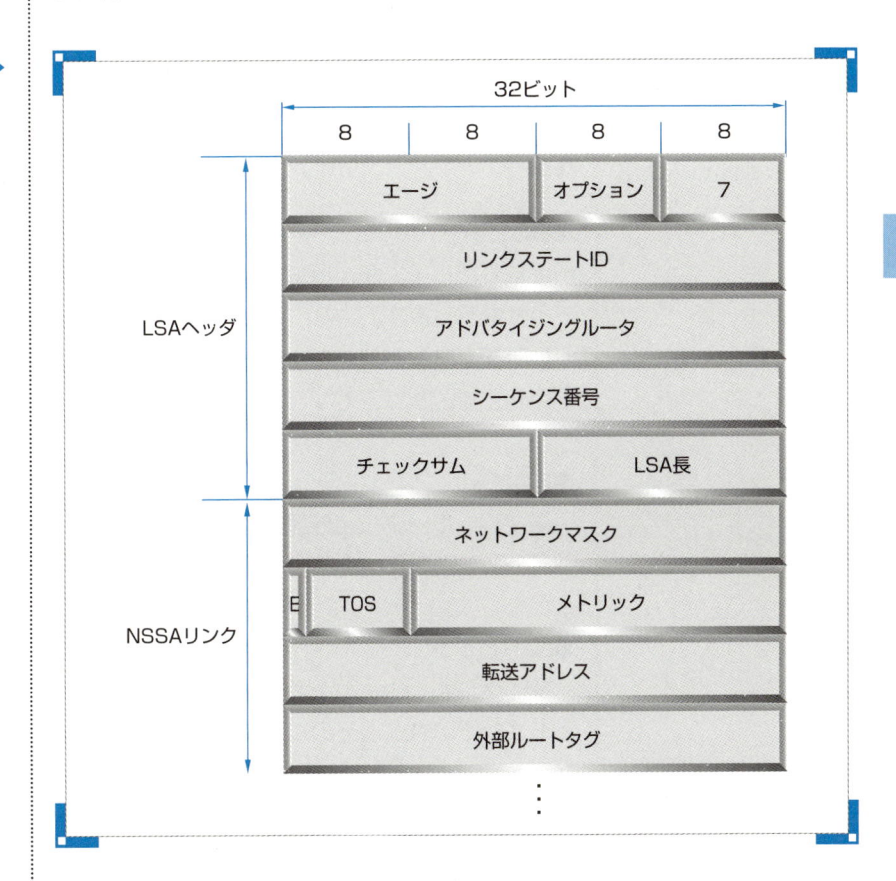

```
32ビット
 8    8    8    8
┌─────────┬─────────┬─────┐
│  エージ  │ オプション│  7  │
├─────────┴─────────┴─────┤
│      リンクステートID      │
├─────────────────────────┤
│     アドバタイジングルータ  │
├─────────────────────────┤
│       シーケンス番号       │
├───────────┬─────────────┤
│  チェックサム │    LSA長    │
├───────────┴─────────────┤
│      ネットワークマスク     │
├──┬────┬────────────────┤
│E │TOS │    メトリック     │
├──┴────┴────────────────┤
│       転送アドレス        │
├─────────────────────────┤
│      外部ルートタグ       │
└─────────────────────────┘
         ⋮
```

上部：LSAヘッダ
下部：NSSAリンク

●転送アドレス

NSSAのASBRと非OSPFドメインの間のネットワークが内部ルートとして通知されていれば、そのネットワークのネクストホップアドレスが入ります。もし、そのネットワークが内部ルートとして通知されていなければ、NSSAのASBRのルータIDが入ります。

8-4-14 オプション

オプションフィールドは、HelloパケットDDパケットとすべてのLSAに含まれているフィールドです。オプションフィールドによって、他のルータとオプションの機能をやり取りしています。オプションフィールドは1バイトのフィールドですが、その内訳は図8-39の通りです。

オプションフィールドの▶
フォーマット
（図8-39）

★ *
この部分は利用していない。通常は0がセットされている。

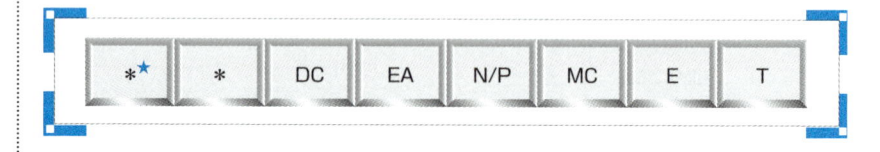

| *★ | * | DC | EA | N/P | MC | E | T |

●DCビット

生成したルータが、「OSPFデマンドサーキット」をサポートしているかどうかを示します。

OSPFデマンドサーキットとは、ISDN経由でOSPFを動作させるときに利用します。

●EAビット

生成したルータが、**外部属性LSA**という特殊なLSAをサポートしているかどうかを示しています。外部属性LSAについては、本書の範囲外です。

●N/Pビット

Nビットは、Helloパケットでのみ利用されています。Nビットが1にセットされていれば、そのルータはNSSA外部LSAをサポートしていることを示しています。Nビットが一致していなければ、アジャセンシーを確立することができなくなります。

Pビットは、NSSA外部LSAヘッダでのみ利用されています。このビットは、NSSAのABRがタイプ7からタイプ5に変換することを示しています。

●MCビット

生成したルータが、マルチキャストパケットを転送できることを示しています。**MOSPF**（Multicast OSPF）でのみ利用されるビットです。

●Eビット

Eビットは、自律システム外部リンクLSAをサポートするかどうかを示します。Eビットが1であれば、自律システム外部リンクをサポートしています。つまり、スタブエリア以外であれば、Eビットは1にセットされています。

8-4 OSPFのパケットフォーマット

● Tビット
OSPFルータがTOSをサポートしているかどうかを示しています。

SUMMARY

第8章　OSPFのまとめ

　より大規模なネットワークで、効率よくルーティングを行うためにOSPFが開発されています。OSPFはリンクステート型ルーティングプロトコルであり、ディスタンスベクタ型ルーティングプロトコルに比べると、非常に早くコンバージェンスすることができます。

　第8章では、まずOSPFの特徴について解説しました。そして、OSPFがどのようにルーティング情報をやり取りするのかという動作について解説しています。

　また、よりネットワークをサポートするためのエリアの概念は重要なポイントです。また、そのエリアと関連付けてLSA（Link State Advertisement）を考えれば、よりわかりやすくなります。

ルーティング&スイッチング

chapter 9

EIGRP(Enhanced IGRP)

　EIGRP（Enhanced IGRP＜Interior Gateway Routing Protocol＞）は、シスコシステムズ社（以下、シスコ社）独自の内部ゲートウェイルーティングプロトコルであるIGRPを拡張したものです。EIGRPによって、大規模なネットワークにおいてさらに効率よくルーティングすることが可能です。この章では、EIGRPについて解説します。

Chapter9　EIGRP（Enhanced IGRP）

9-1　EIGRPの概要

まず、EIGRPの概要として、その歴史と特徴について解説します。

9-1-1　EIGRPの歴史

　1990年代になると、ネットワークはより大規模でより密度が高いものになってきました。そのため、**RIP**など伝統的なディスタンスベクタ型ルーティングプロトコルでは限界が出てきたのは、これまでにも述べたとおりです。そこで、既存のルーティングプロトコルではなく新しいルーティングプロトコルが求められるようになりました。

　大規模なネットワークに対応するためには、第8章で解説した**OSPF**が**IETF**標準のルーティングプロトコルとして開発されています。OSPFは、クラスレスルーティングプロトコルであるため、**VLSM**環境の大規模ネットワークをサポートすることが可能です。しかしながら、OSPFの処理（特にSPFアルゴリズムによるルーティングテーブルの計算）はルータにかなりの負荷をかけてしまいます。また、エリアの設計を適切に行い、各エリアの特徴をきちんと把握して適切な設定を行う必要があります。さらに、ポイントツーポイントやブロードキャストマルチアクセス、NBMAといったネットワークの特性もしっかりと理解した上での設定も必要となります。このように、OSPFは取り扱うのが難しい一面があります。

　シスコ社は、OSPFよりもルータに負荷をかけずに、そして設定もより簡単に行うことができるルーティングプロトコルとして、**EIGRP**を開発しました。EIGRPの最初のリリースは1994年です。それ以降、さまざまな拡張を加えることによって、より安定した柔軟性のあるルーティングプロトコルとして、多くの組織のネットワークで採用されています。

9-1-2　EIGRPの特徴

EIGRPの特徴として、次のようなことが挙げられます。

- IGPs
- ハイブリッド型ルーティングプロトコル（拡張ディスタンスベクタ）
- Helloプロトコルによる定期的なキープアライブ
- ネットワーク変更時のみのアップデート
- ルータに対する負荷が少ない
- クラスレスルーティングプロトコル

> - メトリックはIGRPと同様な複合メトリック
> - 不等コストロードバランス
> - 高速なコンバージェンス
> - ルーティングループが発生する可能性が極めて少ない
> - マルチキャストを利用した通信
> - 任意の経路集約
> - 認証機能のサポート
> - 設定が容易
> - IP以外のネットワーク層プロトコル（IPX、Appletalk）のサポート
> - シスコ社独自のルーティングプロトコル

EIGRPは、第6章からこれまでに解説してきたRIP、IGRP、OSPFと同様に**IGPs**の一種です。つまり、同一の管理組織が管理する自律システム内部のネットワークをルーティングするために利用するものです。

IGPsはルーティングアルゴリズムによっていくつかの分類★が行われていましたが、EIGRPは**ハイブリッド型ルーティングプロトコル**です。または、**拡張ディスタンスベクタ型ルーティングプロトコル**と呼ばれることもあります。ハイブリッド★とは、「混合」という意味です。EIGRPは、本質的にはRIPやIGRPと同じく、ディスタンスベクタ型ルーティングプロトコルなのですが、これにリンクステート型ルーティングプロトコルの特徴を取り入れることによって、より大規模なネットワークを効率よくルーティングできるようになっています。

EIGRPが取り入れたリンクステート型ルーティングプロトコルの特徴として、**Helloプロトコル**による**キープアライブ**があります。RIPやIGRPのディスタンスベクタ型ルーティングプロトコルは、定期的なルーティングアップデートのやり取りによって、他のルータが動作していることを確認していますが、EIGRPは定期的にHelloパケットをやり取りすることによって他のルータの動作を確認します。その分、ネットワークを流れるトラフィックは少なくなっているわけです。もし、何かネットワークに変更があったときのみその情報を送信することになります。このことから、OSPF同様にEIGRPも「静かな」ルーティングプロトコルであるといえます。

また、EIGRPはルーティングアップデートの中に、ネットワークのサブネットマスクの情報も含めて送るクラスレスルーティングプロトコルです。ですから、VLSMすなわち、同じメジャーネットワークアドレスをサブネッティングしたとき、複数のサブネットマスクを用いたサブネットをサポートすることができます。OSPF同様、RIPやIGRPといったクラスフルルー

★分類
詳しくは「第5章　ルーティング」参照

★ハイブリッド
hybrid。

ティングプロトコルに比べて柔軟なアドレス設計を行うことが可能になります。

メトリックは、IGRPと同様に「帯域幅」「遅延」「負荷」「信頼性」「MTUサイズ」を組み合わせた複合メトリックを採用しています。ただし、IGRPとはメトリック値の取りうる範囲が異なります。そして、IGRPと同じくメトリックが異なる経路においてもロードバランスを行うことができる不等コストロードバランスもサポートしています。

EIGRPを有効にしたネットワークにおいて、障害の発生や新しいネットワークの追加など、何らかのネットワークに対する変更が発生したときのコンバージェンスは、**DUAL**（Diffusing Update ALgorithm）と呼ばれるアルゴリズムを用いることによって非常に高速になっています。OSPFでは最短で6秒程度かかりますが、EIGRPは最短で3秒程度という非常に短い時間内にコンバージェンスします。また、DUALアルゴリズムによって、リディストリビューションを行わずにEIGRP単独で利用しているときには、100%ループが発生しないことが保証されています。

EIGRPのルーティングアップデートの送信は、マルチキャストもしくはユニキャストを用いて行われます。RIPやIGRPのようにブロードキャストを使わないので、ネットワーク上のEIGRPルータ以外のホストに対して不要な負荷をかけることもなくなります。

経路集約についても、より効率よく行うことができるようになっています。OSPFでは、経路集約を行うことができるポイントが決まっていました。OSPFの経路集約は、自律システム境界ルータ（ASBR）もしくはエリア境界ルータ（ABR）でしか行うことができません。それに対して、EIGRPはデフォルトでメジャーネットワーク境界での**自動集約**が行われています。自動集約に加えて、任意のEIGRPルータでインタフェース単位に経路を集約して通知することができるようになっています。

EIGRPがやり取りするルーティングアップデートの盗聴や改ざん、偽造を防止するために暗号化による認証機能もサポートされています。

もちろん、こうしたさまざまなEIGRPの機能を実現するために、ルータに対する設定を行う必要があります。EIGRPの設定はOSPFに比べると非常にシンプルであり、通常はわずかなコマンドだけで設定を行うことができるようになっています。

さらに、ネットワーク層プロトコルとしてIPだけでなく、IPXやAppleTalkもルーティングすることができます。現在の主流はTCP/IPとなっていますが、まだIPXやAppleTalkを運用している企業はたくさん存在しています。そのような企業において、IPだけでなくIPX、AppleTalkの混在環境もサポートできるというメリットは大きいでしょう。

以上のようにEIGRPを利用するメリットは非常に大きいものがあります。しかしながら、シスコ社独自のプロトコルであるために、シスコ社の製品でしか利用することができないという大きな制約があります。

Chapter9　EIGRP（Enhanced IGRP）

9-2　EIGRPの動作

ここからは、EIGRPがどのようにルーティングアップデートを交換しネットワークのルーティングを行っていくかという動作について解説します。ディスタンスベクタ型とリンクステート型の特徴をどのように取り入れているのかについて注目してください。

9-2-1　EIGRPのパケットタイプとRTP（Reliable Transport Protocol）

EIGRPでは、次の5つのパケットタイプがあります。

●Hello

Helloパケットは、ネイバールータを発見するために利用されます。ルータでEIGRPをインタフェースで有効にすると、そのインタフェースからEIGRPルータあてのマルチキャストアドレスである224.0.0.10あてにHelloパケットを送信して、ネイバールータを探します。また、定期的にHelloパケットを送信することによって、ネイバールータが正しく動作しているかどうかの確認も行っています。Helloパケットによるネイバーの発見と維持は、OSPFなどのリンクステート型ルーティングプロトコルの特徴を取り入れた例です。

●Update

Updateパケットは、特定のネットワークをネイバーに通知するために利用します。ただし、このUpdateパケットは定期的に送信されるわけではありません。ネットワークに変更があった場合、その変更分のみをUpdateパケットでネイバールータに通知します。この点が、RIPやIGRPといったディスタンスベクタ型ルーティングプロトコルと異なっています。

●Query

Queryパケットは、ネットワークに変更が発生し、フィージブルサクセサ（後述）がない場合に、ネイバールータに対して代替経路があるかどうかを問い合わせるために利用します。Queryパケットはマルチキャストアドレス（224.0.0.10）、もしくはユニキャストで送信されます。

●Reply

Replyパケットは、Queryパケットに対する応答として送信されます。Replyパケットのあて先は、Queryパケットを送信したネイバールータのユニキャストアドレスです。

●Ack

Ackパケットは、データがまったく含まれていないHelloパケットです。Ackパケットは必ずユニキャストで送信されます。

これら5つのパケットの配送は、**RTP**（Reliable Transport Protocol）によって管理されています。RTPはEIGRPを構成するモジュールの1つです。RTPによって、EIGRPパケットの配送を保証し、パケットは順序どおりに配送されることになります。パケットの配送の保証は、Ackパケットによる確認応答で行い、パケット到達の順序は、パケットに含まれているシーケンス番号によって管理しています。

上記のEIGRPパケットは、明示的にAckパケットによる確認応答を必要とする**高信頼性パケット**と、明示的な確認応答を必要としない**無信頼性パケット**に分かれています。その分類は、次の表の通りです。

▶ EIGRPの高信頼性パケットと無信頼性パケット

高信頼性パケット	無信頼性パケット
Update	Ack
Reply	Hello
Query	

高信頼性パケットである、Update、Query、Replyパケットは定期的に送信されるわけではありません。そのため、これらのパケットが正しく相手に送信できたかどうかを確認するために、Ackパケットによる確認応答が必要になるわけです。Helloパケットは定期的に送信されるので、特に明示的に確認応答の必要はありません。

高信頼パケットをマルチキャストして、あるネイバーからAckパケットが返ってこないときには、ユニキャストでそのパケットを再送信します。このユニキャストによる再送信を16回行っても、Ackパケットが返ってこない場合には、そのネイバーはダウンしたと見なします。マルチキャストからユニキャストに切り替えての再送信の時間は、**マルチキャストフロータイマ**（multicast flow timer）によって決まります。ユニキャストによる再送信の間隔は、**再送信タイムアウトタイマ**（retransmission timeout timer）によって決まります（図9-1）。

以上のようなRTPによる確実なEIGRPパケットの配送が、EIGRPの安定性や高速なコンバージェンスを実現する上で、非常に重要です。

chapter 9
EIGRP（Enhanced IGRP）

高信頼性パケットの再送信▶
（図9-1）

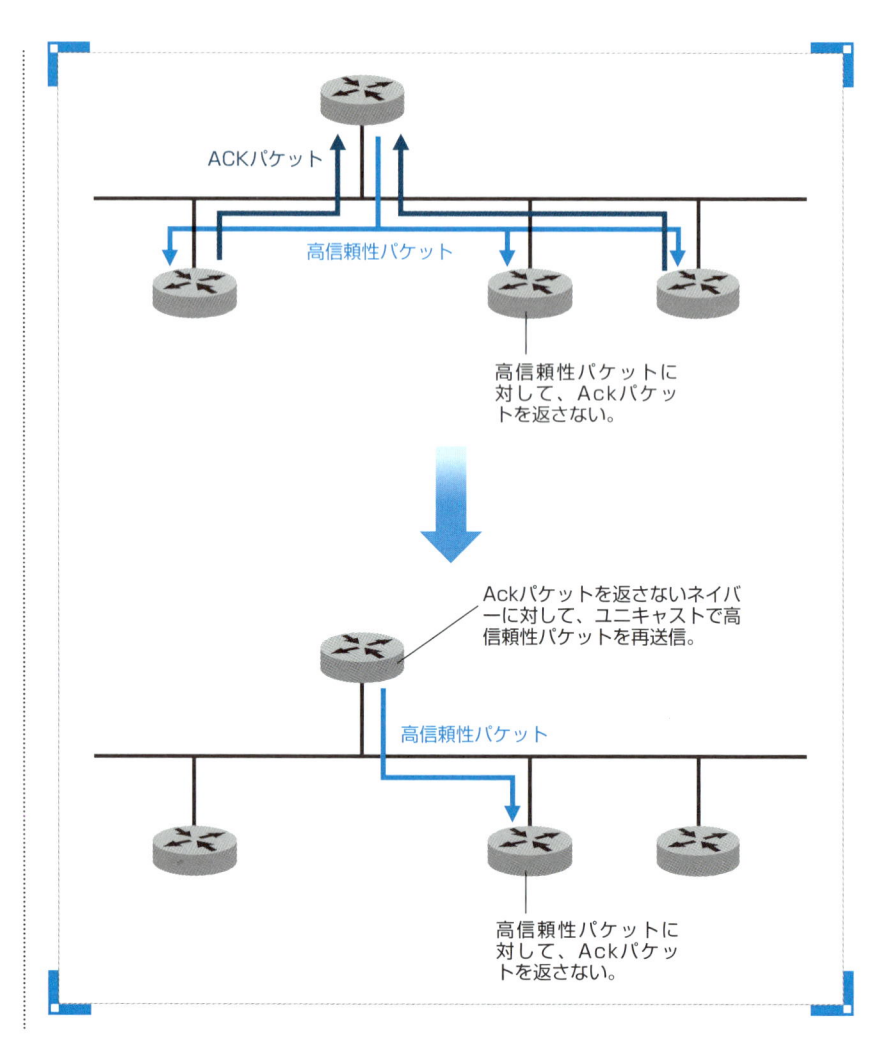

（図：高信頼性パケットに対して、Ackパケットを返さない。Ackパケットを返さないネイバーに対して、ユニキャストで高信頼性パケットを再送信。）

9-2-2　ネイバーの発見と維持

　EIGRPルータが起動すると、まずHelloパケットによってネイバールータを発見します。EIGRPパケットタイプの中でも述べましたが、これはEIGRPが取り入れたリンクステート型ルーティングプロトコルの特徴の1つです。

　次の図9-2を参照しながら、EIGRPルータがネイバールータを発見するプロセスを見ていきましょう。

9-2 EIGRPの動作

EIGRPルータがネイバールータを発見するプロセス（図9-2）

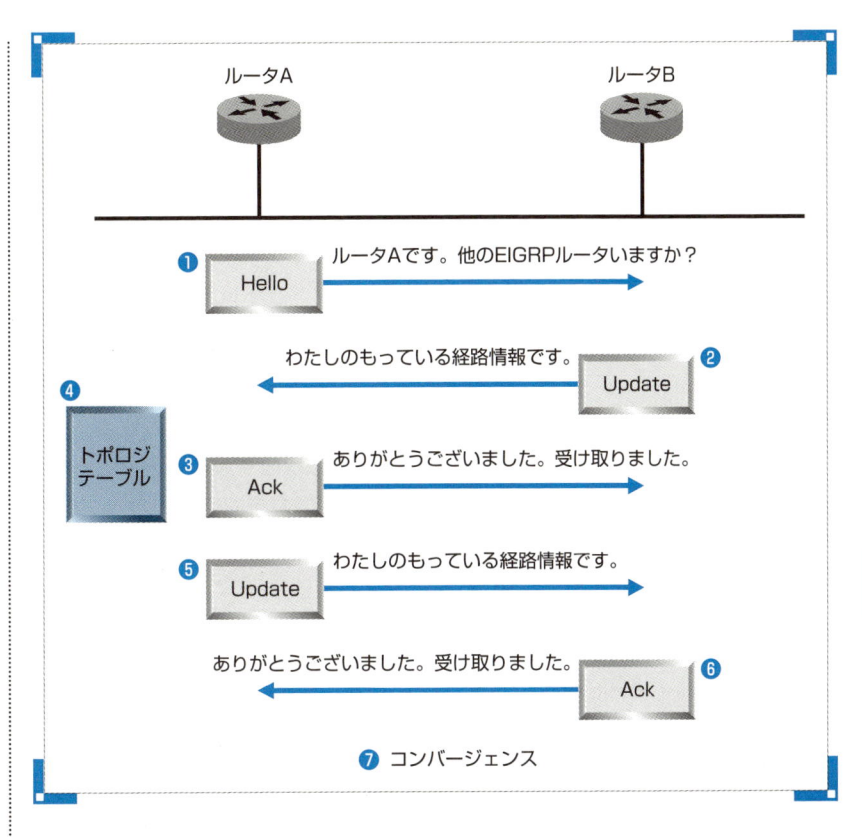

```
         ルータA              ルータB
          [R]                  [R]
    ────────┬──────────────────┬────────
            │                  │
         ❶  │ ルータAです。他のEIGRPルータいますか？
         [Hello] ──────────────────────►
            │                  │
            │ わたしのもっている経路情報です。
      ❹     │ ◄────────────────── [Update] ❷
   [トポロジ │                  │
    テーブル]│ ❸ ありがとうございました。受け取りました。
            │   [Ack] ──────────────────►
            │                  │
         ❺  │ わたしのもっている経路情報です。
         [Update] ──────────────────────►
            │                  │
            │ ありがとうございました。受け取りました。
            │ ◄────────────────── [Ack] ❻
            │                  │
         ❼ コンバージェンス
```

❶ EIGRPルータ（ルータA）が起動すると、EIGRPが有効になっているすべてのインタフェースから、マルチキャストアドレス（224.0.0.10）あてにHelloパケットを送信し、ネイバーを発見しようとします。

❷ Helloを受信したルータ（ルータB）は、Helloを受信したインタフェースから学習したルートを除いたすべてのルートをUpdateパケットによって送信します。Helloを受信したインタフェースから学習した経路が含まれないのは、スプリットホライズン★の原則によるためです。特徴的なのは、Helloパケットを受け取ったあと、Helloパケットを送り返すのではなく、そのままUpdateパケットを送信していることです。この点がOSPFと異なる点であり、これによってコンバージェンスを早くすることができます。

★ スプリットホライズン
詳しくは「第5章 ルーティング」参照。

❸ Updateパケットを受信したルータAは、ネイバーとしてルータBを認識します。ネイバーは、Helloパケットだけでなく、このようにUpdateパケットによっても認識することができます。Updateパケットは、高信頼性パケットであるため明示的な確認応答が必要。そのため、AckパケットをルータBあてにユニキャストします。

❹ 受け取ったUpdateパケットの内容は、ルータAのトポロジテーブルに入ります。トポロジテーブルは、OSPFでいうリンクステートデータベース

chapter 9
EIGRP (Enhanced IGRP)

のようなイメージで考えてよいでしょう。ただし、リンクステートデータベースはエリア内のすべての情報が入っているのに対して、トポロジーテーブルはネイバーの情報だけです。トポロジテーブルには、ネットワークアドレスとそこに到達できるネイバーのアドレス、関連するメトリックが含まれています。トポロジテーブル上のメトリックは、フィージブルディスタンスとアドバタイズドディスタンスの2つ書かれています。これら2種類の用語は、後ほど解説します。ルータAはトポロジテーブルから、サクセサと呼ばれる最も適切な経路をルーティングテーブルに載せます。

❺ ルータAも自身がもつネットワークの情報を、Updateパケットによってネイバーに通知します。このときもスプリットホライズンによって、Updateパケットを送信するインタフェースから学習した経路は、そのUpdateパケットには含まれていません。

❻ Updateパケットを受信したネイバーからAckパケットが返ってきます。

❼ 以上のプロセスで、EIGRPではコンバージェンスが完了します。OSPFでは、Helloをお互いにやり取りして、2WAY、EXCHANGE、EXSTARTなどのさまざまな状態を経由して、リンクステートデータベースの同期を保ち、SPFアルゴリズムをリンクステートデータベースに適用して、コンバージェンスしています。そのようなOSPFの動作と比較すると、EIGRPのコンバージェンスが速いということがわかります。

このあと、EIGRPルータは定期的にHelloパケットをやり取りすることによって、ネイバールータが正常に動作していることを確認します。Helloパケットをやり取りする時間を、OSPFと同様に**Hello間隔**と呼びます。Hello間隔のデフォルト値は、Helloを送信するインタフェースによって異なります。イーサネット、トークンリング、FDDIに代表されるLANのようなブロードキャストメディアや、フレームリレーおよびATMポイントツーポイントサブインタフェースを含むポイントツーポイント、ISDN PRI、ATM、SMDSなどの1.5Mbps以上の高速なマルチポイントインタフェースであれば、Helloパケットは5秒ごとに送信されます。ISDN PRIやフレームリレーなどの1.5Mbps以下の低速なマルチポイントインタフェースでは、60秒ごとに送信されます。

一定時間、Helloパケットを受信することができなければ、そのネイバーはダウンしたと見なされます。このダウンしたと見なす時間は、**ホールドタイム**と呼ばれています。つまり、ホールドタイムはOSPFでいうと、Dead間隔と同じ意味をもっています。名前が似ていて紛らわしいのですが、RIPやIGRPのホールドダウンタイマーとは意味が異なるので注意してください。ホールドタイムは、デフォルトではHello間隔の3倍の値です。

Hello間隔、ホールドタイムともに設定によってインタフェースごとに変

更することが可能です。以下の表は、インタフェースごとのHello間隔とホールドタイムのデフォルト値をまとめたものです。

> インタフェースごとの
> Hello間隔とホールドタイム

インタフェースタイプ	Hello間隔	ホールドタイム
ブロードキャストメディア（LAN）	5秒	15秒
ポイントツーポイント（フレームリレー/ATMポイントツーポイントサブインタフェースを含む）	5秒	15秒
1.5Mbpsより大きい高速なマルチポイントインタフェース（ISDN PRI、SMDS、フレームリレー、ATMなど）	5秒	15秒
1.5Mbps以下の低速なマルチポイントインタフェース（ISDN BRI、フレームリレーなど）	60秒	180秒

　Helloパケットによるネイバーの確立を行うためには、条件があります。その条件とは次の通りです。

> ・K値の一致
>   EIGRPのメトリック計算に利用するK値の値が一致していなければ、ネイバーになることができない。
>
> ・自律システム番号の一致
>   EIGRPを設定するときに指定する自律システム番号が異なるルータでは、ネイバーになることができない。

　OSPFでは、Hello間隔とDead間隔が異なるとネイバーになることができなかったのですが、EIGRPではHello間隔とホールドタイムが異なっていてもネイバーになることができます。

9-2-3 EIGRPのメトリック

　EIGRPでは、メトリックとしてIGRPと同じく複合メトリックを採用しています。メトリックとして考慮する要素も、IGRPと同じく次の5つの要素です。

> ・帯域幅（BW）　　・遅延（DLY）
> ・信頼性（RELIABILITY）　　・負荷（LOAD）　　・MTUサイズ

　IGRPと異なる点は、計算されたメトリックの値です。IGRPはメトリッ

chapter 9
EIGRP (Enhanced IGRP)

クとして24ビットのフィールドをもっています。一方、EIGRPは32ビットのフィールドがあります。ということから、

> EIGRPのメトリックの各要素＝IGRPのメトリックの各要素×256（2^8）

という値になります。つまり、

> ・$BW_{(EIGRP)} = BW_{(IGRP)} \times 256$
> ・$DLY_{(EIGRP)} = DLY_{(IGRP)} \times 256$
> ・$RELIABILITY_{(EIGRP)} = RELIABILITY_{(IGRP)} \times 256$
> ・$LOAD_{(EIGRP)} = LOAD_{(IGRP)} \times 256$

という関係です。IGRPのメトリック値の算出方法については、「第7章 IGRP」の中の「7-2-4　IGRPのメトリック」を参照してください。

メトリックの計算式はIGRPの計算式と同じく、次のように表されます。

> ・K5=0のとき
> メトリック= [K1＊$BW_{(EIGRP)}$+K2＊$BW_{(EIGRP)}$）/(256-LOAD)+K3＊$DLY_{(EIGRP)}$]
>
> ・K5≠0のとき
> メトリック= [K1＊$BW_{(EIGRP)}$+K2＊$BW_{(EIGRP)}$/(256-LOAD)+K3＊$DLY_{(EIGRP)}$]
> ＊[K5/($RELIABILITY_{(EIGRP)}$+K4)]
>
> ※デフォルト値　K1=K3=1、K2=K4=K5=0
>
> ・$BW_{(EIGRP)} = BW_{(IGRP)} \ast 256$
> ・$DLY_{(EIGRP)} = DLY_{(IGRP)} \ast 256$
> ・$LOAD_{(EIGRP)} = LOAD \ast 256$
> ・$RELIABILITY_{(EIGRP)} = RELIABILITY_{(IGRP)} \ast 256$

ただし、この各要素（BW、DLY、RELIABILITY、LOAD）はEIGRPのメトリック値だということに注意してください。5つの要素をどの程度考慮するかというK値のデフォルトもIGRPと同じく、

> K1=K3=1、K2=K4=K5=0

となっています。つまり、デフォルトではEIGRPもやはり**帯域幅**と**遅延**を利用して経路を決定することになります。

EIGRPの動作

もし、K値を変更するときには慎重に行う必要があります。K値を変更することによって、次のような問題点が発生する可能性があるからです。

> ・ネイバールータとK値が一致しないとネイバーになれない。
> ・EIGRPルータ同士で経路選択の不整合が発生し、コンバージェンスできなくなる。

K値を変更するときには、このような問題点があるということをしっかりと認識した上で行うようにしてください。

9-2-4 DUAL(Diffusing Update ALgorithm)の用語

DUALは、EIGRPのコンバージェンスを行うための中心となるアルゴリズムです。DUALでは、あらかじめ障害発生時のバックアップ経路となるネイバーを保持しておきます。DUALによって、EIGRPは非常に高速にコンバージェンスすることができます。

DUALの動作を解説する前に、まずDUALで利用する用語を紹介します。

●フィージブルディスタンス（FD：Feasible Distance）

フィージブルディスタンスは、各あて先ネットワークに対する最小のメトリックのことです。なお、feasibleとは、「実現可能な」「適切な」といった意味があります。

たとえば、192.168.1.0/24というあて先ネットワークに対して、3つの経路があり、それぞれのメトリックが1000、2000、3000のとき、192.168.1.0/24のFDは1000です（図9-3）。

フィージブルディスタンス▶
（図9-3）

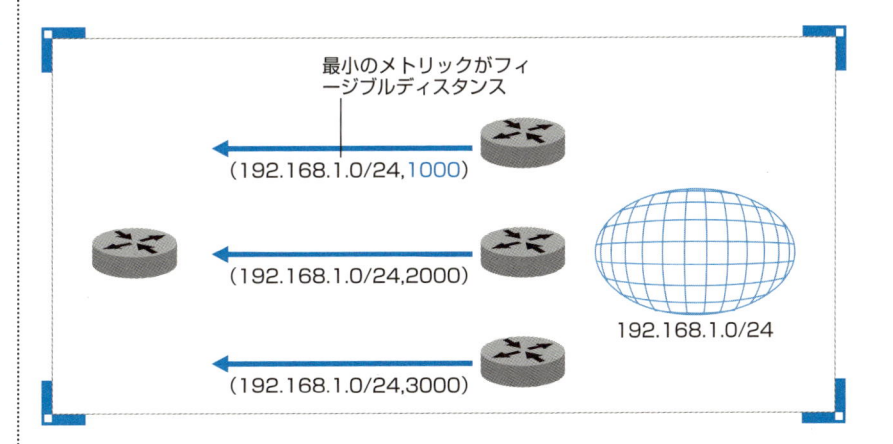

最小のメトリックがフィージブルディスタンス

(192.168.1.0/24, 1000)
(192.168.1.0/24, 2000)
(192.168.1.0/24, 3000)

192.168.1.0/24

chapter 9
EIGRP（Enhanced IGRP）

●アドバタイズドディスタンス（AD：Advertised Distance）

アドバタイズドディスタンスとは、あて先ネットワークに対してネイバーが通知しているメトリックです。ネイバールータのFDと考えることができます。つまり、AD＋ネイバーとのリンクのメトリック＝FDです（図9-4）。

ADとFD（図9-4）▶

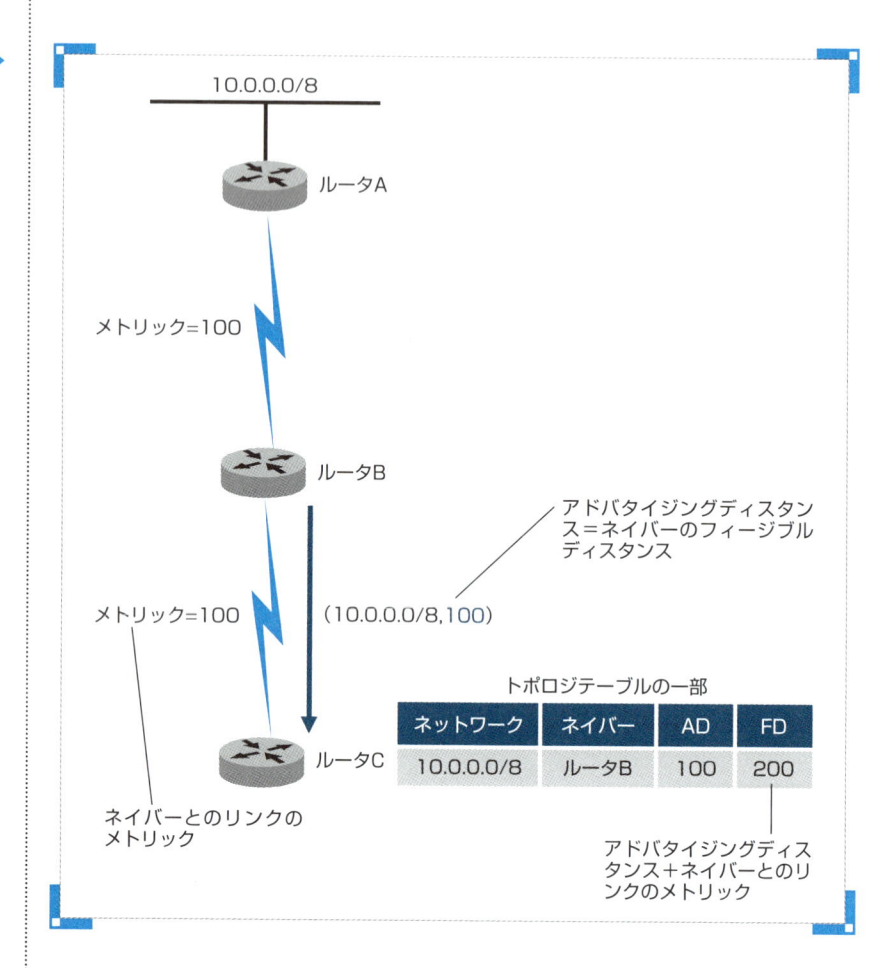

```
         10.0.0.0/8
            │
          ルータA
            │
      メトリック=100
            │
          ルータB         アドバタイジングディスタン
            │            ス＝ネイバーのフィージブル
            │            ディスタンス
      メトリック=100   (10.0.0.0/8,100)
            │
          ルータC
     ネイバーとのリンクの
     メトリック
```

トポロジテーブルの一部

ネットワーク	ネイバー	AD	FD
10.0.0.0/8	ルータB	100	200

アドバタイジングディスタンス＋ネイバーとのリンクのメトリック

●フィージビリティコンディション（FC：Feasibility Condition）

フィージビリティコンディションとは、あて先に対するネイバーのADがFDよりも低い値であるという条件です。

> フィージビリティコンディション：ネイバーのAD＜FD

フィージブルサクセサを選択するときに、このフィージビリティコンディションを満たすかどうかによって決定します。

●サクセサ

サクセサとは、トポロジテーブルの各あて先ネットワークに対する最適な経路のことです。つまり、FDの経路がサクセサです。サクセサがルーティングテーブルに載せられて、パケットはこのサクセサを利用してルーティングされることになります。

●フィージブルサクセサ

フィージブルサクセサは、バックアップルートを意味しています。もし、サクセサのルートがなくなったとき、フィージブルサクセサがあればすぐに経路を切り替えることができるようになります。フィージブルサクセサは、トポロジテーブル上にあて先ネットワークに対する経路が複数あっても必ず選択されるとは限りません。**フィージビリティコンディション**を満たした経路のみ、フィージブルサクセサとなります。また、フィージビリティコンディションを満たしていれば、複数のフィージブルサクセサが存在してもかまいません。

●ネイバーテーブル

OSPFと同様に、各EIGRPルータは、直接接続されているネットワーク上に存在するネイバーのEIGRPルータを**ネイバーテーブル**上にリストしています。

●トポロジテーブル

トポロジテーブルは、ネイバーから教えてもらったすべてのあて先ネットワークに対する情報が入っています。トポロジテーブルに入っている情報は次の通りです。

> ・あて先のFD値
> ・ネイバーごとのAD値
> ・サクセサ、フィージブルサクセサ

このように、EIGRPのDUALにはさまざまな用語があります。こうした用語はなかなかわかりにくいので、実際にDUALの例を見ながら用語をもう一度理解していきましょう。

chapter 9
EIGRP（Enhanced IGRP）

9-2-5　DUALの例

次の図9-5のネットワークにおいて、**DUAL**によってどのようにネットワークのコンバージェンスが行われていくのかを解説します。この例では、話を単純にするため、メトリックを図に示すように非常に簡略化しています。

DUALの例（図9-5）▶

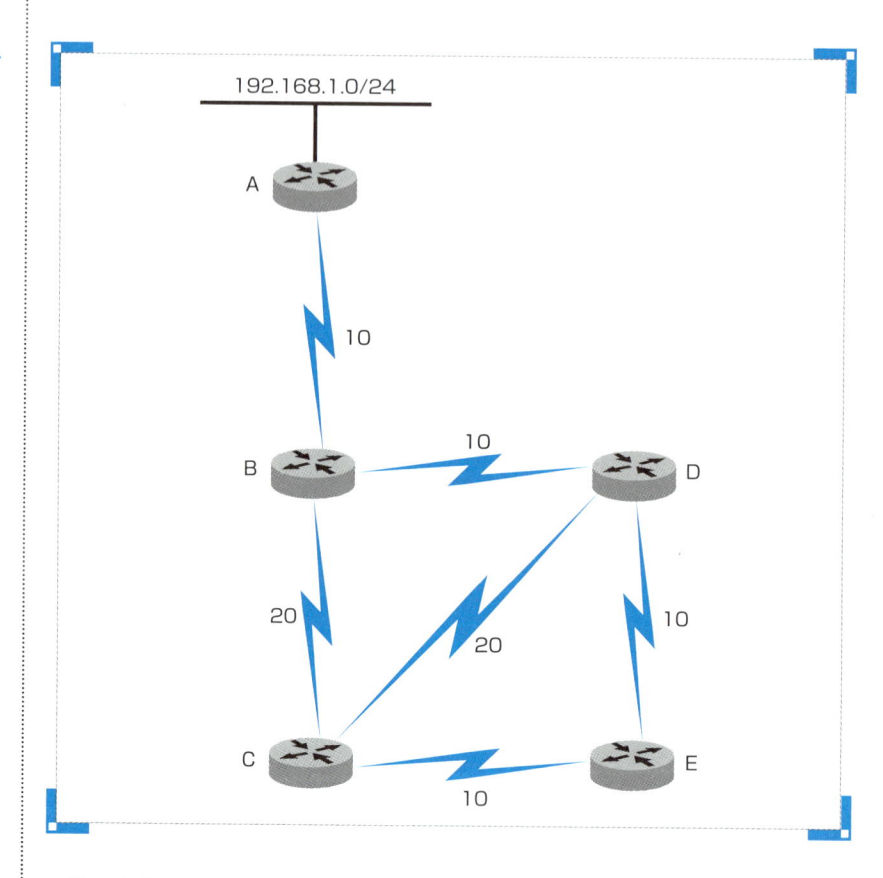

ルータC、ルータD、ルータEについてネットワーク192.168.1.0/24に対するトポロジテーブルのエントリは、次のようになります。

ルータCの▶
トポロジテーブル

ネットワーク	ネイバー	FD	AD	トポロジ
192.168.1.0/24	ルータB	30	10	サクセサ
FD=30	ルータD	40	20	FS
	ルータE	40	30	－

ルータDの▶
トポロジテーブル

ネットワーク	ネイバー	FD	AD	トポロジ
192.168.1.0/24	ルータB	20	10	サクセサ
FD=20	ルータC	50	30	－

ルータEの
トポロジテーブル

ネットワーク	ネイバー	FD	AD	トポロジ
192.168.1.0/24	ルータC	40	30	－
FD=30	ルータD	30	20	サクセサ

　ルータCのトポロジテーブルでは、ルータDがフィージブルサクセサになっています。これは、192.168.1.0/24に対するルータCのFDとルータDのADを比較すると、

FD(=30)＞AD(=20)

という、フィージビリティコンディションを満たしています。そのため、ネイバーDがフィージブルサクセサとして選ばれています。ネイバーEはフィージビリティコンディションを満たすことができないので、フィージブルサクセサにはなりません。ルータDのトポロジテーブル上のネイバーCとルータEのトポロジテーブル上のネイバーCも同様の理由から、フィージブルサクセサにはなっていません。

　各ルータのトポロジテーブルには、サクセサが存在しています。このサクセサがルーティングテーブルに載せられています。つまり、ルータEは192.168.1.0/24あてのパケットをルータDへ、ルータCおよびルータDは192.168.1.0/24あてのパケットをルータBへルーティングしています。

　この状態から、ルータBとルータDの間のネットワークがダウンしたときを考えます。すると、ルータDのトポロジテーブル上からネイバーBのエントリが消されます。

ルータDの
トポロジテーブル

ネットワーク	ネイバー	FD	AD	トポロジ
192.168.1.0/24	~~ルータB~~	~~20~~	~~10~~	~~サクセサ~~
ACTIVE	ルータC	50	30	Q
	ルータE			Q

　もし、トポロジテーブル上にフィージブルサクセサがあれば、すぐにコンバージェンスするのですが、フィージブルサクセサは存在しません。そこで、ルータDはネイバーCとネイバーEにQueryパケットを送信します。Queryパケットによって、ネイバーのサクセサを問い合わせています。Queryパケットを送信したネイバーについてはQueryパケットの返事が返ってくるかどうかを追跡しています。
　Replyパケットを待っているときは、ネットワーク192.168.1.0/24

chapter 9
EIGRP（Enhanced IGRP）

は「ACTIVE」状態となります。ACTIVE状態は、あたかも正常のように思えるのですが、実際には経路として使えない状態なので注意してください（図9-6）。ACTIVE状態が解除されるのは、すべてのQueryパケットに対するReplyパケットが返ってきたときです。

DUALの動作 その1 ▶
（図9-6）

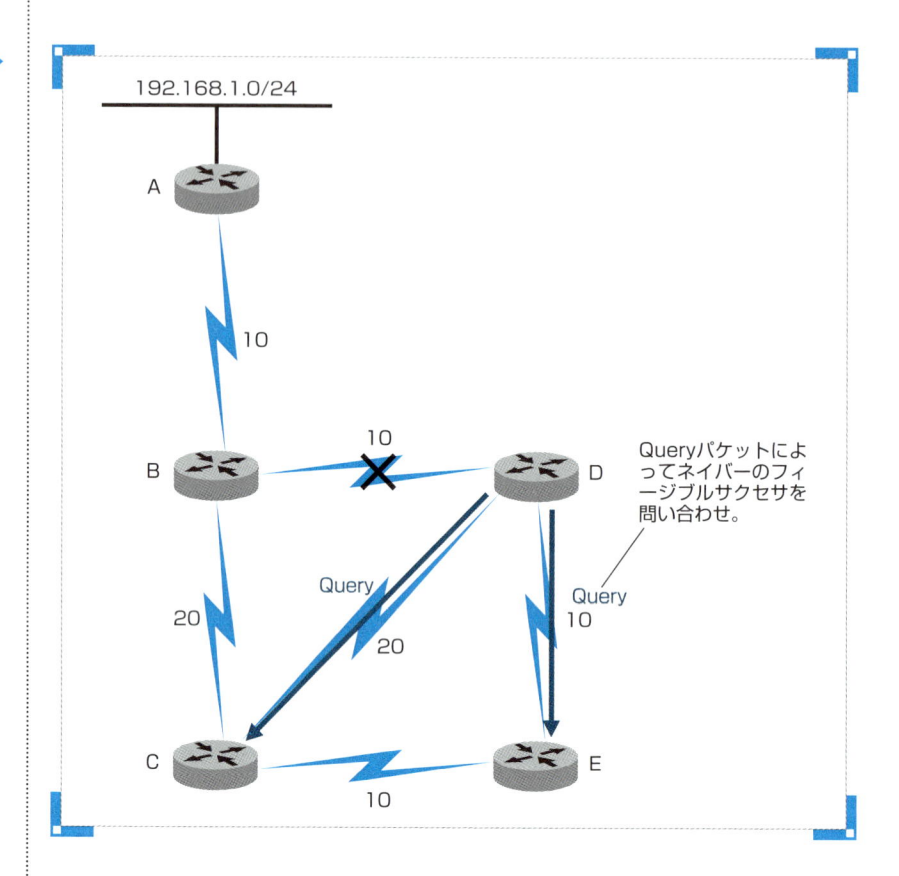

ここでルータEは、サクセサであるネイバーDからQueryパケットを受け取りました。サクセサからQueryが届くということは、その経路はサクセサとして使えないということを意味しています。ですから、ルータEのトポロジテーブルからネイバーDのエントリはサクセサからはずして、192.168.1.0/24をACTIVE状態におき、残っているネイバーCにQueryパケットを送信します（図9-7）。

9-2 EIGRPの動作

DUALの動作 その2
（図9-7）

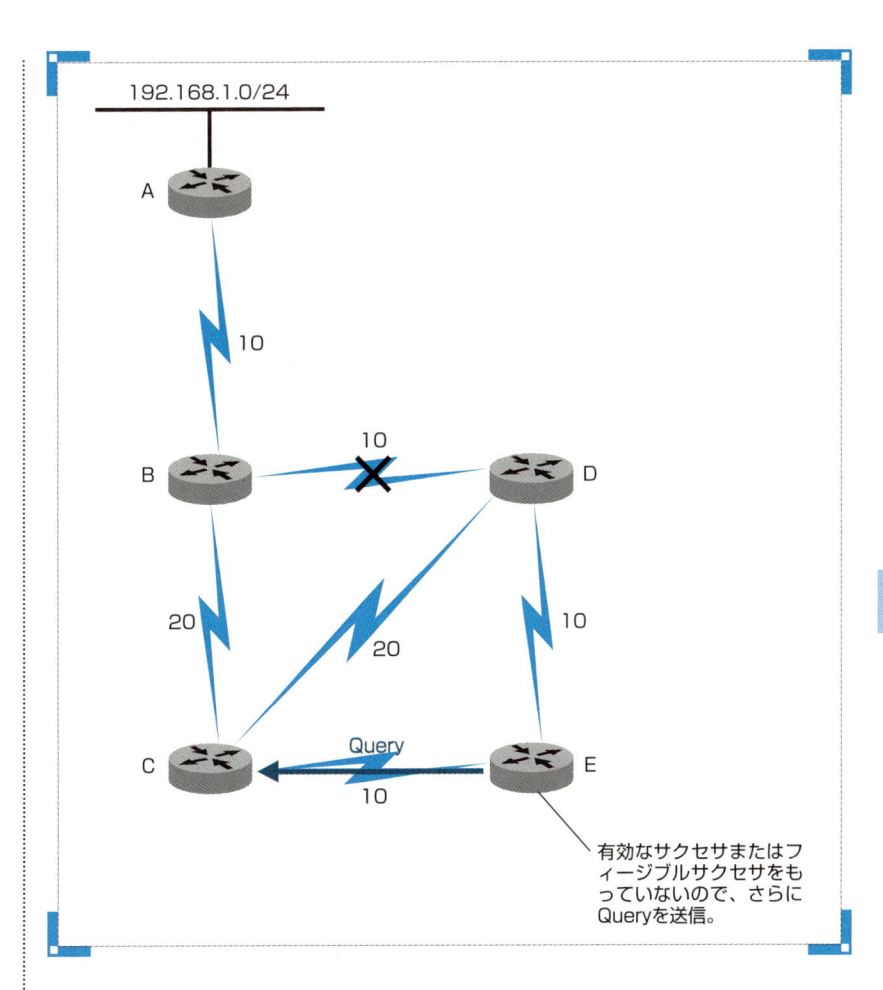

[図: ルータA（192.168.1.0/24）- B（コスト10）、B-D間リンク障害（コスト10）、B-C（20）、B-E（20）、D-E（10）、D-C（20）、E-C間Query（10）。ルータEから「有効なサクセサまたはフィージブルサクセサをもっていないので、さらにQueryを送信。」]

ルータEのトポロジテーブル

ネットワーク	ネイバー	FD	AD	トポロジ
192.168.1.0/24	ルータC	40	30	Q
ACTIVE	ルータD	−	−	−

　ルータDからQueryパケットを受け取ったルータCは、このQueryがフィージブルサクセサ（ルータD）からやってきたので、フィージブルサクセサは使えないものと判断します。

ルータCのトポロジテーブル

ネットワーク	ネイバー	FD	AD	トポロジ
192.168.1.0/24	ルータB	30	10	サクセサ
FD=30	ルータD	−	−	−
	ルータE	40	30	−

305

chapter 9
EIGRP (Enhanced IGRP)

　ルータCはサクセサをもっているため、ルータDに対してReplyパケットを返します（図9-8）。ルータDは、まだルータEからのReplyパケットを受け取っていないので、経路をACTIVEのままにしています。

DUALの動作　その2 ▶
（図9-8）

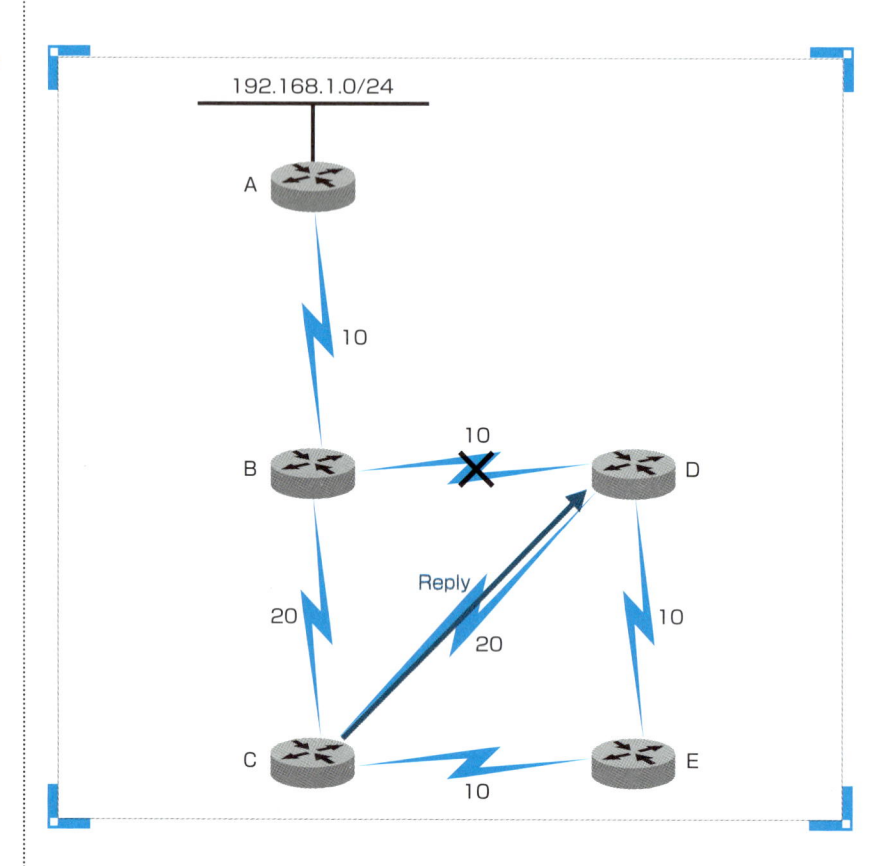

　ルータCはルータEからもQueryパケットを受け取っています。ルータEからのQueryに対してもReplyパケットで返事を返します。ルータEは送信したすべてのQueryパケットに対してのReplyパケットを受け取ったので、ACTIVE状態を解除して、ネイバーCをサクセサとしてトポロジテーブルに登録します（図9-9）。

EIGRPの動作

DUALの動作 その4
(図9-9)

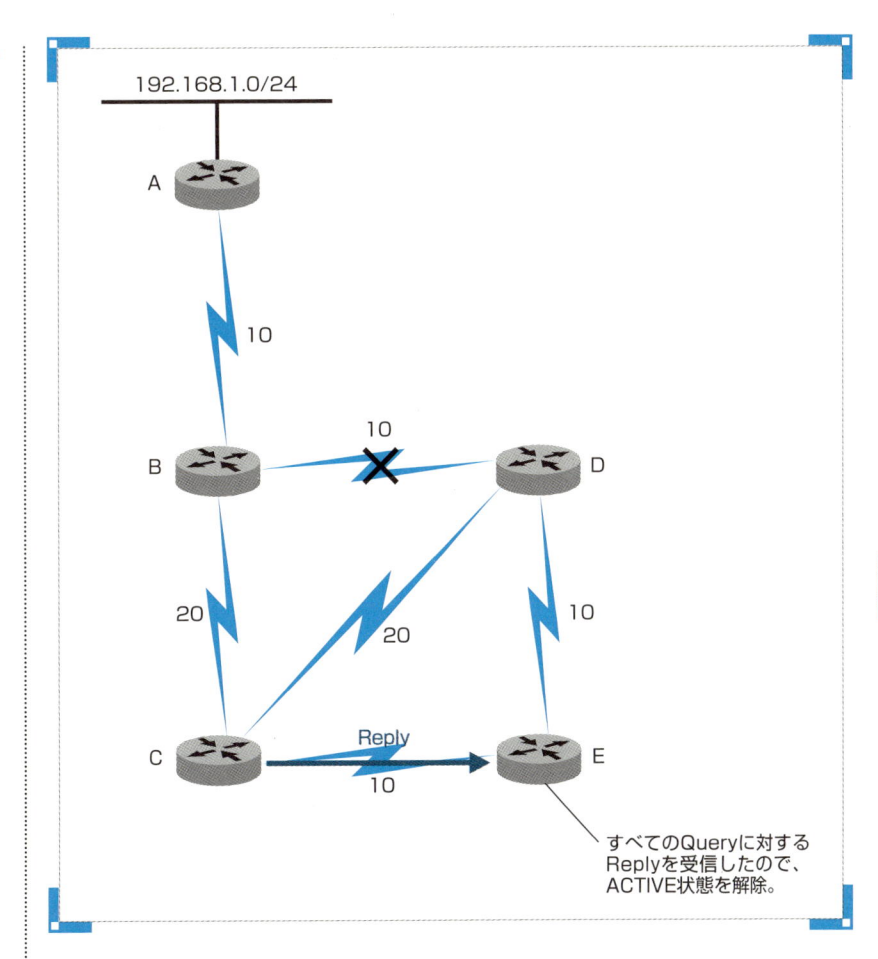

(図: 192.168.1.0/24 ネットワーク。ルータA—B間コスト10、B—D間リンク障害(×)コスト10、B—C間20、B—E間20、D—E間10、C—E間10(Reply)。ルータE: 「すべてのQueryに対するReplyを受信したので、ACTIVE状態を解除。」)

この時点でのルータDとルータEのトポロジテーブルは、次のようになります。

ルータDのトポロジテーブル

ネットワーク	ネイバー	FD	AD	トポロジ
192.168.1.0/24	ルータC	50	30	
ACTIVE	ルータE			Q

ルータEのトポロジテーブル

ネットワーク	ネイバー	FD	AD	トポロジ
192.168.1.0/24	ルータC	40	30	サクセサ
FD=40	ルータD	-	-	-

ルータEはサクセサが新しくできたので、ルータDからのQueryパケットに返事を返すことができます。すべてのQueryパケットに対するReplyを受信することができたルータDもACTIVE状態を解除して、サクセサを決定します(図9-10)。このとき、ネイバーC、ネイバーEのFD値がともに50と

chapter 9
EIGRP (Enhanced IGRP)

なります。つまり、両方とも最小のメトリックとなるので、ネイバーCもネイバーEもサクセサとしてルータDのトポロジテーブルに登録されます。サクセサはルーティングテーブルに入れられて、ルータDは等コストロードバランスを行うことになります。

DUALの動作 その5 (図9-10)

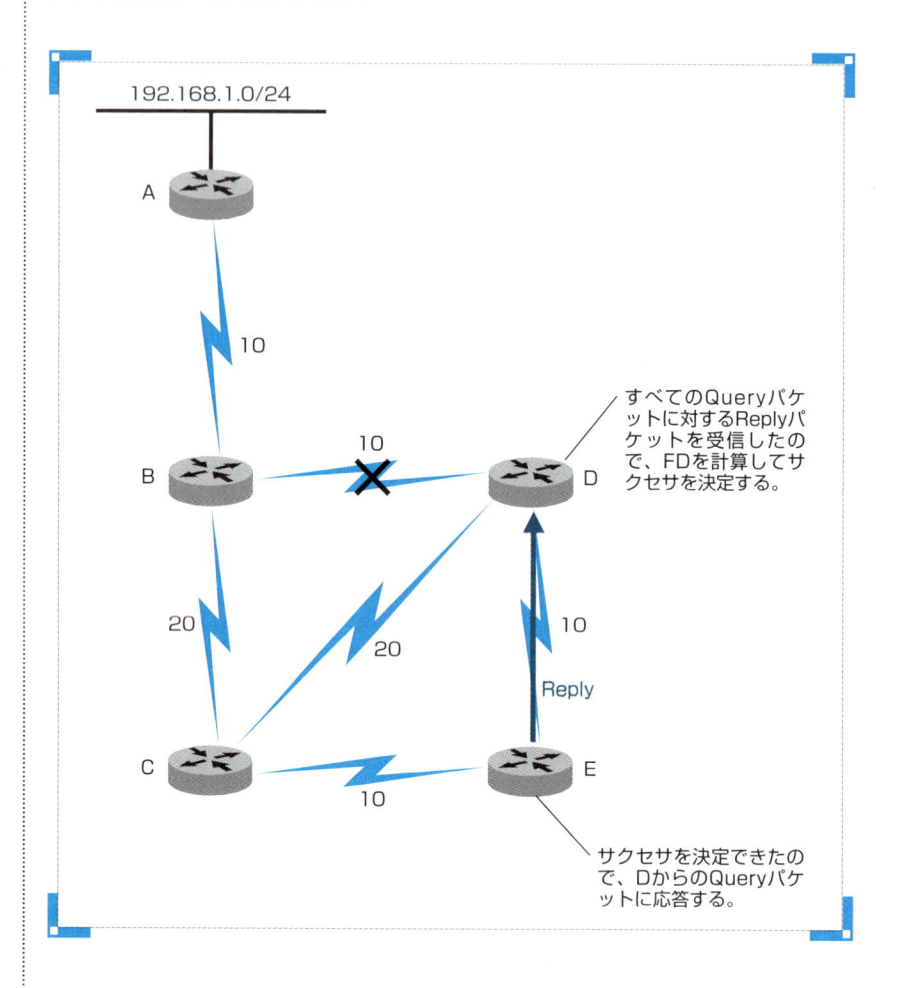

図中の注釈:
- すべてのQueryパケットに対するReplyパケットを受信したので、FDを計算してサクセサを決定する。
- サクセサを決定できたので、DからのQueryパケットに応答する。

ルータDのトポロジテーブル

ネットワーク	ネイバー	FD	AD	トポロジ
192.168.1.0/24	ルータC	50	30	サクセサ
FD=50	ルータE	50	40	サクセサ

　DUALによるコンバージェンスの動作をまとめると、次のようになります。

> リンク障害の検出。
> フィージブルサクセサが利用可能であれば、フィージブルサクセサをサクセサに切り替えてコンバージェンスが完了する。

> フィージブルサクセサが利用可能でなければ、Queryパケットを送信してネイバーのサクセサを問い合わせる。
> すべてのQueryパケットに対するReplyパケットが返ってくると、フィージブルディスタンスを計算してサクセサを決定し、コンバージェンスが完了する。

　OSPFでは、コンバージェンスするためにはLSAをフラッディングしてリンクステートデータベースを更新し、ルーティングテーブルを再計算していました。すなわち、OSPFではコンバージェンスは、OSPFエリア全体に影響しています。一方、EIGRPはネイバーに対して、経路の問い合わせを行うだけなので一般的にコンバージェンスはOSPFよりも速く、そして影響する範囲を限定できるといえます。

9-2-6　SIA（Stuck In Active）状態

　ここまでで説明してきたように、EIGRPではコンバージェンスするためにQueryパケットを利用して、ネイバーに代替経路を問い合わせます。Queryパケットでネイバーに代替経路を問い合わせている間は、該当のネットワークをACTIVE状態にします。Queryパケットを受け取ったネイバーに代替経路がない場合、同様にまたネイバーにQueryパケットを送信します。

　では、ずっとReplyパケットが返ってこなければどうなるでしょう？

　そうなると、コンバージェンスすることができずに、ルートはACTIVE状態のままになってしまいます。実は、Queryパケットを送信した時点でアクティブタイマというタイマがスタートします。Replyパケットが返ってくるまでにアクティブタイマがタイムアウトすると、ネイバーをリセットしてトポロジテーブルから削除します。この状態のことを、**SIA**（Stuck In Active）といいます。SIA状態になって、ネイバーがリセットされると、そのネイバーに関連するほかのすべてのルートもリセットされてしまいます。アクティブタイマのデフォルト値は3分です。この値は設定によって変更することもできます。

　SIA状態になるとネイバーが削除されてしまい、そのネイバーから学習した経路がすべてなくなってしまうということは、ネットワーク全体の安定性から考えると好ましくありません。SIA状態になってしまうと、突然ネイバーがネイバーテーブルから消えて、また再び現れることになります。ネイバーテーブルから消えている間、そのネイバーに関連するネットワークについ

chapter 9
EIGRP（Enhanced IGRP）

て一時的に接続性がなくなってしまう可能性があります。

　EIGRPによって、安定したネットワークを構築するためには、このような問題を引き起こす可能性をもっているSIA状態にならないように設計しなくてはいけません。そのためには、よく考えられたIPアドレッシング、ルートフィルタリング、デフォルトルートの利用、ルート集約が必要になります。

9-2-7　EIGRPの経路集約

　他のルーティングプロトコル同様、EIGRPももちろん経路集約を行うことができます。経路集約を行うと、ルータがもつルーティングテーブルのサイズを小さくすることができ、ネットワーク全体の安定性も向上します。EIGRPの経路集約は、クラスフルルーティングプロトコルの経路集約と、クラスレスルーティングプロトコルの経路集約の特徴をあわせもっています。クラスフルルーティングプロトコルとクラスレスルーティングプロトコルの経路集約については、第5章を参照してください。

　クラスフルルーティングプロトコルであるRIPやIGRPは、デフォルトでメジャーネットワーク境界での**自動集約**をサポートしています。クラスレスルーティングプロトコルであるOSPFやRIPv2では、任意のビット境界で手動集約を行うことができます。EIGRPはこの自動集約、手動集約の両方とも行うことができます。

　メジャーネットワーク境界での自動集約は図9-11のように、サブネット化されたネットワーク（192.168.1.0/27、192.168.1.32/27）は、メジャーネットワークアドレスが異なるインタフェース（シリアル）から通知するときには、クラスの境界で集約（192.168.1.0/24）します。

自動集約の例（図9-11）▶

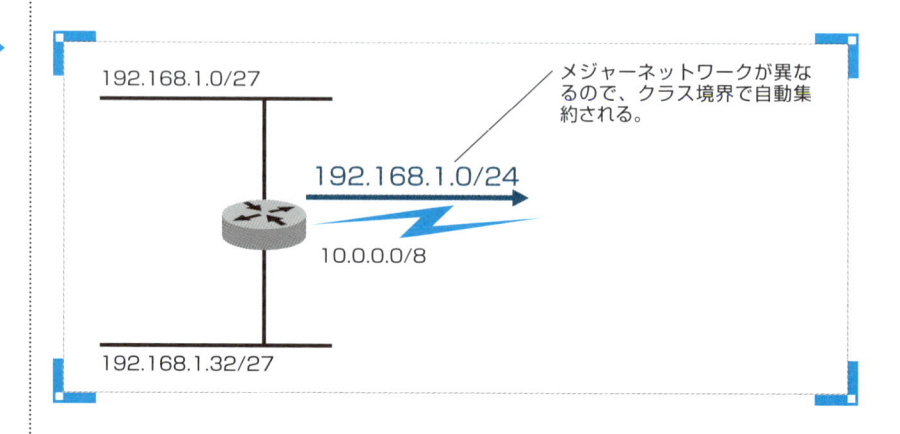

```
192.168.1.0/27

                    メジャーネットワークが異な
                    るので、クラス境界で自動集
                    約される。

          192.168.1.0/24
     →

     10.0.0.0/8

192.168.1.32/27
```

9-2 EIGRPの動作

手動集約については、OSPFの場合と比較すると、OSPFでは集約を行うことができるポイントが決まっていました。OSPFで集約を行うことができるポイントは、

> ・エリア境界ルータ（ABR）
> ・自律システム境界ルータ（ASBR）

の2通りだけです。それに対して、EIGRPでは任意のEIGRPルータのインタフェースごとに集約を行うことができるようになっています（図9-12）。

OSPFと集約できるポイントが異なるとはいえ、効率よく経路を集約するためには適切なIPアドレッシングが必要であるということには変わりありません。適切なIPアドレッシングは、安定した拡張性の高いネットワークを構築するためのキーポイントになっています。

▼OSPFとEIGRPの経路集約の比較（図9-12）

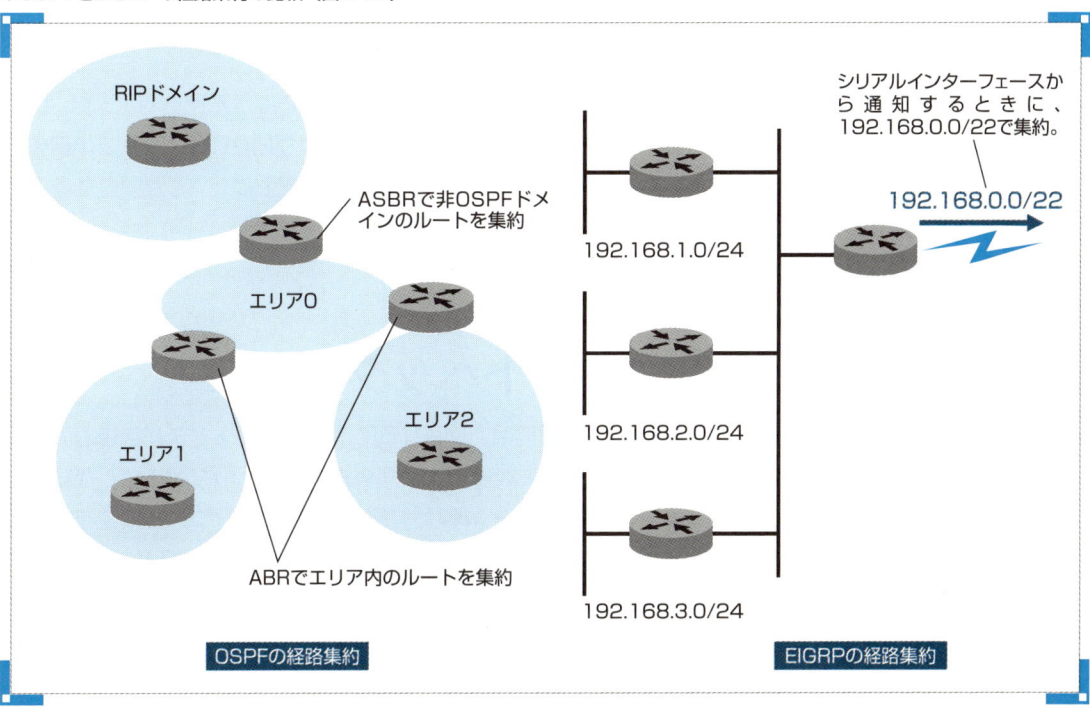

311

Chapter9 EIGRP (Enhanced IGRP)

9-3 EIGRPのパケットフォーマット

ここからはEIGRPのパケットフォーマットについて見ていきます。もともとはIGRPを拡張したものですから、IGRPのパケットフォーマットと比較してみるといいでしょう。

9-3-1 EIGRPの位置付け

EIGRPはOSPFやIGRPと同様に、IPパケットに直接カプセル化されます。IPヘッダのプロトコル番号88がEIGRPです(図9-13)。

EIGRPの位置付け▶
(図9-13)

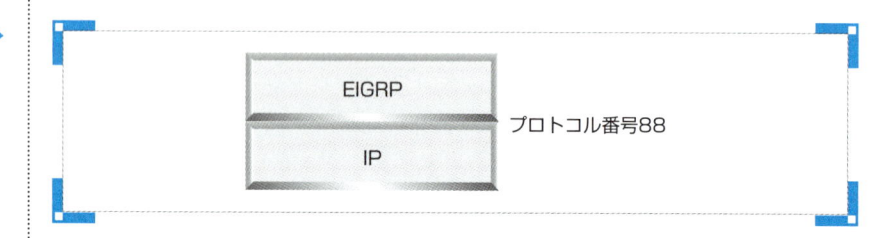

```
┌─────────────────┐
│      EIGRP      │
├─────────────────┤  プロトコル番号88
│       IP        │
└─────────────────┘
```

EIGRPはコネクションレス型のIPパケットによって運ばれていますが、RTPという信頼性を保証するためのメカニズムがEIGRPプロトコル自体に備わっているので、IPによるパケット転送の信頼性について問題になることはまずないでしょう。

9-3-2 EIGRPパケットヘッダ

EIGRPパケットの先頭には、図9-15に示す共通のヘッダが含まれています。ヘッダの後にさまざまな「TLV (Type/Length/Value)」が続きます。**TLV**とは、パラメータの「種類」「長さ」「値」の3つの要素をまとめたものです。これらTLVでは、単純なルート情報を運ぶためだけに使うのではなく、DUALプロセスやマルチキャストの順序制御などの情報を運ぶためにも使われています。

EIGRPヘッダの各フィールドの詳細は以下の通りです。

●バージョン

EIGRPのバージョンが記載されます。

●動作コード

このフィールドで、EIGRPのパケットタイプがわかります。EIGRPパケットタイプとそのコードの値は、次の表の通りです。

動作コードと
EIGRPパケットタイプ ▶

動作コード	EIGRPパケットタイプ
1	Update
3	Query
4	Reply
5	Hello
6	IPX SAP★

★IPX SAP
IPX Service Advertisement Protocolの略。

● チェックサム

　エラーチェックのためのチェックサムフィールドです。EIGRPパケット全体に対してのチェックサムがこのフィールドに入ります。IPヘッダは含みません。

● フラグ

　フラグは、現在2つのことを指し示すために使われています。最も右のビットは**Initビット**と呼ばれ、このInitビットがセットされていると（フラグ＝0×00000001）、新しいネイバーとの間でやり取りするルート情報が含まれていることを示しています。

　右から2つ目のビットは**条件付き受信ビット**で、このビットは独自の信頼性のあるマルチキャストアルゴリズム★で利用されています。

★マルチキャストアルゴリズム
詳しくは「9-2-1　EIGRPのパケットタイプとRTP」参照。

● シーケンス番号

　RTPで利用される32ビットのシーケンス番号です。

● ACK

　ネイバーから受信した最後のシーケンス番号です。このフィールドが0でないHelloパケットが、ACKパケットとして取り扱われます。

● 自律システム番号

　EIGRPのドメインを指定する自律システム番号です。EIGRP/IGRPで指定する自律システムは、BGPの自律システムとは関係ないので注意してください。BGPでの自律システムについては、「第10章　BGP」を参照してください。

9-3-3　EIGRP TLVタイプ

　上記のEIGRPヘッダに、さまざまなTLV（Type/Length/Value）が続くわけですが、TLVのタイプは、まず大きく分けて次の4種類に分かれます。

- General TLV
- IP-Specific TLV
- AppleTalk-Specific TLV
- IPX-Specific TLV

さらに詳細にTLVを分類すると、次の表のようになっています。

EIGRP TLVの種類▶

★シーケンス他
これらは本書の範囲外なので、解説は省略する。

タイプコード	TLVタイプ
General TLV	
0x0001	EIGRPパラメータ
0x0003	シーケンス★
0x0004	ソフトウェアバージョン★
0x0005	次のマルチキャストシーケンス★
IP-Specific TLV	
0x0102	IP内部ルート
0x0103	IP外部ルート
AppleTalk-Specific TLV★	
0x0202	AppleTalk内部ルート
0x0203	AppleTalk外部ルート
IPX-Specific TLV★	
0x0302	IPX内部ルート
0x0303	IPX外部ルート

表の左列に記載されている2バイトのタイプコードで、TLVタイプを特定し、そのTLVタイプ固有の2バイトの長さとTLVタイプによって決定されるフォーマットからEIGRPパケットは成り立っています。

9-3-4 General TLV

General TLVタイプのうち、本書では**EIGRPパラメータ**について紹介します。EIGRPパラメータTLVのフォーマットは図9-15です。

EIGRPパラメータTLVは、メトリック計算に利用するK値やホールドタイムを運ぶために使われています。

パラメータTLVフォーマット
（図9-15）

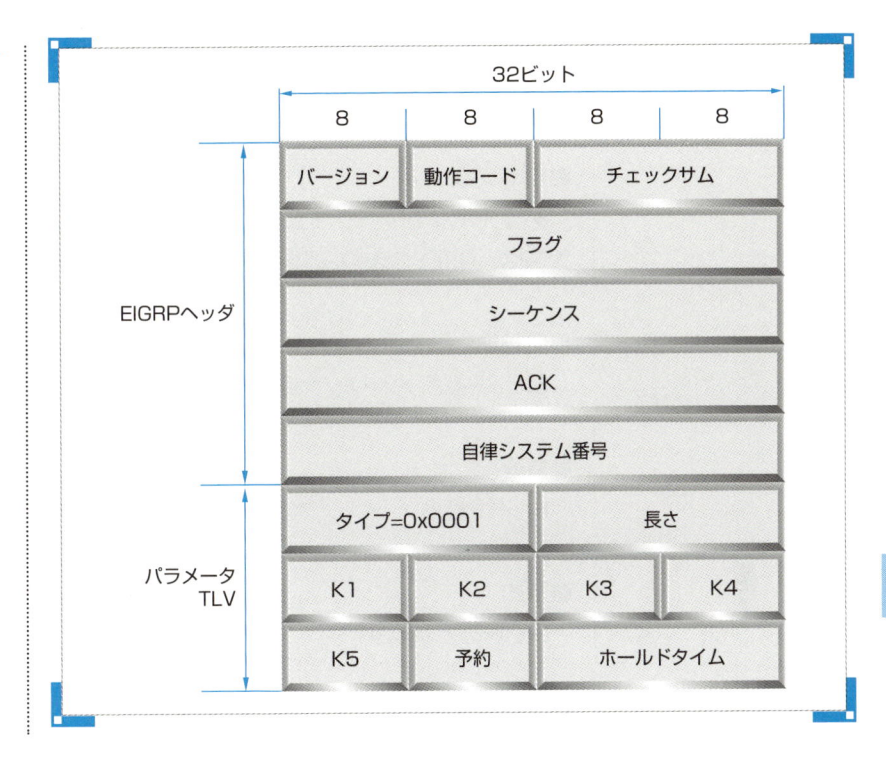

```
          ← 32ビット →
       8      8       8       8
   ┌─────┬─────┬─────────────┐
   │バージョン│動作コード│  チェックサム  │
   ├─────┴─────┴─────────────┤
   │          フラグ           │
   ├─────────────────────────┤
   │         シーケンス         │
   ├─────────────────────────┤ EIGRPヘッダ
   │          ACK            │
   ├─────────────────────────┤
   │      自律システム番号       │
   ├─────────────┬───────────┤
   │ タイプ=0x0001 │    長さ    │
   ├──────┬──────┼──────┬────┤
   │  K1  │  K2  │  K3  │ K4 │ パラメータTLV
   ├──────┼──────┼──────┴────┤
   │  K5  │  予約 │  ホールドタイム │
   └──────┴──────┴───────────┘
```

9-3-5　IP-Specific TLV

　IP-Specific TLVは、IP内部ルートTLV、IP外部ルートTLV共に1つのルート情報エントリから構成されます。これらTLVがいくつか集まって、Update、Query、Replyパケットが構成されています。

■ IP内部ルートTLV

　IP内部ルートTLVのフォーマットは、次々ページの図9-16の通りです。

● ネクストホップ

　ネクストホップルータのIPアドレスが入ります。

● 遅延

　EIGRP複合メトリックの要素の1つである遅延の値が入ります。

● 帯域幅

　EIGRP複合メトリックの要素の1つである帯域幅の値が入ります。

●MTU
あて先ネットワークへの経路上へ最小MTUサイズが入ります。

●ホップ数
あて先ネットワークへ到達するためのホップ数が入ります。ホップ数の最大値は、0xFFつまり255です。

●信頼性
EIGRP複合メトリックの要素の1つである信頼性の値が入ります。

●負荷
EIGRP複合メトリックの要素の1つである負荷の値が入ります。

●予約
0で埋められます。

●プレフィクス長
ネットワークアドレスの長さ、すなわちサブネットマスクのビット長が記載されます。このプレフィクス長の値から、次の「あて先ネットワーク」のフィールドの長さが決まってきます。

●あて先ネットワーク
あて先ネットワークアドレスが記載されるフィールドです。ただし、このフィールドは前のプレフィクス長フィールドと関連して、長さが可変長となります。

たとえば、10.1.0.0/16というルートであれば、プレフィクス長=16、あて先ネットワーク=10.1が入ります。EIGRPパケットは4バイト単位にする必要があるので、あて先ネットワークのあとに0x00がパディングされます。192.168.17.64/27というルートならば、プレフィクス長=27、宛先ネットワーク=192.168.17.64です。先ほどと同様に、EIGRPパケットを4バイト単位にする必要があります。ですから、0x000000がパディングされることになります。

内部ルートTLV（図9-16）

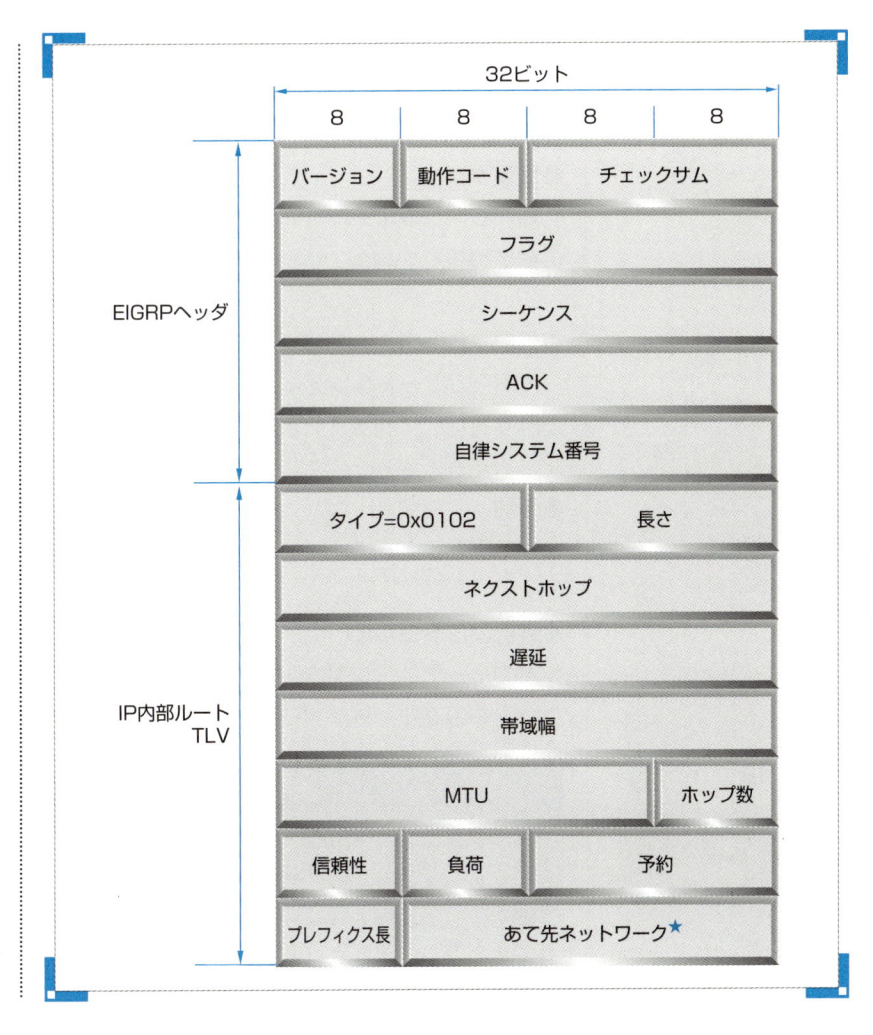

```
                    32ビット
          8        8        8        8
        バージョン  動作コード    チェックサム
EIGRPヘッダ       フラグ
                 シーケンス
                   ACK
                自律システム番号
        タイプ=0x0102           長さ
                 ネクストホップ
                   遅延
IP内部ルート         帯域幅
   TLV
           MTU              ホップ数
         信頼性    負荷       予約
        プレフィクス長   あて先ネットワーク★
```

★あて先ネットワーク
あて先ネットワークは、プレフィクス長によって可変長となる。

IP外部ルートTLV

IP外部ルートTLVのフォーマットは、次々ページの図9-17の通りです。

外部ルートとは、他のルーティングプロトコルからリディストリビュートされたルートです。リディストリビュートについての詳細は「第11章　リディストリビューション」を参照してください。

● ネクストホップ
ネクストホップルータのIPアドレスが入ります。

● 生成ルータ
外部ルートをEIGRP自律システム内にリディストリビュートしたルータのIPアドレス、もしくはルータIDが入ります。

chapter 9
EIGRP (Enhanced IGRP)

●**生成自律システム**

外部ルートを生成したルータの自律システム番号です。

●**任意タグ**

ルーティングループを防止するためのフィルタリングなどに利用する任意のタグ情報です。

●**外部プロトコルメトリック**

IGRPのルートをリディストリビュートするときに、IGRPメトリックを追跡するために利用されます。

●**予約**

0で埋められます。

●**外部プロトコルID**

どのルーティングプロトコルからリディストリビュートしたかを識別するためのものです。外部プロトコルIDの値は、次の表のようになっています。

外部プロトコルID▶

値	外部プロトコル
0x01	IGRP
0x02	EIGRP
0x03	スタティックルート
0x04	RIP
0x05	Hello
0x06	OSPF
0x07	IS-IS
0x08	EGP
0x09	BGP
0x0A	IDRP
0x0B	直接接続

●**フラグ**

このフラグフィールドは2つの意味で利用されています。最も右のビットがセットされているとき（0×01）、ルートが外部ルートであることを示しています。2番目のビットがセットされているとき（0×02）、デフォルトルートの候補であることを示しています。

残りのフィールドについては、IP内部ルートTLVと同じです。

9-3 EIGRPのパケットフォーマット

IP外部ルートTLV▶
（図9-17）

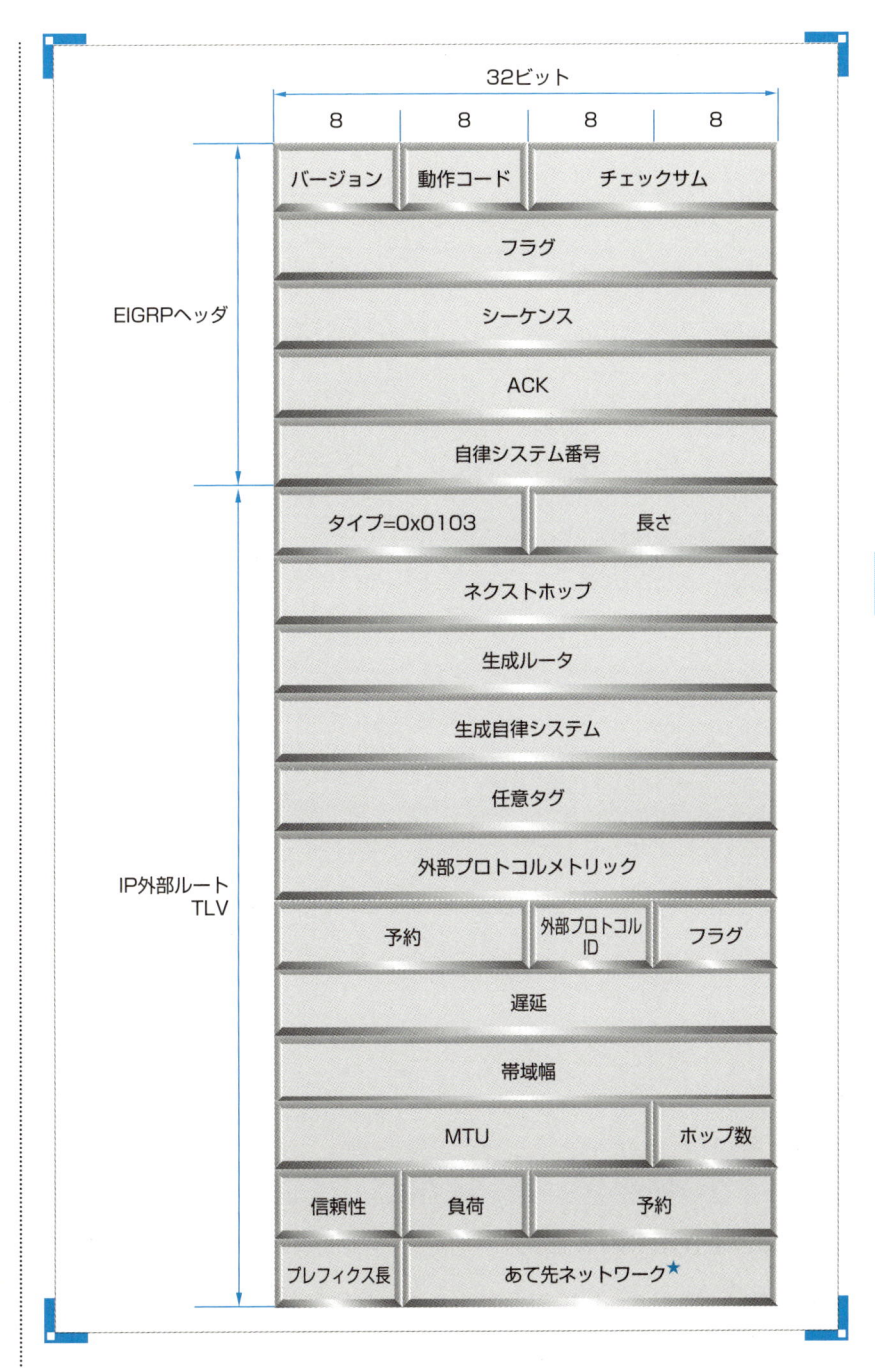

```
          32ビット
   8      8       8       8
┌──────┬──────┬──────────────┐
│バージョン│動作コード│  チェックサム  │
├──────┴──────┴──────────────┤
│            フラグ             │
├──────────────────────────┤
│           シーケンス           │
├──────────────────────────┤
│            ACK              │
├──────────────────────────┤
│       自律システム番号          │
├──────────────┬───────────┤
│ タイプ=0x0103 │    長さ      │
├──────────────┴───────────┤
│          ネクストホップ          │
├──────────────────────────┤
│           生成ルータ           │
├──────────────────────────┤
│        生成自律システム          │
├──────────────────────────┤
│           任意タグ            │
├──────────────────────────┤
│       外部プロトコルメトリック      │
├──────┬──────────┬────────┤
│ 予約  │外部プロトコルID│  フラグ   │
├──────┴──────────┴────────┤
│            遅延              │
├──────────────────────────┤
│           帯域幅             │
├──────────────┬───────────┤
│     MTU      │   ホップ数    │
├──────┬──────┼───────────┤
│ 信頼性 │ 負荷 │    予約      │
├──────┼──────┴───────────┤
│プレフィクス長│   あて先ネットワーク★ │
└──────┴──────────────────┘
```

EIGRPヘッダ

IP外部ルート
TLV

★あて先ネットワーク
　あて先ネットワークは、プレフィクス長によって可変長となる。

chapter 9

EIGRP (Enhanced IGRP)

SUMMARY

第9章　EIGRPのまとめ

　EIGRP（Enhanced IGRP）は、シスコ社独自のルーティングプロトコルで大規模なネットワークにおいて、効率よくルーティングするために開発されました。EIGRPは、ディスタンスベクタ型とリンクステート型を組み合わせた、ハイブリッド型ルーティングプロトコルです。

　EIGRPの高速なコンバージェンスは、DUAL（Diffusing Update ALgorithm）によって実現されています。DUALには、さまざまな用語と関連するテーブルがあります。それらをきちんと理解することが、EIGRPの動作を理解する上でのポイントになります。

　第9章では、EIGRPの特徴とその動作について解説を行いました。

ルーティング & スイッチング

chapter 10

BGP(Border Gateway Protocol)

　BGPは、これまでの章で解説してきたRIP、IGRP、OSPF、EIGRPなどの内部ルーティングプロトコル（IGPs）とは異なり外部ルーティングプロトコル（EGPs）の1つです。この章では、EGPsの代表的なプロトコルであるBGPの特徴や動作などについて解説します。

Chapter10　BGP (Border Gateway Protocol)

10-1　BGPの概要

まず、BGPの概要として、その歴史と特徴について解説します。

10-1-1　BGPの歴史

★EGP
EGPという用語は、ルーティングプロトコルの分類を示す外部ルーティングプロトコルと、単体のルーティングプロトコルの2つの意味を持つので、混同しないように注意が必要。

BGPの前身として、**EGP**★（Exterior Gateway Protocol）があります。

EGPは広く普及したのですが、ルーティングループの対処や、さまざまなルーティングポリシーの適用に制限があります。また、ルーティング情報の交換が効率的とはいえなかったためEGPに取って代わる新しいルーティングプロトコルが必要とされていました。

★RFC
Request For Commentの略。

現在では、RFC1771を始めとする多くのRFC★によって定義された**BGPバージョン4**がインターネット上で各AS間のルーティングを行う際の事実上の標準として幅広く利用されています。これ以降、単にBGPと表記したものはBGPバージョン4を指しているものと考えてください。

10-1-2　BGPの特徴

まず、BGPの主な特徴をまとめると以下のようになります。

- EGPs
- パスベクタ型ルーティングプロトコル
- クラスレスルーティングプロトコル
- CIDR（Classless Inter Domain Routing）
- インターネットの大規模ネットワークを支えるルーティングプロトコル
- BGPパスアトリビュートによるルーティングの制御（ポリシーベースルーティング）
- TCPを用いた信頼性のあるアップデートメカニズム
- ネットワークに変更があったときのみ差分情報をアップデート
- 認証機能のサポート

BGPは、これまでに解説してきたRIPやIGRP、OSPF、EIGRPのIGPsとは異なり、EGPsの1つです。IGPsがAS内部でのルーティングに用いられるのに対して、EGPsは、AS間でルーティングを行うために用いられます。ASについては、この章であらためて詳細を見ることにします。

10-1 BGPの概要

　BGPのルーティングアルゴリズムは、ディスタンスベクタ型とよく似ていて、**パスベクタ型**と呼ばれることがあります。これは、経由するASによって経路を選択するものです。BGPは、この章の中で紹介するように、さまざまな経路選択の方法を取ることができるのですが、デフォルトではもっとも経由するASが少ない経路を採用することになります。

　そして、BGPで交換するルーティング情報にはサブネットマスクが含まれています。ですから、BGPは**クラスレスルーティングプロトコル**の1つです。クラスレスルーティングプロトコルであることから、柔軟なIPアドレッシングをサポートし、適切な境界でネットワークの経路を集約することができるようになっています。8ビット境界でネットワークアドレスとホストアドレスを区別していたクラスA、クラスB、クラスCといったアドレスクラスの概念が取り払われています。クラスに関係なくIPアドレスを割り当てることを**CIDR**（Classless Inter Domain Routing）と呼びます。BGPでは、このCIDRをサポートすることができるようになっています。

　インターネット上の経路は10万以上あると言われています。これだけの経路数は、RIPやIGRPはもちろん、大規模なネットワーク向けに開発されているOSPFやEIGRPでもサポートすることはできません。インターネットのような大規模なネットワークをサポートするためのルーティングプロトコルがEGPsであり、BGPはその代表的なプロトコルであるわけです。

　BGPでは、ルーティング情報としてネットワークアドレスとサブネットマスクだけでなく、**パスアトリビュート**と呼ばれる属性値も一緒に交換します。パスアトリビュートは、前述した経由するAS（AS_PATH）などさまざまなものがあります。パスアトリビュートはこれまで前章までで見てきた、IGPのメトリックに相当するものと考えるとよいでしょう。このパスアトリビュートを変更することによって、BGPの経路選択を柔軟に制御することができます。これを**ポリシーベースルーティング**と呼んでいます。ポリシーベースルーティングについては、パスアトリビュートと一緒に後ほど詳しく解説します。

　BGPでは、先ほども少し触れたようにたくさんのルーティング情報をやり取りします。そのため、やり取りする情報の量も多くなっています。RIPやOSPFといったIGPsであれば、ルーティング情報を交換するためにIPやUDPを使っていたのですが、信頼性の低いコネクションレス型の転送プロトコルであるIPやUDPでは転送の効率が悪くなってしまう恐れがあります。そのため、BGPでは転送プロトコルとしてTCPを用いてサイズの大きいルーティング情報を信頼性のあるメカニズムで交換することができるようになっています。

また、ルーティング情報は最初にすべての情報を交換したあとは、ネットワークに変更があったときにその差分情報だけを送信することによって、ネットワークの帯域幅を過剰に消費しないようにしています。

　BGPを有効にしているルータを一般に、**BGPスピーカ**と呼びます。後ほどBGPの動作の仕組みで解説しますが、基本的にBGPスピーカ同士で**BGPピア**を構成します。BGPピアを構成するということは、BGPスピーカが情報交換する相手をお互いに指定すると考えてください。このBGPピアを構成するときに、さらにセキュリティを高めるために認証機能を利用することもできます。

　以降のページで、BGPのさまざまな特徴とその動作についてより詳しく解説していきます。

Chapter10　BGP (Border Gateway Protocol)

10-2　インターネットの構造

BGPはインターネットを支えるルーティングプロトコルであるといえます。まず、インターネットはどのような構造になっているかということを理解しましょう。

10-2-1　AS (Autonomous System) とは

第5章の中でルーティングプロトコルの分類の際にも記述したとおり、**AS**とは「同一の管理ポリシーに従って運用されているネットワークの集合」を表しています。ASの例としては、インターネットサービスプロバイダ（ISP：Internet Service Provider）や企業や大学などの学術機関の大規模ネットワークが挙げられます。これらのネットワークは、その管理組織が定めた**管理ポリシー**に従って運用されています。では、管理ポリシーとは何でしょう？　これもいろんな考え方があるのですが、管理ポリシーとしては、IPアドレスの範囲や利用するルーティングプロトコルなどがあります。

このようなASが世界中にたくさん存在しています。ASを相互に接続した世界規模のネットワークこそがインターネットの姿です。AS同士の物理的な接続の方法は、図10-1のようになります。

◀ASの接続の様子
　（図10-1）

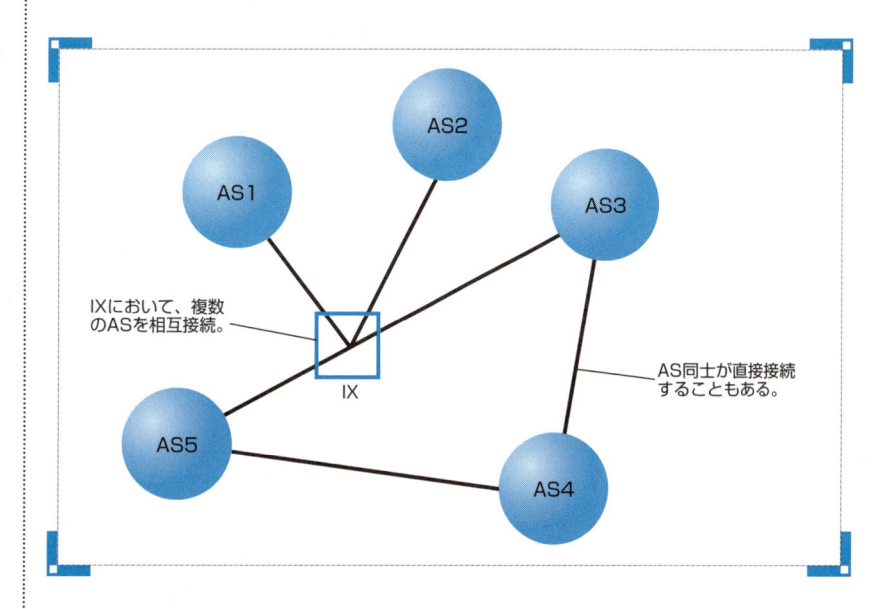

（図：AS1〜AS5がIXを介して相互接続されている様子。「IXにおいて、複数のASを相互接続。」「AS同士が直接接続することもある。」という注釈付き）

各ASは、主に**IX** (Internet eXchange) という接続ポイントを介して接続されています。IXに各ASが通信回線とルータなどの通信機器を引き込んで、他のASと相互接続することができるようになっています。IX内では、各ASはギガビットイーサネット、ファストイーサネット、ATMなどの高速な回線で接続されています。また、IXを介さずに直接AS同士が接続すると

chapter 10
BGP (Border Gateway Protocol)

いう形態もあります。

　さて、ASの定義が「同一の管理ポリシーに従って運用されているネットワークの集合」であれば、普通の企業ネットワークも当てはまるのでは？と疑問に思います。しかし、通常は普通の企業ネットワークは、ASとは見なしません。

　インターネットを構成しているASは、すべて一意となるAS番号が割り当てられています。この一意となるAS番号を**グローバルAS**と呼んでいます。AS番号は16ビットなので1〜65535の範囲となります。この中から1〜64511まではグローバルAS、64512〜65535までは**プライベートAS**となります。グローバルASは**JPNIC**★などから割り当ててもらう必要がありますが、プライベートASは自由に利用することができます。ただし、プライベートASを利用しているときには、インターネット上に自分のルーティング情報を流すことができなくなります。

　グローバルASを取得して自らASを運用するときには、他のASとの相互接続（**ピアリング**）を行い、ルーティング情報の交換のポリシーを定めて実際にルーティング情報の交換を行います。もし、設定ミスがあり間違ったルーティング情報を流してしまうと、全世界に対して影響を及ぼしてしまうことも考えられます。つまり、ASを運用するには社会的な責任も発生することにもなります。普通の企業ネットワークでは、グローバルAS番号を取得していないため、通常はASとは見なされないわけです。

　参考までに現在、どのようなAS番号が利用されているかを次のURLで見ることができます。

http://www.nic.ad.jp/ja/stat/ip/index.html

★JPNIC
　JaPan Network Information Centerの略。日本ネットワークインフォメーションセンター。

10-2-2　BGPはどこで利用されているのか

BGPはインターネット上のどこで利用されているのでしょうか？　ここで、まずルーティングの原則★を思い出してください。

★ルーティングの原則
ルーティングの詳細は、第5章を参照。

ルータにIPパケットがやってくると、ルータはIPパケットの送信先IPアドレスを見て、自分がもっているルーティングテーブルからどこにパケットを転送すればよいのかを判断します。もし、ルーティングテーブル上に該当するネットワークのエントリが存在しない場合には、パケットをルーティングすることができないためルータはそのパケットを破棄します。ということは、インターネット上でルーティングするためには、どこかにインターネット上にあるすべてのネットワークのエントリをルーティングテーブルにもっているルータが存在しないといけなくなります。このような、インターネット上にあるすべてのネットワークエントリのことを**インターネットフルルート**、あるいは単に**フルルート**と呼んでいます。現在、インターネットフルルートは10万以上あると言われていて、日々この数は増加しています。

各ASは自分が管理するネットワークについては、OSPFなどのIGPを利用して各ルータでルーティングできるようにルーティングテーブルを作成しています。しかし、IGPでは他のASが管理する膨大なネットワーク（つまりインターネット全体）のルーティング情報をやり取りすることができません。各ASが管理するネットワークのルーティング情報を交換するためにBGPが利用されているのです（図10-2）。

▶BGPはAS間で利用する
（図10-2）

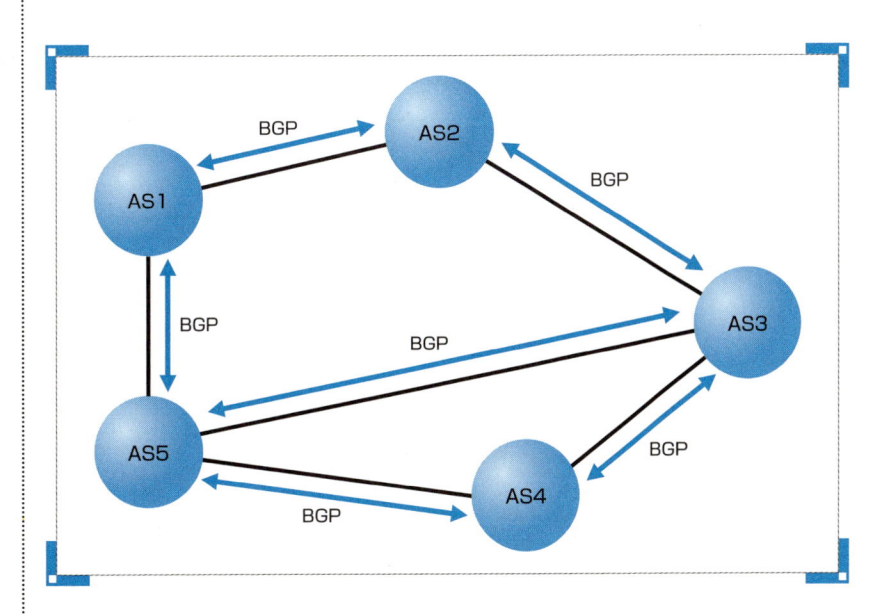

BGPを利用して、自分のAS内に含まれているネットワーク以外のルートを学習し、インターネット全体のルーティングを実現しています。もちろ

chapter 10
BGP (Border Gateway Protocol)

ん、インターネットフルルートを管理するルーティングテーブルは非常にサイズが大きくなります。そのため、取り扱うことができるルータも高性能なものに限られてきます。また、すべてのASがインターネットフルルートを管理しているわけではありません。たとえば、大規模なプロバイダに接続してインターネット接続サービスを提供している二次プロバイダでは限定的なルートしか保持していません。

通常の企業がインターネットに接続するためにインターネットサービスプロバイダと契約するときも、企業のルータはインターネットフルルートを管理していません。一般的な企業ネットワークをインターネットに接続するためのモデルを図10-3に示します。

★…がある
通常はもっと集約した形で通知する。

▼インターネット接続のモデル図（図10-3）

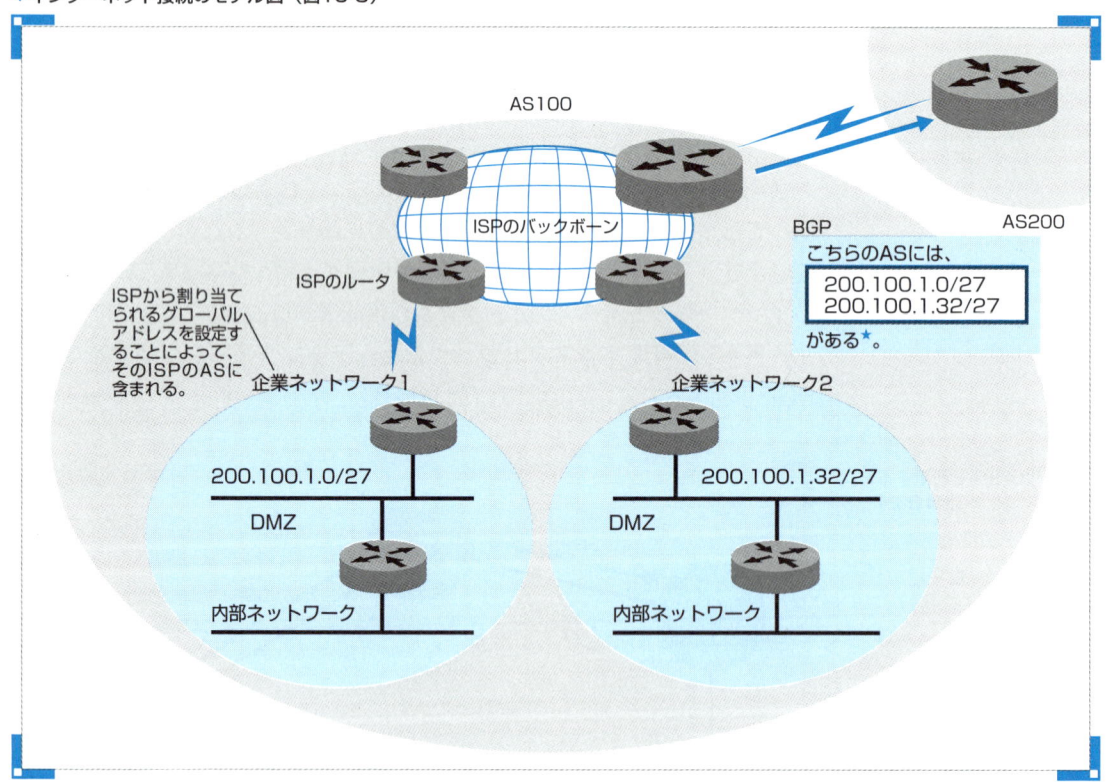

[図: AS100のISPバックボーンに企業ネットワーク1（200.100.1.0/27）と企業ネットワーク2（200.100.1.32/27）が接続され、それぞれDMZと内部ネットワークを持つ。AS200とBGPで接続。「こちらのASには、200.100.1.0/27 200.100.1.32/27 がある★。」]

ISPから割り当てられるグローバルアドレスを設定することによって、そのISPのASに含まれる。

企業内のネットワークはWWWサーバ、メールサーバ、DNSサーバなどインターネットに公開するサーバを設置するネットワークと通常のクライアントPCが接続される内部ネットワークに分かれているのが一般的な構成です。公開サーバを設置するネットワークは、**DMZ**★と呼ばれます。内部ネットワークは通常、プライベートアドレスでIPアドレスを割り当て、DMZは契約しているインターネットサービスプロバイダから割り当てられているグローバルアドレスを設定します。インターネットサービスプロバイダから

★DMZ
DeMilitarized Zoneの略。非武装地帯の意。

割り当てられるグローバルアドレスを設定することによって、インターネットサービスプロバイダのASに含まれていることになります。

インターネットサービスプロバイダに接続されているルータでは、特にルーティングプロトコルを利用する必要はありません。デフォルトルートを、インターネットサービスプロバイダに向けておけばルーティングすることができます★。

インターネットサービスプロバイダは、このような顧客をたくさんもっています。それぞれの顧客に割り当てているネットワークの経路をBGPに載せて、他のASに通知することによってインターネットから顧客の外部ネットワークのサーバへのアクセスができるようにしています。

以上のように、BGPはインターネットのバックボーンにおいて各AS（インターネットサービスプロバイダ）が管理するネットワークをお互いに通知するために用いられています。BGPによって、インターネットでのルーティングが実現されています。

★…できます
あとで述べるように、他の選択肢もある。

10-2-3 ASの種類

ASは、他のASとの接続形態によって次のように分類されます。

●スタブAS（シングルホームAS）

スタブASとは、ただ1つの経路によって他のAS（プロバイダAS）に接続されているASを指しています。つまり、スタブASはインターネットへの出口が1つであるといえます。スタブASでのルーティングは、非常に簡単です。デフォルトルートを接続しているASに向けておけば、自分のASに含まれていないネットワークあてのパケットは、すべてデフォルトルートに流されます（図10-4）。

▶スタブAS（図10-4）

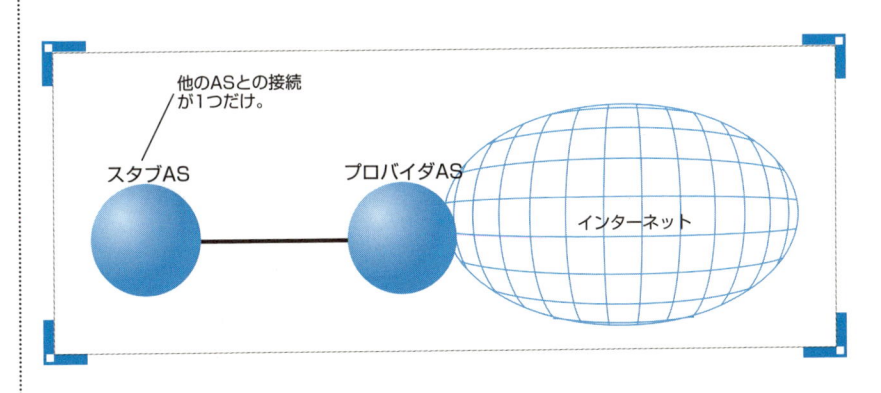

しかし、スタブAS内のネットワークを他のASに通知するために、プロバイダASではいくつかの方法を考慮しなければいけません。

1つは、プロバイダASでスタブAS内のルートをすべてスタティックで定義して、それをプロバイダASで実行しているBGPに流し込み（**リディストリビュート**）します。この方法は、スタブAS内のネットワークの変更にともなって、プロバイダASでの設定変更が必要になります。

次に、スタブASとプロバイダASとの間で、OSPFなどのIGPを利用することがあります。IGPを利用するとスタティックの場合と異なり、スタブAS内のネットワークの変更をダイナミックに反映することができます。しかし、スタブASのネットワークが不安定になると、プロバイダASにまでその影響が広がっていきます。

3つ目の方法は、スタブASとプロバイダASでBGPを利用することです。スタブASとプロバイダASでBGPを利用することによって、さまざまなポリシーに基づいたネットワークの通知を行うことができるようになります。

● **マルチホーム非トランジットAS**

インターネットへの出口を複数もっているASを**マルチホーム**といいます。1つのプロバイダに対してマルチホームにすることもできますし、複数のプロバイダに対してマルチホームにすることもできます。

非トランジットASでは、送信先が他のASに含まれるネットワークであるトラフィックの通過★を許しません。そのために、マルチホーム非トランジットASは図10-5のように、他のAS（AS2）のルーティング情報を、自AS以外のその他のAS（AS3）には通知しません。非トランジットASでは、自分のAS内のルーティング情報を通知するのみになります。

★通過
「トランジット」は、通過・横断などの意。

マルチホーム▶
非トランジットAS
（図10-5）

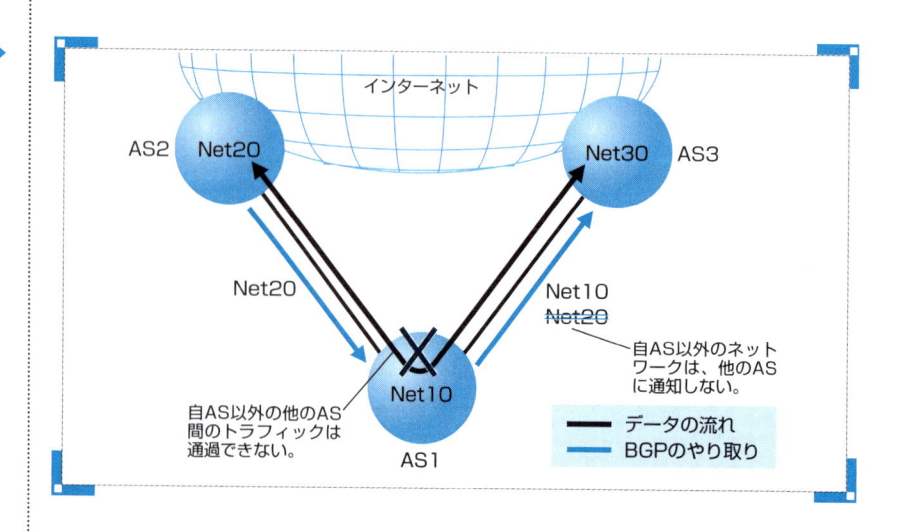

●マルチホームトランジットAS

インターネットに対して複数の出口をもち、自AS内のルート以外のあて先を持つトラフィックが通過することを許可するASが**マルチホームトランジットAS**です。トラフィックの通過を許可するために、トランジットASは他のAS（AS2）から通知されたルーティング情報を自AS以外のAS（AS3）にも通知します（図10-6）。

マルチホームトランジット
AS
（図10-6）

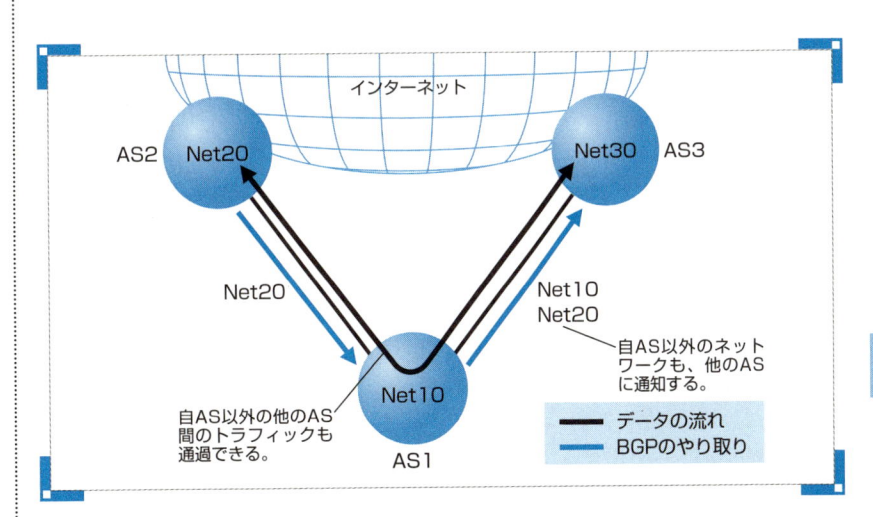

大部分のインターネットサービスプロバイダのASは、その他のASに対してトランジットASとなっています。ただし、トランジットASは、単純にすべてのトラフィックを通過させるだけではありません。AS間のポリシーに基づいて、通過させるトラフィックの選択を行う**ポリシーベースルーティング**を行っています。

10-3 BGPの動作

ここからは、BGPがどのようにAS間で膨大なネットワークの情報を交換して、どのように経路を選択するかについて解説します。

10-3-1 BGPピアの確立

　第6章から第9章までで見てきたIGPは、ルーティング情報を交換する相手のルータを特に指定することはありませんでした。RIPやIGRPでは、同じネットワーク上にRIPやIGRPが動作しているルータがいれば受け取ってくれるだろうと仮定して、ルーティング情報をブロードキャストしています。OSPFやEIGRPでは、最初にHelloメッセージによってルーティング情報を交換する相手（ネイバー）をダイナミックに発見して、ルーティング情報の交換を行っています。

　それに対して、BGPでは最初に明示的にルーティング情報を交換する相手を指定しないことには始まりません。そして、このルーティング情報を交換するための相手はOSPFやEIGRPのようにダイナミックに発見されるのではなく、明示的に"どのルータとルーティング情報を交換するか"ということを指定します。

　まず、最初にルーティング情報を交換する相手を決める、このことを**BGPピアの確立**といいます。一般的に「ネイバー」という言葉と「ピア」という言葉は同じような意味で利用されています。**BGPピア**という表現だけでなく、**BGPネイバー**という表現もよくされています。しかしながら、筆者自身の使い分けとして、「ネイバー」は"ダイナミックに検出し、特に設定する必要がない相手"ととらえています。一方、「ピア」という言葉は"明示的に設定する必要がある相手"として考えています。本書でも、この使い分けに従って表現します。

　BGPピアを確立するためには、まずTCPコネクションを確立する必要があります。これは、図10-7のようにBGPはアプリケーションプロトコルであり、トランスポート層としてTCPを利用しているからです。TCPのウェルノウンポート番号は179です。ここでトランスポートプロトコルとして、TCPを利用していることもぜひ注目したいポイントです。

BGPの動作

BGPの位置付け（図10-7）

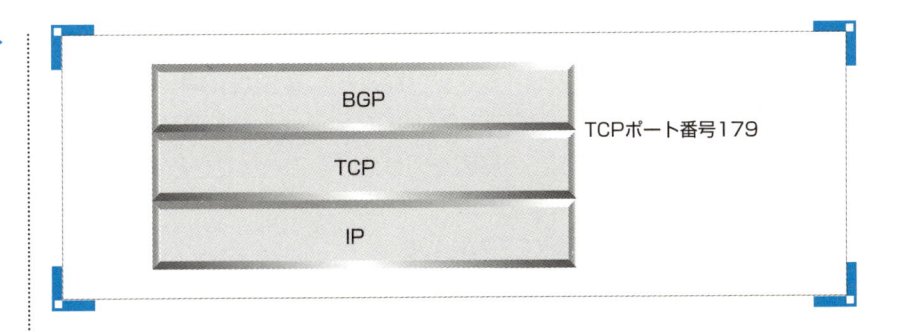

```
┌─────────────────────────────┐
│           BGP               │
├─────────────────────────────┤   TCPポート番号179
│           TCP               │
├─────────────────────────────┤
│            IP               │
└─────────────────────────────┘
```

　IGPでは、RIPを除きIPパケットに直接カプセル化してルーティング情報を交換していました。RIPもトランスポート層でUDP、つまり、コネクションレス型のトランスポートプロトコルを利用しています。これは、IGPで交換するルーティング情報はそれほど大きなサイズではありませんし、定期的にネイバーの確認を行っているので、コネクションレス型トランスポートプロトコルの信頼性の低さはあまり問題にならないと考えられるからです。
　一方、BGPは**インターネットフルルート**という非常に巨大なデータを交換する可能性があります。インターネットフルルートのような大きなサイズのデータを交換するときには、信頼性が欠かせません。そのため、トランスポートプロトコルとして信頼性の高いコネクション型のTCPを採用しています。そのためにBGPピアを確立する前に、TCPコネクションの確立を行うのです。しかし、BGPではTCPコネクションの管理もする必要があるために、ルータのCPUに対して負荷がかかってしまう恐れがあります。そのため、なるべく高性能なルータでBGPを有効にする方が望ましくなります。
　TCPの3ウェイハンドシェイク★に従って、TCPコネクションが確立するとBGPピアを確立します。このときには、BGPピア同士でお互いが設定されているAS番号やピアを設定するIPアドレスの情報が正しいかどうか確認します。
　では、詳細にBGPピアの確立について見ていきましょう。BGPピアの確立に関係するBGPメッセージは次の3種類があります。

★**3ウェイハンドシェイク**
　TCPでは、送信側と受信側で都合3回のやり取りを行ってから通信を開始する。「ハンドシェイク」は握手の意。

●OPEN

　TCPコネクションを確立して、BGPピアのセッションを開始するために最初にやり取りされるメッセージです。**OPENメッセージ**には、バージョン番号、AS番号、BGPルータの識別子などの情報が含まれています。
　OPENメッセージを受け取ったBGPピアは、メッセージの内容が正しければ確認応答として、KEEPALIVEメッセージを返します。

●NOTIFICATION

　NOTIFICATIONメッセージは、BGPピアの間で何らかのエラーが発生

したときに、そのエラーを通知するために使われます。NOTIFICATIONメッセージを受け取ると、直ちにBGPピアが切断されます。

NOTIFICATIONメッセージを調べることによって、BGPピア間のトラブルの原因を切り分けることができるようになります。

●KEEPALIVE

BGPピアが正常であるかどうかを確認するために、**KEEPALIVEメッセージ**を利用します。BGPピアから定期的にKEEPALIVEメッセージを受け取ることができれば、BGPピアが正常に維持できるということになります。もし、ホールドダウン時間内にBGPピアからKEEPALIVEを受け取ることができなければ、BGPピアはダウンしたとみなします。

次のメッセージは、BGPスピーカがやり取りするルーティング情報に関するメッセージです。

●UPDATE

UPDATEメッセージは、BGPピアで交換する実際のルーティング情報です。UPDATEで運ばれるルーティング情報は、NLRI（Network Layer Reachability Information）とパスアトリビュートです。UPDATEメッセージの詳細は後ほど解説することにします。

そして、BGPピアは次の6種類の状態を次々ページの図10-8のように遷移して、ピアの確立を行っています。

●Idle状態

Idle状態は、初期状態でこの時点ではまったくBGPプロセスに対してのルータのリソースは割り当てられていません。リソースが割り当てられるようになると、Connect状態に移行します。また、NOTIFICATIONメッセージなどによって、BGPピアが切断されると、いったんIdle状態になります。

●Connect状態

Connect状態では、TCPコネクションが確立するのを待っています。TCPコネクションが確立するとOPENメッセージをBGPピアに送信して、OpenSent状態に移行します。もし、TCPコネクションの確立に失敗すると、コネクションをはるためのタイマであるConnectRetryタイマがタイムアウトして、Active状態になります。

●Active状態

　Activeという言葉から正常な状態を思い浮かべますが、実際にはTCPコネクションが確立できなくて、TCPコネクションを確立するために試行している状態です。ConnectRetryタイマが再びタイムアウトすると、Connect状態に戻ります。もし、BGPピアで設定しているIPアドレスが間違っている場合には、Active状態を維持します。TCPコネクションの確立に成功したら、OPENメッセージをBGPピアに送信し、OpenSent状態に移行します。

　一般に、Connect状態と**Active状態**の間を行ったり来たりしていて不安定になっている場合は、TCPコネクションの確立に問題があります。たとえば、TCPの再送が多かったり、設定したピアのアドレスが間違っているときなどです。

●OpenSent状態

　OpenSent状態は、ピアにOPENメッセージを送ったあと、ピアからのOPENメッセージがやってくるのを待っている状態です。ピアからのOPENメッセージを受信すると、OPENメッセージをチェックして正しいメッセージであればKEEPALIVEメッセージを返して確認応答を行い、次のOpenConfirm状態に移行します。このとき、KEEPALIVEメッセージを出すタイミングであるKeepAliveタイマと、BGPピアの状態を確認するホールドタイマがセットされます。ホールドタイマはBGPピアの小さい方の値を採用します。OPENメッセージに含まれるAS番号が同じとき、ピアは**IBGP**、AS番号が異なるときピアは**EBGP**となります。

　何らかの理由でTCPコネクションが切断されてしまったら、BGPコネクションを切断してActive状態に移行してしまいます。

●OpenConfirm状態

　OpenConfirm状態は、相手に送信したOPENメッセージに対する確認応答のKEEPALIVEメッセージを待っている状態です。無事にピアからKEEPALIVEを受け取ることができれば、Established状態に移行してBGPピアが完全に確立します。

　もし、KEEPALIVEメッセージがやってこずにKeepAliveタイマがタイムアウトすると、もう一度KEEPALIVEをピアに送信しKeepAliveタイマをリセットします。ホールドタイマがタイムアウトするとピアに対してNOTIFICATIONメッセージを送信してBGPピアを切断してIdle状態に戻ります。

●Established状態

BGPピアが完全に確立した状態が**Established状態**です。このとき、ピア同士でKEEPALIVEメッセージ、UPDATEメッセージ、NOTIFICATIONメッセージを交換します。

KEEPALIVEメッセージ、UPDATEメッセージのやり取りは正常な状態で、ホールドタイマをリセットします。UPDATEメッセージにエラーがあったり、ホールドタイマがタイムアウトしてしまうと、NOTIFICATIONメッセージによってピアを切断し、Idle状態に戻ります。

▶ BGPピアの状態遷移
（図10-8）

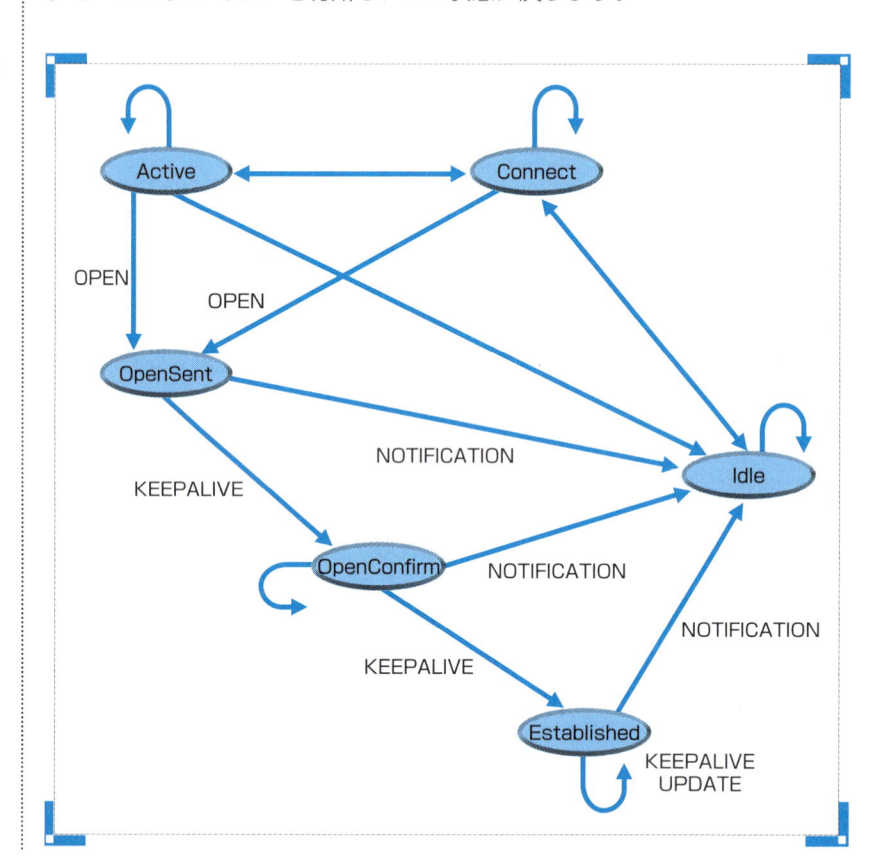

10-3-2 EBGPとIBGP

BGPピアには、**EBGP（External BGP）ピア**と**IBGP（Internal BGP）ピア**の2種類があります。EBGPピアは、自ASと異なるASに所属しているピアです。IBGPピアは、自ASと同じASに所属しているピアを指しています（図10-9）。

BGPの動作

EBGPとIBGPの違い
（図10-9）

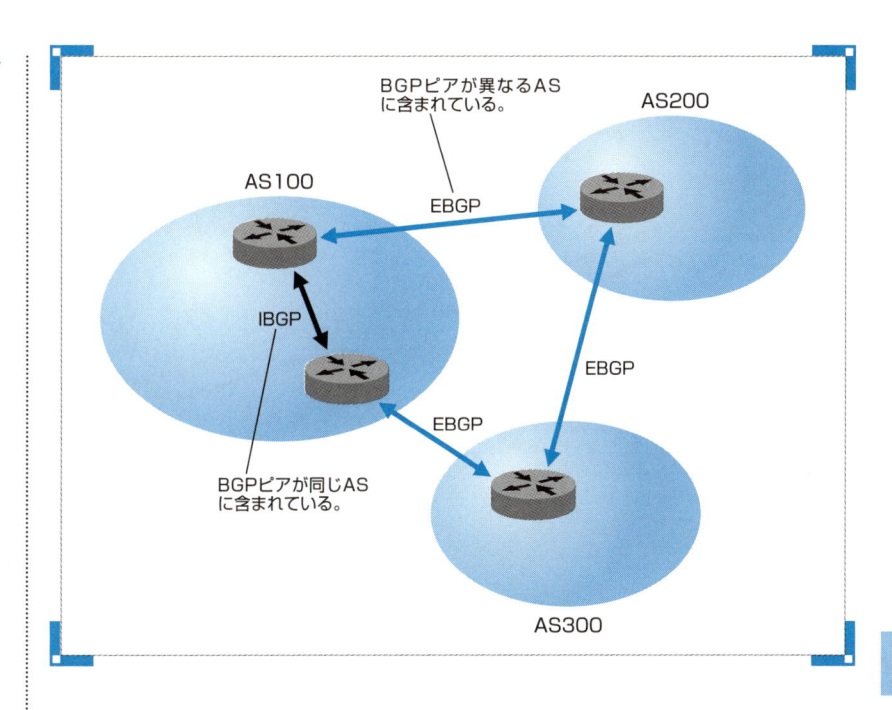

　EBGPピアは、BGPの本来の動作であるAS間でのルーティング情報の交換を行います。通常、EBGPピアは直接接続されたルータとの間で構成します。これは、EBGPピアを確立するメッセージを運ぶIPヘッダのTTLが1になっているため、直接接続されていないピアには到達できないからです。ただし、**EBGPマルチホップ**という機能を利用すれば、直接接続されていないピアともEBGPセッションを確立することができます。

　IBGPはEBGPから学習した、異なるASのルーティング情報をさらに自AS内のBGPルータに伝えたいというときに利用します。IBGPピアは、直接接続されたルータとの間で設定しなければいけない、というものではありません。直接接続されていなくても、IP接続性があるルータであれば、IBGPピアを構成することができます。このIP接続性を得るために、各AS内はIGPによってIBGPピアのIPアドレスに到達できるようになっておかなくてはいけません。

　また、IBGPピアは原則として、AS内のすべてのBGPスピーカでフルメッシュに構成する必要があります。これは、ルーティングループが起こらないようにIBGPピアから学習したルーティング情報は他のIBGPピアに通知しません。これは、AS内でBGPによるループが発生しないようにするためで、**BGPスプリットホライズンの規則**と呼ばれています。このBGPスプリットホライズンの規則があるために、IBGPでAS内にルーティング情報を行き渡らせるためには**フルメッシュ**が必要です（図10-10）。

chapter 10
BGP (Border Gateway Protocol)

▼IBGPピアの動作（図10-10）

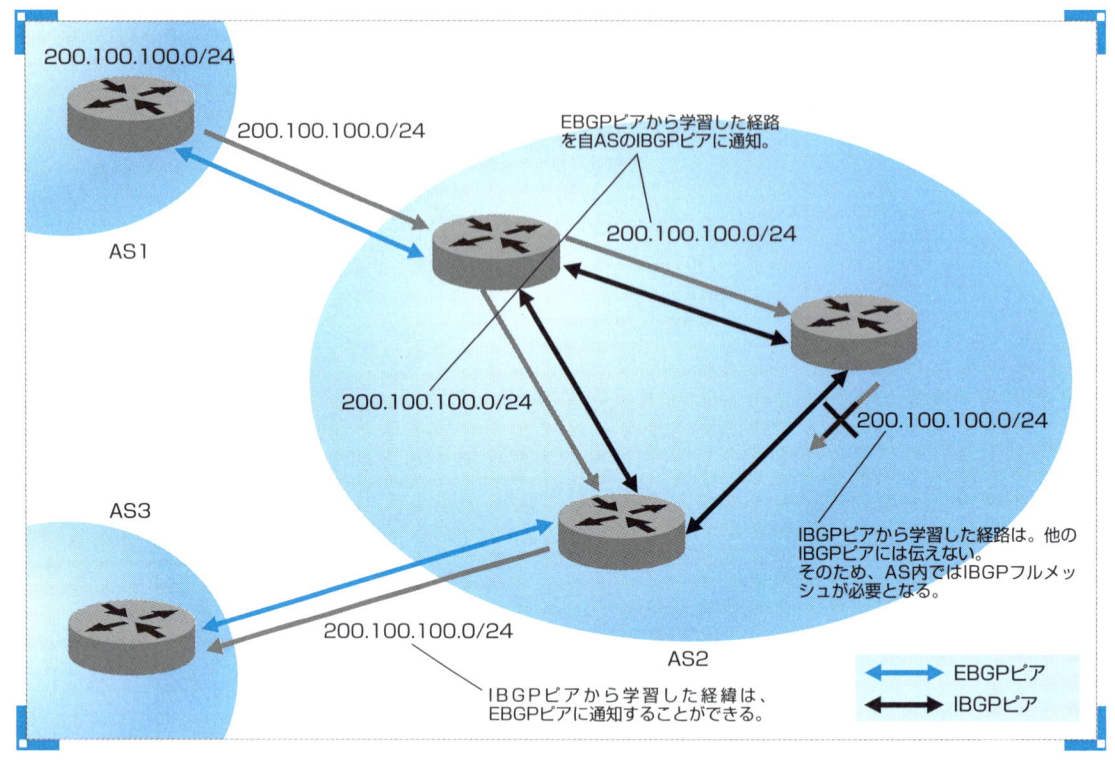

しかし、AS内のBGPスピーカが増えてくると、フルメッシュを維持することが非常に大変です。BGPスピーカがN台存在すると、

```
N(N-1)/2
```

のピアを設定しなくてはいけません。AS内にBGPスピーカが10台いるとIBGPピアが45、BGPスピーカが30台いると435のIBGPピアが必要です。このため、大規模なASでは、IBGPフルメッシュの制限のため拡張性に問題が出てきます。このIBGPフルメッシュの問題を解決するための方法として、**ルートリフレクタ**があります。これらについては、後ほど解説します。

10-3-3 UPDATEメッセージ

BGPピアが確立すると、**UPDATEメッセージ**によってルーティング情報が交換されます。UPDATEメッセージに含まれている情報には、次のようなものがあります。

●**NLRI（Network Layer Reachability Information）**
BGPでは、ネットワークアドレスとサブネットマスクの組み合わせのことを**NLRI**（Network Layer Reachability Information）と呼んでいます。通常、150.100.0.0/16のような形で表記されます。

●**パスアトリビュート**
BGPでの経路の選択は**パスアトリビュート**によって行っています。IGPのメトリックに相当するものです。IGPのメトリックとして、たとえば、RIPでは**ホップ数**、OSPFでは**コスト**がありましたが、BGPのパスアトリビュートは**NEXT_HOP**、**AS_PATH**、**MED**などさまざまな種類があります。

このような、さまざまなアトリビュートによって柔軟に経路選択を行っていくことを、**ポリシーベースルーティング**と呼びます。パスアトリビュートはUPDATEメッセージに必ず付加される必要があるものと必要がないもの、AS全体に送信されるものと他のASには送信する必要がないものといったいくつかの分類が行われています。このような各種アトリビュートの詳細については後述します。

UPDATEメッセージを受信すると、BGPスピーカはいったんBGPテーブルに格納します。その結果、BGPテーブルには、同じNLRIに対して複数のBGPピアから受信したUPDATEメッセージが入ってくることがあります。この中から「ベストパス」を1つ選択★します。

ベストパスとはその名前の通り、あるNLRIに対する最適な経路のことです。そして、このベストパスがルータのルーティングテーブルに載せられて、実際にIPパケットをルーティングします。また、他のBGPスピーカにはベストパスの経路だけをUPDATEメッセージで送信することになります。ただし、IBGPピアからUPDATEメッセージで学習したルーティング情報をEBGPピアに通知するときには、次の項目で解説する「BGP同期」を考慮しなければいけません（図10-11）。

★1つ選択
ベストパスの選択はパスアトリビュートによって行うこのベストパス選択の基準は、「10-5-1 BGPベストパス選択のプロセス」で解説する。

UPDATEメッセージの
やり取り
（図10-11）

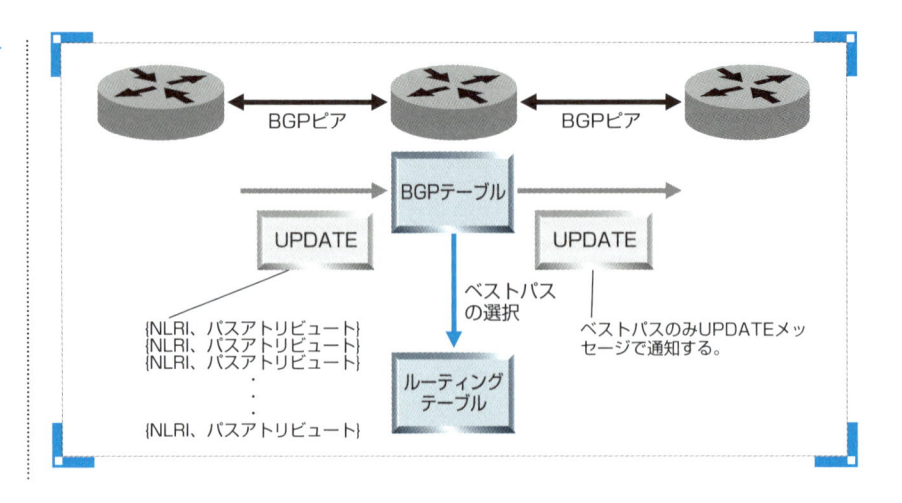

10-3-4 BGP同期

BGPでは、IBGPピアから学習したルーティング情報を利用するために「同期」というものを満たさなければいけません。特にASがトランジットASであるときには、同期は重要です。

BGP同期とは、以下のことを指します。

> IBGPピアから学習した経路は、AS内のIGPからも学習してからでないとベストパスとして選択されず、ルーティングテーブルに載せられることもなく、EBGPピアへ通知することもできない。

同期はトランジットASにおいて、確実にIPパケットをトランジット（通過）させるために必要となります。

BGP同期の動作を理解するために、図10-12を考えます。AS1にルータA、ルータB、ルータCが存在し、ルータAとルータBでIBGPピアを構成しています。ただし、ルータAとルータBは直接接続されていません。

ルータAからルータBへ到達するためには、ルータCを経由する必要があります。また、ルータAは、AS2のルータDとEBGPピアを構成しています。さらに、ルータBはAS3のルータEとEBGPピアを構成しています。このとき、AS1はAS2とAS3に対してトランジットASになっているものとします★。

★**ものとします**
詳しくは「10-4-4 NEXT_HOP」を参照。

10-3 BGPの動作

▼BGP同期を考慮しないときの問題点（図10-12）

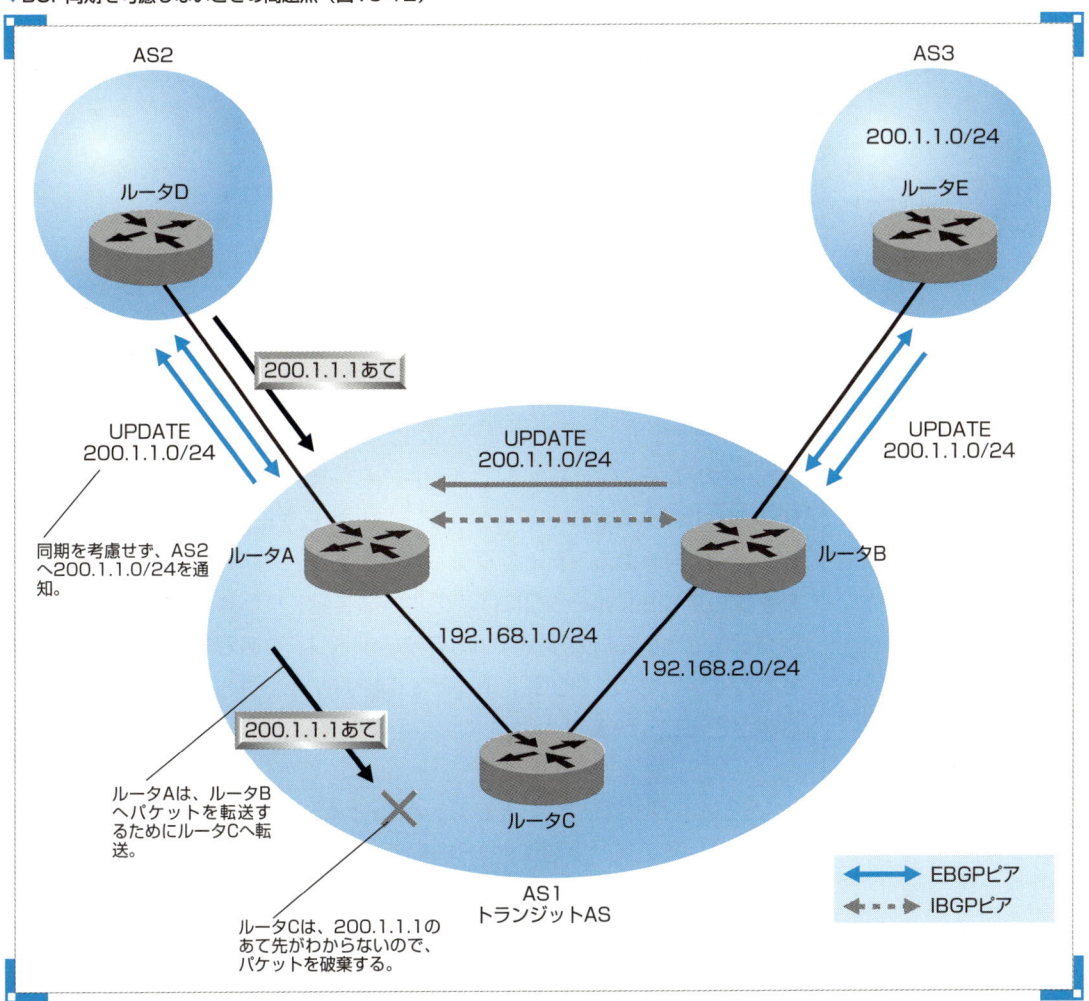

- AS2 ルータD
- AS3 200.1.1.0/24 ルータE
- 200.1.1.1あて
- UPDATE 200.1.1.0/24
- UPDATE 200.1.1.0/24
- UPDATE 200.1.1.0/24
- 同期を考慮せず、AS2へ200.1.1.0/24を通知。
- ルータA
- ルータB
- 192.168.1.0/24
- 192.168.2.0/24
- 200.1.1.1あて
- ルータAは、ルータBへパケットを転送するためにルータCへ転送。
- ルータC
- ルータCは、200.1.1.1のあて先がわからないので、パケットを破棄する。
- AS1 トランジットAS
- EBGPピア
- IBGPピア

　このネットワーク構成でBGP同期がどのような影響を与えるのかということを見てみましょう。

　AS3のルータEからルータBへ、200.1.1.0/24というNLRIを通知しています。ルータBは、NEXT_HOPを解決するために、ネクストホップセルフを行っているものとします。すると、ルータBはIBGPピアのルータAに対して、200.1.1.0/24のネクストホップをルータBに変更して通知します。

　ルータAは、同期を考慮していないのでIGPから200.1.1.0/24の経路を学習していなくてもベストパスになり、200.1.1.0/24をAS2のルータDへ通知します。このとき、ルータAとルータCのルーティングテーブルは次ページのようになります。

chapter 10
BGP (Border Gateway Protocol)

ルータAの
ルーティングテーブル
（抜粋）

ネットワーク	ネクストホップ
200.1.1.0/24（IBGPで学習）	192.168.2.1（ルータB）
192.168.1.0/24	直接接続
192.168.2.0/24（AS内のIGPで学習）	192.168.1.2（ルータC）

ルータCの
ルーティングテーブル
（抜粋）

ネットワーク	ネクストホップ
192.168.1.0/24	直接接続
192.168.2.0/24	直接接続

　ルーティングテーブルから、200.1.1.0/24に到達するためにはルータBに送ります。ルータBに送るためには、ルータCに送ることがわかります。
　ルータDから200.1.1.1というIPアドレスあてのパケットがルータAに届くと、ルータAはルーティングテーブルから次にルータCに転送します。ルータCは自分のルーティングテーブルから200.1.1.1に対応するエントリを探しますが、ルータCにはこのようなエントリがありません。ルーティングテーブルにエントリがないあて先ネットワークあてのIPパケットは破棄されてしまうので、200.1.1.1あてのIPパケットはルータCで破棄されてしまうことになります。

　AS1はトランジットASとして、AS2とAS3のトラフィックを転送できるとしているのに、実際にはAS内部でパケットが破棄されてしまう結果になります。つまり、AS1は間違った情報を他のASに教えてしまっていることになります。確実にパケットをAS2からAS3へとトランジットさせるためには、同期を考慮する必要があります。
　同期を考えて、ルータAがIGPによって200.1.1.0/24を学習するということは、AS1内のルータすべてが200.1.1.0/24の経路を学習したということになります。つまり、AS1を経由して200.1.1.0/24あてのパケットを転送できる状態になっていることを意味しています。自AS内で自AS以外の経路あて（AS2の200.1.1.0/24）のパケットを確実に転送できる状態にしておいてから、はじめてBGPで他のAS（AS2）にその経路を通知することがBGP同期の動作です（図10-13）。
　このようなBGP同期が必要ない状況もあります。自AS内がIBGPフルメッシュで構成されているときや、ASがトランジットASでないときは同期を考慮する必要はありません。こういった場合には、同期を無効にしておきます。

▼BGP同期を考慮した場合（図10-13）

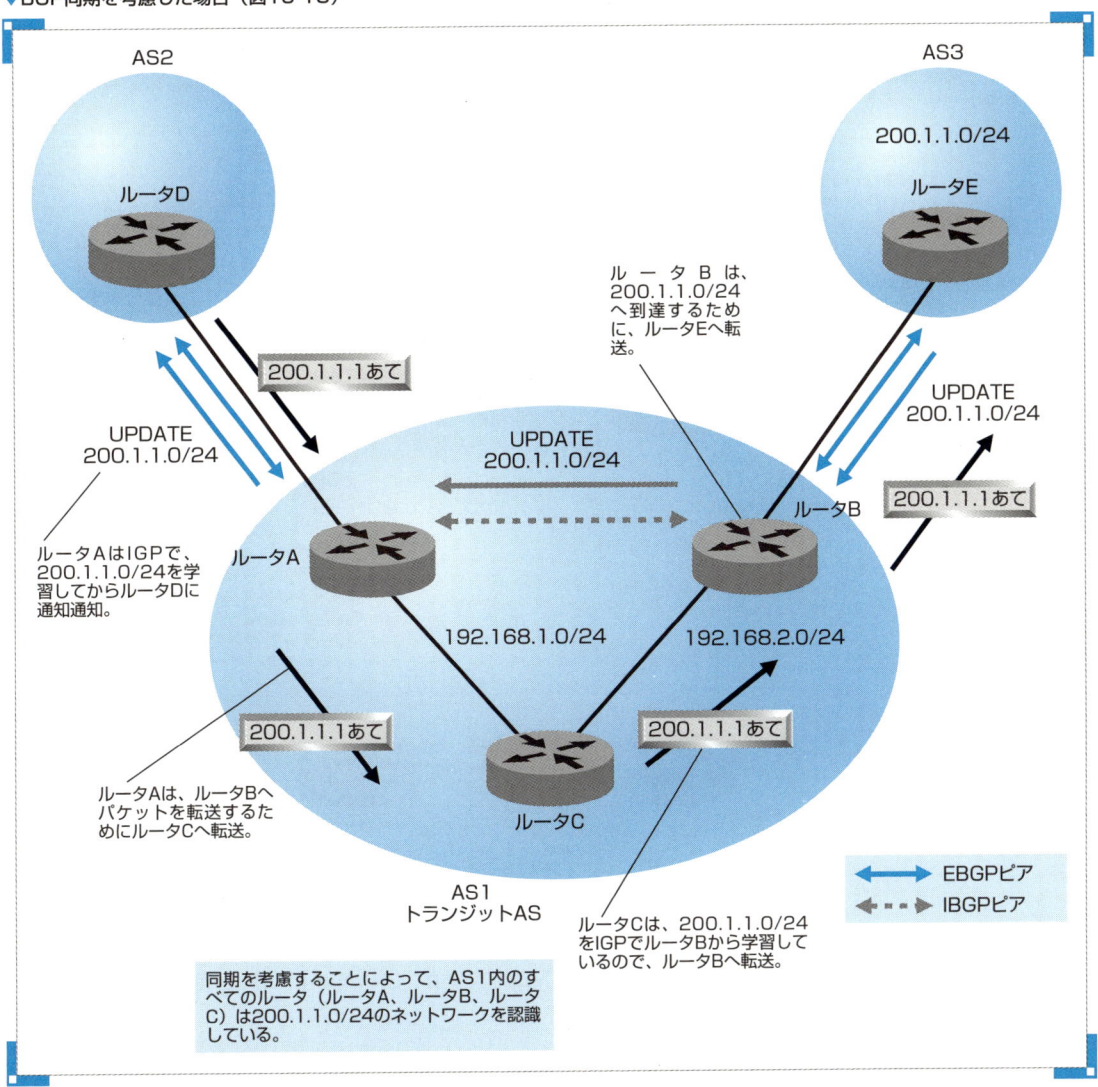

図中のラベル：
- AS2 ルータD
- AS3 ルータE（200.1.1.0/24）
- AS1 トランジットAS：ルータA、ルータB、ルータC
- UPDATE 200.1.1.0/24（ルータD→ルータA）
- UPDATE 200.1.1.0/24（ルータB→ルータA）
- UPDATE 200.1.1.0/24（ルータE→ルータB）
- 200.1.1.1あて（各区間）
- 192.168.1.0/24、192.168.2.0/24
- EBGPピア、IBGPピア

注釈：
- ルータAはIGPで、200.1.1.0/24を学習してからルータDに通知通知。
- ルータAは、ルータBへパケットを転送するためにルータCへ転送。
- ルータBは、200.1.1.0/24へ到達するために、ルータEへ転送。
- ルータCは、200.1.1.0/24をIGPでルータBから学習しているので、ルータBへ転送。
- 同期を考慮することによって、AS1内のすべてのルータ（ルータA、ルータB、ルータC）は200.1.1.0/24のネットワークを認識している。

10-3-5　BGP動作の基本的な流れ

　ここまで解説したBGPの動作の基本的な流れを、次ページにまとめます（図10-14）。

chapter 10
BGP (Border Gateway Protocol)

基本的なBGP動作の流れ ▶
（図10-14）

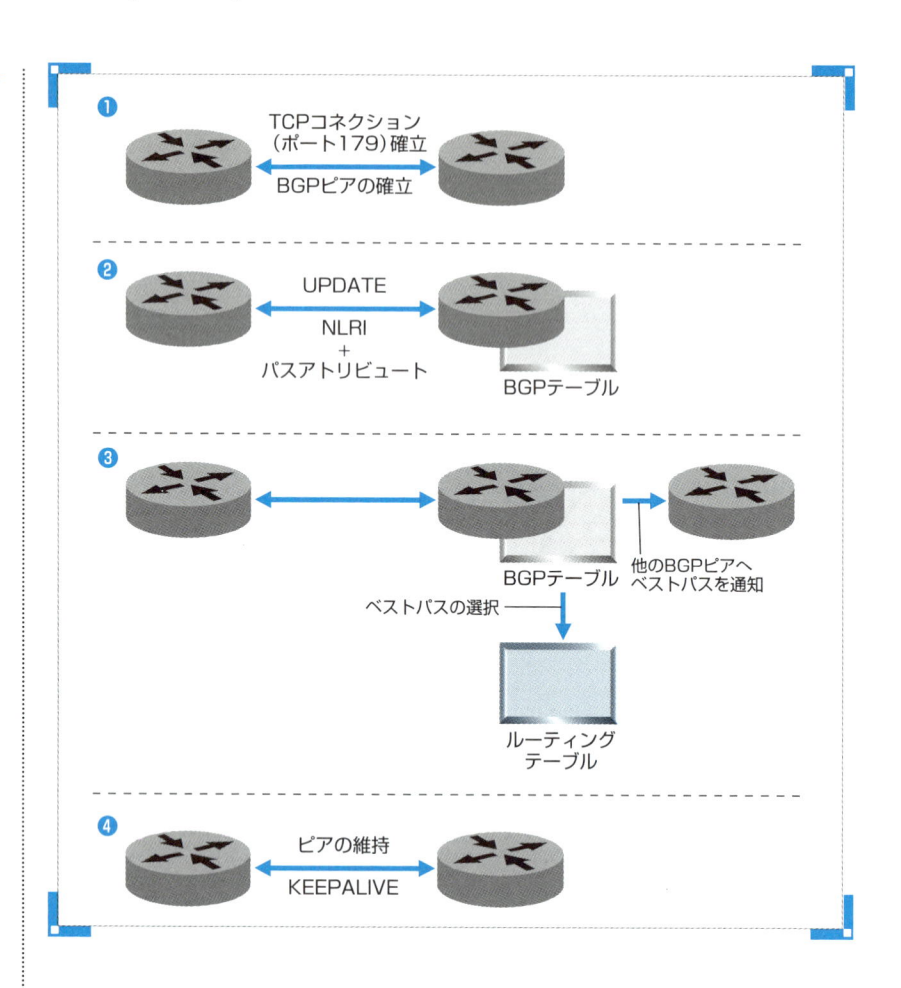

❶ TCPコネクション（ポート179）確立
BGPピアの確立

❷ UPDATE
NLRI
＋
パスアトリビュート
BGPテーブル

❸ BGPテーブル
ベストパスの選択
他のBGPピアへベストパスを通知
ルーティングテーブル

❹ ピアの維持
KEEPALIVE

❶BGPスピーカは、TCPコネクション（ポート179）を確立しBGPピアを確立する。

❷UPDATEメッセージをやり取りして、受信したUPDATEメッセージBGPテーブルに格納する。

❸BGPテーブルの中からベストパスを選択して、ルーティングテーブルに載せる。ベストパスを他のBGPスピーカに送信する。ただし、BGPスプリットホライズンやBGP同期の制限を受けることがある。

❹定期的にKEEPALIVEメッセージを交換することによって、BGPピアを維持する。

Chapter 10 BGP (Border Gateway Protocol)

10-4 BGPパスアトリビュート

BGPでは、UPDATEメッセージとしてNLRIとパスアトリビュートをBGPピアに送信してルーティングを行います。パスアトリビュートをうまく調整することによってAS間でのトラフィックを制御するポリシーベースルーティングを実現できるため、アトリビュートの理解はBGPを理解するためには、とても重要な項目です。

10-4-1 BGPパスアトリビュートの種類

BGPの**パスアトリビュート**には、次の種類があります。

- ORIGIN
- AS_PATH
- NEXT_HOP
- LOCAL_PREFERENCE
- MULTI_EXIT_DISCRIMINATOR（MED）
- COMMUNITY
- ATOMIC_AGGREGATE
- AGGREGATOR
- ORIGNATOR
- CLUSTER_LIST
- MP_REACH_NLRI
- MP_UNREACH_NLRI
- EXT_COMMUNITY

これらのパスアトリビュートはBGPスピーカがどのように処理をして、どのように伝達するかという観点から次の4つのカテゴリに分類されます。

●Well-known mandatory

Well-known mandatoryアトリビュートはすべてのBGPスピーカがサポートしていて、かつ、すべてのUPDATEメッセージに必ず含まれるアトリビュートです。

●Well-known discretionary

Well-known discretionaryアトリビュートは、Well-known mandatoryと同じくすべてのBGPスピーカがサポートしていなければいけません。しかし、UPDATEメッセージに必ずしも含める必要がないというアトリビュートです。

●Optional transitive

Optional transitive アトリビュートは、すべてのBGPスピーカがサポートする必要がないアトリビュートです。しかし、自分がサポートしていないアトリビュートだとしてもOptional transitiveアトリビュートがUPDATEメッセージに含まれていれば、それを他のBGPスピーカに伝える必要があります。

●Optional non-transitive

Optional non-transitive アトリビュートもすべてのBGPスピーカでサポートする必要はありません。もし、自分がサポートしていないアトリビュートで理解できなかったときには、他のBGPスピーカに伝える必要がありません。

各アトリビュートの識別は、UPDATEメッセージの中の記述されているタイプコードによって行われます。各アトリビュートを4つのカテゴリに分類すると、次の表のようになります。

▶アトリビュートの4つのカテゴリ

タイプコード	アトリビュート名	カテゴリ
1	ORIGIN	Well-known mandatory
2	AS_PATH	Well-known mandatory
3	NEXT_HOP	Well-known mandatory
4	MUTI_EXIT_DISCREMINATOR	Optional non-transitive
5	LOCAL_PREFERENCE	Well-known discretionary
6	ATOMIC_AGGREGATE	Well-known discretionary
7	AGGREGATOR	Optional transitive
8	COMMUNITY	Optional transitive
9	ORIGINATOR	Optional non-transitive
10	CLUSTER_LIST	Optional non-transitive
14	MP_REACH_NLRI	Optional non-transitive
15	MP_UNREACH_NLRI	Optional non-transitive
16	EXT_COMMUNITY	Optional transitive

以上のように、BGPにはさまざまなアトリビュートが存在します。本書では、このあとの項目で、一般的によく利用されている「ORIGIN」「AS_PATH」「NEXT_HOP」「MED」「LOCAL_PREFERENCE」「COMMUNITY」について解説します。その他のアトリビュートについては割愛します。

10-4-2 ORIGIN

ORIGINアトリビュートは、Well-known mandatoryアトリビュートの1つです。ですから、必ずUPDATEメッセージに含まれ、IBGPピアおよびEBGPピアに送られます。

ORIGINアトリビュートはNLRIの生成元を表しています。ORIGINアトリビュートで表されるNLRIの生成元は、次の3種類です。

●IGP

IGPというORIGINアトリビュートは、UPDATEメッセージに含まれるNLRIがAS内のIGP（スタティックルートも含む）によって生成されたことを示しています。

●EGP

EGPは、UPDATEメッセージで通知するNLRIがEGPによって生成されたことを示しています。このEGPはBGPの前身となるルーティングプロトコルで、現在はこのORIGINアトリビュートが利用されることはほとんどありません。

●INCOMPLETE

INCOMPLETEは、UPDATEメッセージに含まれるNLRIが上記の2つの方法以外で生成されたことを示します。たとえば、シスコシステムズ社（以下、シスコ社）のルータではIGPからBGPにリディストリビュートした経路は、ORIGINアトリビュートがINCOMPLETEとなっています。

実際にORIGINアトリビュートとしてはIGP、もしくはINCOMPLETEとなるわけですが、自AS内の経路を他のASに通知するときには、ORIGINアトリビュートをIGPとして通知することが一般的です。IGPからBGPにリディストリビュートして、ORIGNアトリビュートがINCOMPLETEとなっている場合でも、EBGPピアに送るときにORIGINアトリビュートをIMCOMPLETEからIGPに変更します。

10-4-3 AS_PATH

AS_PATHアトリビュートは、AS間での経路制御において非常によく参照されるパスアトリビュートです。BGPがパスベクタ型ルーティングプロトコルと言われているのは、基本的にAS_PATHに基づいた経路制御を行

chapter 10
BGP (Border Gateway Protocol)

っていることが大きな理由です。

Well-known mandatoryのアトリビュートなので、すべてのUPDATEメッセージに必ず含まれ、すべてのBGPピアに伝わっていきます。AS_PATHはその名前の通り、ルーティング情報が経由してきたASがリストされています。EBGPピアに対して、経路を伝えるとき、AS_PATHアトリビュートに含まれているAS番号のリストに自ASのAS番号を追加します。この追加のことを**プリペンド**★と呼ぶことがあります。プリペンドとは、リストの先頭に追加することを意味しています。つまり、AS_PATHのリストの先頭にあるAS番号が最も近いASであり、リストの後方にあるAS番号ほど遠いASです。そして、リストの最も後ろのAS番号が経路の発生元のASであることがわかります。

★プリペンド
prepend。

IBGPピアに対しては、経路を伝えるときAS_PATHにプリペンドすることはなく、AS_PATHは変更されません（図10-15）。

▼AS_PATHの付加（図10-15）

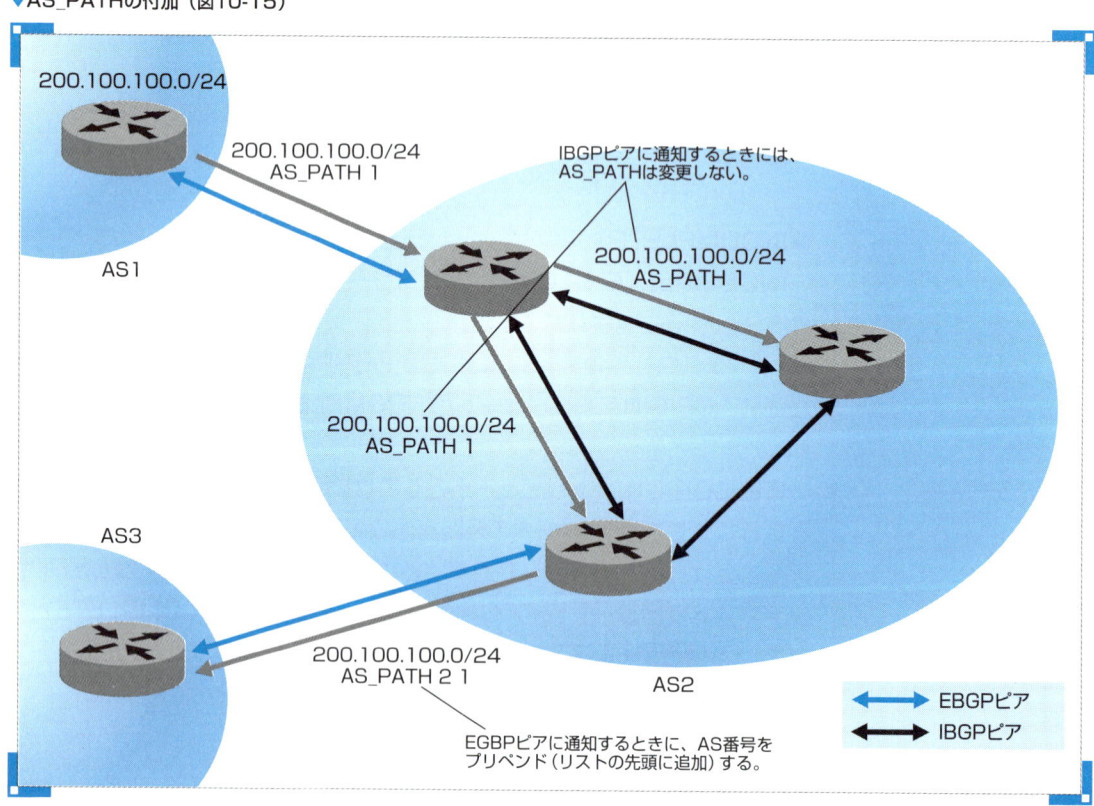

200.100.100.0/24
200.100.100.0/24 AS_PATH 1
AS1
IBGPピアに通知するときには、AS_PATHは変更しない。
200.100.100.0/24 AS_PATH 1
200.100.100.0/24 AS_PATH 1
AS3
200.100.100.0/24 AS_PATH 2 1
AS2
EGBPピアに通知するときに、AS番号をプリペンド（リストの先頭に追加）する。

← EBGPピア
← IBGPピア

特に何もBGPのパスアトリビュートの調整を行っていなければ、1つのNLRI（あて先）に対して複数の経路がある場合、AS_PATHが最も短い経路が優先されることになります。

10-4 BGPパスアトリビュート

たとえば、図10-16の例を考えます。AS1内にある100.0.0.0/8というネットワークをBGPで他のASに通知します。AS5では、AS3から「100.0.0.0/8、AS3 AS2 AS1」というUPDATEがやってきます。また、AS4から「100.0.0.0/8、AS4 AS1」というUPDATEがやってきて、BGPルーティングテーブル上でこれらの経路が比較されます。AS4からのUPDATEのAS_PATHの方が短いので、この経路がベストパスとなります。従って、AS5からAS1内の100.0.0.0/8というネットワークへのトラフィックは、AS5→AS4→AS1という経路を通ることになります。

AS_PATHによる
経路選択
（図10-16）

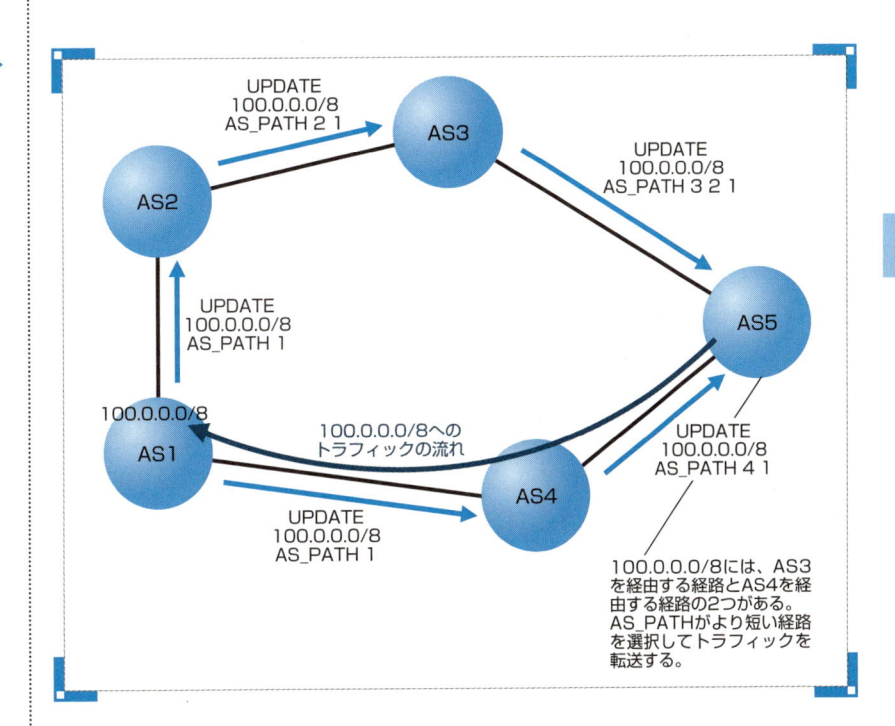

ポリシーベースルーティングの1つの方法として、AS_PATHを調整することによってトラフィックの流れを制御することが可能です。

また、AS_PATHは経路がループしているかどうかの判断にも用いられます。つまり、EBGPピアから受け取ったAS_PATHの中に自AS番号が含まれている場合には、この経路はループしていると判断して、BGPテーブルに反映しません（図10-17）。

chapter 10
BGP (Border Gateway Protocol)

AS_PATHによるループ
の防止
（図10-17）

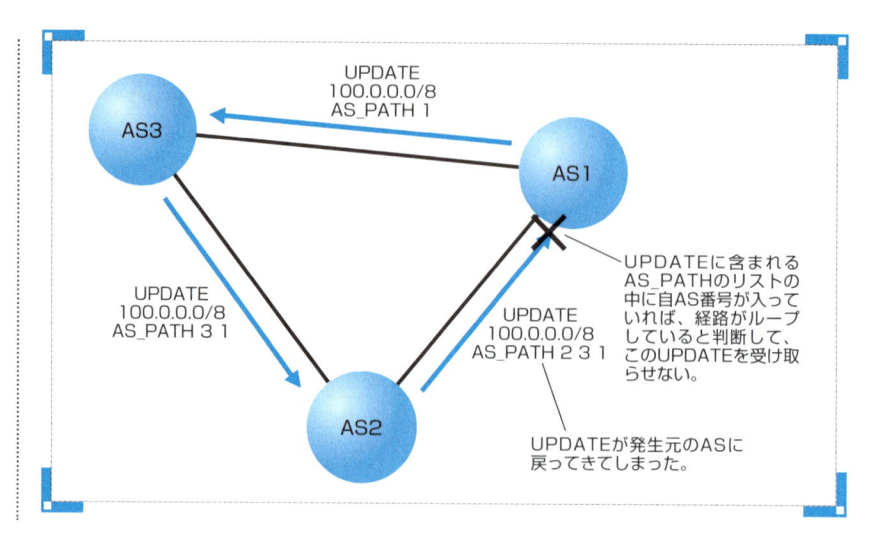

10-4-4 NEXT_HOP

　NEXT_HOPアトリビュートは、Well-known mandatoryであるため、すべてのUPDATEメッセージに含まれています。ベストパス選択のときにも述べますが、NEXT_HOPアトリビュートは、BGPがその経路が有効かどうかを判断する大前提ですので、とても重要なアトリビュートです。

　ただし、BGPでのネクストホップはIGPでのネクストホップとは、とらえ方が異なるので要注意です。OSPF、RIPなどのIGPでは、ネクストホップはルーティング情報を送信するインタフェースのIPアドレスです。IGPでは、ネクストホップをルータのインタフェース単位で考えています（図10-18）。

IGPでのネクストホップ
（図10-18）

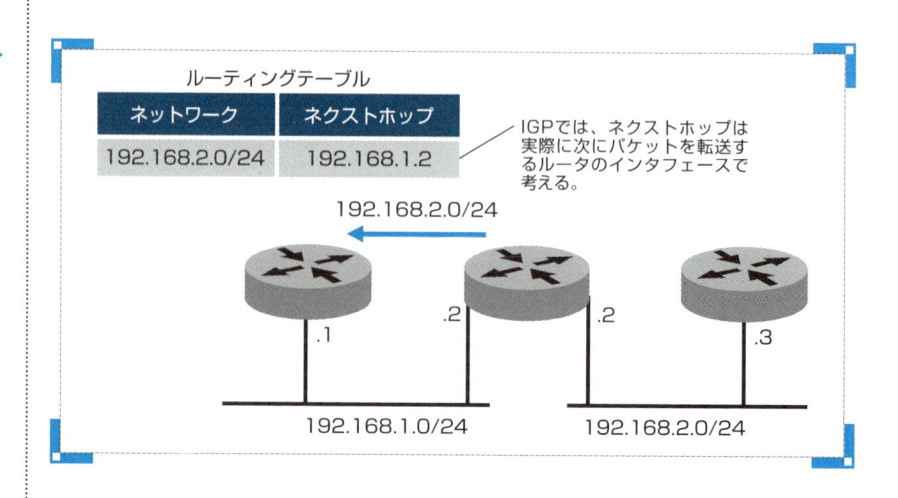

10-4 BGPパスアトリビュート

一方、BGPではネクストホップはAS単位で考えます。図10-19において、AS100のルータAが200.100.1.0/24というNLRIをBGPでAS200のルータBに通知したとします。このとき、NEXT_HOPアトリビュートには、AS100の出口、つまりルータAの出力インタフェースのアドレスである150.100.1.254というアドレスが入ります。

BGPでのネクストホップ (図10-19)

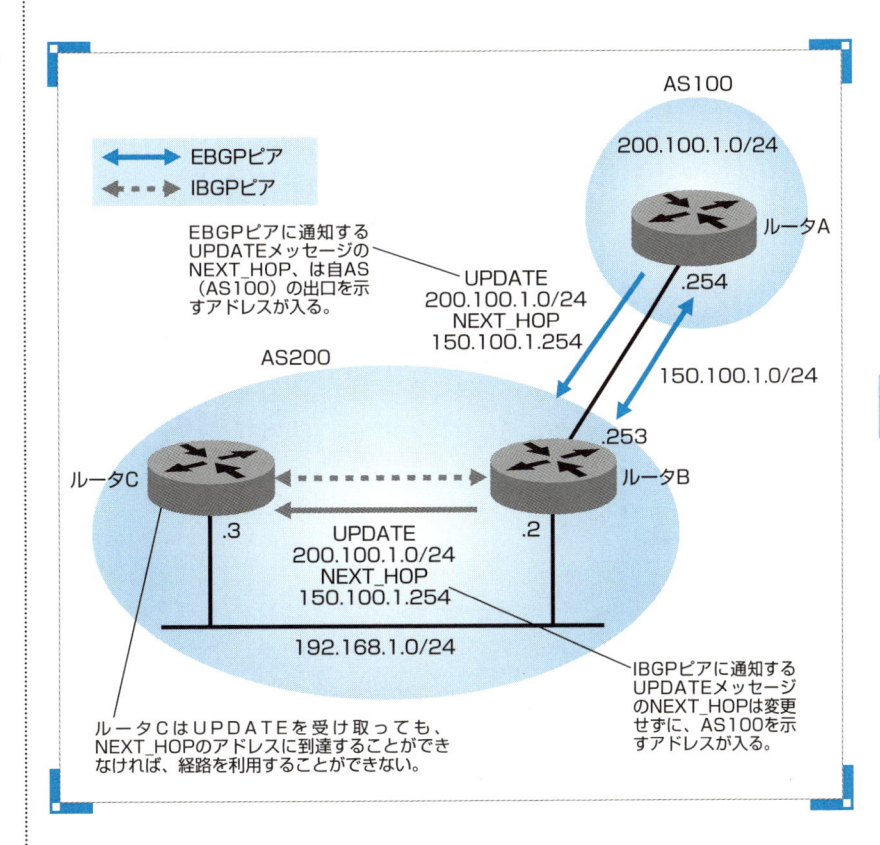

[図: AS100のルータAからAS200のルータBへEBGPピアでUPDATE 200.100.1.0/24 NEXT_HOP 150.100.1.254を通知。ルータBからIBGPピアのルータCへ同じNEXT_HOPで通知。EBGPピアに通知するUPDATEメッセージのNEXT_HOPは自AS（AS100）の出口を示すアドレスが入る。IBGPピアに通知するUPDATEメッセージのNEXT_HOPは変更せずに、AS100を示すアドレスが入る。ルータCはUPDATEを受け取っても、NEXT_HOPのアドレスに到達することができなければ、経路を利用することができない。]

これを受け取ったルータBが自AS内のIBGPピアであるルータCにUPDATEを送るときには、NEXT_HOPを変更せずに150.100.1.254として通知します。200.100.1.0/24にいくためには、"次にAS100に送る"ということで、ネクストホップをAS単位で考えていることがわかります。

EBGPピアに送信するときには、自ASの出口IPアドレスがNEXT_HOPアトリビュートになり、IBGPピアに送信するときにはNETX_HOPアトリビュートを変更しないというのが通常の動作です。

後ほど詳しく解説するBGPベストパス選定のプロセスにおいての大前提として、NEXT_HOPアトリビュートは大きく関係してきます。それは、BGPのルートが有効になるにはNEXT_HOPアトリビュートのIPアドレス

chapter 10
BGP (Border Gateway Protocol)

に到達できる必要があるということです。これは非常に重要な前提です。NEXT_HOPに到達できないBGPルートは使うことができません。

ここで問題となるのは、前ページの図10-19の例において、ルータCは150.100.1.254のアドレスに到達することができるかどうかということです。

これは、AS間の接続を行うときのポリシーによるのですが、セキュリティを考えるとAS間を接続する150.100.1.0/24というネットワークは、他には通知しない方が好ましくなります。そうすると、ルータCはUPDATEメッセージに含まれる150.100.1.254に到達することができずに、200.100.1.0/24のルートを使うことができなくなります。これを解決するために、**ネクストホップセルフ**という機能を使います。ネクストホップセルフによって、通常はIBGPピアに通知するときには変更しないNEXT_HOPアトリビュートを変更します。ルータBからルータCへのUPDATEのNEXT_HOPアトリビュートをルータBの192.168.1.2というアドレスに変更すれば、ルータCは200.100.1.0/24の経路を利用できるようになります（図10-20）。

▶ネクストホップセルフ
（図10-20）

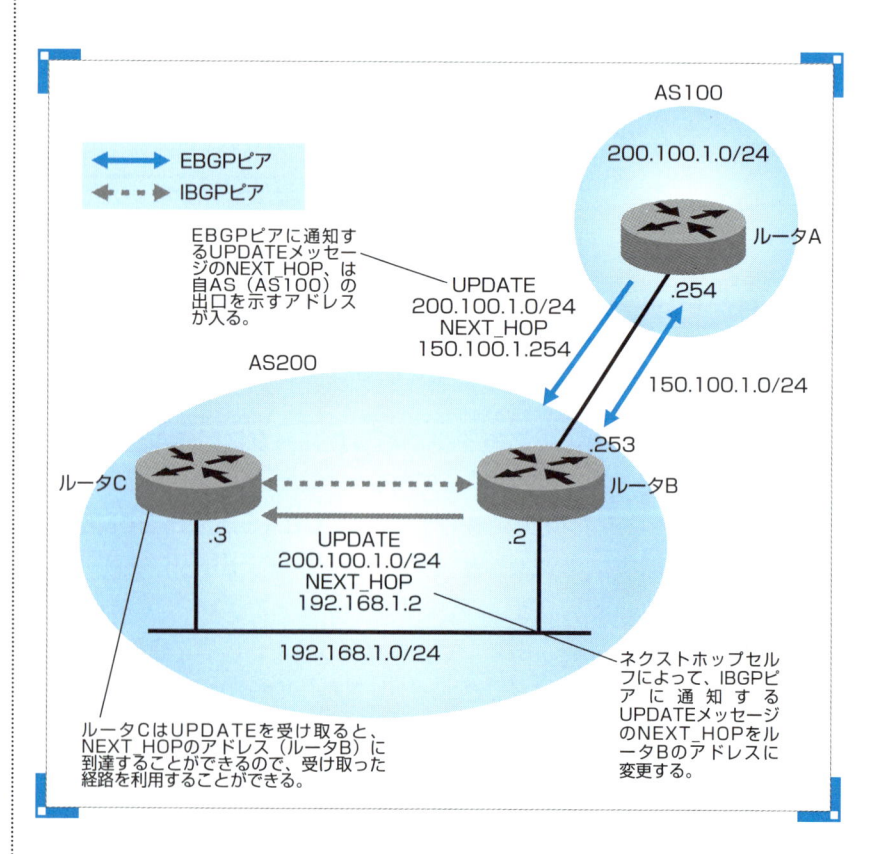

10-4-5 MED (Multi Exit Descriminator)

　MED（Multi Exit Descriminator）アトリビュートは、Optional non-transitiveアトリビュートです。すべてのUPDATEメッセージに含まれることはありませんし、MEDを解釈できなくてもいいとうアトリビュートです。MEDアトリビュートは、隣接ASに対してどの経路を使ってもらいたいかという経路制御を行うために、よく参照されています。

　MEDアトリビュートは、IGPでいうところのメトリックに相当するものです。MEDの目的は隣接ASに対して複数の接続を持っているマルチホーム環境において、経路を制御することです。たとえば、AS100がAS200に2本の接続を持っていて、AS100内のルータAはAS200内のルータB、ルータCとEBGPピアをはっている例を考えます。AS100内に200.100.1.0/24のNLRIがあり、これをBGPで通知します。ここで、AS100はAS200への2本のリンクのうち、左側のリンクを優先させたいというときに、MEDによる経路制御を利用することができます。

　これを行うためには、ルータAはルータBに対して200.100.1.0/24のMEDを100として通知し、ルータCに対して200.100.1.0/24のMEDを200として通知します。すると、AS200では他のBGPパスアトリビュートの条件が同一であれば、MEDが最も小さい経路を選択します。その結果、AS200からAS100の200.100.1.0/24へのトラフィックは、ルータBとルータAのリンクを通じて転送されることになります（図10-21）。

MEDアトリビュート
（図10-21）

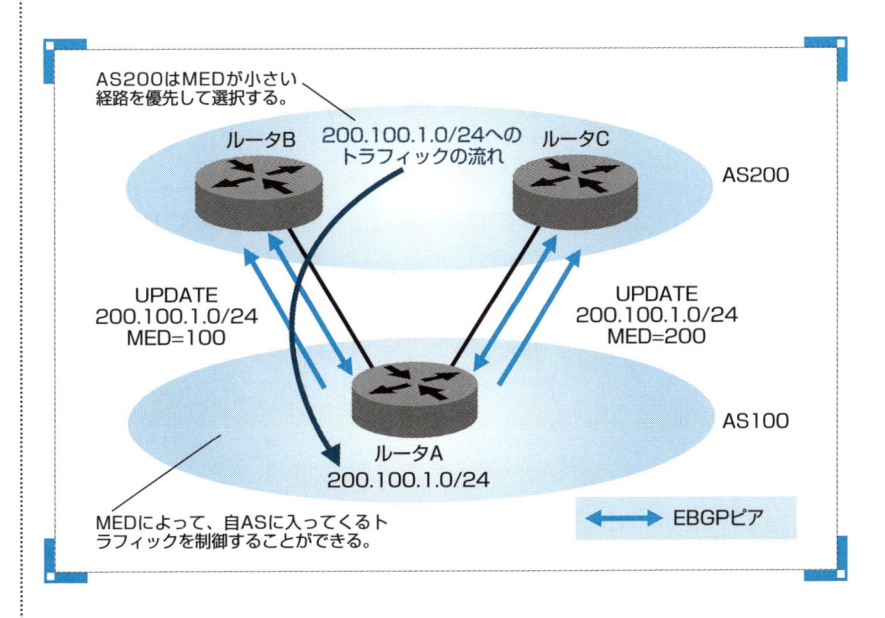

chapter 10
BGP (Border Gateway Protocol)

つまり、MEDは隣接ASに対して"どの経路を使ってもらいたいか"ということを通知するために利用しています。

しかしながら、「10-5 BGPベストパスの選択」で解説するBGPベストパスの選択において、MEDを参照する優先度は低くなっています。隣接ASのポリシーによっては、自ASが意図した経路を選択してもらえるとは限りません。他のASに対しての経路制御は、AS間でしっかりとポリシーを取り決めて、それに従う必要があります。

10-4-6 LOCAL_PREFERENCE

LOCAL_PREFERENCEアトリビュートは、Well-known discretionaryのアトリビュートです。Well-knownであるので、すべてのBGPスピーカはLOCAL_PREFERENCEを解釈することができます。しかし、discretionaryなので、必ずしもUPDATEメッセージに含まれるとは限りません。

LOCAL_PREFERENCEは、自ASから他のASへ行くための出口のBGPスピーカを経由していくかを決めるために利用します。他のBGPパスアトリビュートの条件が同じ場合、LOCAL_PREFERENCEが大きい経路の方が優先されます。

LOCAL_PREFERENCEの利用方法について、図10-22を例に考えてみます。

AS100内にルータA、ルータB、ルータCの3台のBGPスピーカがいて、それぞれIBGPピアをフルメッシュで構成しています。ルータAはAS200内のルータDとEBGPピアを構成し、ルータBはAS300内のルータEとEBGPピアを構成しています。AS200、AS300の先にはAS400があり、AS400から160.1.0.0/16というNLRIがBGPで通知されてきています。

ルータAとルータBはこの160.1.0.0/16というNLRIをEBGPピアから学習します。これをルータCに通知することになります。このとき、AS100のポリシーとして160.1.0.0/16に到達するには、ルータAを経由させたいというときを考えます。これを実現するために、ルータAでは160.1.0.0/16を通知するときに、LOCAL_PREFERENCEを500にして、ルータBではLOCAL_PREFERENCEを100にして、ルータCに通知します。ルータCは160.1.0.0/16というNLRIに対して、ルータAを経由する経路とルータBを経由する経路がありますが、LOCAL_PREFERENCE

10-4
BGPパスアトリビュート

を比較して、ルータAの経路を優先するようになります。

▼LOCAL_PREFERENCEアトリビュート（図10-22）

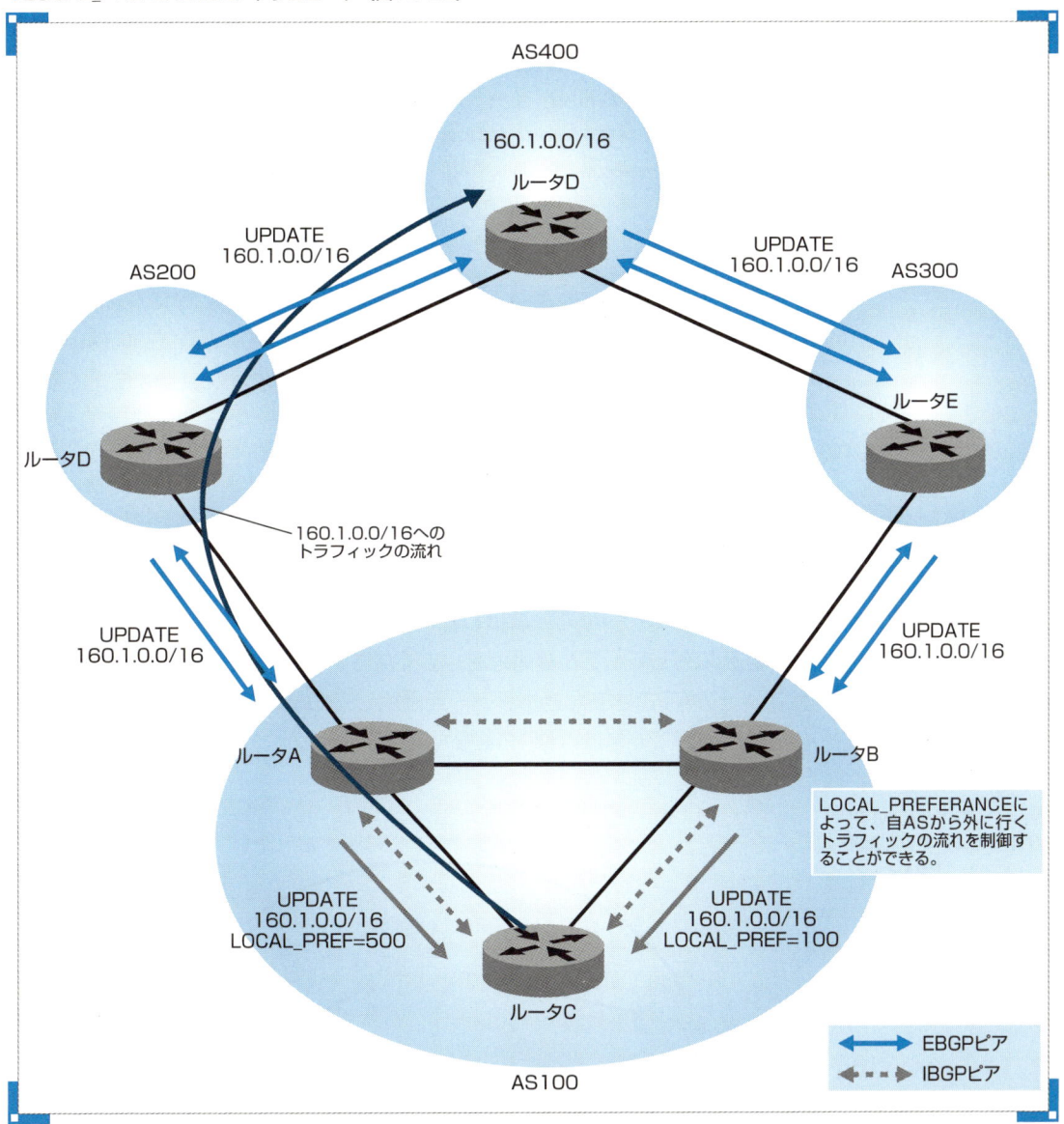

[図: AS100内のルータA、B、CとAS200のルータD、AS300のルータE、AS400のルータDを含むBGPネットワーク構成図。ルータAからのUPDATEにLOCAL_PREF=500、ルータBからのUPDATEにLOCAL_PREF=100が設定され、160.1.0.0/16へのトラフィックはルータA経由で流れる。LOCAL_PREFERANCEによって、自ASから外に行くトラフィックの流れを制御することができる。凡例: EBGPピア、IBGPピア]

　以上のように、LOCAL_PREFERENCEは、自AS内のBGPスピーカに対してどのBGPスピーカを経由して他のASに出て行くのかという出口を制御するために利用されています。

10-4-7 COMMUNITY

COMMUNITYアトリビュートはOptional transitiveアトリビュートであり、すべてのBGPスピーカが解釈できるとは限りません。もし、COMMUNITYアトリビュートがUPDATEメッセージに付加されていれば、COMMUNITYアトリビュートを解釈できないBGPスピーカでもそれを他のピアに通知することになります。

COMMUNITYアトリビュートの目的は、離れた（隣接していない）ASに対して、何らかのポリシーを適用したいというときに利用します。LOCAL_PREFERENCEは、自ASに対して出口を決めるために使います。MEDは、隣接ASに対して自ASの入り口を決めるために使います。ですが、これら2つのアトリビュートでは、隣接していないASに対してポリシーを適用することができません。そのため、COMMUNITYアトリビュートを利用します。

COMMUNITYアトリビュートによって、経路に"目印をつける"と考えるとわかりやすくなるでしょう。ある経路にCOMMUNITYアトリビュートによって目印をつけて、隣接していないASに対して、その目印がついている経路に対して"こんな処理をしてください"といったポリシーを連絡します。そのASできちんとポリシーを適用してもらえれば、無事に目的を達成することができます（図10-23）。

COMMUNITY▶
アトリビュートの利用例
（図10-23）

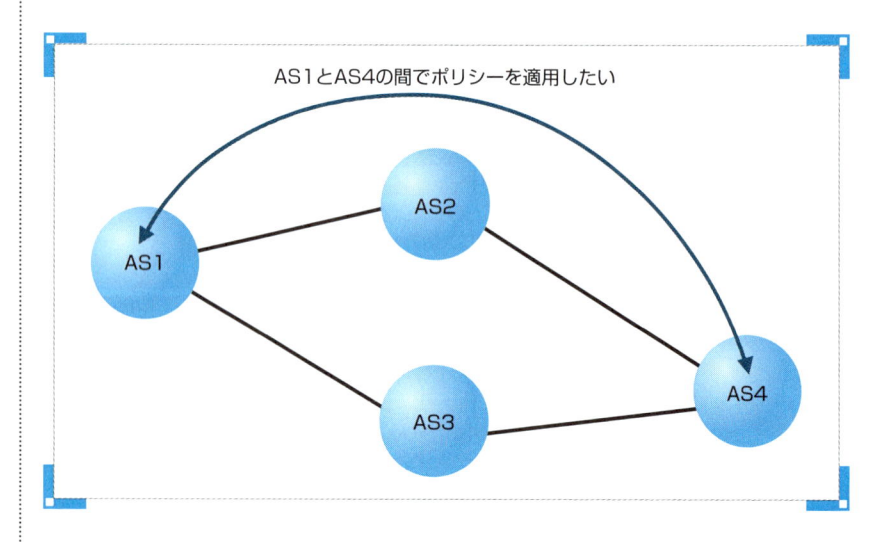

しかし、相手のASが自ASで望んだとおりにポリシーを適用してくれるかどうかについては、確実なものではありません。AS間の信頼関係などに依存してくることがあります。

10-5 BGPポリシーベースルーティング

BGPを利用することによって、ASのさまざまなポリシーに従った経路制御を行うことが可能になります。ポリシーベースルーティングの仕組みを理解するために、この項ではまず、BGPがベストパスを選択するプロセスを解説し、具体的なポリシーベースルーティングの例を紹介します。

10-5-1 BGPベストパス選択のプロセス

BGPスピーカは、BGPピアから受け取ったUPDATEメッセージをBGPテーブルに挿入します。BGPテーブルでベストパスを決定すると、その経路をルーティングテーブルに載せて、IPパケットのルーティングに利用することができます。

BGPテーブル上で、**ベストパス**を決定するプロセスは以下のように行われています。

---

❶**NEXT_HOPアトリビュートのIPアドレスに到達可能（大前提）**

まず、大前提としてNEXT_HOPアトリビュートのIPアドレスに到達できなければ、その経路を使うことができない。これは、考えてみると当たり前のこと。次に送ることができないのに、その経路を他のルータに教えるということはナンセンス。

❷**WEIGHTアトリビュートが最大の経路を優先**

WEIGHTアトリビュートは、シスコ社独自の実装。WEIGHTアトリビュートが最大の経路をベストパスとして選択する。

❸**LOCAL_PREFERENCEアトリビュートが最大の経路を優先**

NEXT_HOPに到達可能である経路が複数ある場合、その経路に付加されているLOCAL_PREFERENCEアトリビュートを参照する。LOCAL_PREFERNCEの値が大きい経路を優先してベストパスとして選択する。

❹**ローカルルータが発生元である経路を優先**

もし、LOCAL_PREFERENCEの値が同一の場合、その経路の発生元が自分自身であるときには、もちろん自分自身で生成した経路情報をベストパスとして採用することになる。

chapter 10
BGP (Border Gateway Protocol)

❺AS_PATHアトリビュートが最も短い経路を優先

経路の発生元が自分自身ではなく、LOCAL_PREFERENCEの値が同じ場合、AS_PATHアトリビュートを参照する。AS_PATHアトリビュートが最も短い経路が優先されて、ベストパスとなる。

❻ORIGINアトリビュートが最小の経路を優先（IGP＜EGP＜IMCOMPLETE）

AS_PATHの長さが同じ場合、次にORIGINアトリビュートを参照する。ORIGINアトリビュートは経路の発生源を意味していて、IGP、EGP、IMCOMPLETEの3種類ある。これらは数値にコード化され大小関係は、IGP＜EGP＜IMCOMPLETEです。ORIGINアトリビュートの値が最も小さい経路が優先されて、ベストパスとなる。

❼MEDアトリビュートが最小の経路を優先

ORIGINアトリビュートでもベストパスを選択できなければ、次にMEDアトリビュートを参照する。MEDアトリビュートの最も小さい経路が、ベストパスとして選択されることになる。

❽IBGPピアから学習した経路よりもEBGPピアから学習した経路を優先

MEDアトリビュートを比べてもベストパスを選択できなかったときには、経路の学習元を見る。IBGPピアから学習した経路よりもEBGPピアから学習した経路を優先して、ベストパスにする。

❾NEXT_HOPへ最短で到達できる経路を優先

経路の学習元でもベストパスを決めることができないときには、NEXT_HOPへ最短で到達することができる経路を優先する。

❿経路がEBGPピアから学習したもののとき、学習してから最も時間がたっている経路を優先

EBGPピアから学習した経路の場合、学習してからの時間が長い方が安定した経路とみなして、ベストパスとして選択する。

⓫BGPピアのルータIDが最も小さい経路を優先

以上のプロセスでもベストパスを選択できないときには、ルータIDによる比較を行う。ルータIDはBGPスピーカを一意に識別するためのIDだから、ここで必ずベストパスを決定することができるようになる。ルータIDが最も小さいBGPピアから学習した経路をベストパスとする。

このようなプロセスで選択したベストパスをルーティングテーブルに挿入し、また、他のBGPピアに通知することができるようになります。

10-5-2 WEIGHTによる経路制御

WEIGHTアトリビュートはシスコ社独自の実装で、ローカルルータにおいて、どのBGPピアを優先するかを定義するためのアトリビュートです。シスコ社独自の実装であるため、「10-4 BGPパスアトリビュート」では取り上げませんでしたが、簡単にBGPの経路制御を行うためにWEIGHTアトリビュートもよく利用されています。

WEIGHTはBGPピアに対して割り当て、WEIGHTの値が高いほど優先されます。図10-24において、ルータAが常にBGPピアCを優先したいというときにWEIGHTを利用すると簡単に制御することができます。ルータAからBGPピアBに対してWEIGHTを100に設定し、BGPピアCに対してWEIGHTを200にすると、ルータAは常にルータCを優先して経路を選択するようになります。また、ピア単位ではなくて、個別のNLRIごとにWEIGHTを指定することも可能です。

▶WEIGHTアトリビュートによる経路制御（図10-24）

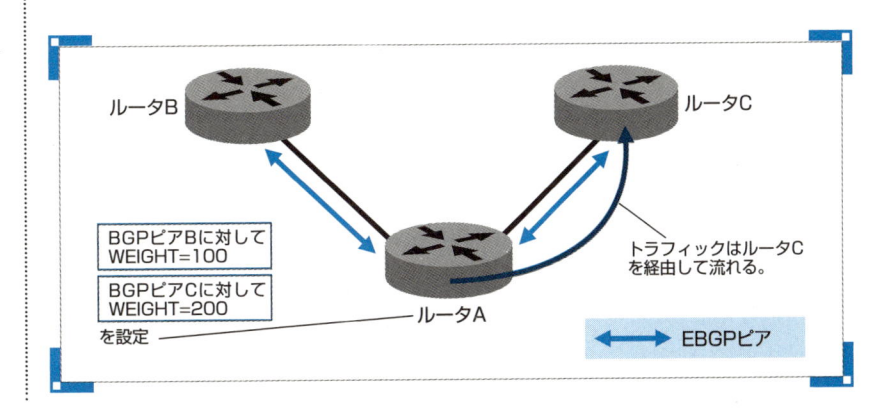

10-5-3 AS_PATHによる経路制御

特にBGPアトリビュートを変更しなければ、**AS_PATH**が最短の経路が優先されます。この特徴を利用して、経路制御を行なうことができます。図10-25において、AS5からAS1へのトラフィックはAS_PATHが最短となるAS5→AS4→AS1となります。これをあえてAS5→AS3→AS2→AS1という経路を通したいときに、AS_PATHによる制御を行うことができます。

chapter 10
BGP (Border Gateway Protocol)

　AS1からAS4にUPDATEメッセージを送るときに、自AS番号を余分に付加します。これを**AS_PATHプリペンド**と呼んでいます。AS_PATHプリペンドで、AS_PATHを実際よりも長くすることによって、トラフィックの流れを制御することができるようになります。

▶AS_PATHによる
経路制御
(図10-25)

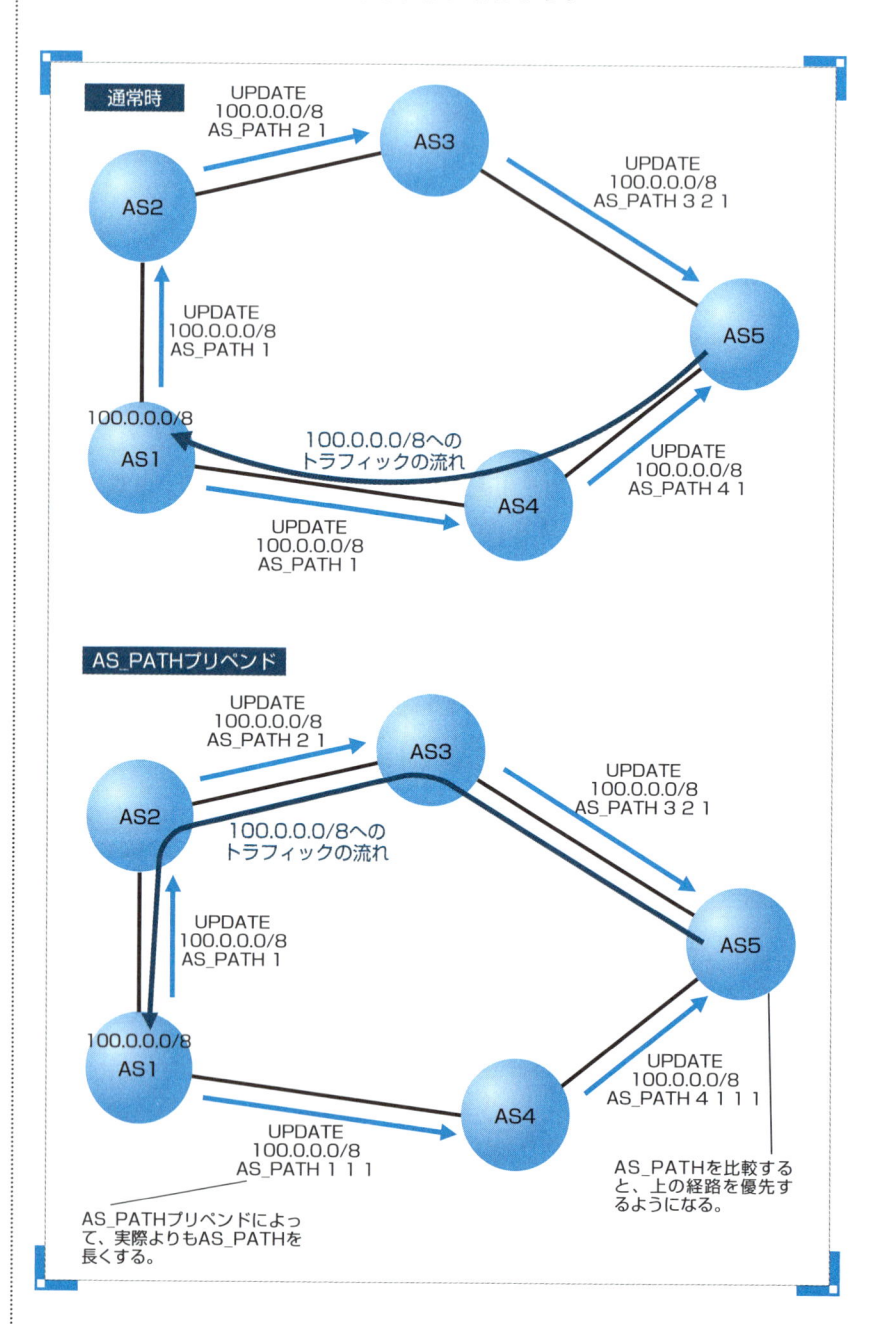

通常時

UPDATE
100.0.0.0/8
AS_PATH 2 1

UPDATE
100.0.0.0/8
AS_PATH 3 2 1

UPDATE
100.0.0.0/8
AS_PATH 1

100.0.0.0/8

100.0.0.0/8へのトラフィックの流れ

UPDATE
100.0.0.0/8
AS_PATH 4 1

UPDATE
100.0.0.0/8
AS_PATH 1

AS_PATHプリペンド

UPDATE
100.0.0.0/8
AS_PATH 2 1

UPDATE
100.0.0.0/8
AS_PATH 3 2 1

100.0.0.0/8へのトラフィックの流れ

UPDATE
100.0.0.0/8
AS_PATH 1

100.0.0.0/8

UPDATE
100.0.0.0/8
AS_PATH 4 1 1 1

UPDATE
100.0.0.0/8
AS_PATH 1 1 1

AS_PATHプリペンドによって、実際よりもAS_PATHを長くする。

AS_PATHを比較すると、上の経路を優先するようになる。

10-5-4　MEDによる負荷分散

MEDはマルチホーム環境で、自ASへの入り口として経路を制御する目的で利用されます。これをうまく利用することによって、自ASへ入ってくるNLRIへのトラフィックごとに負荷分散を行うことも可能です。たとえば、図10-26を考えます。

◀MEDによる負荷分散の例
（図10-26）

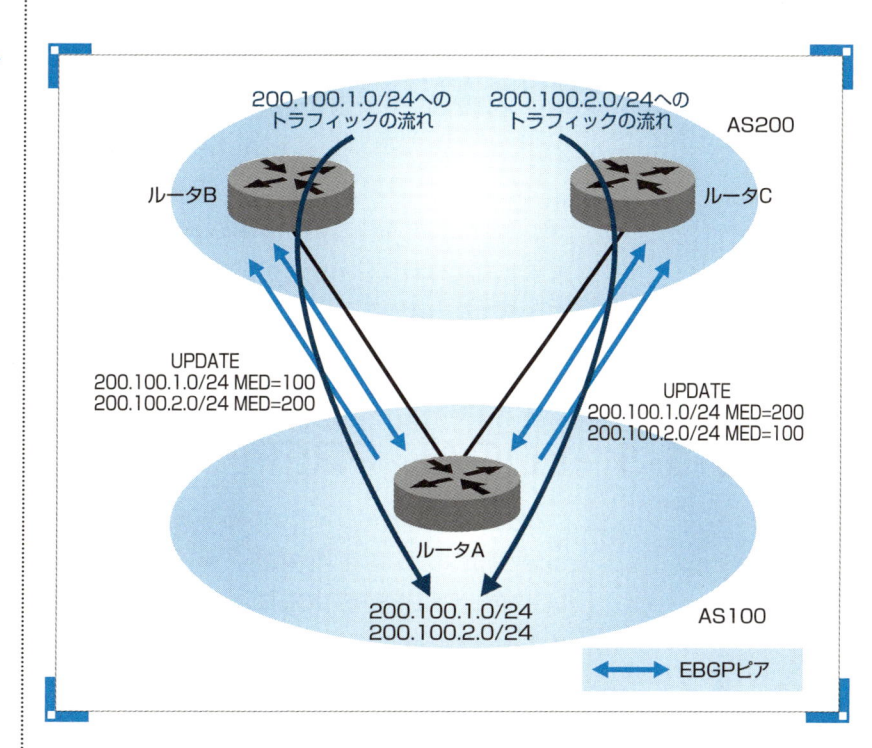

AS100内に200.100.1.0/24と200.100.2.0/24という2つのNLRIがあります。AS100は、AS200とマルチホーム構成になっています。ここで、AS100は200.100.1.0/24へのトラフィックは左側のリンクを通り、200.100.2.0/24へのトラフィックは右側のリンクを通るように制御したいときに、それぞれのNLRIごとにMEDの値を調整して実現することができます。この例では、ルータAからルータBに送るUPDATEメッセージで、

```
200.100.1.0/24  MED=100
200.100.2.0/24  MED=200
```

として通知します。

そして、ルータAからルータCのUPDATEメッセージは、

```
200.100.1.0/24 MED=200
200.100.2.0/24 MED=100
```

として通知します。これによって、AS200のBGPスピーカは200.100.1.0/24あてのトラフィックはルータAとルータBのリンクを通じて転送し、200.100.2.0/24あてのトラフィックはルータAとルータCのリンクを通じて転送するようになります。

ただし、MEDアトリビュートはベストパス決定のプロセスにおいてそれほど高い優先度を持っていません。そのため、MEDによって必ずしも自ASに入ってくるトラフィックを制御することができるとは限りません。その点は、きちんとAS間でポリシーの交渉を行っておくことが大事です。

10-5-5 LOCAL_PREFERENCEによる経路制御

ASがマルチホームトランジット環境のとき、回線の帯域幅によってどちらか特定の回線を優先的に利用したいという場合があります。**LOCAL_PREFERENCE**によって、自ASから出るトラフィックを制御することができます。

図10-27では、AS100から他のASへのトラフィックをAS200経由にしたいというときに、AS200から受け取ったUPDATEメッセージのLOCAL_PREFERENCE値を500として自AS内に通知しています。また、AS300から受け取ったUPDATEメッセージは、LOCAL_PREFERENCEの値を100として自ASに通知します。

このようにLOCAL_PREFERENCEの値を調整すると、自AS内のBGPスピーカはベストパスとしてAS200からの経路を採用し、トラフィックの流れがAS200を経由するようになります。

LOCAL_PREFERENCEは自AS内のBGPスピーカに影響を与えますし、ベストパス選択のプロセスでも比較的上位に参照されるため、自ASから外に出るトラフィックについては、意図した通りに制御しやすいと言えます。

10-5 BGPポリシーベースルーティング

▼LOCAL_PREFERENCEによる経路制御（図10-27）

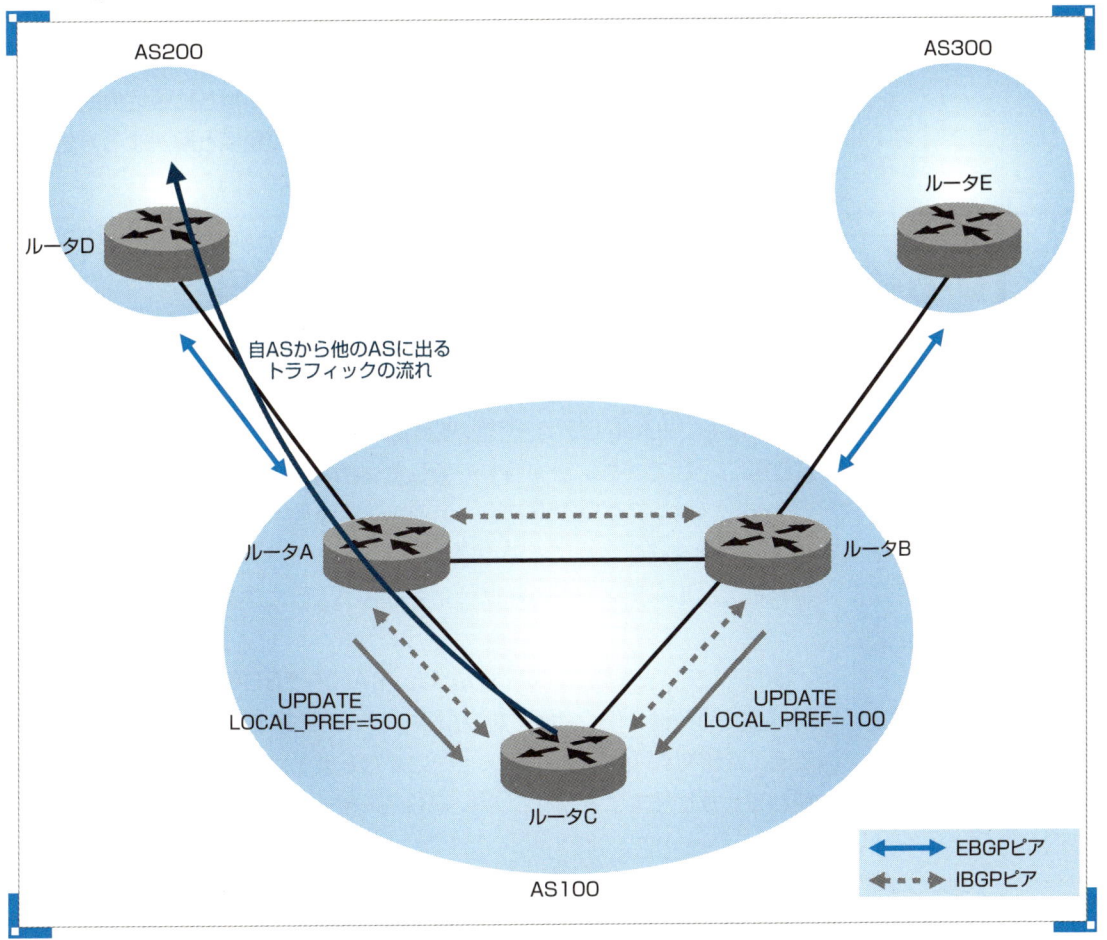

AS200
ルータD

AS300
ルータE

自ASから他のASに出る
トラフィックの流れ

ルータA
ルータB

UPDATE
LOCAL_PREF=500

UPDATE
LOCAL_PREF=100

ルータC

AS100

← → EBGPピア
←--→ IBGPピア

Chapter 10　BGP（Border Gateway Protocol）

10-6　BGPのスケーラビリティ

　BGPピアのうち、IBGPスプリットホライズンのため、IBGPピアはフルメッシュで構成しなければいけないという制限があるということは前述しました。そのため、IBGPではスケーラビリティ、すなわち拡張性の問題が出てくることになります。そのスケーラビリティの問題点と解決する方法について解説します。

10-6-1　IBGPスケーラビリティの問題

　IBGPピアは、「10-3-2　EBGPとIBGP」の中で述べたように、BGPスプリットホライズンの原則が適用されます。**BGPスプリットホライズンの原則**とは、IBGPピアから受け取ったルーティング情報は他のIBGPピアに送ることができないというものでした。これは、ちょうどRIPやIGRPなどのディスタンスベクタ型でルーティング情報を学習したインタフェースからその情報を送信しないという通常のスプリットホライズンと似ています。これらは、**ルーティングループ**が発生しないようにするためのものです。

　BGPスプリットホライズンのため、自AS内でBGPによるルーティングを行うためには、IBGPピアをフルメッシュで設定する必要があります。すると、AS内に何台ものBGPスピーカが存在する場合、IBGPピアの数が増加してしまいます。AS内にN台のBGPスピーカが存在するとIBGPピアの数は、

> $N(N-1)/2$

必要になります。

　BGPではOSPFなどと異なり、ルーティング情報を交換するための相手を明示的に指定する必要があります。ピアが増えれば増えるほど、設定を行うための労力が増えてしまいます。設定しなければいけない項目が増えると、設定ミスの可能性も大きくなってしまうことが考えられます。

　そして、BGPはTCP上で動作するために、IBGPピアが増えるということはTCPコネクションが増えることにもなります。TCPは信頼性のある転送を行うために、さまざまな制御情報をやり取りし、ヘッダのオーバーヘッドも大きくなっています。そのため、IBGPピアが増加しTCPコネクションが増加すると、ルータに対して大きな負荷をかけてしまうことにもつながります。

　さらに、IBGPピアが増えるということは、ピア間で交換されるルーティ

ング情報のトラフィックも増えてきます。BGPによるルーティング情報のトラフィックによって、AS内のネットワークが混雑してしまうという可能性も考えられます（図10-28）。

▼IBGPフルメッシュの問題点（図10-28）

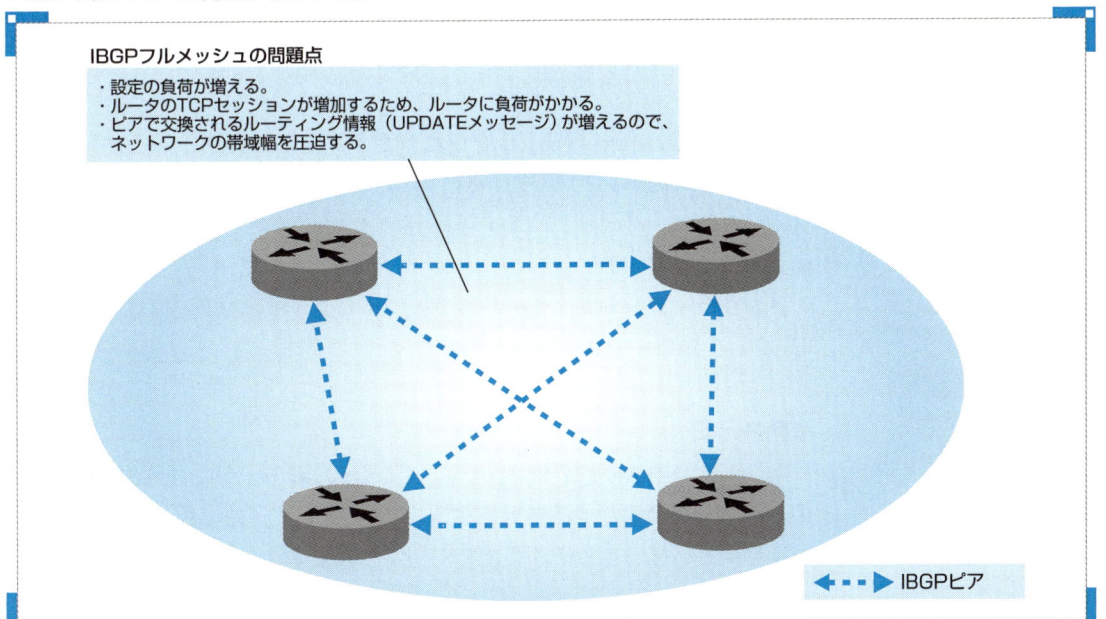

IBGPフルメッシュの問題点
- 設定の負荷が増える。
- ルータのTCPセッションが増加するため、ルータに負荷がかかる。
- ピアで交換されるルーティング情報（UPDATEメッセージ）が増えるので、ネットワークの帯域幅を圧迫する。

◀----▶ IBGPピア

　以上のような問題点が、**IBGPスケーラビリティの問題**として知られています。このIBGPスケーラビリティの問題を解決するために、これから解説する**ルートリフレクタ**という技術があります。ルートリフレクタでは、BGPスプリットホライズンの原則を緩和することによって、IBGPスケーラビリティの問題を解決します。

10-6-2　ルートリフレクタの用語

　まず、**ルートリフレクタ**という技術に用いられる用語について整理します。ルートリフレクタでは、次のような用語があります。

●ルートリフレクタ
　IBGPピアから受信したルーティング情報を、他のIBGPピアに送信（リフレクト）することができるルータを**ルートリフレクタ**と呼びます。ルートリフレクタは、AS内に複数存在することもあります。ルートリフレクタが複数存在する場合には、ルートリフレクタ同士で、IBGPフルメッシュを構

成しなくてはいけません。

●**クライアント**
　ルートリフレクタがルーティング情報をリフレクトする相手のルータを**クライアント**と呼んでいます。

●**クラスタ**
　クラスタは、ルートリフレクタとクライアントの集まりのことを指します。AS内に複数のクラスタが存在することが可能です。

●**ノンクライアント**
　ノンクライアントは、ルートリフレクタのクライアントではない、通常のIBGPピアのルータを意味しています。

●**発生元ID**
　AS内で、経路情報を生成したBGPスピーカのルータIDが**発生元ID**です。ルーティング情報がその情報を生成したBGPスピーカに戻ってきたときループが発生しないようにするために利用されます。

●**クラスタID**
　クラスタ内には複数のルートリフレクタを構成することができます。クラスタ内にルートリフレクタが1台しかいない場合には、クラスタはルートリフレクタのルータIDで識別することができますが、複数のルートリフレクタが存在する場合には、クラスタを識別するための**クラスタID**を設定しなければいけません。

10-6-3　ルートリフレクタの動作

　ルートリフレクタは、UPDATEメッセージを受信したピアの種類によって動作が異なります。ルートリフレクタがUPDATEメッセージを受信するピアの種類としては、**クライアント**、**ノンクライアント**、**EBGPピア**の3種類が考えられます。
　クライアントから送信されたUPDATEメッセージをルートリフレクタが受信したとき、ルートリフレクタはノンクライアントとクライアント（発生元IDは除く）に対してUPDATEが送信されます。
　ノンクライアントから送信されたUPDATEメッセージをルートリフレクタが受信したときは、ルートリフレクタはクライアントに対してUPDATE

メッセージを送信します。ノンクライアントは通常のIBGPピアですので、その他のノンクライアントに対してはBGPスプリットホライズンが適用されています。

　EBGPから送信されたUPDATEメッセージをルートリフレクタが受信したとき、ルートリフレクタは、クライアントとノンクライアントともにUPDATEメッセージを送信することになります。

　ルートリフレクタの具体的な動作の例として、図10-29を考えます。ルータAはルートリフレクタで、クライアントはルータB、ルータC、ルータDとします。ルータEはルータAと通常のIBGPピアを設定しているので、ノンクライアントです。さらに、ルータAはルータFとEBGPピアを構成しています。

▼ルートリフレクタの例（図10-29）

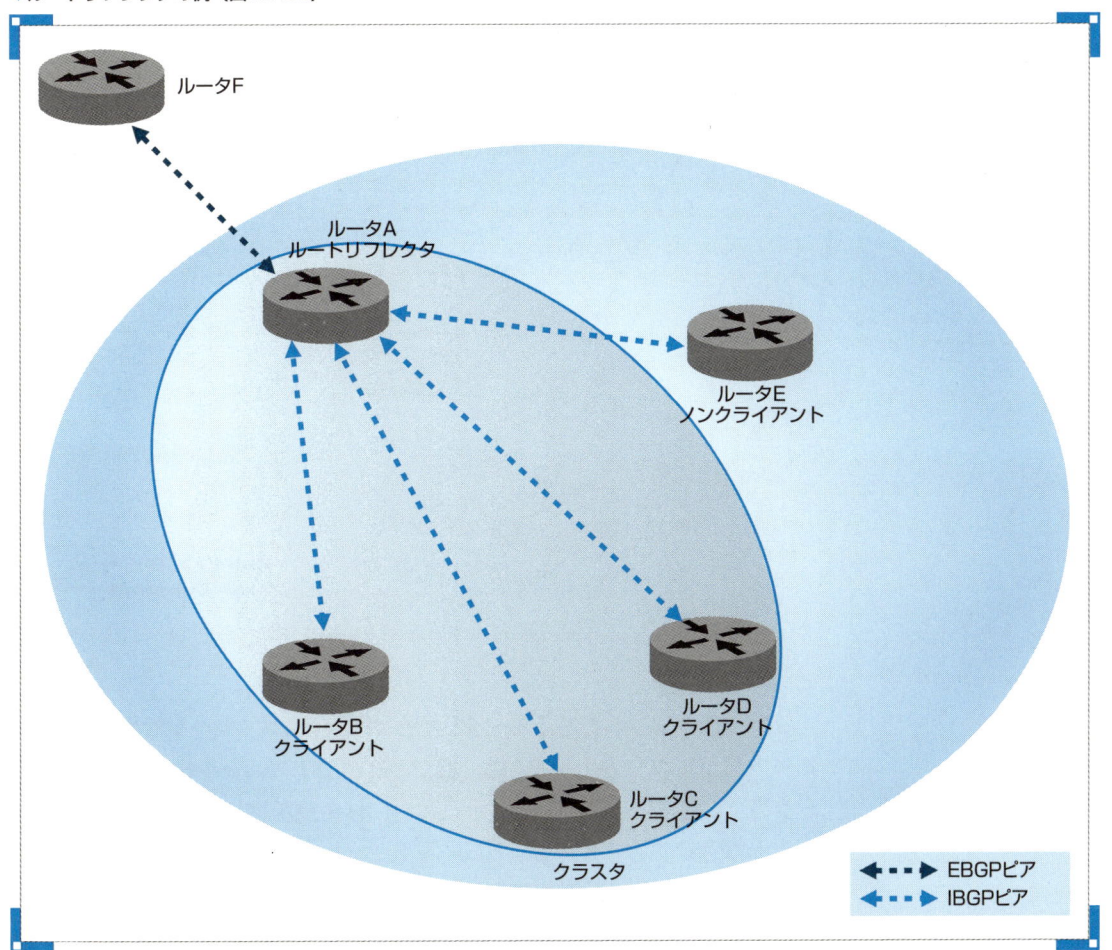

chapter 10
BGP (Border Gateway Protocol)

　クライアントであるルータBからルートリフレクタであるルータAに送信されたUPDATEメッセージは、他のクライアントのルータC、ルータDとノンクライアントのルータEへと送信されます。EBGPピアであるルータFに対してUPDATEメッセージを送信するかどうかはBGP同期によって決まります（図10-30）。

▼ルートリフレクタの動作①（図10-30）

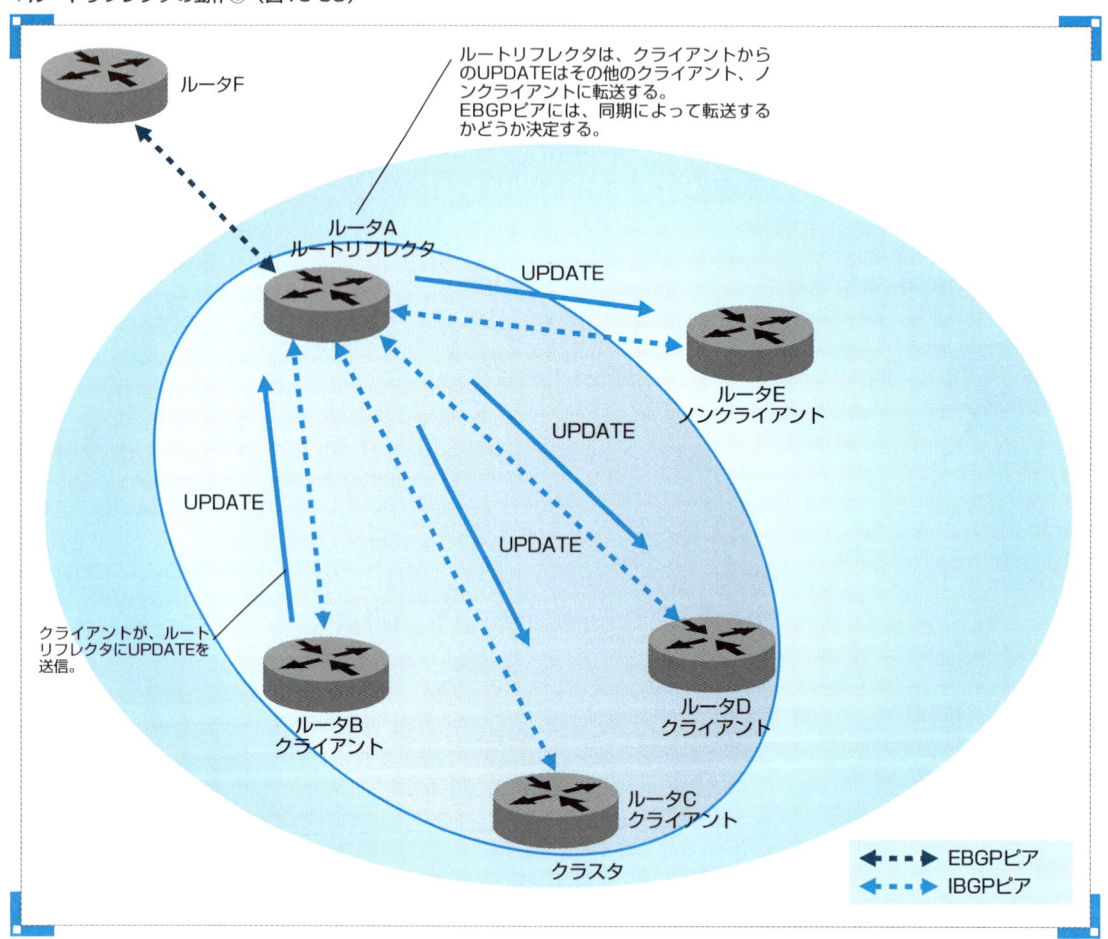

　ノンクライアントであるルータEからUPDATEメッセージを受信すると、ルートリフレクタのルータAは、各クライアント（ルータB、ルータC、ルータD）に転送します。ただし、この例にはありませんが、他のノンクライアントが存在する場合には、BGPスプリットホライズンによって、他のノンクライアントには転送されません。また、EBGPピアへの転送は、やはりBGP同期で決まります（図10-31）。

10-6 BGPのスケーラビリティ

▼ルートリフレクタの動作②（図10-31）

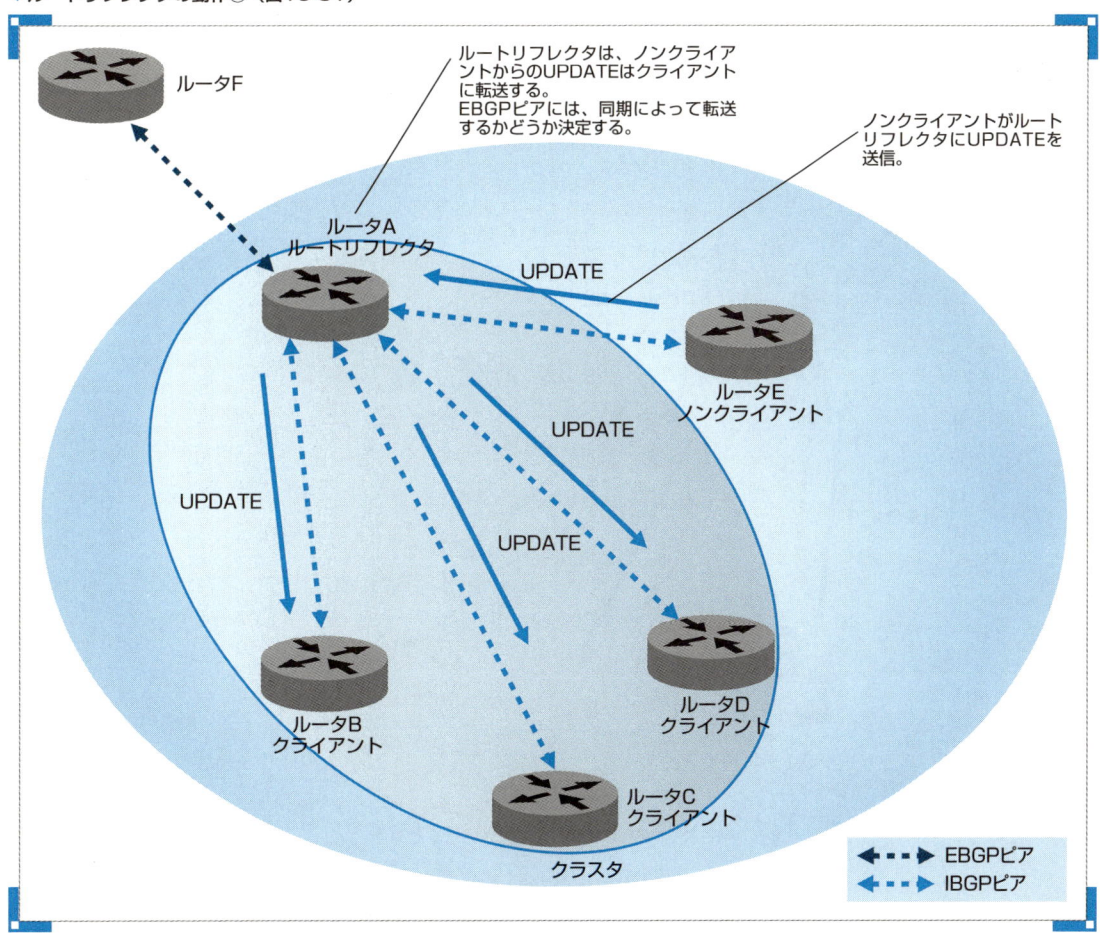

ルートリフレクタは、ノンクライアントからのUPDATEはクライアントに転送する。
EBGPピアには、同期によって転送するかどうか決定する。

ノンクライアントがルートリフレクタにUPDATEを送信。

ルータF
ルータA ルートリフレクタ
ルータE ノンクライアント
ルータB クライアント
ルータC クライアント
ルータD クライアント
クラスタ

UPDATE

◀- - -▶ EBGPピア
◀- - -▶ IBGPピア

　EBGPピアのルータFからUPDATEメッセージを受信すると、ルータAは各クライアント（ルータB、ルータC、ルータD）とノンクライアントのルータEにUPDATEを転送することになります（図10-32）。

chapter 10
BGP (Border Gateway Protocol)

▼ルートリフレクタの動作③(図10-32)

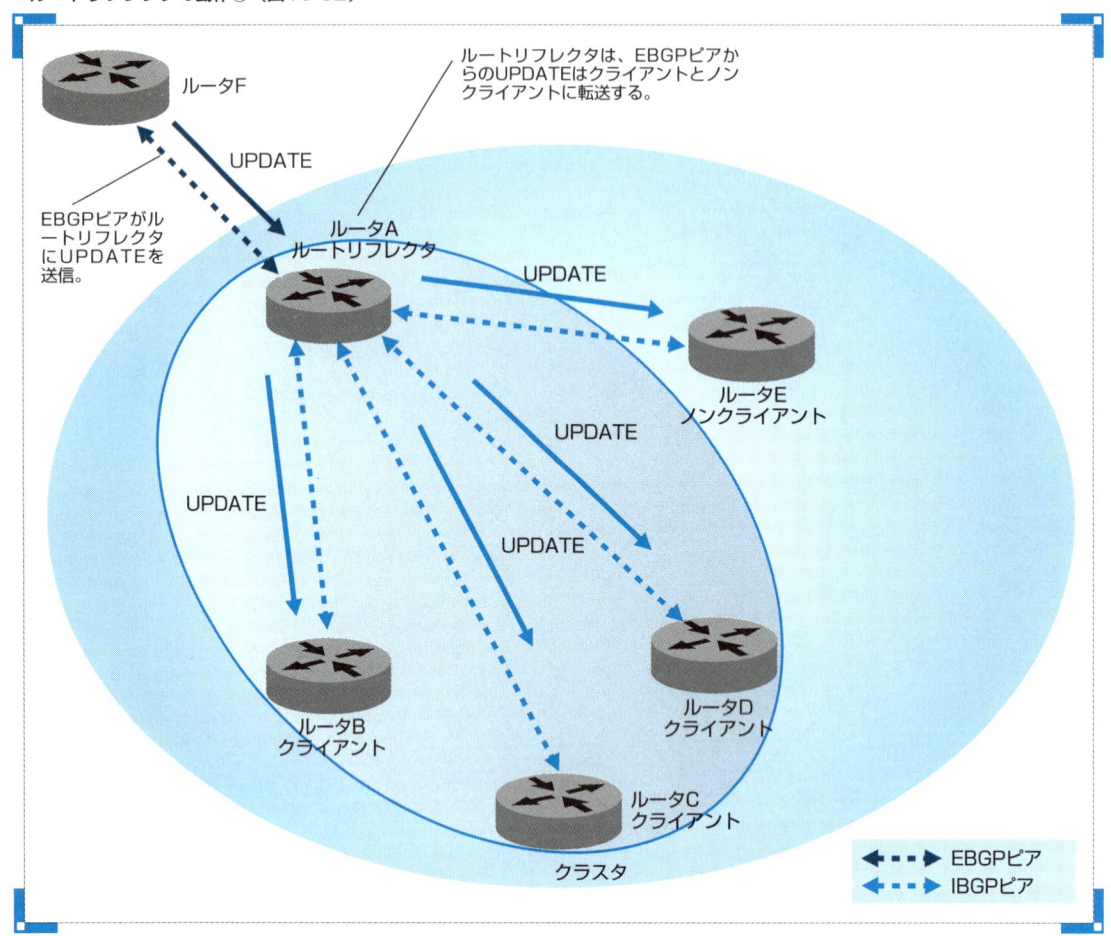

ルータF

EBGPピアがルートリフレクタにUPDATEを送信。

UPDATE

ルートリフレクタは、EBGPピアからのUPDATEはクライアントとノンクライアントに転送する。

ルータA
ルートリフレクタ

UPDATE

ルータE
ノンクライアント

UPDATE

UPDATE

UPDATE

ルータB
クライアント

ルータD
クライアント

ルータC
クライアント

クラスタ

◀・・▶ EBGPピア
◀・・▶ IBGPピア

SUMMARY

第10章　BGPのまとめ

　インターネットは、AS(Autonomous System)が相互に接続することによって構成されています。BGPは、AS間でAS内部のネットワークの情報をやり取りするために利用されている外部ゲートウェイプロトコル(EGPs)の代表的なルーティングプロトコルです。

　第10章では、インターネットの構造、BGPの基本的な動作の流れから、各種アトリビュートによるポリシーベースルーティングの仕組みといったBGP全般についての解説を行いました。

　また、BGPを利用する上で、スケーラビリティの問題が発生します。そのスケーラビリティの問題の解決方法として、ルートリフレクタについても解説しました。

ルーティング&スイッチング

chapter 11

リディストリビューション

この章では、リディストリビューションとは何か、リディストリビューションの仕組みや問題点について解説します。なお、この章ではシスコルータでの実装を解説しています。

Chapter 11 リディストリビューション

11-1 リディストリビューションとは

　ルータは、スタティックルーティングとダイナミックルーティングを同時に設定してルーティングテーブルを作成することが可能です。また、ダイナミックルーティングを行うためのルーティングプロトコルも、1台のルータで同時に複数動作させることも可能です。このような状況では、リディストリビューションの設定が必要になってくることがあります。

11-1-1 ルーティングテーブルに対する複数の情報源

　「第5章　ルーティング」で解説した通り、ルータはやってきたIPパケットの送信先IPアドレスに一致するエントリをルーティングテーブルから探し出して、パケットを転送します。このルーティングテーブルのエントリの情報源として、大きく次の3つの種類に分けることができます。

●**直接接続**
　ルータ自身がもっているインタフェースのネットワーク。直接接続のネットワークは、特に設定の必要なくルーティングテーブル上に載せられる。

●**スタティック**
　管理者がルータにスタティックに設定した経路。

●**ダイナミック**
　ルーティングプロトコルによって、他のルータから通知されてきた経路。

　ルーティングテーブルのエントリには、どの情報源から学習したものであるかということが記述されています。ダイナミックなエントリに対しては、どのルーティングプロトコルから学習したものかということが載せられています。

　具体的に図11-1を見てみましょう。ルータAは2つのインタフェースをもっていて、e0インタフェースはネットワークアドレスが192.168.1.0/24で、e1インタフェースはネットワークアドレスが192.168.2.0/24です。この2つのインタフェースのネットワークは、何も設定していなくても「直接接続」のエントリとしてルーティングテーブル上に載せられます。
　ルータBに接続されている192.168.3.0/24というネットワークに対して、ルータAでスタティックに経路を設定していると、ルータAのルーティングテーブルに192.168.3.0/24のネットワークが「スタティック」な

11-1 リディストリビューションとは

エントリとして登録されます。

また、ルータAはルータCとRIPによってルーティング情報を交換して、ルータAのルーティングテーブル上にルータCの配下にある192.168.4.0/24というネットワークの学習元が「RIP」であるというエントリが登録されます。

ルータDとは、OSPFでルーティング情報を交換することによって、ルータDの192.168.5.0/24というネットワークの学習元が「OSPF」であるというエントリが登録されます。

▼複数の情報源に対するルーティングテーブルの例（図11-1）

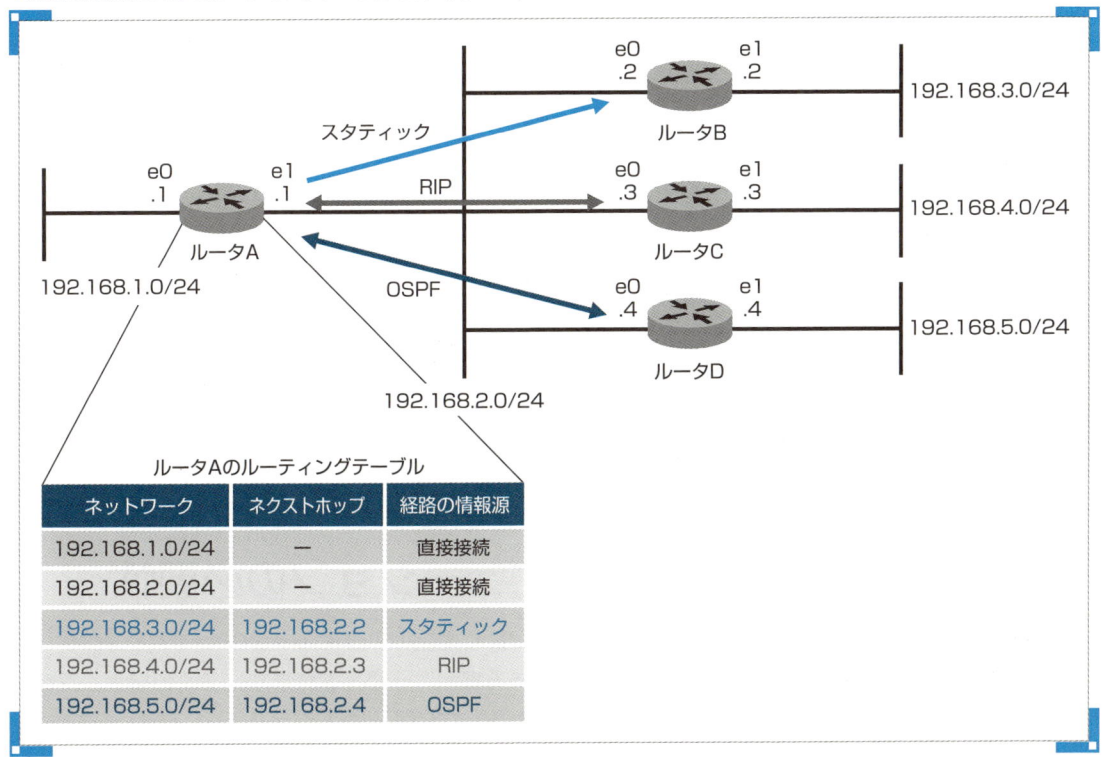

ルータAのルーティングテーブル

ネットワーク	ネクストホップ	経路の情報源
192.168.1.0/24	ー	直接接続
192.168.2.0/24	ー	直接接続
192.168.3.0/24	192.168.2.2	スタティック
192.168.4.0/24	192.168.2.3	RIP
192.168.5.0/24	192.168.2.4	OSPF

以上のように、1つのルータにはさまざまな情報源から経路を学習して、ルーティングテーブル上にエントリが登録されています。しかし、何もしなければ、ルータAはルータCからRIPで学習したネットワークをルータDにOSPFで通知することはありません。また、ルータAはルータDからOSPFで学習したネットワークをRIPでルータCに通知することもありませんし、スタティックで設定した経路をそのままRIPやOSPFによってルータC、ルータDに通知することもしません。

すると、ルータB、ルータC、ルータDの配下のネットワーク間で相互に通信を行うことができなくなってしまいます（図11-2）。

chapter 11
リディストリビューション

▼リディストリビューションを行わないと正しくルーティングできない（図11-2）

ルータAのルーティングテーブル

ネットワーク	ネクストホップ	経路の情報源
192.168.1.0/24	―	直接接続
192.168.2.0/24	―	直接接続
192.168.3.0/24	192.168.2.2	スタティック
192.168.4.0/24	192.168.2.3	RIP
192.168.5.0/24	192.168.2.4	OSPF

― この経路はRIP、OSPFに流れない
― この経路はOSPFに流れない
― この経路はRIPに流れない

ルータB、ルータC、ルータDは、それぞれの配下のネットワークへのルーティングテーブルのエントリをもっていないので、お互いに通信できない。

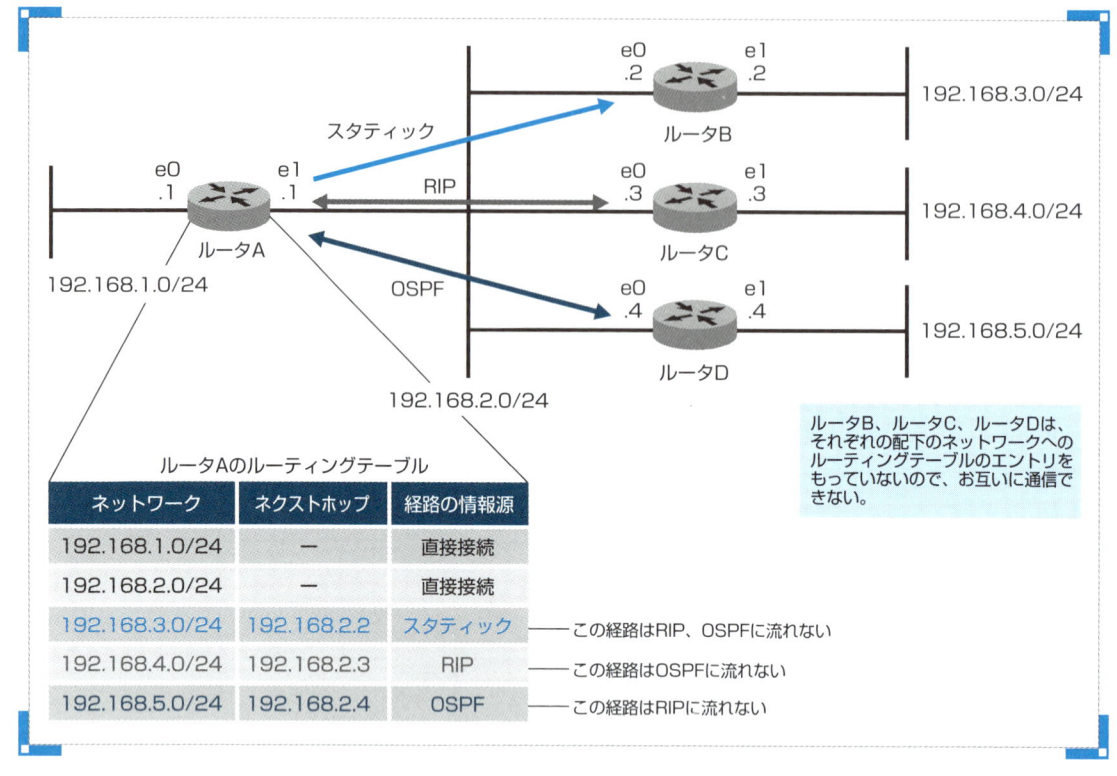

11-1-2 リディストリビューションの必要性

リディストリビューションは、上記のようにルータのルーティングテーブルに対して複数の情報源がある場合に必要となります。多くの場合、複数のルーティングプロトコルが動作しているときと考えるといいでしょう。

先ほどのネットワークの例において、ルータAでRIPからOSPFへのリディストリビューションの設定を行うと、ルータAはルータCからRIPで学習した192.168.4.0/24のネットワークをOSPFでルータDに通知するようになります。

また、ルータAでOSPFからRIPへのリディストリビューションの設定を行うことによって、ルータDからOSPFで学習した192.168.5.0/24のネットワークをRIPでルータCに通知するようになります。そして、ルータAで設定したスタティックな192.168.3.0/24というネットワークをRIPやOSPFで通知するためには、スタティックからRIP、およびスタティックからOSPFへのリディストリビューションの設定を行います（図11-3）。

11-1 リディストリビューションとは

　直接接続のネットワークは、ルーティングプロトコルに直接接続のネットワークをリディストリビューションすることもできますし、そのインタフェースでルーティングプロトコルを有効にすることによってでも、ルーティングプロトコルを利用して通知できるようになります。

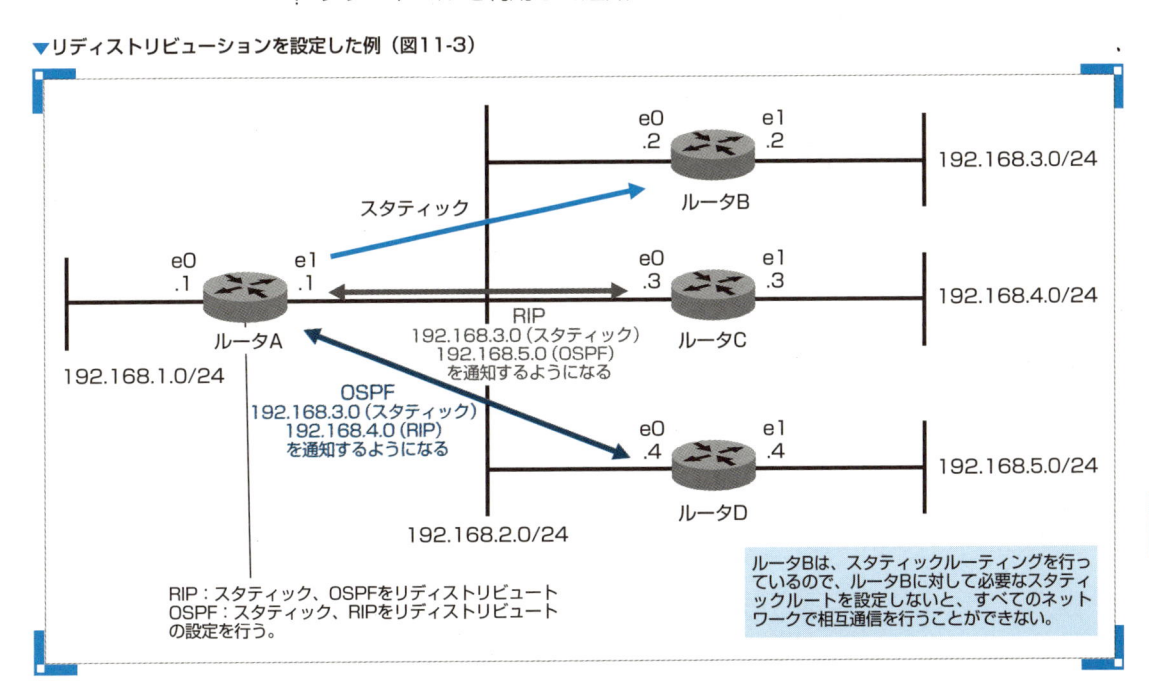

▼リディストリビューションを設定した例（図11-3）

```
                               e0    e1
                               .2    .2
                              ルータB              192.168.3.0/24
             スタティック
    e0  e1                     e0    e1
    .1  .1                     .3    .3
   ルータA                     ルータC              192.168.4.0/24
              RIP
           192.168.3.0（スタティック）
           192.168.5.0（OSPF）
           を通知するようになる
192.168.1.0/24
           OSPF
           192.168.3.0（スタティック）
           192.168.4.0（RIP）      e0    e1
           を通知するようになる    .4    .4
                              ルータD              192.168.5.0/24
              192.168.2.0/24
```

RIP：スタティック、OSPFをリディストリビュート
OSPF：スタティック、RIPをリディストリビュート
の設定を行う。

> ルータBは、スタティックルーティングを行っているので、ルータBに対して必要なスタティックルートを設定しないと、すべてのネットワークで相互通信を行うことができない。

　適切なリディストリビューションの設定を行うことによって、複数のルーティングプロトコルが動作している環境でも、きちんとIPパケットを送り届けることができます。

11-1-3　リディストリビューションの仕組み

　ルータは、さまざまな情報源から学習した経路をルーティングテーブル上に登録していくわけですが、そのときのもう少し具体的な手順を見ていきましょう。先ほどのネットワークのルータAでは、直接接続のネットワークに対するルーティングプロセス、スタティック設定のネットワークのルーティングプロセス、RIPのルーティングプロセス、OSPFのルーティングプロセスという具合に、情報源の1つ1つに対するルーティングプロセスが有効になっています。**ルーティングプロセス**とは、ルータがネットワークの情報を収集するための小さなプログラムと考えてください。ルーティングプロセスには、そのルーティングプロセスによって収集されたネットワークの情報が保持されています。

chapter 11 リディストリビューション

各ルーティングプロセスからメトリックなどを考慮して、適切なネットワークをルーティングテーブル上に載せています（図11-4）。

▶ ルータのルーティングプロセス
（図11-4）

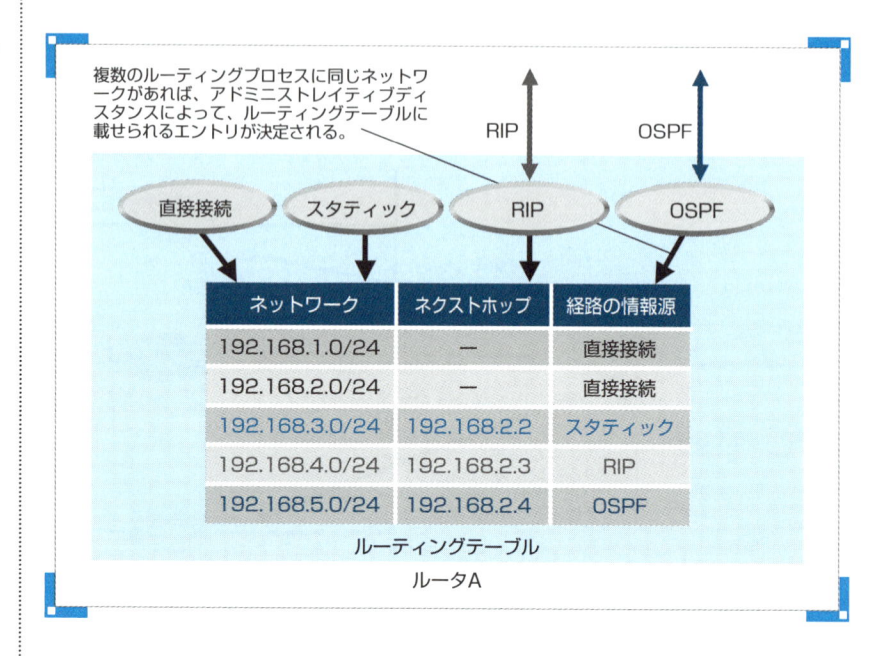

複数のルーティングプロセスに同じネットワークがあれば、アドミニストレイティブディスタンスによって、ルーティングテーブルに載せられるエントリが決定される。

ネットワーク	ネクストホップ	経路の情報源
192.168.1.0/24	—	直接接続
192.168.2.0/24	—	直接接続
192.168.3.0/24	192.168.2.2	スタティック
192.168.4.0/24	192.168.2.3	RIP
192.168.5.0/24	192.168.2.4	OSPF

ルーティングテーブル
ルータA

もし、複数のルーティングプロセスに同じネットワークが存在している場合には、情報源の信頼性によってどの情報源のネットワークをルーティングテーブルに載せるかを決定します。シスコルータでは、この情報源の信頼性のことを**アドミニストレイティブディスタンス**と呼んでいます。第5章でも紹介しましたが、アドミニストレイティブディスタンスのデフォルト値は以下の表のようになっています。アドミニストレイティブディスタンスの値の小さい方がより高い信頼性をもっていると見なされています。

▶ アドミニストレイティブディスタンスの値

経路の情報源	アドミニストレイティブディスタンス値
直接接続	0
スタティック	1
EIGRP集約ルート	5
外部BGP（EGBP）	20
EIGRP	90
IGRP	100
OSPF	110
RIP	120
EIGRP外部ルート	170
内部BGP（IBGP）	200
不明	255

11-1 リディストリビューションとは

　直接接続以外のアドミニストレイティブディスタンスの値は変更することができます。アドミニストレイティブディスタンス値の変更は、特定のネットワーク単位で詳細に指定することも可能です。たとえば、RIPで学習した192.168.4.0/24のネットワークのアドミニストレイティブディスタンスを90に変更するといったようなことが可能です。

　通常、各ルーティングプロセスが保持しているネットワークの情報は、他のルーティングプロセスには流れていきませんが、リディストリビューションによって、あるルーティングプロセスから他のルーティングプロセスに流し込むことができます。

　先ほどのネットワークを例にとると、ルータAでRIPからOSPFへのリディストリビューションを設定すると、RIPのプロセス内の情報をOSPFのプロセスへ流し込みます。逆に、ルータAでOSPFからRIPへのリディストリビューションを設定すると、OSPFのプロセス内の情報をRIPのプロセスへ流し込みます（図11-5）。

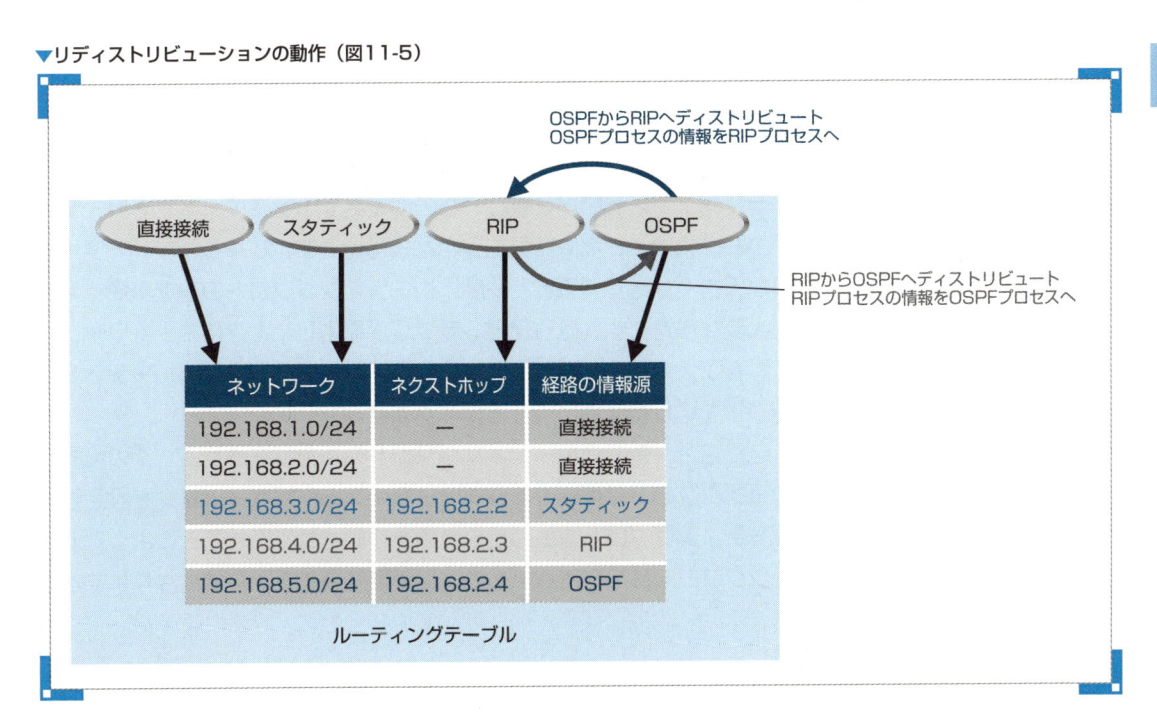

▼リディストリビューションの動作（図11-5）

ネットワーク	ネクストホップ	経路の情報源
192.168.1.0/24	―	直接接続
192.168.2.0/24	―	直接接続
192.168.3.0/24	192.168.2.2	スタティック
192.168.4.0/24	192.168.2.3	RIP
192.168.5.0/24	192.168.2.4	OSPF

ルーティングテーブル

OSPFからRIPへディストリビュート
OSPFプロセスの情報をRIPプロセスへ

RIPからOSPFへディストリビュート
RIPプロセスの情報をOSPFプロセスへ

　以上のように、リディストリビューションを行うことによって、異なるルーティングプロセスで学習したネットワークの情報を他のルーティングプロセスに載せて通知することができるようになります。

Chapter11 リディストリビューション

11-2 リディストリビューションの利用について

リディストリビューションを利用するときには、いくつか考慮することがあります。そういった考慮事項をまったく考えずにリディストリビューションを行うと、ネットワークが混乱して正しく通信ができなくなってしまうこともあります。

ここでは、リディストリビューションを利用するケースとリディストリビューションを利用する上での考慮事項について解説します。

11-2-1 リディストリビューションを利用するケース

リディストリビューションは、このあと解説するようにいくつかの考慮しなければいけないことと問題点があるために、できればリディストリビューションを行わないで済むようにネットワークを設計する方が好ましいネットワーク構成といえます。

とはいえ、リディストリビューションを利用する必要があるケースが不可避的に発生します。以下のようなケースで、リディストリビューションを利用することが考えられます。

●ルーティングプロトコルを変更中の暫定措置として

ルーティングプロトコルを新しいものに変更するときに、ネットワークの規模が小さければ、一度に変更することも可能です。しかし、ネットワークの規模が大きくなってくると、一度にルーティングプロトコルを変更することは、大変な作業です。何らかのトラブルが発生したときにネットワークに与える影響が大きくなってしまうため、何回かに分けて順次、ルーティングプロトコルを切り替えていくことになります。

こうした場合、新旧のルーティングプロトコルを混在させて、その境界でルーティングプロトコル間で双方向のリディストリビューションを設定します。ルーティングプロトコルの境界を順次移動させていくことによって、ルーティングプロトコルを新しいものへと変更することが可能になります（図11-6）。

11-2
リディストリビューションの利用について

ルーティングプロトコルの
移行
（図11-6）

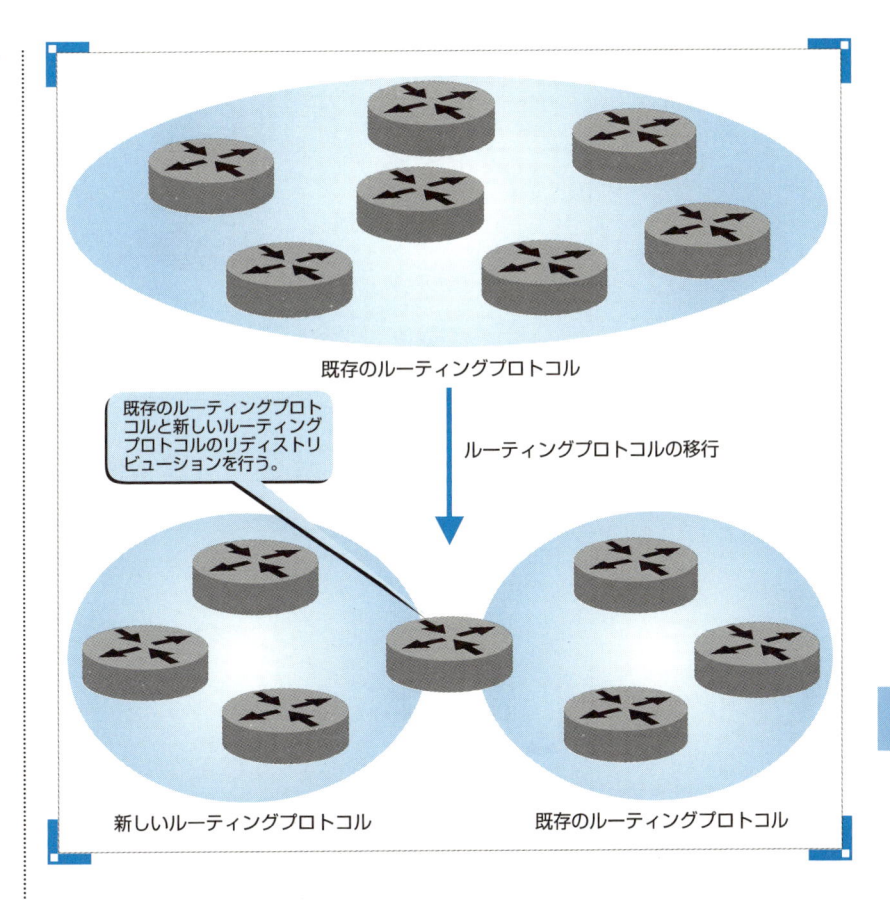

既存のルーティングプロトコル

既存のルーティングプロトコルと新しいルーティングプロトコルのリディストリビューションを行う。

ルーティングプロトコルの移行

新しいルーティングプロトコル　　既存のルーティングプロトコル

● ルーティングプロトコルを統一できないケース

　ルーティングプロトコルを統一したいと考えても、統一することができないケースが考えられます。

　たとえば、ルーティングプロトコルとしてOSPFを利用したいと考えていても、すべてのルータでOSPFを動作させることができるとは限りません。ルータがサポートしていないかもしれません。また、サポートしていたとしてもOSPFはルータに対してかなり負荷をかけてしまうため、十分なパフォーマンスを発揮できないことも考えられます。

　このように、ルーティングプロトコルを統一したくてもそれが難しいときに、リディストリビューションを利用します。ネットワークの中心に位置するパフォーマンスの高いルータではOSPF、それ以外のルータではRIPを使い、ルーティングプロトコルの境界となるルータで、OSPFとRIPの間でリディストリビューションを行うことによって、ルーティングプロトコルの混在が可能になります（図11-7）。

chapter 11
リディストリビューション

ルーティングプロトコルを
統一できないケース
（図11-7）

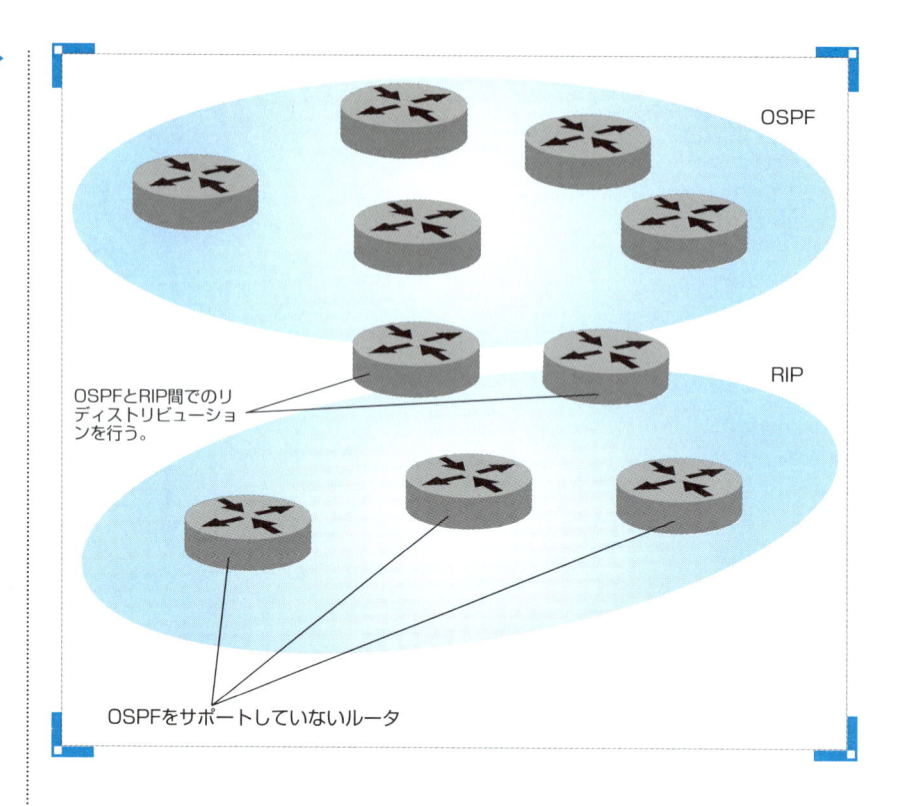

OSPF

RIP

OSPFとRIP間でのリディストリビューションを行う。

OSPFをサポートしていないルータ

●マルチベンダ環境

上記のルーティングプロトコルを統一できないケースとよく似ています。ネットワークを構成する機器が必ずしも同じベンダであるとは限りません。そうしたケースでは、ベンダ独自のルーティングプロトコルを利用していると、リディストリビューションが必要になります。

たとえば、EIGRPはシスコシステムズ社独自のルーティングプロトコルであるため、シスコルータでなければEIGRPを動作させることができません。シスコルータと他ベンダのルータが混在し、シスコルータでEIGRPを動作させるときには、他ベンダのルータで動作させているルーティングプロトコルとのリディストリビューションの設定が必要です。

以上のように、さまざまなケースでリディストリビューションが必要になってくることが考えられます。リディストリビューションを行うときには、このあと解説することがらについてしっかりと考慮することが非常に大切になってきます。

11-2-2　リディストリビューションを行う際の考慮事項

　リディストリビューションを行うとネットワークの構成が複雑になり、いくつかの問題点が発生することが考えられます。リディストリビューションを行うには、この問題点をしっかりと認識した上で適切な対策をしておくことが重要になります。

　リディストリビューションにともなう問題点は、次の通りです。

●ルーティングループの発生

　リディストリビューションによって、あるルーティングプロトコルから他のルーティングプロトコルに流し込まれたネットワークが、再び元のルーティングプロトコルに戻ってきてしまうことがあります。

　すると、このネットワークに対する経路がループしてしまい、IPパケットを正しく送り届けることができなくなってしまいます。IPパケットは、やがてTTLの値が0になるとルータによって破棄されることになりますが、ルーティングループが発生すると、通信ができないばかりでなく、ネットワークに対して負荷をかけてしまう可能性があります。ルーティングループについては、次の項で詳しく解説します。

●メトリックの非互換性

　ルーティングプロトコルのメトリックは、ルーティングプロトコルごとにそれぞれ異なっています。異なるメトリックによって経路を選択するルーティングプロトコル間でリディストリビューションを行うと、最適な経路が選択されるとは限りません。

　また、リディストリビューションされた経路に対して、デフォルトで与えられるメトリックを**シードメトリック**と呼びます。シードメトリックは、リディストリビューションの設定時に明示的に指定します。このシードメトリックは、必ずしも実際のネットワークを反映したものではないことも最適な経路選択ができない可能性がある原因となります。

●コンバージェンス時間の違い

　ルーティングプロトコルによって、ネットワークに何らかの変更があったときに経路を切り替えるコンバージェンス時間が異なっています。たとえば、RIPなどのディスタンスベクタ型ルーティングプロトコルが数分単位で切り替わるのに対して、リンクステート型ルーティングプロトコルのOSPFでは長くても数十秒程度で切り替わります。

　コンバージェンス時間の異なるルーティングプロトコル間でリディストリビューションを行うと、経路の切り替わりにタイムラグが生じて、その間通

chapter 11
リディストリビューション

信ができなくなってしまうことが考えられます。

　リディストリビューションを行うには、以上のことをきちんと考える必要があります。特にルーティングループを発生することがないようにしておかなければいけません。他の2つの項目は通信ができなくなってしまうわけではないのですが、ルーティングループが起こってしまうと、通信自体ができなくなってしまうので、ネットワークに与える影響は深刻なものとなります。次の項で、ルーティングループが発生する様子を詳細に見ることによって、どのようにルーティングループ発生を防げばいいのかを解説します。

11-2-3　ルーティングループの発生

　では、具体的にリディストリビューションによって**ルーティングループ**が発生する様子について見てみましょう。例として、図11-8のネットワークを考えます。

▼リディストリビューションによるルーティングループ発生のサンプルネットワーク（図11-8）

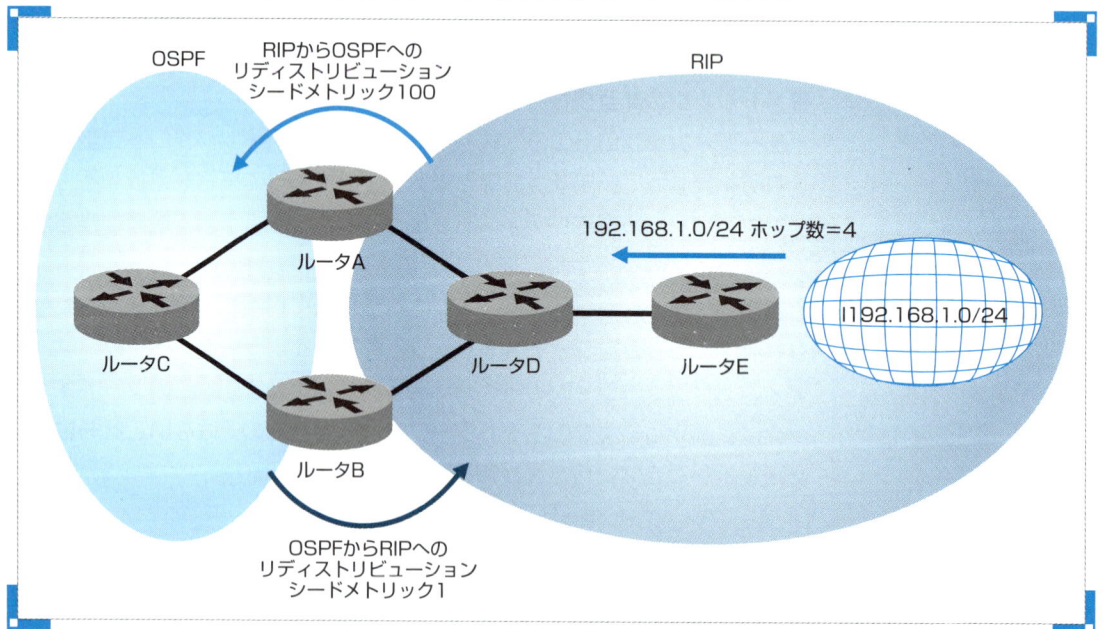

　ルータA、ルータB、ルータCではOSPFによりルーティングを行っています。また、ルータAとルータBは同時にRIPも動作させ、ルータD、ルータEとRIPによるルーティングを行っています。ルータAでは、RIPからOSPFへのリディストリビューションの設定を行っています。このときのメ

11-2 リディストリビューションの利用について

トリックタイプはE2で、シードメトリックは100とします。ルータBでは逆にRIPからOSPFへシードメトリックを1として、リディストリビューションの設定を行っています。そして、ルータEの先に192.168.1.0/24というネットワークがあると仮定して、ルータEは192.168.1.0/24というネットワークをホップ数4としてルータDに通知しています。ここからはこの192.168.1.0/24というネットワークに注目します。

ルータEからのRIPアップデートを受信したルータDは、192.168.1.0/24というネットワークを自身のルーティングテーブル上に登録します。このときのネットワークの情報源は、もちろんRIPとなります。そして、このネットワークをRIPでルータAとルータBに送信します。すると、ルータAとルータBはこのアップデートをルーティングテーブル上に登録することになります（図11-9）。

▶ ルーティングループ発生の
プロセス その1
（図11-9）

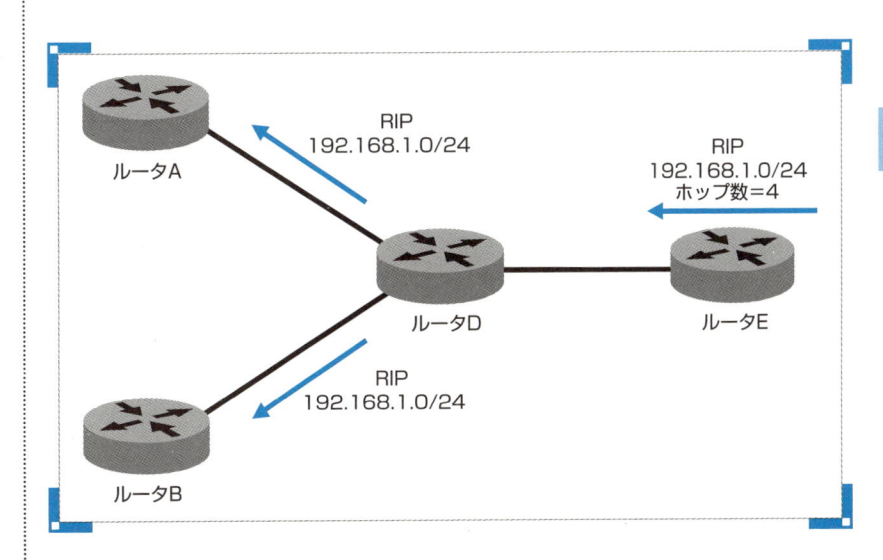

各ルータのルーティングテーブルには、次のようなエントリが現れます。

▶ ルータDの
ルーティングテーブル

情報源	ネットワーク	ネクストホップ	AD★	メトリック
RIP	192.168.1.0/24	ルータE	120	4

▶ ルータAの
ルーティングテーブル

情報源	ネットワーク	ネクストホップ	AD	メトリック
RIP	192.168.1.0/24	ルータD	120	5

▶ ルータBの
ルーティングテーブル

情報源	ネットワーク	ネクストホップ	AD	メトリック
RIP	192.168.1.0/24	ルータD	120	5

★AD
Administrative Distanceの略。アドミニストレイティブディスタンス。

chapter 11
リディストリビューション

　ルータAでは、RIPからOSPFへのリディストリビューションが行われるので、ルータCへ192.168.1.0/24をOSPFによって通知します。これを受信したルータCはルーティングテーブルにOSPFによって学習した192.168.1.0/24を登録し、さらにルータBに対してこのネットワークを通知します（図11-10）。

▶ ルーティングループ発生の
プロセス　その2
（図11-10）

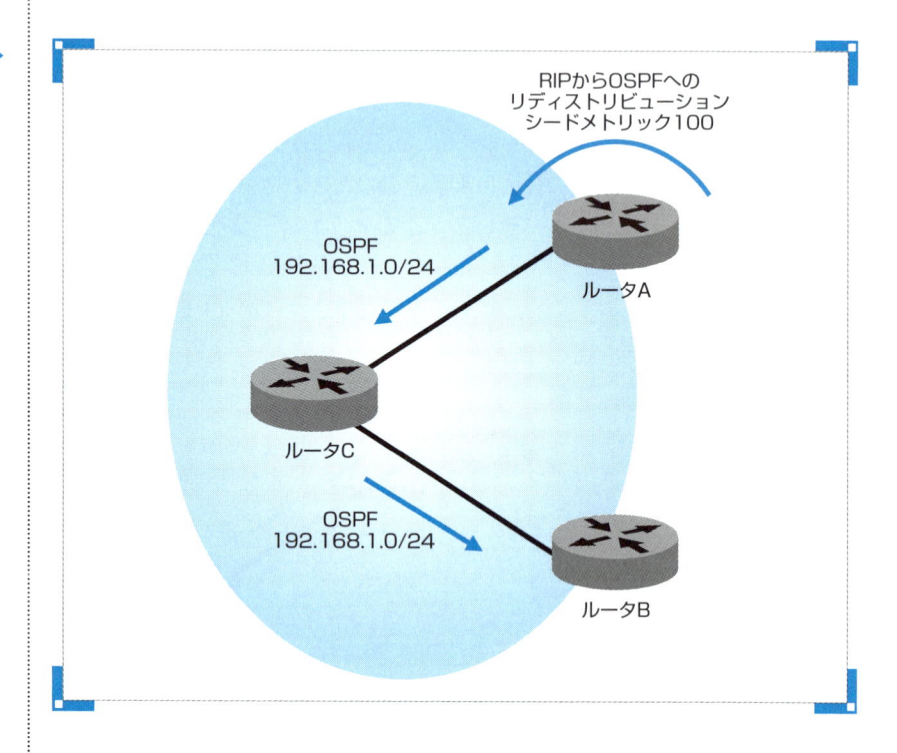

[図: RIPからOSPFへのリディストリビューション シードメトリック100。ルータA→ルータC（OSPF 192.168.1.0/24）→ルータB（OSPF 192.168.1.0/24）]

　また、ルータCのルーティングテーブルは以下のようになります。

▶ ルータCの
ルーティングテーブル

情報源	ネットワーク	ネクストホップ	AD	メトリック
OSPF	192.168.1.0/24	ルータA	110	100

　ルータBは、192.168.1.0/24というネットワークの経路をルータDからRIPで、そしてルータCからOSPFで受け取ることになります。同じネットワークに対して複数の情報源から経路を受け取った場合には、アドミニストレイティブディスタンスによって情報源の信頼性が比較されます。RIPはアドミニストレイティブディスタンスがデフォルトでは120、OSPFはデフォルトでアドミニストレイティブディスタンスが110なので、ルータBは先ほどのRIPによって学習した経路の代わりに、ルータCから通知されたOSPFの経路をルーティングテーブル上に載せることになります（図11-11）。

11-2 リディストリビューションの利用について

ルーティングループ発生の
プロセス　その3
（図11-11）

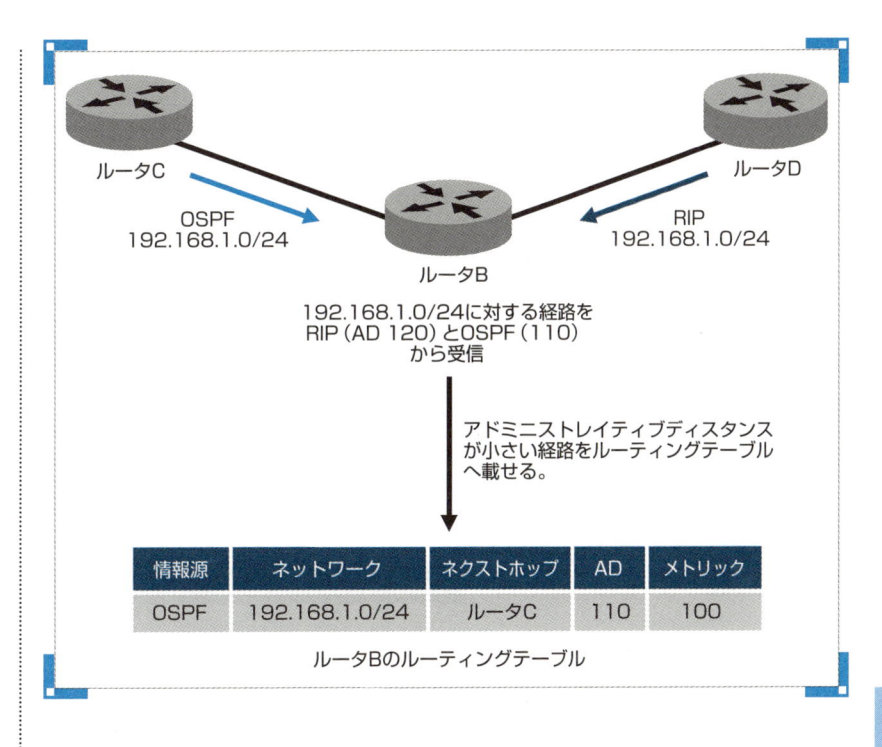

```
ルータC ──OSPF 192.168.1.0/24──▶ ルータB ◀──RIP 192.168.1.0/24── ルータD
```

192.168.1.0/24に対する経路を
RIP（AD 120）とOSPF（110）
から受信

アドミニストレイティブディスタンス
が小さい経路をルーティングテーブル
へ載せる。

情報源	ネットワーク	ネクストホップ	AD	メトリック
OSPF	192.168.1.0/24	ルータC	110	100

ルータBのルーティングテーブル

このとき、ルータBのルーティングテーブルは次のようになります。

ルータBの
ルーティングテーブル

情報源	ネットワーク	ネクストホップ	AD	メトリック
OSPF	192.168.1.0/24	ルータC	110	100

　ルータBは、OSPFからRIPへのリディストリビューションの設定がされています。そのため、ルーティングテーブル上のOSPFの経路をRIPへ流し込みます。シードメトリックが1なので、192.168.1.0/24はホップ数1でルータDへRIPによって通知することになります。

　ルータDは、192.168.1.0/24というネットワークをルータEからはホップ数4で、ルータBからホップ数1で通知されています。RIPの経路選択は、ホップ数が小さい経路が優先されるため、ルータDはルータBから通知された経路をルーティングテーブル上に載せることになります（図11-12）。

chapter 11
リディストリビューション

ルーティングループ発生の
プロセス その4
（図11-12）

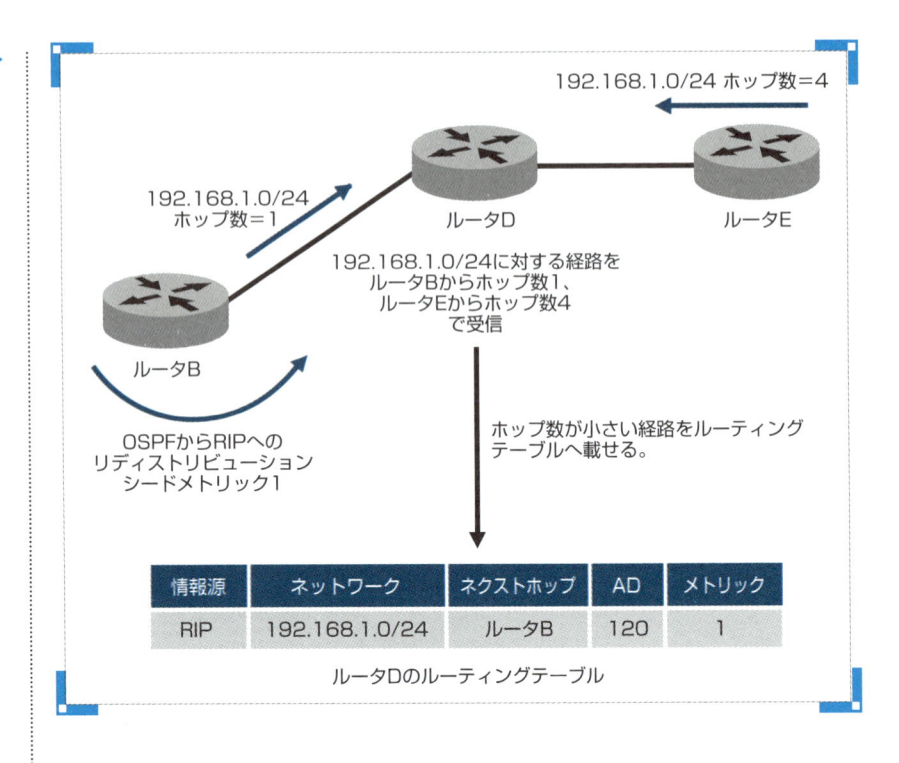

192.168.1.0/24 ホップ数＝4

192.168.1.0/24
ホップ数＝1

ルータD　　　ルータE

192.168.1.0/24に対する経路を
ルータBからホップ数1、
ルータEからホップ数4
で受信

ルータB

OSPFからRIPへの
リディストリビューション
シードメトリック1

ホップ数が小さい経路をルーティング
テーブルへ載せる。

情報源	ネットワーク	ネクストホップ	AD	メトリック
RIP	192.168.1.0/24	ルータB	120	1

ルータDのルーティングテーブル

ルータDのルーティングテーブルは以下のようになります。

ルータDの
ルーティングテーブル

情報源	ネットワーク	ネクストホップ	AD	メトリック
RIP	192.168.1.0/24	ルータB	120	1

　ここで**ルーティングループ**が発生してしまいます。
　ルータDにおいて、192.168.1.0/24あてのパケットは、ルータEに転送すべきです。しかし、ルータDは192.168.1.0/24あてのパケットをルータBに転送します。ルータBは、ルーティングテーブルから192.168.1.0/24あてのパケットをルータCに転送し、ルータCはルータAに転送します。さらに、ルータAは192.168.1.0/24あてのパケットをルータDに転送します。すると、またルータDはルータBへパケットを転送する…という具合に、192.168.1.0/24あてのパケットがルータA、ルータB、ルータC、ルータDの間をぐるぐるとループしてしまう結果になります（図11-13）。

▼ルーティングループ発生のプロセス　その5（図11-13）

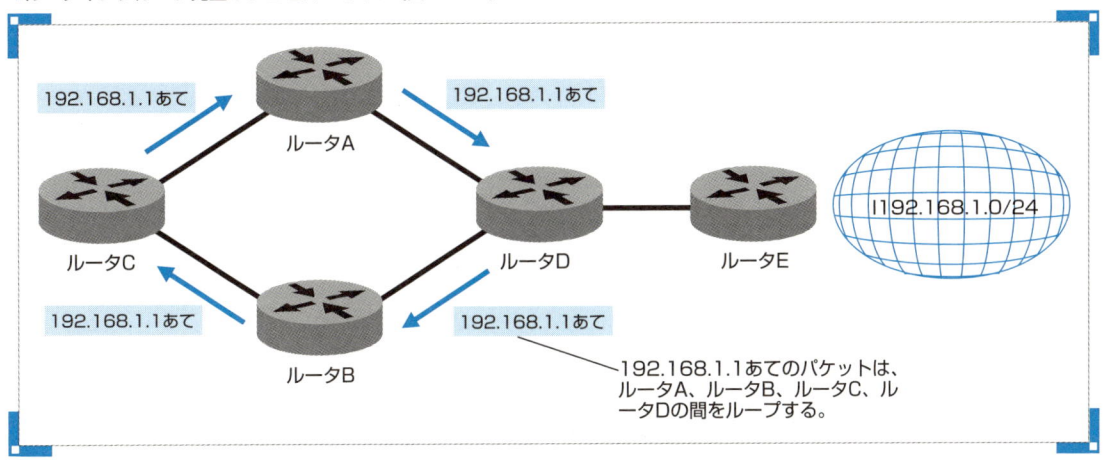

```
            192.168.1.1あて
  ┌──ルータA──┐
192.168.1.1あて        192.168.1.1あて
  │              ルータD──ルータE──[192.168.1.0/24]
ルータC              
  │              
  └──ルータB──┘
192.168.1.1あて        192.168.1.1あて
                       └─192.168.1.1あてのパケットは、
                         ルータA、ルータB、ルータC、ル
                         ータDの間をループする。
```

11-2-4　ルーティングループの防止

　なぜ、ルーティングループが発生するのかを考えてみると、もともとRIPドメインの中にあった192.168.1.0/24というネットワークをOSPFにリディストリビュートして、OSPFドメインに流し込んでいます。そのRIPからOSPFに流し込んだネットワークを、また再びRIPドメインに戻してしまっていることが根本的な原因です。また、この例ではルータBでのOSPFからRIPへのリディストリビューションする際のシードメトリックの設定も、ルーティングループの原因の1つとなっています。

　ルーティングループを防止するためには、このようにリディストリビュートした経路を再びリディストリビュートしないようにすることが重要です。そのためには、**ルートフィルタリング**と呼ばれる機能を利用します。ルートフィルタリングとは、ルーティングプロトコルで通知するネットワークのうち、特定のネットワークだけを選択して通知するための機能です。

　このネットワークの例でいえば、ルータBでOSPFからRIPへリディストリビュートするときに、192.168.1.0/24というネットワークをフィルタして、RIPへ流れていかないようにすればいいわけです。すると、ルータDは192.168.1.0/24のネットワークを正しいネクストホップのルータであるルータEからだけ受信することによって、ルーティングループを解消することができます。

　いまは192.168.1.0/24のネットワークしか考えていませんが、もちろん実際には、192.168.1.0/24のネットワークだけでなく、RIPドメインに含まれているネットワークはすべてフィルタをして、RIPへ再び戻っ

chapter 11
リディストリビューション

ていかないようにする必要があります（図11-14）。

ルートフィルタによるルーティングループの防止（図11-14）

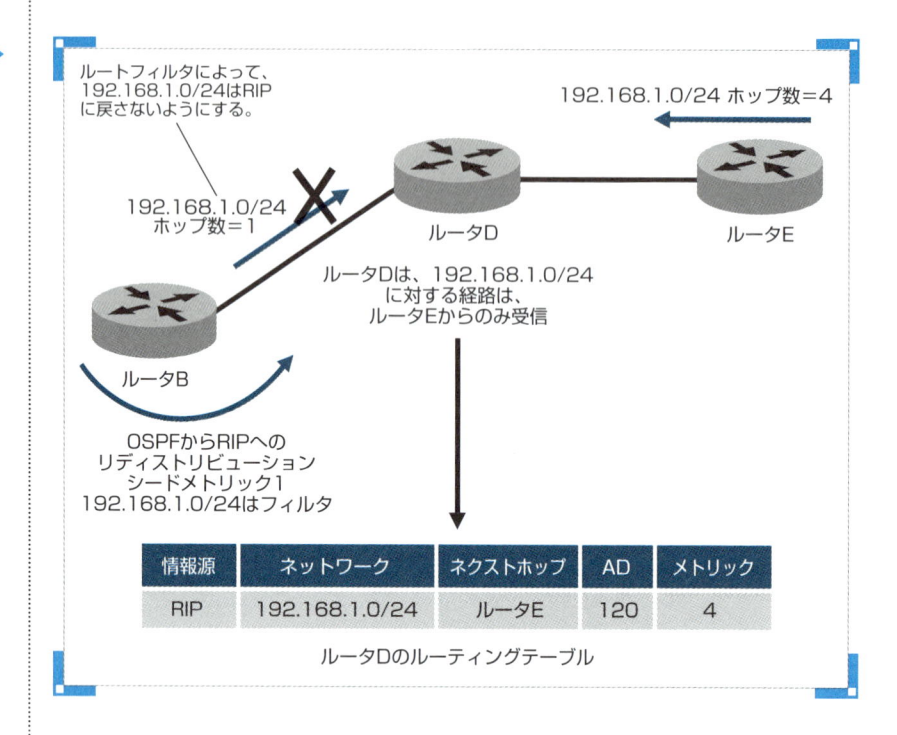

情報源	ネットワーク	ネクストホップ	AD	メトリック
RIP	192.168.1.0/24	ルータE	120	4

ルータDのルーティングテーブル

　ルートフィルタリングによって、ルーティングループを回避することができましたが、いまのままでは最適ではない経路を選択してしまっています。ルータBは、192.168.1.0/24の経路としてOSPFから通知されたものを採用しているため、ルータBに192.168.1.0/24あてのパケットがやってくると、ルータB→ルータC→ルータA→ルータD→ルータEという経路を通っていくことになります（図11-15）。

▼最適ではないルーティングの例（図11-15）

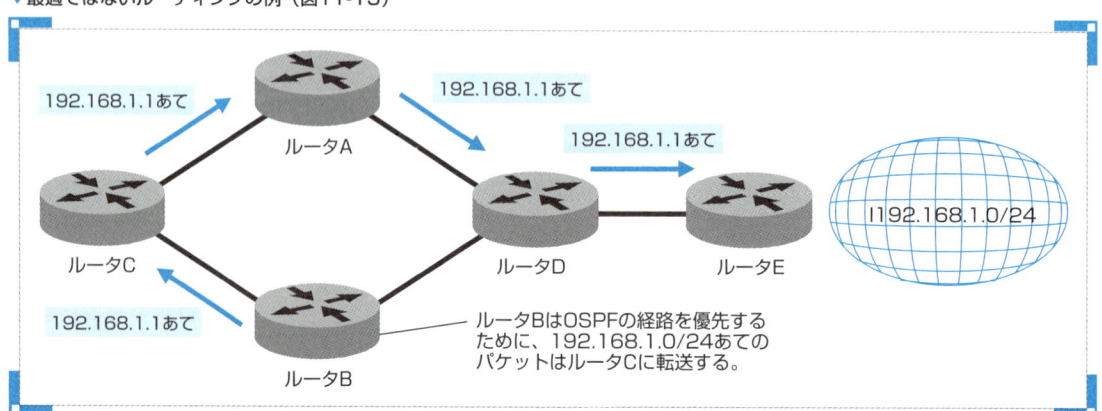

11-2 リディストリビューションの利用について

　しかし、ルータBから192.168.1.0/24に到達するためには、ルータCではなくルータDに転送した方がより近い経路になります。

　このような最適ではない経路選択が起こってしまうのは、アドミニストレイティブディスタンスによるルーティングプロトコルの信頼性のためです。ルータBは、RIPよりもOSPFの経路の方をより信頼性が高いと見なして、ルーティングテーブルに載せています。しかし、今回のネットワーク例では、192.168.1.0/24に対してはRIPの方がより好ましい経路です。

　ルータBで、RIPから受信した192.168.1.0/24のネットワークに対するアドミニストレイティブディスタンスを、OSPFよりも小さくするとルータEからの経路を優先します。または、ルータBでOSPFから受信した192.168.1.0/24のネットワークに対するアドミニストレイティブディスタンスをRIPよりも大きくしてもいいです。アドミニストレイティブディスタンスを調節することによって、最適な経路を選択するようになります（図11-16）。

アドミニストレイティブディスタンスの調節による最適なルーティング（図11-16）

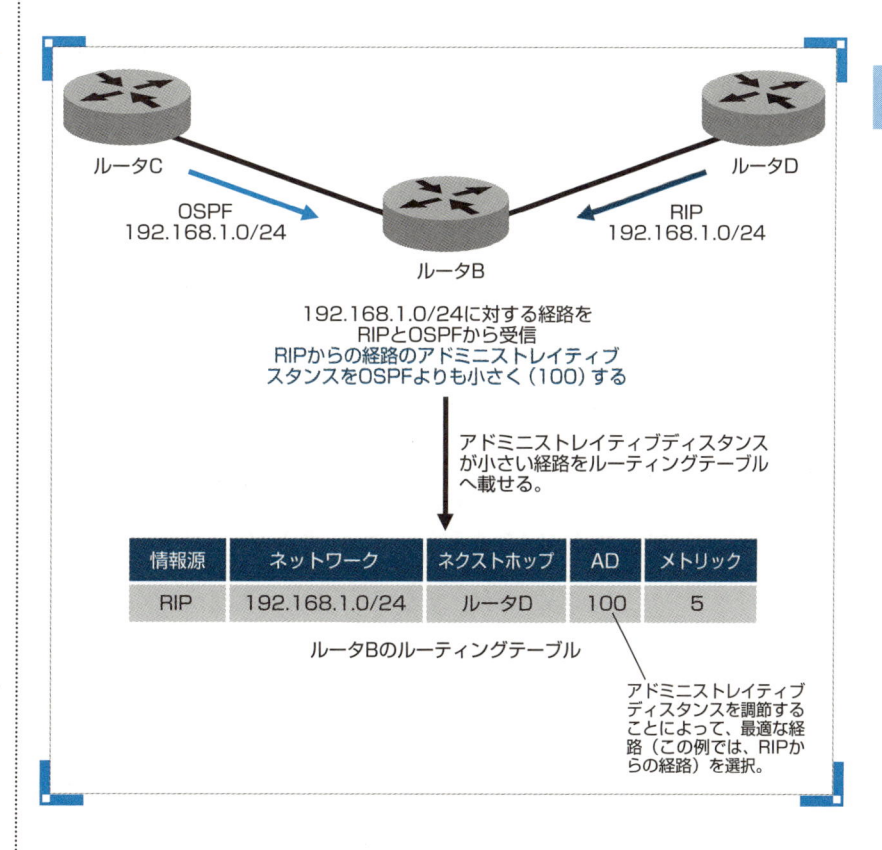

ルータC — OSPF 192.168.1.0/24 → ルータB ← RIP 192.168.1.0/24 — ルータD

192.168.1.0/24に対する経路をRIPとOSPFから受信
RIPからの経路のアドミニストレイティブディスタンスをOSPFよりも小さく（100）する

アドミニストレイティブディスタンスが小さい経路をルーティングテーブルへ載せる。

情報源	ネットワーク	ネクストホップ	AD	メトリック
RIP	192.168.1.0/24	ルータD	100	5

ルータBのルーティングテーブル

アドミニストレイティブディスタンスを調節することによって、最適な経路（この例では、RIPからの経路）を選択。

　ここで解説した例は、リディストリビューションによって発生する問題点のほんの一例に過ぎません。こうした問題点があるために、できればリディストリビューションは行わない方が望ましいです。どうしても行わなければ

いけない状況に限って、リディストリビューションを利用するようにしてください。

　そして、リディストリビューションを行うときには、ルートフィルタリングやシードメトリックの設定、アドミニストレイティブディスタンスの考慮などさまざまな考慮が必要だということをしっかり認識することが非常に重要となります。

SUMMARY

第11章　リディストリビューションのまとめ

　リディストリビューションとは、異なるルーティングプロセスにルーティング情報を流し込むことを意味しています。適切なリディストリビューションを行うことによって、複数のルーティングプロトコルの運用が可能になります。

　しかし、リディストリビューションを行うと、ルーティングループの発生の可能性、コンバージェンス時間の違い、メトリックの違いなどによって問題が発生する場合があります。

　リディストリビューションを行うには、こういった問題点を認識して、適切な設定を行う必要があります。

　第11章では、リディストリビューションの必要性とその仕組みについて解説しました。また、問題点が発生する原因とその解決方法についても触れています。

ルーティング&スイッチング

chapter 12

MPLS

MPLS（Multi-Protocol Label Switching）とは、IPv4に限らずさまざまなプロトコルのパケットにラベルを付加し、付加したラベルによって高速な転送を行う技術です。

Chapter12　MLPS (Multi-Protocol Label Switching)

12-1　MPLSの概要

MPLS（Multi-Protocol Label Switching）とは、IPv4に限らずさまざまなプロトコルのパケットにラベルを付加し、付加したラベルによって高速な転送を行う技術です。

12-1-1　MPLSとは

図12-1は、**MPLS**の概要を示したものです。図にあるように、MPLSによるパケットの転送においてIPv4やIPv6、IPXなどさまざまなネットワーク層プロトコルのパケットを転送する際に、パケットにMPLSのラベルを付加してカプセル化します。MPLSのラベル情報全体は32ビットあります。そのうち、純粋なラベル情報は20ビットです。残りは、さまざまな制御を行うためのフィールドが定義されています。ラベル情報のフィールドの詳細は後述します。

▶ MPLSの概要
（図12-1）

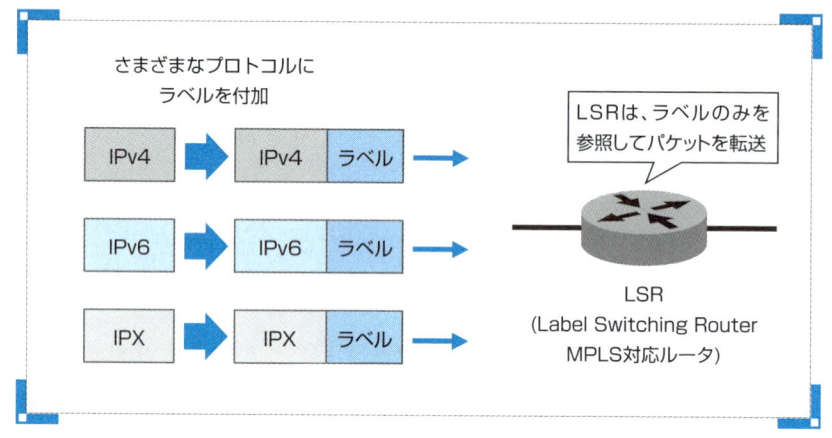

```
さまざまなプロトコルに
ラベルを付加

IPv4 → IPv4 ラベル →
IPv6 → IPv6 ラベル →        LSR
IPX  → IPX  ラベル →    (Label Switching Router
                         MPLS対応ルータ)

LSRは、ラベルのみを
参照してパケットを転送
```

　ネットワーク層において異なるプロトコルをMPLSラベルでカプセル化することで、ネットワーク層プロトコルの違いを見せなくすることができます。ネットワーク層プロトコルが異なれば、原則としてそのネットワーク層プロトコルに対応したネットワーク上（バックボーン）でパケットを転送します。MPLSによってネットワーク層プロトコルの違いを見せなくすれば、1つのMPLSネットワーク（バックボーン）で多くのネットワーク層プロトコルの転送が可能になります。たとえば、現在のMPLSネットワークは、IPv4ネットワークをベースにしています。既存のIPv4ネットワークをベースにMPLSネットワークを構築すれば、同じネットワーク上でIPv6を転送することができます。

　そして、固定長のラベルを参照してパケットを転送するので、処理を高速化することができます。なお、MPLSに対応してラベルを参照してパケットを転送できるルータを**LSR**（Label Switching Router）と言います。

12-1-2 MPLS登場の経緯

　MPLSが登場した経緯は、インターネットトラフィックの急増によって高速な転送技術が求められたことがあります。

　インターネットでのルーティング、つまり、IPルーティングにおいてルータは次のような処理を行います。

> ・ルーティングテーブルを参照して、転送先の決定
> ・IPヘッダの書き換え（TTL）
> ・チェックサムによるエラーチェック

　インターネットトラフィックが急増すると、ルータで上記のような処理を一つずつ行っていては処理が追いつかなくなってしまうおそれがあります。そこで、より高速な転送技術が求められるようになりました。

　これに対して、ネットワーク機器ベンダは独自技術を研究・開発してきました。主な技術として、次のようなものがあります。

> ・タグスイッチング：Cisco Systems
> ・CSR（Cell Switched Router）：東芝
> ・IPスイッチング：Ipsilon Networks（1997年Nokiaによって買収）

　上記のようなネットワーク機器ベンダ独自技術をベースにして、1997年にIETFでMPLS Work Groupが発足し、MPLS技術の標準化が進みました。MPLSの基本アーキテクチャとしてRFC3031が規定されています。

> ・IETF MPLS Work Group
>   http://www.ietf.org/html.charters/mpls-charter.html
> ・Multiprotocol Label Switching Architecture （RFC3031）
>   http://www.ietf.org/rfc/rfc3031.txt

　もともとは高速な転送技術として登場したMPLSですが、ルータでの処理のハードウェア化がどんどん進み、MPLSを利用しなくても高速な転送が可能になってきています。現在では、当初の高速化よりも、ラベルを付加することによるさまざまな用途への適用にMPLSが活用されるようになっています。

Chapter12　MLPS (Multi-Protocol Label Switching)

12-2　MPLSの用途

さて、前節で述べたように、MPLSの適用は高速なパケットスイッチングからラベルを付加することによるさまざまな用途への適用にシフトしています。

12-2-1　MPLSの用途

高速なパケットスイッチング以外の主なMPLSの用途として、次のものが挙げられます。

- ・ISP構成のシンプル化
- ・MPLS-VPN
- ・MPLSトラフィックエンジニアリング
- ・QoS
- ・マルチキャストVPN

MPLSの用途▶
（図12-2）

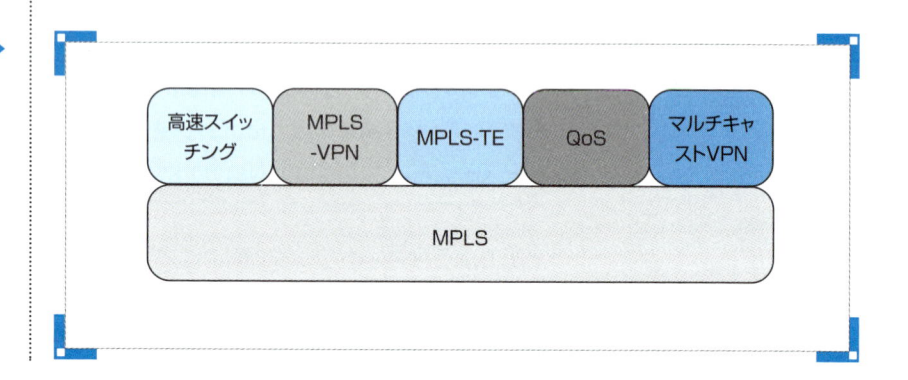

[図: 高速スイッチング / MPLS-VPN / MPLS-TE / QoS / マルチキャストVPN が MPLS の上に乗る構成図]

12-2-2　ISP構成のシンプル化

MPLSベースの高速スイッチングを行うことで、**ISP**（Internet Service Provider）の構成をシンプルにすることが可能です。通常、ISP内ではフルメッシュIBGPピアを構成し、ISP内のすべてのルータがインターネットのルート情報を保持します。MPLSを導入することによって、ISP内部のルータはインターネットルートを保持する必要がなくなり、単純にラベルスイッチのみを行うようにシンプルな構成を実現することができます。

▼MPLS導入によるISP構成（図12-3）

【通常のISP構成】

ISP内のルータは、フルメッシュIBGPで、インターネットルートを保持。

◀ - - - ▶ IBGPピア
◀ - - - ▶ EBGPピア

【MPLS導入時のISP構成】

MPLSを導入すれば、境界ルータ間のみIBGPピアを構成し、境界ルータのみインターネットルートを保持すればいい。

MPLSバックボーン

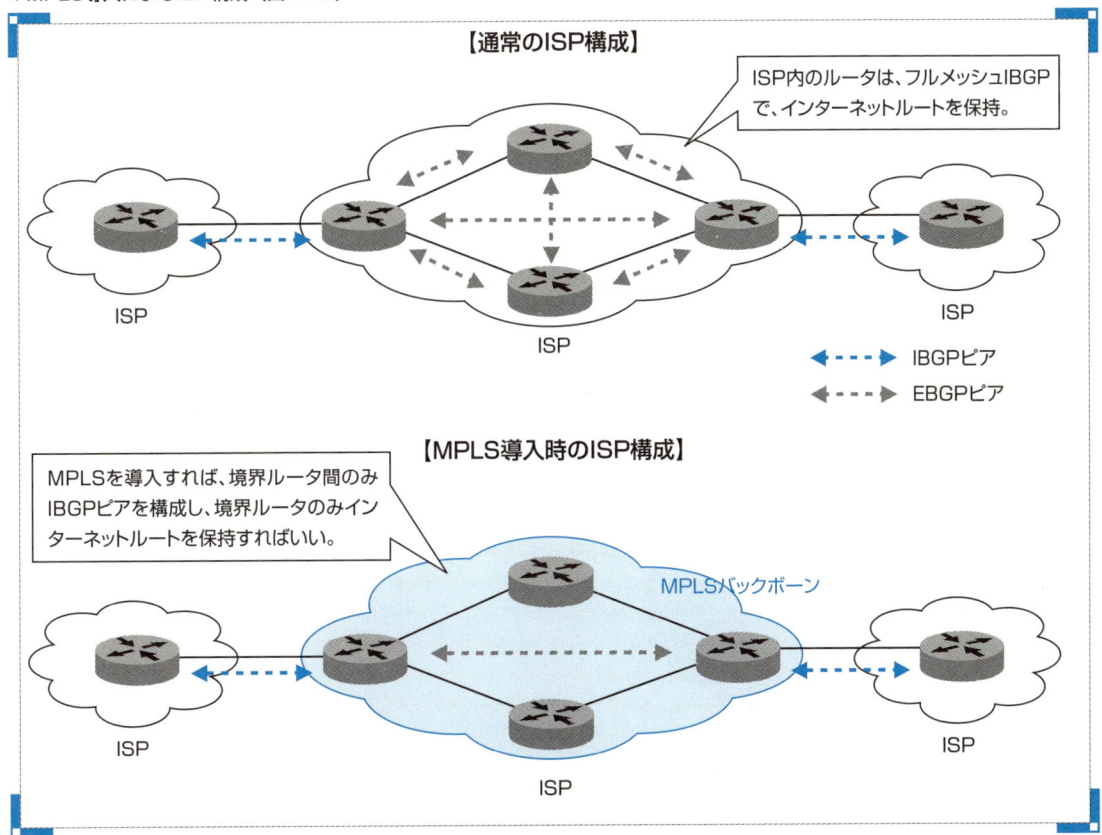

12-2-3　MPLS-VPN

　企業の拠点間を接続するWANサービスとしてIP-VPNが普及しています。IP-VPNサービスの多くの実装はMPLS-VPNです。最も多いMPLSの用途は**MPLS-VPN**といってもよいでしょう。

　キャリアが提供するIP-VPN（MPLS-VPN）のバックボーンに拠点を接続すれば、フルメッシュで各拠点が接続されることになります。「フルメッシュ」がポイントです。レガシーなフレームリレーやATMではフルメッシュで接続するとコストが跳ね上がります。一方、IP-VPN（MPLS-VPN）であれば、拠点がいくつあってもコストが跳ね上がることもありません。また、ルーティングの設定も簡素化することができます。

　IP-VPN（MPLS-VPN）を利用すれば、拠点をまたがった全国規模のイントラネットを効率よく構築することができます。そして、必要であれば他の企業の拠点間とのエクストラネットを構築することも可能です。

chapter 12
MPLS (Multi-Protocol Label Switching)

▼MPLS-VPN（図12-4）

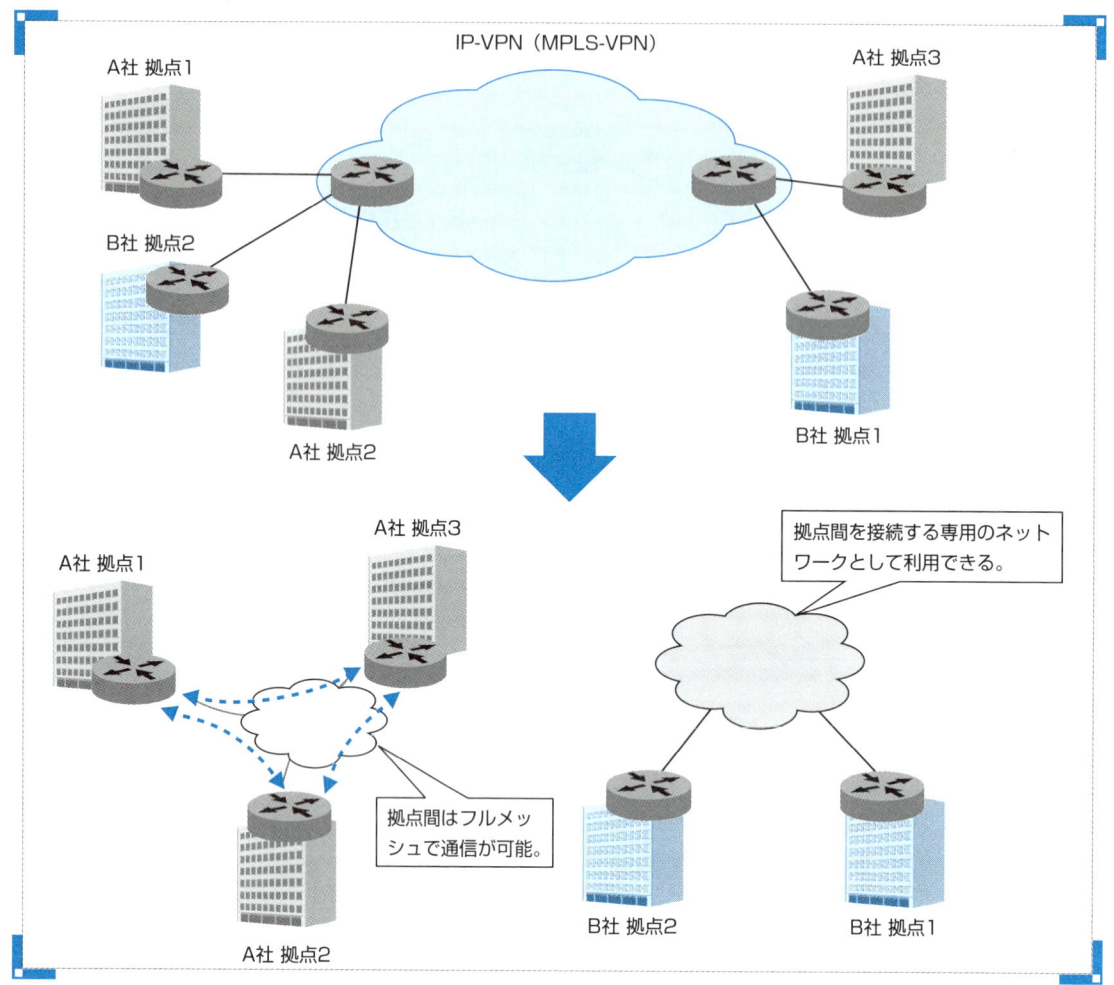

拠点間を接続する専用のネットワークとして利用できる。

拠点間はフルメッシュで通信が可能。

12-2-4　MPLSトラフィックエンジニアリング

　　トラフィックエンジニアリングとは、トラフィックの経路を制御して、ネットワークインフラのキャパシティを効果的に利用する技術です。通常のIPルーティングを行う際、あらかじめ最適ルートを決定します。そして、IPパケットを最適ルートによってルーティングします。そのため、冗長経路が存在していても特定の経路にトラフィックが集中します。

　MPLSトラフィックエンジニアリングでは、ラベルを付加したパケットの経路である**LSP**（Label Switched Path）を明示的に設定し、パケットをどのLSPで転送するかを選択することで、トラフィックエンジニアリングを実現します。

▼通常のIPルーティングとMPLSトラフィックエンジニアリング（図12-5）

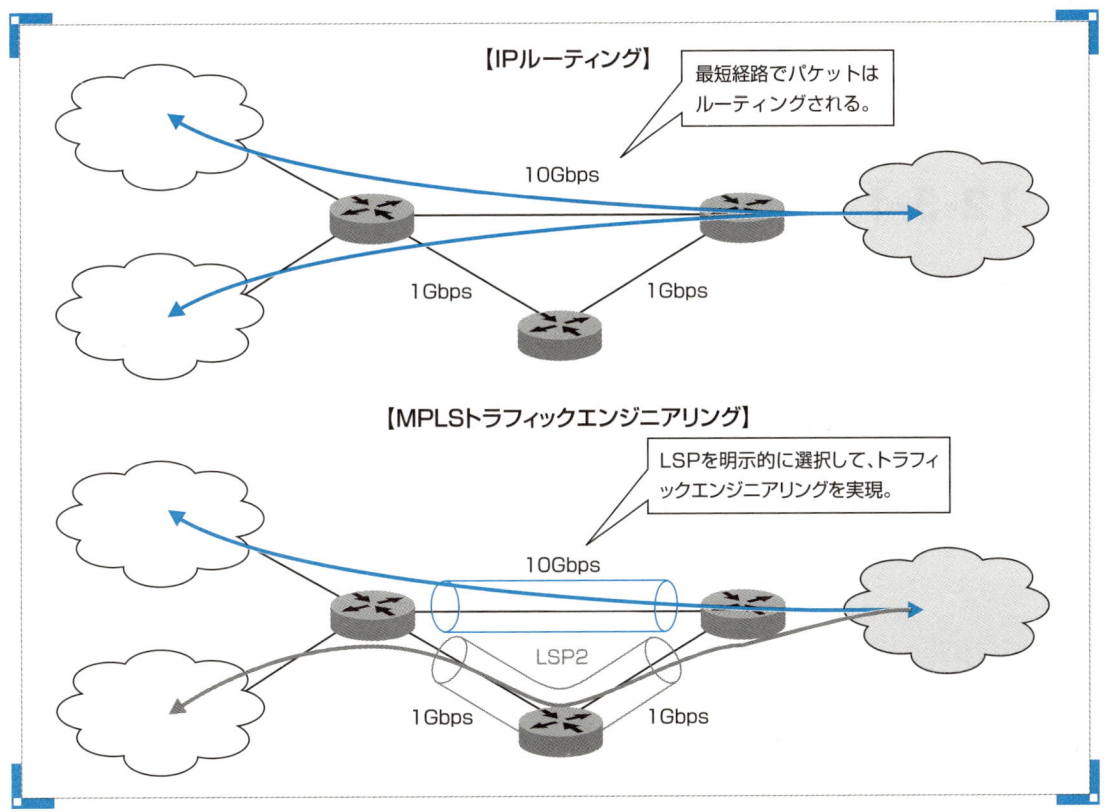

【IPルーティング】

最短経路でパケットはルーティングされる。

10Gbps
1Gbps　1Gbps

【MPLSトラフィックエンジニアリング】

LSPを明示的に選択して、トラフィックエンジニアリングを実現。

10Gbps
LSP2
1Gbps　1Gbps

12-2-5　QoS

★QoS
Quality of Serviceの略。

　パケットをグループ化して、パケットのグループごとに転送する際の優先制御を行うDiffServに基づいたQoS★を実現することができます。パケットをグループ化するマーキング情報としてMPLSラベル内の**EXPビット**（3ビット）があります。

　3ビットなので、IPヘッダのIP Precedenceに相当する8つのグループ分けを行うことができます。

12-2-6　マルチキャストVPN

　MPLSネットワークを通じて、同じデータを複数のクライアントに送信するマルチキャストを行うことができます。実現方法はいくつかありますが、既存のマルチキャストルーティングプロトコルとMPLSのラベルを連携させて、MPLS上でのマルチキャストを実現します。

Chapter12　MLPS (Multi-Protocol Label Switching)

12-3　ラベルスイッチングの動作

MPLSにおけるラベルスイッチングの仕組みを解説します。ラベルのフォーマットとLDPによるラベルの配布および実際の転送時の動作を見ていきましょう。

12-3-1　ラベルフォーマット

MPLSでは、パケットにラベルを付加します。その**ラベルフォーマット**は次のようになります。

ラベルフォーマット▶
（図12-6）

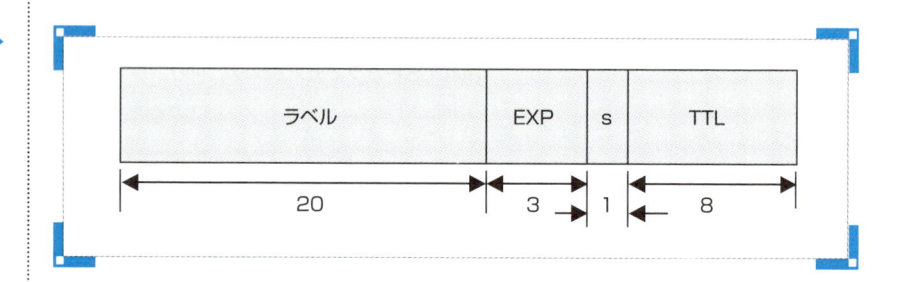

ラベル	EXP	S	TTL
20	3	1	8

各フィールドの意味は次の通りです。

●ラベル：20ビット

MPLSのラベルの実際の値です。0～15の範囲は予約されています。そのため、実際にパケットに付加するラベルの値は16～$2^{20}-1$の範囲です。予約されているラベル範囲の意味は表にまとめています。

ラベルの値は、ローカルな値であることに注意してください。MPLSネットワーク全体で一意にラベルの値を割り当てるわけではありません。MPLS対応ルータ（LSR）が独立してラベルの値を割り当てます。

●EXP：3ビット

パケットをグループ化するためのCoS（Class of Service）として利用しています。0～7までの8通りのグループ化が可能です。

●S：1ビット Bottom of Stack

複数のラベルが付加されている場合、最後のラベルであるかどうかを識別するためのビットです。

> 0：最後ではない。まだ付加されているラベルがある
> 1：ラベルスタックの最後のラベル

MPLS-VPNやMPLSトラフィックエンジニアリングでは、複数のラベルをパケットに付加します。

● TTL：8ビット

IPヘッダのTTLと同じ機能を提供します。

予約済みのMPLSラベル ▶

ラベルの値	意味
0	IPv4 explicit null label ラベルスタックをポップ（削除）し、IPv4ヘッダにしたがってパケットを転送することを示します。
1	Router alert label IPヘッダのオプション Router alertに相当します。
2	IPv6 explicit null label ラベルスタックをポップ（削除）し、IPv6ヘッダにしたがってパケットを転送することを示します。
3	Implicit null label 暗黙的にラベルを除去することを通知するためのラベルです。そのため、実際のパケットのカプセル化に使われることはありません。PHP（Penultimate Hop Popping）機能のためのラベルです。
4〜15	将来の用途向けに予約されています。

MPLSラベルは、次の図のように基本的にはレイヤ2ヘッダとレイヤ3ヘッダの間に挿入されます。

MPLSラベルの付加 ▶
（図12-7）

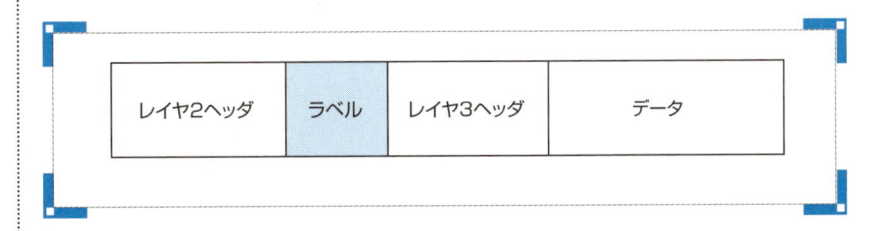

| レイヤ2ヘッダ | ラベル | レイヤ3ヘッダ | データ |

ただし、ATMではラベルはVPI/VCIの値にマッピングされます。

12-3-2　ラベルスイッチングの用語

MPLSによるラベルスイッチングを理解するためには、いくつかの用語を押さえておくことがポイントです。**ラベルスイッチング**における用語として、次のものがあります。

chapter 12
MPLS (Multi-Protocol Label Switching)

- LSR (Label Switching Router)
- プッシュ、ポップ、スワップ
- ラベル配布プロトコル
- FEC (Forwarding Equivalence Class)
- LSP (Label Switched Path)
- PHP (Penultimate Hop Popping)

■ LSR (Label Switching Router)

MPLSに対応しラベルが付加されたパケットを転送することができるルータを**LSR**といいます。LSRには、2種類あります。

■ エッジLSR

エッジLSRは、MPLSネットワークと既存のIPネットワークの境界に位置するLSRです。エッジLSRがIPパケットを受信するとラベルを付加（プッシュ）して、ラベルスイッチングを行います。また、ラベルが付加されたパケットを既存のIPネットワークに転送する場合は、ラベルを取り除いて（ポップ）IPパケットとして転送します。

■ コアLSR

MPLSネットワーク内のLSRが**コアLSR**です。コアLSRがラベル付きのパケットを受信すると、ラベルを付け替え（スワップ）て次のLSRに転送します。

ラベルスタックになっている場合は、コアLSRでは先頭のラベルのみを参照して処理を行います。コアLSRでは2つ目以降のラベルを参照しません。

▶ Label Switching Router（図12-8）

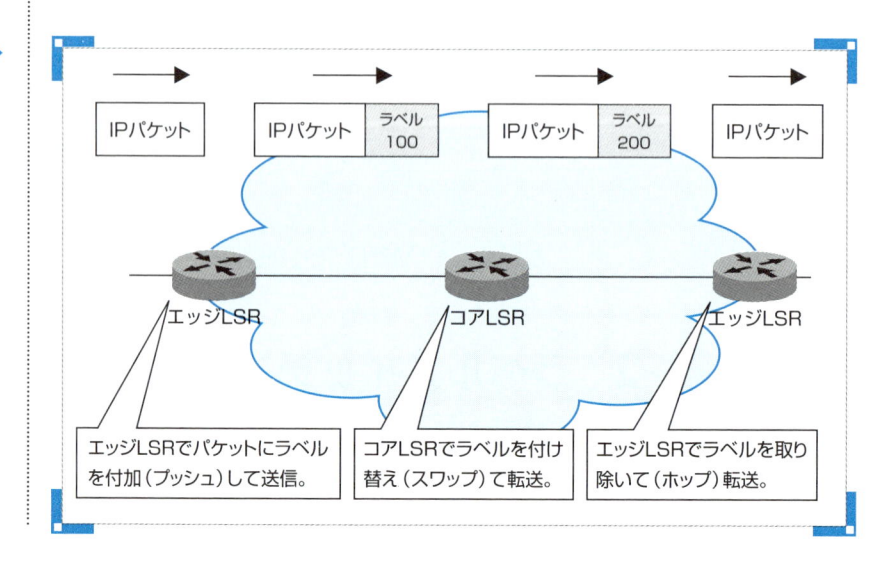

IPパケット → IPパケット ラベル100 → IPパケット ラベル200 → IPパケット

エッジLSR　コアLSR　エッジLSR

エッジLSRでパケットにラベルを付加（プッシュ）して送信。
コアLSRでラベルを付け替え（スワップ）て転送。
エッジLSRでラベルを取り除いて（ホップ）転送。

プッシュ、ポップ、スワップ

ラベルの基本動作が、プッシュ、ポップ、スワップです。

●プッシュ

パケットにラベルを付加する動作が**プッシュ**です。すでにラベルが付加されている場合、最上位にラベルを付加してラベルスタックを形成します。

●ポップ

パケットに付加されている最上位ラベルを取り除く動作が**ポップ**です。

●スワップ

パケットに付加されている最上位ラベルを別のラベルに付け替える動作が**スワップ**です。

ラベル配布プロトコル

ラベルスイッチングに利用するラベルを配布するためのプロトコルを**ラベル配布プロトコル**といいます。ラベル配布プロトコルとして主なものは次の通りです。

- LDP（Label Distribution Protocol）
- TDP（Tag Distribution Protocol）
- RSVP-TE（Resource Reservation Protocol with Traffic Engineering）
- CR-LDP（Constraint-based LDP）
- MP-BGP（Multi Protocol BGP）

ラベルスイッチングを行うためのラベル配布プロトコルとして、LDP、TDPがあります。RSVP-TEやCR-LDPはMPLSトラフィックエンジニアリングで利用します。また、MP-BGPはMPLS-VPNで利用します。

LDPは標準化されており、TDPはCisco独自のラベル配布プロトコルです。

FEC（Forwarding Equivalence Class）

FECとは、同じ経路上を同じように転送されていくパケットのグループです。たとえば、同じ宛先IPアドレスに対するIPパケットは同じ経路上を同じように転送されていくので、ひとつのFECです。

FECの例として、次のものがあります。

chapter 12
MPLS（Multi-Protocol Label Switching）

> ・同じネットワーク宛てのパケットのグループ
> ・同じネットワーク、同じポート宛てのパケットのグループ
> ・同じネットワーク宛てで同じDSCP値を持つパケットのグループ

　FECとしてグループ化する基準はさまざまなものが考えられます。ラベルスイッチングを行うときに重要なことは、FECに対してラベルを割り当てることです。

　MPLSネットワーク内では、同じ経路上を同じように転送されていくパケットをグループ化します。そのグループ（FEC）に対するラベルを付加して、ラベルを参照することで効率よくパケットの転送を行うわけです。

　そして、基本的なラベルスイッチングを行うとき、FECとしてユニキャストルーティングテーブルのエントリを用います。つまり、FECとして宛先ネットワークアドレスを採用します。

LSP（Label Switched Path）

　ラベルが付加されたパケットが転送されていく経路を**LSP**（Label Switched Path）と呼びます。前述のように、ラベルはFECに対して割り当てられます。そのため、LSPとはFECで識別されるパケットのグループがどのように転送されるかを表しているものといえます。

　ただし、LSPに沿ってパケットがラベルスイッチングされるとき、ラベルの値は一定ではありません。これは、ラベルの値はローカルな意味しかもたないからです。LSPはラベルの観点からいうと、LSRでラベルをプッシュしたり、スワップしたり、ポップしたりなどでどのようにラベルの値が変わっていくかを表しています。

▼LSPの例（図12-9）

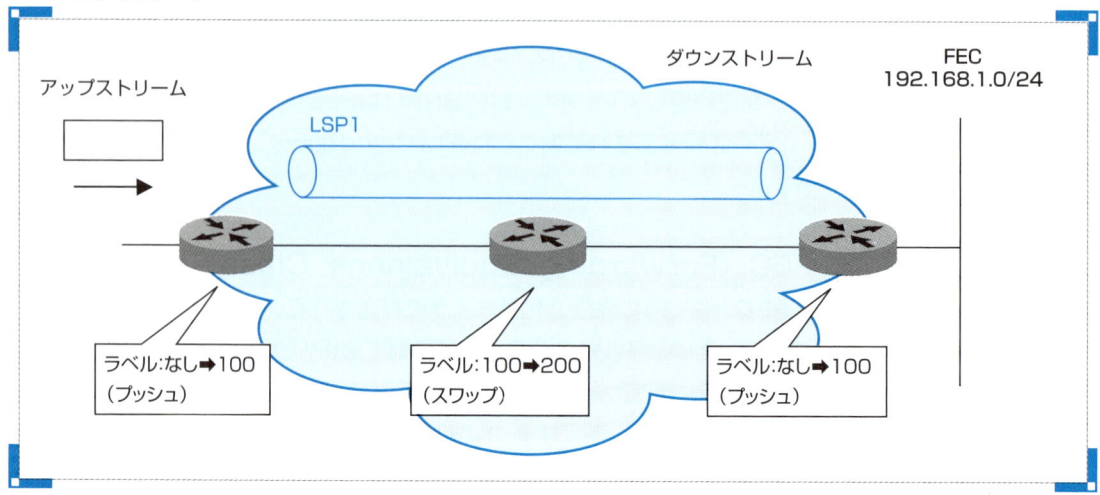

MPLSの用途

　図は、FECとしてあて先ネットワークアドレス192.168.1.0/24であるパケットを考え、その場合のLSPの様子を表しています。192.168.1.0/24へLSP1を通じて転送されていくパケットには次のようにラベルの値がつけられていきます。

> 【LSR1】　　【LSR2】　　　【LSR3】
> なし→100　　100→200　　200→なし
>
> ＊実際にはPHP機能によりLSR2でラベルをポップして、通常のIPパケットとしてLSR3へパケットを転送します。

　また、LSPは単方向です。双方向の通信を行うためには、戻りパケットは別のLSPを通じて転送されます。LSPの方向はパケットが流れていく方向で判断します。パケットは、LSPに沿ってアップストリームからダウンストリームに流れます。前ページの図でいうと、192.168.1.0/24というFECに対してLSR1➡LSR2➡LSR3のように経由するので、左側がアップストリーム（上流）で、右側がダウンストリーム（下流）です。

　このようなLSPはLDPやTDPなどラベル配布プロトコルによって作られます。LSPには次の2種類あります。

●ホップバイホップルーテッドLSP（Hop-by-hop Routed LSP）

　ユニキャストルーティングテーブルの最適経路と同一の経路で確立されるLSPです。LDP/TDPのラベル配布プロトコルは、通常、**ホップバイホップルーテッドLSP**を確立します。

●明示ルーテッドLSP（Explicitly Routed LSP）

　ユニキャストルーティングテーブルの最適経路と異なる経路を明示的に指定して確立するLSPです。MPLSトラフィックエンジニアリングの制御で**明示ルーテッドLSP**を利用します。

　RSVP-TEやCR-LDPのラベル配布プロトコルにより明示ルーテッドLSPを確立します。

PHP（Penultimate Hop Popping）

　PHPは、LSPの終端のLSRでのスイッチングを効率よく行うための機能です。Penultimateとは、「最後から2番目の」という意味です。そして、HopはLSRです。つまり、PHPとはLSPの終端から数えて2番目のLSRでラベルをポップする機能です。

chapter 12
MPLS（Multi-Protocol Label Switching）

　　PHP機能がなければ、LSPの終端のLSRでラベルをポップすると、通常のIPパケットになります。IPパケットをルーティングするために、ルーティングテーブルを参照してから転送します。つまり、LSP終端のLSRでラベルのポップ➡通常のIPルーティングの処理を行わなければならず、処理の効率がよくありません。

　　終端のLSRの前で、もうラベルをとってしまって、終端のLSRはIPルーティングだけすればいいようにしようというのがPHPです。

▼PHP機能（図12-10）

【PHPなし】

FEC
192.168.1.0/24

LSPの最後のLSRはラベルをポップしてから、IPルーティングを行う。

LSP1

ラベルをポップ

IPルーティング

【PHPあり】

ラベルをポップ

FEC
192.168.1.0/24

LSPの最後のLSRは、IPルーティングのみ

LSP1

LSPの最後から2番目のLSRでラベルをポップ

IPルーティング

12-3-3 LDP（Label Distribution Protocol）

基本的なラベルスイッチングでは、ラベル配布プロトコルとしてLDPを用います。**LDP**によるラベル配布の特徴は次の通りです。

- トランスポート層プロトコルとしてUDPとTCP両方を使う
- ウェルノウンポート番号は共通して646
- FECは基本的にユニキャストルーティングテーブルのエントリ

LDPによって特定のFECに対してラベルを割り当て、その情報をネイバーのLSRに通知します。各LSRで特定のFECに対して割り当てたラベルの集合がLSPです。

LDPでラベルを配布するためには、まずLSR間でLDPセッションを確立します。LDPセッションを確立するためには、

- TCPコネクションの確立
- セッションの初期化

を行います。

TCPコネクションを確立するに当たって、LDP HelloメッセージによりLDPセッションを確立するLSRを発見します。HelloメッセージはUDPで224.0.0.2宛てにマルチキャストで送信します。Helloメッセージによって発見したLSRに対してTCPコネクションを確立します。

TCPコネクションを確立したら、LDPセッションを初期化するためにInitializationメッセージを送信します。Initializationメッセージには、LDPプロトコルバージョンやKeepaliveタイマ、ラベル配布方法などのパラメータが含まれていて、LSR間でパラメータのネゴシエーションを行います。

そして、LDPセッションを維持するためにKeepaliveメッセージを定期的に交換します。

LDPセッションの確立▶
（図12-11）

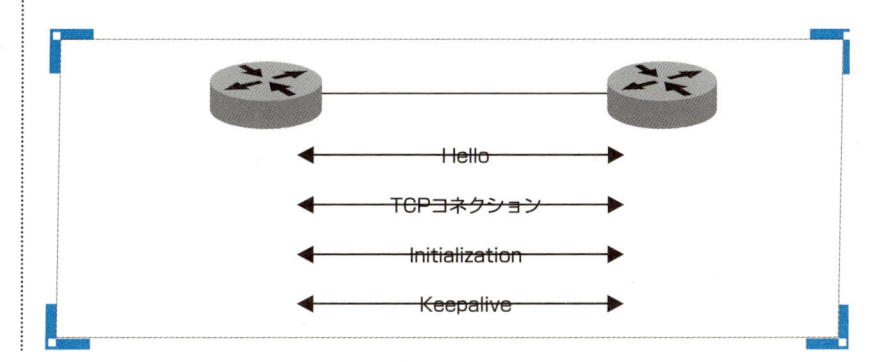

LDPセッションを確立したあと、ラベルの配布を行います。ラベルの配布方法には、次の2通りあります。

●ダウンストリームオンデマンド（Downstream-on-Demand）ラベル配布
FECに対するアップストリームLSRがダウンストリームLSRに明示的にラベル割り当て要求を送信することをきっかけにして、ラベルを配布する方式です。

●ダウンストリームアンソリシテッド（Downstream Unsolicited）ラベル配布
ラベル割り当て要求がなくてもラベルを配布する方式です。

そして、FECに対するラベルを割り当てるタイミングにも次の2通りあります。

●オーダードLSP制御
ラベルの割り当てとラベルを配布する処理を連動して行う方式です。ダウンストリームLSRからラベル情報を取得してはじめてラベルを割り当てます。そして、アップストリームLSRへ対応するラベル情報を配布します。

●独立LSP制御
ラベルの割り当てとラベルを配布する処理を独立して行う方式です。ラベルを割り当てていないFECがあれば、それに対するラベルを割り当てアップストリームLSRにそのラベル情報を配布します。

ラベルの配布と割り当ては、基本的にはダウンストリームアンソリシテッドラベル配布方式＋独立LSP制御方式で行います。
次ページより、ダウンストリームアンソリシテッドラベル配布方式＋独立LSP制御方式によるラベルの割り当てと配布の様子を見てみましょう。

MPLSの用途

▼ラベルの割り当てと配布 その1（図12-12）

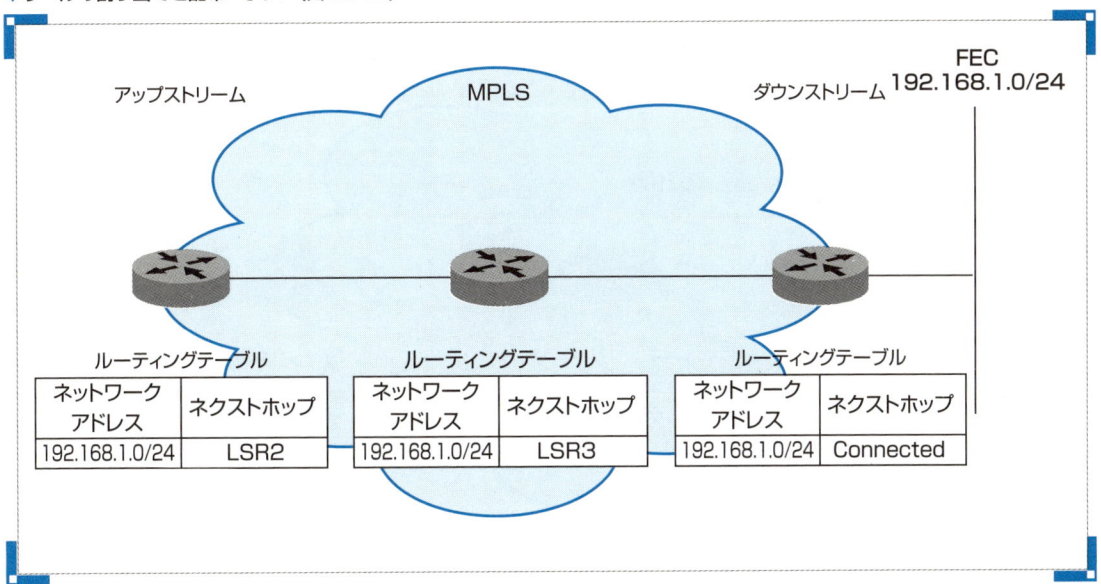

```
           MPLS                    FEC
アップストリーム         ダウンストリーム  192.168.1.0/24
```

ルーティングテーブル		ルーティングテーブル		ルーティングテーブル	
ネットワークアドレス	ネクストホップ	ネットワークアドレス	ネクストホップ	ネットワークアドレス	ネクストホップ
192.168.1.0/24	LSR2	192.168.1.0/24	LSR3	192.168.1.0/24	Connected

　この例では、FECとしてあて先が192.168.1.0/24のネットワークアドレスであるパケットを考えます。前提として、各ルータのIPルーティングのルーティングテーブルがすでに完成しているものとします。192.168.1.0/24というFECに対して、ダウンストリームはLSR3の方向で、アップストリームはLSR1の方向です。

　ダウンストリームアンソリシテッドラベル配布方式+独立LSP制御方式では、非同期にFECに対してラベルを割り当てて、アップストリームLSRに配布します。ここでは、LSR2が最初にラベルの割り当てを行ったものとします。LSR2は192.168.1.0/24に対して任意のラベルを割り当てて、その情報をアップストリーム方向のLSR1へ送信します。LSR2自身が割り当てたラベルの情報は、入力のラベルとなります。

　LSR1は受信したラベル情報は、出力ラベルとしてラベルテーブルに保存します。

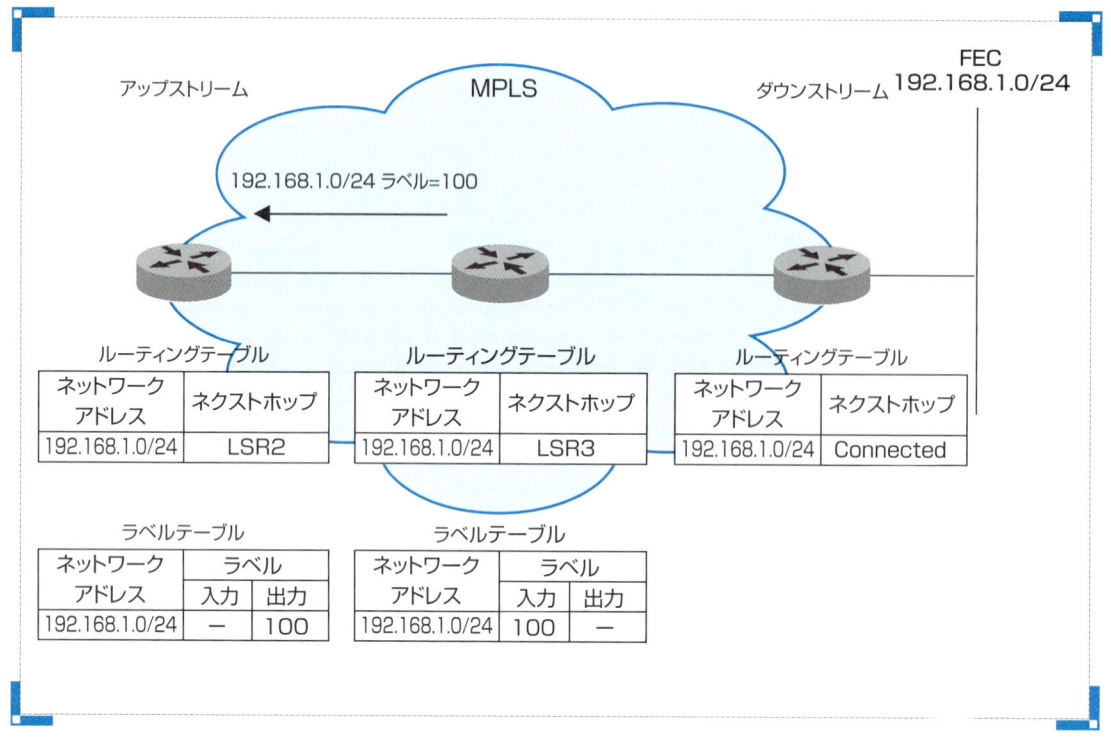

chapter 12
MPLS (Multi-Protocol Label Switching)

▼ラベルの割り当てと配布 その2（図12-13）

```
アップストリーム            MPLS            ダウンストリーム   FEC
                                                          192.168.1.0/24

            192.168.1.0/24 ラベル=100 ←
```

ルーティングテーブル		ルーティングテーブル		ルーティングテーブル	
ネットワークアドレス	ネクストホップ	ネットワークアドレス	ネクストホップ	ネットワークアドレス	ネクストホップ
192.168.1.0/24	LSR2	192.168.1.0/24	LSR3	192.168.1.0/24	Connected

ラベルテーブル				ラベルテーブル			
ネットワークアドレス	ラベル			ネットワークアドレス	ラベル		
	入力	出力			入力	出力	
192.168.1.0/24	―	100		192.168.1.0/24	100	―	

　LSR1はMPLSネットワークの境界で、ラベルの割り当ては行いません。そして、LSR3も192.168.1.0/24に対してラベルを割り当てて、アップストリームのLSR2に送信します。192.168.1.0/24はLSR3に直接接続されているネットワークなので、出力ラベルはありません。

MPLSの用途

▼ラベルの割り当てと配布 その3（図12-14）

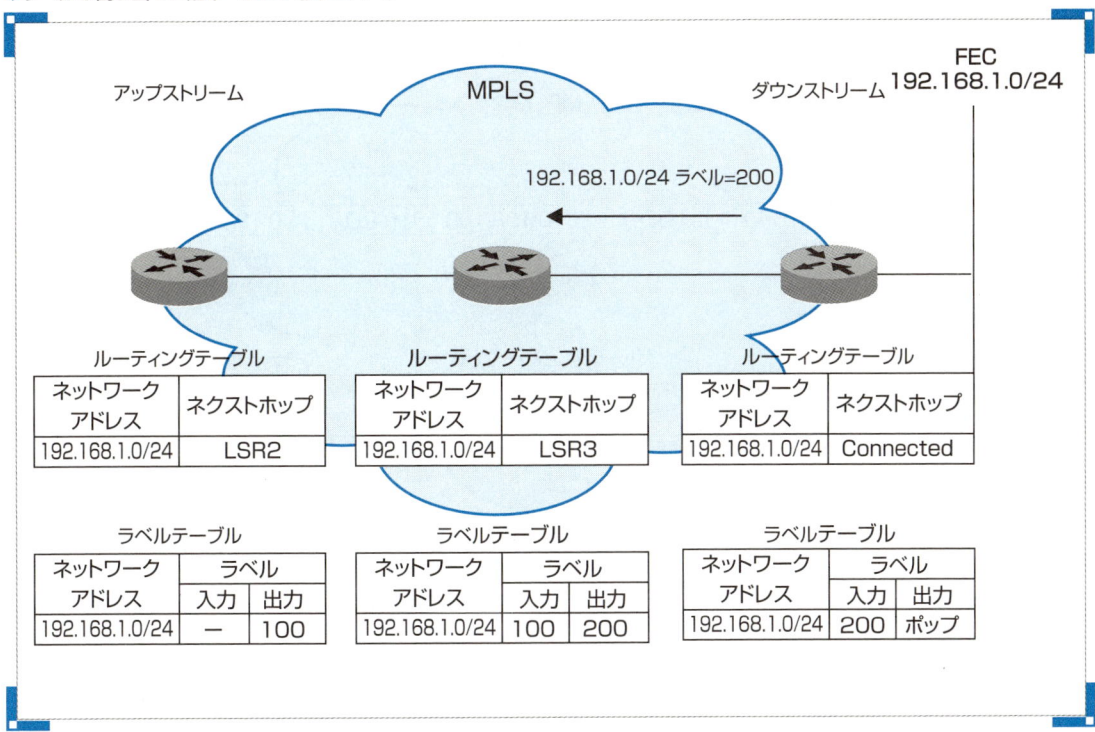

ルーティングテーブル（アップストリーム）	
ネットワークアドレス	ネクストホップ
192.168.1.0/24	LSR2

ルーティングテーブル（中間）	
ネットワークアドレス	ネクストホップ
192.168.1.0/24	LSR3

ルーティングテーブル（ダウンストリーム）	
ネットワークアドレス	ネクストホップ
192.168.1.0/24	Connected

FEC 192.168.1.0/24
192.168.1.0/24 ラベル=200

ラベルテーブル		
ネットワークアドレス	ラベル入力	ラベル出力
192.168.1.0/24	―	100

ラベルテーブル		
ネットワークアドレス	ラベル入力	ラベル出力
192.168.1.0/24	100	200

ラベルテーブル		
ネットワークアドレス	ラベル入力	ラベル出力
192.168.1.0/24	200	ポップ

　実際にラベルスイッチングを行うときには、MPLSフォワーディングテーブルを構築します。図で説明しているラベルテーブルには、ネットワークアドレスの情報が入っていますが、ラベルスイッチングは純粋にラベルの情報だけを参照するだけです。ラベルをどのように付け替えていくのかということをMPLSフォワーディングテーブルで表しています。

　そして、IPネットワークとMPLSネットワークの境界のLSRでは、ルーティングテーブルにラベルの情報を組み合わせます。ラベルが付いていない通常のIPパケットは、ルーティングテーブルを参照して、必要ならばラベルを付加できるようになります。

chapter 12
MPLS (Multi-Protocol Label Switching)

▼ラベルスイッチング　その3（図12-15）

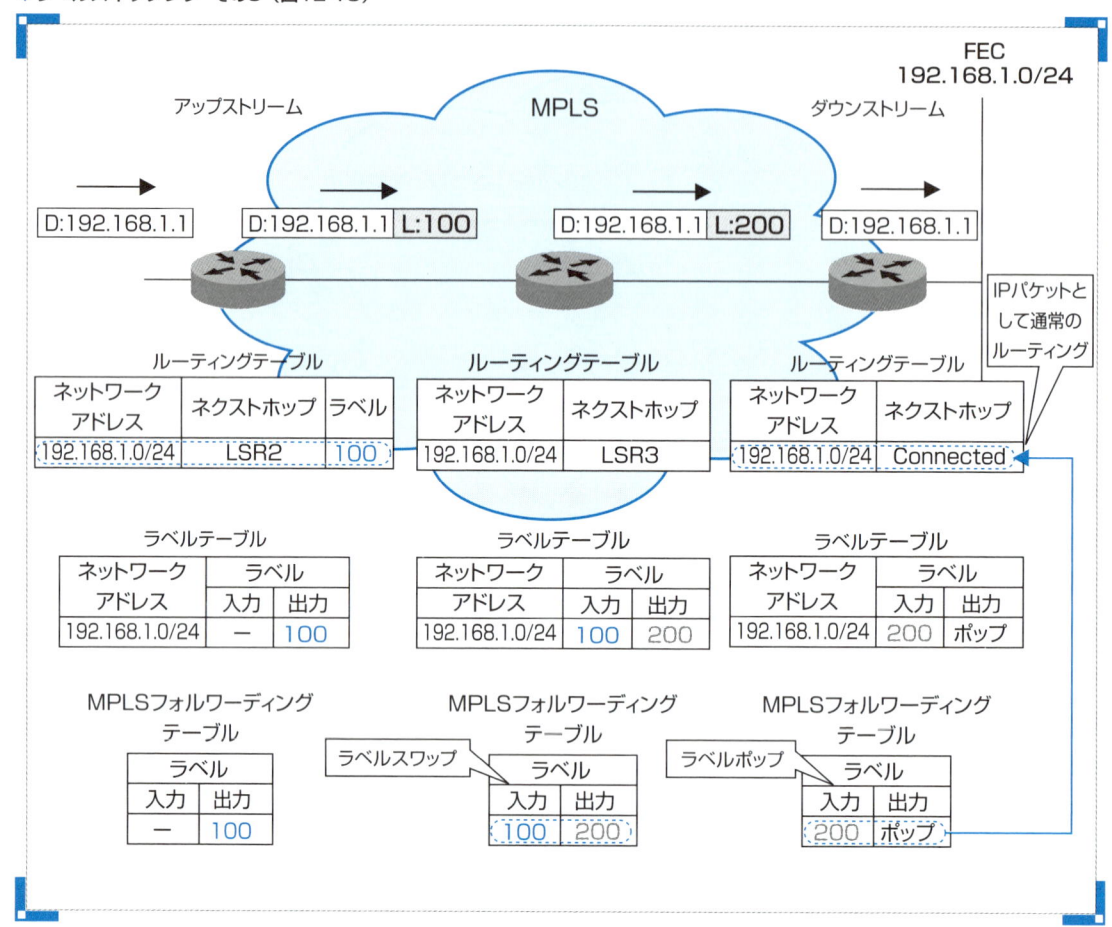

＊上記のラベルの割り当てと配布およびラベルスイッチングのプロセスではPHPを考慮していません。

12-3-4　MPLSによるISP構成のシンプル化

　前にMPLSの用途として、ISP構成をシンプル化することを挙げています。それについて補足します。基本的なラベルスイッチングでは、FECとしてユニキャストルーティングテーブルのエントリを使います。

　ISPのルータはBGPでインターネットの膨大なルーティングテーブルエントリを学習しています。そのエントリ一つずつにラベルを割り当てるのはとても大変です。

　ここでBGPによるルート情報の学習を思い出してください。特定のBGPピアから学習したルートのネクストホップはすべて共通です。つまり、特定のBGPピアから学習したルートあてのパケットは、同じように転送されるひとつのFECです。

12-3 MPLSの用途

　つまり、基本的なラベルスイッチングにおけるFECは単にユニキャストルーティングテーブルのエントリというわけではなく、そのエントリの情報元によって異なり、次のようになります。

> ・IGPで学習したエントリ
> ・BGPで学習したエントリのネクストホップ

　その結果、特定のBGPピアから学習したルーティングテーブルエントリには、共通のラベルが割り当てられることになります。
　図で具体的に見ていきましょう。

▼MPLSとBGP その1（図12-16）

```
          MPLS                    ISP2
          ISP1                   10.0.0/8

               IBGP

                          1.1.1.1/32
```

ルーティングテーブル			ルーティングテーブル			ルーティングテーブル	
1.1.1.1/32	LSR2	200	1.1.1.1/32	LSR3		1.1.1.1/32	Connected

ラベルテーブル			ラベルテーブル			ラベルテーブル		
1.1.1.1/32	—	200	1.1.1.1/32	200	100	1.1.1.1/32	100	—

MPLSフォワーディングテーブル

ラベル	
入力	出力
—	200

MPLSフォワーディングテーブル

ラベル	
入力	出力
200	100

MPLSフォワーディングテーブル

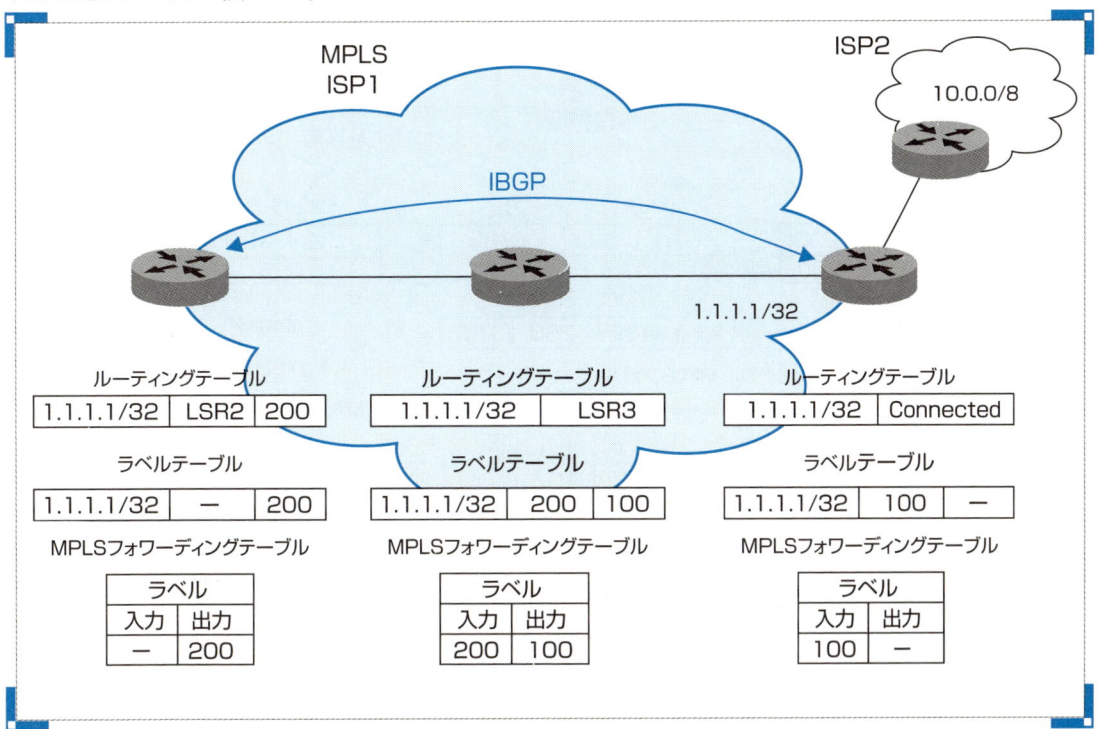

ラベル	
入力	出力
100	—

　図では、ISP1とISP2が相互接続されています。ISP1の境界のLSR1とLSR3間でIBGPピアを確立しています。IBGPピアはLSR3の1.1.1.1/32のアドレスで確立しています。LSR3の1.1.1.1/32に対してのラベル配布が完了しているものとします。また、LSR3はLSR1に対してnext-hop-selfを設定しているものとします。
　ISP2内の10.0.0.0/8がBGPで送信され、さらにLSR3からLSR1へ

chapter 12
MPLS（Multi-Protocol Label Switching）

IBGPを通じて送信されると、LSR1、LSR3のルーティングテーブルに10.0.0.0/8のルート情報がルーティングテーブルに登録されます。

LSR1のルーティングテーブルに注目すると、BGPルートの10.0.0.0/8のネクストホップはLSR3の1.1.1.1です。1.1.1.1に対してすでにラベル200が割り当てられているので、10.0.0.0/8に対するラベルは同じ200になります。

▼MPLSとBGP その2（図12-17）

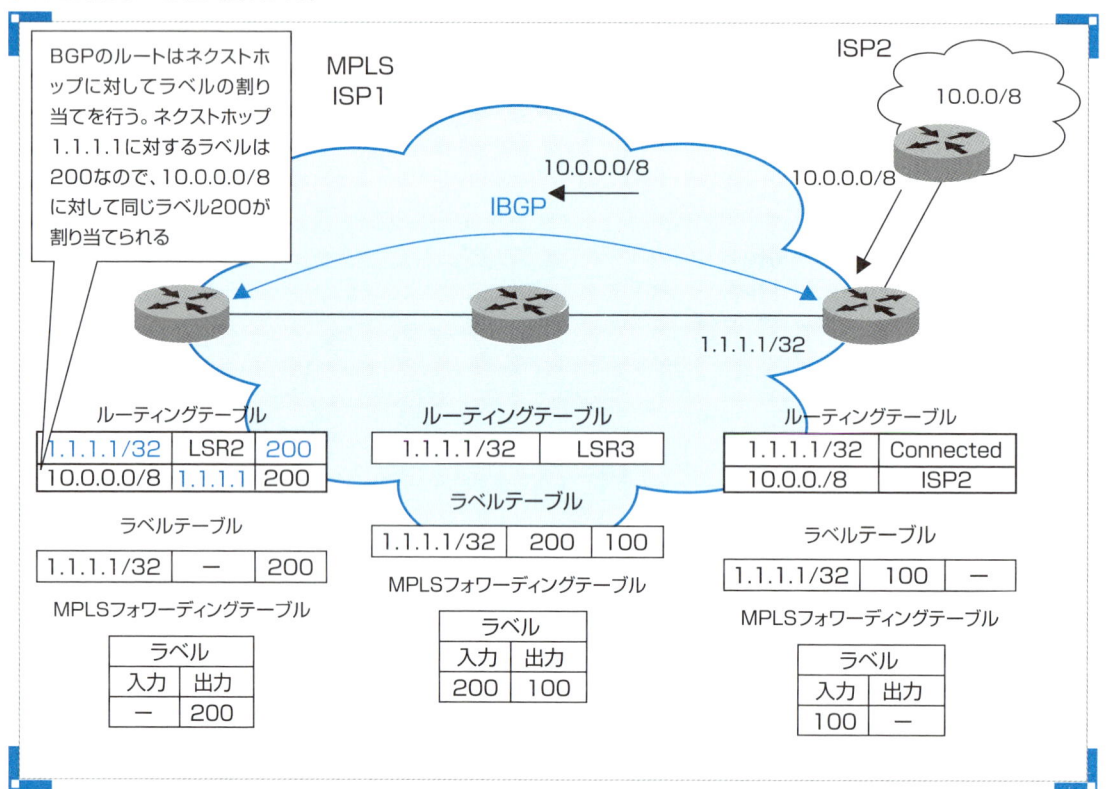

(図：MPLSとBGPの動作を示す図。BGPのルートはネクストホップに対してラベルの割り当てを行う。ネクストホップ1.1.1.1に対するラベルは200なので、10.0.0.0/8に対して同じラベル200が割り当てられる)

LSR1 ルーティングテーブル:
| 1.1.1.1/32 | LSR2 | 200 |
| 10.0.0.0/8 | 1.1.1.1 | 200 |

LSR1 ラベルテーブル:
| 1.1.1.1/32 | — | 200 |

LSR1 MPLSフォワーディングテーブル:
ラベル	
入力	出力
—	200

LSR2 ルーティングテーブル:
| 1.1.1.1/32 | LSR3 |

LSR2 ラベルテーブル:
| 1.1.1.1/32 | 200 | 100 |

LSR2 MPLSフォワーディングテーブル:
ラベル	
入力	出力
200	100

LSR3 ルーティングテーブル:
| 1.1.1.1/32 | Connected |
| 10.0.0/8 | ISP2 |

LSR3 ラベルテーブル:
| 1.1.1.1/32 | 100 | — |

LSR3 MPLSフォワーディングテーブル:
ラベル	
入力	出力
100	—

このとき、LSR1に10.0.0.1宛てのパケットがやってくると、ルーティングテーブルを参照してラベル200を付加して、LSR2へ転送します。

LSR2はMPLSフォワーディングテーブルのみを参照し、ラベル200をラベル100にスワップして、LSR3に転送します。

最後にLSR3はMPLSフォワーディングテーブルを参照しラベル100を除去し、通常のIPパケットとしてルーティングテーブルを参照してISP2へ転送します。

ここで注目したい点は、LSR2はルーティングテーブルに10.0.0.0/8のエントリが存在していなくても、10.0.0.0/8宛てのパケットをラベルスイッチできることです。

12-3 MPLSの用途

▼MPLSとBGP その3（図12-18）

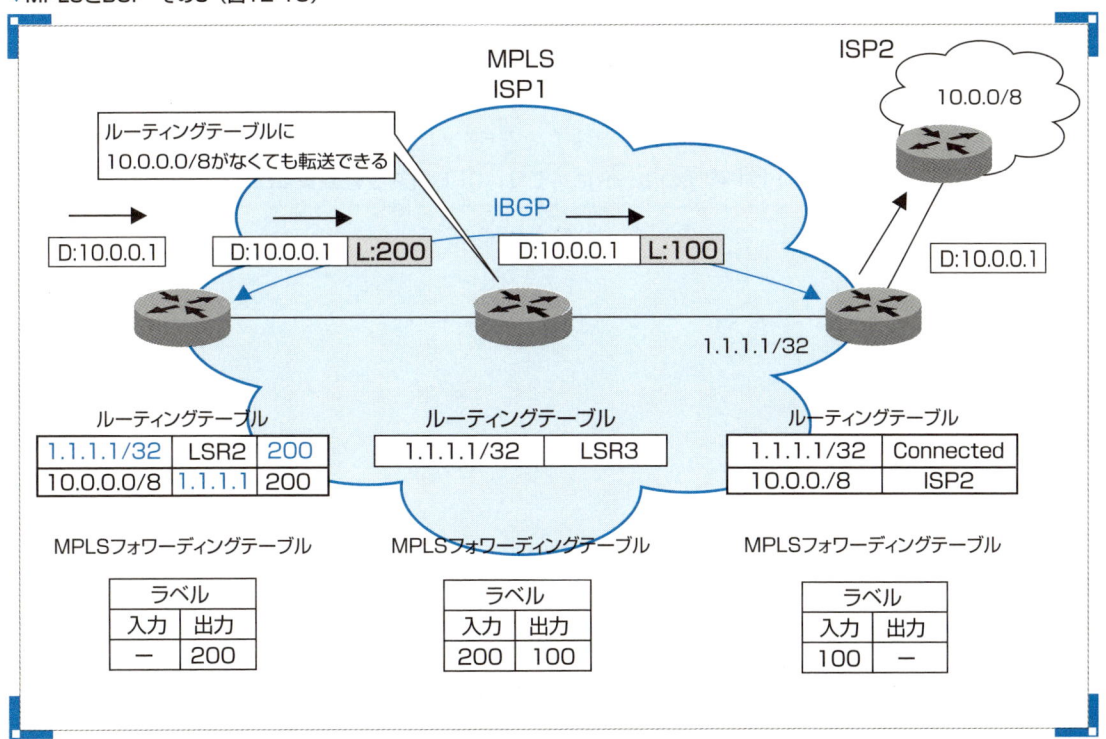

```
                    MPLS
                    ISP1                    ISP2
                                            10.0.0/8
  ルーティングテーブルに
  10.0.0.0/8がなくても転送できる
                       IBGP
  D:10.0.0.1   D:10.0.0.1 L:200   D:10.0.0.1 L:100   D:10.0.0.1

                                       1.1.1.1/32
```

ルーティングテーブル		
1.1.1.1/32	LSR2	200
10.0.0.0/8	1.1.1.1	200

ルーティングテーブル	
1.1.1.1/32	LSR3

ルーティングテーブル	
1.1.1.1/32	Connected
10.0.0./8	ISP2

MPLSフォワーディングテーブル

ラベル	
入力	出力
ー	200

MPLSフォワーディングテーブル

ラベル	
入力	出力
200	100

MPLSフォワーディングテーブル

ラベル	
入力	出力
100	ー

＊上記のラベルの割り当てと配布およびラベルスイッチングのプロセスではPHPを考慮していません。

　通常のIPルーティングを行っている場合、ISP内のすべてのルータがトランジットさせるルート情報を学習しなければいけません。そのために、フルメッシュでIBGPピアの設定を行います。ですが、フルメッシュIBGPピアは、大規模なISPになればなるほど拡張性に問題が出てきます。

　その点、MPLSでラベルスイッチングを行えば、ISP内部のルータはトランジットさせるルート情報を学習しなくても構いません。ISP境界のルータにラベルスイッチングできるようにラベルを学習して配布すればよいだけです。

　そのため、MPLSを利用すれば、次のようにISP内のBGPの構成を大幅にシンプルにすることができます。

chapter 12
MPLS (Multi-Protocol Label Switching)

- IBGPピアは境界ルータ間でのみフルメッシュで確立する
- 同期は無効
- ISP内部のルータはBGPを動作させる必要がない
- ISP内でラベルスイッチングできるようにMPLSを有効化する
- ISP内部のルータはインターネットのルート情報を保持する必要がない
- ISP内部のルータはメモリ、CPU負荷を軽減することができる

12-4 MPLS-VPN

MPLS-VPNはMPLSの最も一般的な用途です。ここでは、MPLS-VPNにおける用語とどのようにラベルが付加され、転送されるかを解説します。

12-4-1 VPNとは

VPNとは、インターネットや通信事業者のネットワークなどのたくさんのユーザで共有しているネットワークを介して仮想的なプライベートネットワークを構築する技術および、その技術によって構築されたネットワークそのものを指します。

「VPN」といえば、インターネット上でIPSecを使って、パケットを暗号化し、安全に通信するというインターネットVPNを思い浮かべることが多いでしょう。ですが、実際にはインターネットVPN以外にもVPNと呼べるものはたくさんあります。フレームリレーやATM、広域イーサネット、IP-VPNなど、通信事業者が提供するWANサービスもVPNです。

また、「イントラネットVPN」や「エクストラネットVPN」、「リモートアクセスVPN」といった呼び方があります。ほかにも「レイヤ2VPN」や「レイヤ3VPN」という呼び方もあります。

このようにVPNと名のつくものは多くあり、混乱することもあるでしょう。ここでは、VPNをいくつかの観点から分類します。

12-4-2 VPNの分類の観点

VPNの分類の観点を次のように考えて、それぞれの特徴を見ていくことにします。

●VPNを実装する枠組み

VPNを実装する枠組みによって、「オーバーレイVPN」「ピアツーピアVPN」があります。

●VPNの用途

どのようにVPNを利用するかというVPNの用途に応じて、「イントラネットVPN」「エクストラネットVPN」「リモートアクセスVPN」があります。

●VPNで転送する対象となるデータ

VPNのネットワークを通じて転送する対象となるデータの階層によって、「レイヤ2VPN」「レイヤ3VPN」があります。

chapter 12
MPLS（Multi-Protocol Label Switching）

■ VPNを実装する枠組みによる分類

　VPNを実装する枠組みとは、どのようにVPNネットワークを通じてVPNを利用するユーザのデータを転送するかということです。VPNを実装する枠組みとしては、**オーバーレイVPN**と**ピアツーピアVPN**があります。

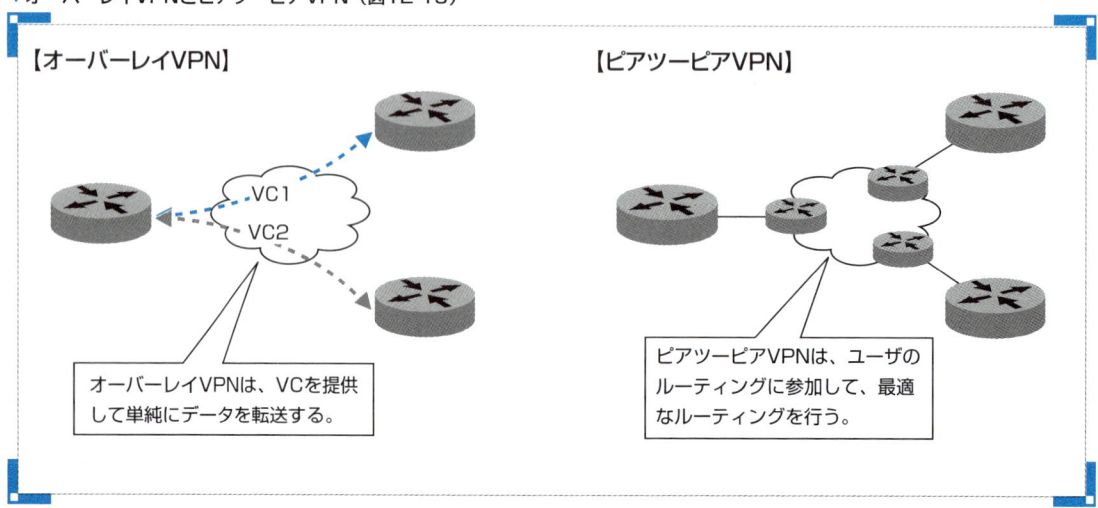

　オーバーレイVPNは、ユーザのデータを転送するためにユーザの拠点間に仮想的な回線（Virtual Circuit：VC）を提供します。単純にデータを転送するだけというのがオーバーレイVPNです。

　フレームリレー、ATMがオーバーレイVPNの典型的な例です。フレームリレー網やATM網はユーザに対してVCを提供して、データを転送する役割を持っています。また、最近よく利用されるIPSecやPPTPによるインターネットVPNもオーバーレイVPNです。インターネット上にIPSecやPPTPによって、ユーザのデータを転送するためのVC（VPNトンネル）を提供しています。

　一方、ピアツーピアVPNはユーザのデータを単純に転送するだけではありません。ユーザのデータを転送することに加えて、VPNを構成するルータがユーザのルーティングに参加してユーザのネットワークの情報を把握します。これにより、最適なルーティングを提供するというものです。オーバーレイVPNでは、ユーザの拠点間のルーティングは、ユーザがそれぞれ設定しなくてはいけません。それに対して、ピアツーピアVPNはVPN側でルーティングをしてくれるので、ユーザはVPNに対してデータを転送するだけで、最適な経路をとることができます。

　MPLS-VPN（IP-VPN）がピアツーピアVPNの典型的な例です。MPLS-VPNでは、網を構成するPE（Provider Edge）ルータがユーザのネットワークの情報をすべて把握しているため、MPLS-VPNを利用しているユーザはデータをPEルータに送りさえすればよいだけです。

▼オーバーレイVPNとピアツーピアVPN（図12-19）

【オーバーレイVPN】　VC1　VC2
オーバーレイVPNは、VCを提供して単純にデータを転送する。

【ピアツーピアVPN】
ピアツーピアVPNは、ユーザのルーティングに参加して、最適なルーティングを行う。

VPNの用途による分類

　VPNは用途によって、**イントラネットVPN**、**エクストラネットVPN**、**リモートアクセスVPN**に分類されます。

　イントラネットVPNは、企業の各拠点のネットワークを接続するために利用するVPNです。同じ企業に属するネットワークを接続するため、それほど厳密なセキュリティを意識する必要はありません。

　エクストラネットVPNは、取引先や関連会社との間で通信をするために利用するVPNです。SCM（Supply Chain Management）などの経営管理手法の浸透に伴って、エクストラネットを利用する例が増えています。異なる企業のネットワークを接続するため、それぞれの企業の情報セキュリティポリシーに従い、セキュリティ対策を行った上で、安全なエクストラネットを構築することが重要です。

　リモートアクセスVPNは、外出先や出張先などの遠隔地にいるユーザが社内のネットワークに接続できるようにするためのVPNです。

　イントラネットVPN、エクストラネットVPNはオーバーレイVPN、ピアツーピアVPNのどちらでも構築することができます。リモートアクセスVPNは、通常オーバーレイVPNで構築します。

VPNで転送するデータの階層による分類

　VPNを通じて転送するデータの階層によって、**レイヤ2VPN**、**レイヤ3VPN**があります。

　レイヤ2VPNは、転送するデータはレイヤ2として取り扱うため、ネットワーク層のプロトコルに依存しません。ネットワーク層のプロトコルがIP以外であっても、転送することができます。

　フレームリレー、ATMなどのオーバーレイVPNはレイヤ2VPNですが、インターネットを経由するインターネットVPNはレイヤ2VPNではありません。

　一方、転送するデータをIPパケットとして取り扱うのがレイヤ3VPNです。レイヤ3VPNでは、IPパケット以外はそのまま転送することができません。IPXやAppletalkなどのプロトコルが動作しているときは、レイヤ3VPNを利用するには注意が必要です。

　ピアツーピアVPNは、ユーザのルーティングに参加するという性質上、レイヤ3VPNです。また、インターネットを経由してデータを転送するインターネットVPNもレイヤ3VPNです。

12-4-3　MPLS-VPNの概要

MPLS-VPNにおけるネットワークやルータを示す用語がさまざまあります。具体的なMPLS-VPNネットワークの図を参照しながら解説します。

▼MPLS-VPNの用語（図12-20）

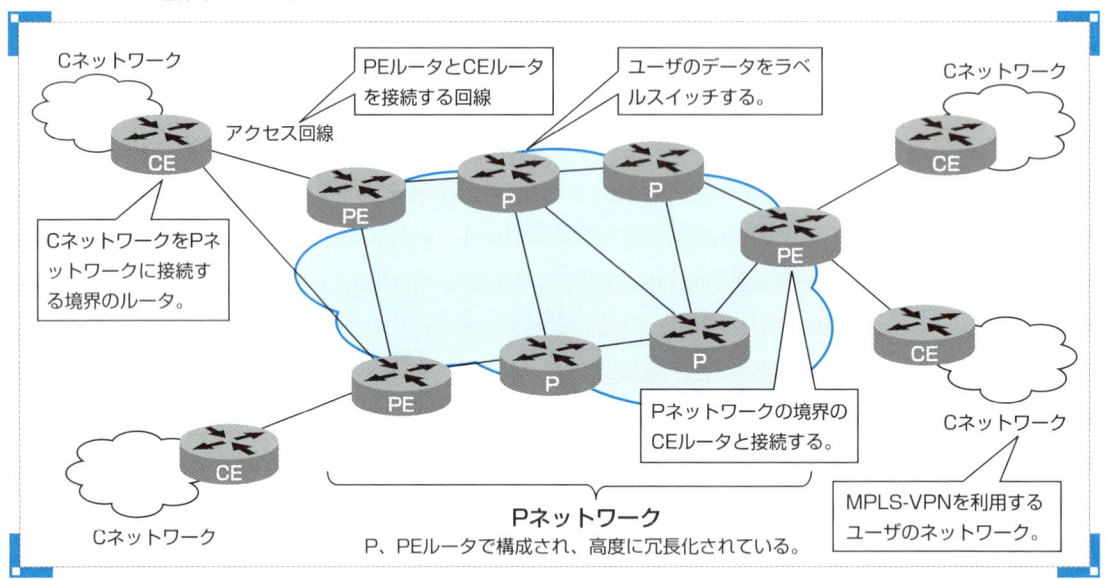

［図：MPLS-VPNネットワーク構成図。CEルータ、PEルータ、Pルータ、Cネットワーク、Pネットワークの関係を示す。注釈：「PEルータとCEルータを接続する回線」「ユーザのデータをラベルスイッチする。」「アクセス回線」「CネットワークをPネットワークに接続する境界のルータ。」「Pネットワークの境界のCEルータと接続する。」「MPLS-VPNを利用するユーザのネットワーク。」「Pネットワーク　P、PEルータで構成され、高度に冗長化されている。」］

●P（Provider）ネットワーク

通信事業者が構築しているIPネットワークです。IPネットワークを基盤として、MPLSネットワークが構築されています。**Pネットワーク**は高度に冗長化されていて、障害が発生しても迂回経路に切り替えられるようになっています。Pネットワークは、PルータおよびPEルータによって構成されています。

●C（Customer）ネットワーク

MPLS-VPNのサービスを利用する顧客（ユーザ）のネットワークです。**Cネットワーク**は、ユーザ自身が構築および管理を行います。

●P（Provider）ルータ

通信事業者のネットワークを構成するルータです。Pネットワーク内に存在し顧客のルータとの接続を持たないルータ。**Pルータ**は、パケットのラベルを見て、ラベルスイッチを行います。そのため、PルータはMPLSをサポートしている必要があります。

● PE（Provider Edge）ルータ

　通信事業者のネットワークを構成するルータで、顧客のルータであるCEルータと接続するルータです。PネットワークとCネットワークの境界に位置し、IPパケットへのラベルの付加および除去を行います。**PEルータ**は、MPLS-VPNではもっとも重要なルータで、MPLSだけでなくMP-BGPをサポートする必要があります。

● CE（Customer Edge）ルータ

　顧客のネットワークを構成するルータで、通信事業者のPEルータと接続することによってMPLS-VPNのサービスを利用します。**CEルータ**は特殊な機能は必要なく、通常のIPパケットをルーティングできるルータです。

● アクセス回線

　PEルータとCEルータを接続する回線です。専用線やADSL/FTTHなどのブロードバンドアクセス回線など多様な回線を**アクセス回線**として利用することができます。

12-4-4　MPLS-VPNを経由したパケットの流れ

　MPLS-VPNを通じて、どのようにユーザのIPパケットが流れていくかを確認してみましょう。企業AのCEルータA1からリモートの拠点のCEルータA2までパケットを送信する場合を考えます。

　CEルータA1は、PEルータであるPE1にIPパケットを送信します。PE1では、受信したIPパケットにラベルを2つ付加します。この2つのラベルはそれぞれ別々の目的があります。先頭のラベルはMPLS-VPNネットワークの出口を示すラベルです。この先頭のラベルは、Pネットワーク内でLDPによって配布されます。

　そして、2つ目のラベルは、ユーザのネットワークを識別するためのラベルです。この2つ目のラベルがユーザのトラフィックを分離するラベルとなり、PEルータ間でMP-BGPによって交換します。

　PE1はパケットに2つのラベルを付加するとP1に転送します。P1では、単純に先頭のラベルのみを見てパケットの転送を行っていきます。パケットの出口となるPE2までに何台Pルータが存在したとしても、Pルータは複雑な処理は行わずに単純に先頭のラベルを利用したラベルスイッチでパケットをどんどん出口のPEルータへと転送します。

　PE2では2番目のラベルを参照して、ユーザのトラフィックを認識し適切なインタフェースを選択することができます。ラベルをすべて除去して通常

chapter 12
MPLS (Multi-Protocol Label Switching)

のIPパケットとして、A2へとパケットを転送します。

▼MPLS-VPNでのパケットの流れ（図12-21）

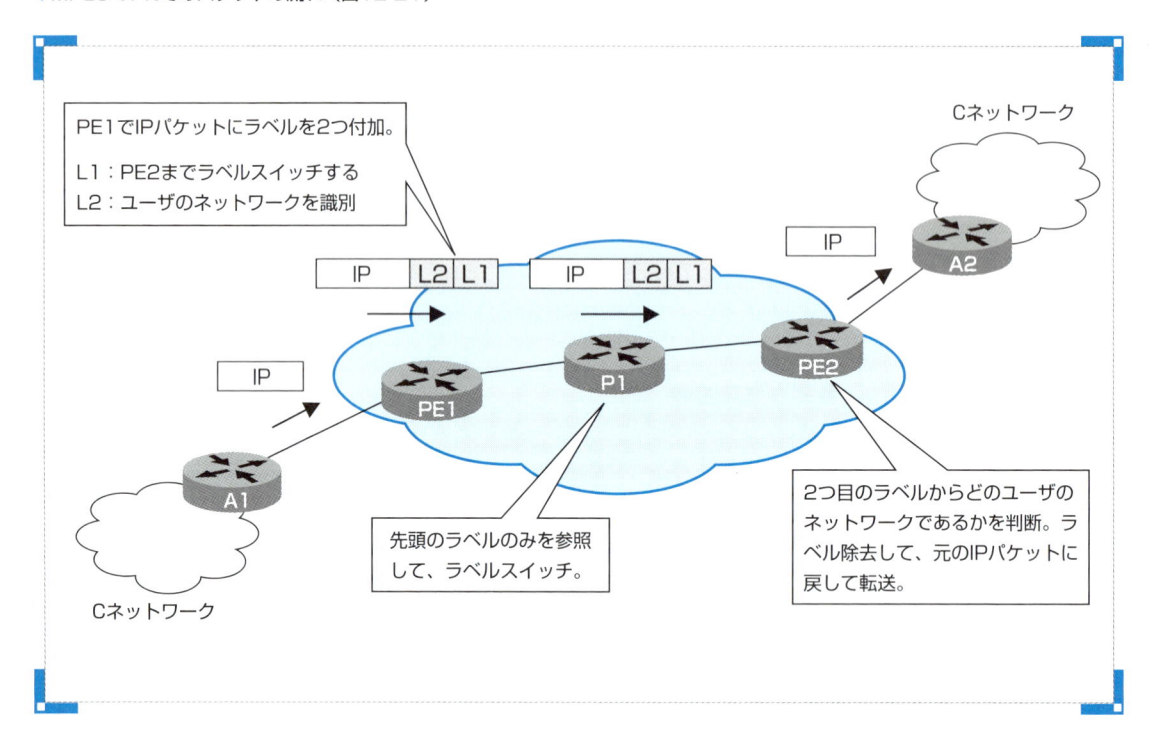

```
PE1でIPパケットにラベルを2つ付加。
L1：PE2までラベルスイッチする
L2：ユーザのネットワークを識別
```

先頭のラベルのみを参照して、ラベルスイッチ。

2つ目のラベルからどのユーザのネットワークであるかを判断。ラベル除去して、元のIPパケットに戻して転送。

　　上記の図では、ある特定ユーザのパケットの転送のみを表しています。実際には、複数のユーザがPネットワークに接続し、各ユーザの拠点間での通信を実現しています。2つのラベルをつける意味は、同じPネットワークを通じて異なるユーザのパケットが混ざってしまうことなく、正しく転送できることにあります。
　　ここをもう少し補足しましょう。
　　先頭のラベルによって確立されるPEルータ間のLSPがあり、その中にさらに2つ目のラベルによるユーザのネットワークごとのLSPを多重化しています。このようにラベルの多重化によるLSPの多重化によって、同じPネットワークを通じて異なるユーザネットワーク間のパケットが混ざらないように転送することができます。

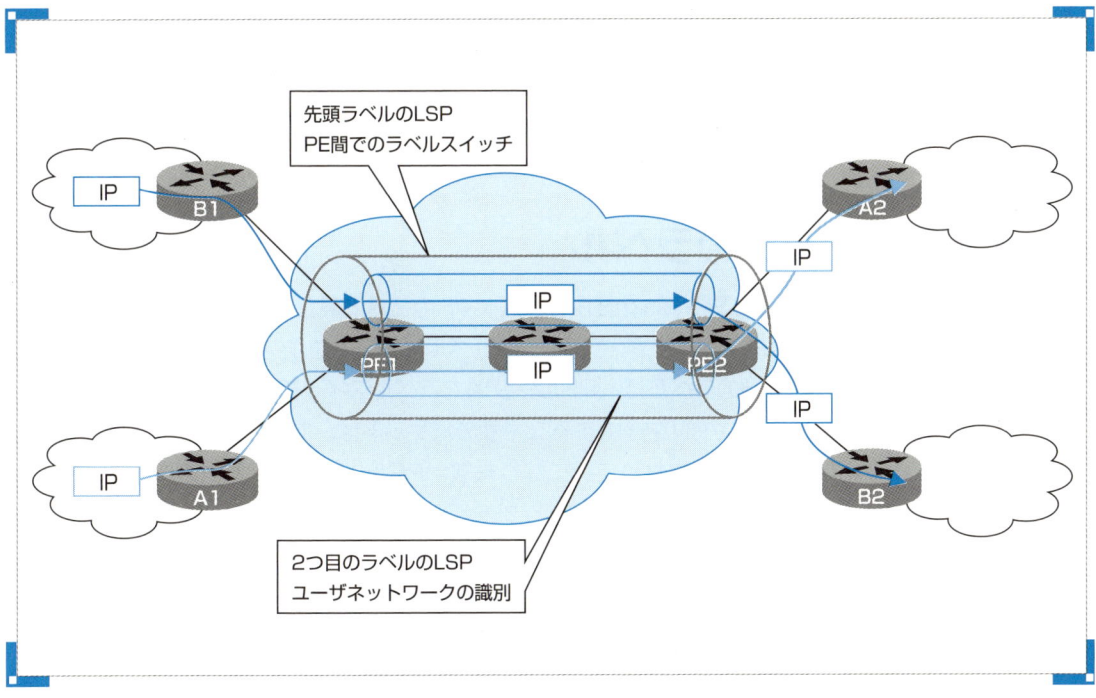

12-4 MPLS-VPN

▼MPLS-VPNのLSP多重化（図12-22）

先頭ラベルのLSP
PE間でのラベルスイッチ

2つ目のラベルのLSP
ユーザネットワークの識別

Chapter12　MLPS (Multi-Protocol Label Switching)

12-5　MPLS-VPNの仕組み

MPLS-VPNを実現するための仕組みを解説します。MPLS-VPNではアドレスの重複を防ぎ、柔軟なルーティングを可能にするためにBGPを拡張したMP-BGPおよびPE-CEルータ間のルーティングの考え方について見ていきます。

12-5-1　2つのラベル

　MPLS-VPNを経由したパケットの流れで見たように、パケットにラベルが2つ付加されます。この2つのラベルについてもう少し詳しく見てみましょう。

　先頭のラベルは、PEルータ間でラベルスイッチングするためのものです。MPLS-VPNを経由するユーザのパケットは、あるPEルータから別のPEルータに転送されることになります。PEルータ間での転送を先頭のラベルでLSPを確立しラベルスイッチを行います。先頭ラベルのFECはPEルータのIPアドレスで、LDPによって配布します。

　2つ目のラベルは、ユーザのネットワークを識別するためのラベルです。1つのPEルータに複数のユーザのCEルータが接続されることもあります。その場合、2つ目のラベルによってユーザのネットワークを識別し、正しくユーザのパケットを転送できるようにします。

　2つ目のラベルのFECはユーザのネットワークアドレスです。ただし、純粋な32ビットのアドレスではありません。32ビットのアドレスに64ビットのRD(Route Distinguisher)を付加して96ビットに拡張したVPNv4アドレスです。VPNv4アドレスについては、後述します。

　PEルータは、VPNv4アドレスに対してラベルを割り当てます。VPNv4アドレスとともに割り当てたラベルをPEルータ間で交換します。そのためのプロトコルが**MP-BGP**(Multi Protocol BGP)です。

　以上の2つのラベルについて表にまとめると次のようになります。

▶2つのラベル

ラベル	FEC	目的	配布方法
先頭ラベル	PEルータのIPアドレス	PEルータ間のLSPを確立しラベルスイッチングを行う	LDP
2番目のラベル	VPNv4アドレス	ユーザネットワークを識別する	MP-BGP

12-5-2 VRF (Virtual Router Forwarding)

　MPLS-VPNでは、共通のPネットワーク上で複数のユーザのパケットを混在することなく正しくルーティングするために、PEルータを仮想的に分割します。分割したPEルータを**VRF**(Virtual Router Forwarding)と呼びます。MPLS-VPNはピアツーピアVPNであり、ユーザのルーティングに参加します。つまり、ユーザのネットワークのルート情報をVRFに保持して、ユーザごとの最適なルーティングを行います。

　MPLS-VPNのネットワーク構成は、PEルータに接続するユーザごとにVRFで仮想的にルータを分割して、MPLSバックボーンを通じてユーザ拠点間のルーティングを可能にしています。

▼VRFの概要（図12-23）

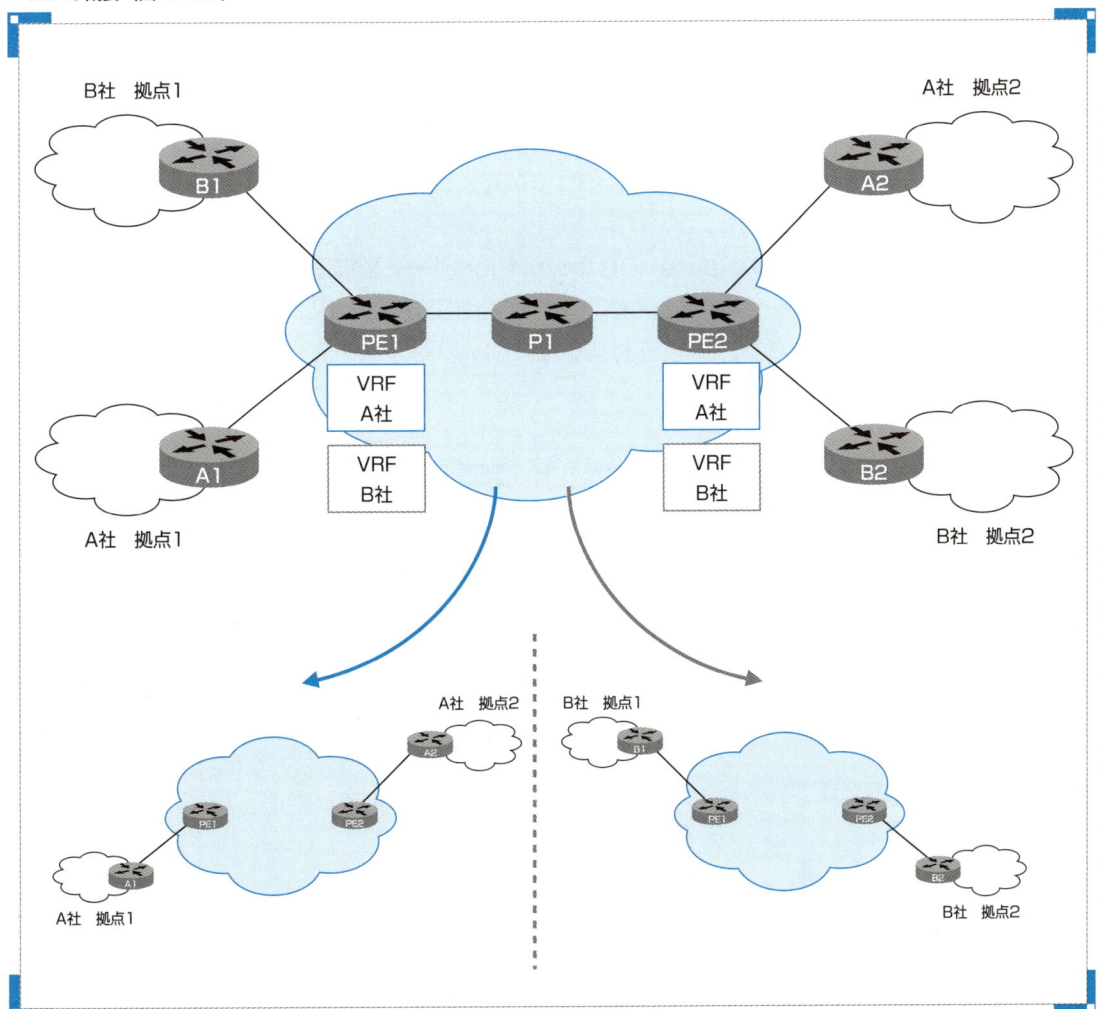

chapter 12
MPLS (Multi-Protocol Label Switching)

　　ユーザの拠点間のルーティングを行うためには、VRFルーティングテーブルにユーザの拠点のネットワークの情報を学習させますが、ここで問題が出てくる場合があります。それは、アドレスの重複です。通常、企業の内部ネットワークはプライベートアドレスでアドレッシングします。そのため、異なるユーザのネットワークが同じプライベートアドレスの範囲でアドレッシングされていて、重複する可能性があります。

　　重複したアドレッシングをしているユーザのネットワークを正しく識別するために、通常の32ビットのIPアドレスを拡張します。拡張したIPアドレスを**VPNv4アドレス**と呼びます。

12-5-3　VPNv4アドレス

　　通常の32ビットのIPv4アドレスだとユーザ間でアドレスが重複する可能性があるため、VPNv4アドレスを定義しています。**VPNv4アドレス**は次のように構成されます。

> VPNv4アドレス＝RD（64ビット）＋IPv4アドレス（32ビット）

　　RD（Route Distinguisher：**ルート識別子**）を付加することで、重複しない一意なアドレスを定義することができます。RDはVRFごとに決められます。

　　具体的にRDを付加してVPNv4アドレスを交換している様子を見てみましょう。

▶VPNV4アドレス　その1
（図12-24）

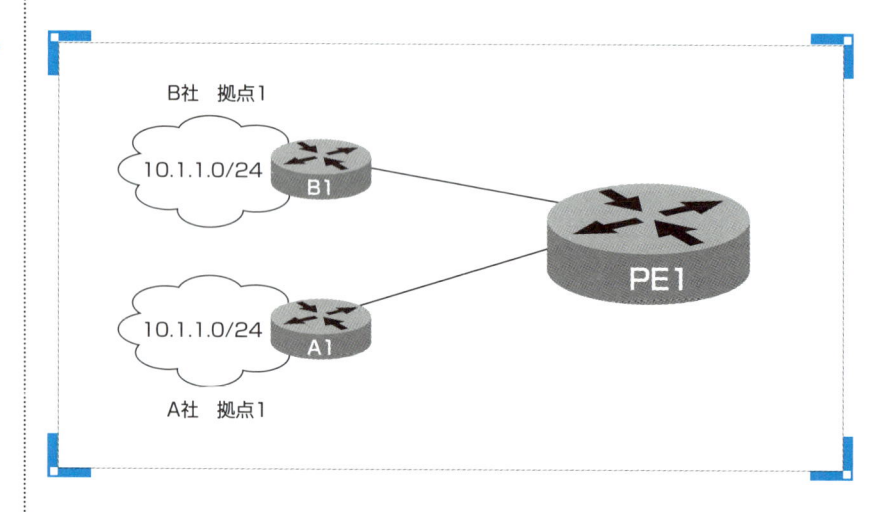

この図では、A社の拠点1とB社の拠点1で同じ10.1.1.0/24のネットワークアドレスを利用していて、アドレスが重複しています。

PE1はユーザごとのVRFを定義して、A社、B社それぞれの拠点のネットワークアドレスをVRFルーティングテーブルに保持します。VRFには対応するRDが決められ、RDを付加してVPNv4アドレスとして一意のネットワークアドレスとします。

　ユーザ拠点間のルーティングを行うためには、VPNv4アドレスを他のPEルータと交換しなければいけません。ただし、VPNv4アドレスは96ビットに拡張されているので、既存のルーティングプロトコルを利用することはできません。そこで、BGPを拡張したMP-BGPを利用します。MP-BGPによって、PE間でユーザのネットワークアドレスであるVPNv4アドレスの情報を交換します。

▼VPNv4アドレス　その2（図12-25）

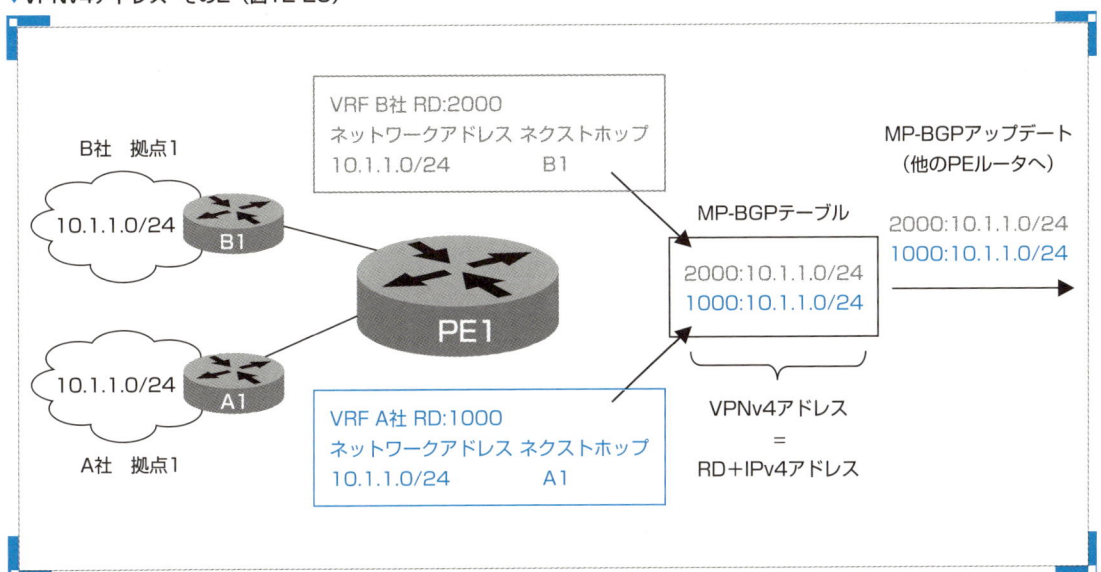

12-5-4　MP-BGP

　ここまで見てきたように、PEルータ間でVPNv4アドレスを交換するためのルーティングプロトコルが**MP-BGP**です。BGPをベースに96ビットのVPNv4アドレスを扱えるように拡張されています。

　MP-BGPはPEルータがユーザのネットワークアドレスを交換するためのものなので、PEルータのみでMP-BGPを実行します。PルータではMP-BGPを実行しません。また、PEルータ間では、基本的にフルメッシュでMP-BGPピアを確立します。必要ならばルートリフレクタを用いて、フルメッシュMP-BGPピアを緩和することができます。

chapter 12
MPLS (Multi-Protocol Label Switching)

MP-BGPピア▶
(図12-26)

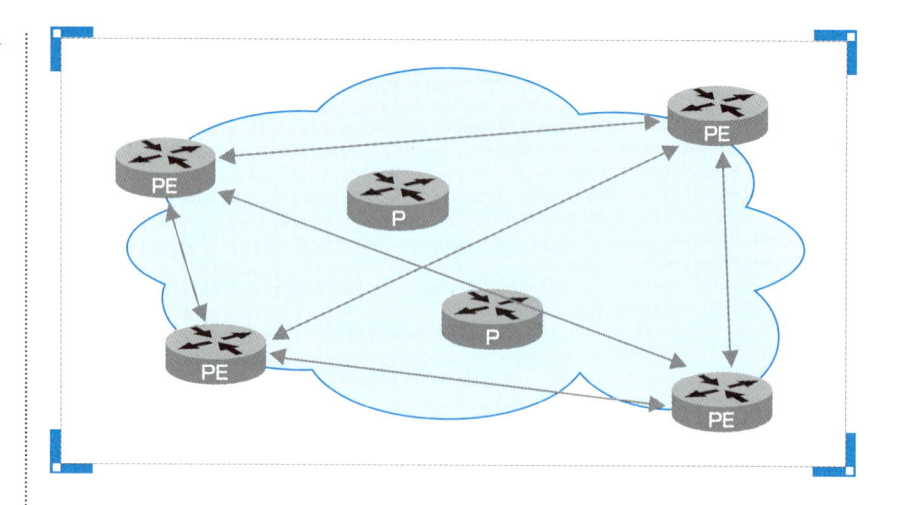

PEルータ間で交換するMP-BGPのアップデートには次の情報が含まれます。

- ・VPNv4アドレス
- ・拡張コミュニティ
    - ・RT (Route Target：ルートターゲット)
    - ・SOO (Site of Origin)
- ・ラベル
- ・その他のBGPアトリビュート
    - ・AS Path
    - ・Local Preference
    - ・MED
    - ・標準コミュニティなど

上記のMP-BGPアップデートに含まれる情報の中で、非常に重要なものがRTです。RTによって、VRF内のルート情報を制御し、ユーザがルーティング可能なネットワークを柔軟に制御することができます。

12-5-5 RT (Route Target)

RTは、MP-BGPアップデートに含まれるVPNv4アドレスごとに付加される64ビットの拡張コミュニティです。RTは、VRFルーティングテーブルからルート情報をMP-BGPテーブルに載せるときに付加されます。VRFルーティングテーブルからMP-BGPテーブルへ載せるときに付加するRTを**Export RT**と呼びます。そして、RTがついたVPNv4アドレスがMP-BGPピアに送信されます。

12-5 MPLS-VPNの仕組み

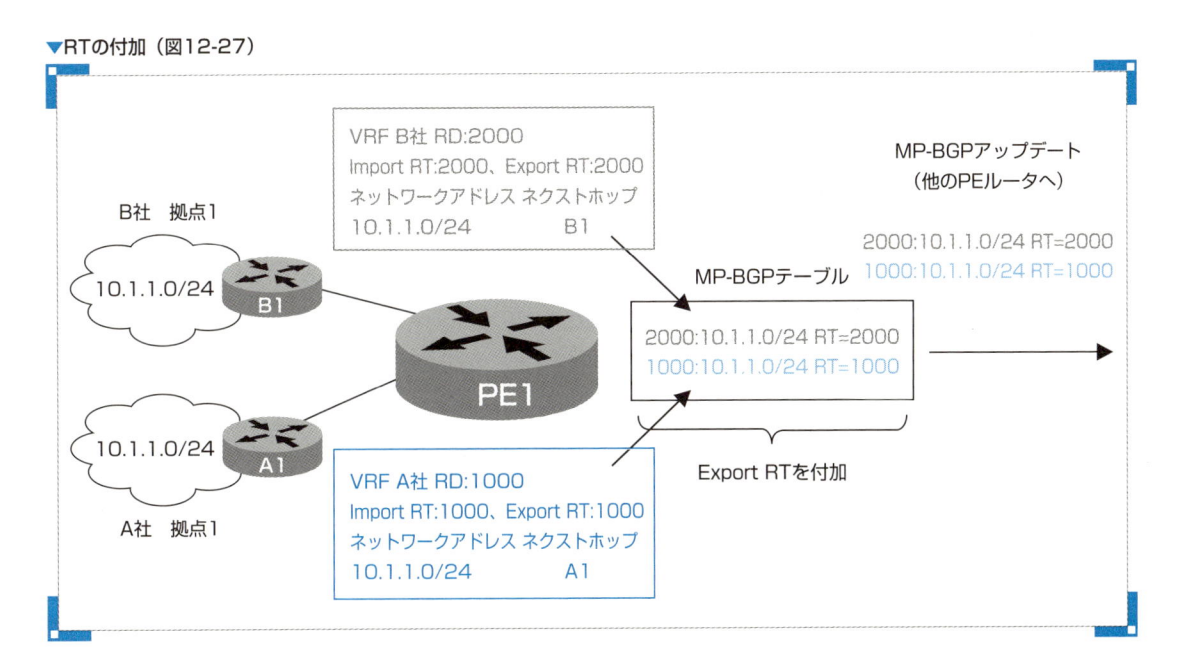

▼RTの付加（図12-27）

VPNv4アドレスを受信したPEルータは、RTを見てどのVRFのルーティングテーブルにそのルート情報を載せるかを判断します。このRTは**Import RT**と呼びます。

MP-BGPテーブルに付加されているVPNv4ルートのRTとImport RTが一致すると、そのVRFにルート情報を載せます。

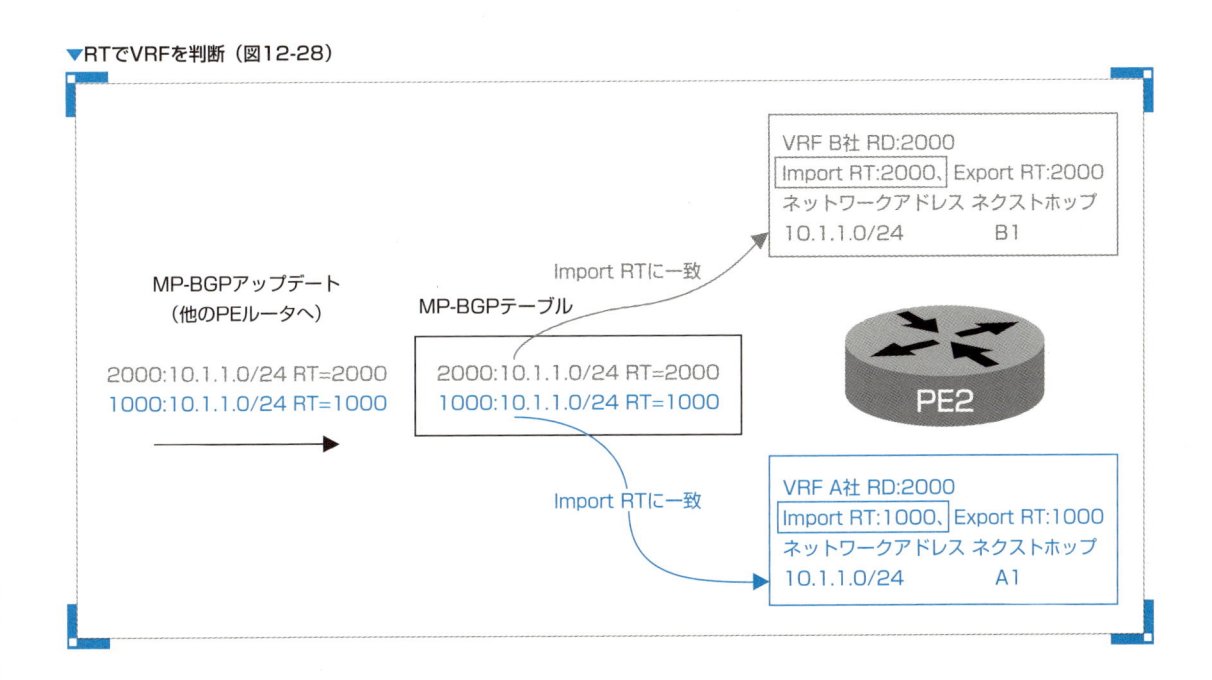

▼RTでVRFを判断（図12-28）

chapter 12
MPLS（Multi-Protocol Label Switching）

なぜ、このようなRTを使うのでしょうか？ VRFごとにRDを決めているわけですから、RDによってどのVRFにルート情報を載せるかを決めればよいと考える方もいるでしょう。RTを使う理由は、より柔軟なルーティングの制御を行うためです。

Import RT、Export RTともに複数指定できます。Export RTが複数指定されていると、VPNv4アドレスに複数のRTが付加されます。そして、Import RTが複数指定されているときは、一つでも一致しているRTが付加されているVPNv4ルートをVRFルーティングテーブルに載せます。

RDは一つしか指定できません。そのため、RDでVRFに載せるルート情報を決めるには柔軟性がありません。RTを利用することで、エクストラネットVPNの構築やサイト間のルーティングを柔軟に制御することができます。

12-5-6　PE-CE間のルーティング

ここまではPEルータでの話ですが、CEルータでもルーティングの設定をどのようにすればいいのか考えなければいけません。PE-CE間のルーティングでは、次の2つのポイントを考えます。

- PEルータのVRFルーティングテーブルにユーザ拠点のルート情報を登録する
- CEルータのルーティングテーブルに必要なルート情報を登録する

これを実現するために、2通りのやり方があります。

- スタティックルート
- ルーティングプロトコル（主にBGP）

以降で、この2通りのPE-CE間ルーティングの方法について解説しましょう。

スタティックルートでは、PEルータのVRFルーティングテーブルに接続しているユーザの拠点のルート情報をスタティックルートで設定します。たいていの場合、集約したルート情報を登録します。PEルータのVRFルーティングテーブルに登録してユーザ拠点のルート情報は、MP-BGPで他のPEルータにアドバタイズされます。

そして、CEルータには一般的にネクストホップアドレスをPEルータにしたデフォルトルートを1つ設定します。PEルータがユーザの拠点のルート情

報をすべてVRFルーティングテーブルに保持するので、CEルータには細かなルート情報を登録する必要がないからです。他の拠点あてのパケットは、すべてPEルータにルーティングします。そうすれば、あとはPEルータが適切にルーティングしてくれることになります。

PE-CE間のルーティング（スタティック）（図12-29）

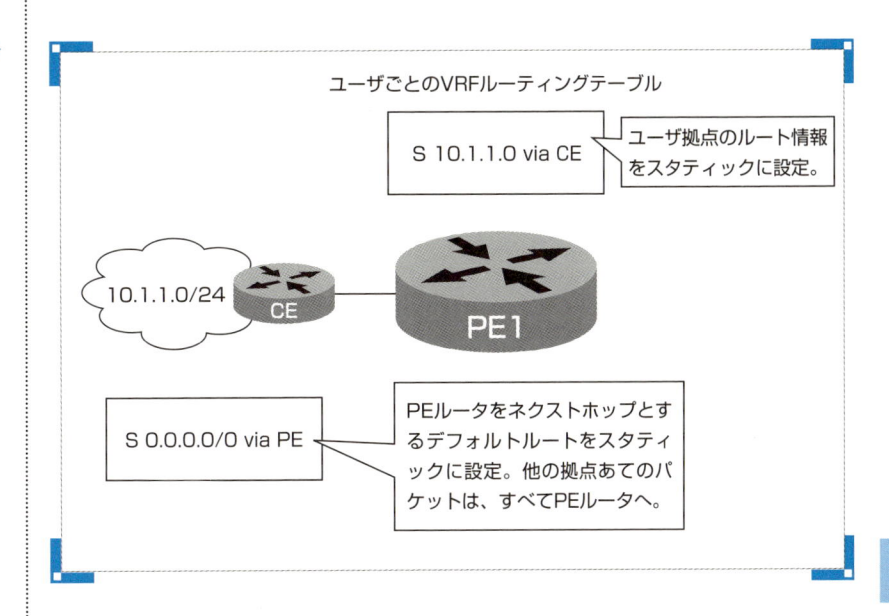

ユーザごとのVRFルーティングテーブル

S 10.1.1.0 via CE　ユーザ拠点のルート情報をスタティックに設定。

10.1.1.0/24　CE　PE1

S 0.0.0.0/0 via PE　PEルータをネクストホップとするデフォルトルートをスタティックに設定。他の拠点あてのパケットは、すべてPEルータへ。

　スタティックルートによるPE-CE間のルーティングはPEルータとCEルータが単一のアクセス回線で接続されているときには、ルーティングの設定をシンプルにできるというメリットがあります。しかし、PEルータとCEルータのアクセス回線が冗長化されている場合、負荷分散や障害時の切り替えを柔軟に行うことができません。

　PEルータとCEルータ間の接続が冗長化されている場合、その構成を最大限に活かすためには、PE-CE間のルーティングにルーティングプロトコルを利用します。多くの場合、BGPを利用します。

　CEルータは、ルーティングプロトコルで自身の拠点のルート情報をPEルータにアドバタイズします。それによって、PEルータはユーザのVRFルーティングテーブルにその拠点のルート情報を登録することができます。

　PEルータは、ユーザの拠点のルート情報を他のPEルータにMP-BGPでアドバタイズしています。他のPEルータから学習したユーザ拠点のルート情報をCEルータにアドバタイズすることができます。そうすると、CEルータは他の拠点のルート情報を学習することができます。冗長構成になっている場合、ルーティングプロトコルのメトリックによって優先するルート情報を選択できます。また、障害が発生した場合、自動的に経路を切り替えることも可能です。

　次の図は、BGPを利用したPE-CE間ルーティングの例です。

chapter 12
MPLS（Multi-Protocol Label Switching）

▼PE-CE間のルーティング（BGP）（図12-30）

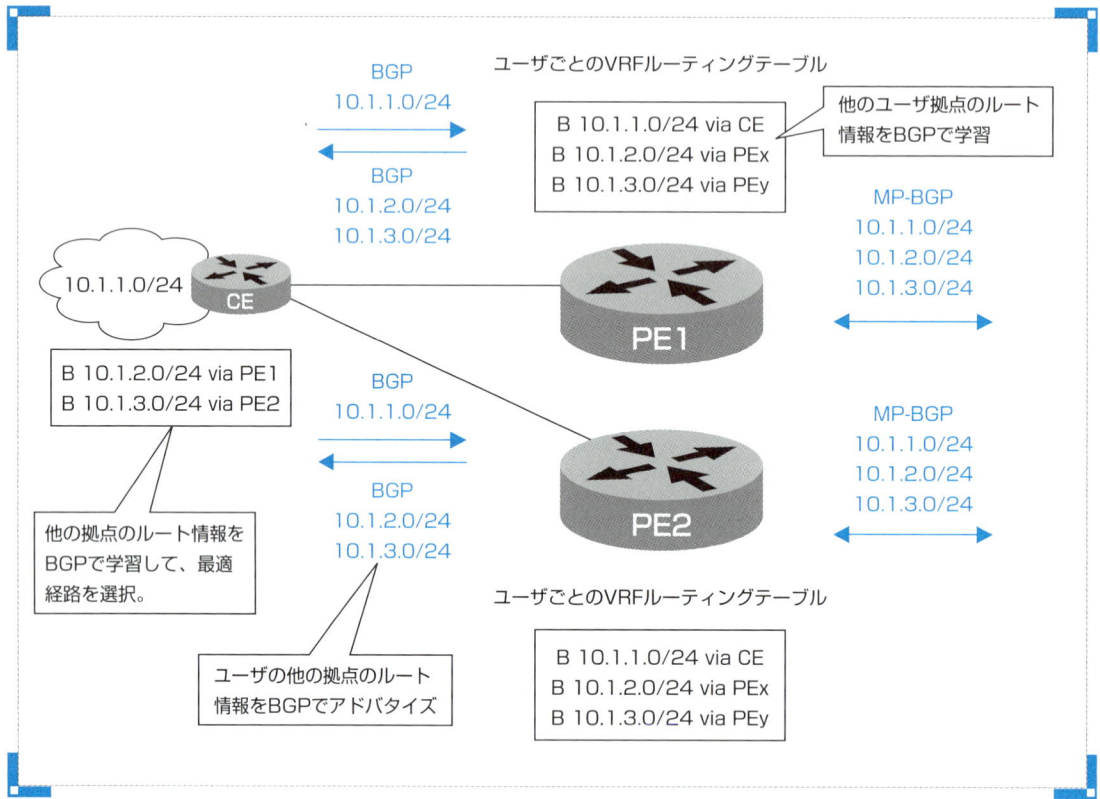

```
                    BGP           ユーザごとのVRFルーティングテーブル
                 10.1.1.0/24
                                B 10.1.1.0/24 via CE      他のユーザ拠点のルート
                                B 10.1.2.0/24 via PEx     情報をBGPで学習
                    BGP         B 10.1.3.0/24 via PEy
                 10.1.2.0/24
                 10.1.3.0/24                              MP-BGP
                                                        10.1.1.0/24
  10.1.1.0/24                        PE1                10.1.2.0/24
                                                        10.1.3.0/24
         CE

  B 10.1.2.0/24 via PE1   BGP
  B 10.1.3.0/24 via PE2  10.1.1.0/24
                                                          MP-BGP
                                                        10.1.1.0/24
                           BGP       PE2                10.1.2.0/24
  他の拠点のルート情報を    10.1.2.0/24                    10.1.3.0/24
  BGPで学習して、最適      10.1.3.0/24
  経路を選択。
                                  ユーザごとのVRFルーティングテーブル
         ユーザの他の拠点のルート
         情報をBGPでアドバタイズ   B 10.1.1.0/24 via CE
                                B 10.1.2.0/24 via PEx
                                B 10.1.3.0/24 via PEy
```

　PE-CE間のルーティングプロトコルにBGPを使うことが多いのは、MPLS-VPNのバックボーンにおいてPE間でMP-BGPを利用していることが大きな理由です。BGPはMP-BGPと親和性が高いのです。また、BGPではパスアトリビュートによって、柔軟に最適ルートを選択できることもメリットになります。

　技術的な観点では、BGP以外にもOSPFやRIPなどをPE-CE間のルーティングプロトコルとして利用することも可能です。ただし、どのようなルーティングプロトコルが利用可能であるかは、サービスを提供するサービスプロバイダに依存します。

　ここまで解説したPE-CE間のルーティングは、拠点ごとにスタティック、ルーティングプロトコルを組み合わせることができるのもポイントです。

　MPLS-VPNでさまざまな拠点を接続する場合、本社や重要な拠点はアクセス回線を冗長化したり、CEルータ自身を冗長化することが多いでしょう。PE-CE間の接続が冗長構成になっている拠点では、ルーティングプロトコルを利用します。たいていはBGPで、BGPのパスアトリビュートを調整して、

12-5 MPLS-VPNの仕組み

正常時に負荷分散を行い、障害時には経路を切り替えて、その拠点の可用性を高めます。

一方、それほど規模が大きくないような拠点では、なるべくコストを低下させるために単一のアクセス回線でPEルータとCEルータを接続することがほとんどです。アクセス回線が冗長化されていなければ、ルーティングプロトコルを利用しても意味がありません。CEルータはデフォルトルートのみを設定するというとてもシンプルなルーティングの設定にすることができます。

▼PE-CE間ルーティングの組み合わせ（図12-31）

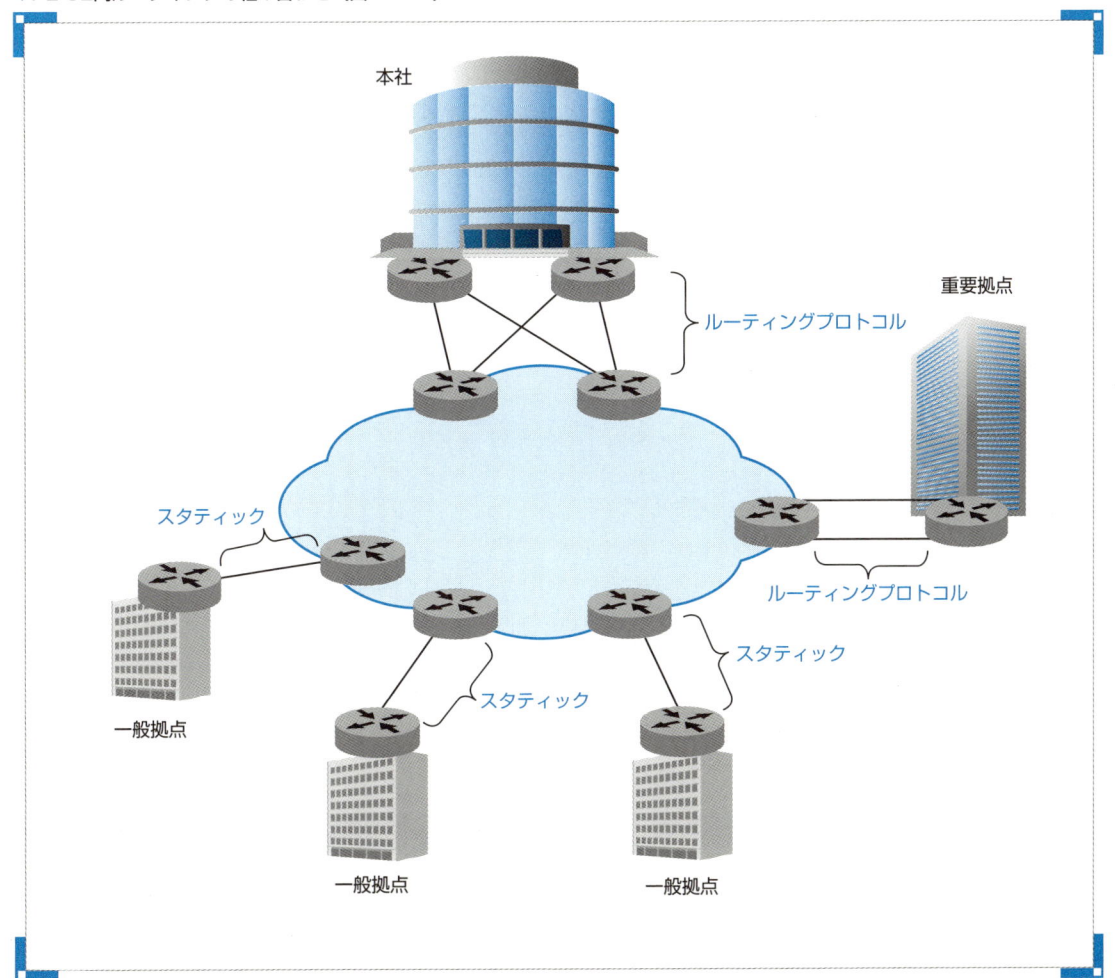

chapter 12

MPLS (Multi-Protocol Label Switching)

SUMMARY

第12章　MPLS

　　MPLSはパケットにラベルを付加して、ラベルを参照したパケットのスイッチングを行います。ラベルを利用することでMPLS-VPNなどのさまざまな用途に活用することができます。

　　MPLS-VPNではパケットに2つのラベルを付加します。先頭のラベルはMPLS-VPNバックボーン上でパケットを転送するために用います。そして、2つ目のラベルはユーザのネットワークを識別します。このように複数のラベルを組み合わせることで、共通のネットワークインフラストラクチャを効率的に利用することが可能です。

INDEX

数字／アルファベット

【数字】
0.0.0.0/0 ……………………………… 180
224.0.0.5 ……………………………… 235
224.0.0.6 ……………………………… 235
2WAY状態 ………………………………… 2
32ビット ………………………………… 18

【A】
ABR ……………………………… 249,252
Active状態 …………………………… 335
AD ……………………………………… 300
AllDRouters ………………………… 235
AllSPFRouters ……………………… 235
AppleTalk ……………………………… 83
ARP ………………………………… 16,39
ARPANET ……………………………… 184
ARPキャッシュ ………………………… 40
ARPリクエスト ……………………… 40,81
ARPリプライ …………………………… 40
AS ……………………………… 162,231,325
AS_PATH …………………………… 339,359
AS_PATHアトリビュート …………… 347
AS_PATHプリペンド ………………… 360
ASBR …………………………………… 252
ASIC ……………………………… 62,102

【B】
Backbonefast ……………………… 131
BDR ……………………………… 235,236
BGP ……………………………… 17,162,322
BGP4 …………………………………… 163
BGPスピーカ ………………………… 324
BGPスプリットホライズン ………… 364
BGPスプリットホライズンの規則 … 337
BGPテーブル ………………………… 357
BGPネイバー ………………………… 332
BGPバージョン4 …………………… 322
BGPピア ……………………………… 324,332
BGPピアの確立 ……………………… 332
BGP同期 ……………………………… 340
BPDU ……………………………… 121,126

【C】
CD ……………………………………… 47
CEルータ ……………………………… 419
CIDR …………………………………… 323
COMMUNITYアトリビュート ……… 356
Connect状態 ………………………… 334
CRC ……………………………………… 54
CSMA/CD ……………………………… 46
CST …………………………………… 134
Cネットワーク ……………………… 418

【D】
DD ……………………………………… 243
DDパケット ………………………… 269
Dead間隔 …………………………… 244
DHCP …………………………………… 82
DMZ …………………………………… 328
DOWN状態 …………………………… 242
DR ……………………………… 235,236
DR/BDR ……………………………… 234
DUAL ………………………………… 290

【E】
EBGP ………………………………… 335
EBGPピア …………………………… 336
EBGPマルチホップ ………………… 337
EGP ……………………………… 163,322,347
EGPs ………………………………… 162
EIGRP ……………………… 16,165,212,288
EIGRPパラメータ …………………… 314
Established状態 …………………… 336
EXCHANGE状態 ……………………… 243
Export RT …………………………… 426
EXPビット …………………………… 397
EXSTART状態 ……………………… 243

【F】
FD …………………………………… 299
FEC …………………………………… 401
FLP …………………………………… 71
FLSM ……………………………… 171,173
Flushタイマ ………………………… 193

INDEX

FULL状態 …………………………………………244

【H】
Helloパケット ………………………………………240
Helloプロトコル ……………………232,240,289
Hello間隔 ……………………………………244,296
Hold downタイマ …………………………………193

【I】
IBGP …………………………………………………335
IBGPスケーラビリティの問題 ………………365
IBGPピア ………………………………………336,364
ICMP ……………………………………16,32,152
Idle状態 ……………………………………………334
IEEE802.1ad …………………………………………139
IEEE802.1Q …………………………………………94
IFG ……………………………………………………75
IGP ……………………………………………………347
IGPs ……………………………162,164,184,213,289
IGRP ………………………………………16,164,212
Import RT …………………………………………427
INCOMPLETE ……………………………………347
Initビット …………………………………………313
INT …………………………………………………242
INvalidタイマ ……………………………………193
IP-Specific TLV …………………………………315
IP-VPN ……………………………………………164
IPアドレス …………………………………………18
IPブロードキャストアドレス ……………………18
IPヘッダフォーマット ……………………………27
IPマスカレード …………………………………21,147
IPルーティング …………………………………146
IP外部ルートTLV ………………………………317
IP内部ルートTLV ………………………………315
ISL ……………………………………………………95
ISP …………………………………………………163,394
IX ……………………………………………………325

【J】
JPINIC ……………………………………………326

【K】
KEEPALIVEメッセージ ………………………334
K値 …………………………………………………221

【L】
Last Resort ………………………………………180
LDP …………………………………………………405
LOADING状態 ……………………………………244
LOCAL_PREFERENCE …………………………362
LOCAL_PREFERENCEアトリビュート …354
LSA ………………………………165,231,244,254
LSAck ………………………………………………243
LSAヘッダ …………………………………………275
LSP ……………………………………………396,401
LSR …………………………………………244,392,400
LSRパケット ………………………………………271
LSU …………………………………………………244
LSUパケット ………………………………………273

【M】
MA ……………………………………………………47
MACアドレス ……………………………39,48,121
MACアドレステーブル ……………………………48
MACベースVLAN …………………………………88
MDI-Xポート ………………………………………63
MDIポートMDIポート ……………………………63
MED ……………………………………………339,361
MEDアトリビュート ……………………………353
MLPS-VPN ………………………………………395
MOSPF ……………………………………………284
MP-BGP ……………………………………………424
MPLS ………………………………………………392
MPLSトラフィックエンジニアリング ……396
MTU …………………………………………………28

【N】
NAT …………………………………………………21,147
NBMA ………………………………………………236
NETBEUI ……………………………………………83
NEXT_HOP ………………………………………339
NEXT_HOPアトリビュート ……………………350
NLP …………………………………………………72
NLRI ………………………………………………339
NOTIFICATIONメッセージ ……………………333
NSSA …………………………………………256,259
NSSAリンク ………………………………………283

【O】

OpenConfirm状態	335
OPENメッセージ	333
Optional non-transitiveアトリビュート	346
ORIGINアトリビュート	347
OSI参照モデル	16, 46, 146
OSPF	16, 162, 165, 288
OSPFデマンドサーキット	284
OSPFパケット	264
OSPFプライオリティ	239

【P】

PAUSEフレーム	69
PEルータ	418
PHP	403
PING	33
Portfast	131
pps	74
PVC	203
PVST	64, 136
Pネットワーク	418
Pルータ	418

【Q】

QoS	27

【R】

RIP	17, 82, 162, 164, 184, 288
RIPv1	184
RIPv2	184, 208
RIPversion1	184
RIPversion2	184
RIPタイマ	193
RT	426
RTP	293, 302
Runtフレーム	66

【S】

SFD	75
SIA	309
SNA	131
SPF	231

【T】

TCP	42
TCP/IP	16
TCPヘッダフォーマット	42
TTL	29

【U】

UDP	17, 42
UDPヘッダフォーマット	42
Unknownユニキャストフレーム	53, 58, 80
Updateタイマ	193
UPDATEメッセージ	334, 339
Uplinkfast	131
UTPケーブル	57

【V】

variance	223
VLAN	60, 80
VLANインタフェース	104
VLAN間ルーティング	86, 96
VLAN番号	85
VLSM	171, 173, 185, 213, 231, 288
VoIP	131
VPN	415
VPNv4アドレス	425
VRF	423

【W】

WEIGHTアトリビュート	359
Well-known discreationaryアトリビュート	345
Well-Known mandatoryアトリビュート	345

INDEX

ひらがな／カタカナ

【あ行】

アイドル信号 …………………………………72
アクセスリンク …………………………………87
アクセス回線 …………………………………419
アジャセンシー …………………………………234
あて先ネットワーク …………………………147
アドバタイズドディスタンス ………………300
アドミニストレイティブディスタンス…148,376
アプリケーション層 …………………………205
イーサチャネル …………………………………139
イーサネットフレームフォーマット …………48
イーサネットヘッダ ……………………………57
インスタンス ……………………………………64
インターネットサービスプロバイダ ………163
インターネットフルルート …………327,333
イントラネットVPN ………………………417
ウェルノウンポート番号 ……………………43
エクストラネットVPN ……………………417
エコー応答 ………………………………………33
エコー要求 ………………………………………33
エラーチェック …………………………32,54
エリア …………………………………231,249
エリア境界ルータ ……………………249,252
オートネゴシエーション機能 …………………70
オーバーレイVPN …………………………416
オプション ………………………………………31
オプションフィールド ………………………284

【か行】

階層型IPアドレッシング ……………………177
外部ゲートウェイプロトコル ………………162
外部属性LSA …………………………………284
外部メトリックビット ………………………282
拡張ディスタンスベクタ型
ルーティングプロトコル ……………165,289
カプセル化VLAN ……………………………95
可変長サブネットマスク ……………171,173
管理ポリシー …………………………………325
キープアライブ ………………………232,289
近接関係 …………………………………………234
クライアント …………………………………366
クラスA …………………………………………20

クラスB …………………………………………20
クラスタ …………………………………………366
クラスタID ……………………………………366
クラスフルルーティングプロトコル
……………………………………168,196,213
クラスレスルーティングプロトコル
……………………………………208,231,323
グローバルAS …………………………………326
クロスケーブル …………………………………63
経過時間 …………………………………………148
経路集約 …………………………171,178,262
経路選択 …………………………………………195
経路の情報源 …………………………………148
コアLSR ………………………………………400
高可用性ネットワーク ………………………118
高信頼性パケット ……………………………293
コネクションレス型プロトコル ………………42
コスト …………………………122,232,246,339
固定長サブネットマスク ……………171,173
コネクション型プロトコル ……………………42
コリジョンドメイン ……………………………46
コンバージェンス …129,165,187,213,231
コンバージェンス時間 …………………129,165

【さ行】

再送信タイムアウトタイマ …………………293
最短パス優先 …………………………………165
サクセサ …………………………………………301
サブインタフェース ……………………………98
サブネッティング ………………………………23
サブネットベースVLAN ……………………89
サブネットマスク ……………………………22,168
シードメトリック ……………………………381
時間超過メッセージ ……………………………37
識別番号 …………………………………………28
自律システム番号 ……………………………163
自動集約 …………………………169,290,310
出力インタフェース …………………………148
条件付き受信ビット …………………………313
冗長化 …………………………………………118
ジョークRFC …………………………………241
自律システム …………………………………162
自律システム外部リンク ……………………281
自律システム境界ルータ ……………………252

スイッチ	57
スイッチング能力	74
スイッチングファブリック	74
スイッチング容量	74
スター型	57
スタティックVLAN	87
スタティック設定	149
スタティックルーティング	154
スタブAS	329
スタブエリア	255,257
ストア&フォワード	55,65
ストレートケーブル	63
スパニングツリー	64
スパニングツリープロトコル	118
スプリットホライズン	185,187,200
スレーブルータ	243
スワップ	401
制限時間	53
ゼロサブネット	24
全2重通信	61,67
送信先IPアドレス	31
送信元IPアドレス	31
ソースルーティング	31

【た行】

ダイアメータ	129
帯域幅	195,219,298
ダイクストラアルゴリズム	165
ダイナミックVLAN	88
ダイナミックルーティング	154,157
代表ポート	122
タイプ3集約リンクLSA	280
タイプ4集約リンクLSA	280
タイマ	38
タギングVLAN	94
チェックサム	32
遅延	195,219,298
直接接続	149
通過エリア	261
ディスタンスベクタ型	185,213
ディスタンスベクタ型ルーティングプロトコル	164
ディスタンスベクタアルゴリズム	213
データグラム長	28
データリンク層	57

デフォルトマスク	22,168
デフォルトルート	18,180
等コストロードバランス	221
到達不能メッセージ	35
トータリースタブエリア	256,258
ドット付き10進数表記	18
トポロジテーブル	301
トランクリンク	91
トランジットエリア	261
トランスペアレントブリッジ	55
トランスレーションブリッジ	55
トリガーアップデート	204
トレースルート	37

【な行】

内部ゲートウェイプロトコル	162
内部バス速度	74
内部ルータ	252
ナチュラルマスク	22,168
ネイバーテーブル	301
ネイバー	234
ネクストホップアドレス	147,180
ネクストホップセルフ	352
ネットワークアドレス	18
ネットワーク層	103,146
ネットワークリンクLSA	279
ノンクライアント	366
ノンブロッキング	76

【は行】

バージョン	27
バースト	71
バーチャルリンク	251,260
媒体アクセス制御方式	46
ハイブリッド型ルーティングプロトコル	165,289
パケットのループ	30
パケットフィルタリング	108,146
パスアトリビュート	323,339,345
パスベクタ型	323
バックプレーン容量	74
バックプレッシャー	69
バックボーンエリア	250,252,255
発生元ID	366

ハブ&スポーク……………………………202
パラレルリンク ……………………………138
パリティチェック …………………………54
ハロータイマ ……………………………127
半2通信 ……………………………………67
非OSPFネットワーク …………………252
ピアツーピアVPN ………………………416
ピアリング …………………………………326
非トランジットAS ………………………330
標準エリア ……………………………255,257
フィージビリティコンデション …………301
フィージブルサクセサ ……………167,301
フィージブルディスタンス ………………299
フィルタリングデータベース ……………48
プッシュ ……………………………………401
不等コストロードバランス …………214,223
プライベートAS …………………………326
プライベートアドレス ……………………20
フラグ ………………………………………28
フラグメントオフセット …………………29
フラグメントツリー ………………………65
フラッディング …………………………49,81
ブリッジ ……………………………………46
ブリッジID …………………………………120
ブリッジプライオリティ …………………121
プリペンド …………………………………348
プルアンプル ………………………………75
ブロードキャストドメイン ………………80
ブロードキャストフレーム ……………52,80
フルメッシュ ………………………………337
フルルート …………………………………327
フレームフォーマット ……………………39
不連続サブネット ……………170,213,231
フロー制御 …………………………………68
ブロードキャストアドレス ………………18
ブロードキャストストーム ………………116
ブロードキャストドメイン ………………52
ブロードキャストマルチアクセスネットワーク
 …………………………………………235
グローバルアドレス ………………………20
フロー ………………………………………106
ブロッキング ………………………………76
ブロック状態 ………………………………124
プロトコル番号 ……………………………31

分断サブネット ……………………………177
ベストパス ……………………………339,357
ヘッダチェックサム ………………………31
ヘッダ長 ……………………………………27
ベルマンフォードアルゴリズム ………186,190
ポイズンリバース …………………185,204
ポイントツーポイントネットワーク ……235
ポート結線 …………………………………63
ポート番号 …………………………………43
ポートプライオリティ ……………………123
ポートベースVLAN ………………………87
ポート密度 …………………………………62
ホールドタイム ……………………………296
ホールドダウン状態 ………………………193
ホールドダウン ……………………………204
ホストアドレス ……………………………18
ホップ ………………………………………401
ホップ数 ………………………185,195,213,339
ホップバイホップルーテッドLSP ………403
ポリシーベースルーティング …323,331,339

【ま行】
マイクロセグメンテーション ……………61
マスタールータ ……………………………243
マルチキャストフレーム …………………80
マルチキャスト ……………………………19
マルチトランジットAS …………………331
マルチレイヤスイッチング ………………108
マルチキャストフロータイマ ……………293
マルチホーム ………………………………330
無限カウント ………………………………200
無信頼性パケット …………………………293
明示ルーテッドLSP ………………………403
メジャーネットワーク ……………………168
メトリック …………………………………147

【や行】
ユーザベースVLAN ………………………89
優先順位 ……………………………………27
ユニキャストアドレス ……………………31

【ら行】
ラベルスイッチング ………………………399
ラベル配布プロトコル ……………………401

ラベルフォーマット …………………398	ルーティングプロトコル ……………149,157
ランダムポート番号 ……………………43	ルーティングループ ………190,196,382,386
リディストリビューション ……………374	ルートフィルタリング …………………387
リディストリビュート …………………330	ルートブリッジ …………………………120
リモートアクセスVPN ………………417	ルートポート ……………………………122
リンクアグリゲーション機能 …………141	ルートリフレクタ ………………338,365,366
リンクステート …………………………165	ループバックアドレス ……………………18
リンクステート型 ………………………231	ループバックインタフェース ………………233
リンクステート型ルーティングプロトコル 165	レイヤ2VPN ……………………………417
隣接関係 …………………………………234	レイヤ3VPN ……………………………417
ルータ …………………………83,108,146	レイヤ3スイッチ …………………………86,103
ルータID ……………………………233,238	ロンゲストマッチ ………………………152
ルーティングアルゴリズム ………………164	
ルーティング ……………………………146	**【わ行】**
ルーティングテーブル …………147,154,364	ワイヤスピード ……………………………7
ルーティングプロセス …………………375	

著者紹介

Gene（ジーン）

　2000年よりメールマガジン、Webサイト「ネットワークのおべんきょしませんか？（http://www.n-study.com/）」を開設。「ネットワーク技術をわかりやすく解説する」ことを目標に日々更新を続ける。2003年CCIE Routing & Switching取得。2003年8月独立し、ネットワーク技術に関するフリーのインストラクタ、テクニカルライターとして活動中。

　著書に『図解・標準 最新ルーティング&スイッチング』（秀和システム刊）、『80のキーワードから学ぶ基本ネットワーク技術』（共著、翔泳社刊）、『Cisco CCNA ICND1テキスト』『Cisco CCNA ICND2テキスト』（日経BP刊）などがある。

図解標準
最新ルーティング&スイッチング
ハンドブック 第2版

発行日	2008年 3月21日	第1版第1刷

著　者　Gene（ジーン）

発行者　斉藤　和邦

発行所　株式会社　秀和システム
　　　　〒107-0062　東京都港区南青山1-26-1 寿光ビル5F
　　　　Tel 03-3470-4947（販売）
　　　　Fax 03-3405-7538

印刷所　株式会社シナノ　　　　　　　　Printed in Japan

ISBN978-4-7980-1916-1 C3055

定価はカバーに表示してあります。
乱丁本・落丁本はお取りかえいたします。
本書に関するご質問については、ご質問の内容と住所、氏名、電話番号を明記のうえ、当社編集部宛FAXまたは書面にてお送りください。お電話によるご質問は受け付けておりませんのであらかじめご了承ください。